星上遥感数据处理理论与方法

周国清　著

科学出版社

北京

内 容 简 介

本书共分14章，第1~2章介绍星上数据处理的基本知识；第3~11章详细介绍了星上遥感数据处理的理论、数学模型、需要解决的关键技术和基于FPGA星上数据处理的实现方法，并用实例验证了这些理论和方法，包括星上影像特征点检测与匹配、星上地面控制点识别、星上卫星相对和绝对姿态解算、星上几何校正、星上几何定标、星上影像地理配准、星上无控制点影像定位、无控制点星上正射纠正等；第12~14章介绍星上遥感处理应用，包括星上云检测、星上舰船检测、星上洪水变化检测。

本书可作为航空航天、计算机科学与技术、电子信息、遥感科学与技术、摄影测量等专业，以及环境、大气、海洋、地理、灾害等遥感应用专业教师和科研工作者的参考书籍，也可以作为各类高等院校相关专业研究生、本科生的教材。

图书在版编目(CIP)数据

星上遥感数据处理理论与方法 / 周国清著. —北京：科学出版社，2021.6

ISBN 978-7-03-069090-6

Ⅰ.①星… Ⅱ.①周… Ⅲ.①卫星遥感-遥感数据-数据处理-研究 Ⅳ.①TP72

中国版本图书馆CIP数据核字（2021）第109015号

责任编辑：董 墨 朱 丽 / 责任校对：樊雅琼

责任印制：吴兆东 / 封面设计：无极书装

科学出版社 出版

北京东黄城根北街16号

邮政编码：100717

http://www.sciencep.com

北京凌奇印刷有限责任公司印刷

科学出版社发行 各地新华书店经销

*

2021年6月第 一 版 开本：787×1092 1/16

2024年4月第三次印刷 印张：26 3/4

字数：638 000

定价：212.00元

（如有印装质量问题，我社负责调换）

序

二十一世纪是智能信息化时代，对地观测卫星系统正在逐渐结合脑科学、认知科学、计算机科学、信息科学等领域的知识，发展成为类似于人脑智能的“智能地球观测卫星系统”，以便增强天基空间信息网络的感知、认知和决策能力，使地球观测卫星系统能回答何时（when）、何地（where）、何事（what）发生了何种变化（what change），并在规定的时间（right time）和正确的地点（right place）把有用的信息（right information）推送给需要的用户（right user）。整个系统实现从数据获取、信息提取、智能感知到认知等都需要强大的星上计算处理和分析能力。因此，国际上许多学者努力发展星上数据实时处理的理论和方法。

周国清教授自 2000 年就从事星上数据处理的研究，积累了一定的科研成果，这本《星上遥感数据处理理论与方法》是他近几年从科研成果中凝练出来的一本专业科技书籍。书中从星上数据并行处理的基本知识，到星上遥感影像的数据处理的理论与方法，包括星上影像特征点检测与匹配、星上地面控制点识别、星上几何校正、星上几何定标、星上影像地理配准、星上正射纠正；再到星上遥感产品生成，如星上云检测、星上舰船检测、星上洪水变化检测都进行详细的介绍。本书由浅入深，既有星上遥感处理的理论、数学模型，又详细描述了基于 FPGA 实现遥感数据处理的方法，和需要解决的关键技术，并用大量的实例对这些理论和方法进行验证。因此，本书可作为相关专业教师和科研工作者的参考书，也可以作为高等院校相关专业研究生、本科生的教材。

我国未来将完成建设“人工智能星座”卫星组网，该“人工智能星座”能够在环保监测、防灾减灾、交通管理等领域发挥重要应用。目前我国还没有出版“星上遥感数据处理”的类似书籍，本书的出版正当其时，它必将极大促进我国星上遥感数据处理和星上通用遥感数据产品生成的飞速发展，引领我国星上遥感数据处理的方向，吸引更多青年人投入我国航空航天遥感事业的发展。

2020 年 8 月 20 日

前　言

2000 年，作者针对单一卫星在对地观测应用过程中存在时间、空间的局限性问题，提出了“智能对地观测卫星网系统”并开展了相关的研究，包括：①设计和模拟无缝集成卫星观测传感器、数据处理器和通信系统于一体的“智能地球观测卫星网”全新对地观测系统。这个智能系统能同时进行全球观测与实时数据处理和分析，普通大众用户能像今天的电视机用户一样使用遥感卫星数据。②通过对卫星观测传感器、星载数据处理系统、地面数据处理系统、通信系统、终端用户系统、应用软件系统等六个功能模块的设计和模拟，论证“智能地球观测卫星网系统”的可行性。③通过对科技发展进程的规律分析，提出了实现“智能地球观测卫星网系统”的短期（5～15 年）、中期（15～25 年）和长期（25～50 年）规划，并对实现“智能地球观测卫星网系统”中六个功能模块可能出现的技术瓶颈进行了量化分析和讨论。

作者在 2000 年提出的“智能对地观测卫星网系统”的原始标题是“Intelligent Earth Observation Satellite System for Layer Users in 2010-2050”，翻译成中文叫作：“2010～2050 年用于普通大众用户的智能对地观测卫星网系统”。应该说，在 2000 年提出的这个思想，确实是一个创新先进的概念（innovative advanced concepts）和远见的思想（visionary ideas），尤其是这个思想预示了人工智能（artificial intelligence，AI）在遥感影像星上处理的应用，具有一定的前瞻性。作者当时提出这种思想的目的是：通过这种非传统的、激进创新突破（non-traditional sources，radically different from traditional idea for creation of break-throughs）来影响国家未来 10～50 年航天遥感任务（mission），以及如何让某国以及国际航天事业做得更好（how the current international remote sensing agenda can be done better）。而且，作者用科技发展规律作为手段，对这种创新思想在未来 50 年是否成为可能进行了论证，并保证它在技术上是可靠的（technically credible）。

自从作者在 2000 年提出“智能地球观测卫星网系统”这一前瞻性思想之后，国际反响比较大。2003 年 7 月 31 日美国时任总统小布什在美国首都华盛顿召开了“2003 年对地观测峰会”（2003 The Earth Observation Summit Washington，DC，July 31，2003）。美国总统科技办公室在新闻稿中指出：“这次峰会是全球对地观测系统的重要里程碑，来自世界其他 48 个国家、欧盟委员会和 29 个国际组织的首脑出席了这次峰会。参会的政府/政治高层首脑承诺‘致力于建立一个全面，协调的全球对地卫星观测网’”（This is a milestone in developing a Global Earth Observation System that involves 48 other countries，the European Commission and 29 international organizations，according to a press release from the president's Office of Science and Technology Policy（OSTP）. Summit represented a high level governmental/political commitment to move toward a comprehensive，coordinated，global network）。2004 年 9 月 8 日，美国白宫公布了“美国综合对地观测十年战略发展规划（草案）”（The US 10-year Strategic Plan for the U. S. Integrated Earth Observation System），该草案表示在未来十年

中，由美国牵头建立全球对地观测系统中的系统（Global Earth Observation System of Systems，GEOSS）。美国总统科技办公室主任和总统顾问 John Marburger 在新闻里说："该战略计划草案是整合观察技术以跟踪全球各地变化的关键的第一步，使公民和领导人能够就其生活、环境和经济变化做出更明智的决定"。后来在 2005 年 2 月 16 日，地球观测小组（GEO）设立了"全球对地观测系统中的系统"（Global Earth Observation System of Systems，GEOSS）。GEOSS 的目标是建立一个全球性的公共基础设施，为各类用户生成综合的（comprehensive）、近实时（near-real-time）的遥感数据、信息和分析。

"星上遥感数据处理"是"智能地球观测卫星网系统"最重要的组成部分之一。本书是作者回国之后，在"星上遥感数据处理"研究的基础上发展起来的一本专业科技书籍。全书共分 14 章，第 1 章回顾了卫星遥感的发展历程和智能地球观测卫星提出的背景；第 2 章介绍基于 FPGA 星上遥感数据并行处理的理论和方法；第 3 章介绍星上影像特征点检测与匹配；第 4 章描述星上地面控制点识别；第 5 章介绍星上卫星相对、绝对姿态星上解算的数学模型和实现方法；第 6 章描述框幅相机星上几何校正；第 7 章介绍线阵推扫卫星影像星上几何定标；第 8 章介绍利用二次多项式进行星上影像地理配准；第 9 章介绍在无控制点的情况下星上影像定位的理论和方法；第 10 章介绍在无控制点情况下利用递归最小二乘方法星上解算 RFM 的理论和实现方法；第 11 章介绍利用遗传算法解算 RFM，并进行星上正射纠正的方法；第 12 章介绍基于光学遥感影像星上云检测；第 13 章介绍星上舰船检测；第 14 章介绍利用 SAR 影像进行星上洪水变化检测。这些章节是来自作者的博士研究生和硕士研究生的学位论文和已经出版在国际期刊和国内期刊的论文，他们是黄景金博士（第3、5 章）、张荣庭博士（第9、10、11 章）、刘德全博士（第4、8 章）、蒋林军硕士（第6、7 章）、刘毅龙硕士（第12 章）、王凡硕士（第13 章）、舒磊硕士（第14 章），作者在此对他们所做的工作表示衷心感谢！博士研究生李晨阳、徐嘉盛在本书文稿编排、校对、图表加工等工作中付出了艰辛的劳动，在此也表示感谢。

本书中的科研成果是在没有项目支持、依靠我们对于该领域的执著与热情完成的！作者把这些成果整理出来正式出版的主要目的，一是让更多年轻人投入到星上遥感数据处理这项工作，二是希望让我国航天遥感星上处理的发展路程走得更好，使我国航天遥感能旁道超车，赶上甚至超越先进国家。同时，作者一直关注我国在这个领域取得的成绩和项目立项情况，欣喜于看到近年来科技部、国家自然科学基金委员会等部门都有相关项目立项，衷心希望国内同行取得比本书公开的研究成果更好的成绩，更希望有机会与他们合作，共同推动这个领域的发展。

由于作者知识水平有限，本书难免存在错误与不妥之处，敬请各位专家、读者不吝批评指正。

周国清
2020 年 10 月 18 日

目　录

第1章 绪　论

1.1 “智能地球观测卫星系统” 提出的背景

1.1.1 地球观测卫星发展的规律

从早期使用航空摄影开始，卫星遥感已经被公认为是查看、分析和表征有价值的工具，做出有关环境的决策（Schowengerdt，1997）。这是因为：

(1) 卫星遥感使用传感器/检测器获取有关远处而不是就地的物体或现象；

(2) 光谱范围通过卫星遥感拍摄的影像大于我们的眼睛感觉到的电磁波谱范围；

(3) 观看视角范围从区域到全球规模；

(4) 卫星图像可以形成持久记录（Schowengerdt，1997；Lillesand and Kiefer，2000）。

不同空间、光谱和时间分辨率的遥感数据可以满足不同用户的需求。例如，某些用户可能需要频繁、重复地覆盖相对较低的空间分辨率（例如气象学）；某些用户可能要求不经常重复覆盖的可能空间分辨率（例如地形图）；而有些用户既需要高空间分辨率又需要频繁覆盖，且快速的图像传递（例如军事监视）（Schowengerdt，1997）。随着信息技术的发展，用户的需求已经从传统的基于图像的数据到高级的基于图像的信息/知识，例如大米的产量估算，洪水覆盖面积等（Zhou，2001）。因此，地球观测卫星设计在未来面临着巨大的挑战。

早在2000年初，有学者将地球观测卫星系统的发展划分为4个阶段：第一代地球观测卫星系统是从20世纪60年代初到1972年；第二代地球观测卫星系统是从1972年到1986年；第三代地球观测卫星系统是从1986年到1999年；第四代地球观测卫星系统是从1999年到2014年左右（Zhou，2002，2003；Zhou et al.，2002a）。人们自然会问：下一代地球观测卫星系统是什么？

第一代地球卫星观测系统（1960～1972年）主要由CORONA、ARGON、LANYARD三大侦察卫星系统组成（Zhou，2002a，2002b）。该系统出现在冷战时期，主要目的在于军事侦察和区域绘图（Mcdonald，1995；周国清，2019）。卫星搭载的成像传感器的空间分辨率不等，有高达几米级到一百米左右，影像基本上为黑白影像。

第二代地球卫星观测系统开始从1972年7月23日美国陆地卫星Landsat-1的发射升空，并提供大量的影像给大众用户。Landsat-1搭载的传感器光谱分辨率为4个波段，空间分辨率提升为80m，相机幅宽为185km，重访周期18天，第一次获取数字影像（digital imagery）影像为（Zhou et al.，2002）。从20世纪80年代开始，美国开始组建专门处理多光谱遥感数据的研究机构，其中包括有National Aeronautics and Space Administration (NASA)的喷气推进实验室（Jet Propulsion Laboratory－JPL），美国地质勘探局（US

Geological Survey（USGS），环境研究所（Environmental Research Institute of Michigan（ERIM），Ann Arbor，Michigan），普渡大学遥感应用实验室（Laboratory for Applications of Remote Sensing（LARS）at Purdue University）等研究中心。第二代地球卫星观测系统的另一个特点是：遥感数据开始广泛地应用于各类科学研究。在近十年的 Landsat 发展过程中，Landsat 系列卫星搭载的传感器光谱波段数 4 个波段（MSS）发展到了 7 个波段（TM），地面空间分辨率达到了 30m。

第三代地球卫星观测系统是自 1986 年到 1999 年，这十多年中，地球卫星观测关键技术得到了快速的进展，遥感数据应用也不断发展。1986 年 2 月 22 日法国发射了 SPOT-1 卫星，其搭载的传感器第一次使用了线阵推扫成像技术（Zhou and Paul Kauffmann，2002b），地面空间分辨率在全色波段达到了 10m 左右。另外，欧空局（European Space Agency）1991 年 7 月 17 日发射的 ERS-1 卫星，搭载了合成孔径雷达（SAR），地面空间分辨率为 30m。微波波段传感器通过卫星平台成像，极大提高了卫星对地球的观测能力，尤其是提高了对环境、大气、冰川、海洋等的观测、研究和理解能力，促进了卫星遥感的应用价值。

第四代地球卫星观测系统是从 1999 ~ 2014 年前后。1995 年，美国摄影测量与遥感学会（ASPRS）和由 Landsat 卫星管理小组（包括 NASA，NOAA 和 USGS），NIMA，USDA，EPA，NASA 卫星数据应用部门在美国召开了“地球陆地卫星下一个十年”会议。来自卫星公司的 700 多位专家、遥感数据产品商、终端用户的专家参加了讨论，并就未来遥感影像的应用、潜在的问题、共同需要的解决方案进行了研讨（Stoney，1996；周国清，2017；Zhou et al.，2018；Zhou，2020）。在该会议上，得出的结论是：下一代高分辨率、多（超）光谱卫星系统将推向市场，并广泛应用于地球科学、环境科学、大气科学、社会科学等。后来全球发射 1 ~ 15m 地面分辨率的 32 颗卫星验证了这一结论。在卫星遥感发展这十几年过程中，遥感卫星制造商、遥感卫星数据用户感兴趣的特征是卫星的空间分辨率（spatial resolution）、时间分辨率（temporal resolution）、光谱分辨率（spectral resolution）和光谱覆盖范围、轨道高度、重访周期（revisit）、条幅宽度（width of swath）、立体成像能力、成像模式（传感器）、数据记录格式、拥有者和市场需求。在此，仅做简单介绍（详细的、全面的调查和分析能参考 Zhou（2001））：

（1）地面空间分辨率：1 ~ 3m 地面分辨率的全色图像，4m 地面分辨率的多光谱影像和 8m 地面分辨率的高光谱影像。雷达卫星影像可达到 3m 以上的地面分辨率。

（2）地面覆盖宽度：光学卫星地面覆盖宽度 4 ~ 40km，雷达卫星地面覆盖宽度 20 ~ 500km。

（3）光谱分辨率和光谱覆盖范围：美国军用卫星能达到 10nm 光谱分辨率和 200 个波段的高光谱遥感图像。

（4）重访周期：低轨道卫星重访周期少于三天，有的卫星甚至可以通过左右翻转方法缩短重访周期。

（5）从数据获取到用户接收的时间间隔：卫星图像可以实时下传到世界各地的地面卫星接收站，美国军方利用安装在汽车上的卫星接收站、军舰上的卫星接收站实时接收卫星数据。

（6）立体成像能力：大部分卫星具有同轨（in-track）和跨轨（across-track）的立体

成像能力，如IKONOS和Quickbird卫星，因此可以利用摄影测量原理进行三维地面制图。

(7) 传感器位置和姿态：卫星的位置和姿态由星载定位传感器和姿态传感器自主完成。轨道的位置精确可以达到厘米级，传感器姿态精度可以达到0.003度（Bisnath et al., 2001；Moreau et al., 2000）。

(8) 成像模式：光学卫星能实现“扫帚扫描（whisk-broom）”和“推扫（push-broom）”的成像模式。

(9) 雷达卫星：Radarsat-2，LightSAR和EnviSat不同大小的分辨率和扫描带宽度的组合，而且它们具有全极化成像功能。对于Radarsat-2，全极化成像的地面采样距离（ground sampling distance，GSD）大约10m左右；LightSAR通过与Radarsat-2相同的轨道上成像模式，实现了双通道成像模型，形成3m的GSD。目前雷达卫星可以提供GSD在3～1000 m，地面覆盖20～500 km的带宽。

(10) 拥有者：很多国家的政府或商业组织都发射了自己的高分辨率卫星，如阿尔及利亚、阿根廷、巴西、中国、加拿大、法国、德国、印度、以色列、日本、韩国（南部）、葡萄牙、泰国、乌克兰、俄罗斯、美国政府和美国卫星商业公司。

总之，这一代对地观测卫星系统的主要特点是：“三多”和“三高”。“三多”是：多平台、多传感器、多角度；“三高”是高空间分辨率、高时间分辨率、高光谱分辨率（李德仁和沈欣，2005）。

1.1.2　第五代地球观测卫星是什么？

人们自然会问：下一代地球观测卫星系统是什么？如上分析所示，地球观测卫星技术大约每13～15年有一个明显的跳跃（图1-1）。基于这个跳跃周期，第五代地球观测卫星在2015年左右来临。这就提出了一个问题：“第五代地球观测卫星是什么？”

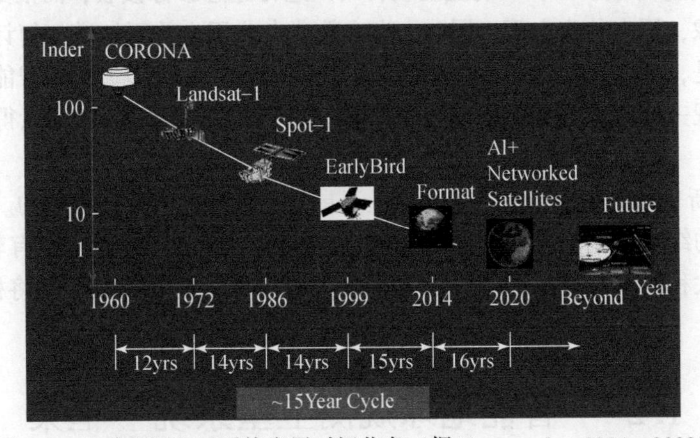

图1-1　地球观测卫星系统发展时间节点（据Zhou et al., 2004；2002）

Zhou等认为：“地球观测卫星经过半个世纪的发展，已经达到成熟期，下一代卫星将是智能对地观测卫星”（Zhou et al., 2002）。被期望的智能地球观测卫星系统将是一个基于动态集成地球观测传感器、数据处理器和通信系统于一体的、卫星上处理的、空间结构配置的智能系统。这个智能系统将能够为实时用户、移动用户、专业用户和普通用户开展全球同步观测、实时处理和分析遥感数据（Zhou，2001）。这是因为不同的用户，如测绘、自然资源、环境科学、气象、灾难监测等领域的需求已经从基本的卫星影像发展到卫星产品商提供实时、定点、动态更新影像产品，即基于影像的信息。例如，玉米产量估计，森林野火燃烧5天后的范围等。而且，遥感数据和信息修正将更加频繁，也就是说，在许多方面，遥感信息的应用类似于现在的天气预报一样（实时）更新（气象遥感卫星提供数据）。此外，普通用户很少关心遥感影像处理技术的复杂性，仅仅要求遥感影像供应商直接为用户提供增值产品影像（例如，洪水淹没区水深三维图等）和增值产品（如洪水淹没区经济损失分布图），以满足用户的实时需求。这些要求，对第五代遥感卫星技术的发展提出了新的挑战。这些挑战包括（Zhou，2002a）：

（1）达到较高的重访周期：尽管当前卫星的重访周期大约为1～3天，但是，目前单个卫星观测还不能满足大多数用户的实时数据采集需求（例如，抢险、防汛、灾难实时监控、军事战斗等）。未来的智能卫星系统需要将重访周期的时间定在几分钟，或十几分钟，以满足不同应急用户的实时需求。

（2）数据适用于普通用户：目前卫星下传的“原始”数据不能直接服务于普通用户。例如，农民没有受过专业培训，没有专业数据处理软件，不知道如何根据自己的需求对卫星遥感影像进行诸如面积测量、生成高程模型或者进行影像分类，但他们理解气象卫星图中风暴雨动态图，因此，他们希望未来智能地球观测卫星像这样给普通大众用户提供这类服务。

（3）用户直接下载影像：以前遥感数据分发给用户的过程是：①卫星地面接收站接收原始卫星数据；②卫星地面站处理“原始”数据，转换为计算机可识别的数据，并分成Ⅰ级、Ⅱ级、Ⅲ级影像产品；③将这个数据归档为用户订单数据，供用户订购。未来智能地球观测卫星“图像”将使用移动设备直接下载，如手机或笔记本电脑。

（4）简单的接收设备：卫星接收站通常必须建立固定的设施，如大型天线。未来智能卫星影像将通过移动通讯设备的内置小天线传输影像信息。

（5）操作简易的接收器：以前卫星收转站只进行遥感影像接收，而很少关注用户是如何使用这些影像，用在什么方面。同时，大多数非专业用户并不知道如何订购或使用这些影像。其结果是，许多遥感影像被封存而且可能永远不会被使用。未来智能地球观测卫星将像今天的电视一样，普遍大众用户将使用遥控器选择一个“频道”，以得到他们想要的影像信息。

（6）星上新一代的增值产品：现在星上卫星数据处理能力是非常低的。许多卫星数据产品是后处理的结果，例如，土地利用分类地图。由于普通用户通常没有软件操作能力，这种情况在很大程度上限制了遥感影像的应用。未来智能地球观测卫星将根据用户需求，传送增值产品。

1.2 “智能地球观测卫星系统”框架

1.2.1 设计原则

1. 用户需求与现实遥感数据产品之间的矛盾

遥感用户按专业性可以分为专业用户（professional users）和大众用户（lay users）。专业用户一般有专业知识，能利用专业知识对影像进行后续的处理，并获得所需的信息；普通大众用户缺少专业知识，而且对遥感影像本身不感兴趣，只是希望通过影像获得信息，如环境保护部门希望直接获取河流的污染、空气质量等变化信息。目前地球观测卫星大多是给专业用户提供单纯的影像产品（下文根据不同应用需要进行分析），几乎不给普通大众用户提供影像产品或增值产品。这一矛盾已经成为制约地球观测卫星与应用发展的最大难题。

遥感专业用户按时效性可以分为实时用户（real-time user）、准实时用户（near real-time user）和离线用户（off-line user）。实时用户最关注数据的时效性，如在军事应用中，美国在阿富汗战争中每半小时就要对战场现状和打击效果做出评估；离线用户，如地图测绘等不需要遥感数据的实时性。目前地球观测卫星大多是给离线用户提供离线产品，完全无法满足实时或准实时用户的需要。这一矛盾已经成为制约地球观测卫星与应用发展的另一最大难题。

因此，智能卫星系统的设计原则是从用户需求出发，这是因为很多用户并不关心图像处理的技术复杂性，只希望不仅提供遥感图像，而且提供及时、可靠、准确的影像信息和增值遥感产品，而且操作简单，像选择电视频道那样。典型用户的需求如表 1-1 所示。

表 1-1　不同的直接终端用户例子（Zhou et al.，2004）

各种用户		图解
实时用户	例如军事打击用户，需要使用便携式接收机，小型天线、内置天线和平板计算机获取具有地理坐标、且实时下行的遥感影像信息	
移动用户	例如搜索、营救飞行员，需要在直升机上实时下行具有地理参考的全色或多光谱遥感影像信息	
普通大众用户	例如农民，需要一个具有地理参照的多光谱图像，以每1~3天间隔调查他的农作物长势、产量评估	
职业用户	例如矿物学家，需要高光谱图像来鉴别矿物类别;三维地形制图专家，需要立体影像对	

2. 解决“虚胖”海量遥感数据的出路

发达国家早期为了解决“三高问题”发射了大量的卫星，这种结果必将导致遥感数据的空前膨胀，这种膨胀实际是一种“虚胖”。早在 2004 年之前，NASA 就注意到了：①每天接收超过 3. 5TB 的对地观测数据几乎没有人用；②这种以 TB 级计的海量数据和普通大众用户迫切需求遥感增值产品之间的矛盾一直没有解决，因此，只能是“望数据兴叹”。造成这种矛盾的原因一方面是由于非专业用户没有相关的专业知识，难以处理和解读卫星数据；另一方面，遥感数据是后续串行处理，数据服务尚无法达到实时性。因此，智能地球观测卫星必须彻底解决海量的“虚胖”遥感数据的问题，达到真正意义上的时效性。为此，智能地球观测卫星首先在设计上不考虑技术复杂性；随后将验证该技术的可行性，并估计实现这些概念所需的开发阶段和成本。

1.2.2 “智能地球观测卫星系统”架构

很明显，没有单颗卫星可以满足上述用户提出的所有要求。此外，过去的地球观测卫星系统的设计侧重卫星成像的基本功能和传感器成像质量；基于地面接收站，疏忽大众普通用户对影像产品的实时要求；而智能地球观测卫星将以人性化产品要求为出发点，重点放在遥感影像/信息的增值产品；并重点考虑实时移动网络化的产品。另外，早期卫星设计将多个体积相对较大、价值相对昂贵的传感器安装在一个卫星平台上（Prescott，1999）。这些传感器之间具有多个冗余组件，且这些组件由昂贵的防故障部件构成，一旦因发射失败，或运营过程中出现故障，卫星失败的风险急剧增加（Campbell，1999；Schetter et al.，2000；Zetocha，2000）。智能地球观测卫星系统的设计将通过使用诸如具有高速数据通信（交联链路、上行链路和下行链路）和具有星上数据处理能力的多颗卫星组成的多层卫星网络。

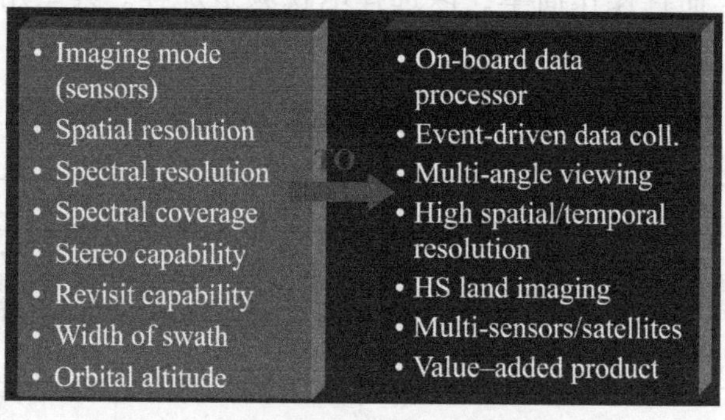

图 1-2 卫星发展与用户需求之间的关系

“智能地球观测卫星系统”架构设计成由两层组成的双层卫星网络，该构架足以实现用户所需的所有功能（图 1-2）。经过反复论证，Zhou 等人（2004）认为：多于两层的卫星网络将增加交联的数据通信负担。因此，“智能地球观测卫星系统”架构被设计为双层卫星网络。

第一层卫星网络由数百个到数千个对地观测的地球观测卫星（EOS）组成，分布在低轨道的卫星群组成。每一颗 EOS 相对来说，体积小、重量轻、价格便宜。这些卫星被划分成几个卫星小组，称为卫星组。每一颗 EOS 卫星配备有不同的传感器，用于收集不同的数据和一个星上数据处理器，使其能够完全自主处理地球上空和地球表面上的观测、量测重要的事件，并针对该事件做出反应。卫星组内的卫星协同合作，开展由几颗大卫星执行的不同功能。每组中都有一颗卫星组长，称为主卫星（master satellite），其他卫星称为成员卫星（member satellite）。主卫星除了与地球同步卫星开展通信之外，还负责管理成员卫星，并与网络（星座）中的其他主卫星进行通信，传递卫星“健康”状态、资源分配、数据处理等信息。这种操作模式类似于内联网，主卫星看起来像一个本地服务器，成员卫星看起来像电脑终端。除了内联网（本地）网络的管理外，本地服务器（主卫星）还负责互联网（外部）通信。这种设计可以减少通信负载，并确保数据收集的管理和覆盖的有效性。

第二层卫星网由地球静止卫星组成。因为并非所有的单个 EOS 卫星都能实现全球观测，并与世界各地的用户沟通，所以第二层卫星网络首先是进一步处理来自主卫星的数据，其次是负责与终端用户，例如数据下行，地面控制站以及地面数据处理中心进行通信，保证用户能收到合适数据。

卫星以高速无线网、编队的形式有机连接在一起。地面用户将请求发送到第二层地球同步卫星，同步卫星根据地面用户的需求，把任务指令给二层网络主卫星，这样最大限度地将影像信息或数据传送到地面用户和地面卫星接收基础设施（Prescott et al.，1999）。因此，所有在二层卫星网的主卫星除了与其他的主卫星建立和维持一个高速数据互联通讯外，还要保证把处理的卫星数据上传到一个或多个地面静止卫星。地面同步卫星与终端用户、地面控制站和地面数据处理中心保持高速数据交联和下行通讯。

1.2.3 “智能地球观测卫星系统”运行模式

正常操作程序涉及每个EOS独立收集，使用自己的传感器和板载处理器分析和解释数据。这些收集的数据将不会传输给地面用户、地面站，除非他们检测到更改的数据。当EOS检测到事件，例如森林火灾，卫星传感器将其传感系统旋转到位并调整其姿态以使事件受到关注（Schetter et al.，2000）。同时，卫星传感器通过交联通知其组内的成员卫星，成员卫星自主调整其传感器的姿态以获取事件。卫星组的不同传感器位于不同的高度、不同的位置和不同的光谱覆盖范围内，从而对事件进行多角度、高分辨率和高光谱的观察和分析。这些数据集被发送到对地静止卫星，根据检测到的变化指定优先级。在逐行数据压缩之后，数据可用于传输到其他对地静止卫星，对地球观测静止卫星之间的联系提供了全球系统的实时能力。同时，在对地静止卫星上，进行数据的进一步处理，以开发其他产品，例如，预报五天后火灾程度，天气对火灾的影响，火灾造成的污染等。这些增值产品是随后传送给用户。

如果地球静止卫星的星上系统不能分析和解释直接收集的数据，那么“原始”数据将被传送到地面数据处理中心（GDPC）。GDPC将根据用户需求对这些数据进行解读，然后将处理后的数据上传回地球静止卫星。在卫星网络中，所有卫星都可以通过地面用户的直接命令或综合卫星网络系统本身自主控制。

卫星以优先级顺序传输图像，数据的重要部分优先发送。例如，森林火灾的多光谱图像可能比全色图像具有更高的优先级；而对于滑坡全色图像的3D制图可能优先于多光谱图像。当然，传感器、处理器和优先级算法的自主操作可以被系统控制器或授权用户覆盖。

1.2.4 最终用户操作

最终用户，尤其是普通大众用户期望用小型接收设备直接下载卫星遥感信息或知识，而且遥感信息接收操作简单，像使用遥控器选择电视频道一样容易控制（图1-3）。因此，天线和接收器有三种基本类型：①适用于实时和移动用户的便携式天线和接收器；②适用于个人移动用户使用的手机内置天线；③适用于家庭用户、专业用户或卫星接收站使用的固定天线（图1-4）。这些用户都能够上传用户的指命，并安装有GPS定位信息，即移动用户的位置在大地坐标系统可以实时确定并上传到地球同步轨道卫星。星上数据处理器将根据所需的位置从其数据库检索一个图像（块）进行处理，并反馈到用户（Zhou and Paul Kauffmann，2002）。

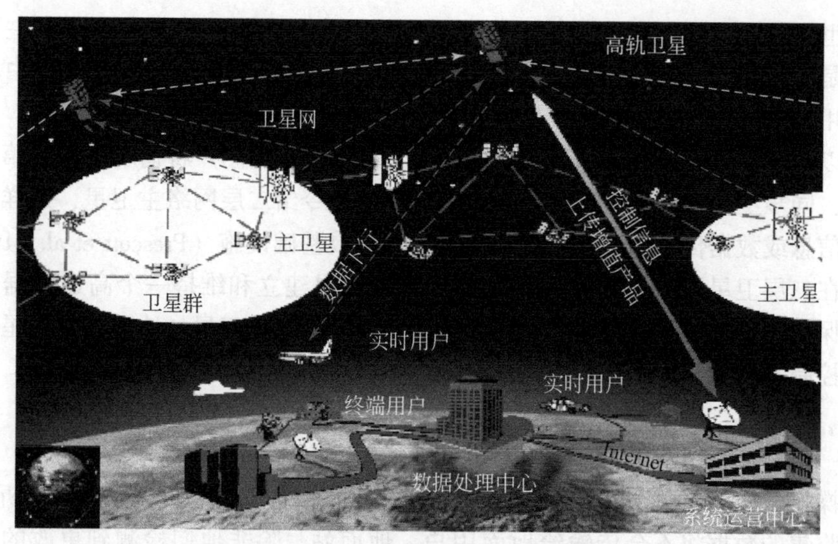

图 1-3 “智能地球观测卫星系统”架构（Zhou et al.，2004）

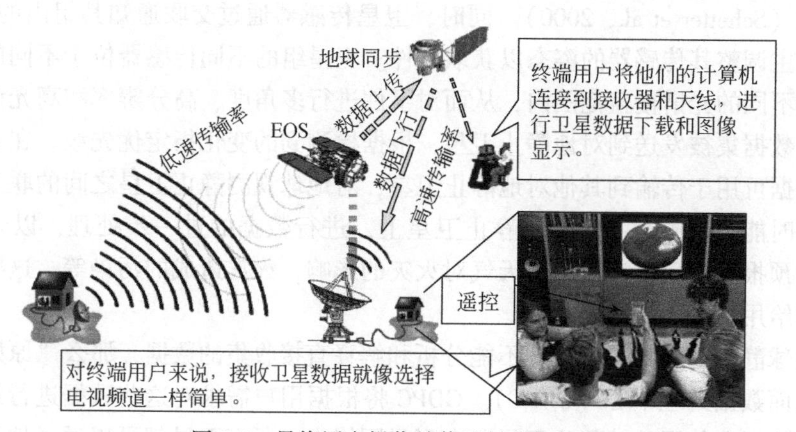

图 1-4 最终用户操作就像选择电视频道

因此，“智能地球观测卫星系统”中，普通移动用户能够在大街上使用自己的手机从地球同步卫星或从互联网下载/访问他的周围环境。家庭用户可以看到家庭周围的环境、大气、人文数据。这意味着“智能地球观测卫星系统”将让人们不仅要看到他们的环境，而且还能“塑造”他们的物理环境。用户实际接收的数据不是目前的遥感图像，而是接收一个信号，就像一个电视天线接收电视信号，而不是直接的图像和声音，此信号必须转变成电视机的图像和声音。同样，“智能地球观测卫星系统”的信号（称之为一个特殊的信号）是完全不同于当前地球观测卫星的遥感图像。用户接收设备接收的图像必须是从“智能地球观测卫星系统”卫星信号转化而来的。因此，用户需要：

（1）数据接收 APP：主要是用于将“智能地球观测卫星系统”提供的图像转换为用户有用的、熟悉的、理解的知识和信息。它是由地面控制中心或地面数据处理中心提供，以便实时用户和普通用户使用。另外，对于普通大众用户来说，复杂的应用软件是不必要的，只需能让他们自己进行图像分析和解释。对于更高级的专业用户，例如科研人员，具有 AI 等先进技术的数据处理软件仍然是必要的，因为他们需要根据自己的专业来发展专业应用。

(2) 不同的接收频率：对于不同的专业用户来说，他们可能需要不同类型的图像和信息，例如，一个三维地图制图专家可能只需要立体成像中前后全色影像，而一个生物学家可能需要高分辨率、高光谱图像信息。因此，不同类型的卫星图像、信息、知识被分配到不同的发布频率，由地面控制站提供用户访问的权限。

1.2.5 智能地面控制站

由于“智能地球观测卫星系统”中卫星自主功能的增强，地面控制站的功能将随着时间的推移不断减弱。除了一些基本功能，如连续掌控和监测卫星传输、卫星星历预报，定期校准卫星的轨道参数和导航信息，定期评估卫星的性能、监测卫星的健康状态，探测卫星异常现象、对卫星出现的异常情况采取星上纠正措施。因此《智能地球观测卫星》中的地面控制站主要有以下特点：

(1) 上传增值影像产品到地球同步卫星；

(2) 与终端用户通讯，指导接收频率、软件使用等用户端的服务。

1.3 “智能地球观测卫星系统”的特性

“智能地球观测卫星系统”的设计理念是非常先进、灵活的，因为任何一颗外来的卫星或后发射的卫星都可以很容易地被插入这个无风险的卫星网络基础设施中，这个网络把新加入的卫星平台和新传感器用无线网络技术有机地连接在一起。一个双层卫星网络组成的“智能地球观测卫星系统”确保全球遥感数据能在十分钟或者更短时间内被收集，事件驱动（event-driven）的数据可以多角度、多分辨率、多波段的被收集和星上处理，并且地面用户可以在全球范围内实时获取自己感兴趣的图像。这个设计概念提供了一个全新的设计理念，即插即用的方法（plug-and-play approach）非常适应于新的传感器、新的平台和新的信息处理系统；可以允许更小的、更轻的、标准化的、功能独立的卫星加入卫星网络，这样的设计理念不仅解决了当前大型卫星设备操作寿命短的问题，而且还能使成像传感器一直保持最先进的国际水平。

另外，“智能地球观测卫星系统”将完成目前大部分由地面数据系统完成的工作，甚至能完成只能通过使用高性能计算机，或可重构计算环境（reconfigurable computing environments）来处理的大部分的地面工作，如事件检测（event-detection）和事件快速响应工作（event quick response）（Alkalai，2001；Armbruster，2000；Bergmann and Dawwood，1999）。“智能地球观测卫星系统”将完全实现卫星平台和传感器操作的自主控制，以及对用户感兴趣的事情的响应，用户也可以根据自己感兴趣的事件选择需要的遥感数据信息。

1.4 “智能地球观测卫星系统”的关键技术

由双层卫星网络构成的“智能地球观测卫星系统”将产生大量的科学数据，从而使图像、图像产品、图像增值产品的处理、传输、存储和分发等环节产生重大挑战。因此，“智能地球观测卫星系统”需要最快速度的处理器、最快的通信传输速率、最大图像存储容量以及实时遥感数据处理软件系统，以确保星上数据处理和后处理的图像从卫星网能有效、顺利的分发到全球用户（Prescot et al.，1999；Schetter et al.，2000；Schoeberl et al.，2001）。为了达到这些功能所需要的关键技术有：

（1）各种类型的智能传感器、探测器；

（2）高速率数据传输、高速网络通信；

（3）最强大的星上数据处理能力；

（4）卫星网系统的自主运行和控制。

1.4.1 智能传感器、探测器

传统的使用电磁波辐射理论探测物理变量，例如温度、大气、水蒸气、风、波浪和土壤水等取得了长期的进展，并已经达到了相对比较成熟阶段。但是，遥感数据的解译发展比遥感传感器发展更缓慢，遇到的挑战更多、更大（Zhou et al.，2004）。此外，尽管星载存储和星上处理获得改进，但影像的光谱分辨率、地面分辨率和时间分辨率可能仍然是一个问题。因此，使用电磁辐射的传统、常规传感器已经不足以用来监测我们的环境。例如，使用高光谱卫星图像进行有毒化学品和污染分析，将花费很多的计算时间、消耗更多的存储空间。因此，实时监控这些环境信息需求更先进的传感器。Zhou 等（2004）已经描述了这些传感器在地球环境变化分析和监测中的作用，并总结了四种重要类型的传感器：

（1）生物传感器。生物传感器使用生物技术感知地球表面的环境数据。生物传感器可以用于连续和现场监测水、土壤、空气中的有毒化学物质和污染物。

（2）化学传感器。化学传感器通常对环境、大气和水生的化学参数进行监测。化学传感器可用于：①分析大气颗粒，如尺寸和化学性质；②检测土壤中重金属的迁移（mitigation）、分散（dispersion）和沉积（deposition），云凝结核（cloud condensation nuclei）的形成，以及气体-颗粒反应后挥发性有机化合物；③观测污染痕量和水蒸汽的分布和通量。

（3）神经网络传感器。神经网络传感器是神经网络技术开发的、由大量小型传感器阵列分布组成的一种类型传感器。早年有科研人员开发了一种高级神经网络传感器，以便快速识别地面目标。

（4）自动目标识别（automatic target recognition，ATR）探测器。自 20 世纪 80 年代以来，美国 ONR（Office of Naval Research）研究了一种集成不同被动和主动遥感传感器的 ATR 探测器来自动检测热点目标。这样的探测器能够就像人脑一样进行“无监督的学习”，即使热点目标是被遮蔽或模糊，也可以挖掘出一些信息（Zhou et al.，2004）。这类 ATR 探测器的第一个实际应用是为环境提供自主分类（autonomous classification）。

1.4.2 高速传输率和高速网络通信

在“智能地球观测卫星系统”的卫星网络中，卫星在不同的轨道运行，其飞行速度非常快。因此，建立和维护的实时网络通信，包括卫星之间的高速通信、用户与地球同步卫星及地面控制站的通信，用户与地球同步卫星通信（图 1-2），是一个非常挑战的问题（Zhou et al.，2004；Surka et al.，2001；Welch et al.，1999）。很明显，连接卫星和卫星之间的高速无线数据通讯，卫星和地面的高速率数据传输，网络管理至关重要。Prescott 等（1999）估计数据流的体积将会 TB（terabytes）(2^{40}）到 PB（petabytes）(2^{50})，甚至更多。

1.4.3 星上数据的处理能力

星上数据处理的成功对实现“智能地球观测卫星系统”至关重要。星上数据处理包括影像数据处理、数据发布、数据管理、政务管理（housekeeping）、健康管理、资源管理、星上指令规划（on-board command planning）、平台控制/传感器控制等等。星上数据处理最重要的功能之一就是卫星必须实现自主性（autonomy）（Ramachendran et al., 1999）。这种自主性需要从基于地面的控制发展到星上控制、从基于地面的分析发展到基于星上的分析、从基于地面的操作和数据处理/解释发展到基于星上的业务操作和数据处理/解释。以下简单回顾一下星上数据处理的发展。

（1）星上影像处理：当前一些影像处理能够实现星上自动处理，如影像滤波、增强、压缩、辐射平衡、边缘检测和特征提取等，且这些技术已经比较成熟（Dawood and Bergmann, 2001）。更高级别的智能影像处理，如分类、空间信息提取、变化检测、图像解译、模式识别和三维重建等，需要几代人的发展。全自动化影像分析和图像判读相当困难，特别是在城市环境等复杂的领域。对于“智能地球观测卫星系统”来说，最重要的功能是变化检测的能力，与数据系统中存储的影像相比，“智能地球观测卫星系统”只传输那些已变化的图像给用户。

（2）星上数据管理系统：“智能地球观测卫星系统”需要强大的星上数据管理系统，包括星上数据存储容量和自主数据发布的操作，因此，一些先进和创新的图像处理技术，如数据压缩、数据挖掘、先进的数据元结构等，都将需要支持自主数据处理（Caraveo et al., 1999）。

（3）星上数据处理软件：实现从图像采集、信息提取、发布、传输的实时图像流处理软件是“智能地球观测卫星系统”的关键要素之一。星上实时响应产品服务技术，其中包括星上影像检测与匹配、星上云检测系统、星上目标定位及识别系统。另外，为了制作对普通大众用户有用的数据增值产品，现有的应用软件、算法等都需要改进。另外，动态和无线传输技术等一些先进的理念，需要满足处理庞大的数据计算、动态交互需求进行改进。

（4）星上卫星平台/传感器控制系统，其中包括星上卫星传感器姿态控制。

（5）星上卫星星务及资源管理系统，其中主要包括有：星上自主任务管理系统、星上自主健康管理系统。

（6）星上成像质量参数及星上原始影像数据处理系统，其中包括星上成像参数智能优化系统、星上辐射定标系统、星上几何定标系统、星上正射校正系统。

1.5 国内外典型“智能地球观测卫星系统”

1.5.1 海军地球地图观察者

2000 年美国海军研究所和海军实验发射 NEMO 卫星（Naval EarthMap Observer, NEMO），NEMO 卫星搭载了海军研究实验室开发的光谱数据实时自适应特征识别系统

(optical real-time adaptive signature identification system，ORASIS）进行星上自动处理、分析和影像特征提取。ORASIS 是一种算法，可以明显减少人造卫星传输到地面的数据量，同时保留 97% 到 98% 的数据保真度。ORASIS 由高度并行数字信号处理器 IOBP 完成图像自主识别和自适应识别功能，高达 25 亿次浮点运算性能使 NEMO 能实时完成星上数据处理和压缩，并生成数据产品，以提高分析军事和民用数据集的运营效率。ORASIS 是一种高速处理系统，无需监督或先验知识即可识别与场景中物理对象相对应的光谱特征。

NEMO 卫星为海军和民用提供直接使用的、未分类、星载、中等分辨率的高光谱被动图像（DAVIS et al.，2000）。NEMO 作为 20 世纪美国在“智能地球观测卫星系统”萌芽的特点如下：

（1）使用海军研究实验室（NRL）光学实时自适应签名识别系统（ORASIS）开展全自动化、星上处理、星上分析、星上特征提取：①实时星上图像特征提取和分类，使得原始数据缩减超过 10 倍以上；②高性能星上图像处理器具有持续提供了大于 2.5 GT/s 浮点运算的计算能力；③星上数据存储达 56GB。

（2）直接向地面用户提供（传输）实时高光谱图像产品：①X-波段高速下行数据率（150Mbps）；②商业卫星数据总线（space systems loral LS-400）；③预配置交互设计（pre-configured interface（PCI））用于有效载荷/实验。

1.5.2 星上自主项目（project for on-board autonomy，PROBA）

PROBA 是欧空局（ESA）自主和技术示范项目，被用来验证和展示新的星上图像处理技术、星上自主完成一系列任务操作、地面最小限度的干预星上操作任务（Teston et al.，1997），其卫星如图 1-5 所示。星上操作任务的基本功能包括：

（1）星上管家（on-board housekeeping）：决策过程、故障检测、故障识别和一级恢复行动；

（2）星上数据管理（on-board data management）：数据处理、存储和对地传输；

图 1-5 PROBA 卫星

https://earth.esa.int/web/guest/missions/esa-operational-eo-missions/proba

（3）星上资源的使用（on-board resources usage）：功耗和电源分配；

（4）星上仪器指令（on-board instrument commanding）：规划、调度、资源管理、导航、观测指向、数据加工、数据下传等；

（5）星上科学数据发布（on-board science data distribution）：在没有人工干预的情况下，以最小可能的延迟要求下，自动、直接的将处理的数据分发到不同的用户手里；

（6）星上平台控制（on-board platform control）：PROBA 平台通过 GPS、高精度双头星跟踪器（double-head startracker）、一组反作用轮（reaction wheels）组成控制系统自主完成。

1.5.3 双波段红外探测卫星（bi-spectral infrared detection，BIRD）

BIRD 是德国航空航天中心（Deutsches Zentrum für Luft-und Raumfahrt，DLR）在 2001 年发射的一颗双波段红外探测微卫星（图 1-6）。其总体目标是观察地球上的由闪电、火山作用、油井、烟雾、人工等引起的火点和热点，以及由此产生的环境影响研究。其它目标是测试在微卫星上运行一种新型红外传感器系统以及星上图像预处理技术（Gill et al.，2001；Halle et al.，2000；Oertel et al.，1998）。作为上个世纪德国在“智能地球观测卫星系统”的初步研究，下面一些特点比较引人注目：

（1）星上数据处理能力：①用于火灾预警和监控的星上专用图像分类器；②传感器信号的星上辐射和几何校正（radiometric and geometric on-board correction）；③系统准直误差的星上几何校正；④卫星姿态的星上几何校正。

（2）图像星上实时地理配准（geocoding）和实时下传（downlinking）：①区域数据即时下传；②根据用户需求，警报信息即时下传；③存储、转发、数据下传到地面站。

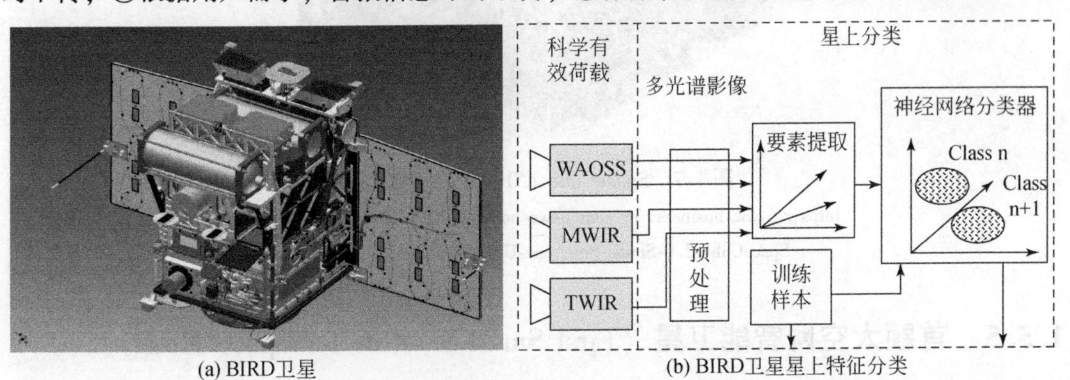

(a) BIRD卫星　　(b) BIRD卫星星上特征分类

图 1-6　BIRD 卫星及其星上处理模块

https://www.explica.co/firebird-the-german-mission-that-detects-fires-from-space

1.5.4 太空立方 2.0（SpaceCube 2.0）

SpaceCube 2.0 是美国航空航天局歌德飞行中心（NASA Goddard Space Flight Center）六位研究科学家（Michael Lin，Thomas Flatley，John Godfrey，Alessandro Geist，Daniel Espinosa，David Petrick）研制出来的，是一个紧凑，高性能，低功耗的星上数据处理器被称作为“先进的混合星上数据处理器（an advanced hybrid onboard data processor）”，简化为 SpaceCube 2.0（图 1-7）。它利用了先进的混合（CPU/FPGA/DSP）处理元素。SpaceCube 2.0 设计概念包括两个商用 Virtex-5 现场可编程门阵列（FPGA）部件，这些部件通过软件技术实现了逐层固化保护，而且尺寸（5×5×7 英寸）、重量（3.5 磅）和功耗（5-25 W）（实际功耗取决于使用时所需的时钟频率）等特性非常优秀。两个 Virtex-5

FPGA 器件采用独特的背对背配置，以最大限度地提高数据传输和计算性能。SpaceCube 2.0 的计算能力包括四个 PowerPC 440（每个 1100 DMIPS）、500 + DSP48E（2 × 580 GMACS）、100 + LVDS 高速串行 I/O（每个 1.25 Gbps）和 2 × 190 GFLOPS 单精度（65GFLOPS 双精度）浮点计算。SpaceCube 2.0 包括用于 CPU 引导，健康和安全以及基本命令和遥测功能的 PROM 存储器；用于程序执行的 RAM 存储器；用于存储算法和应用程序代码的 FLASH /EEPROM 存储器和用于 CPU，FPGA 和 DSP 处理元件。程序执行可以实时重新配置，算法可以在任务执行期间的任何时候更新，修改和/或替换。千兆位以太网，Spacewire，SATA 和高速 LVDS 串行/并行 I /O 通道可用于仪器/传感器数据接收，并且可以使用紧凑型 PCI（cPCI）扩展卡接口容纳任务独特的仪器接口。SpaceCube 2.0 可用于 NASA 地球科学、天体物理学探索以及军用卫星的星上数据处理，也可以用于商业通信和地图制图卫星的星上数据处理。

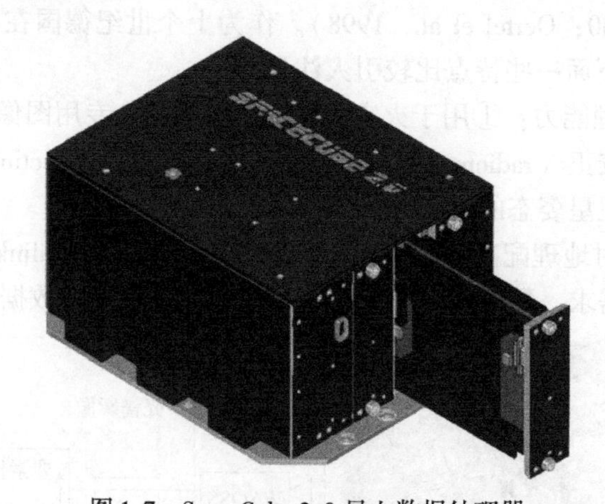

图 1-7　SpaceCube 2.0 星上数据处理器

https://www.businesswire.com/news/home/20130930005547/en/NASA-SpaceCube-2.0-Sports-Peregrine-UltraCMOS% C2% AE-Power

1.5.5　首颗太空网智能卫星（First Smart Satellite for Space Mesh）

2020 年 1 月 16 日，美国洛克希德 · 马丁公司宣布，他们发射了装有载荷 Tyvak-0129 首颗太空网智能卫星（图 1-8）。该 Tyvak-0129 属于下一代 Tyvak 6U 航天器。Tyvak-0129 是 Pony Express 1 任务的第一个航天器。TTyvak-0129 是一颗微小的试验卫星，其目的是开展在轨验证有效载荷的硬件和软件，尤其是验证装在只有鞋盒大小（shoebox）里面的新技术，其中一些关键技术包括：

（1）HiveStar™软件验证了卫星之间的高级自适应网格通信能力、共享被处理的数据能力，以及利用其他智能卫星上的传感器实现用户自己定制的，前难以实现的遥感观测任务。

（2）用软件制作的、能实现多个 RF 应用的高带宽无线电通讯、RF 的存储和转发（store-and-forward），数据压缩，数字信号处理和波形传输。

（3）洛克希德 · 马丁公司高级研究技术中心开发的 3D 打印宽带天线。

Pony Express 1 是一种两用有效载荷，可通过 HiveStar™在太空中实现网状网络，已经试验从空间对地观测能力。洛克希德 · 马丁公司计划在 2020 年进一步推进卫星之间的云网络实现，并验证他们自己研发的 SmartSat™ 软件。该软件像流水线一样、处理那些灵活的任务。该任务由两个具有更快，功能更强大的超大规模处理器（12U cubesats），可解锁在轨数据分析（unlock in-orbit data analytics）和人工智能组成（artificial intelligence）。Pony Express 1 任务标志基于太空的计算进入了一个新时代。这个基于太空的计算能使人工智能，数据分析、云网络和高级卫星通信集成在一个可靠的、新的软件定义的框架内。

图 1-8　首颗太空网智能卫星

https://www.defencetalk.com/lockheed-launches-first-smart-satellite-enabling-space-mesh-networking-73155/

1.5.6　ϕ-Sat 系统

欧洲航天局（ESA）计划发射配备人工智能处理器的地球观测卫星，这将使卫星能够自主决定在对地观测期间，哪些地方需要成像，哪些数据需要发送到地面。该卫星叫 ϕ-Sat 系统（PhiSat system），昵称为 BrainSat（大脑卫星）。PhiSat 代表欧洲第一个具有人工智能，并在太空正式运行的卫星。它的主要任务是收集兆兆字节的图像，来监测植被和水质变化，并过滤掉由于云覆盖导致质量低下的图像或已经模糊不清的图像。它将搭载英特尔的 Myriad 视觉数据处理器，并于明年发射。

早在 2017 年，西班牙加泰罗尼亚政治大学提出，欧洲航天局（ESA）发射两枚 CubeSat（微型卫星），其中一枚卫星就是载有星上 AI 处理系统（ESA onboard AI processor）的 ϕ-Sat 或 PhiSat。这两颗卫星的大小都与鞋盒差不多，将配备先进的双微波和高光谱光学仪器，除了收集地面数据外，卫星之间还进行通信实验。其中一个立方体卫星上的高光谱摄像机将收集大量的地球图像，由于云层的覆盖，其中一些图像不适合使用。为了避免将这些不太理想的图像传回地球，the-Sat 人工智能芯片会将其过滤掉，以便仅返回可用数据。虽然结构紧凑，但它具有强大的功能，可以覆盖可见光和近红外光谱并具有高光谱功能，并具有热红外波段的功能，它的功能非常强大，它将获得数兆字节的数据，可用于监测植被变化和评估水质。

1.5.7　星上数据系统框架

欧空局在网上公布了一个星上数据系统框架（architectures of onboard data systems）。这个星上数据系统涵盖了广泛的功能模块，包括遥控和遥测模块、星上计算机、数据存储和大容量存储器、远程终端单元、通信协议和总线。这些模块的功能是通用，因此对于不同的项目都能适用，如科学、探索、对地观测和电信任务，因此选择哪个模块取决于具体的项目的任务。[①]

图 1-9 是由 SAVOIR 咨询小组定义的星上数据处理的参考体系结构：该参考体系结构适用于以下情况：

（1）ESA 科学和地球观测任务［如 LEO，GEO，Lagrange 点，行星际空间（Interplanetary space）］；

（2）电信任务；

（3）商业地球观测任务（图中绿色涂框表示星上计算和数据处理的部分）；

（4）星上计算机；

（5）远程终端单元；

（6）平台固态海量存储器；

（7）TM /TC 单位；

（8）安全性；

（9）总线和通信协议。

星上计算机［也称为航天器管理单元（spacecraft management unit，SMU）或命令和数据处理管理单元（command & data handling management unit，CDMU）］是航天器电子设备的核心。中央处理器（CPU）负责执行平台软件（由 RTOS，BSP，SOIS 层，PUS 等组成）和应用软件。其他 OBC 主要模块包括易失性和非易失性存储器、安全保护存储器、星上定时器、接口控制器和重新配置模块。图 1-9、图 1-10 显示了星上数据系统的功能架构，所有主要功能模块均通过相互通信链接和典型的冗余方案接收指定。

1.5.8 对地观测脑（earth observation brain，EOB）

中国工程院院士、中国科学院院士李德仁最新提出“对地观测脑”概念（1-11）。李德仁院士的 EOB 是：“一种模拟脑感知、认知过程的智能化对地观测系统，通过结合地球空间信息科学、计算机科学、数据科学及脑科学与认知科学等领域知识，在天基空间信息网络环境下集成测量、定标、目标感知与认知、服务用户为一体的一种实时智能对地观测系统”。他将 EOB 描述为以天上卫星观测星座与通讯导航星群、空中飞艇与飞机等获取地球表面空间数据信息，利用在轨影像处理技术、星地协同数据计算分析技术等对获取的数据信息进行处理分析，获取其中的有用的信息和知识，服务于用户决策，从而实现天空地一体化协同的实时对地观测与服务；EOB 可以为不同领域用户提供定位（positioning）、导航（navigation）、授时（timing）、遥感（remote sensing）、通信（communication），即 PNTRC 服务。具体表现为[②]：

（1）快速遥感（视频）增值服务：全天时、全天候、实时的获取、处理遥感和视频数据，并将感兴趣的信息及时推送给用户的手机和各类智能移动终端；

（2）实时增强导航服务：为各种类型用户（包括地面手机用户）提供优于米级的高精度实时导航定位信息；

---

① https://www.esa.int/Enabling_Support/Space_Engineering_Technology/Onboard_Computer_and_Data_Handling/Architectures_of_Onboard_Data_Systems.

② https://m.sohu.com/a/139429900_358040.

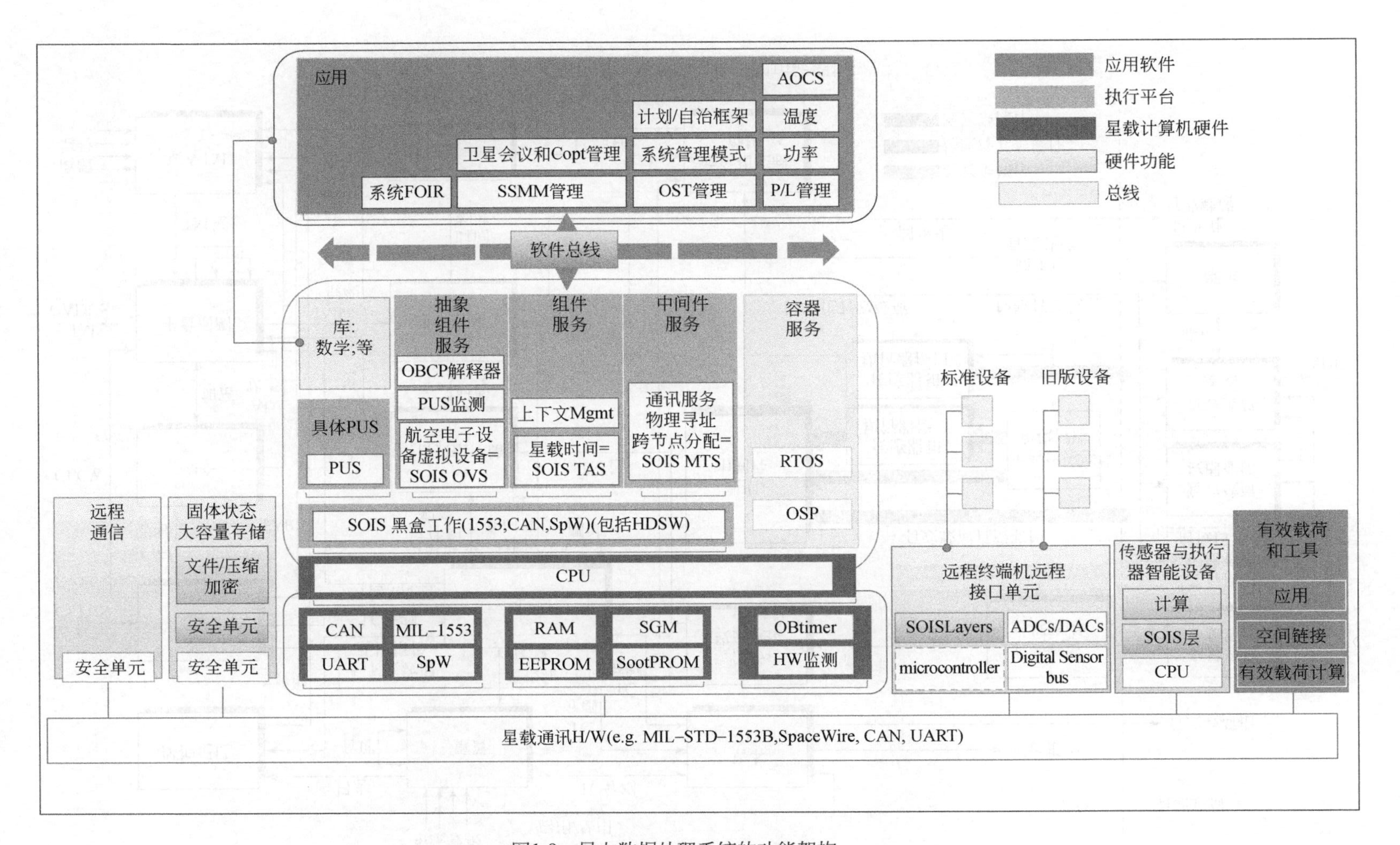

图1-9　星上数据处理系统的功能架构

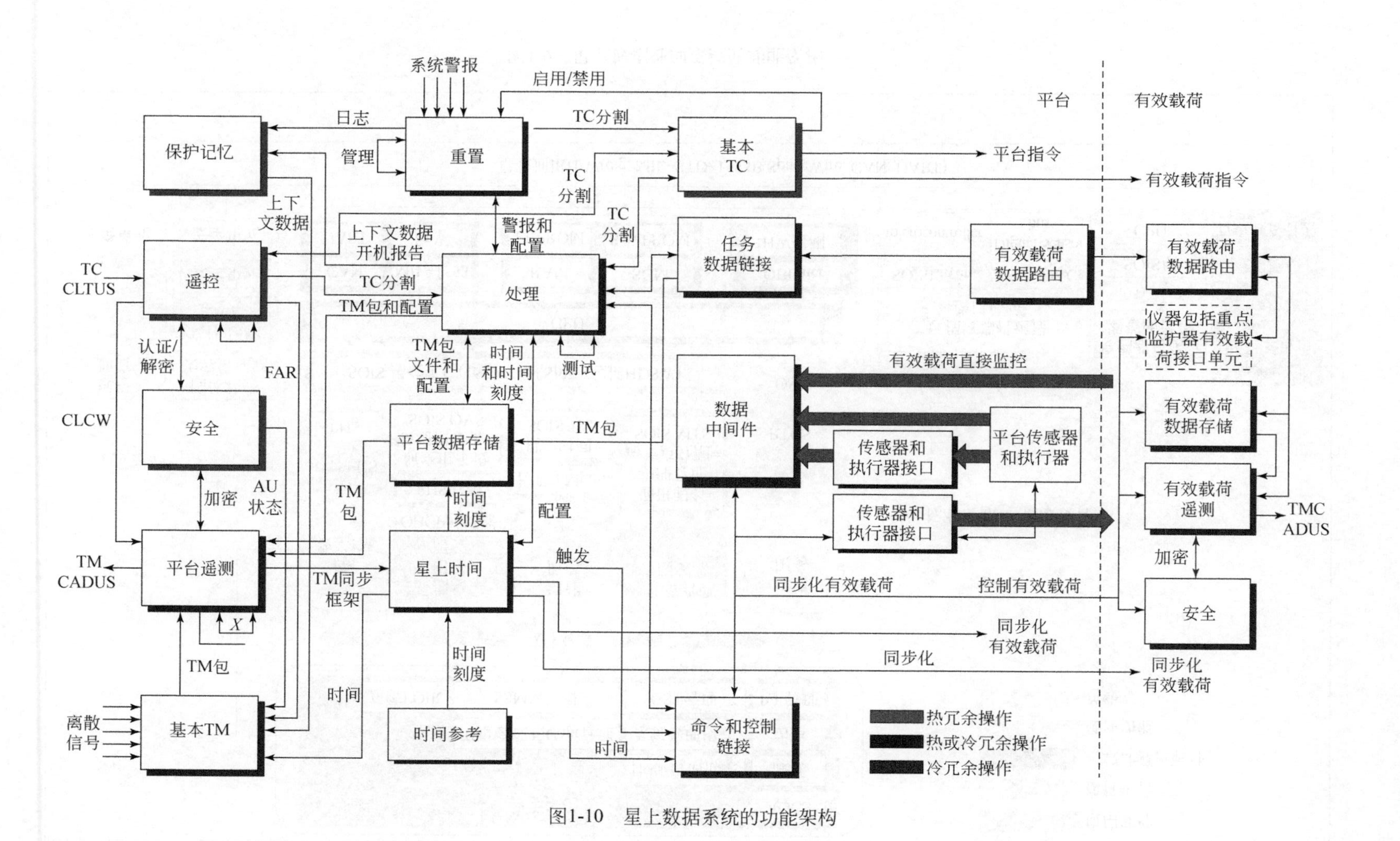

图1-10 星上数据系统的功能架构

（3）精密授时服务：提供高精度时间信息和时间同步信息；

（4）天地一体移动宽带通信服务：克服地面通信网络覆盖范围不足的局限，可为全球用户提供安全、可靠、高速的天地一体化通信和数据传输服务。

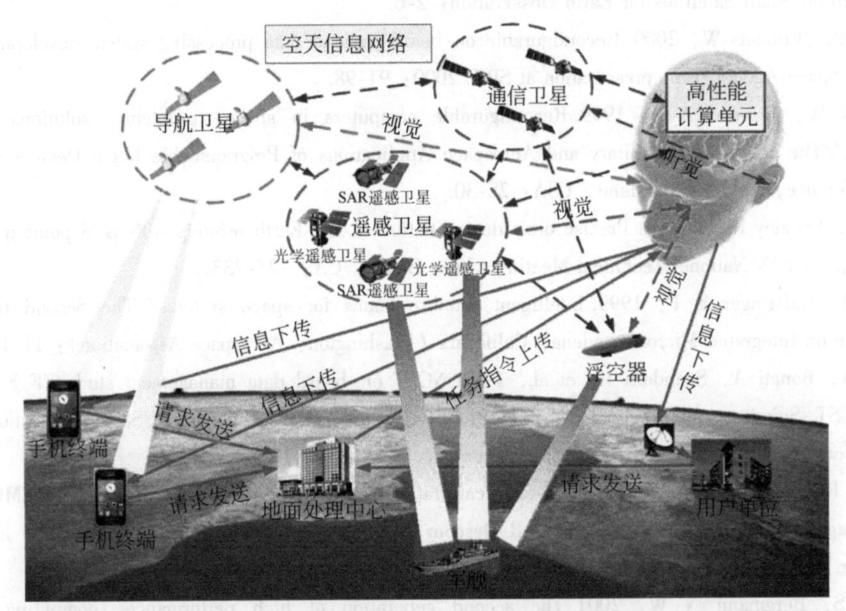

图 1-11 “对地观测脑”框架（李德仁等，2017）

1.6 本章小结

本章提出了未来智能地球观测卫星系统的概念设计和设想展望。该系统是一个基于动态体系结构和综合星上一体化的地球观测传感器、数据处理器和通信系统。体系结构的实现需要不同的组件无缝集成到一个灵敏度高，适应性强的地球观测卫星系统。它的目的是使全球测量的同时能为各种不同的用户及时分析地球环境。普通用户可以通过类似于选择一个电视频道的方式一样选择访问数据。很有可能直接从卫星系统获得图像查看。

为此，实时信息系统关键是解决来自与体系结构相关的挑战。实现这样一个技术复杂的系统需要许多学科的科学家和工程师的共同努力。希望这个革命性的概念将会大大的影响地球观测卫星技术的发展状况和指导任务实施。

随着空间信息科学技术的成熟，是时候“简化”我们的技术让更多的用户可以直接从卫星上获取信息。摄影测量、遥感和GIS的领域的未来是很有希望的。对每个组件的关键技术进行详细的可行性研究的必要性、可能性、利益与否、探索实施的具体的筹资机会将在第二阶段进行。

参考文献

李德仁，沈欣，2005. 论智能对地观测系统．测绘科学，30（4）：9-11.

李德仁，王密，沈欣，等，2017. 从对地观测卫星到对地观测脑．武汉大学学报（信息科学版），42（2）：143-149.

周国清，2017. 线摄影测量，北京：科学出版社.
周国清，2019. 美国解密侦查卫星成像原理、处理与应用，北京：测绘出版社.
Alkalai L，2001. An overview of flight computer technologies for future NASA space exploration missions. 3rd IAA Symposium on Small Satellites for Earth Observation：2-6.
Armbruster P，Wijmans W，2000. Reconfigurable on- board payload data processing system developments at the European Space Agency. ESA presentation at SPIE 2000：91-98.
Bergmann N W，Dawood A S，1999. Reconfigurable computers in space：problems，solutions and future directions//The 2nd Annual Military and Aerospace Applications of Programmable Logic Devices（MAPLD' 99）Conference，Laurel，Maryland，USA：28-30.
Bisnath S B，Langley R B，2001. Precise orbit determination of low Earth orbiters with GPS point positioning// Proceedings of ION National Technical Meeting，Long Beach，CA：725-733.
Campbell M，BoHringer K F，1999. Intelligent satellite teams for space systems//The Second International Conference on Integrated Micro. Pasadena，California（Washington：Aerospace Association）：11-15.
Caraveo P A，Bonati A，Scandelli L，et al.，1999. NGST on- board data management study//F Favata and J Drake. NGST Science and Technology Exposition，Hyannis，Massachusetts，USA：Publications of the Astronomical Society of the Pacific（PASP）Conference Series，13-16.
Davis C O，Horan D，Corson M，2000. On- orbit calibration of the Naval Earth Map Observer（NEMO）Coastal Ocean Imaging Spectrometer（COIS）//M R Descour and S S Shen Proceedings of SPIE（The International Society for Optical Engineering）：250-259.
Dawood A S，Bergmann N W，2001. The second generation of high performance，computing for space applications//Newcastle，Australia. Proceedings of the 3rd Annual Conference of the CRCSS：13-16.
Gill E，Montenbruck O，Kayal H，et al.，2001. Combined space- ground autonomy for the BIRD small satellite mission//H P Roeser R Sandau，and A Valenzuela IAA-B3-0505P. 3rd IAA Symposium on Small Satellites for Earth Observation. Berlin（Berlin：Wissenschaft und Technik Verlag）：129-132.
Halle W，Venus H，Skrbek W，2000. Thematic data processing on-board the satellite BIRD. http://www. spie. org /conferences/Programs/01/ rs/confs/4540A. html.
Lillesand T M，Kiefer R W，2000. Remote Sensing and Image Interpretation，fourth edition（John Wiley & Sons）. Geomorphology，46（1）：144-146.
Mcdonald R A，1995. Opening the cold war sky to the public：declassifying satellite reconnaissance imagery. Photogrammetric Engineering and Remote Sensing，61：380-390.
Moreau M，Axelrad P，Garrison J L，et al.，2000. GPS receiver architecture and expected performance for autonomous GPS navigation in highly eccentric orbits. Navigation，47：191-204.
Oertel D，Zhukov B，Jahn H，et al.，1998. Space-borne autonomous on-board recognition of high temperature events. International Decade for Natural Disaster Reduction Conference on Early Warning Systems for the Reduction of Natural Disasters，7-11.
Prescott G，Smith S A，Moe K，1999. Real- time information system technology challenges for NASA's Earth Science Enterprise//The 1st International Workshop on Real- Time Mission- Critical Systems：Grand Challenge Problems. Phoenix，Arizona，USA：30.
Ramachandran R，Conover H T，Graves S J，et al.，1999. A next generation information system for Earth science data//The International Symposium on Optical Science，Engineering and Instrumentation，Denver：18-23.
Schetter T，Campbell M，Surka D，2000. Multiple agent- based autonomy for satellite constellations. Journal of Artificial Intelligence，145：147-180.
Schoeberl M，Bristow J，Raymond C，2001. Intelligent distributed spacecraft infrastructure. Earth Science Enterprise Technology Planning Workshop：23-24.

Schowengerdt R, 1997. Remote Sensing, models and methods for image processing Academic Press.

Stoney W E, 1996. The Pecora Legacy-land observation satellites in the next century. Pecora 13 Symposium, Sioux Falls, South Dakota (ASPRS): 22.

Surka D M, Brito M C, Harvey C G, 2001. Development of the real-time object agent flight software architecture for distributed satellite systems//IEEE Aerospace Conference, Piscataway, NJ, USA: 6.

Teston F, Creasey R, Bermyn J, et al., 1997. PROBA: ESA's autonomy and technology demonstration mission//48th International Astronautic Congress, Turin, Italy: 6-10.

Welch L, Brett T, Pfarr B B, et al., 1999. Adaptive management of computing and network resources for real-time sensor webs, AIST NRA99.

Zetocha P, 2000. Intelligent agent architecture for onboard executive satellite control//Intelligent Automation and Control, 9. TSI Press Series on Intelligent Automation and Soft Computing, Albuquerque, NM: 27-32.

Zhou G, 2001. Future Intelligent Earth Observing Satellites in Next 10 Years and Beyond, Technical Report to NASA, December, Old Dominion University.

Zhou G, 2002. An advanced concept on future intelligent earth observing satellite// the first international symposium on Future Intelligent Earth Observing Satellite (FIEOS), Denver, Colorado: 346-353.

Zhou G, 2003. Real- time Information Technology for Future Intelligent Earth Observing Satellite System, Hierophantes Press.

Zhou G, 2020. Urban High- Resolution Remote Sensing: Algorithms and Methods, Taylor & Francis/ CRC Press: 468.

Zhou G, Baysal O, Kauffmann P, 2002a. Sensor statue and future tendency on future earth observing satellite// the first international symposium on Future Intelligent Earth Observing Satellite (FIEOS), Denver, Colorado: 339-345.

Zhou G, Baysal O, Kaye J, 2004. Concept design of future intelligent earth observing satellites. International of Remote Sensing, 25 (14): 2667-2685.

Zhou G, Jiang L, Huang J, et al., 2018. FPGA-Based On-Board Geometric Calibration for Linear CCD Array Sensors. Sensors, 18 (6): 1794.

Zhou G, Kauffmann P, 2002b. On-board geo-database management system on future intelligent earth observing satellite//the first international symposium on Future Intelligent Earth Observing Satellite (FIEOS), Denver, Colorado: 354-360.

第2章 星上遥感数据处理

2.1 引 言

为了满足星上数据实时处理的需求，不管是在算法上还是在硬件架构上，学者们都进行了深入的研究。本章主要关注基于现场可编程门阵列（field programmable gate array，FPGA）平台的星上影像实时处理。Chang 等（2001）提出了一种对高光谱影像进行实时目标提取和实时分类的线性约束最小方差（linearly constrained minimum variance，LCMV）波束形成方法。鉴于 LCMV 滤波结构的优势，基于 LCMV 的目标探测器和影像分类器能够通过 QR 分解来实现，并能够对影像进行逐行的实时处理。Du 等（2003，2009）提出了用于遥感影像实时分类的线性约束判别分析（constrained linear discriminant analysis，CLDA）方法及其改进方法。Du 等指出要实现实时地目标探测和影像分类需要解决两类数据维度的限制：①在进行高光谱影像实时分类时，分类器接收到的线性无关的像素数量必须大于波段数；②在进行多光谱影像实时分类时，地物类别的数量不能大于波段数。Du 等（2005）为实时 CLDA 算法及其改进算法分别设计了基于专用集成电路芯片（application specific integrated circuit，ASIC）的硬件框架。Du 等（2007）利用该方法对不同数据存储格式的 SPOT 影像、HYDICE 影像进行了目标探测、监督分类和非监督分类，实验结果表明 CLDA 算法及其改进算法能够满足星上数据实时处理的要求。在探测和监测自然灾害的智能卫星任务的背景下，Visser 等（2004）对关于火灾蔓延方向、严重程度以及位置的星上实时探测（监测）算法进行了研究，并基于 FPGA 设计了星上实时火灾监测系统框架。Qiang 等（2006）针对光学成像系统提出了一种几何畸变纠正算法，并用 FPGA 实现了该算法。通过利用 CORDIC 算法，该纠正算法回避了三角函数和开根号等一系列复杂运算。通过使用流水线结构，该纠正算法能够实时的对光学影像进行纠正。通过比较不同窗函数在雷达信号压缩中的性能，Escamilla-Hernández 等（2008）指出当存在噪声时，原子窗函数在旁瓣级性能、距离分辨率等方面都表现出了更好的性能。通过在 FPGA 上实现压缩窗口算法，雷达信号能够被实时压缩。El-Araby 等（2009）设计了基于重构计算机和 FPGA 的星上实时云检测系统。El-Araby 等把自动云量评估（automatic cloud cover assessment，ACCA）算法固化在 FPGA 上，并对 Landsat-7 ETM+（enhanced thematic mapper）影像进行了云检测实验。实验结果表明，相比于前人的方法（Irish，2000；Williams et al.，2002），该星上实时云检测系统能够在获得更高检测精度的同时，速度也得到了很大的提升。项涵宇等（2009）设计了基于 FPGA 的遥感影像并行处理系统，并对 CCD 航空遥感影像和 ETM+卫星遥感影像进行了线性拉伸和二值化处理。在处理遥感影像速度方面，该基于 FPGA 的遥感影像并行系统比普通软件的串行处理提高了 3 ~4 倍。Kuo 等（2010）利用 FPGA 对 Formosat-2 卫星影像进行了实时地正射纠正。在对影像进行处理时，FPGA 的吞吐率达到了 1600 万像素/s，比没有使用硬件加速的方法提高了 16 倍的处理速度。但是，Kuo 等并没有给出基于 FPGA 的正射纠正的具体细节。王庆元等（2010）提出了基于 FPGA 的适合星上应用的高分辨率遥感影像实时压缩系统。该影像实时压缩系统通过对 JPEG-Lossless 算法进行固化，实现了星上遥感影像的无损和近无损实时压缩。2013 年，为了加速高光谱影像的光谱解译速度，González 等（2013）分别在 FPGA 和 GPU 上实现了图像空间重建算法（image Space Reconstruction Algorithm，ISRA），并对由星上可见光红外成像光谱仪（airborne visible infra-red imaging spectrometer，AVIRIS）获取的高光谱影像进行了光谱解译。实验结果表明基于 FPGA 的方法在功耗、适应性和速度上都比 GPU 表现得更出色。因此，González 等指出 FPGA 是实现星上实时光谱解译的优选方案之一。徐芳（2013）提出了基于 FPGA 的航空 CCD 相机图像畸变纠正算法的设计方案。该方案在保证纠正精度的同时，纠正速度可以达到实时性的要求。Chinnathevar 等（2016）设计了基于形态学的自动提取道路中心线的 FPGA 架构，并利用该架构对高分辨率卫星影像进行了道路中心线提取。在提取道路中心线的完整度、准确度和质量方面，基于 FPGA 的提取结果与基于软件方法的提取结果十分相近；但是在实时性方面，FPGA 有更大的优势。González 等（2016）在 FPGA 上实现了对高光谱遥感影像目标的自动探测。在处理速度方面，基于 FPGA 的方法明显优于基于软件的方法。而且，相对于软件，FPGA 体积更小、功耗更低、抗辐射性更强。这使得在星上利用 FPGA 进行高光谱影像实时处理成为了可能。Huang 等（2017）提出了基于 FPGA 的星上实时特征点提取与匹配方法。该方法通过并行处理和流水线结构保证了高帧率的处理速度。在进行特征点提取与匹配时，相对于 PC，FPGA 的处理速度提高了约 27 倍。Zhou 等（2017）针对地面处理平台不能实时地进行遥感影像正射纠正的缺点，提出了基于 FPGA 的正射纠正方法，并对航空影像进行了正射纠正实验。实验结果表明，基于 FPGA 的纠正方法在保证纠正精度的同时，纠正速度提高了约 4 倍。Huang 等（2018a，2018b）指出前人在利用 FPGA 进行星上角点检测与匹配时没有考虑数据存储的问题，从而导致没有可重用的影像数据。在此基础上，Huang 等提出了一种考虑了子图像重用的 FPGA 架构。相比于基于 PC 和基于 GPU 的方法，该架构的处理速度分别提高到 31 倍和 2.5 倍。Qi 等（2018）提出了一种星上实时影像预处理架构。该架构通过结合 FPGA 与数字信号处理器（digital signal processor，DSP）实现了遥感影像的实时辐射纠正和几何纠正。Zhang 等（2018）提出了基于定点数的 RPC 模型（fixed point-RPC，FP-RPC），并在 FPGA 上进行了算法的固化，并对 SPOT 影像和 IKONOS 影像进行了正射纠正。实验结果表明，基于 FPGA 的纠正精度与基于 PC 的纠正精度相当，但是速度得到了可观地提升。Zhou 等（2018）提出了适用于线阵 CCD 的星上实时几何定标的 FPGA 架构。通过对 MOMS-2P 影像数据进行实验发现，增加 GCPs 数量不会显著地的消耗 FPGA 资源；基于 FPGA 的几何定标处理速度比基于 PC 的几何定标处理速度快约 24 倍。Liu 等（2019）在 FPGA 上实现了基于二次多项式的遥感影像定位。该基于 FPGA 的遥感影像定位方法能够获得与地面处理平台（例如 ENVI，MATLAB 和 C++）相当的定位精度。而在处理速度方面，FPGA 比 PC 快 8 倍。

通过对以上研究进行分析后发现，不管是在遥感影像分类方面，还是在遥感影像目标探测方面，抑或是在特征提取方面，抑或是在遥感影像几何纠正方面，基 FPGA 的方法都能够获得与基于地面串行处理平台一致的处理精度。而且，相对于地面串行处理平台，

FPGA 有多方面的优势，例如 FPGA 能够进行并行处理，使处理速度得到大幅度提升；FPGA 的重构性好、逻辑资源丰富、抗辐射性好以及设计灵活等。因此，FPGA 是实现星上数据实时处理的优选方案之一。

2.2 “智能地球观测卫星系统”与星上遥感数据处理

“智能地球观测卫星系统”的主要特点有：①高速数据传输和高速的网络通讯；②星上实时数据处理，可向需求用户实时分发所需的增值产品（李德仁和沈欣，2005）；③事件驱动（event-driven）机制（或任务驱动），不同用户均可获得所需针对性观测目标的遥感数据（李德仁和沈欣，2005）；④系统更新及扩展性强，采用更小、更轻的新型卫星及传感器，各设备之间有良好耦合度（王密，2019）。其中星上数据处理能力是“智能地球观测卫星系统”的一个关键部分是星上数据处理能力。它应该包含图像处理器，数据管理处理器，数据分配器，资源管理处理器，管家器，平台/传感器控制器。

（1）图像数据处理器：每单个对地观测卫星都具有很强的数据处理能力，尤其是星上图像处理、变化检测的能力，例如图像滤波、增强和辐射平衡，数据压缩，图像辐射改正，图像几何校正，卫星系统准直误差的几何校正，卫星姿态的几何校正，灾害预警和监控的星上分类器，变化检测。

较高层级别的数据处理器需要生产附加值的产品，它使用强大的算法（更少的人工交互）。这个级别的处理，目前可以有效地在地面上进行。该处理器将被安装在地球同步轨道卫星上。一个典型的配置可能包括：特定模型的预测，完全自主任务规划和进度，完全自主的管家、数据管理，完全自主的控制传感器和平台，自主资源管理等。

（2）星上数据管理处理器：FIEOS 将有足够的功能来自动执行所有可能操作的数据，以满足各种用户的任务，如数据处理、数据存储、数据、数据分布（分配器）等等。

（3）星上数据分配器：FIEOS 将根据用户的请求，自动和直接的将数据分发到不同的用户，这个过程不需要人为干预并在最短的时间内完成。最优下行次应该是从地面控制中心或地球同步卫星的计算板上上传文件的形式。更重要的数据优先发送，紧随其后的是不太重要的部分数据。

（4）星上管家器：FIEOS 将能够应对所有的日常内务工作。例如，卫星应该自主操作对异常、故障的检测、识别和一级恢复动作；软件加载、卸载和管理等工作。

（5）星上资源管理器：FIEOS 能够自主管理和分配电源。过剩的电源和能源（上图中基本航天器控制要求在日光和蚀相阶段（Teston et al.，1997））将被分配到仪器和支持特定操作的航天器子系统。整个分配过程基于动态的基础上，解决任务的约束和优先事项。包括每项活动的约束能力和数据存储区的需要，定点的要求等。

（6）星上仪器指挥：典型的仪器命令包含规划、调度、资源管理、导航和仪表指示以及处理数据的对地传输等。

（7）星上平台控制：FIEOS 平台的智能和自动化控制，包括以下方面：①平台为了响应协作数据采集相对于星座的传感器调整他们的空间位置；②自主操作的单一卫星和卫星网络；③决策支持和规划。

（8）星上任务计划和调度：FIEOS 采用约束求解和优化组合的方法来规划和调度的任

务，以达到最佳的任务数据返回。理想情况下，一个完全自治的任务规划（调度是在主板上的软件编程）在原则上是可行的。必要时，在地面和 OBMM（星上任务管理）任务规划工具将被用于协调活动，其在地面上产生的调度要优先于星上。

2.3 星上数据处理的主要内容

2.3.1 星上数据管理与传输系统

“智能地球观测卫星系统”是一个由不同轨道上搭载不同种类传感器组成的对地观测多层网络系统，其所形成的星地协同智能架构将改变传统对地观测系统的数据传输方式，并将提供更为丰富的用户服务模式。组群卫星之间能够进行信号的交叉传递（crosslink）、上传（uplink）、下传（downlink），并由高速网络进行通信，进而完成一系列协作（张兵，2011）。星上数据管理系统主要负责星上数据压缩、高级在轨系统格式编排、存储、下传、加密、信道编码等工作。

（1）数据存储

星上数据管理处理系统具备 Gbit 或者 Tbit 容量存储空间，并具有数 Gb/s 量级存储率的固态存储器，能够将处理得到的数据进行自主的管理工作，主要的任务包括数据的存储、数据的下传和数据的分配。将不同用户要求下载的数据首先进行预处理后的压缩工作，并将压缩好的“急需”数据，分别对应着下传给不同需求用户，而非用户所需的数据则作为“次要”数据搁置延缓数据的压缩和下传，从而减少冗余数据的产生。

数据存储需求主要包括以下三个方面：①遥感卫星的智能化高，同时受到地面测控站资源的限制，星上产生的各类反映卫星平台设备的状态数据，绝大部分不能通过遥测信道实时下传，因此需要先存储到星上，再选择合适的时机集中下传。②星上数据处理所需要的各种信息先验数据库。③成像任务完成后记录成像时的姿轨信息、轨道信息、成像时的卫星微振动信息、大气校正信息、任务自主规划及自主管理信息等（李劲东等，2018）。

（2）数据传输

遥感卫星数传通道，主要负责基带数据的载波调制、滤波、功率放大、射频信号对外辐射。未来智能对地观测系统的数据传输通道设计为两个部分，一个通道负责传输原始数据，另外一个负责传输经过星上数据处理后得到的结果数据。两部分数据经地面控制系统的处理可以对比验证星上数据处理的准确性和精度（李劲东等，2018）。

（3）高速上行注入链路

配置 Mb/s 量级的高速上行注入通道，实现星上自主处理程序、星载软件、任务管理/健康管理数据库的在轨更新维护（李劲东等，2018）。

2.3.2 星上卫星平台/传感器控制

卫星姿轨控制包括轨道和姿态两大方面。在传统的对地观测系统中，卫星进入轨道工作时，卫星的轨道和姿态根据地面控制站的指令信号完成相关参数的更新，以便维持卫星正常运行，并保证在轨任务的顺利实现。在“智能地球观测卫星系统”中，卫星的轨道和姿态将由星上姿轨控制数据处理器来完成。星上处理器根据星上计算得到的姿态和轨道精准参数，利用姿轨信息处理器和控制逻辑算法完成对姿态敏感器等硬件设备的控制，进而保持卫星在轨道空间中的精确定位，同时保证卫星轨道和姿态稳定，并具有系统故障诊断与应急处理能力。

2.3.3 星上星务及资源管理

1. 星上卫星自主任务管理

“智能地球观测卫星系统”的系统管理单元是整星计算的中心，通过自主任务规划操控星上载荷、控制等分系统，完成多任务分解、多载荷协同、多指令执行、复杂参数设置的自主管理。系统管理单元将任务分解后，调度各智能终端协同工作，其中姿轨控计算机完成成像姿态控制、姿态预估等功能，双模导航接收机完成实时定位、轨道预估等功能。系统管理单元根据姿态和轨道信息计算成像载荷的增益、积分级数等成像参数，确定成像积分时间，以及相机与数传控制（李劲东等，2018）。

智能自主任务管理系统，需要用户提交观测任务需求，需求信息经过星地通信传输到卫星上，在接收任务请求后，通过对卫星过境、云量等信息的最初分析和处理，剔除冗余请求，并通过对任务类别的划分，解构任务处理步骤，整合实现任务目标。最终满足各项约束条件后利用星上智能数据处理系统，解算得到效益最优任务规划方案。其系统技术主要包括：星历计算及轨道预报、观测区域条带分割、条带覆盖目标合成（邢立宁，2014）。

2. 星上自主健康管理

卫星实现自主健康管理能够为卫星自主运行技术奠定基础，从而可以为地面测控系统的自动化和降低卫星系统对测控系统的需求方面做出有意义的探索。为改变传统地面控制站根据在轨航天器下传数据判断运行状态是否正常的现状，“智能地球观测卫星系统”能够自主完成卫星在轨的日常维护任务，当卫星在轨运行过程中出现异常，星上能够自主检测故障，并能够根据故障的原因进行自主修复，同时能够自主完成星上计算机的软件的加载、卸载和管理等工作（Zhou et al.，2002a，2002b，2002c）。另外，“智能地球观测卫星系统”需要航天器能通过星上数据处理器自行进行故障诊断工作，并根据所判断得到的结果采用星上预设相应算法进行故障维护，进而调整飞行任务。其优点在于减少空地信息交互、缩短通信时间、释放地面控制站管理空间、节省人力物力。

2.3.4 星上成像参数智能优化

为了提高光学遥感卫星成像质量，一些卫星采用成像质量星上智能优化技术。一种方法是通过基于成像环境进行参数优化方法，主要包括基于感光测定的星上感光参数优化算法、星上相机高精度自动调节算法及基于云检测的相机动态参数调整算法、成像参数自主设置等内容。另一种方法是采用星上辐射校正预处理方法，对星上未经过压缩的影像进行辐射校正处理。

王海涛（2018）提出了基于成像环境评价星上成像参数智能优化工作模式的方法（图 2-1）。该方法实际上是通过相机原始影像的星上处理，评价成像环境参数，包括辐亮度、动态范围（直方图）、清晰度等，在此基础上计算获取最优的成像参数，包括增益、积分级数、焦距等，并反馈给相机用于参数调整。

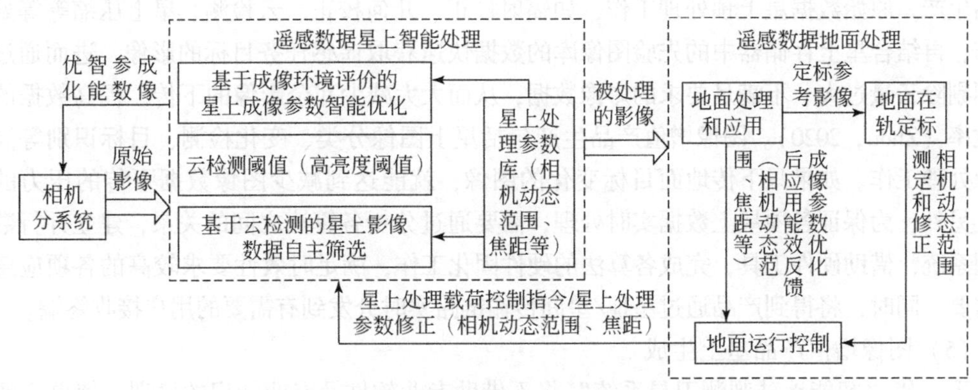

图 2-1　星上成像参数智能优化工作模式（王海涛，2018）

2.4　星上遥感数据处理挑战

星上遥感数据处理是“智能地球观测卫星系统”的核心组成部分，要实现 2.1 节的功能，尤其是将图像数据产品直接下载传送到所需用户的移动终端中（如直接下载到手机或笔记本电脑上）会遇到很多的挑战，主要包括以下几个方面：

（1）卫星系统任务管控综合能力

建立星上自主任务规划、星上健康管理、星上卫星姿态控制等系统，使“智能地球观测卫星系统”能够根据任务要求动态完成高精度控制，并协同调整传感器的成像参数设置，对任务进行规划、定时、精准的获取目标影像。而且，卫星需要对自身安全进行星上管理与控制。当发生影响卫星安全事件时，能够自主诊断、维修、复原，确保卫星健康、安全运行。

（2）遥感器工作自主优化

为实现遥感器工作模式自主优化，同样需要智能载荷打破传统工作模式，通过星上计算机根据所测数据信息自主判断当前成像目标的背景环境。通过事先建立好的目标特性与成像参数（如光谱响应函数、信噪比、灵敏度等）关系的数据库或查找表，充分考虑环境变化的影响因素，自主完成各项指标参数的动态变化，进而将工作模式调整到最优状态，达到智能观测系统的“快速”“准确”“灵活”的技术特点（张兵，2011）。

（3）传感器参数自适应调节

传感器自适应调节技术可帮助智能载荷在面对不同类别、不同遥感特性的观测目标时，通过预先设置好的程序调整载荷的关键指标参数，实现不同成像模式的自主切换，进而通过智能地改变辐射分辨率、光谱分辨率、空间分辨率的方法获得所需执行任务的最优成像条件。其中以欧空局 2001 年发射的 PROBA 卫星为例，其搭载的 CHRIS 传感器可根据陆地、植被、水体等地物目标分类通过调整成像的波段和光谱及空间分辨率实现不同的成像结果（张兵，2011）。

（4）星上数据实时处理

当前，对地观测系统原始图像数据下传至地面控制站的下传压力非常大，并且存在原始影像数据无法被非专业的普通用户直接应用问题（Zhou，2003）。星上数据实时处理可涵盖遥感图像处理的全部过程。根据数据处理的阶段不同，可划分为遥感图像预处理和图像增值产品生产。原始数据星上预处理工作，如辐射校正、几何校正、云检测、星上压缩等等处理工作，再结合星上存储器中的先验图像库的数据快速获取遥感任务目标的影像，进而通过云检测剔除云量过大、不满足要求的影像数据，从而大大减少冗余影像的下传，提高数据的处理效率（Zhou，2020）。图像增值产品生产包括星上图像分类、变化检测、目标识别等高级图像处理工作。如果只下传地面目标变化的图像，就能达到减少图像数据下传的压力的目的。另外，为保证各项星上数据实时处理，需要通过分析各算法之间的关系，建立并行数据处理系统，借助硬件工具，完成各算法的硬件固化工作，满足时效性要求较高的各项应急任务需要。同时，将得到产品通过星地/星间传输链路实时分发到有需要的用户接收终端。

（5）图像增值产品星上生成

下一代“智能地球观测卫星系统”将不借助专业软件及专业知识的培训，使更广泛领域里的非专业普通用户能够直接得到自身需要的增值遥感产品数据。当前的星上卫星数据处理能力非常有限，绝大多数的卫星数据产品是星上数据下传至地面后处理得到的，如专题地图的分类。这种数据生产过程限制了非专业用户的使用。下一代“智能地球观测卫星系统”将加大开发星上增值图像和增值产品的功能。

（6）星-地指标耦合分析与验证、星上数据处理应用效能评估与提升体系

“智能地球观测卫星系统”虽然增强了星上数据的处理能力，大大削减地面控制站的工作量，但并不意味着完全脱离地面控制站管控。星上数据处理工作的加入，使得地面控制站的工作任务主要变为对星上数据处理结果的应用能效评估及验证星上数据处理结果的准确性。这种转变可以整体提高“智能地球观测卫星系统”观测精度（王海涛等，2018）。除此之外，地面控制系统另外一个工作是将星上得到的增值遥感数据产品进行管理和发送给地面最终用户。

2.5 基于 FPGA 的星上遥感数据并行处理

自澳大利亚在 2002 年 12 月 14 日发射了首颗装有 Xilinx 公司可编程门阵列（FPGA）的 FedSat（Federation Satellite）卫星以来，国内外遥感领域专家学者开始将 FPGA 技术应用到遥感数据处理的很多领域中，包括星上数据压缩、星上辐射定标、星上几何校正（Zhou et al.，2018a；Liu et al.，2020）、星上正射纠正（Zhou et al.，2017，2018b；Zhang R et al.，2018）、星上目标检测（Huang et al.，2017，2018a，2018b）等等。随着近几年信号处理硬件的快速发展，FPGA 芯片应用使得很多曾经需要地面控制系统完成的数据处理工作现在慢慢移到星上完成，省去了数据压缩，下传，地面数据处理，处理后数据上传这一传统工作模式所消耗的时间，也使得遥感数据星上处理更加自动化、实时化、智能化。近几年来，从事 FPGA 星上数据处理研究的学者已经非常多，其在卫星、遥感领域的应用越来越广泛。

另外，人工智能技术在遥感数据实时处理算法设计中起到举足轻重的作用，如卷积神经网络算法、稀疏自编码器等算法结合 FPGA 来实现如目标检测、变化监测等近几年迅猛发展，这也必使星上遥感数据实时处理成为实现。

现场可编程门阵列（FPGA）作为 20 世纪 80 年代开始发展的并行运算处理技术芯片，使得遥感数据能够实现并行处理，从而极大提高效率。利用 FPGA 对遥感数据并行处理设计时，需要从遥感数据并行处理可行性和 FPGA 并行程序设计两方面考虑。对于第一个方

面，首先需要明确遥感数据处理的任务流程，明确不同数据处理任务之间的关联属性及承启关系，判断任务之间并行运算的可行性。其次需要明确每项任务本身的算法实现流程，判断任务本身算法之间并行性，提高单一任务解算时间。对于第二个方面，由于 FPGA 技术本身的并行数据处理特点在设计每项任务程序方案时，根据自身特点在满足解算精度的前提下，可通过一系列方法提高其计算的速度，并节省资源利用率。本章结合当前国际最新研究成果，阐述和分析基于 FPGA 的遥感数据并行处理。

2.5.1 基于 FPGA 的星上遥感数据处理算法设计

使用 FPGA 进行程序设计及实现有多种方法，一般依靠硬件语言（hardware description language，HDL）编写而成，也可以通过 MATLAB Simulink 模型设计、C 语言开发实现。无论使用哪种方法，其一般的设计流程主要包括以下几个部分（徐文波等，2012）。

（1）创建工程和设计输入。在实际的 FPGA 系统开发中，HDL 代码是使用最广泛的一种设计输入方式。HDL 是 FPGA 设计开发的语言，主流语言有 VHDL 和 Verilog HDL 两种。使用 HDL 语言可以完成各种级别的逻辑设计，并可以用于数字逻辑系统的仿真验证、时序设计、逻辑综合（徐文波等，2012）。

（2）创建 Testbench 并进行寄存器传输级（regiter transfer level，RTL）代码的仿真。完成设计输入后，使用 HDL 编写测试文件进行功能仿真，以验证逻辑功能是否正确。功能仿真可以采用 ISE 自带的仿真工具 ISim，也可以采用第三方的仿真软件 Modelsim。Modelsim 是业界非常优秀的 HDL 语言仿真器（徐文波等，2012）。

（3）添加时序和管脚约束。时序约束主要是根据设计所需的时序要求（如时钟频率）设置 FPGA 系统的时钟周期以及相关时序限制，管脚约束是为不同的输入输出信号设置 I/O管脚（徐文波等，2012）。

（4）综合优化与实现。综合优化（synthesis）是指利用综合工具将设计输入转换成由基本逻辑单元（如与门、或门、非门、触发器）组成的逻辑连接网表，可使用 Xilinx Synthesis Technology（XST）工具或第三方的 Synplify Pro 软件实现。综合优化后可以在报告中查看设计电路初步的逻辑资源使用情况。通过将逻辑网表配置到具体的 FPGA 芯片上，按先后顺序具体分为翻译、映射和布局布线三个过程。布局布线完成后可以在报告中查看设计电路的逻辑资源使用情况、时序分析结果以及在 FPGA 芯片上的布局布线情况，还可以进一步进行能耗分析（徐文波等，2012）。

（5）生成位流文件并对 FPGA 芯片进行编程。具体是将布局布线后的电路转换为位流文件（或称 bit 流文件），然后利用 IMPACT 工具进行 FPGA 芯片的配置，将位流文件烧写到 FPGA 芯片中。PC 机与 FPGA 开发板之间的通信通过 USB 至 UART（universal asynchronous receiver & transmitter）的连接线以及联合测试行动小组（Joint Test Action Group，JTAG）连接线实现（徐文波，2012）。

基于 FPGA 的最优算法设计通常要经过反复的修改和验证才能得到，因此第 1～4 步也是一个重复进行的过程。除了第 2 步的功能仿真外，在完成第 4 步的综合优化和实现步骤后，可以分别进行综合后仿真与时序仿真，使设计的方法进一步验证，以检查设计的算法是否符合要求。在得到设计电路的 bit 流文件后还可以进行基于硬件平台的仿真测试。

基于 HDL 的 FPGA 数字系统设计最为基础，但使用该方法进行程序编写难度最大。基于 MATLAB Simulink 工具的集成开发工具 System Generator for DSP（digital signal processing）在 FPGA 程序设计上较 HDL 的 FPGA 开发更加简单。设计者可以将 Xilinx 的 IP 核模块拖拽到 Simulink 中，然后将他们连接起来即可构建 FPGA 计算系统。整个设计过程无需编写任何代码，都是在可视化的环境下完成，可以方便、快速地对系统设计的任意部分进行反复修改，操作非常简便和灵活。利用 System Generator 工具可以实现 FPGA 系统的快速构建并自动生成 HDL 代码，这样使得设计者不必花过多时间去熟悉 HDL 语言，从而大大降低了设计开发难度、缩短了设计开发的周期。

2.5.2 基于 FPGA 的星上遥感数据并行算法优化

星上遥感数据并行算法设计的前提是明确星上各任务的数据处理流程，根据本任务目的和计算流程分析各步骤间并行计算的可能性。不同任务在设计算法前需明确它们之间的关联属性及承启关系，判断并行运算的可行性。因各任务所设定的算法基于 FPGA 硬件进行开发，所以在算法设计上还需要考虑在满足计算精度、确保计算速度、节省资源消耗的前提下如何优化原始算法使其更利于在 FPGA 编程实现。遥感技术发展至今，从原始数据获取到目标产品生成其一般的处理流程如图 2-2 所示。

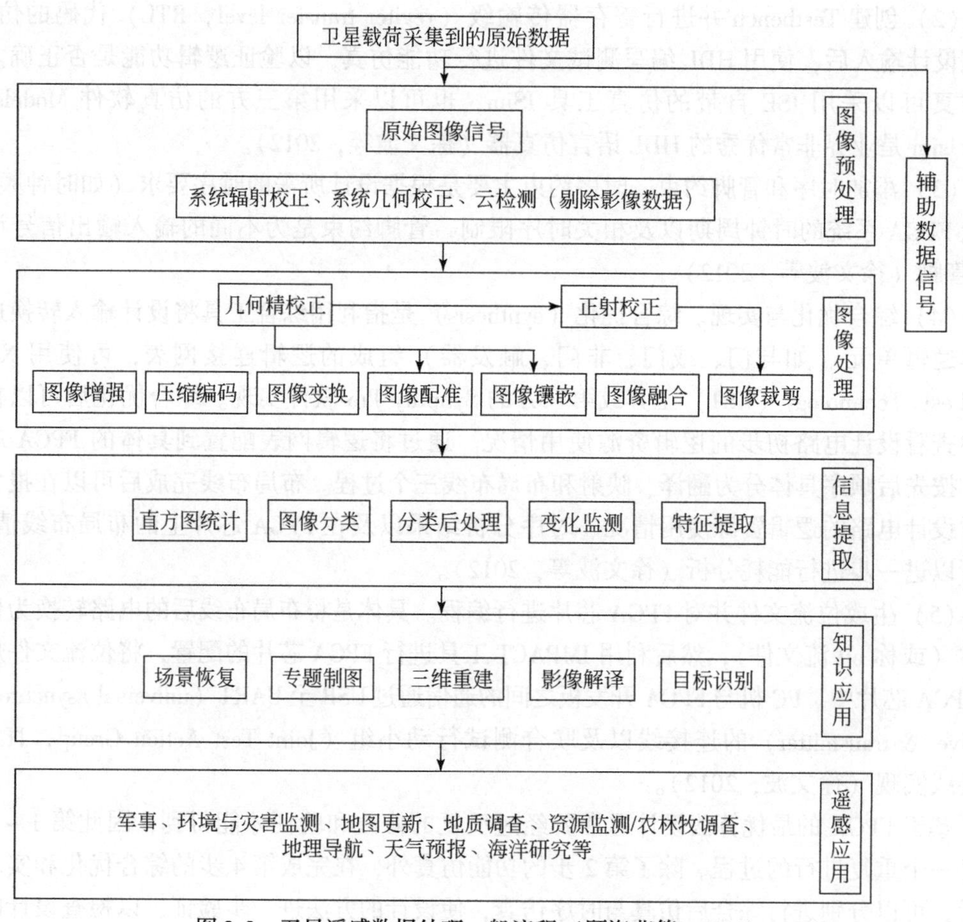

图 2-2　卫星遥感数据处理一般流程（顾海燕等，2016）

从图 2-2 可以看出，图像的处理根据目标任务类型，大致可分为：图像预处理、图像处理、信息提取、知识发现、遥感应用五个阶段。原始图像经辐射校正预处理后，几何校正、地理准直（正射校正）是图像信息提取及遥感应用的关键。在完成图像的几何、正射校正后，通过信息提取，图像分类，感兴趣区参数反演等目标任务的遥感图像产品，就能够下传到用户手里。

2.5.3 运算层分析

采用基于 FPGA 的遥感数据处理，通常在开发流程上采用自顶向下的层次化设计方向。该方法将任务本身作为顶层结构，完成本任务后得到的各个计算模块作为二级层次模块，再把每个计算模块所包含的解算步骤进行三级分层细化，直到将顶层设计任务分解为 FPGA 最基本的计算单元或 IP 核为止（图 2-3）。

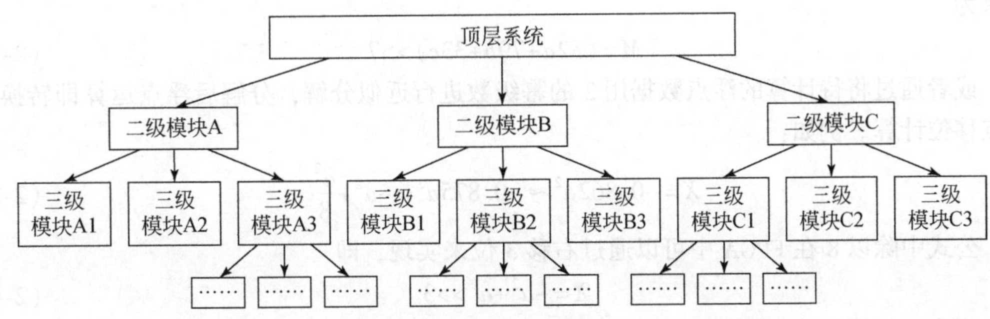

图 2-3 基于 FPGA 遥感数据处理开发流程图（徐文波和田耘，2012）

就遥感数据处理流程来看，可粗略按照目标任务、算法模块、计算单元将遥感数据处理划分为一级、二级、三级运算层。

一级运算层主要包括辐射定标、云检测、卫星姿态解算、几何校正、正射校正、目标识别（洪水、舰船等）。

二级运算层主要包括灰度均值、灰度方差、灰度直方图、图像滤波（均值滤波、中值滤波、高斯滤波、正方形滤波、小波变换等）、特征检测与匹配（SURF 检测、FAST 角点检测等）、特征提取（灰度特征、形状特征、纹理特征、边缘特征、频率特征）、阈值分离（全局阈值分割、局部姿适应阈值分割）、图像标记（连通域标记）、插值计算（拉格朗日插值、SLERP 插值、双线性插值）、最小二乘计算（递推最小二乘）等。

三级运算层主要包括算术运算、逻辑运算、按位运算、关系运算、等式运算、移位运算、条件运算等。其中所用较多的有加、减、乘、除、对数、矩阵运算。遥感数据处理算法中存在大量矩阵运算，主要包括运算内容有矩阵相加、矩阵相乘（矩阵快速乘法）、矩阵求逆（5×5、6×6）、矩阵混合乘积、矩阵行列式等。

通过对各项任务的数据处理算法流程分层分析能够获得不同任务之间的算法关系，进而发掘遥感任务执行的并行性。

2.5.4 基于 FPGA 的星上遥感数据处理算法优化

1. 避免浮点型运算方法

在利用 FPGA 编写硬件程序时，有特有的编写及实现方法。在程序编写前，需要确定各项任务所包含的主要算法类别，以及每一项算法的具体实现步骤；确定计算模块的计算类型（定点型、浮点型）。由于浮点运算消耗计算机资源较多，所以在实际应用中为避免资源消耗应尽量使用定点运算。浮点转定点常用的方法包括，直接将浮点数据进行移位计算，移位后浮点数据变为定点数据，计算完成后再对结果进行反向移位，转换为浮点数据。或者通过将待计算的浮点数据用 2 的幂级数进行近似分解，分解后浮点运算即转换为定点移位计算。根据这个原理，在进行除法运算时，在满足精度的前提下可将分母近似转换为 2 的幂级数，转换完成后除法运算即转变为移位运算。

例如：

$$M=0.41a+0.62b+0.26c \tag{2-1}$$

将浮点运算转换为定点运算，可将浮点数扩大 2^7 方倍，取整数部分进行定点数计算，最后将所得结果在缩小 2^7 倍，由此将浮点型运算转换为定点型移位运算。上式优化后的结果为

$$M=(52a+79b+33c)>>7 \tag{2-2}$$

或者通过将待计算的浮点数据用 2 的幂级数进行近似分解，分解后浮点运算即转换为定点移位计算。例如：

$$X=-0.862a^2\approx-0.875a^2=-a^2+\frac{a^2}{8} \tag{2-3}$$

公式中除以 8 在 FPGA 中可以通过右移 3 位来实现，即

$$X=-a^2+a^2>>3 \tag{2-4}$$

优化后的算法减少了一个乘法器的使用同时避免了浮点运算。因此，合理的算法优化可以减少硬件资源的使用。

如果利用 FPGA 实现复杂算法，在编写程序前，需要对算法进行优化处理。此外，FPGA 程序中时序的正确性至关重要，在设计程序前，需熟悉算法的整体计算流程，掌握控制时钟信号及复位信号的使用，掌握数据及地址的写入和读出。不同数据处理任务在执行过程中，阶段性的计算结果常常需要进行存储，以备后续使用。此外，在执行不同任务的过程中所用到的常数值，以及在阈值判断时所用的阈值，都需要存储在存储设备中。因此，存储模块是 FPGA 在程序设计时的重要模块之一。由于大部分 FPGA 程序模块均为流水线形式，因此，在不同的程序模块中，其执行及结束命令通常会由相邻模块的反馈信号控制。与此同时每个数据的位宽及地址线位宽大小均需要在程序设计前先行确定。

当完成利用 FPGA 实现算法的工作时，需要通过实验对算法的执行速度、精度、资源消耗率三个方面进行综合评估，由此判断该算法是否可以在 FPGA 上采用（黄景金，2018）。

2. 避免除法运算方法

在利用 FPGA 实现某个算法时，经常会遇到除法运算。除法运算会消耗 FPGA 的计算资源。因此，在实际算法优化过程中，通常的做法是：在满足计算精度的前提下，将分母近似转换为 2 的幂级数，转换完成后除法运算即转变为乘法、移位及加法运算。

例如，计算一幅 9×9 图像灰度均值，为避免除法运算，计算方法可进行如下优化：

$$
\begin{aligned}
f_{i,j}(a) &= \frac{\sum_{i=1}^{9}\sum_{j=1}^{9}f(a)}{81} = \frac{\sum_{i=1}^{9}\sum_{j=1}^{9}f(a)}{1024} \times \frac{1024}{81} \\
&\approx \sum_{i=1}^{9}\sum_{j=1}^{9}f(a) \times \frac{1}{1024} \times 12.6419753 \\
&\approx \frac{\sum_{i=1}^{9}\sum_{j=1}^{9}f(a)}{2^{10}} \times (8 + 4 + 0.5 + 0.125 + 0.015625 + 0.00097656) \\
&\approx \frac{\sum_{i=1}^{9}\sum_{j=1}^{9}f(a)}{2^{10}} \times (2^{3} + 2^{2} + 2^{-1} + 2^{-2} + 2^{-6} + 2^{-10})
\end{aligned} \tag{2-5}
$$

令，$A = \frac{\sum_{i=1}^{9}\sum_{j=1}^{9}f(a)}{2^{10}}$，上式的计算误差为

$$
\Delta\% = \frac{\left|\frac{A}{2^{10}}\times(2^{3}+2^{2}+2^{-1}+2^{-2}+2^{-6}+2^{-10})-\frac{A}{81}\right|}{\frac{A}{81}}\times 100\% \approx 0.003\% \tag{2-6}
$$

因此，利用 FPGA 芯片，计算一幅 9×9 图像灰度均值，可以设计为

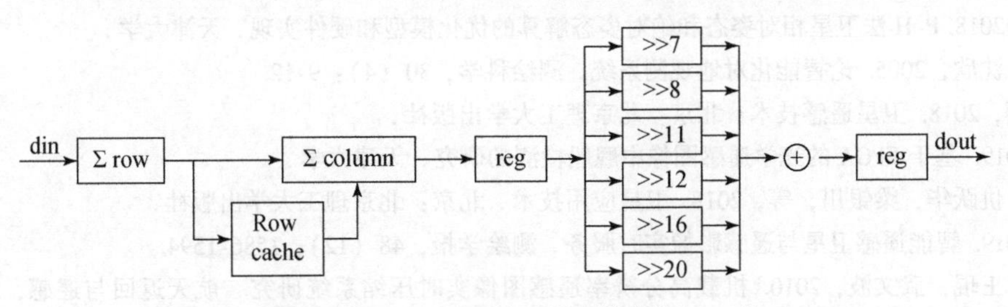

图 2-4　基于 FPGA 的 9×9 影像平均计算模块（王凡，2019）

同样，当遇到有阈值判断算法时，为避免除法运算，可将其转换为乘法运算形式来表示，

$$
\frac{\Delta a}{\Delta b} \leqslant N \tag{2-7}
$$

式中，N 是阈值，为了回避除法运算，公式（2-7）中可改写为

$$
\Delta a \leqslant N \cdot \Delta b \tag{2-8}
$$

通过公式（2-8）的改写，只需判断 Δa 是否小于等于 $N\Delta b$ 即可。这样，FPGA 在实现算法时，就可跳过除法运算，直接对分子和分母进行判断，从而减少硬件资源消耗，提高计算速度。

2.6　本章小结

本章重点分析“智能地球观测卫星系统”与星上遥感数据处理的关系，强调星上遥感数据处理是“智能地球观测卫星系统”的核心技术。本章还重点描述星上数据处理包括的

主要内容，如星上数据管理与传输系统，星上卫星平台/传感器控制，星上卫星星务及资源管理，星上成像参数智能优化，星上数据处理系统，以及星上遥感数据处理存在的挑战，包括突破遥感信息星上智能处理体系建模、星上遥感信息处理智能化实时算法、星上处理多样化工作模式、先验知识运用策略，以及星载高可靠性海量信息处理系统软硬件协同等关键技术。

本章还介绍了利用 FPGA 芯片开发星上遥感数据并行处理方法，重点描述了基于 FPGA 遥感数据并行处理算法优化设计，并根据 FPGA 芯片的特点，为降低硬件资源消耗率，提高效率，如何在可接受的精度范围内优化星上计算，分析了避免浮点运算和除法运算的方法。

星上数据处理由多项任务组成，每项任务由特定的算法模块组成，不同的算法模块对应有具体实现步骤，每一实现步骤中又包括有多种计算单元。研究基于 FPGA 的遥感数据并行处理需要对各任务、各算法模块及各计算单元的相互关系做必要的梳理，明确各任务间公共数学模型、公共数据流、公共典型算法、公共函数以及数据计算关系，有助于优化各任务的并行处理效率。本书后续章节将对星上遥感任务、算法计算单元、通过硬件语言编程实现遥感数据处理几种典型算法等工作将进行详细的介绍。

参考文献

顾海燕，李海涛，史园莉等，2016. 海量遥感数据并行处理技术研究与应．北京：科学出版社．

黄景金，2018. P-H 法卫星相对姿态和绝对姿态解算的优化模型和硬件实现．天津大学．

李德仁，沈欣，2005. 论智能化对地观测系统．测绘科学，30（4）：9-12.

李劲东等，2018. 卫星遥感技术．北京：北京理工大学出版社．

王凡，2019. 基于 FPGA 的光学遥感图像中舰船检测的研究．天津大学．

王海涛，仇跃华，梁银川，等，2018. 卫星应用技术．北京：北京理工大学出版社．

王密，2019. 智能遥感卫星与遥感影像实时服务．测绘学报，48（12）：1586-1594.

王庆元，王琨，武文波，2010. 机载高分辨率遥感图像实时压缩系统研究．航天返回与遥感，31（5）：56-64.

项涵宇，晏磊，刘岳峰等，2009. 基于 FPGA 的遥感影像并行处理原型系统的设计与实验．影像技术，21（3）：48-53.

邢立宁，2014. 面向新型遥感卫星的星上自主任务规划框架．第三届高分辨率对地观测学术年会优秀论文集．

徐芳，2013. 基于 FPGA 的航空 CCD 相机图像畸变校正技术研究．中国科学院研究生院（长春光学精密机械与物理研究所）．

徐文波，田耘，2012. Xilinx FPGA 开发实用教程．清华大学出版社．

张兵，2011. 智能遥感卫星系统．遥感学报，15（3）：415-431.

Basso R S，2000. FPGA implementation for on-board cloud detection. International Geoscience and Remote Sensing Symposium，Hawaii，20-24 July.

Chang C I，Ren H，Chiang S S，2001. Real-time processing algorithms for target detection and classification in hyperspectral imagery. IEEE Transactions on Geoence and Remote Sensing，39（4）：760-768.

Chinnathevar S，Dharmar S，2016. FPGA implementation of road network extraction using morphological operator. Image Analysis & Stereology，35（2）：93-103.

Du Q，Nekovei R，2005. Implementation of real-time constrained linear discriminant analysis to remote sensing image classification. Pattern Recognition，38（4）：459-471.

Du Q, Nekovei R, 2009. Fast real-time onboard processing of hyperspectral imagery for detection and classification. Journal of Real-Time Image Processing, 4 (3): 273-286.

Du Q, Ren H, 2003. Real-time constrained linear discriminant analysis to target detection and classification inhyperspectral imagery. Pattern Recognition, 36: 1-12.

Du Q, 2007. Unsupervised real-time constrained linear discriminant analysis to hyperspectral image classification. Pattern Recognition, 40 (5): 1510-1519.

El-Araby E, El-Ghazawi T, Moigne J, et al., 2009. Reconfigurable processing for satellite on-board automatic cloud cover assessment. Journal of Real-Time Image Processing, 4 (3): 245-259.

Escamilla-Hernández E, Kravchenko V, Ponomaryov V, et al., 2008. Real time signal compression in radar using FPGA. Científica, 12 (3): 131-138.

González C, Bernabé S, Mozos D, et al., 2016. FPGA implementation of an algorithm for automatically detecting targets in remotely sensed hyperspectral images. IEEE Journal of Selected Topics in Applied Earth Observations and Remote Sensing, 9 (9): 4334-4343.

González C, Sánchez S, Paz A, et al., 2013. Use of FPGA or GPU-based architectures for remotely sensd hyperspectral image processing. Integration, the VLSI Journal, 46 (2): 89-103.

HuangJ, Zhou G, Zhou X, et al., 2018a. A new FPGA architecture of FAST and BRIEF algorithm for on-board corner detection and matching. Sensors, 18 (4): 1013-1029.

Huang J, Zhou G, Zhou X, et al., 2018b. An FPGA based implementation of corner detection and matching with outlier rejection. International Journal of Remote Sensing, 39 (23): 8905-8933.

Huang J, Zhou G, 2017. On-board detection and matching of feature points. Remote Sensing, 9 (6): 601-617.

Irish R R, 2000. Landsat 7 automatic cloud cover assessment//Proc. SPIE 4049, Algorithms for Multispectral, Hyperspectral, and Ultraspectral Imagery VI. Bellingham, WA, USA: SPIE: 348-355.

Kuo D, Gordon D, 2010. Real-time orthorectification by FPGA-based hardware acceleration. SPIE Remote Sensing. Bellingham, WA, USA: SPIE, 78300Y-1-78300Y-7.

Liu D, Zhou G, Huang J, et al., 2019. On-board georeferencing using FPGA-based optimized second-order polynomial equation. Remote Sensing, 11 (2): 124-151.

Liu D, Zhou G, Zhang D, et al., 2020. Ground Control Point Automatic Extraction for Spaceborne Georeferencing Based on FPGA. IEEE Journal of Selected Topics in Applied Earth Observations and Remote Sensing, (99): 1-1.

Qi B, Shi H, Zhuang Y, et al., 2018. On-Board, Real-time preprocessing system for optical remote-sensing imagery. Sensors, 18 (5): 1327-1344.

Qiang L, Allinson N M, 2006. FPGA Implementation of Pipelined Architecture for Optical Imaging Distortion Correction//IEEE Workshop on Signal Processing Systems Design and Implementation. Piscataway, NJ: IEEE: 182-187.

Teston F, Creasey R, Bermyn J, et al., 1997. PROBA: ESA's autonomyand technology demonstration mission// 48th International Astronautic Congress, Turin, Italy, 6-10.

Visser S J, Dawood A S, 2004. Real-time natural disasters detection and monitoring from smart earth observation satellite. Journal of Aerospace Engineering, 17 (1): 10-19.

Williams J A, Dawood A S, Visser S J, 2002. FPGA-based cloud detection for real time onboard remote sensing//IEEE International Conference on Field Programmable Technology. Piscataway: 110-116.

Zhang R, Zhou G, Zhang G, et al., 2018. RPC-based orthorectification for satellite images using FPGA. Sensors, 18 (8): 2511-2534.

Zhou G, 2003. Real-time Information Technology for Future Intelligent Earth Observing Satellite System, Hierophantes Press.

Zhou G, 2020. Urban High-Resolution Remote Sensing: Algorithms and Methods, Boca Raton: CRC Press: 468.

Zhou G, Baysal O, Kauffmann P, 2002c. Sensor statue and future tendency on future earth observing satellite//the first Int. Symp. on Future Intelligent Earth Observing Satellite (FIEOS), Nov. 10-11, Denver, Colorado, 339-345.

Zhou G, Jiang L, Huang J, et al., 2018a. FPGA-based on-board geometric calibration for linear ccd array sensors. Sensors, 18 (6): 1794-1811.

Zhou G, Kauffmann P, 2002b. On-board geo-database management system on future intelligent earth observing satellite//the first Int. Symp. on Future Intelligent Earth Observing Satellite (FIEOS), Nov. 10-11, Denver, Colorado, 354-360.

Zhou G, Zhang R, Liu N, et al., 2017. On-board ortho-rectification for images based on an FPGA. Remote Sensing, 9 (9): 874-895.

Zhou G, Zhang R, Zhang D, et al., 2018b. Real-time ortho-rectification for remote-sensing images. International Journal of Remote Sensing, 40 (5-6): 2451-2465.

Zhou G, 2002a. An advanced concept on future intelligent earth observing satellite//the first Int. Symp. on Future Intelligent Earth Observing Satellite (FIEOS), Nov. 10-11, Denver, Colorado: 346-353.

第3章　星上影像特征点检测与匹配

3.1　引　　言

在不考虑计算量、计算时间、功耗等因素的情况下，传统的特征点检测与匹配算法具有很好的匹配性能。但若在星上硬件平台上实现这类算法，它们还需进一步优化或者重构，主要原因有：①虽然SIFT性能优越（Juan and Gwun，2009），但其属于浮点运算，具有计算量大（特别是对128维的浮点描述子的运算）和实时性差等特点，不能简单直接地移植到FPGA硬件处理平台；②性能类似于SIFT的SURF算法（Bay et al.，2008），由于SURF算法本身具有部分并行特点，且计算量要少于SIFT，但其特征描述子的计算量仍然较大，需要对特征描述子进行替换或者改进；③RANSAC算法（Kim and Im，2003）是目前主流的误匹配点剔除手段之一，算法主要通过不断尝试不同的空间目标函数，是目标函数最大化的过程，这是一个随机、数据驱动的过程。虽然能够剔除绝大部分误匹配，但是它不能设置迭代次数的上限。若设置则剔除效果不明显，这种迭代次数不确定的算法对实时性要求高的星上处理系统是不可接受的。因此，为满足星上实时处理计算量少、速度快，以及硬件资源消耗少的要求，需要发展局部特征（角点特征）检测与匹配算法的优化算法。

由于FPGA具有流水线结构、可重构、并行处理、低功耗等特点，国内外学者提出了一系列关于图像局部特征检测与匹配的FPGA实现。现阶段，在FPGA中实现的算法有：SUSAN（smallest univalue segment assimilating nucleus）（Torres-Huitzil and Arias-Estrada，2000；Claus，2009）、FAST（features from accelerated segment test）（Kraft et al.，2008；Dohi et al.，2011）、SIFT检测子（Yao et al.，2009；Wang et al.，2014）、Sobel（Morel and Yu，2012）、Harri（Aydogdu et al.，2013）、SURF/OpenSURF（Fan et al.，2014；Svab et al.，2009；Chen et al.，2015）、SURF+BRIEF（binary robust independent elementary features）（Huang and Zhou，2017a，2017b）、FAST+BRIEF（Huang et al.，2017，2018a，2018b）、ORB（Weberruss et al.，2015）、多边形（Bi and Maruyama，2012）等。

在上述算法的FPGA实现中，虽然SIFT性能优越，但其计算量大，特别是其128维的浮点描述子难以用FPGA来实现，比如学者Yao等（2009）和Wang等（2014）只实现了SIFT局部特征检测部分，而SIFT特征描述部分由于复杂的浮点运算和巨大的计算量暂时无法实现。学者们开始在FPGA上实现性能类似于SIFT的SURF算法，由于SURF算法本身具有部分并行特点，而且计算量少于SIFT，局部特征检测与匹配的FPGA实现大部分都是基于SURF开展的。Svab等（2009）实现了多尺度SURF特征点检测与匹配；Schaeferling等（2011）在Xilinx Virtex 5 FX70T FPGA中实现了SURF的目标识别；Sledevic等（2012）在FPGA中实现了改进型的SURF；Mehra等（2012）在FPGA中实现了

SURF 的特征描述子生成与匹配；Fan 等（2014）和 Chen 等（2015）都实现了 OpenSURF 的局部特征检测。虽然 SURF 的复杂度小于 SIFT，但其特征描述部分的计算量仍然较大，学者们提出了 SURF+BRIEF 局部特征检测与匹配。由于 BRIEF 描述子只需通过异或运算与累加求和即可获得，可通过将 SURF 和 BRIEF 方式进行组合减少计算量，还能降低硬件资源的使用，如 Huang 和 Zhou（2017）在 FPGA 上实现了 SURF+BRIEF 遥感图像局部特征检测与匹配。

在上述局部特征检测与匹配中，学者们提出了各种算法和硬件实现策略，但仅完成特征点的检测与匹配，输出结果还需进行误匹配的剔除和亚像素定位。本章提出了局部特征检测与匹配算法的优化算法，其中以 SURF+BRIEF 完成局部特征的检测与匹配，以斜率法和相关系数法完成误匹配剔除，以重心法完成亚像素定位。

3.2 特征点检测 SURF 算法

3.2.1 传统的 SURF 算法

Bay 等（2008）于 2006 年提出了 Lowe 的 SHIFT 算法的改进算法 SUBF 算法，其最大特点在于引入了积分图像和 Harr 小波的概念，这不仅保持了 SIFT 算法的优良性特点，也解决了 SIFT 计算复杂度高，耗时长的缺点，大大加快了程序的运行速度。计算步骤是：首先计算灰度图像的积分图像，再计算 Hessian 矩阵响应值，然后进行三维非极大值抑制，最后输出局部特征点的行列号。

（1）积分图像计算

积分图像由 Viola 等在 2001 年应用到计算机视觉领域中，积分图像的尺寸与原图像的尺寸一致，而积分图像在（i，j）处的值等于该点到原点（左上角 O 点）为斜线区域的灰度值总和，即

$$A(i,\ j)=\sum_{i'\leqslant i,\ j'\leqslant j} g(i',\ j') \tag{3-1}$$

式中，（i，j）为积分图像位置，（i'，j'）为原始灰度图像的位置，$g(i',\ j')$ 表示原图像中点（i'，j'）的灰度值。

积分图像计算简单，只需将图像的灰度值扫描一遍即可获得。如图 3-1 所示，可完成在规则矩形内灰度值的快速求和，只需四个相应的积分值，就可以快速计算出矩形窗口内灰度值的和，如已知 A，B，C，D 四点的积分值，黄色区域内的灰度求和等于 D–C–B+A。另外，任何尺寸的黄色区域，其时间都是相同的，大大提高了计算效率。SURF 算法能够快速处理的原因之一就是对积分图像的充分利用，以相同的时间得到不同正方形滤波器的卷积计算。

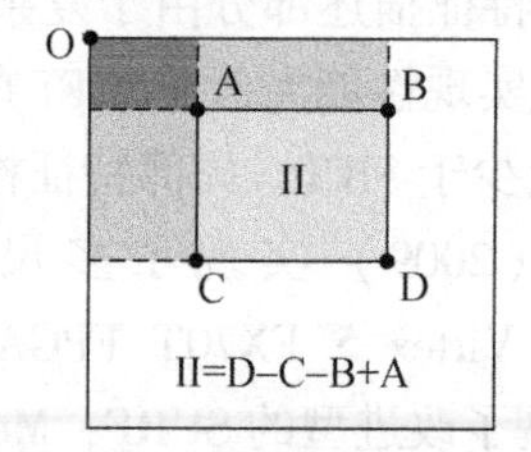

图 3-1　积分图像计算示意图

（2）Hessian 矩阵响应值计算

与 SIFT 采用 DOG 图像不一样的地方是，SURF 采用的图像是 Hessian 矩阵行列式的近似值（Bay et al., 2008）。一个多元函数的二阶偏导构成的方阵表达了该函数的局部曲率。另外，该方阵是由 Hessian 矩阵计算得到，而该矩阵正是 SURF 的核心部分。若图像中某个像素点为 $f(x, y)$，所处尺度为 σ，则该像素点的 Hessian 矩阵表达式为

$$H(f(x,y))=\begin{bmatrix}\dfrac{\partial^2 f}{\partial x^2} & \dfrac{\partial^2 f}{\partial x \partial y}\\ \dfrac{\partial^2 f}{\partial x \partial y} & \dfrac{\partial^2 f}{\partial y^2}\end{bmatrix} \tag{3-2}$$

在计算式（3-2）之前，由于图像的噪声会影响计算结果，需要对图像进行二维高斯滤波，经二维高斯滤波后的 Hessian 矩阵表示为

$$H(x,\sigma)=\begin{bmatrix}L_{xx}(x,\sigma) & L_{xy}(x,\sigma)\\ L_{xy}(x,\sigma) & L_{yy}(x,\sigma)\end{bmatrix} \tag{3-3}$$

式中，$L_{xx}(x, \sigma)$，$L_{yy}(x, \sigma)$，$L_{xy}(x, \sigma)$ 分别是高斯二阶微分 $\partial^2 g(\sigma)/\partial x^2$，$\partial^2 g(\sigma)/\partial y^2$，$\partial^2 g(\sigma)/\partial xy$ 在点 x，y，xy 处与图像 I 卷积运算的结果。

为了降低卷积计算的复杂度，可以对高斯二阶微分模板进行简化，使得卷积运算转变为正方形滤波运算。如图 3-2 所示：第一行图像是经过离散化，并被裁剪为 9×9 方格，尺度 $\sigma=1.2$ 的沿垂直方向、45°方向、水平方向的高斯二阶微分算子，也就是 L_{yy} 模板，L_{xy} 模板，L_{xx} 模板。这些微分算子可以用加权后的 9×9 正方形滤波器：D_{yy} 模板，D_{xy} 模板，D_{xx} 模板代替（图 3-2 中白色区域权值为 1，黑色区域权值为−1 或−2，灰色区域权值为 0）。也就是尺寸为 9×9 的正方形滤波器等价于尺度 $\sigma=1.2$ 的高斯二阶微分。在 SURF 算法中，最小的正方形滤波器尺寸为 9×9，对应着最小的尺度 $\sigma=1.2$，而最小尺度对应着最大的分辨率。实验表明正方形滤波器的性能近似于经过离散化的高斯函数，借助积分图像，其处理速度得到大幅提升。

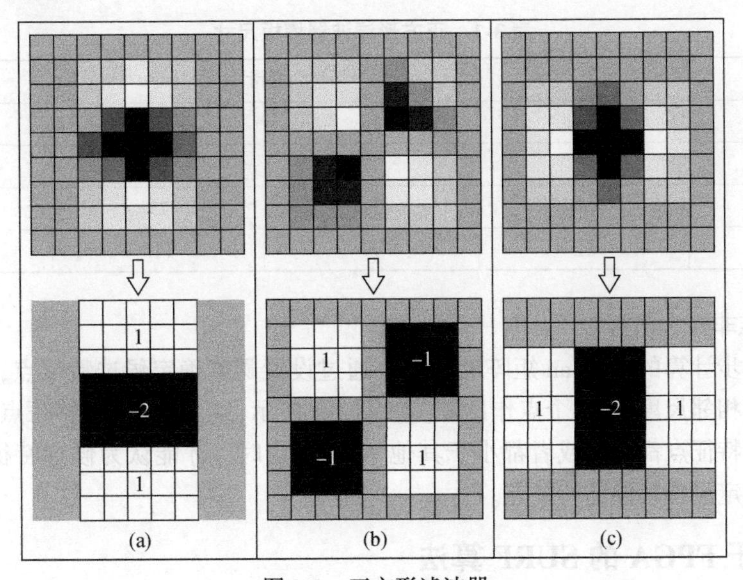

(a)　(b)　(c)

图 3-2　正方形滤波器

(a) D_{yy}；(b) D_{xy}；(c) D_{xx}

候选点与周围邻域内点进行比较时，只有当该点的 Hessian 矩阵行列式取得局部极大值时，才能认定当前点比其他点更亮或者更暗，也就是当前点为局部特征点，然后输出局部特征点的行列号。对图像的处理可以认为是对离散数字的处理，对图像进行一阶导数计算相当于对图像中相邻像素的灰度值作差。对图像进行二阶导数计算相当于在进行了一阶导数的图像上再进行相邻像素的灰度值作差，Hessian 矩阵行列式的表达式为

$$\det(H)=D_{xx}D_{yy}-D_{xy}D_{xy} \tag{3-4}$$

D_{yy}，D_{xy}和 D_{xx}的计算过程为：利用式（3-1）将灰度图像转换为积分图像，利用三个方向的正方形滤波器分别对积分图像进行处理。分别对正方形滤波器中白色区域和黑色区域的灰度值进行求和（利用积分图像可快速获得），垂直方向和水平方向分别有三个值，45°方向有四个值。计算 D_{yy}和 D_{xx} 的步骤是一样的，都是将两个白色区域的值相加再减去 2 倍黑色区域的值，即可得到 D_{yy}和 D_{xx}。计算 D_{xy}时，将两个白色区域值减去两个黑色区域的值，即可得到 D_{xy}。不同尺寸的正方形滤波器，D_{yy}，D_{xy}和 D_{xx}的计算步骤与上述计算过程完全一致。

由于式（3-2）中的$f(x, y)$是图像 I 的高斯卷积计算，高斯滤波器是服从正态分布，离中心越远，系数的权重越低，同时为了提高计算速度，将图 3-2 的正方形滤波器来代替高斯滤波器。为了弥补正方形滤波器带来的误差，在 D_{xy}上乘以一个权重系数，式（3-4）优化为

$$\det H_{\text{approx}}=D_{xx}D_{yy}-(wD_{xy})^2 \tag{3-5}$$

式中，w 取 0.912。

SURF 算法将尺度空间划分为若干组，一组代表逐渐变大的正方形滤波器模板对相同图像进行处理得到的响应图，每个组又由若干固定的层组成。由于积分图像离散化，两个层之间的最小尺度变化量是正方形滤波模板尺寸的 1/3，对 9×9 正方形滤波器来说，len=3，下一层的响应长度至少在 len 的基础上增加 2 个像素，即 len=5，此时，正方形滤波器的尺寸变为 15×15，依次类推，可以得到一个尺寸逐渐增大的模板序列，见表 3-1。

表 3-1　正方形滤波器模板尺寸

层	尺寸			
1	9	15	21	27
2	15	27	39	51
3	27	51	75	99
4	51	99	147	195

（3）三维非极大值抑制

根据上一步计算的 Hessian 矩阵响应值，通过设置阈值确定候选特征点，将候选特征点与本尺度、相邻尺度的 74 个点作比较。如图 3-3 所示，“×”为候选特征点，“·”为比较点，当候选特征点都大于或者都小于其他 74 个圆点时，才能认为候选特征点就是局部特征点，并确定遥感影像的特征点。

3.2.2　基于 FPGA 的 SURF 算法

在 FPGA 实现中，SURF 的性能与 SIFT 算法相当，但 SURF 的速度和资源消耗也会优

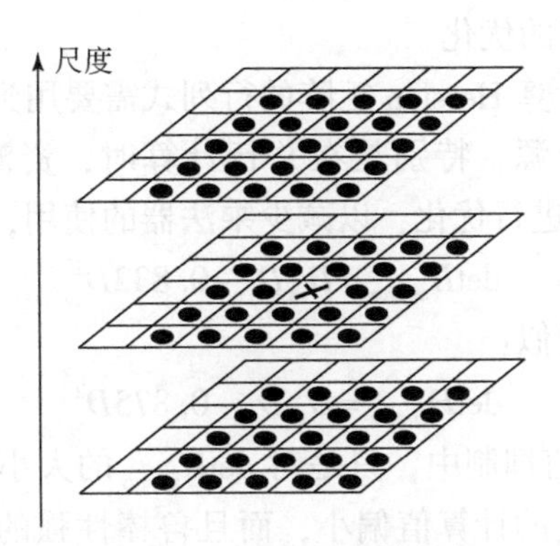

图 3-3　三维非极大值抑制

于 SIFT。若 FPGA 直接对 SURF 的某些步骤进行硬件实现时会增大硬件资源的消耗和时间延迟。在保证 SURF 检测性能不下降的前提下，如何对 SURF 检测子进行优化是进行 FPGA 硬件实现的前提和基础。本章将从积分图像计算，Octaves 选择以及除法消除三方面对 SURF 算法进行优化。

由于 FPGA 的并行处理和可重新配置特点，使用 FPGA 完成以上算法提高执行速度和灵活性。算法在 FPGA 实现过程中为保证计算结果的准确性和速度并且尽可能减少 FPGA 中存储器、乘法器、分频器等资源使用，需要对基于 PC 的特征点检测和匹配算法进行改进。由于 BRIEF 描述子的算法性能优异，在 FPGA 实现过程中不必要做出改进，后文只对 SURF 检测器算法进行改进。改进内容主要包括：积分图像计算，Octaves 选择以及除法消除三方面对 SURF 算法三个方面（黄景金，2018；Huang et al.，2017a，2017b）。

（1）积分图像位宽的优化

虽然积分图像在计算任意尺寸内的灰度值之和具有巨大的优势，但在计算积分图像中，若积分值采用计算结果不溢出的位宽，会消耗大量的寄存器。随着图像尺寸越大，积分图像的计算结果所需的位宽也越大，会进一步消耗更多的寄存器，如：图像灰度值的位宽为 8 bits，采用不溢出的位宽需要 28 bits，存储一幅 512×512 的积分图像需要 512×512×28 bits（7Mb），如果存储更大的积分图像，则需要更多的存储空间。这在硬件资源有限的 FPGA 中是难以接受的，需要降低计算结果的位宽，又保证任意矩形内灰度值求和的结果是正确的。为降低积分图像的位宽，Belt（2008）提出了一种降位宽法，该方法可大幅降低数据位宽，又能保证计算结果的正确性。在该方法中，设最大矩形的宽和高为 W_{max} 和 H_{max}，则该矩形的积分图像值的位宽大小的计算公式为

$$(2^{L_{ii}}-1) \geqslant (2^{L_i}-1) W_{max} H_{max} \tag{3-6}$$

式中，L_{ii} 为积分图像的位宽，L_i 为图像灰度值的位宽。

虽然该方法包含了指数和乘法运算，但 L_{ii} 可提前在 PC 机上计算，然后在 FPGA 中直接使用计算结果。假设在计算图像与正方形滤波器的卷积时，其最大的尺寸选择为 51×51，在 D_{xx} 和 D_{yy} 中最大的矩形是 37×17，只需保证这个矩形（37×17）的灰度值和不溢出即可。将 W_{max} 设为 37，H_{max} 设为 17，L_i 设为 8 bits 代入式（3-8）中，即可得到 L_{ii} 最小值等于 18 bits。在求任何小于 37×17 的矩形灰度和时，若图 3-2 中的Ⅱ>0，则Ⅱ为正确的灰度和；若Ⅱ<0，则Ⅱ+218 则为正确的灰度和，经过这一处理，数据位宽由原来的 28 bits 变为 18 bits。

（2）Hessian 矩阵响应值的优化

从式（3-5）看出，要计算 Hessian 矩阵的行列式需要用到 3 个乘法器，而乘法器的过多使用会消耗更多的硬件资源，特别是在并行计算时，资源的消耗会成倍增长。针对 FPGA 的特点，对式（3-5）进行优化，以减少乘法器的使用，式（3-5）等价为

$$\det H_{\text{approx}} = D_{xx}D_{yy} - 0.832D_{xy}^2 \tag{3-7}$$

对式（3-7）作进一步近似：

$$\det H_{\text{approx}} = D_{xx}D_{yy} - 0.875D_{xy}^2 \tag{3-8}$$

在下一步的三维非极大值抑制中，只是对 $\det H_{\text{approx}}$ 的大小进行对比，虽然将 0.832 近似为 0.875 会使所有 $\det H_{\text{approx}}$ 的计算值偏小，而且鲁棒性强的局部特征的 $\det H_{\text{approx}}$ 与周围点的数值相差较大，在与周围点进行大小比较时，不影响检测结果，但会对鲁棒性弱的特征点有影响。另外，式（3-8）变为

$$\det H_{\text{approx}} = D_{xx}D_{yy} - D_{xy}^2 + \frac{D_{xy}^2}{8} \tag{3-9}$$

式（3-9）中除以 8 在 FPGA 中可以通过右移 3 位来实现，即

$$\det H_{\text{approx}} = D_{xx}D_{yy} - D_{xy}^2 + D_{xy}^2 >> 3 \tag{3-10}$$

优化后的算法减少了一个乘法器的使用和避免了浮点运算，因此，合理的算法优化可以减少硬件资源的使用。

(3) 尺度选择的优化

表 3-1 发现：从 Octaves 1 到 Octaves 4 用到的正方形尺寸是越来越大，尺寸越大，检测到局部特征点的数量越少，但消耗的硬件资源却越来越多。而本章只需要若干组鲁棒性强的点对姿态进行解算，从工程应用的角度出发，在保证足够特征点被检测到后，就无需消耗额外的硬件资源，特别是在硬件资源有限的星上平台上。因此，选择了 2 组 Octaves，即表 3-1 中的 Octave 1 和 Octave 2。

3.3 特征点匹配方法

特征点匹配是在特征点的检测完成后进行，匹配的过程涉及特征点描述子的生成，描述子间的汉明距离计算和最小距离值的选择。描述子的生成是进行图像匹配的前提，描述子的核心问题是鲁棒性和可区分性。鲁棒性就是描述子能够适应各种影响图像的因素，描述子的鲁棒性是首要考虑问题。可区分性和鲁棒性往往是矛盾的，一般来说，如果一个描述子容易区分不同局部图像内容，那么它的鲁棒性就变差，可区分性变强，反之，它的鲁棒性变强，可区分性变弱。综上所述，一个优秀的特征描述子不仅应该具有强的鲁棒性，更应该具有强的可区分性。

在诸多局部特征描述子中，SIFT 描述子（Juan et al.，2009）最具代表性，其图像变化（如：在尺度、旋转、视角上的变化）具有很强的鲁棒性，在计算机视觉领域得到了广泛的应用，如：目标识别与跟踪，三维重建，图像变化检测等。SURF 是 SIFT 的改进版本（Bay et al.，2008），SURF 描述子是在特征点周围选取一个带方向的正方形框，然后选取 16 个子区域，统计每个子区域的水平方向和垂直方向的 Haar 小波特征。DAISY（Tola et al.，2010）的思路和 SIFT 类似，它们都是通过计算统计梯度方向的直方图，不同之处

是DAISY在进行梯度方向的直方图统计时采用了高斯卷积方法。ASIFT（Affine SIFT）可以有效处理视觉变化下的图像特征匹配（Morel et al.，2010），特别是大视角变化的情况。在特征汇聚策略上，前面的局部特征描述子依据邻域内点的几何位置，而MROGH（multi-support region order-based gradient histogram）依据的是点的灰度序（Fan et al.，2014）。BRIEF（Calonder et al.，2010；Calonder，2012）是一个二值特征的描述子，它通过对比特征点邻域内的随机点对的灰度值大小，从而生成一组由“0”和“1”组成的二值串，其算法复杂程度低，计算速度快，存储要求低，适用于并行处理。

从描述子的存储角度进行分析，SIFT描述子具有128维的浮点数数据结构，共占用512 bytes存储空间。而SURF描述子具有64维的数据结构，共占用256 bytes存储空间。DAISY描述子的维度是200，存储空间需求大于SIFT算法。低分辨率下的ASIFT算法特征匹配的复杂度是SIFT算法的2.25倍。如果一幅图像的特征点数多于100个，上述四种描述子会占用较大存储空间，在PC机上处理不会出现存储空间不够用的情况，但在硬件资源有限的FPGA中，这四种描述子会消耗大量的硬件资源。另外，对浮点型的描述子进行运算，会增加系统处理时间。因此，这类描述子显然不适用于实时性要求高，硬件资源有限的应用场景。而BRIEF具有存储空间少，定点运算的优点。

3.3.1 BRIEF描述子

Calonder等（2010，2012）提出了BRIEF特征描述子，不同于SIFT或者SURF的特征描述子，它是通过比较特征点邻域内随机点对灰度值的大小获得一组二值串，二值串的大小通常有128bit，256bit，512bit。Calonder等（2010）发现256bit大小的描述子性能非常接近512bit大小描述子的性能。为节省FPGA的资源本节采用256bit描述子。BRIEF描述子的具体定义如下：

$$\lambda(p;r_1,c_1,r_2,c_2)=\begin{cases}1:I(r_1,c_1)<I(r_2,c_2)\\0:I(r_1,c_1)\geqslant I(r_2,c_2)\end{cases}\tag{3-11}$$

式中，$I(r_1,\ c_1)$ 和 $I(r_2,\ c_2)$ 分别是一个点对应的灰度值，如果 $I(r_1,\ c_1)$ 小于 $I(r_2,\ c_2)$，则 $\lambda=1$，否则 $\lambda=0$。由于二值串容易受到图像噪声的影响，需要预先对图像进行平滑处理。构造BRIEF描述子有两个关键步骤：

（1）对图像进行均值滤波。与高斯平滑滤波相比，均值滤波充分利用了积分图像的优点，它的滤波速度更快，滤波效果相当。如图3-4（a），其滤波窗口的大小为5。

（2）n 个点对位置的选取。Calonder等（2010）发现：当点对（r_i，c_i）的行号和列号的采样都服从各向同性的高斯分布［0，$1/25S^2$］时，$n=256$ 时，采样得到的点对如图3-4（b）所示。其BRIEF描述子的识别率是最高，也就是通过这种方式采样得到的BRIEF描述子具有较强的鲁棒性和可区分性。

3.3.2 汉明距离匹配

在度量特征描述子间的相似性时，通常利用描述子间的“距离”进行判断，若“距离”越近，表明两个描述子的相似性越大；若“距离”越远，表明两个描述子的相似性越小。汉明距离是两个等长字符串（特征描述子）对应位置的不同字符的个数，计算方法是对两个字符串进行异或计算，结果即为所求的汉明距离，距离越小，两个字符串的相似

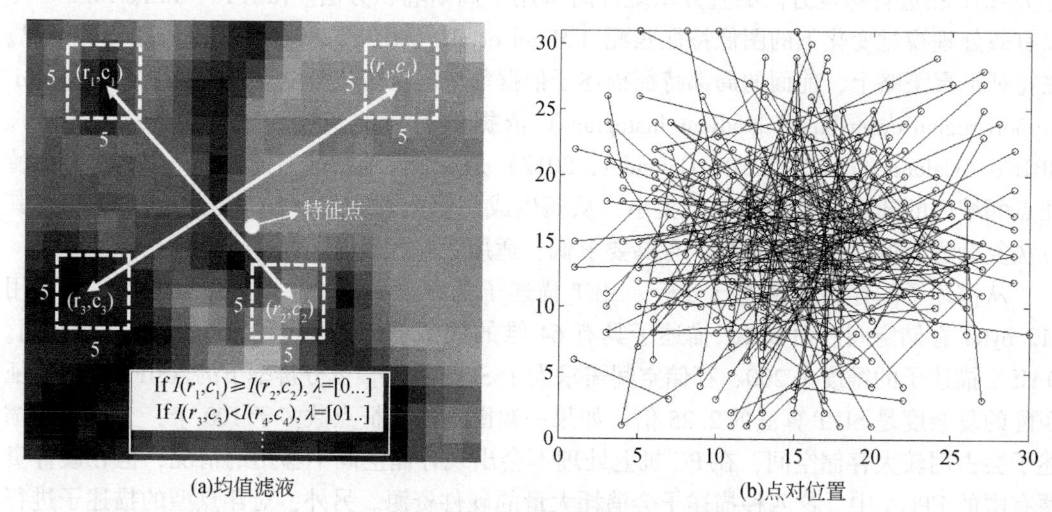

(a)均值滤液　　　　(b)点对位置

图 3-4　BRIEF 描述子的 256 组点对

度越大，反之，两个字符串的相似度越小。针对 BRIEF 描述子是“0”和“1”组成的二值串，可以通过计算描述子之间的汉明距离来度量它们之间的相似度。当汉明距离小于某个阈值时，则认为两个描述子相似度高，这两个描述子对应的特征点是匹配的，反之，两个描述子不匹配。汉明距离的匹配可以快速地对描述子进行匹配，能满足实时匹配的需求，表 3-2 为汉明距离匹配过程。

表 3-2　汉明距离匹配过程

编号 1	图像 2 BRIEF 描述子	编号 2	图像 1 BRIEF 描述子	异或运算	汉明距离	是否匹配（阈值≤2）
1	111111	1	110011	001100	2	是
		2	110000	001111	4	否
		3	010101	101010	3	否
2	000001	1	110011	110010	3	否
		2	110000	110001	3	否
		3	010101	010100	2	是
3	110100	1	110011	000111	3	否
		2	110000	000100	1	是
		3	010101	100001	2	否

注：BRIEF 描述子的长度设定为 6

3.3.3　误匹配剔除

经过汉明距离匹配后，可以获得相应的同名点对。由于各种因素的影响，这些点对会存在误匹配的情况，需要对这些误匹配进行剔除。考虑到 FPGA 的特点，本节介绍斜率法和相关系数法相结合的误匹配剔除方法。

(1) 斜率法的优化

不管是哪个匹配方法都会存在误匹配情况，因此，剔除误匹配的点对是必不可少的环节。目前，剔除误匹配的主流算法是 RANSAC，其目的是通过不断调整目标空间参数，使得目标函数最大化，这是一个目标函数优化的过程。优化步骤是：第一步，随机选取给定集合的子集，由该子集获得一个估计模型，用剩余的子集对该估计模型进行测试，获得一个得分值；第二步，再随机选取不同子集，可以获得其他的得分值；第三步，最终返回一个得分值最高的估计模型作为整个数据集的模型。它的效果远优于直接最小二乘法，它最大的优点是能稳健地估计模型参数，能从包含错误匹配的点对中获取正确的匹配。但它的缺点也比较明显，由于它是一个随机的目标函数优化的迭代运算过程，只有不设定最大的迭代次数，才能获得目标函数的最优解，也就是通过牺牲计算时间来换取最优结果。反之，一旦设定了迭代次数的上限，就有可能获得的非最优参数。由于迭代次数不确定和数值的浮点数据结构，若在 FPGA 中实现 RANSAC 算法，将会消耗大量的硬件资源，增加系统的处理时间，不利于实时性要求高的应用场景。

针对 FPGA 的特点和实时处理要求，本章提出了斜率法和相关系数法相结合的方法，可以有效、快速地剔除误匹配。由于卫星对地连续拍摄过程中不会出现大幅度的旋转和变形，可以连续获得稳定的序列图像，由此得到相邻两幅图像的特征点对连线的斜率是变化一致的，或者相似的。可以先通过点对连线的斜率来迅速判断是否属于误匹配。斜率的计算公式如下（Yan et al.，2010）

$$k_i=\frac{r_{s_i}-r_{f_i}}{c_{s_i}-c_{f_i}} \quad (i=1,\ 2\cdots,\ n) \tag{3-12}$$

式中，$(c_{f_i},\ r_{f_i})$ 和 $(c_{s_i},\ r_{s_i})$ 一个点对的在第一幅和第二幅图像行列号，分子表示点对的行偏差，分母表示点对的列偏差，i 表示点对的个数。假设阈值为 t_k，若 $k_i>t_k$，则认为是斜率异常，属于错误的匹配；否则，斜率正常，属于正确的匹配。但在 FPGA 实现中，除法器会增加计算时间，而且除法会产生浮点数，对浮点数的运算会消耗更多的硬件资源和进一步增加系统的计算时间，对式（3-12）进行变化后可得

$$k_i=\frac{\Delta r}{\Delta c} \tag{3-13}$$

式中，$\Delta r=r_{s_i}-r_{f_i}$，$\Delta c=c_{s_i}-c_{f_i}$。斜率的计算结果与阈值 t_k 的判断则变为

$$\frac{\Delta r}{\Delta c}>t_k \tag{3-14}$$

式（3-14）又可变为

$$\Delta r>t_k\cdot\Delta c \tag{3-15}$$

这里只需判断 Δr 是否大于 $t_k\cdot\Delta c$ 即可。如果 Δr 大于 $t_k\cdot\Delta c$，认为该点对为误匹配，如：图 3-5 中的 L_5；反之，则认为该点对为正确的匹配。这优化的结果让 FPGA 在实现算法时可跳过除法运算，直接对分子和分母进行判断，从而减少硬件资源消耗、提高处理速度。

(2) 斜率法的优化

经过斜率法剔除后，斜率明显异常的匹配点会被剔除掉，但仍然会存在一些误匹配。这些误匹配的斜率与正确匹配的斜率相似，即无法通过斜率一致性来剔除，如图 3-5 中的 L_2。因此，本章提出了利用相关系数法进一步剔除误匹配，相关系数法的公式如下（Ting et al.，2010）：

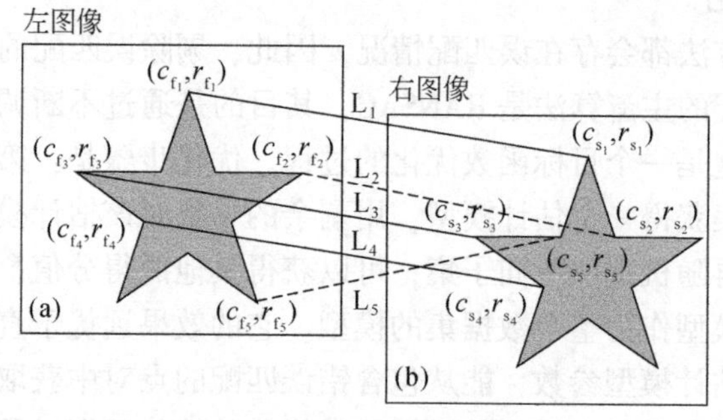

图 3-5 存在误匹配的点对

$$R = \frac{n\sum_{i=1}^{n} I_{f_i} I_{s_i} - \sum_{i=1}^{n} I_{f_i} \sum_{i=1}^{n} I_{s_i}}{\sqrt{n\sum_{i=1}^{n} I_{f_i}^2 - \left(\sum_{i=1}^{n} I_{f_i}\right)^2}\sqrt{n\sum_{i=1}^{n} I_{s_i}^2 - \left(\sum_{i=1}^{n} I_{s_i}\right)^2}} \tag{3-16}$$

式中，(I_{f_i}，I_{s_i}) 是第一幅和第二幅图像的灰度值，n 为灰度值个数。实验发现：以角点为中心的 7×7 子图像来计算相关系数效果较好，即 $n=49$。当相关系数大于某个阈值时，认为点对是正确匹配，反之，认为是误匹配。

在 FPGA 的实现中，开根号和除法运算会消耗过多 FPGA 资源，增加计算时间，运算结果会产生浮点数，对浮点数的操作会进一步消耗硬件资源并增加计算时间。为避免在 FPGA 中使用开根号和除法运算，对式（3-16）进行优化。相关系数数值范围在（0，1）之间，属于非负数，两边取平方，即可消除开根号运算，式（3-16）变为

$$R^2 = \frac{\left(n\sum_{i=1}^{n} I_{f_i} I_{s_i} - \sum_{i=1}^{n} I_{f_i} \sum_{i=1}^{n} I_{s_i}\right)^2}{\left(n\sum_{i=1}^{n} I_{f_i}^2 - \left(\sum_{i=1}^{n} I_{f_i}\right)^2\right)\left(n\sum_{i=1}^{n} I_{s_i}^2 - \left(\sum_{i=1}^{n} I_{s_i}\right)^2\right)} \tag{3-17}$$

对式（3-17）中除法的操作，采用与斜率法相同的策略，即通过直接分析分子和分母之间的偏差来确定 R^2，从而直接避免对除法器的使用。

首先，式（3-17）简化为

$$\begin{cases} R^2 = \dfrac{a}{b} \\ a = \left(n\sum_{i=1}^{n} I_{f_i} I_{s_i} - \sum_{i=1}^{n} I_{f_i} \sum_{i=1}^{n} I_{s_i}\right)^2 \\ b = \left(n\sum_{i=1}^{n} I_{f_i}^2 - \left(\sum_{i=1}^{n} I_{f_i}\right)^2\right)\left(n\sum_{i=1}^{n} I_{s_i}^2 - \left(\sum_{i=1}^{n} I_{s_i}\right)^2\right) \end{cases} \tag{3-18}$$

然后，设定阈值为 $t(0\leqslant t\leqslant 1)$，式（3-18）变为

$$R^2 = \frac{a}{b} \geqslant t \tag{3-19}$$

其等价为

$$a \geqslant b \cdot t \tag{3-20}$$

最后判断 a 是否大于等于 $b \cdot t$ 即可剔除误匹配，从而避免了在 FPGA 中直接使用除法

器，不仅节省了 FPGA 硬件资源，还提高了计算速度。

3.4 亚像素定位

经斜率法和相关系数法剔除后，可以得到几乎不包含错误的点对，下一步就可以对正确的点对进行亚像素定位，这里通过计算点对的重心位置来确定其亚像素精度，重心计算公式如下：

$$\begin{cases} r_i = \dfrac{\sum\limits_{r=1}^{n} r g_r}{\sum\limits_{r=1}^{n} g_r} \\ c_i = \dfrac{\sum\limits_{c=1}^{n} c g_c}{\sum\limits_{c=1}^{n} g_c} \end{cases} \tag{3-21}$$

式中，(r_i，c_i) 为特征点的亚像素结果，(r，c) 分别为特征点的行号和列号，g_r和 g_c为行方向的梯度和列方向的梯度值。同样为避免除法器的使用，直接将分子和分母的数值作为结果输出到下一模块，直接参与下一步的计算。

3.5 星上影像特征点检测与匹配 FPGA 硬件实现

星上影像特征点检测与匹配 FPGA 硬件实现架构如图 3-6 所示。基于 FPGA 局部特征的检测与匹配主要包括 DDR3 读写，SURF 局部特征检测（积分图像，Hessian 矩阵响应值，三维非极大值抑制），局部特征匹配（BRIEF 描述子生成，汉明距离匹配），误匹配

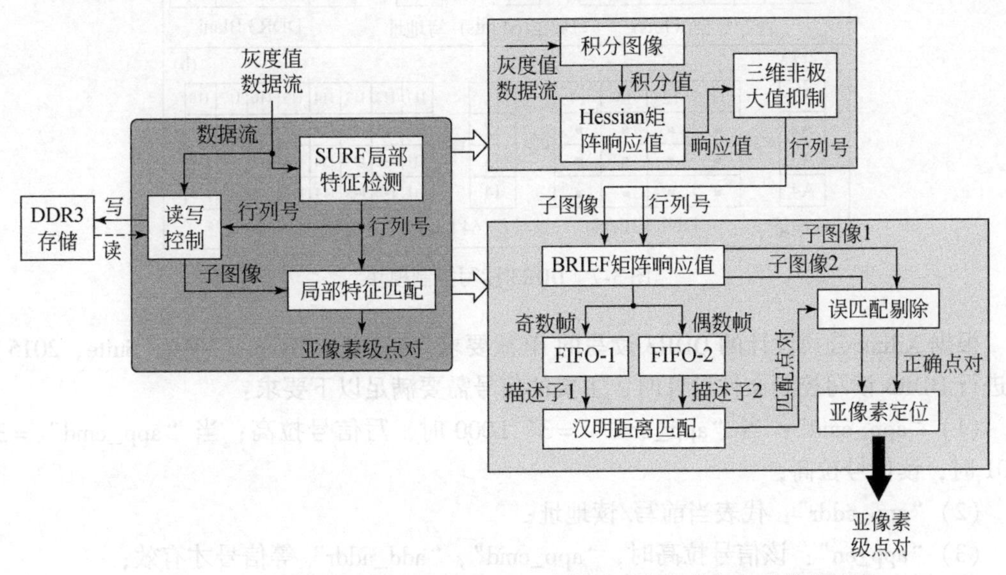

图 3-6 星上影像特征检测与匹配 FPGA 硬件实现的总体架构和模块组成

剔除，亚像素定位。图像灰度值以数据流在进入到 FPGA 后分成两路，一路进入 DDR3 读写控制模块，将数据流写入到 FPGA 外部的存储芯片 DDR3 中；另一路进入 SURF 模块，进行局部特征的检测。在获得局部特征的行列号后，读写模块生成相应的读地址，再从 DDR3 中读取相应的子图像。子图像输入到匹配模块中，用于计算 BRIEF 描述子，相关系数，重心位置。斜率直接由点对的行列号计算得到。下面对各主要模块的 FPGA 实现过程进行详细介绍（黄景金，2018；Huang et al.，2017a，2017b；Huang et al.，2018a；Huang et al.，2018b）。

这里介绍利用 FPGA 进行特征点检测、特征点匹配的各个模块。包括分别对卫星图像进行角点检测，根据角点行列号，生成读地址，从 DDR3 中读取子图像，用于生成角点的 BRIEF 描述子、计算相关系数和位置等。

3.5.1 DDR3 读写

在进行局部特征检测时，同时进行着 DDR3 的写操作。DDR3 的读写过程见图 3-7，在写过程中，由于图像数据流的位宽为 8 bits 以及 DDR3 的突发长度（burst-length）是 8，每次可以将一个 64 bits 的数据写入到 DDR3 的 Blank 中。因此，需要 8 个 8 bits 的数据组合成一个 64 bits 的写数据并生成一个 30 bits 的写地址，根据写地址可以将 64 bits 的数据写入到 DDR3 的 Blank 中。读数据是写数据的逆向过程，即根据一个 30 bits 的读地址，可将存储在 DDR3 的 Blank 中一个 64 bits 的数据读出来，再经过异步 FIFO（first in first out），输出 8 个 8 bits 的图像数据（黄景金，2018；Huang et al.，2018a；Huang et al.，2018b）。

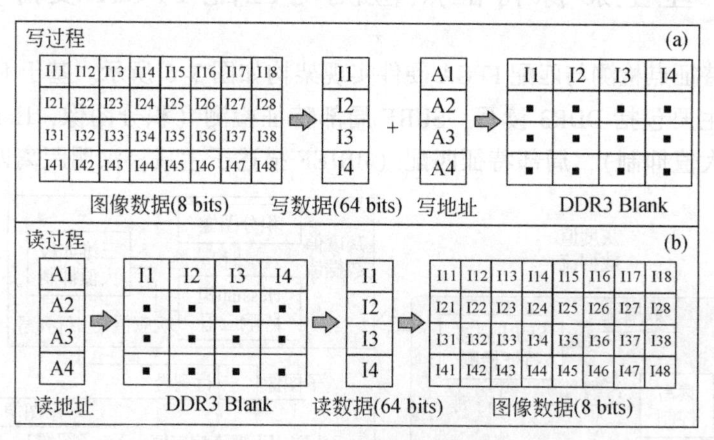

图 3-7　DDR3 读写控制模块

根据 Xilinx 公司设计的 DDR3 读写的 IP 核要求（Esa and Myers，2016；Suite，2015），在进行 DDR3 读写控制文件设计时，主要的信号需要满足以下要求：

（1）“app_cmd”：当“app_cmd” =3’b000 时，写信号拉高；当“app_cmd” =3’b001 时，读信号拉高；

（2）“app_addr”：代表当前写/读地址；

（3）“app_en”：该信号拉高时，“app_cmd”，“add_addr”等信号才有效；

（4）“app_wdf_data”：存放 64 bits 的写数据；

（5）“app_wdf_wren”：该信号拉高，“app_wdf_data” 才有效；

（6）“app_wdf_end”：该信号等于“app_wdf_wren”。

3.5.2 SURF 检测子

SURF 模块包含四个主要的子模块，它们分别是积分图像计算模块、卷积计算模块、Hessian 矩阵响应值模块和三维非极大值抑制模块。

（1）积分图像计算

积分图像计算是实现 SURF 局部特征检测的第一步。虽然计算积分图像的方法很多，公式也不复杂，但要在 FPGA 上实现积分图像的高效、节约、快速计算，则需要对输入数据流，FPGA 特性，硬件资源有所考虑。本章提出了基于数据流的积分图像计算模块（图 3-8）。该模块考虑了 FPGA 中图像数据流的特点，由于数据是按行逐个进来，每个时钟周期读取一个值，由此形成数据流的特点。该模块首先计算第 1 行积分值，计算步骤为：首先，计算第 1 行第 i 个积分值，该行积分值等于本行的第 1 至 $i(i>1)$ 个灰度值之和，同时将求和结果存入行缓冲中和输出为第 1 行第 i 个积分值。再计算第 2 行积分值，第 2 行第 i 个积分值等于本行的第 1 个至第 i 个灰度值之和再加上第一行的第 i 个积分值（由存入行缓冲的积分值提供），该计算结果存入行缓冲中，同时输出为积分图像的第 2 行第 i 个积分值。最后，第 $i(i>2)$ 行之后的积分值计算过程与第 2 行是相同。随着数据流的流入，该模块能够快速地计算相应的积分值。该模块的灰度值和积分值的位宽分别是 8 bits 和 18 bits。

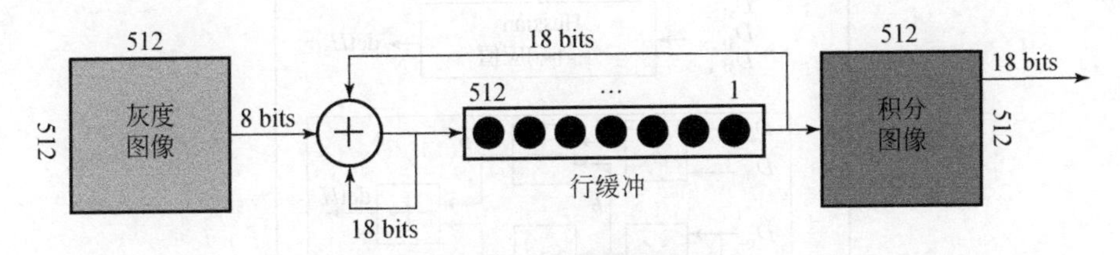

图 3-8　积分图像模块

（2）卷积计算

由于积分图像的存在，可以使灰度图像与正方形滤波器的卷积计算等价于积分图像中不同位置积分值的加减运算（图 3-9）。本章采用了 Octave 1 和 Octave 2，共有 6 个不同尺

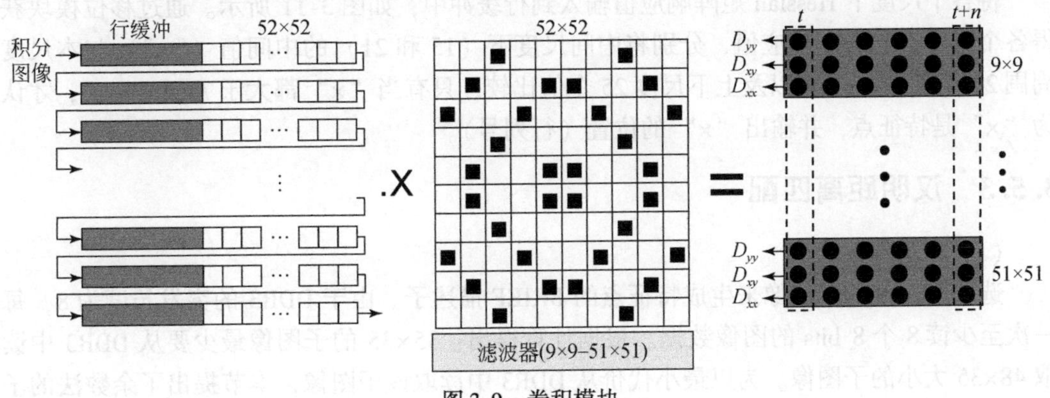

图 3-9　卷积模块

寸的正方形滤波器，分别是 9×9，15×15，21×21，27×27，39×39，51×51。为充分利用 FPGA 并行处理能力和保持计算结果同步输出，定义以 51×51 正方形滤波器的中心为其余 5 个正方形滤波器的中心，并确定在 52×52 模板下所有正方形滤波器的白色和黑色区域的四个顶点的位置（图中标记为黑色方框）。由积分模块计算的积分值输入到行缓冲中，再通过移位寄存器获取 52×52 大小的积分图像。同时提取所有顶点位置对应的积分值，并计算每个正方形滤波器中白色区域和黑色区域的灰度和，将两个白色区域的值相加再减去 2 倍黑色区域的值，即可得到 D_{yy} 和 D_{xx}，将两个白色区域值减去两个黑色区域的值，即可得到 D_{xy}。

（3）Hessian 矩阵响应值计算

由卷积计算得到的 D_{xx}，D_{yy}，D_{xy} 同时输入到 Hessian 矩阵响应值模块中（见图 3-10（b）），该模块共使用了 2 个乘法器，1 个减法器，1 个加法器和右移操作（等价于除法器）。经过优化后的算法中的数据均是定点数据结构。由于存在 6 个尺度，并行使用了 6 个模块（图 3-10（a）），就可以同一时刻获得不同尺度下的 Hessian 矩阵响应值 det$H$。

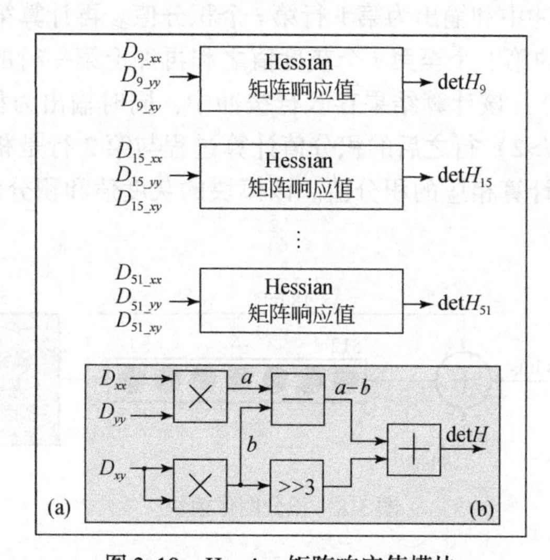

图 3-10　Hessian 矩阵响应值模块

（a）多尺度并行计算；（b）响应值计算

（4）三维非极大值抑制

将各个尺度下 Hessian 矩阵响应值输入到行缓冲中，如图 3-11 所示。通过移位模块获得各个尺度下的 5×5 响应值，分别将中间尺度下（15 和 21）的中间值（“×”）与本尺度周围 24 个值（“·”）以及上下尺度 25 个值比较，只有当“×”都大于 74 个“·”，才认为“×”是特征点，并输出“×”的位置（行列号）。

3.5.3　汉明距离匹配

（1）子图像读取

选取 35×35 的子图像来生成特征点的 BRIEF 描述子。由于 DDR3 的突发长度为 8，每一次至少读 8 个 8 bits 的图像数据。根据计算得出：35×35 的子图像最少要从 DDR3 中读取 48×35 大小的子图像。为以最小代价从 DDR3 中读取该子图像，本节提出了余数法的子

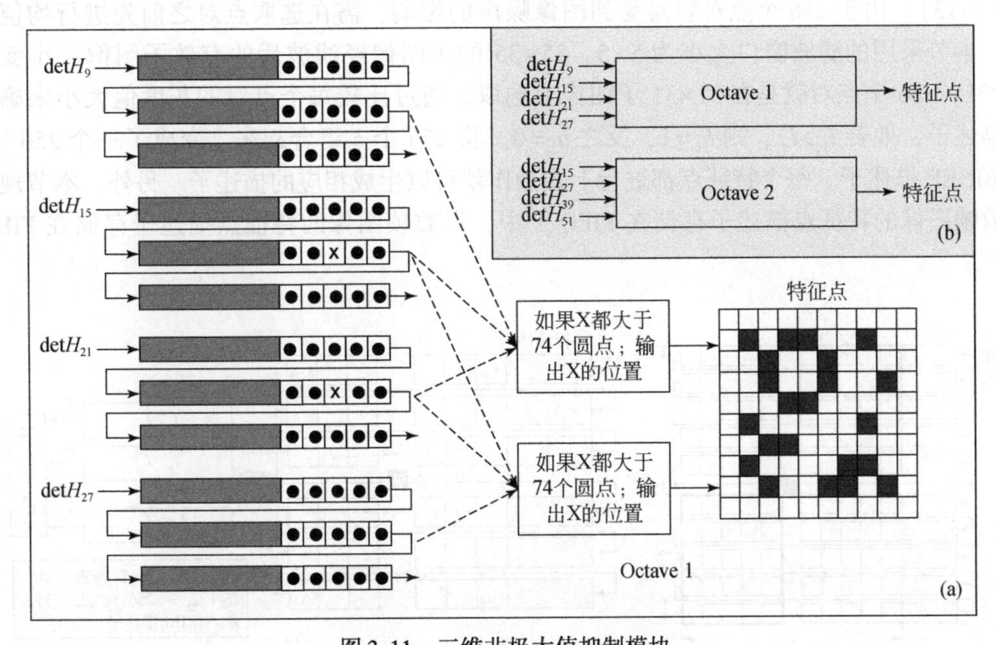

图 3-11　三维非极大值抑制模块

（a）行缓冲和响应值比较；（b）并行执行多个模块

图像读取，读取过程如下：首先将第一列列号右移 3 位（相当于除以 8），获得商（qu）和余数（re），根据 qu 和 re 生成左上角第一个数的读地址，每行共有 6 个读地址，48×35 的子图像有 6×35 个读地址。然后读写模块根据 6×35 个读地址，从 DDR3 的 Blank 中读取 48×35 子图像。最后根据 re 从 48×35 的子图像从截取 35×35 的子图像。子图像截取过程见图 3-12，具体操作流程如下（黄景金，2018；Huang et al.，2018b）：

a. 将 48×35 的子图像写入到 FIFO 中，每一行数据的写信号的拉高范围是第（re）到第（re+35）个时钟周期。这种情况下，真正写入 FIFO 子图像的大小是 35×35；

b. 从 FIFO 中读出 35×35 的子图像，每一行数据的读信号拉高范围是第 1 到第 35 个时钟周期，完成了从 48×35 子图像到 35×35 子图像的截取。

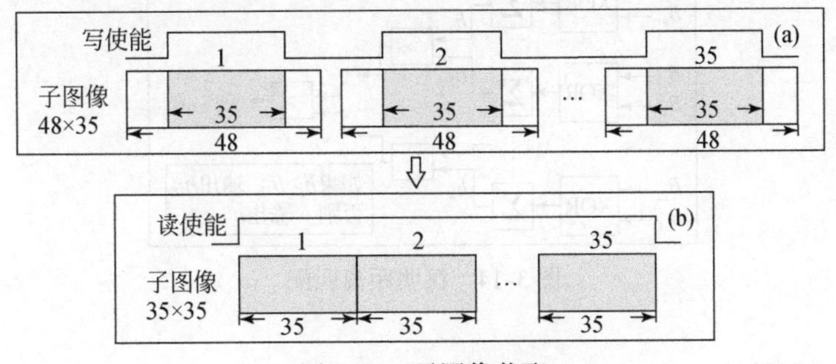

图 3-12　子图像截取

（a）FIFO 写过程；（b）FIFO 读过程

（2）BRIEF 描述子生成

从上文 FIFO 中读出的 35×35 子图像直接输入到下一个模块中进行 BRIEF 描述子生成

（图 3-13）。由于 256 个点对容易受到图像噪声的影响，需在选取点对之前先进行均值滤波。本节采用的滤波窗口大小为 5×5，35×35 的子图像经滤波后的有效子图像大小变为 31×31，256 个点对就是在 31×31 子图像上选取。通过比较每个点对的灰度值大小来确定其描述子，如若 $I_{p_i}>I_{q_i}$，则 $b_i=1$，反之 $b_i=0$。将 256 个 b_i 组合起来，变成了一个 256 bits 的 BRIEF 描述子。每个特征点都进行上述操作就可以生成相应的描述子。另外，本节规定奇数帧图像的特征点描述子存储在 FIFO-1 中，偶数帧图像的特征点描述子存储在 FIFO-2 中。

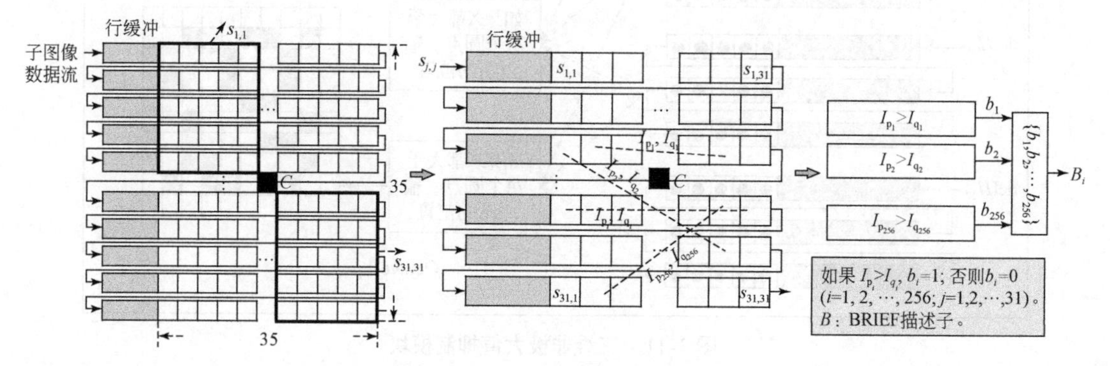

图 3-13　BRIEF 描述子生成

（3）汉明距离匹配

由于 FPGA 具有并行计算的优势，在特征点匹配中，第二幅图像的 1 个描述子（B_{s1}）可以同时与第一幅图像的 n 个描述子（B_{fn}）进行异或运算（XOR），得到 n 个的二值串，每个二值串的长度为 256 bits，再分别对每个二值串进行求和，就可得到其汉明距离（使用"Σ"进行求和），最后从 n 个汉明距离找出最小值。最小值意味着对应的两个描述子的相似度最高，也就是这两个描述子对应的特征点是匹配的。为便于分析 FPGA 硬件架构的资源和速度，定义了每幅图像最多检测 100 个角点，与之对应的是每幅图像有 100 个描述子，也就是 $n=100$，汉明距离匹配的运算逻辑如图 3-14 所示。

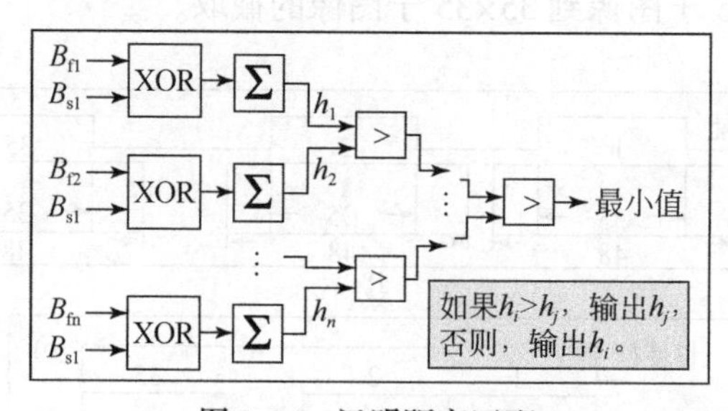

图 3-14　汉明距离匹配

3.5.4　误匹配剔除

上述模块得到的点对和以特征点为中心的 7×7 子图像输入到模块中。该模块组合使用了斜率法和相关系数法进行误匹配剔除。图 3-15 是两种算法的 FPGA 实现过程，首先介绍斜率法的 FPGA 实现，分别将点对的行号和列号分别输入到减法模块中，求出它们的行偏差和列偏差，再根据给定的阈值范围判断是否存在异常斜率，若存在，则认为该点对是错误的，并予以剔除。经过斜率法可以有效地剔除斜率异常的点对，但与正确点对的斜率相似的错误点对则无法剔除。下一步使用了相关系数法来剔除这部分误匹配，输入的数据是以点对为中心的子图像的灰度值，共使用了 5 个“Σ”模块，13 个乘法器，3 个减法器和 1 个比较模块。在 FPGA 实现中，这两种算法的组合使用有效地剔除了误匹配。

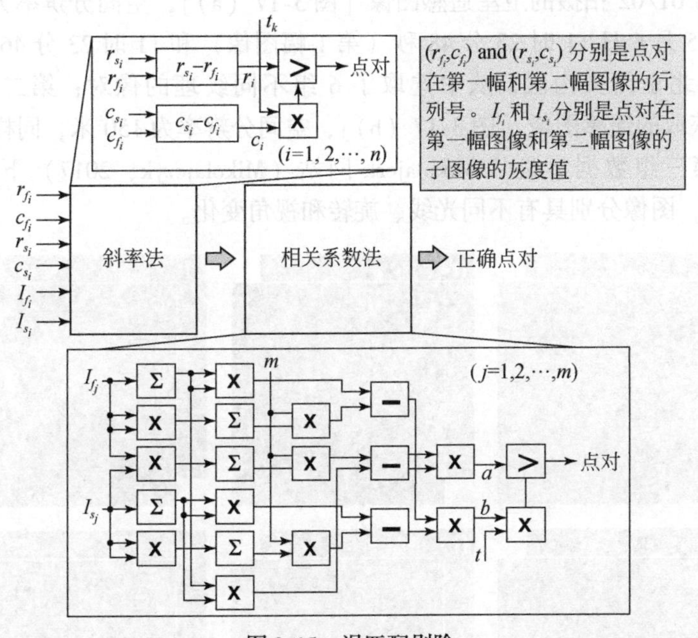

图 3-15　误匹配剔除

3.5.5　亚像素定位

图 3-16 是重心位置计算的 FPGA 实现过程，输入数据为经过误匹配剔除后的点对和以特征点为中心的 4×4 子图像。梯度等于相邻图像灰度差的绝对值，通过先判断其大小，再由大的值减去小的值来消除绝对值符号。这个实现过程使用了 4 个“Σ”和 2 个乘法器。为避免除法的使用，直接将公式（3-21）中的 2 个分子和 2 个分母同时输出到下一个计算模块中，这不仅减少资源使用，也提高了处理速度（黄景金，2018）。

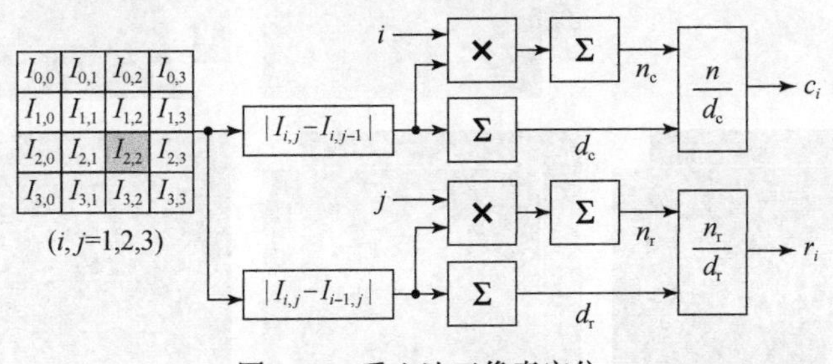

图 3-16　重心法亚像素定位

3.6 实验验证和 FPGA 性能分析

3.6.1 遥感图像数据

本文选取了三组遥感图像数据集（图 3-17）来评估 FPGA 硬件架构的性能，第一组数据集是高景一号 01/02 拍摄的卫星遥感图像［图 3-17（a)］，空间分辨率为 0.5 米，成像时间为 2017 年 5 月 6 日 11 时 23 分 48 秒（第 1 幅图像）和 11 时 23 分 46 秒（第 2 幅图像），地点位于北京门头沟区，从中选取了 6 组不同纹理的像对；第二组数据集是从 GoogleEarth 中获取的遥感图像［图 3-17（b)］，空间分辨率为 150 米，同样选取 6 组不同纹理的像对；第三组数据集是从 Mikolajczk 网站（Mikolajczyk，2017）下载的公开图像［图 3-17（c)］，图像分别具有不同光线、旋转和视角变化。

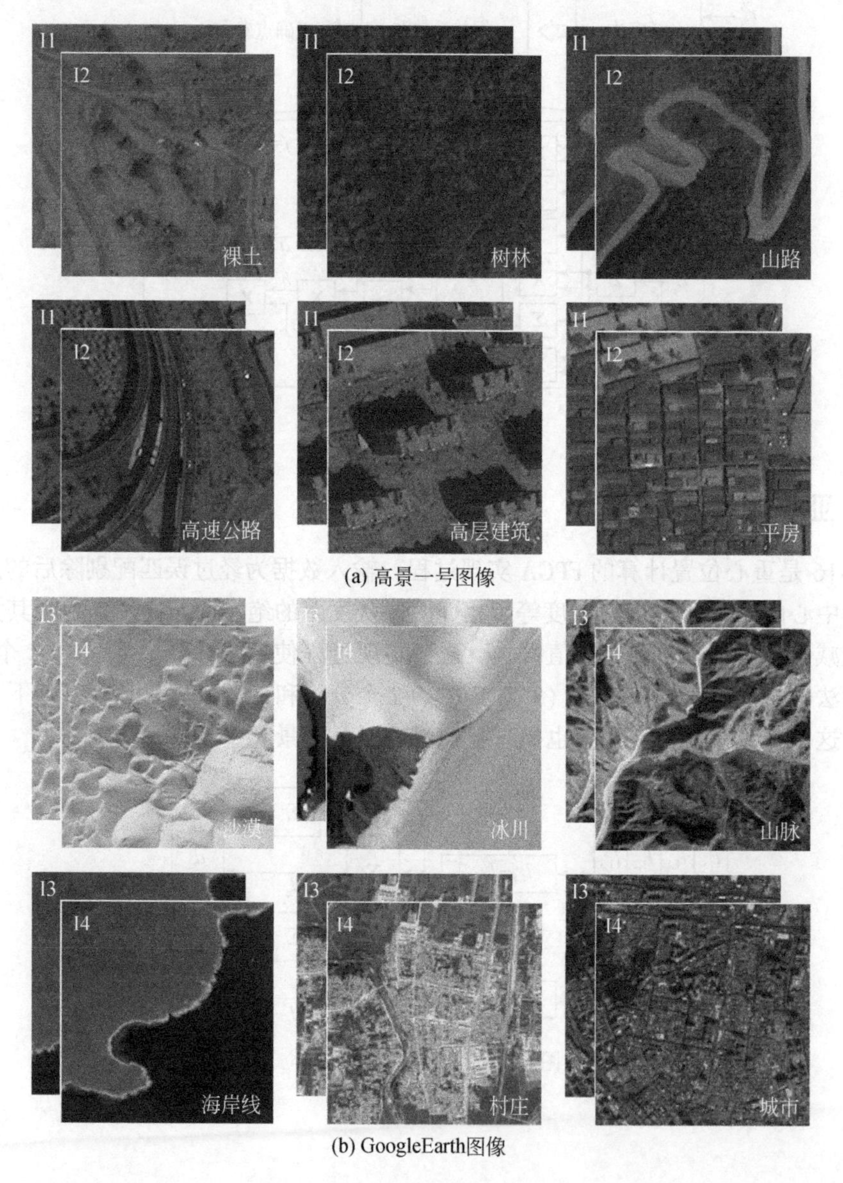

(a) 高景一号图像

(b) GoogleEarth图像

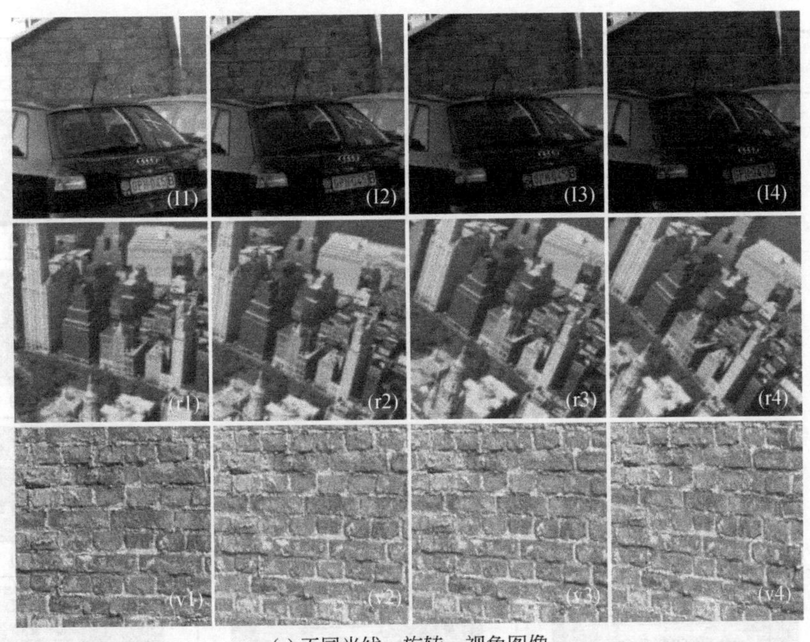

(c) 不同光线、旋转、视角图像

图 3-17　三组遥感图像数据集

3.6.2　影像特征点匹配

将上述三组图像数据集分别以像对的方式输入 Modelsim 进行仿真，实现 SURF 局部特征的检测，BRIEF 描述子生成，汉明距离匹配（$n=100$），斜率法（$\Delta<30$）和相关系数法（$R^2>0.75$，0.85，0.95）的误匹配剔除，并对各阶段的结果进行分析。

表 3-3 ~ 表 3-7 为局部特征的匹配结果。从表 3-3 可以看出，经斜率法剔除后的点对数量分别为 81，73，66，60，66，81，从表中看出，斜率异常的线已经被剔除了。经相关系数法（$R^2>0.75$）剔除后的点对数量分别是 13，4，8，5，5，18，说明大部分的点对被剔除（黄景金，2018；Huang et al.，2018a；Huang et al.，2018b）。

表 3-3　高景一号图像的匹配结果(SURF+BRIEF)

纹理	汉明距离匹配	斜率法($\Delta<30$)	相关系数法 ($R^2>0.75$,0.85,0.95)
裸土	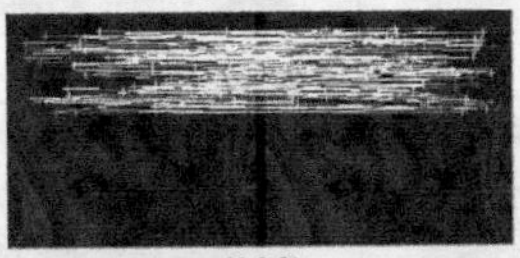 (100)	 (81)	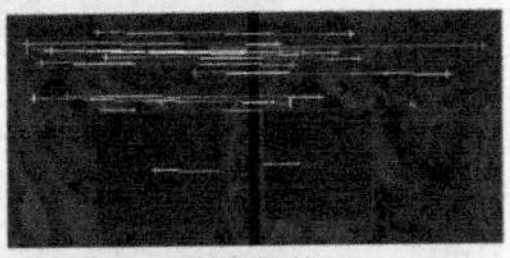 (13,7,1)
树林	 (100)	(73)	 (4,2,0)

续表

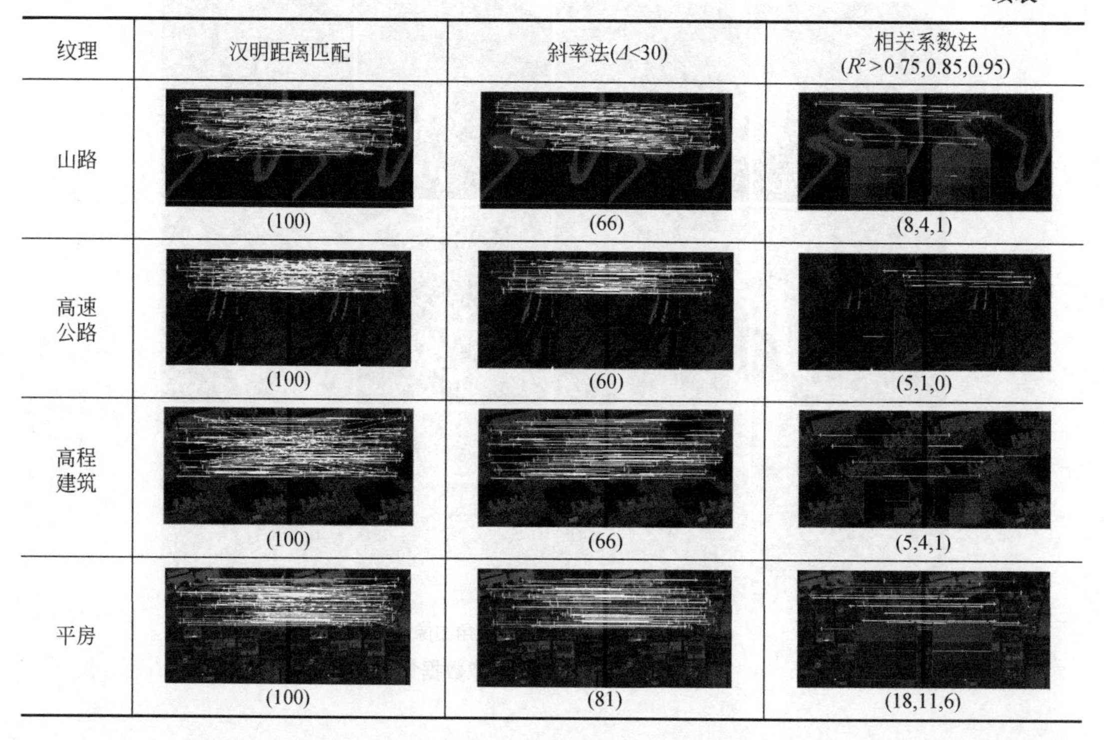

纹理	汉明距离匹配	斜率法(Δ<30)	相关系数法(R^2>0.75,0.85,0.95)
山路	(100)	(66)	(8,4,1)
高速公路	(100)	(60)	(5,1,0)
高程建筑	(100)	(66)	(5,4,1)
平房	(100)	(81)	(18,11,6)

表 3-4 也有类似结果，如：斜率法剔除后的点对分别有 87，75，66，69，75，83，经相关系数法（R^2>0.75）剔除后，保留的点对数量为 8，24，8，7，7，7。

表 3-4 Google Earth图像的匹配结果(SURF+BRIEF)

纹理	汉明距离匹配	斜率法(Δ<30)	相关系数法(R^2>0.75,0.85,0.95)
沙漠	(100)	(87)	(8,2,0)
冰川	(100)	(75)	(24,17,4)
山脉	(100)	(66)	(8,5,3)
海岸线	(100)	(69)	(7,1,1)

续表

纹理	汉明距离匹配	斜率法(Δ<30)	相关系数法 (R^2>0.75,0.85,0.95)
村庄	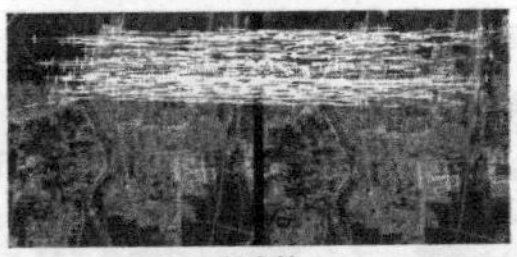 (100)	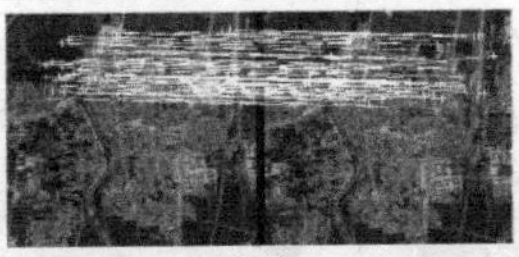 (75)	 (7,2,1)
城市	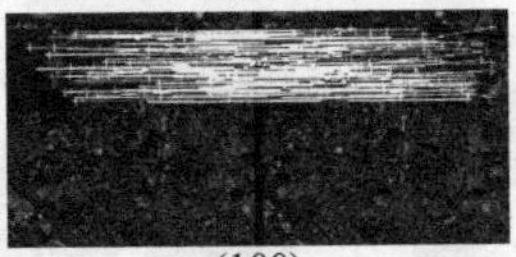 (100)	(83)	(7,2,1)

在不同光线的图像匹配结果（表3-5）中，斜率法剔除后的点对数量为78，71，72，经过相关系数法（R^2>0.75）剔除后的点对数量为16，19，17。光线的变化对这三组数据的结果影响不大，各阶段的点对数量处于相同量级（Huang et al., 2018a；Huang et al., 2018b）。

表3-5 不同光线图像的匹配结果(SURF+BRIEF)

组别	汉明距离匹配	斜率法(Δ<30)	相关系数法 (R^2>0.75,0.85,0.95)
第1组 (l1-l2)	 (100)	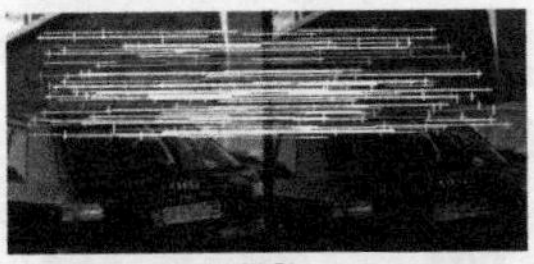 (78)	 (16,13,3)
第2组 (l1-l3)	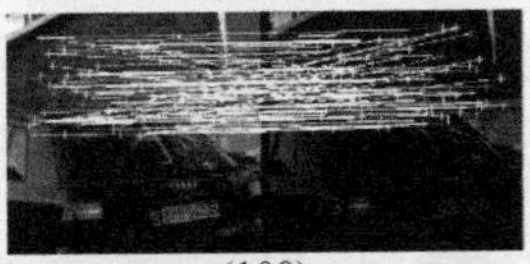 (100)	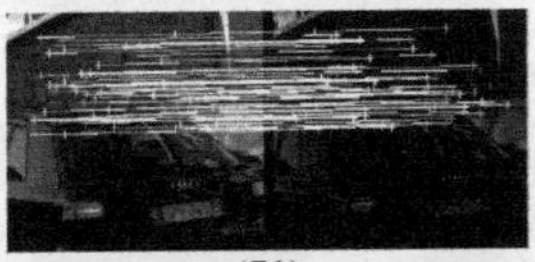 (71)	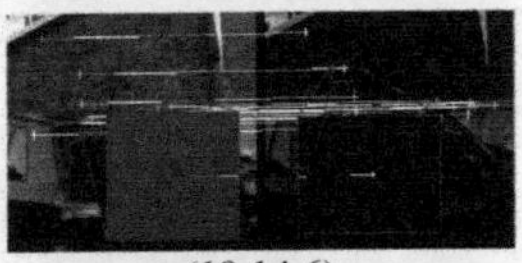 (19,14,6)
第3组 (l1-l4)	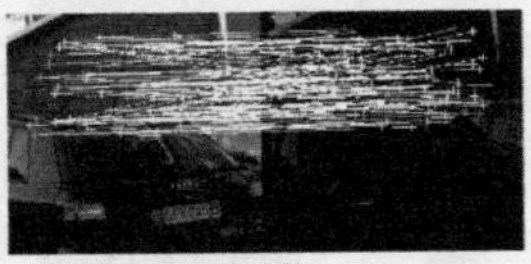 (100)	 (72)	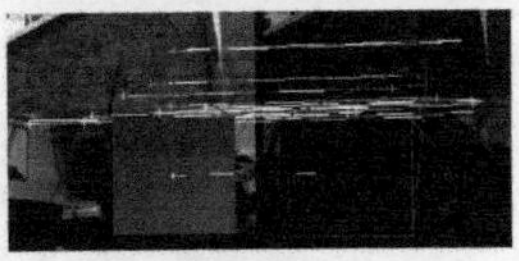 (17,9,3)

在不同旋转角度图像的匹配结果（表3-6）中，斜率法剔除后的点对数量分别为45，25，15，相关系数法（R^2>0.75）剔除后的点对数量分别是7，2，2。随着旋转角度的逐渐增大，这两个阶段的点对数量逐渐减少，说明该FPGA硬件架构对小角度旋转的图像具有较好的结果。

在不同视角图像的SURF匹配结果（表3-7）中，斜率法剔除后的点对数量分别为57，44，21，相关系数法剔除后的点对数量分别为8，5，5。随着视角差增大，正确点对的数量减少，说明该FPGA硬件架构对视角变化小的图像具有较好的结果。

3.6.3 匹配精度分析

为进一步量化局部特征匹配的精度，本节采用由Mikolajczyk和Schmid（2005）提出

表 3-6　不同旋转图像的匹配结果(SURF+BRIEF)

组别	汉明距离匹配	斜率法(Δ<30)	相关系数法 (R^2>0.75,0.85,0.95)
第4组 (r1-r2)	 (100)	 (45)	 (7,3,1)
第5组 (r1-r3)	 (100)	 (25)	 (2,1,0)
第6组 (r1-r4)	 (100)	 (15)	 (2,1,0)

表 3-7　不同视角图像的匹配结果(SURF+BRIEF)

组别	汉明距离匹配	斜率法(Δ<30)	相关系数法 (R^2>0.75,0.85,0.95)
第7组 (v1-v2)	 (100)	(57)	 (8,4,0)
第8组 (v1-v3)	 (100)	 (44)	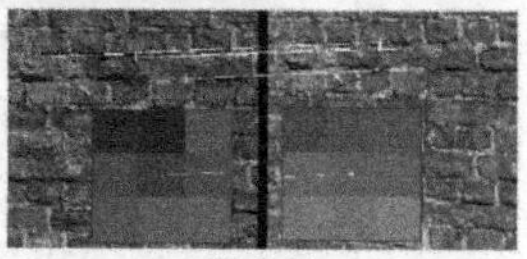 (5,3,0)
第9组 (v1-v4)	 (100)	 (21)	 (5,1,0)

的标准评估方法：recall vs. 1−precision。

$$\begin{cases}\text{recall}=C_1/C_2\\1-\text{precision}=F_1/(C_1+F_1)\end{cases}\tag{3-22}$$

式中，C_1是正确点对的数量，C_2是点对总数，F_1是错误点对的数量。通过改变阈值 t 来获得 recall 和 1−precision 的变化曲线，该曲线的变化情况代表了局部特征（角点特征）的匹配性能。1−precision 的值越小，recall 的值越大，代表匹配的精度越高。如：若 1−precision 趋于 0，recall 趋于 1，说明 F_1趋于 0，即错误点对越来越少，此时曲线越靠近 Y 轴；若 1−precision 趋于 1，recall 趋于 0，说明 C_1趋于 0，即正确点对越来越少，曲线越靠近 X 轴。下面对局部特征的匹配结果的精度进行量化分析。

为分析局部特征的匹配精度，同样对三个阶段［汉明距离匹配，斜率法的误匹配剔除，相关系数法（R^2>0.75，0.85，0.95）的误匹配剔除］的评估曲线进行分析。图 3-18 为高景一号图像数据集的评估曲线，图中蓝色曲线处于最低位置，红色和黑色曲线处于上方或垂直位置（1-precision=0，recall=1），说明这两种剔除算法的效果明显。另外，纹理为裸土和树林的性能优于其他纹理。

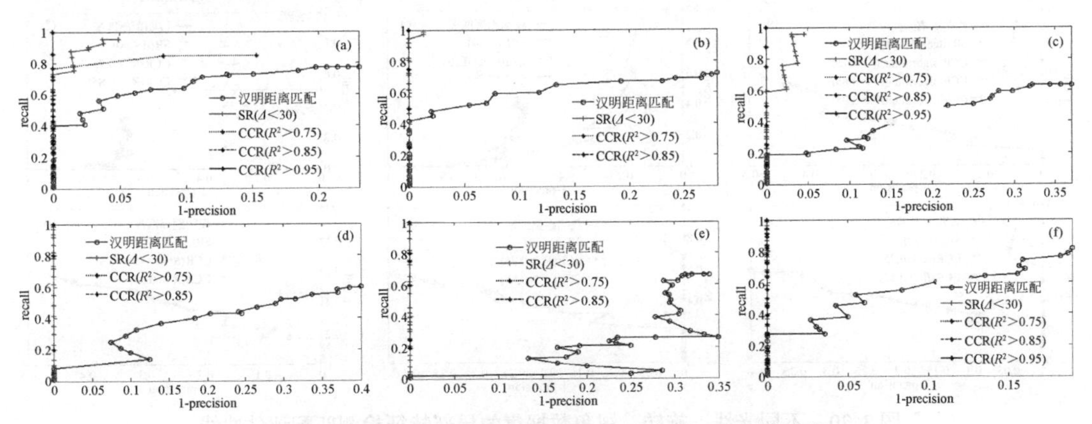

图 3-18　高景一号数据集的局部特征检测匹配评估曲线

（a）裸土；（b）树林；（c）公路；（d）高速公路；（e）高层建筑；（f）平房

图 3-19 为 Google Earth 数据集的评估曲线，图中蓝色曲线处于较低位置，而红色和黑色曲线则处于上方或者垂直位置，说明在第一阶段（汉明距离匹配），误匹配的点对较多，斜率法和相关系数法则有效剔除了其中的误匹配。另外，图像纹理为城市和村庄的性能优于其他纹理。

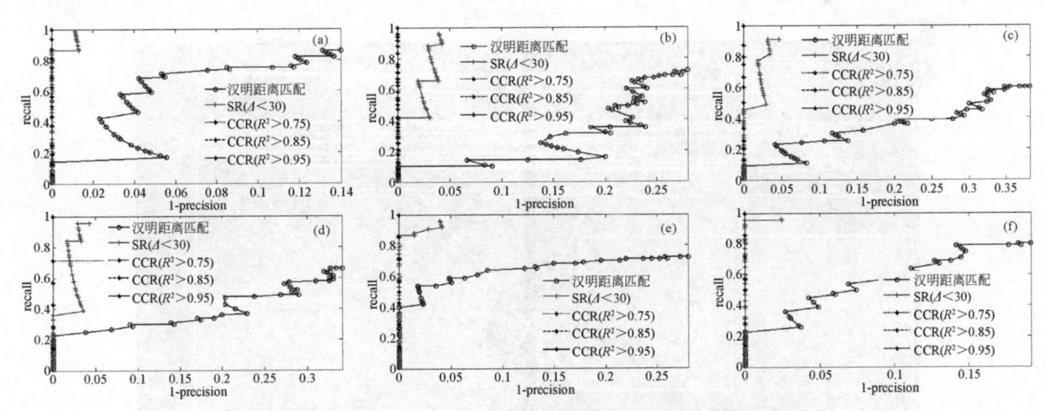

图 3-19　GoogleEarth 数据集的局部特征检测匹配评估曲线

（a）沙漠；（b）冰川；（c）山脉；（d）海岸线；（e）村庄；（f）城市

图 3-20 为不同光线、旋转、视角数据集的评估曲线。在光线、旋转、视角变化小的图像对（l1-l2，r1-r2，v1-v2）中，其匹配性能较好，但随着光线、旋转、视角的变化越大，其匹配性能逐渐下降，评估曲线表明三种颜色曲线分布无规律。

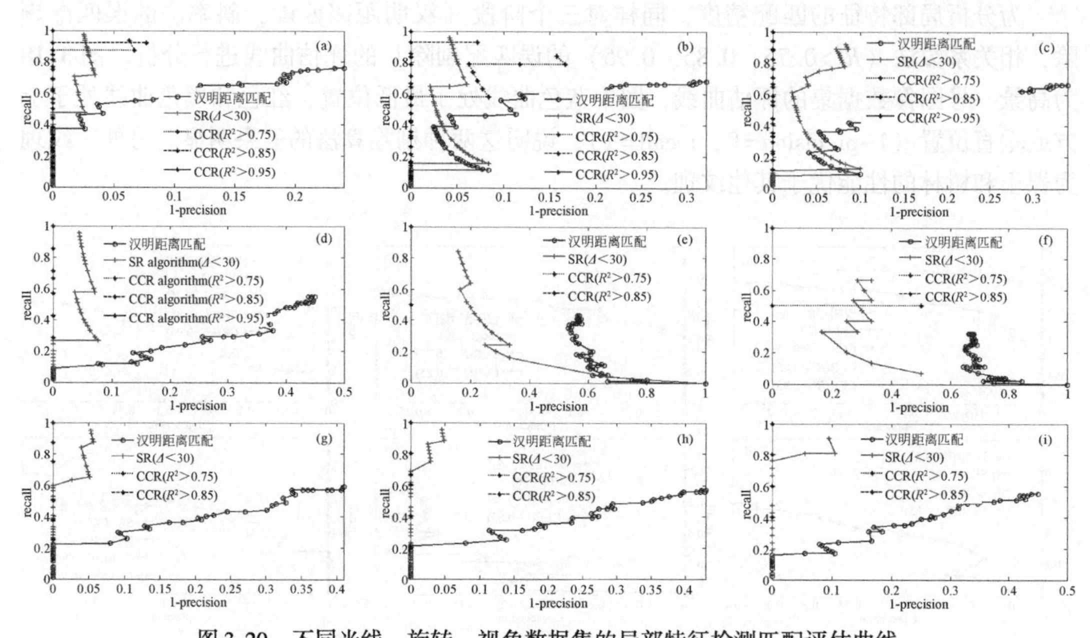

图 3-20　不同光线、旋转、视角数据集的局部特征检测匹配评估曲线

（a）l1–l2；（b）l1–l3；（c）l1–l4；（d）r1–r2；（e）r1–r3；（f）r1–r4；（g）v1–v2；（h）v1–v3；（i）v1–v4

3.6.4　亚像素定位结果

经过两种误匹配剔除算法后，正确的点对输入到亚像素定位模块，该模块通过计算角点的重心位置，输出亚像素级的定位结果（图 3-21）。图中虚线是正确点对的位置，实线是亚像素级的定位结果。

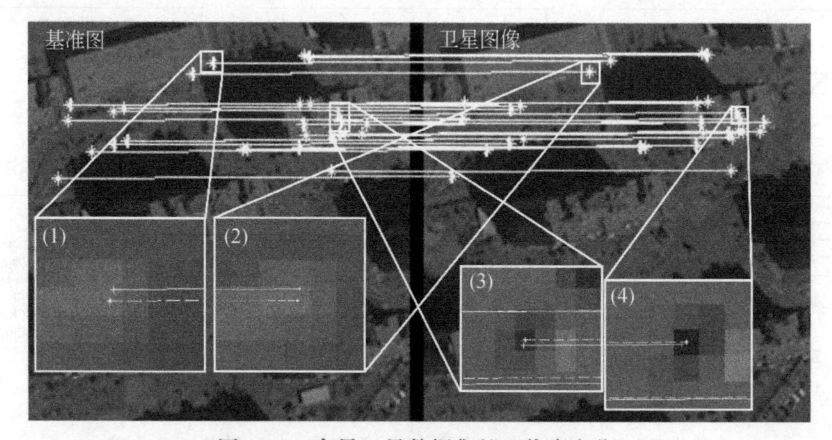

图 3-21　高景一号数据集的亚像素定位

3.6.5　FPGA 处理速度和硬件资源消耗情况

角点特征检测与匹配的速度和 FPGA 硬件资源消耗是衡量能否实现实时处理的两个重要指标。为分析 FPGA 的处理速度快慢，将其与 PC 机的 CPU 和 GPU 处理速度进行对比。同时将本章结果与已发表的文献进行对比。PC 机的基本参数为 Win7（64 位），Intel（R）

Core (TM) i7-4790 CPU@ 3. 60GHz 和 8G 的 RAM。在 PC 机上运行的算法调用 OpenCV (2. 4. 9 版本) 库中经过优化的算法。在 PC 机的 GPU 处理中 (Entschev, 2015), PC 机的基本参数为 Ubuntu Linux14. 10, ArrayFire 版本, 32G 的 RAM 和 NVIDIA K20 GPU。表 3-8 表明: ①以 FAST+BRIEF 为例 (不包括误匹配剔除和亚像素定位), 本章设计的 FPGA 硬件架构在 100MHz 的时钟频率下能够达到 310 帧每秒, 是 CPU 处理速度的 31 倍, 是 GPU 处理速度的 2. 5 倍; ②与 FAST+BRIEF-1 (Heo, 2013) 相比, 本架构的处理速度是其的 5. 6 倍左右; ③与 FAST+BRIEF-2 (Fularz, 2015) 的 325 帧每秒相比, 本架构的处理速度少了 15 帧每秒。

本章的处理帧率少于 FAST+BRIEF-2 的原因有: ①由于图像大小不一样, 本章使用图像的列数 (512) 大于 FAST+BRIEF-2 的列数 (480), 在行缓冲时需要消耗更多的时钟周期; ②本架构包含了 DDR3 的读写, 角点特征检测与匹配, 而 FAST+BRIEF-2 仅仅实现了角点的检测和匹配, 且并没有实现图像数据的读写, 也就是 FAST+BRIEF-2 的架构无法实现图像数据多次重复使用的功能, 而本架构可以根据需要多次从 DDR3 中读取图像数据。

表 3-8　速度对比结果

算法	分辨率	频率	数量	帧率
FAST	512×512	130 MHz	/	500
Oriented FAST+Rotate+BRIEF (GPU)	512×512	706	/	125
FAST+BRIEF-1	640×480	100 MHz	/	55
FAST+BRIEF-2	640×480	100 MHz	100	325
FAST+BRIEF [PC]	512×512	3. 60 GHz	100	10
FAST+BRIEF [本章]	512×512	100 MHz	100	310

从 FPGA 资源消耗方面进行分析, 由于本章和相关文献 (Kraft et al., 2008; Heo et al., 2013; Fularz et al., 2015) 使用的 FPGA 平台各不相同, 且图像大小和实现的功能也不尽相同, 无法直接进行横向比较。但我们仍可以从表 3-9 中发现, 在以 FAST 角点特征的硬件架构中, 各个资源的使用率均小于 50%, 其中使用率最多的是 LUTs, 为 39%; 其次是 FFTs, 为 28%, 最少的是 BRAMs, 为 35kb。

表 3-9　FPGA 资源消耗对比 (XC72K325T)

资源	FAST+BRIEF-1	FAST+BRIEF-2	FAST+BRIEF [本章]
FFs	3187	17412 (21%)	112166 (28%)
LUTs	4257	9866 (19%)	80472 (39%)
BRAMs	576kb	1330kb	35kb

3.7　本章小结

本章首先利用降位宽法对积分图像的位宽进行减少; 再通过对斜率、相关系数、重心位置的计算公式进行了优化, 避免了在 FPGA 中使用除法器和进行浮点数的运算。本章重点介绍了在 FPGA 的局部特征检测与匹配模块中, 灰度图像数据流分为两路, 一路输入到

SURF 局部特征检测模块，另一路输入到 DDR3 读写控制模块。得到特征点的行列号后，提出了余数法的子图像读取，用于 BRIEF 描述子的生成，相关系数的计算和特征点重心位置的计算。

参 考 文 献

黄景金，2018. 基于 FPGA 的 P-H 法卫星相对姿态和绝对姿态解算算法优化和硬件实现 . 天津：天津大学 .

Aydogdu M F，Demirci M F，Kasnakoglu C，2013. Pipelining Harris corner detection with a tiny FPGA for a mobile robot. IEEE International Conference on Robotics and Biomimetics：2177-2184.

Bay H，Ess A，Tuytelaars T，2008. Speeded- up robust features（SURF）. Computer Vision & Image Understanding，110（3）：346-359.

Belt H J W，2008. Word length reduction for the integral image//IEEE International Conference on Image Processing，805-808.

Bi C，Maruyama T，2012. Real- time corner and polygon detection system on FPGA//IEEE 22nd International Conference on Field Programmable Logic and Applications（FPL）：451-457.

Calonder M，Lepetit V，Strecha C，et al.，2010. BRIEF：binary robust independent elementary features//European Conference on Computer Vision：778-792.

Calonder M，2012. BRIEF：computing a local binary descriptor very fast. IEEE Transactions on Pattern Analysis & Machine Intelligence，34（7）：1281-1298.

Chen C，Yong H，Zhong S，et al.，2015. A real- time FPGA- based architecture for OpenSURF//MIPPR 2015：Pattern Recognition and Computer Vision. International Society for Optics and Photonics，98130K.

Claus C，2009. Optimizing the SUSAN corner detection algorithm for a high speed FPGA implementation//In Field Programmable Logic and Applications，IEEE International Conference on，138-145.

Dohi K，Yorita Y，Shibata Y，et al.，2011. Pattern compression of FAST corner detection for efficient hardware implementation//In Proceedings of the 2011 International Conference on Field Programmable Logic and Applications（FPL）：478-481.

Entschev P A，2015. Real- time and high resolution feature tracking and object recognition. http://on-demand. gputechconf. Com/gtc /2015/presentation /S5205-Peter-AndreasEntschev. pdf. 2020-08-01.

Esa A，Myers B，2016. Design of an arbiter for DDR3 memory. https://web. wpi. edu/ Pubs/ E- project/Available/E-project-042513-153905/unrestricted/TeradyneMQPFinal Report. pdf. 2016-03-07.

Fan X，Wu C，Cao W，et al.，2014. Implementation of high performance hardware architecture of OpenSURF algorithm on FPGA//IEEE International Conference on Field-Programmable Technology，152-159.

Fularz M，Kraft M，Schmidt A，et al.，2015. A high- performance FPGA- based image feature detector and matcher based on the FAST and BRIEF algorithms. International Journal of Advanced Robotic Systems，12（141）：499-506.

Heo H，Lee J Y，Lee K Y，2013. FPGA based implementation of FAST and BRIEF algorithm for object recognition//2013 IEEE International Conference of IEEE Region 10：1-4.

Huang J，Zhou G，Huang S，et al.，2017. On-Board Detection And Matching of Remote Sensing Imagery，2017 IEEE Int. Geoscience and Remote Sensing（IGARSS 2017），Fort Worth，Texas，USA，July 23- 28，2017.

Huang J，Zhou G，Zhou X，Zhang R T，2018a. A new FPGA architecture of FAST and BRIEF algorithm for on-board corner detection and matching. Sensors，18（4）：1014.

Huang J，Zhou G，Zhou X，et al.，2018b. An FPGA- based implementation of satellite image registration with outlier rejection. Int. J. of Remote Sensing，39（23）：8905-8933.

Huang J, Zhou G, 2017a. On-board detection and matching of feature points. Remote Sensing, 9 (6): 601.

Huang J, Zhou G, 2017b. FPGA-based implementation of detection and matching of feature points, 5th Int. Symp. on Recent Advances in Quantitative Remote Sensing, Torrent (Valencia), Spain, 18-22 September 2017.

Juan L, Gwun O, 2009. A comparison of SIFT, PCA-SIFT and SURF. International Journal of Image Processing, 3 (4): 143-152.

Kim T, Im Y J, 2003. Automatic satellite image registration by combination of matching and random sample consensus. IEEE Transactions on Geoscience & Remote Sensing, 41 (5): 1111-1117.

Kraft M, Schmidt A, Kasinski A J, 2008. High-speed image feature detection using FPGA implementation of fast algorithm//Proceedings of the Third International Conference on Computer Vision Theory and Applications, Funchal, Madeira, Portugal, January: 174-179.

Mehra R, Verma R, 2012. Area efficient FPGA implementation of sobel edge detector for image processing applications. International Journal of Computer Applications, 56 (16): 7-11.

MikolajczykK, Schmid C, 2005. A performance evaluation of local descriptors. IEEE Transactions Pattern Analysis and Machine Intelligent, 27: 1615-1630.

Morel J M, Yu G, 2010. ASIFT: A new framework for fully affine invariant image comparison. Siam Journal on Imaging Sciences, 2 (2): 438-469.

Schaeferling M, Kiefer G, 2011. Object Recognition on a Chip: A Complete SURF-Based System on a Single FPGA//International Conference on Reconfigurable Computing and FPGAs, IEEE Computer Society: 49-54.

Sledevič T, Serackis A, 2012. SURF algorithm implementation on FPGA//In Proceedings of the 2012 13th Biennial Baltic Electronics Conference: 291-294.

Suite V D, 2015. UltraScale architecture FPGAs memory interface solutions v7. 1. https://www. xilinx. com/ support /documentation /ip_ documentation /mig /v7_ 1 /pg150-ultrascale-mis. pdf. 2015-06-24.

Svab J, Krajnik T, Faigl J, et al., 2009. FPGA based speeded up robust features//IEEE International Conference on Technologies for Practical Robot Applications: 35-41.

Ting J, Sheng Q H, Zong P, 2010. Precision analysis of correlation coefficient matching for high-overlap images matching. Journal of Computer Applications, 30 (2): 57-59.

Tola E, Lepetit V, Fua P, 2010. DAISY: an efficient dense descriptor applied to wide-baseline stereo. IEEE Transactions on Pattern Analysis and Machine Intelligence, 32 (5): 815-830.

Torres-Huitzil C, Arias-Estrada M, 2000. An FPGA architecture for high speed edge and corner detection. IEEE International Workshop on Computer Architectures for Machine Perception: 112-116.

Wang J, Zhong S, Yan L, et al., 2014. An embedded system-on-chip architecture for real-time visual detection and matching. IEEE Transactions on Circuits & Systems for Video Technology, 24 (3): 525-538.

Weberruss J, Kleeman L, Drummond T, 2015. ORB feature extraction and matching in hardware//In Proceedings of the Australasian Conference on Robotics and Automation: 1-10.

Yan H U, Geng G H, Wang X F, et al., 2010. Stereo matching algorithm for 3D reconstruction based on uncalibrated images. Application Research of Computers, 27 (10): 3964-3967.

Yao L, Feng H, Zhu Y, et al., 2009. An architecture of optimised SIFT feature detection for an FPGA implementation of an image matcher, IEEE International Conference on Field-Programmable Technolog: 30-37.

第4章 星上地面控制点识别

4.1 引言

地理配准是遥感图像处理中的一项重要技术。地理配准的主要步骤是识别地面控制点（ground control points，GCP）。传统上，GCP 是通过专用设备获得的，或者是人工从参考图像或地形图选择的，这就导致无法满足遥感图像处理的实时性能（Zhou et al.，2017）。因此，需要研究一种用于 GCP 星上自动识别方法，从而实现遥感影像的实时、自动提取。因此，为实现星上数据处理中实时地理配准这一任务，本章重点介绍基于 FPGA 自动识别地面控制点的方法。

在计算机视觉、影像处理、遥感、摄影测量领域，存在大量的地面控制点的提取方法。传统的摄影测量控制点，又称，摄影测量目标点（photogrammetric targeted point）（图4-1）。但是，在大多数卫星观测任务中，不可能实时提供传统的摄影测量目标点。因此本章使用自然地标（例如十字路口中心）来代替传统的 GCP；我们称这些具有地标特征地面控制点（landmark GCP，LGCP）（图4-2）。这些 LGCP 存储在星载计算机上 LGCP 数据库里，记录他们 3D 地面坐标，参考基准（例如 WGS84）。具体星上 LGCP 数据库创立包括数据结构、3D 坐标，基准、坐标转换、快速查询、检索等可以参考 Zhou 等（2017；2001a；2001b；2002；2004）。

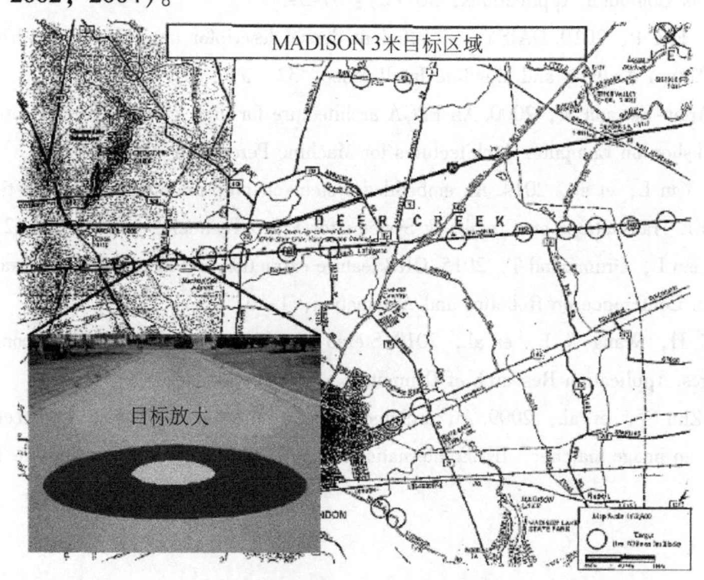

图4-1 传统的摄影测量目标地面控制点（GCPS）

控制点间相距1至少公里以上。所有 GCPs 被绘制二个同心圆，一个是以一米长为半径的白色圆形，另一个是三米长为半径的黑色圆形为背景

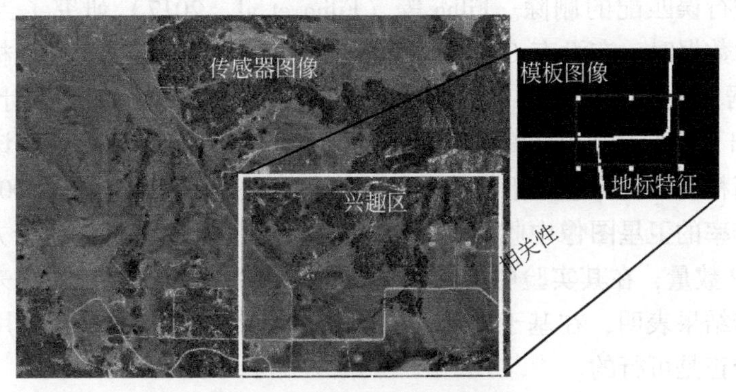

图 4-2 LGCPs 及校正算法

LGCP 的选择应满足三个条件。第一，LGCP 必须分布广泛，更便于生成全局控制点。第二，LGCP 的特征应该是明显的和易于识别的，这主要是为了使地标控制点在应用时能够更好地关联和匹配。第三，LGCP 必须相对固定，不易频繁变化。不能选择经常变化的地标，如河流和飞机。这更有利于自动检测图像上的标志点，提取唯一的控制点信息。道路交叉口、田径场、建筑物和其他地面特征均满足上述要求（Lai et al., 2020）。

由于 LGCP 存储在星上硬件，因此，核心任务是从星上遥感图像中精确确定相应 LGCP 的像素坐标，其算法基本流程如图 4-3 所示。基于 LGCP 的遥感影像的充匹配获得控制点主要包括三步骤。基本步骤是：①从 LGCP 数据库创建 LGCP 模板图像；②通过反投影确定传感器图像中的感兴趣区（area of Interest，AOI）；③通过图像匹配的方法识别 LGCP 的像素坐标。

LGCP 数据库创建 LGCP 模板要考虑选取的模板对于步骤①和②，比较容易，本章重点描述步骤③，即通过图像匹配的方法识别 LGCP 的像素坐标。实际上，步骤③包括二个部分，一是从图像上提取特征点（feature point landmark），二是特征点匹配。

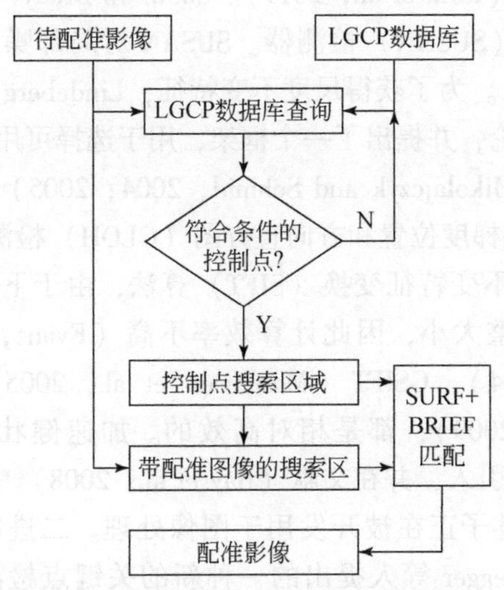

图 4-3 基于 LGCP 配准控制点的提取

Kim（Kim et al., 2005）讨论了基于地标与气象卫星的数据的自动配准方法，并采用

RANSAC 方法进行误匹配的删除。Filho 等（Filho et al.，2017）研究了当地标控制点与 GPS 具有相同的数据时，在没有 GPS 或者 GPS 受限时，可以完全使用地标参数代替无人机中的 GPS 数据，可以估计飞机飞行中的经纬度，以支持导航系统完成计划的任务。Zhu 等（2016）提出了一种基于地标的自主飞行器导航方法，实验结果证明该方法具有鲁棒性、高效性和高精度性，可适用于长航时飞机的高精度导航。Lim 等（2004）提出了一种使用从较低分辨率的卫星图像中收集的 GCP 芯片自动校正卫星图像的新方法，以减少或消除所需的 GCP 数量，在其实验中，利用归一化互相关和 RANSAC 算法来去除匹配结果的异常值，初步结果表明，在基于 RANSAC 算法的自动精校正方法，利用低分辨率 GCP 芯片进行精度校正是可行的。

谢仁伟等（2011）探讨了基于控制点库的 SIFT 多源影像自动配准方法，首先建立控制点数据库，采用地理坐标粗定位后结合 SIFT 算法自动搜索同名控制点对，对影像实现的精确几何纠正。唐娉等（2016）提出了“不变特征点集”为控制数据集的遥感图像自动化处理框架，并综述了构建该方法的关键技术。王峰等（2004）构建了适合于 CBERS 卫星图像的自动几何精校正的 GCP 数据库，并采用了相关系数匹配方法实现了 GCP 数据库与待配准影像的配准。罗宇研究了基于 SIFT 的多源遥感影像自动配准方法，可以实现遥感影像和控制点库之间自动查找同名点，实现自动匹配。

图像上提取特征点（feature point landmark）最早可以追溯到 1954 年，Attneave（1954）首次观察到图像的形状特征信息主要集中在高曲率的主点上。1980 年，Moravec（1981）提出了一种可重复使用的特征检测器（特征提取算法），该检测器对于微小变化和接近边缘可重复使用，并用于立体图像匹配。哈里斯和斯蒂芬斯（Harris，1988）在 1988 年改进了先前的 Moravec 检测器。哈里斯角检测器包括梯度信息和对称正定的特征值，它们被定义为 2×2 矩阵以使其更具可重复性。哈里斯拐角检测器是一种流行的特征检测技术，它结合了基于局部自相关函数的拐角检测器和边缘检测器。然而，它不具有尺度不变性，并且对噪声敏感（Idris et al.，2019）。Smith 和 Brady（Smith，1997）在 1997 年开发了最小的单值同化核（SUSAN）检测器。SUSAN 对局部噪声不敏感并且具有较高的抗干扰能力（Deng，2008）。为了获得尺度不变特征，Lindeberg（Lindeberg，1994；1996；1998）研究了尺度不变理论，并提出了一个框架，用于选择可用于自动尺度选择的局部合适尺度。Mikolajczyk 等（Mikolajczyk and Schmid，2004；2005）提出了哈里斯-拉普拉斯和哈里斯-仿射检测器以及梯度位置和方向直方图（GLOH）检测器（Mikolajczyk，2005）。Lowe（2004）提出了尺度不变特征变换（SIFT）算法，由于下一层采样数据依赖于上一层数据，并且图像必须调整大小，因此计算效率不高（Evans，2009）。许多 SIFT 变体，例如 PCA-SIFT（Ke，2004），GSIFT（Mortensen et al.，2005），CSIFT（Abdel-Hakim，2006）和 ASIFT（Morel，2009），都是相对高效的。加速健壮的特征（SURF）在文献（Bay et al.，2006）中首次引入，并在文献（Bay et al.，2008）中进行了详细说明。

近十年来，二进制描述子正在被开发用于图像处理。二进制鲁棒不变可扩展关键点（BRISK）检测器是 Leutenegger 等人提出的一种新的关键点检测，特征描述和匹配方法（Leutenegger et al.，2011），该方法是通过像素比较来构造的，其分布形成围绕特征的同心圆。Calonder 等（2012）提出了有效地提取特征的二进制鲁棒的独立基本特征（BRIEF）描述子。BRIEF 描述子向量由 512 位，256 位和 128 位向量组成。因此，该特征大大减少了存储特征描述子所需的内存和匹配特征所需的时间，同时产生了可比的识别精度（Wang et al.，2013）。Rublee 等（2011）提出了一个非常快速的二进制描述子，称为ORB，它是旋转不变的，并且抗噪声。这项工作的主要贡献是在加速段测试（FAST）（Rosten，2005）特征检测器中为特征添加了方向分量，并提出了一种深度学习方法训练成对的匹配点对，这些测试具有出色的判别力和较低的相关响应（Lima et al.，2015）。Alahi 等（2012），建议使用快速视网膜关键点（FREAK）作为快速紧凑且健壮的关键点描述子。

基于特征的匹配算法已广泛用于各种应用，例如对象定位，目标识别，运动估计和3D 重建。然后，以上算法虽然具有更高的图像匹配性能和精度，但由于计算复杂性和巨大的内存消耗，使它们无法满足实时要求的性能。为解决匹配算法的实时性的问题，研究人员主要采用以下两种方法：

第一种方法旨在降低匹配算法的复杂度而不损失精度。主成分分析（PCA）（Evans，2009）和线性判别分析（LDA）（Hua et al.，2007）是两种常见的降维算法，可减小原始描述子矢量的大小，例如 SIFT（Lowe，2004）或 SURF（Bay，2006，2008）。Calonder 等（Calonder et al.，2009）提出了一种概念，该概念使用缩短的描述子将其浮点坐标量化为更少位的整数代码。Je′gou 和 Huang（Je′gou et al.，2010；Huang and Zhou，2018）中提出了特征点检测器+描述子的特征匹配方法，例如用加速的检测器 FAST（Rosten and Drummond，2005）或二进制描述 BRISK（Leutenegger et al.，2011），BRIEF（Calonder et al.，2012），ORB（Rublee et al.，2011）和 FREAK（Alahi et al.，2012）代替原始特征匹配算法中的复杂检测器或描述子。Lowe（2004）通过高斯（DoG）滤波器的差分近似替代拉普拉斯算子（LoG），简化运算。Bay 等（2006，2008）通过使用盒式滤波器替代 DoG 算子，提高了特征点检测速度。

第二种方法使用专用的硬件（例如多核中央处理器（CPU），图形处理器（GPU），专用集成电路（ASIC）和现场可编程门阵列（FPGA））加速处理速度。Čížek 等（Čížek et al.，2016）提出了 SoC FPGA 架构实现了图像的匹配算法，该算法应用于基于视觉导航图像处理中，具有的低延迟性，可以有效实现图像流水线处理。Krajník 等（Krajník et al.，2014）提出了一个完整的基于 FPGA 的计算机视觉嵌入式模块的硬件和软件解决方案，该模块可以执行 SURF 图像特征提取算法。Yao 等（2009）提出了一种优化的 SIFT 特征检测的 FPGA 架构，可以实现图像的匹配，其特征描述子的维度由原始 SIFT 的 128 维降低到72 维。Kim 等（2015）提出了一种并行化和优化的加速 SURF 方法，并在实际机器实验中，吞吐率最大可达到 83.80fps，从而实现了实时处理。Cheon 等（2016）分析了 SURF 算法并提出了一种快速的描述子提取方法，该方法消除了 Haar 小波响应步骤中的冗余操作，而无需消耗额外的资源。Kim 等（2009）提出了一种并行处理技术，用于自主移动机器人在目标识别中的实时特征提取，该技术通过结合 OpenMP，Streaming SIMD Extension（SSE）和 CUDA 编程，同时利用 CPU 和 GPU 实现加速处理。Schaeferling 等（2012）描述了两个嵌入式系统（基于 ARM 的微控制器和智能 FPGA），用于使用复杂的点特征进行对象检测和姿态估计。SURF 算法的特征检测步骤通过特殊的 IP 内核得以加速。Huang 等（2018）设计了一种架构，该架构结合了 FAST 检测器和 BRIEF 描述子，以实现亚像素精度的检测和匹配。Lima 等（2015）提出了一种基于 BRIEF 描述子的硬件架构，这种方法有助于减少获得描述子所需的内存访问次数，同时保持其鉴别质量。Zhao 等（2014）提出了一种用于对象检测的高效实时 FPGA 实现。该系统采用 SURF 算法来检测每个视频帧中的关键点，并应用 FREAK 方法来描述关键点。Huang（2017）和 Ni（2019）分别提出了一种改进的 SURF 检测器和基于 FPGA 的 BRIEF 描述子匹配算法。为了加速 SURF 算法，Li 等（2017）提出了一种改进的 FAST 特征点检测结合 SURF 描述子的匹配算法，实现了目标图像的实时匹配。

4.2 地面特征控制点检测优化算法

4.2.1 特征检测器和描述子算法

基于特征的匹配过程包括三个步骤：特征检测，特征描述和特征匹配。本节主要介绍一种高效的基于 FPGA 的实时系统，该系统包含 SURF 特征检测，BRIEF 描述子和匹配。

1. SURF 特性检测器

SURF（Bay et al., 2006, 2008）是缩放和旋转不变的，它将灰度图像作为输入。SURF 检测器可分为三个步骤：积分图像，Hessian 响应和非最大值抑制。SURF 特征检测器将在本节中简要概述。

（1）积分图像

积分图像是一种提高 SURF 检测器（Lima et al., 2015）后续步骤性能的有效的方法。积分图像被用作快速有效的计算图像子区域的总和（Bay, 2008）。给定宽度为 W，高度为 H 的图像，坐标（x, y）的像素值 $i(x, y)$，可定义积分图像 $ii(x, y)$ 中坐标（x, y）的值为（Kasezawa, 2016）

$$ii(x, y) = \sum_{x'=0}^{x}\sum_{y'=0}^{y} i(x', y') \quad 0 \leqslant x \leqslant W, 0 \leqslant y \leqslant H \tag{4-1}$$

通过积分图像概念（图 4-4），可以表示出左上角像素所有矩形区域坐标（x, y）的累积总和，其表示形式为（Fan et al., 2013）

$$\begin{aligned} S_{w,h}(x, y) = \sum_{x'=x}^{x+w-1}\sum_{y'=y}^{y+h-1} i(x', y') = ii(x-1, y-1) + ii(x+w-1, y+h-1) \\ - ii(x-1, y+h-1) - ii(x+w-1, y+h-1) \end{aligned} \tag{4-2}$$

式（4-2）的初始条件为

$$ii(-1,y) = ii(x,-1) = ii(-1,-1) = 0 \tag{4-3}$$

根据式（4-2），积分图像提供了一种获取任意大小矩形总和直方图的快速方法，只需三个加法器且计算时间恒定。

（2）Hessian 响应

在 O-SURF 中，尺度空间可以划分为 $o(o \geqslant 1)$ 个层（Octave）。每一个层可以进一步划分为 $v(v \geqslant 3)$ 组（Scale），以获得总数为 $o \times v$ 的尺度空间，如图 4-5 所示（Bay et al., 2006）。

在 SURF 算法的尺度空间中，每一组中任意一层包括 D_{xx}，D_{yy}，和 D_{xy} 三种盒子滤波器。对一幅输入图像进行滤波后通过 Hessian 行列式计算公式可以得到对于尺度坐标下的

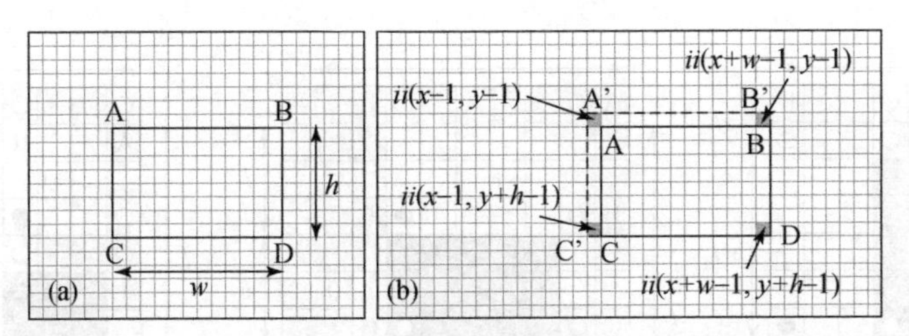

图4-4　通过式（4-2）计算矩形区域中所有像素的累积总和

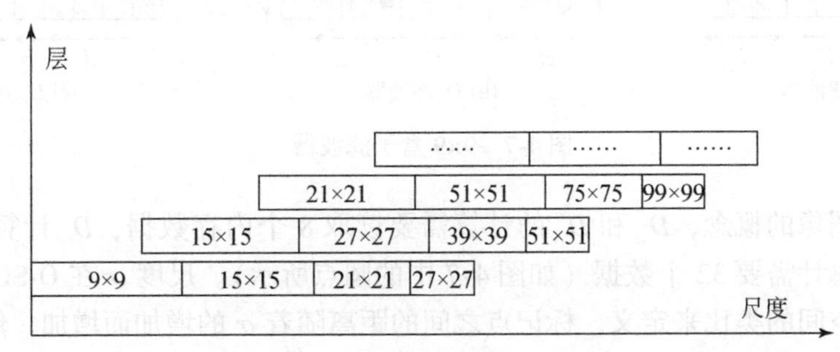

图4-5　尺度空间的盒子滤波器

Hessian 行列式的值，所有 Hessian 行列式值构成一幅 Hessian 行列式图像，如图 4-6 所示（Bay et al.，2006）。

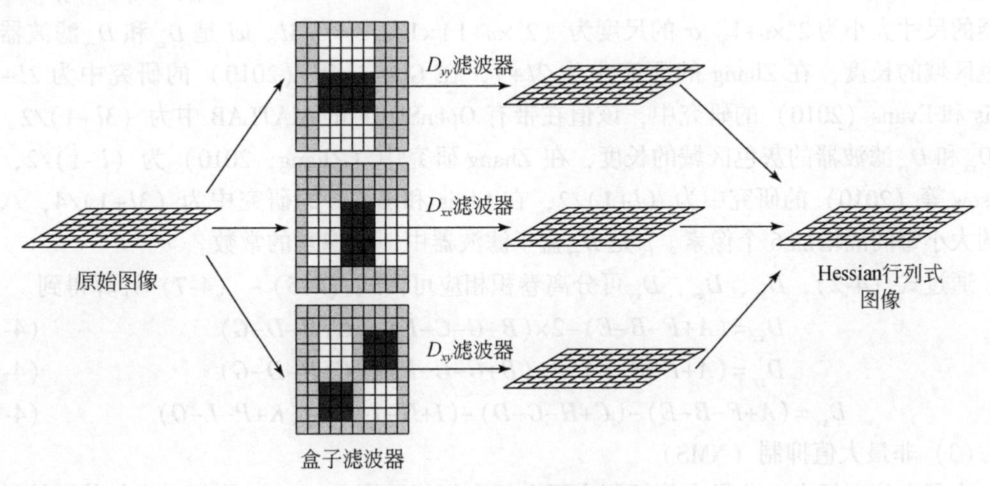

图 4-6　Hessian 行列式图像

Hessian 行列式响应，其表达式可近似表示为下式：

$$\det(A)=D_{xx}\times D_{yy}-\omega^2\times D_{xy}^2 \tag{4-4}$$

其中，$w=0.912$ 为权重系数用于校正由于近似引起的误差。D_{xx}，D_{yy}和 D_{xy} 盒子滤波器内核如图 4-7 所示。

其中白色、灰色和黑色像素分别表示 D_{xx}和 D_{yy} 盒子滤波器的权重值｛1，0，−2｝，而 D_{xy} 盒子滤波器的权重值为｛1，0，−1｝。

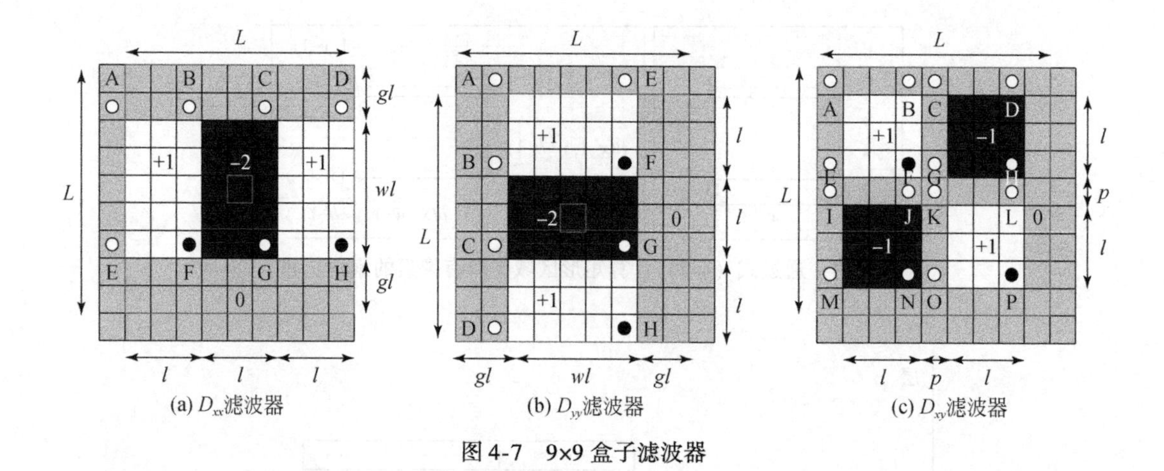

图 4-7　9×9 盒子滤波器

通过积分图像的概念，D_{xx}和D_{yy}的计算需要读取 8 个内存数据，D_{xy}计算需要读取 16 个内存数据。总计需要 32 个数据（如图 4-7 中的圆点所示）。尺度σ在 O-SURF 方法中通过与线性标度空间的类比来定义。标记点之间的距离随着σ的增加而增加，然而访问的点数要保持不变。

在 O-SURF 方法中，为第一个尺度定义了 9×9 的盒子滤波器。但 Bay 等人没有给出其余尺度上的确切值（Oyallon，2015；Zhang，2010）。因此关于特别的尺度（i，j），$i\in[1,o]$，$j\in[1,v]$ 许多参数需要定义。图 4-3 中，l为L的三分之一。D_{xx}，D_{yy}和D_{xy}盒子滤波器的尺寸大小为$2^{o}\times v+1$。σ的尺度为$(2^{o}\times v+1)\times1.2/3=0.4l$。$wl$是$D_{xx}$和$D_{yy}$滤波器的白色区域的长度，在 Zhang 的研究中为$2l+1$，在 Gossow 等（2010）的研究中为$2l-1$，Chris 和 Evans（2010）的研究中，该值在带有 OpenSURF 的 MATLAB 中为$(3l+1)/2$。gl是D_{xx}和D_{yy}滤波器的灰色区域的长度，在 Zhang 研究中（Zhang，2010）为$(l-1)/2$，在 Gossow 等（2010）的研究中为$(l+1)/2$，在 Chris 和 Evans 的研究中为$(3l+1)/4$，八尺度的大小每间隔增加 6 个像素。p是D_{xy}盒子滤波器中一个像素的常数。

通过式（4-2），D_{xx}，D_{xy}，D_{xy}可分离卷积相应可由式（4-5）~（4-7）计算得到。

$$D_{xx}=(A+F-B-E)-2\times(B+G-C-F)+(C+H-D-G) \tag{4-5}$$

$$D_{yy}=(A+F-B-E)-2\times(B+G-C-F)+(C+H-D-G) \tag{4-6}$$

$$D_{xy}=(A+F-B-E)-(C+H-G-D)-(I+N-J-M)+(K+P-L-O) \tag{4-7}$$

（3）非最大值抑制（NMS）

为了定位兴趣点，非最大值抑制应用在三个相邻尺度中。NMS 将行列式与其原始尺度中 8 个方向上邻居进行比较，并将上下两个间隔中的每个间隔中的 9 个方向进行比较，总共得到 26 个方向。此外，采用阈值的方法仅将最独特的图像确定为候选点。

2. BRIEF 描述子

BRIEF 是一种描述子，它在平滑图像模板中两个像素之间使用二进制测试。具体说，如果是平滑图像，则对应的二进制测试定义为式（4-8）：

$$\tau(p;x,y)=\begin{cases}1 & \text{if } I(p,x)<I(p,y)\\ 0 & \text{otherwise}\end{cases} \tag{4-8}$$

其中，$p(x)$ 是点 x 处 p 的强度。描述子被定义为 n 个二进制测试的向量（Calonder et al.，2012）。

$$f_{n_d}(p)=\sum_{1<i\leqslant n_d}2^{i-1}\tau(p;\ x_i,\ y_i) \tag{4-9}$$

f_{n_d}的长度通常被定义为128-bit、256-bit、512-bit的向量。Calonder等（2012）的实验结果表明，256-bit矢量性能和512-bit性能相近，其他尺寸下稍差。因硬件资源有限，本节中介绍向量大小采用256-bit。

3. Hamming 距离匹配

在BRIEF描述子中，Hamming距离用于匹配图像，通过异或运算可以有效地计算汉明距离。考虑现有的描述子 S_1 和 S_2，可将相应的汉明距离（256-bit）定义为

$$D_{kd}(S_1,\ S_2)=\sum_{i=1}^{256}(a_i\oplus b_i) \tag{4-10}$$

其中，$S_1=a_1a_2$，…，a_{256}，$S_2=b_1b_2$，…，b_{256}，a_i 和 b_i 的值为0或1；D_{kd}值越小，匹配率越高。此外，使用阈值来检查点匹配是否正确，如果汉明距离小于阈值，特征点为对应点，否则为不匹配点（Huang and Zhou，2017）。

4.2.2 SURF检测器的优化

为了确保SURF检测器在FPGA中能有效实现，采用五种方法来优化SURF检测器。第一种方法，减少字长（WLR），用于在不损失准确性的情况下减少积分图像的字长。第二种方法内存有效的并行体系结构（MEPA），并用于并行计算FIFO的输出。第三种方法由移位和减法策略（SAS）组成，用于简化Hessian行列式的响应。SAS将浮点运算转换为移位和减法运算。第四种方法利用滑动窗口，用来并行计算 D_{xx}，D_{yy}和 D_{xy} 的盒子滤波器。第五种方法为并行多尺度空间。下面对以上五种方法做具体介绍。

1. 减少字长（WLR）

SURF是局部比例尺和旋转不变图像特征的检测器和描述子。通过使用积分图像进行图像卷积，SURF的计算速度比其他最新算法更快，但通过利用可重复性，独特性和鲁棒性，可以产生比SIFT甚至更好的结果（Gossow et al.，2010）。但是，积分图像的字长会严重影响硬件设计的性能，特别是对于需要将整个积分图像存储在FPGA上的实现方式（Schaeferling，2010）。

为了解决这个问题，Hsu等（2011）提出了一种基于行的流处理（RBSP）方法，该方法仅需要一个34行的存储脚即可同时计算两个八度尺度滤波器的响应。Belt（2008）提出了基于二进制补码算法的溢出和带误差扩散技术的舍入算法，该方法可以在具有16位矢量的VGA分辨率的人脸检测器上工作。但是，该方法具有舍入误差和用于盒式滤波器的固定大小的附加约束的缺点。Lee等（2014）提出了一种用于减少存储器大小的新结构，该结构包括四种类型的图像信息：积分图像，行积分图像，列积分图像和输入图像。使用这种方法，对于640×480的8位灰度图像，积分图像存储器可以减少到42.6%。Ehsan等（2009）提出了一个并行递归方程来计算积分图像。这种方法不仅大大降低了操作和存储要求（至少减少了44.44%），而且还保持了准确性。本节着重于减小存储器的大小和并行化计算。其中，最坏情况（WS）中积分图像的最大二进制字长表示为（Liu et al., 2020, 2019):

$$ii_{max} = (2^{L_i} - 1) \times W \times H \tag{4-11}$$

其中，ii 为积分图像的字长；ii_{max} 为 WS 的值，i 是输入的影像，L_i 每一个输入影像每个像素的字长。W 和 H 分别是输入图像的宽度和高度。根据文献（Belt，2008），L_{ii} 表示 WS 积分图像值所需要位数，该值为 $(2^{L_{ii}}-1) \geqslant (2^{L_i}-1) \times W \times H$。存储积分图像所需的总内存（以字节为单位）为 $(W \times H) \times L_{ii}/8$。通常，盒子滤波器的最大宽度和高度是已知的，使用精确方法（Ehsan et al., 2015）和补码编码算法的积分图像的字长需要满足

$$(2^{L_{ii}}-1) \geqslant (2^{L_i}-1) \times W_{max} \times H_{max} \tag{4-12}$$

其中，W_{max} 和 H_{max} 分别是盒子过滤器的最大宽度和最大高度（即图 4-7 中的 $l_{max} \times wl_{max}$ 或 $wl_{max} \times l_{max}$）。

2. 并行计算积分图像

方程式（4-1）可以转换成由 Viola-Jones（2001）提出的管道递归方程：

$$S(x,y) = i(x,y) + S(x,y-1) \tag{4-13}$$

$$ii(x,y) = ii(x-1,y) + S(x,y) \tag{4-14}$$

其中，$S(x, y)$ 是图像位置 (x, y) 的累积行总和值。

在式（4-1）中，$M^2N^2/4$ 加法器用于为分辨率为 $M \times N$ 像素的图像计算积分图像（Kisacanin，2008）。显然，式（4-1）不适用于中分辨率或高分辨率图像。在 Viola-Jones 并行递归式（4-13）到式（4-14）中，加法器个数为 $2MN$。但是，Viola-Jones 方法具有时间延迟的缺点。为加快对完整图像的处理，Ehsan 等（2015）提出了一个 n 级的流水线系统，该系统并行处理 n 行输入图像，当流水线已满时，每个时钟周期提供 n 个积分图像值而没有延迟。该方法可以在数学上定义为

$$S(x+j,y) = ii(x+j,y) + S(x+j,y-1) \tag{4-15}$$

对于奇数行：

$$ii(x+2k,y) = ii(x+2k-1,y) + S(x+2k,y) \tag{4-16}$$

对于偶数行：

$$ii(x+2m+1,y) = ii(x+2m-1,y) + S(x+2m,y) + S(x+2m+1,y) \tag{4-17}$$

其中 n 是要计算的行数总是 2 的倍数，$j=0, \cdots, n-1$，$k=0, \cdots, n/2-1$，$m=0, \cdots, n/2-1$。这组方程需要对分辨率为 $M \times N$ 像素的输入图像进行 $2MN + MN/2$ 加法运算（Ehsan，2015）。与 Viola-Jones 方程相比，增加不明显。为了确保计算时间和消耗内存之间的平衡，积分图像模块采用了 4 行并行方法。

3. 移位和减法

在式（4-4）中，得出加权系数 $\omega^2 = 0.831744$（$\omega = 0.912$）以使由 O-SURF 中的盒子滤波器引起的近似误差最小。因此，需要浮点体系结构来计算 det（H）。OpenSURF 不使用此值，而是使用 0.81（$\omega = 0.9$）。但是，浮点运算比定点运算复杂。为了克服这个问题，在 Flex-SURF（Schaeferling and Kiefer，2011）中，采用了 $\omega^2 = 0.875$ 的值。在（Cai，2014；Kim，2009；Huang，2017，2018；Sledevič，2012；Schaeferling，2011）相关文献中采用了相同的策略来简化处理。式（4-17）可以用减法和移位运算（Sledevič and Serackis，2012）代替除法运算。

$$\det(H_{approx}) = D_{xx} \times D_{xy} - 0.875(D_{xy})^2 = D_{xx} \times D_{xy} - (D_{xy}^2 - D_{xy}^2/8)$$
$$= D_{xx} \times D_{xy} - D_{xy}^2 + (D_{xy}^2 >> 3) \quad (4\text{-}18)$$

图 4-8 展示出了使用 SAS 和 O-SURF 来计算积分图像的操作的数量。如图 4-8 所示，与 O-SURF 相比，SAS 要求的移位操作数量更多。但是，移位操作在 FPGA 架构中消耗一个时钟周期。与 O-SURF 相比，加/减（add-sub），乘法和除法分别减少了 4.44%，13.33% 和 33.33%。

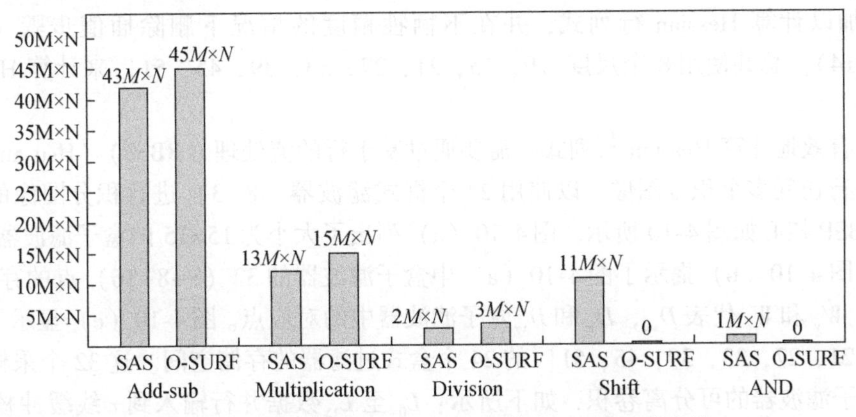

图 4-8 分辨率为 $M \times N$ 像素 SAS 图像与 O-SURF 的比较

4. 滑动窗口

对于并行计算机数据，滑动窗口技术已被证明是不错的选择，该数据包括四个部分：输入图像流，缓冲区，切片寄存器和功能模块。所描述的结构如图 4-9 所示。输入数据流以自定义管道结构进行缓冲，并按像素行进行组织。该缓冲器由块随机存取存储器先进先出（Block-RAM FIFO）和寄存器组（SR）实现。与窗口相比，SR 部分允许访问相应管线元素中的所有像素。对于每个传入的像素，数据将移动一个像素，这将导致窗口实际上向前滑动。因此，当输入图像流式传输到管道中时，窗口在原始图像的整体图像中从左上角（TL）到右下角（BR）逐格移动，并从切片寄存器读取相应的数据。为某个窗口操作确定的功能模块与像素寄存器的子集互连，以同时获取一次计算所需的所有数据。将每个像素移入结构后，功能模块将计算新结果并生成输出数据流（Pohl et al., 2014）。该模块在整个系统中具有三种类型的滑动窗口（$N \times N$），其中 N 分别等于 Hessian 响应、非最大值抑制和 BRIEF 描述子的 52、5 和 35。

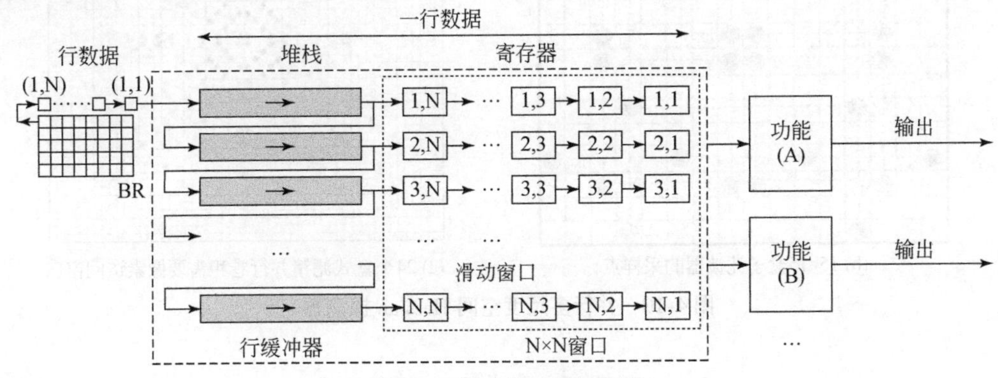

图 4-9 滑动窗口的结构图

5. Hessian 行列式并行多尺度空间

尺度数越大，将消耗的硬件资源数越大（Chen et al.，2015）。为了节省 FPGA 中资源，使用两组六层（Bay，2008）的盒子滤波器来提取特征点，这些特征点分别对应于尺度{9、15、21、27}和{15、27、39、51}。O-SURF 的 Hessian 行列式中的插值步骤在计算上很消耗资源，因为它需要计算 Hessian 矩阵的一阶和二阶导数及其逆运算。两个尺寸为 $33(l=11, L=33, 2l-1=21, (2l+1)/2=7)$ 和 $45(l=15, L=45, 2l-1=29, (2l+1)/2=8)$ 被添加以计算 Hessian 行列式，并在不牺牲精度的情况下删除插值步骤（Wilson, et al.，2014）。总共使用 8 个尺度 {9，15，21，27，33，39，45，51} 来计算 Hessian 行列式。

为了有效地计算 Hessian 行列式，需要通过基于行的流处理（RBSP）（Hsu and Chien，2011）并行访问多个积分图像，以使用 24 个框式滤波器（8×3）进行积分图像的可分离卷积。RBSP 核心如图 4-10 所示。图 4-10（a）列出了大小为 15×15 的盒子滤波器的 10 行缓冲区。图 4-10（b）揭示了图 4-10（a）中盒子滤波器的 32（8+8+16）点的存储空间，其中 W_x，W_y 和 W_r 代表 D_{xx}，D_{yy} 和 D_{xy} 盒子滤波器中的对应点。图 4-10（c）显示了大小为 {9，15，21，27，33，39，45，51} 的 24 个盒式过滤器的存储空间。这 32 个采样点是与 15×15 盒子滤波器的可分离卷积，如下所示：L_0 至 L_{15} 数据并行输入到 r 线缓冲核。16 个寄存器（R_0 至 R_{15}）用于存储单行数据，并且可以选择 32 个点来计算 Fast-Hessian 的行列

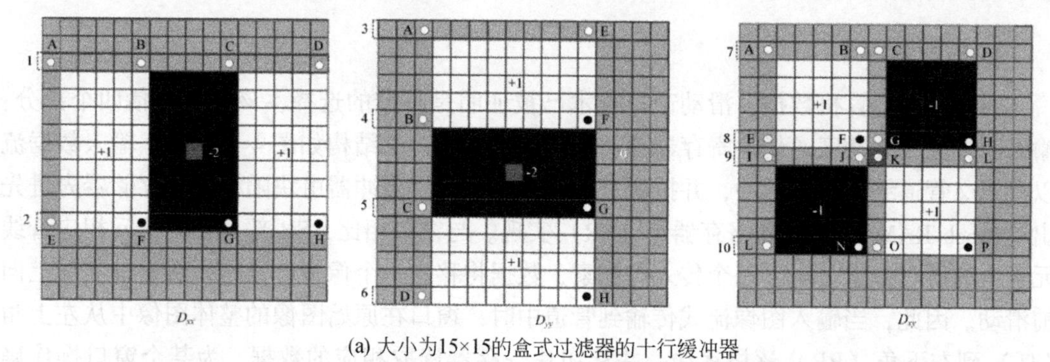

(a) 大小为15×15的盒式过滤器的十行缓冲器

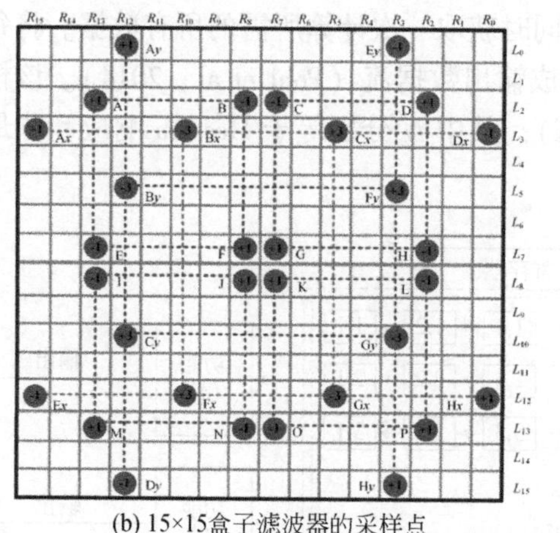

(b) 15×15盒子滤波器的采样点

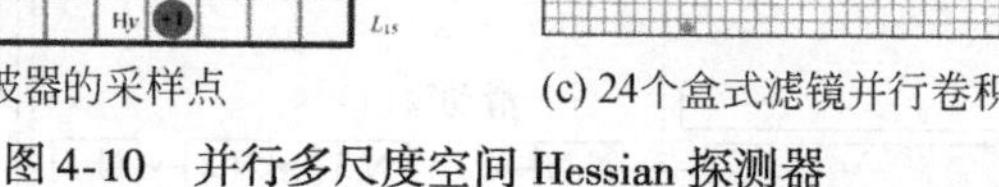

(c) 24个盒式滤镜并行卷积需要像素访问窗口

图 4-10　并行多尺度空间 Hessian 探测器

式。盒子滤波器的响应为

$$
\begin{aligned}
D_{xx} &= (L_3\_R_{15}+L_{12}\_R_{10}-L_3\_R_{10}-L_{12}\_R_{15})-2\times(L_3\_R_{10}+L_{12}\_R_5- \\
&\quad L_3\_R_5-L_{12}\_R_{10})+(L_3\_R_5+L_{12}\_R_0-L_3\_R_0-L_{12}\_R_5) \\
&= (L_3\_R_{15}-L_3\_R_{10})-(L_{12}\_R_{15}-L_{12}\_R_{10})-2\times(L_3\_R_{10}-L_3\_R_5) \\
&\quad +2\times(L_{12}\_R_{10}-L_{12}\_R_5)+(L_3\_R_5-L_3\_R_0)-(L_{12}\_R_5-L_{12}\_R_0)
\end{aligned}
\tag{4-19}
$$

$$
\begin{aligned}
D_{yy} &= (L_0\_R_{12}+L_5\_R_3-L_0\_R_3-L_5\_R_{12})-2\times(L_5\_R_{12}+L_{10}\_R_3- \\
&\quad L_5\_R_3-L_{10}\_R_{12})+(L_{10}\_R_{12}+L_{15}\_R_3-L_{10}\_R_3-L_{15}\_R_{12}) \\
&= (L_0\_R_{12}-L_0\_R_3)-(L_5\_R_{12}-L_5\_R_3)-2\times(L_5\_R_{12}-L_5\_R_3) \\
&\quad +2\times(L_{10}\_R_{12}-L_{10}\_R_3)+(L_{10}\_R_{12}-L_{10}\_R_3)-(L_{15}\_R_{12}-L_{15}\_R_3)
\end{aligned}
\tag{4-20}
$$

$$
\begin{aligned}
D_{xy} &= (L_2\_R_{13}-L_2\_R_2)-(L_7\_R_{13}-L_7\_R_8)-(L_2\_R_6-L_2\_R_2) \\
&\quad +(L_7\_v_7-L_7\_R_2)-(L_8\_R_{13}-L_8\_R_8)+(L_{13}\_R_{13}-L_{13}\_R_8)
\end{aligned}
\tag{4-21}
$$

因为 R_0 至 R_{15} 的值是整数，所以乘法运算可以转换为移位运算。式（4-19）~（4-21）被分解为垂直和水平卷积，其通过加/减和移位运算来实现。提出的可分离卷积方法比 Čížek 提出的更为简单。所提出的可分离卷积的复杂度仅为 $O(n^2)$，而不是 $O(n^2)$（Čížek and Faigl，2017）。

在图 4-10（c）中，色点是用于卷积运算的选择位置。滑动窗口从图像的左到右，从上到下移动。扫描整个图像后，在相同的周期时钟上同时计算 Hessian 行列式。

4.3 地面控制点星上检测 FPGA 实现

4.3.1 地面控制点星上检测 FPGA 实现框架

考虑到嵌入式系统的存储空间、功耗和实时限制，选择 FPGA 以确保系统实时运行。拟定的总体硬件架构（图 4-11）包含内存控制器模块，积分图像生成（IIG）模块，SURF 检测器模块，BRIEF 描述子模块和 BRIEF 匹配模块（Liu et al.，2020；Liu et al.，2019）。

（1）内存控制器模块

为了驱动板载，选择了 DDR3 和 Xilinx IP 存储器接口生成器（MIG）来创建与 DDR3 的逻辑连接（Zhao et al.，2013）。

（2）IIG 模块

积分图像是一种用于改善 SURF 检测器性能的新方法。采用 WLR 算法和 4 行并行方法对积分图像进行优化。IIG 模块将积分图像转换为 SURF 特征检测器模块，内存控制器模块和 Brief 描述子模块。因此，IIG 模块与 SURF 特征检测器模块分离。

（3）SURF 检测器模块

SURF 检测器提取局部最大值 Fast-Hessian 行列式作为多尺度上的候选点，然后找到相应的索引和尺度。基于 FPGA 的 SURF 特征检测架构分为两个子模块：Fast-Hessian 响应生成和兴趣点位置。兴趣点的位置分为三个步骤：非最大值抑制，阈值和插值。为了解决这些问题，提出了一种改进的 SURF 算法的并行架构。滑动窗口缓冲器用于存储每个时钟的整数图像的移位像素。缓冲区与 Hessian 行列式共享。SAS 算法和并行多尺度空间用于实现 Hessian 行列式。在不牺牲精度的情况下，可以使用另外的 33 和 45 尺度代替插值步骤

(Čížek and Faig，2017)。

（4）简要描述子和匹配模块

256-bit 的 BRIEF 描述子和匹配要求较低的硬件成本。为了降低 BRIEF 描述子的复杂性，对于 BRIEF 描述子和匹配采用并行加法树和并行比较器进行优化（Liu et al.，2020）。

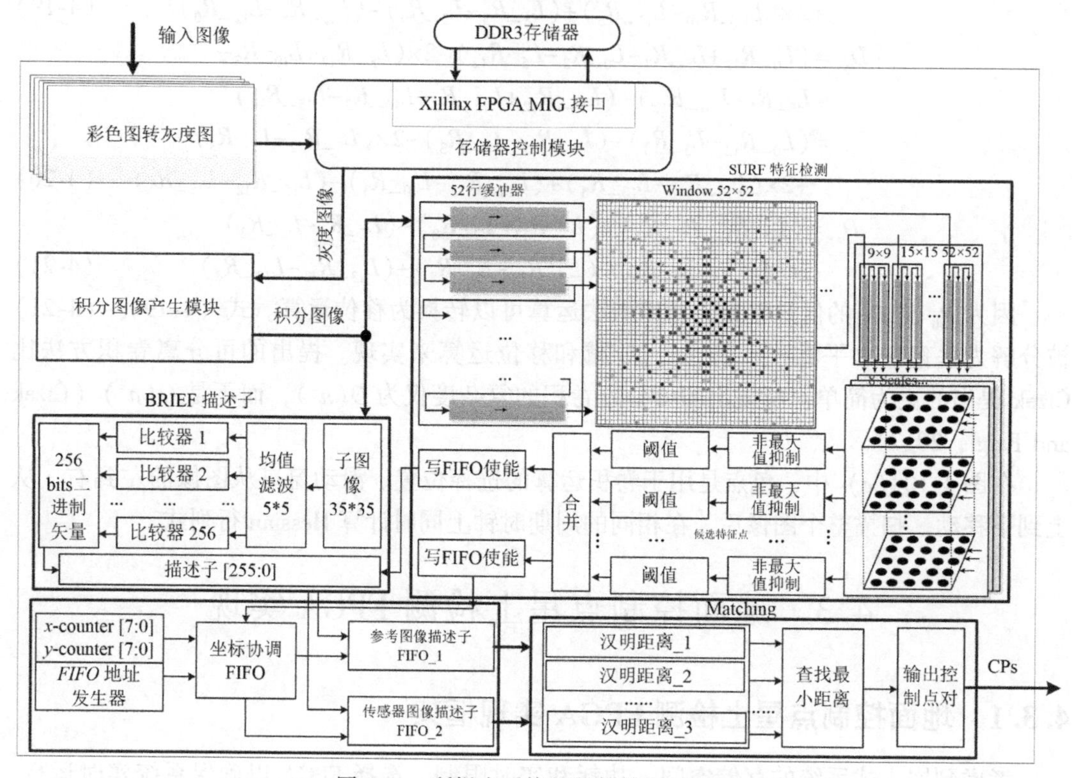

图 4-11　所提出系统的硬件结构示意图

4.3.2　积分图像生成模块（IIG）

IIG 模块通过存储器接口生成器（MIG）（Wang et al.，2013）从输入的 8 位灰度图像中生成积分图像，以与片外板载 DDR3 SDRAM［图 4-12（a）］进行通信。

积分图像的硬件体系结构［图 4-12（b）］由地址生成器，行累加器，多路复用器和加法器组成。地址生成器模块旨在通过列和行计数器生成读取地址（rd_addr）和写入地址（wr_addr）。行计数器的值生成多路复用器（MUX）的选择器（sel）信号（Liu et al.，2020）。

4.3.3　SURF 检测器设计

在 IIG 模块中计算完积分图像后，积分图像被发送到滑动窗口中的 52 行缓冲区（Svab et al.，2009）和 52×52 静止寄存器，以进行可分离的卷积。多尺度空间 Hessian 检测器的详细设计如图 4-13 所示。该体系结构包括滑动窗口，并行实现的二阶高斯导数和并行计算的 Hessian 行列式。

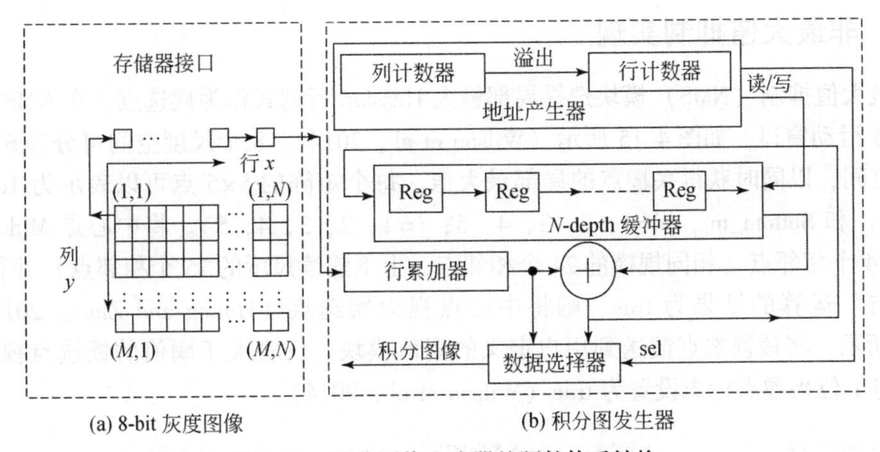

(a) 8-bit 灰度图像　　(b) 积分图发生器

图 4-12　积分图像生成器的硬件体系结构

为了构造用于 Hessian 响应的滑动窗口，FIFO 体系结构包括 52 行缓冲区，并使用52×52 静止寄存器。滑动窗口可使用式（4-18）~（4-20）并行访问二阶高斯导数 D_{xx}，D_{yy} 和 D_{xy} 所需的积分图像。256 个像素（由于重叠，存在 220 个像素）可以访问 8 个盒子滤波器的响应。

获得 D_{xx}，D_{yy} 和 D_{xy} 之后，可以使用式（4-17）在三中计算 Hessian 响应，如图 4-14 所示。同时计算 8 个 Hessian 行列式，然后并行输出到非最大值抑制模块。

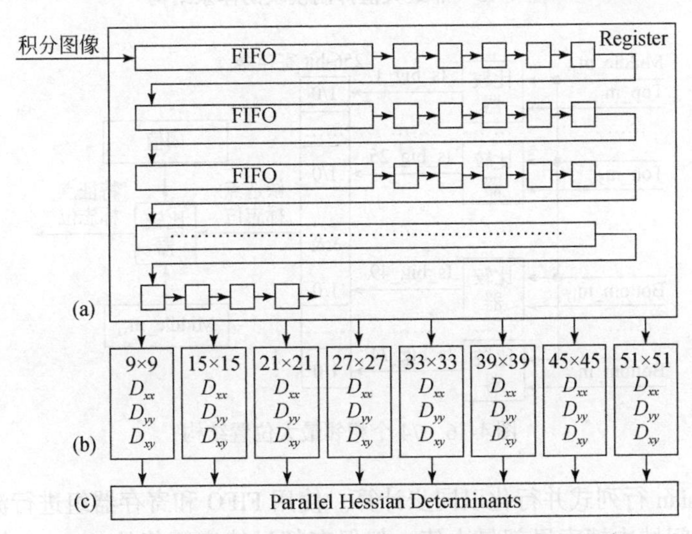

图 4-13　并行多尺度空间，可实现快速的 Hessian 响应

（a）滑动窗；（b）并行执行 D_{xx}，D_{yy} 以及 D_{xy}；（c）并行计算 Hessian 列式

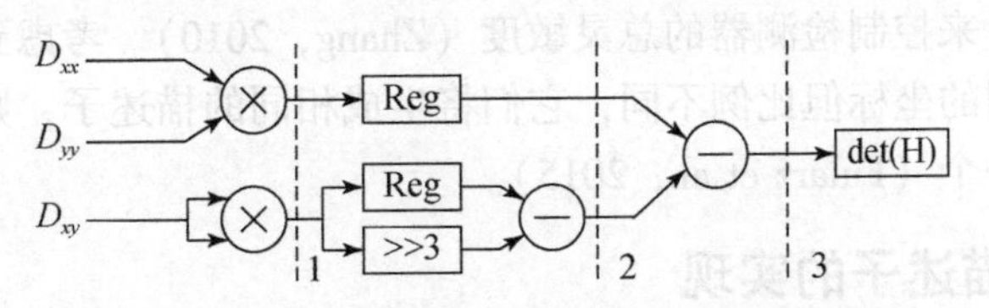

图 4-14　Hessian 行列式计算的流水线体系结构

4.3.4 非最大值抑制实现

非最大值抑制（NMS）模块选择局部最大 Hessian 行列式作为候选点。在 NMS 模块中选择 5×5 滑动窗口，如图 4-15 所示（Wilson et al.，2014）。8 个尺度空间可分为 6 个非最大值抑空间，以同时获得兴趣点的局部最大值。每个矩阵的 5×5 点可以表示为 $Top\_m_{i,j}$，$Middle\_m_{i,j}$ 和 $Bottom\_m_{i,j}$（$i=1，2，3，4，5；j=1，2，3，4，5$）。将中心点 $Middle\_m_{3,3}$ 与它的 74 个相邻点（相同规模的 24 个相邻点，上下连续尺度的 25 个相邻点）并行比较。如果“与”运算的结果为 true，则将中心点视为候选点（Huang and Zhou，2017），如图 4-16所示。将该候选点馈送到用户定义的阈值模块。仅将大于阈值的候选点视为特征点，并将 1 位兴趣点标志设置为 true（Wilson et al.，2014）。

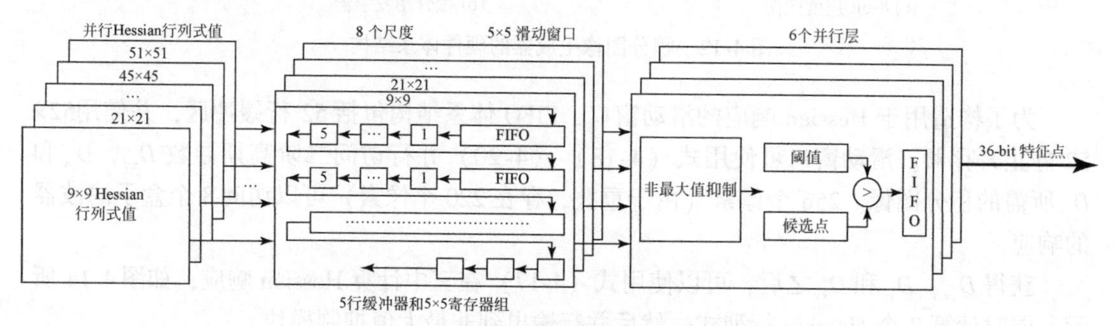

图 4-15 非最大值抑制模块的体系结构

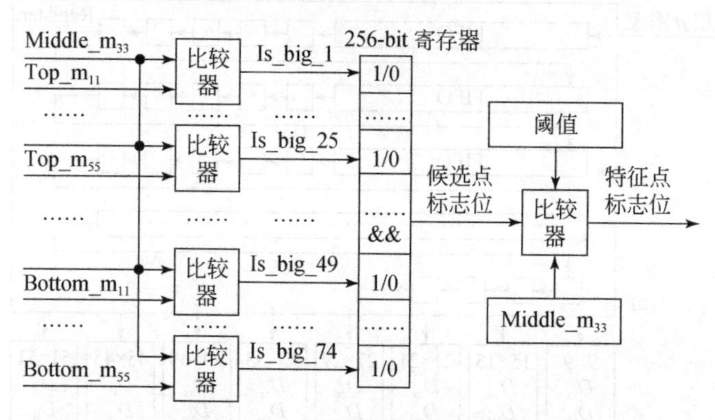

图 4-16 74 个相邻最大位置结构

将 8 个 Hessian 行列式并行化以同步计算。使用 FIFO 和寄存器组进行流水线化和并行化，以在比例空间域中搜索局部最大值。仅保存超过特定阈值的 Hessian 值，而其他不满住阈值的行列式被抑制（=0）。这种方法确保特征不重叠，并且均匀分布在输入图像上（Wilson et al.，2014）。将每个局部最大值与用户定义的阈值进行比较。阈值通过微调填充图像的兴趣点的数量来控制检测器的总灵敏度（Zhang，2010）。考虑到如果相同的八度尺度中的要素具有相同的坐标但比例不同，它们将生成相同的描述子，则仅当同时存在多个要素时才存储其中一个（Fularz et al.，2015）。

4.3.5 BRIEF 描述子的实现

采用 BRIEF-32（Calonder et al.，2012）算法生成描述子。如图 4-17 所示，BRIEF-32

结构包括两个模块：图像缓冲区和点对比较器。在图像缓冲模块中，Huang（2017）提出了一个35×35的子窗口。Calonder等（2012）在文献中提供了高斯平滑所需的时间，一个简单的盒式滤波器和一个使用积分图像的盒式滤波器，后者的速度要快得多。此外，没有发生匹配的性能损失。在本节中，使用了使用积分图像的5×5盒式滤波器来平滑原始图像。点比较器模块具有256二进制（32字节）的匹配对程序测试，这些测试与从各向同性$\left(0,\frac{S^2}{25}\right)$高斯分布中采样的蓝线有关。在同一周期中使用式（4-8）将总共256个匹配对点$P(r_i, c_j)(i=1, \cdots, 256; j=1, \cdots, 256)$与相应的点进行并行比较，并将具有1或0的比较的1位结果按顺序存储在256-bit描述子寄存器中。

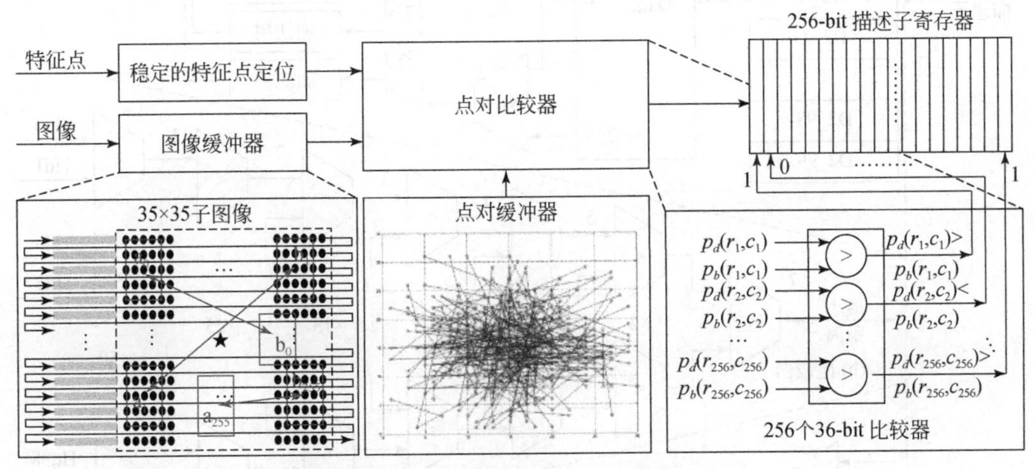

图4-17　BRIEF描述子的256个匹配对示例

4.3.6　BRIEF匹配实现

汉明距离用于在简短匹配中匹配256位描述子。Brief描述子对于光照变化和小旋转具有鲁棒性（Calonder et al.，2012），这使其成为地理配准的极佳候选点。Brief匹配模块包括计算汉明距离模块和找到最小汉明距离模块。参考图像描述子存储在FIFO1中，检测到的图像描述子存储在FIFO2中。为了确保速度和资源的平衡。描述子点的数量决定了匹配的准确性。但是，描述子点的数量越大，消耗的资源数量就越大。例如，使用100个对描述子并行实现图4-15中的汉明距离（Huang，2017）。在汉明距离模块中［图4-18（a）］，使用256个XOR门计算汉明距离，并将结果存储在256位寄存器中。改进的并行流水线加法器树（Fularz et al.，2015）用于计算256位寄存器中的“1”数。XOR的256位结果被分成8个32位寄存器，它们并行地通过5级流水线加法器树计算汉明距离［图4-18（c）］。然而，在Fularz等（2015）的研究中使用了9级管道加法器树。当收到100个汉明距离时，查找最小汉明距离模块开始工作。最小汉明距离意味着最佳匹配。相应的匹配特征点定义为GCP。查找最小汉明距离模块的架构如图4-18（b）所示，并使用改进的紧凑模块将汉明距离与7级管线进行比较。与Huang等人研究相比，减少了三个紧凑模块（Liu et al.，2020）。

根据匹配算法，最匹配的特征点是GCP。GCP的坐标是扫描坐标。但是，在地理配准方法中，大地坐标在投影变换方程中使用。因此，必须将扫描坐标转换为大地坐标（Liu et al.，2019）。

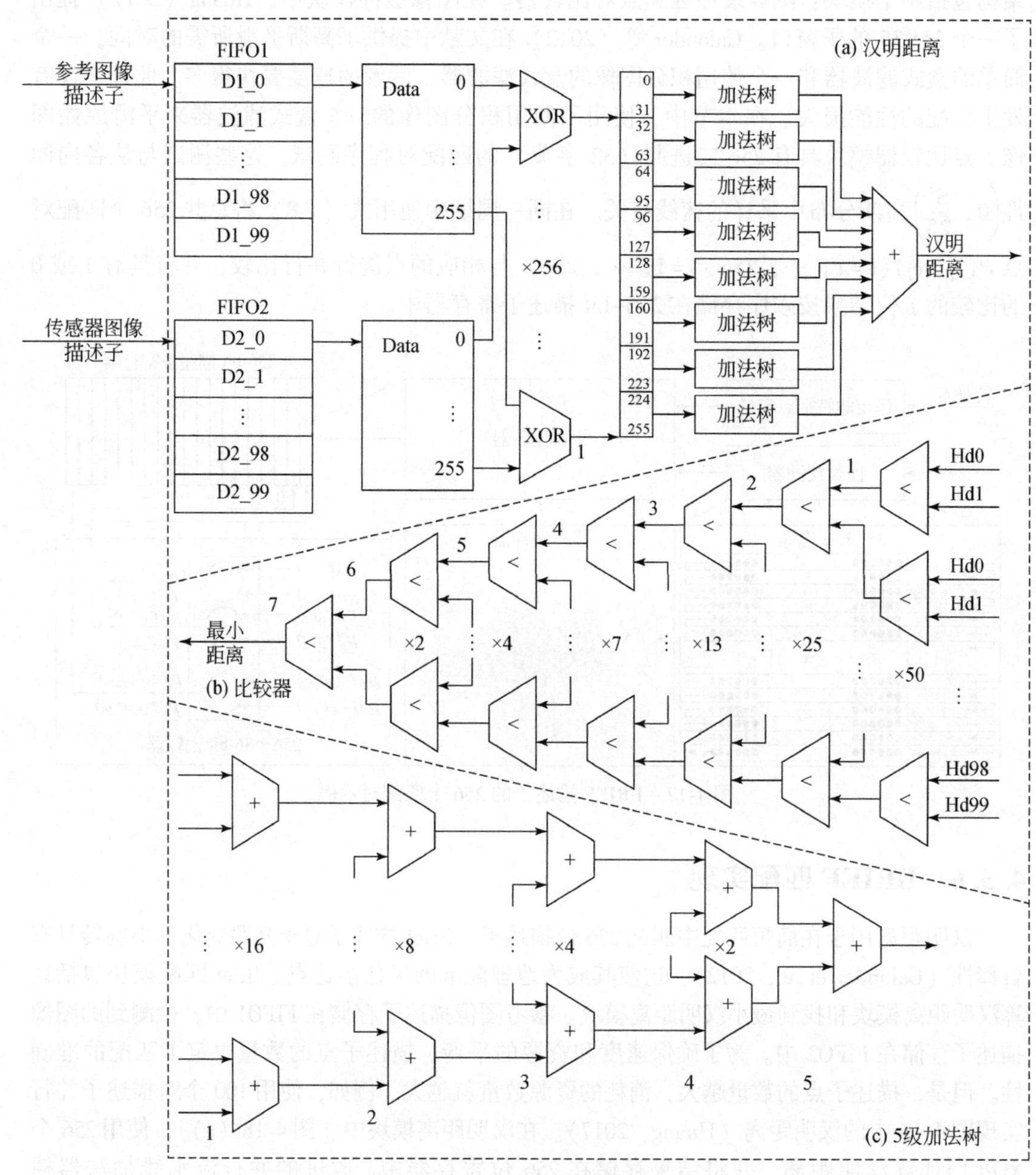

图 4-18　匹配协处理器的结构

4.4　实验仿真结果

4.4.1　硬件环境和数据集传感器

实验所用到的 LGCP 数据库由 Landsat7 影像数据生成（2016 年 12 月 14 日下载），遥感影像为 Landsat 8（2017 年 12 月 1 日下载），所有的数据都由地理空间数据云网站

（http://www. gscloud. cn/search）下载，所属行政区为天津市。设选取的 Landmark 数据分别取 50 像素×50 像素、100 像素×100 像素，传感器影像为 512 像素×512 像素，根据模板库中心坐标，截取比 landmark 库影像大 20 像素×20 像素 AOI 区域。所提出的系统在 Xilinx XC7VX980T 信号 FPGA 中实现，该 FPGA 具有 612 000 个逻辑单元，1 224 000 个触发器，1 500 kB Block RAM 和 3，600 个 DSP Slice（Li et al.，2016）。开发套件 Vivado（14. 2 版）用于在 Verilog HDL 中设计系统的硬件，而仿真工具是 Vivado 模拟器。假定工作频率为 100MHz。此外，将由已实现的 FPGA 生成的结果与 Chris Evans 在 MATLAB 中编写的 OpenCV 库的结果进行比较。正如预期的那样，结果是相同的。

4. 4. 2 控制点点检匹配

LGCP 模板图像的创建（图 4-2）：LGCP 模板图像的创建是制作一个与地面特征控制点图像相似的栅格影像模板。模板图像地标数据的灰度值指定为 255，背景指定为 0。模板的大小主要取决于地标周围的纹理内容、卫星轨道误差和图像地面采样距离（ground sampling distance，GSD）。模板的大小通常为 50 像素×50 像素到 200 像素×200 像素；当 GSD 为 1 m 时，轨道位置误差为 3 ~6 米，传感器姿态误差为 0. 002 度。

感兴趣区域（area of interests，AOI）确定（图 4-2）：为了提高匹配速度，我们可以缩小匹配处理的搜索空间。通过星上传感器提供的“粗略”位置和姿态以及先验校准的 IO 参数，我们可以通过摄影测量方程式将 LGCP 的 3D 坐标反投影到传感器图像平面中，以大致确定 LGCP 在影像上的位置坐标。基于此大概位置坐标，定义一个搜索区，即图像中的 AOI。AOI 的大小主要取决于 GSD，导航误差（其他误差，例如，大气折射，透镜畸变等相对较小）。较大的 AOI 会增加计算量，而较小的 AOI 无法确保足够的搜索空间。实际上，先验 EOP 和成像系统的所有失真都可以预测搜索空间。例如，根据我们的 IKONOS 实验，可以使用 200 × 200 像素窗口来确定 AOI，这是因为当位置和传感器的姿态误差分别为 3 ~6m 和 0. 002。无论地球观测卫星的规格是什么，都应确保 AOI 的大小，以便为匹配处理提供足够的搜索空间。

图 4-19 显示了两种不同大小的 Landmark 十字路口的匹配效果，经纬度坐标的单位为米。图 4-19（a）是 50 像素×50 像素的 LGCP 匹配效果，LGCP 的经纬度坐标为（496485，4303035），匹配点坐标为（496485，4303035），可以很好地匹配。在图 4-19（b）是 100 像素×100 像素的 LGCP 匹配效果，匹配点坐标为（496515，4303065），沿 xy 正方向偏移 1 个像素。

图 4-20 显示房屋十字拐角点匹配效果。图 4-20（a）是 50 像素×50 像素的 LGCP 匹配效果，LGCP 的经纬度坐标为（526215，4304775），匹配点坐标为（526215，43034805），在 y 方向偏移 1 个像素。图 4-20（b）是 100 像素×100 像素的 LGCP 匹配效果，匹配点坐标为（526185，43034745），沿 xy 方向偏移 1 个像素。

图 4-21 同样显示了房屋圆角处匹配效果。图 4-21（a）是 50 像素×50 像素的 LGCP 匹配效果，LGCP 的经纬度坐标为（524955，4308075），匹配点坐标为（526215，43034805），沿 xy 方向偏移 1 个像素。图 4-21（a）是 50 像素×50 像素的 LGCP 匹配效果，匹配点坐标为（524865，4308075），沿 x 方向偏移 2 个像素。

从图 4-19 和图 4-21 可以看出匹配存在精度不够准确的问题，主要原因有：第一，由于 Landmark 库影像和传感器影像之间的地面分辨率不一致所产生的精度误差；第二，由于 Landmark 库的特征点采集时间与传感器影像采集时间不一致，导致图像的灰度分布不一致，而 SURF 是基于灰度特征检的检测算法，当在 AOI 区域内存在多处相似的区域，可能导致误匹配。

图 4-19　十字路口匹配

（a）左：50 像素×50 像素的 landmark 模板库；右：70 像素×70 像素的 AOI 区域

（b）左：100 像素×100 像素的 landmark 模板库；右：120 像素×120 像素的 AOI 区域

图 4-20　房屋十字拐角匹配

（a）左：50 像素×50 像素的 landmark 模板库；右：70 像素×70 像素的 AOI 区域

（b）左：100 像素×100 像素的 landmark 模板库；右：120 像素×120 像素的 AOI 区域

图 4-21　房屋圆角处匹配

（a）左：50 像素×50 像素的 landmark 模板库；右：70 像素×70 像素的 AOI 区域

（b）左：100 像素×100 像素的 landmark 模板库；右：120 像素×120 像素的 AOI 区域

4.4.3　FPGA 的性能分析

1. FPGA 资源利用

共有 298，864（48.8%）个 LUT，267，095（21.82%）个 FF，144 个 DSP（4%）和 11Kb（0.73%）的存储器用于实现整个算法。使用 2 个层和 8 个组（6 个 O-SURF 组和两个额外的组（33 和 45））来建立 Hessian 响应。SAS，滑动窗口，并行多尺度空间和并行流水线和加法树用于优化 SURF 检测器和 BRIEF 描述子。与相关研究相比，BRAMs 资源显着减少，但其他逻辑资源大大增加。本节提出的算法与 Huang 和 Zhou 提出的算法相同，但是 Huang 仅使用六个尺度来计算 Hessian 检测，并且省略了插值步骤，这种方法消耗更少的资源，但会降低子像素精度的性能（Chen et al.，2015）。Cai 等（2017）已经为 SURF 算法设计了并行和流水线架构。SURF 图像特征点检测系统是通过软硬件协同设计实现的。FPGA 体系结构中有四个模块，分别是积分图像模块，积分图像缓冲模块，Hessian 计算模块和非最大抑制模块。但是，我们提出了一种包含 SURF 检测器，BRIEF 描述子和 BRIEF 匹配的 FPGA 体系结构。表 4-1 列出了所提出的方法与已经基于 FPGA 发布的方法之间的比较结果。

表 4-1　FPGA 资源使用率比较

方法	FFs	LUTs	BRAMs（Kb）	DSPs
SURF+BRIEF（Huang J，Zhou G，2017）	122000	88462	1	0
OpenSURF（Chen C，2015）	—	52844	142	116
SURF（Wilsonb C，2014）	42267	47255	128	136
SURF（Cai W，2017）	29165	37592	68	178
SURF（Zhou G，2000）	108581	179559	80	244
SURF（Chen W，2016）	35804	37662	105	80
SIFT+BRIEF（Wang J H，2013）	30002	21119	4672	80
SURF（Fan X，2013）	—	107873	1185	295
SURF+BRIEF（Ni Q，2019）	29541	25463	116. 5	160
SURF+BRIEF（Liu D，Zhou G，2020）	298864	267095	11	144

2. 速度比较

速度是星上检测和匹配的最重要因素之一。在所提出的方法中，积分图像，SURF 检测，BRIEF 描述子和 BRIEF 匹配的运行时间分别为 2. 62us，2. 6ms，2. 48us 和 15. 56us。总运行时间约为 2. 62ms，这可确处理保帧频为 380fps，在 100MHz 时分辨率为 512×512 像素。Wang 等（2013）在相关文献中提出了一种基于 FPGA 芯片的高效图像匹配系统，该系统可通过 SIFT 特征检测器，BRIEF 描述子在 30ms 内以 30fps 对 2 个 1280×720 图像进行 Brief 匹配实现。硬件和软件协同设计系统是在（Svab and Krajnik，2009）中提出的，只有 SURF 的 Fast-Hessian 检测器部分被选择用于仅硬件实现。SURF 描述子的生成完全由软件处理。FPGA-SURF 实现在 HD（1024×768 像素）分辨率下可达到约 10fps，这是实时操作的必要条件。在 FPGA（Huang and Zhou，2017）中提出并实现了一个结合了改进的 SURF 检测器和 Brief 描述子的模型，该模型在 100MHz 下支持 512×512 像素的 304fps 吞吐量。结合 SURF 检测器和快速视网膜关键点（FREAK）描述子进行实时目标检测的 FPGA 设计可以以 60 fps 的速度处理分辨率为 800×600 像素的视频帧。在 Chen 等（2016）的研究中，对于分辨率为 640×480 的图像序列，使用 FPGA 获得的硬件加速版本的执行时间为 0. 047 秒。在 Wilson（2014）等人研究中，提出了一种优化的基于 FPGA 的 SURF 提取器，对于 VGA 分辨率为 40. 355MHz 的视频流，该提取器达到 131. 36 fps。前文其他相关研究中，数据流吞吐量分别为 80Mbps，10Mbps，28Mbps 和 6Mbps。拟议的系统达到 100Mbps 的数据流吞吐量。表4-2和表4-3显示了该方法与其他研究人员的比较。

表4-2　运行时间比较

方法	时针频率（MHz）	分辨率	SW/HW	描述子	是否匹配	运行时间
SURF+BRIEF（Huang J，Zhou G，2017）	100	512×512	HW（FPGA）	Yes	Yes	3.29ms
SIFT（Yao L，2019）	100	640×480	HW（FPGA）	No	No	31ms
SIFT+BRIEF（Wang J，2013）	359	1280×720	HW（FPGA）	Yes	Yes	33ms
SURF（Chen W，2016）	66.7	640×480	HW	Yes	No	47ms
SIFT+BRIEF（Liu D，Zhou G，2020）	100	512×512	HW	Yes	Yes	2.62ms

表4-3　fps性能比较（SW：软件；HW：硬件）

方法	时钟频率（MHz）	分辨率	fps	SW/HW	描述子
SURF（Cai W，2017）	100	640×480	270	SW+HW	Yes
SIFT+BRIEF（Wang J，2013）	100	1280×720	30	HW	Yes
SURF（Svab J，2009）	—	1024×768	10	SW+HW	Yes
SURF+BRIEF（Huang J，Zhou G，2017）	100	512×512	304	HW	Yes
SURF+FREAK（Zhao J，2014）	100	800×600	60	HW	Yes
SURF（Pohl M，2014）	66.7	640×480	50	HW	Yes
SURF+BRIEF（Ni Q，2019）	100	640×480	162	HW	Yes
SURF（Wilson C，2014）	40.355	640×480	131.36	HW	Yes
SURF（Bouris D，2010）	200	640×480	56	HW	Yes
SURF+BRIEF（Liu D，Zhou D，2020）	100	512×512	380	HW	Yes

4.5　本章小结

本章提出了一种基于FPGA的SURF和BRIEF算法的优化架构，以选择鲁棒的地面控制点进行RS图像的地理配准。流水线和并行结构的片上系统，包括改进的SURF检测器和BRIEF描述子。在SURF检测器模块中，WLR方法用于减小积分图像的字长，而不会降低精度。MEPA方法用于并行计算FIFO的输出。采用SAS方法简化了Hessian行列式的响应，使用滑动窗口并行计算Hessian行列式。在描述子模块中，仅使用256 bit向量内存占用空间来存储特征点描述符。采用增强的加法树来减少匹配步骤的复杂性。

应用四对不同纹理的遥感图像来评估基于FPGA的实现的性能。实验结果表明，所提出的架构在100MHz时可以达到380fps的实时性能。所提出的算法结合了SURF检测器的精度和BRIEF描述符的快速性，从而获得了快速准确的匹配方式。因此，组合的SURF-BRIEF系统具有实时，低功耗和高便携性的优点。

参考文献

唐娉，郑柯，单小军，等，2016. 以“不变特征点集”为控制数据集的遥感图像自动化处理框架. 遥感学报，020（005）：1126-1137.

王峰，曾湧，何善铭，等，2004. 实现 CBERS 图像自动几何精校正的地面控制点数据库的设计方法. 航天返回与遥感，025（002）：45-49.

谢仁伟，牛铮，王力，2011. 基于 SIFT 多源影像自动配准方法. 测绘科学，36（4）：35-38.

Abdel-Hakim E，Farag A A，2006. CSIFT：A SIFT descriptor with color invariant characteristics//In Computer Vision and Pattern Recognition（CVPR 2006），New York，USA：1978-1983.

Alahi R，Ortiz，Vandergheynst P，2012. FREAk：Fast retina keypoint. //2012 IEEE Conference on Computer Vision and Pattern Recognition，Providence，RI，USA：510-517.

AttneaveF，1954. Some informational aspects of visual perception. Psychological Review，61（3）：183-193.

Bay H，Ess A，Tuytelaars T，et al.，2008. Speeded-up robust features（SURF）. Computer vision and image understanding，110（3）：346-359.

Bay H，2006. Surf：speeded up robust features. Computer Vision & Image Understanding，110（3）：404-417.

Belt H，2008. Word length reduction for the integral image//In Proceedings of the 15th IEEE International Conference on Image Processing，San Diego，CA，USA，805-808.

Bouris D，Nikitakis A，Papaefstathiou I，2010. Fast and efficient FPGA based feature detection employing the SURF algorithm. //In Proc. 18th IEEEAnnu. Int. Symp. Field-Programmable Custom Compute.

Cai W，Xu Z，Li Z，2017. A high-performance SURF image feature detecting system based on ZYNQ. DEStech Transactions on Computer Science and Engineering，12：256-261.

Calonder M，Lepetit V，Fua P，et al.，2009. Compact signatures for high-speed interest point description and matching//In 2009 IEEE 12th International Conference on Computer Vision，Kyoto，Japan：357-364.

Calonder M，Lepetit V，Oezuysal M，et al.，2012. BRIEF：Computing a Local Binary Descriptor Very Fast. IEEE Transactions on Pattern Analysis and Machine Intelligence，34（7）：1281-1298.

Chen C，Yong H，Zhong S，et al.，2015. A real-time FPGA-based architecture for OpenSURF//Proc. SPIE 9813，MIPPR 2015：Pattern Recognition and Computer Vision，9813：98130.

Chen W，Ding S，Chai Z，et al.，2016. FPGA-based parallel implementation of SURF algorithm//In 2016 IEEE 22nd International Conference on Parallel and Distributed Systems（ICPADS），Wuhan，China：308-315.

Cheon S H，Eom I K，Moon Y H，2016. Fast descriptor extraction method for a SURF-based interest point. Electronics Letters，52（4）：274-275.

Čížek P，Faigl J，2017. Real-time FPGA-based detection of speeded-up robust features using separable convolution. IEEE Transactions on Industrial Informatics. 14（3）：1155-1163.

Čížek P，Jan F，Masri D，2016. Low-latency image processing for vision-based navigation systems//In 2016 IEEE International Conference on Robotics and Automation（ICRA），Stockholm，Sweden：781-786.

Deng X，Huang Y，Feng S，et al.，2008. Ground control point extraction algorithm for remote sensing image based on adaptive curvature threshold. //In 2011 IEEE International Geoscience and Remote Sensing Symposium，Shanghai，China：137-140.

Ehsan S，Clark A F，Rehman N，et al.，2015. Integral images：efficient algorithms for theircomputation and storage in resource-constrained embedded vision systems. Sensors，15（7）：16804-16830.

Ehsan S，McDonald-Maier K D，2009. Exploring integral image word length reduction techniques for SURF detector//In 2009 Second International Conference on Computer and Electrical Engineering，IEEE. Dubai，United Arab Emirates，Dubai，United Arab Emirates：635-639.

Evans C, 2009. Notes on the Opensurf library. University of Bristol, Tech. Rep. CSTR-09-001.

Evans C. Available online. https://www.mathworks.cn/matlabcentral/fileexchange/28300-opensurf-including-image-warp.

Fan X, Wu C, Cao W, et al., 2013. Implementation of high performance hardware architecture of OpenSURF algorithm on FPGA//In 2013 International Conference on Field-Programmable Technology (FPT), Kyoto Japan: 152-159.

Filho P S, Shiguemori E H, Saotome O, et al., 2017. UAV visual autolocalizaton based on automatic landmark recognition. //IV-2/W3, International Conference on Unmanned Aerial Vehicles in Geomatics: 89-94.

Fularz M, Kraft M, Schmidt A, et al., 2015. A high-performance FPGA-based image feature detector and matcher based on the FAST and BRIEF algorithms. International Journal of Advanced Robotic Systems, 12 (10): 141.

Gossow D, Peter D, Paulus D, 2010. An evaluation of open source SURF implementations. Robot Soccer World Cup, Springer, Berlin, Heidelberg: 169-179.

Harris C, Stephens M, 1988. A combined corner and edge detector. //Proceedings of the Alvey Vision Conference, 15 (50): 147-151.

Hsu P H, Chien S Y, 2011. Reconfigurable cache memory architecture for integral image and integral histogram applications//In 2011 IEEE Workshop on Signal Processing Systems (SiPS). Beirut, Lebanon, 151-156.

Hua G, Brown M, Winder S, 2007. Discriminant embedding for local image descriptors. //In 2007 IEEE 11th International Conference on Computer Vision, Rio de Janeiro, Brazil: 1-8.

Huang J, Zhou G, Zhou X, et al., 2018. A new FPGA architecture of FAST and BRIEF algorithm for on-board corner detection and matching. Sensors, 18 (4): 1014.

Huang J, Zhou G, 2017. On-board detection and matching of feature points. Remote Sensing, 9 (6): 601.

Idris M I, Warif B N, 2019. Acceleration FPGA-SURF feature detection module by memory access reduction. Malaysian Journal of Computer Science, 32 (1): 47-61.

Jégou H, Douze M, Schmid C, 2011. Product quantization for nearest neighbor search. IEEE Trans. Pattern Analysis and Machine Intelligence, 33 (1): 117-128.

Kasezawa T, Tanaka H, Ito H, 2016. Integral image word length reduction using overlapping rectangular regions. //in Proc. IEEE Int. Conf. Ind. Technol: 763-768.

Ke Y, Sukthankar R, 2004. PCA-SIFT: A more distinctive representation for local image descriptors// Proceedings of the 2004 IEEE Computer Society Conference on Computer Vision and Pattern Recognition. IEEE Computer Society, Washington, DC, USA, 2: 506-513.

Kim D, Kim M, Kim K, et al., 2015. Dynamic load balancing of parallel SURF with vertical partitioning. IEEE Transactions on Parallel and Distributed Systems, 26 (12): 3358-3370.

Kim J, Park E, Cui X, et al., 2009. A fast feature extraction in object recognition using parallel processing on CPU and GPU//2009 IEEE International Conference on Systems, San Antonio, TX, USA: 3842-3847.

Kim T, Lee T, Choi H, 2005. Landmark extraction, matching, and processing for automated image navigation of geostationary weather satellites//Proceedings of SPIE-The International Society for Optical Engineering, 5657 (1): 30-37.

Kisacanin B, 2008. Integral image optimizations for embedded vision applications. in Proc. IEEE Southwest Symp. Image Anal. Interpretation: 181-184.

Krajník T, Švάb J, Pedre S, et al., 2014. FPGA-based module for SURF extraction. Machine vision and applications, 25 (3): 787-800.

Lai G, Zhang Y, Tong X, et al., 2020. Method for the automatic generation and application of landmark control point library. IEEE Access, 99: 1-17.

Lee S H, Jeong Y J, 2014. A new integral image structure for memory size reduction, IEICE TRANSACTIONS on Information and Systems. 97 (4): 98-1000.
Leutenegger S, Chli M, Siegwart R Y, 2011. RISK: Binary robust invariant scalable keypoints//In 2011 IEEE international conference on computer vision, Barcelona, Spain, Nov, 2012. 2548-2555.
Li A, Jiang W, Yuan W, et al., 2017. An improved FAST + SURF fast matching algorithm, Procedia Computer Science, 107: 306-312.
Lim Y J, Kim M G, Kim T, et al., 2004. Automatic precision correction of satellite images using the GCP chips of lower resolution//Geoscience and Remote Sensing Symposium, 2004. IGARSS ' 04. Proceedings. 2004 IEEE International.
Lima R D, Martinez- Carranza J, Morales- Reyes A, et al., 2015. Accelerating the construction of BRIRF descriptors using an FPGA- based architecture//2015 International Conference on ReConFigurable Computing and FPGAs, Mexico City, Mexico: 1-6.
Lindeberg T, 1994. Scale-space theory: A basic tool for analyzing structures at different scales. Journal of applied statistics, 21 (1-2): 225-270.
Lindeberg T, 1996. Scale-space: A framework for handling image structures at multiple scales//In: Proc. CERN School of Computing, Egmond aan Zee, The Netherlands: 1-12.
Lindeberg T, 1998. Feature detection with automatic scale selection. International journal of computer vision, 30 (2): 79-116.
Liu D, Zhou G, Huang J, et al., 2019. On- board georeferencing using FPGA- based optimized second- order polynomial equation. Remote Sensing, 11 (2): 124.
Liu D, Zhou G, Zhang D, et al., 2020. Ground Control Point Automatic Extraction for Spaceborne Georeferencing Based on FPGA. IEEE Journal of Selected Topics in Applied Earth Observations and Remote Sensing. 13: 3350-3366.
Lowe D G, 2004. Distinctive image features from scale- invariant keypoints. International Journal of Computer Vision, 60 (2): 91-110.
Mikolajczyk K, Schmid C, 2004. Scale & affine invariant interest point detectors. International journal of computer v ision, 60 (1): 63-86.
Mikolajczyk K, Schmid C, 2005. A performance evaluation of local descriptors. IEEE Transactions on Pattern Analysis and Machine Intelligence, Institute of Electrical and Electronics Engineers, 27 (10): 1615-1630.
Moravec H P, 1981. Rover visual obstacle avoidance//Proceedings of the 7th International Joint Conference on Artificial Intelligence (IJCAI '81), Vancouver, BC, Canada, Aug: 785-790.
Morel J M, Yu G, 2009. ASIFT: A new framework for fully affine invariant image comparison. SIAM Journal on Imaging Sciences, 2 (2): 438-469.
Mortensen E N, Deng H, Shapiro L, 2005. A SIFT descriptor with global context//2005 IEEE Computer Society Conference on Computer Vision and Pattern Recognition, San Diego, CA, USA: 184-190.
Ni Q, Wang F, Zhao Z, Gao, 2019. FPGA-based Binocular image feature extraction and matching system//in Proc. 4th Int. Conf. Multimedia Syst. Sig. Process: 182-187.
Oyallon E, Rabin J, 2015. An analysis of the SURF method. Image Processing Online, 5: 176-218.
Pohl M, Schaeferling M, Kiefer G, 2014. An efficient FPGA- based hardware framework for natural feature extraction and related Computer Vision tasks//In 2014 24th International Conference on Field Programmable Logic and Applications (FPL), Munich, Germany: 1-8.
Rani R, Singh A P, Kumar R, 2018. Impact of reduction in descriptor size on object detection and classification, Multimedia Tools and Applications, 78 (7): 8965-8979.
Rosten E, Drummond T, 2005. Fusing points and lines for high performance tracking//Tenth IEEE international

conference on computer vision, 17-21 Beijing, China, Oct: 1508-1515.
Rublee E, Rabaud V, Konolige K, et al., 2011. ORB: An efficient alternative to SIFT or SURF//IEEE international conference on computer vision, Barcelona, Spain, Nov: 2564-2571.
Schaeferling M, Hornung U, Kiefer G, 2012. Object recognition and pose estimation on embedded hardware: SURF-based system designs accelerated by FPGA logic. International Journal of Reconfigurable Computing, (6): 1-16.
Schaeferling M, Kiefer G, 2011. Object recognition on a chip: A complete SURF-based system on a single FPGA. //in Proc. Int. Conf. Reconfigurable Comput. FPGAs: 49-54.
Schaeferling M, Kiefer G, 2010. Flex-SURF: a flexible architecture for FPGA-based robust featureextraction for optical tracking systems//In: IEEE International Conference on Reconfigurable Computing and FPGAs (ReConFig), Quintana Roo, Mexico: 458-463.
Sledevič T, Serackis A, 2012. SURF algorithm implementation on FPGA. //In Proc. 2012 13th Biennial Baltic Electron. Conf.: 291-294.
Smith S M, Brady J M, 1997. SUSAN-A new approach to low level image processing, International journal of computer vision, 23 (1): 45-78.
Svab J, Krajnik T, Faigl J, et al., 2009. FPGA based speeded up robust features//In 2009 IEEE International Conference on Technologies for Practical Robot Applications, Woburn, MA, USA: 35-41.
Viola P, Jones M, 2001. Rapid object detection using a boosted cascade of simple features. // in Proc. IEEE Comput. Soc. Conf. Comput. Vision Pattern Recognit: 511-518.
Wang J H, Zhong S, Xu W H, et al., 2013. A FPGA-based architecture for real-time image matching//MIPPR 2013: Parallel Processing of Images and Optimization and Medical Imaging Processing, International Society for Optics and Photonics, 8920: 892003.
Wilson C, Zicari P, Craciun S, et al., 2014. A power-efficient real-time architecture for SURF feature extraction//In 2014 International Conference on ReConFigurable Computing and FPGAs, Cancun, Mexico: 1-8.
Yao L, Feng H, Zhu Y, et al., 2009. An architecture of optimised SIFT feature detection for an FPGA implementation of an image matcher//2009 International Conference on Field-Programmable Technology. Sydney, NSW, Australia: 30-37.
Zhang N, 2010. Computing optimised parallel speeded-up robust features (p-surf) on multi-core processors, International journal of parallel programming, 38 (2): 138-158.
Zhao J, Huang X, Massoud Y, 2014. An efficient real-time FPGA implementation for object detection//IEEE 12th International New Circuits and Systems Conference (NEWCAS). Trois-Rivieres, QC, Canada: 313-316.
Zhao J, Zhu S, Huang X, 2013. Real-time traffic sign detection using SURF features on FPGA. //In 2013 IEEE high performance extreme computing conference (HPEC), IEEE, Waltham, MA, USA: 1-6.
Zhou G, Paul Kauffmann, 2002. On-board geo-database management system on future intelligent earth observing satellite//the first Int. Symp. on Future Intelligent Earth Observing Satellite (FIEOS), Nov. 10-11, Denver, Colorado: 354-360
Zhou G, 2001a. Future Intelligent Earth Observing Satellites in Next 10 Years and Beyond, Technical Report to NASA-NIAC, December, Old Dominion University.
Zhou G, 2001b. Architecture of Earth Observing Satellites in Next 10 Years and Beyond, ISPRS Joint Workshop on High Resolution Mapping from Space 2001. University of Hanover, Germany.
Zhou G, 2004. Concept Design of Future Intelligent Earth Observing Satellite. Journal of Remote Sensing. 25 (14): 2667-2685.

Zhou G, Zhang R, Liu N, et al., 2017. On-board ortho-rectification for images based on an FPGA, Remote Sensing, 9 (9): 874.

Zhou G, 2002. Future intelligent Earth observing satellites. Proc SPIE. 5151 (14): 2667-2685.

Zhu H, Deng L, 2016. A landmark-based navigation method for autonomous aircraft. Optik, 127 (7): 3572-3575.

第5章 星上卫星相对、绝对姿态解算

5.1 引 言

卫星姿态参数的准确测量是实现卫星姿态控制和星载传感器正常有效工作的前提，更是实现星上遥感图像实时处理的关键步骤。在卫星姿态参数的测量中，通常采用多种姿态传感器进行组合使用的方法，如：陀螺+地球敏感器+太阳敏感器（Ni and Zhang，2011），太阳敏感器+磁强计（张春阳，2013），陀螺+星敏感器（Singla et al，2002），加速度计+星敏感器（杨龙等，2006），GPS（global position system）（Chu，1997）等，这类多种传感器组合使用增加了系统的复杂度和风险，在小卫星/微小卫星上体现更为明显。另外，上述方法获取的姿态数据也不能直接作为卫星影像后期处理中的角元素数据，它们之间存在一系列复杂转换过程。此过程会使角元素数据精度受损，从而难以满足星上高精度制图的要求，或者星上遥感数据产品生成，如洪水边界变化检测（王任享等，2016）。

卫星姿态解算过程是通过自身的成像传感器获取的图像解算出成像时刻的姿态参数。高精度的卫星姿态解算不仅减少了姿态传感器的使用，还降低了系统复杂度，在低成本的小卫星/微小卫星中具有更大的优势。随着单颗芯片的计算能力，抗空间辐射能力得到大幅提升，芯片的功耗大幅降低，以 FPGA、DSP、FPGA+DSP 等为硬件架构的实时处理平台使得高级图像处理算法的星上实现成为可能。如：Soh 和 Wu（2012）在 2011 在 FPGA 中实现 SSUKF（spherical simplex unscented kalman filter）的卫星姿态参数估计。Bhuria 和 Muralidhar（2011）在 FPGA 中实现三角函数计算的卫星姿态测量。

姿态参数的解算算法既要有很强的鲁棒性，准确性和实时性，又要满足星上硬件平台对算法的特殊要求，如：适用于嵌入式系统，算法复杂度低，计算量少，精度高等。视觉辅助的姿态解算方法是一种新兴的方向，是学者们近年来研究的热点，其具有成本低、体积小、不易受干扰等诸多优点（李想等，2014；Tweddle，2011）。视觉辅助测量的研究始于机器人的自主导航和定位（Brookshaw，2011；Davison et al，2007），直升机/无人机导航和定位等领域。小卫星/微小卫星具有功能单一，成本低，研发周期短等特点（Sandau et al.，2010）。随着星上计算能力的大幅提升，学者们开始考虑将在航空领域的视觉辅助的姿态解算算法移植到小卫星/微小卫星上，从而实现小卫星/微小卫星姿态的获取。

视觉辅助的姿态参数解算分为两部分，第一部分是前后帧的相对姿态解算，第二部分是基准图和拍摄图的绝对姿态解算。在前后帧的相对姿态解算中，Ready 等（2007）在求解飞行器相对位置姿态时，提出了雅可比图像方法来解算位置和姿态变化量的偏导，结合迭代运算，使得图像帧间的配准得到优化，最后解算出相对位置和姿态。Caballero 等（2006，2009）在 2005 年和 2008 年设计视觉测量方法作为 GPS 的补充手段，去估计无人机在城市建筑物中的位置和方向。该方法通过投影技术去估计相机在像素空间的移动，从而避免3D重构步骤，获取的同名点对来计算图像间的单应性矩阵，再分解单应性矩阵来获取姿态参数。Kaiser等（2015）对飞行器拍摄的序列图像进行特征检测与跟踪，通过分解单应性矩阵求解飞行器的姿态参数。Kendoul等（2009）研究了在小型/微型无人机的导航和控制中采用自适应视觉的自动驾驶技术，通过使用单目相机，辨别和跟踪视场中的视觉特征来估计自身运动（ego-motion）。Zhao等（2012；2016）在2012，2016年提出了视觉辅助的无人机惯性导航方法，通过扩展卡尔曼滤波融合了惯性测量单元和单目成像，无需对单应性矩阵进行分解。虽然上述几种方法在直升机/无人机取得很好效果，但对在轨卫星来说，由于星上平台的计算能力、功耗、体积、抗空间辐射能力等严苛要求，上述方法存在一些局限性，如：高轨道的卫星就无法利用GPS信号，通过单应性矩阵计算姿态参数时，需要对大小为8×8的矩阵求逆等。

随着小卫星/微小卫星的兴起和星上平台计算能的大幅提升，许多学者开始从序列图像中恢复卫星姿态，并取得了较大进展，Bevilacqua等（2009a，2009b）研究一种视觉测量的新方法来估算高精度的卫星姿态参数。与星敏感器不同的是，这种方法将地球作为观测对象，对连续拍摄序列图像进行特征检测与匹配，然后计算图像间的单应性矩阵，最后恢复卫星的相对姿态参数。他们在2013年分析了视觉方法测量卫星姿态的误差源，从几何模型和图像匹配进行分析，最后将真实影像的计算结果与地面测量真实数据进行对比。Rawashdeh等（2010，2012a，2012b，2013，2014）在2010～2014年为TechDemoSat-1星设计了一个恒星陀螺仪来测量小卫星的相对姿态参数。恒星陀螺仪通过对恒星进行持续拍摄，对图像中的恒星进行检测、匹配，并使用随机样本一致性算法（random sample consensus，RANSAC）进行误匹配剔除，使用方向余弦矩阵（direction cosine matrix）来计算图像间的相对姿态，解决了传统陀螺仪的误差积累问题。哈尔滨工业大学的张春阳（2013）针对无地标的对地定向卫星提出了一种SURF（speeded up robust features）图像匹配的姿态递推方法。通过对地球表明的重叠图像进行匹配，计算卫星的三轴姿态参数。敬忠良等（2013）发明了运动恢复结构的卫星间相对姿态测量方法，用SIFT（scale-invariant feature transform）进行局部特征提取和匹配，并通过运动恢复结构进行光束法平差进行优化，最终得到卫星姿态数据。虽然国内外学者提出了基于图像的姿态解算算法，但大部分研究仅限于理论方法研究，没有结合实际的硬件实现过程，因此，相关算法的适用性还有待进一步分析（Huang et al.，2018a，2018b）。

在基准图与拍摄图的绝对姿态解算中，Amidi（1996）研究了视觉测量的直升飞机位置估计方法，其具有实时性强，低延迟的特点。Saripalli等（2002；2003）在2002，2003年设计了一种视觉的精确目标检测与识别来辅助直升机着陆的算法。一些研究是为了获得航空器位置和姿态的绝对参考量，部分学者将数字高程模型，数字地形模型联合起来解算，Sim等（2002a，2002b）设计一个使用序列航空影像来估计导航参数（位置和向量）的集成系统，该系统包括相对位置和绝对位置的估计。Sim等（2002）估计飞机的平移参数通过比较由序列航空影像得到的采样高程图和由陀螺仪提供方向和高度参数的数字高程模型。Stevens等（2004）针对惯性敏感器和GPS的缺点，设计一个系统通过序列航空影像和数字地形高程来估计飞机的六个自由度（3个线元素和3个角元素）。Samadzadegan等（2008）发展了视觉辅助的航空器姿态估计方法，通过对序列图像和参考图像进行特征检测与匹配来获取姿态数据。Caballero和Merino（2009）设计了一种视觉的无人机定位方法，通过图像镶嵌作为周围环境表征和像间运动来估计无人机的运动。Kouyama 等（2017）提出从观测图像中恢复卫星姿态和位置方法，具体方法是组合 SURF（speeded up robust features）和 RANSAC 进行拍摄图像与基准图的特征检测与匹配，再根据几何模型计算出卫星姿态，实验表明姿态精度达到 0.02°。国防科技大学的朱遵尚（2014）和李想等（2014）设计了一种卫星图像与基准图匹配的视觉测轨方法，通过图像匹配建立实时图中特征点与基准图的对应关系，再根据成像关系解算卫星的三维位置参数。这些研究从理论上给出了卫星绝对姿态求解过程，但由于没有结合实际的硬件平台，在具体的星上实现时还需对算法进行优化和重构等。

在上述文献的相对姿态和绝对姿态解算中，学者们采用了不同的姿态求解方法，如单应性矩阵（Hu et al.，2006），方向余弦矩阵（Kaiser et al.，2015），欧拉角（王佩军，2005），Rodrigue（岳晓奎，2010）的姿态参数求解等。上述算法在 PC 机中运行不需要考虑硬件资源消耗、体积、功耗等问题，但在星上硬件平台上进行卫星姿态参数求解时，不仅要考虑姿态解算结果的精度，还考虑解算的速度、资源消耗、功耗、体积等问题。由于在硬件资源有限，实时性要求高的星上硬件平台上，上述算法存在各自的问题，如：①单应性矩阵需要对大小为 8×8 的矩阵求逆，求逆算法复杂度高，计算耗时；②方向余弦矩阵法具有较多的约束条件，求解复杂；③欧拉角法涉及大量三角函数的计算，存在迭代初值的估计和收敛性差等问题；④Rodrigues 具有奇异性和涉及三角函数计算的问题，而且不能描述大角度的姿态参数，这些问题会消耗大量的硬件资源和降低处理速度。因此，在进行卫星姿态实时解算时，需要找到符合星上硬件平台特点的姿态参数描述形式。

本章描述基于 FPGA 卫星姿态解算硬件实现中采用了四元数方法来描述姿态参数。虽然四元数方法不是姿态参数描述的最小形式，但其不存在三角函数计算、迭代初值估计、奇异性等问题。而且四元数在描述姿态参数时存在一个约束条件，该约束条件会导致参数求解过程变得复杂（黄景金，2018；周国清，2018）。

5.2 卫星相对姿态和绝对姿态解算基础

5.2.1 P-H 法

已有相关文献表明四元数在描述姿态和实时处理方面具有明显的优势（贲进等，2011；Hisken L，1988），其解算的数学模型如下：

首先，令 $q=d+ia+jb+kc$ 是单位四元数（i，j，k 是虚数单位，d，a，b，c 为实数，且 $d^2+a^2+b^2+c^2=1$）。由于旋转矩阵 R 是正交矩阵，有 $RR^{\mathrm{T}}=E$，求微分可得

$$\mathrm{d}(RR^{\mathrm{T}})=\mathrm{d}RR^{\mathrm{T}}+R\mathrm{d}R^{\mathrm{T}}=0 \tag{5-1}$$

即有

$$\mathrm{d}RR^{\mathrm{T}}=-R\mathrm{d}R^{\mathrm{T}}=-(\mathrm{d}RR^{\mathrm{T}})^{\mathrm{T}} \tag{5-2}$$

由此可见，$\mathrm{d}R^{\mathrm{T}}R$ 是一个反对称阵，令

$$\mathrm{d}RR^{\mathrm{T}}=S_w \tag{5-3}$$

则下式成立：

$$\mathrm{d}RR^{\mathrm{T}}(R^{\mathrm{T}})^{-1}=S_w(R^{\mathrm{T}})^{-1} \tag{5-4}$$

由 $R^{-1}=R^{\mathrm{T}}$，可得

$$\mathrm{d}R=S_w R \tag{5-5}$$

对 R 求全微分可得

$$\begin{aligned}\mathrm{d}R&=\frac{\partial R}{\partial d}\Delta d+\frac{\partial R}{\partial a}\Delta a+\frac{\partial R}{\partial b}\Delta b+\frac{\partial R}{\partial c}\Delta c\\&=\left(\frac{\partial R}{\partial d}R^{\mathrm{T}}\Delta d+\frac{\partial R}{\partial a}R^{\mathrm{T}}\Delta a+\frac{\partial R}{\partial b}R^{\mathrm{T}}\Delta b+\frac{\partial R}{\partial c}R^{\mathrm{T}}\Delta c\right)R\end{aligned} \tag{5-6}$$

由式（5-5）可得

$$S_w=\frac{\partial R}{\partial d}R^{\mathrm{T}}\Delta d+\frac{\partial R}{\partial a}R^{\mathrm{T}}\Delta a+\frac{\partial R}{\partial b}R^{\mathrm{T}}\Delta b+\frac{\partial R}{\partial c}R^{\mathrm{T}}\Delta c \tag{5-7}$$

根据单位四元数的约束条件 $d^2+a^2+b^2+c^2=1$，求微分可得

$$d\Delta d+a\Delta a+b\Delta b+c\Delta c=0 \tag{5-8}$$

式中，Δd，Δa，Δb，Δc 是相关的，有

$$\Delta d=-\frac{a\Delta a+b\Delta b+c\Delta c}{d} \tag{5-9}$$

将式（5-9）代入式（5-7）即可消去 Δd，经整理可得

$$S_w=\begin{bmatrix}0 & w_3 & -w_2\\ -w_3 & 0 & w_1\\ w_2 & -w_1 & 0\end{bmatrix} \tag{5-10}$$

式中，

$$w_1=\frac{2}{d}[(d^2+a^2)\Delta a+(ab+dc)\Delta b+(ac-db)\Delta c];$$

$$w_2=\frac{2}{d}[(ab-dc)\Delta a+(d^2+b^2)\Delta b+(da+bc)\Delta c];$$

$$w_3=\frac{2}{d}[(db+ac)\Delta a+(bc-da)\Delta b+(d^2+c^2)\Delta c]$$

令 $W=[w_1\quad w_2\quad w_3]^{\mathrm{T}}$，则有

$$W=\begin{bmatrix}w_1\\ w_2\\ w_3\end{bmatrix}=\frac{2}{d}\begin{bmatrix}d^2+a^2 & ab+dc & ac-db\\ ab-dc & d^2+b^2 & da+bc\\ db+ac & bc-da & d^2+c^2\end{bmatrix}\begin{bmatrix}\Delta a\\ \Delta b\\ \Delta c\end{bmatrix} \tag{5-11}$$

令系数矩阵为 C，

$$C=\frac{2}{d}\begin{bmatrix}d^2+a^2 & ab+dc & ac-db\\ ab-dc & d^2+b^2 & bc+da\\ ac+db & bc-da & d^2+c^2\end{bmatrix} \tag{5-12}$$

其中，C 有唯一可逆矩阵，

$$C^{-1}=\frac{1}{2}\begin{bmatrix}d & -c & b\\ c & d & -a\\ -b & a & d\end{bmatrix} \tag{5-13}$$

由式（5-11）与式（5-13），可得

$$\begin{bmatrix}\Delta a\\ \Delta b\\ \Delta c\end{bmatrix}=C^{-1}W=\frac{1}{2}\begin{bmatrix}dw_1 & -cw_2 & bw_3\\ cw_1 & dw_2 & -aw_3\\ -bw_1 & aw_2 & dw_3\end{bmatrix} \tag{5-14}$$

从式（5-14）可以看出，P–H 法的最大特点是：在平差中直接估算的参数不是 Δd，Δa，Δb，Δc，而是另外一组参数 w_1，w_2，w_3。P–H 法的本质上是一组基于反对称矩阵的求解方案。

5.2.2 像方坐标系

在进行卫星相对姿态解算之前，先介绍涉及的像方坐标系，分别有像平面坐标系，像空间坐标系，像空间辅助坐标系。

（1）像平面坐标系

像平面坐标系是右手平面坐标系，其原点在像主点处，如图 5-1（a）所示，当像主点坐标为（x_0，y_0），实际测量的像点坐标为（x，y）时，该像点坐标在像平面坐标系下的坐标为（$x-x_0$，$y-y_0$）。

（2）像空间坐标系

像空间坐标系是一个右手直角坐标系，见图 5-1（b），它是以摄影中心为坐标原点，z 轴与光轴重合，x 轴与 y 轴分别平行于像平面坐标系的 x 轴与 y 轴。在该坐标系中，像点的像空间坐标表示形式为（x，y，$-f$），其中（x，y）是该像点在像平面坐标系的位置（x，y），$-f$ 为像点在 z 轴的值，所有像点的 z 轴坐标都等于 $-f$。每幅影像的像空间坐标系是根据成像时刻的空间位置决定的，相互之间没有关联。

（3）像空间辅助坐标系

成像传感器在获取每幅影像时是相互独立，互不干扰，由此得到的每幅影像的像空间坐标系也是相互独立的。由于没有设定参考系，给计算带来问题，为了对各像空间坐标系进行统一，需要建立一种可以将各像空间坐标系统一起来的坐标系统，这就是像空间辅助坐标系（S-uvw）。摄影中心定义为该坐标系的原点，坐标轴的选取有三种方法，它们是：①将像空间辅助坐标系的 u 轴，v 轴，w 轴平行于地面摄影测量坐标系 D–XYZ 的 X 轴，Y 轴，Z 轴；②以第一幅影像的像空间坐标定义为像空间辅助坐标系；③在一组像对中，坐标原点定义为左影像在成像时刻的摄影中心，该像对的摄影中心连线为摄影基线，该基线方向为 u 轴，该基线和左影像光轴构成了 uw 面，过左影像摄影中心（原点）且垂直于 uw 面的向量为 v 轴，这是一个右手直角坐标系。

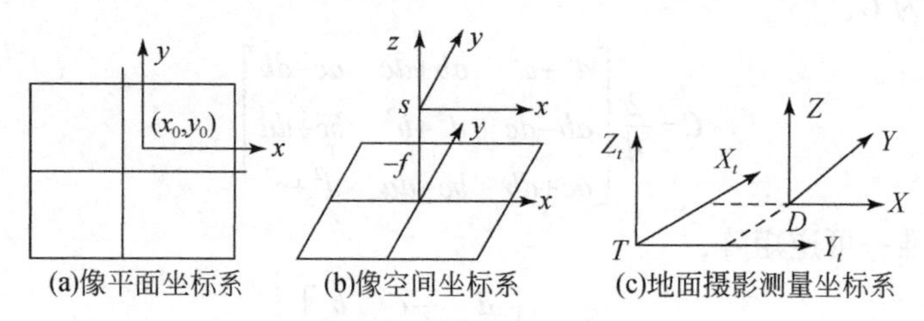

图 5-1　相关坐标系统

5.2.3 物方坐标系

在进行绝对姿态解算时，由于用到地面角点（控制点）的大地坐标，大地坐标涉及到地面测量坐标系和地面摄影测量坐标系，下面对两个坐标系进行简要介绍。

（1）地面测量坐标系

地面测量坐标系（*T-XYZ*）是左手直角坐标系，该坐标系的平面坐标是在空间大地坐标基准下的高斯-克吕格平面直角坐标系下获得，该坐标系的高程坐标是以某一基准面作为起算基准进行测量。地面角点（控制点）的坐标一般是在这个坐标系下获得的。

（2）地面摄影测量坐标系

地面测量坐标系是左手直角坐标，而像空间辅助坐标系是右手直角坐标系，二者不统一，会给绝对姿态解算带来问题，因此，需要在二者间建立一个辅助坐标系，这个辅助坐标系叫地面摄影测量坐标系（*D*–*XYZ*）。该坐标系的原点在某一个地面角点（控制点）上，*X* 轴与飞行方向平行，*Y* 轴与 *X* 轴正交，*Z* 轴垂直于 *XY* 平面，构成右手直角坐标系。地面测量坐标系与地面摄影测量坐标系如图 5-1（c）所示。

5.3 卫星相对姿态 P–H 法星上解算模型

在求解两幅图像的相对姿态中，常用的算法有：单应性矩阵，方向余弦函数，相对定向等。在欧拉角的相对定向中，其改正数求解过程为“间接平差”。而在单位四元数的相对定向中，由于存在一个约束条件（$d^2+a^2+b^2+c^2=1$），其解算过程是“附带约束条件的间接平差”，其系数矩阵的复杂度远大于欧拉角的方法。若直接采用单位四元数方案，虽然消除了欧拉角方案带来的不足，但由于其约束条件会给星上处理系统增加计算量和降低实时性。因此，为了满足 FPGA 的星上实时处理平台的需求，节使用了单位四元数的连续像对相对定向来代替欧拉角的相对定向，引入 P–H 法。P–H 法是将平差中直接求解的参数由（Δd，Δa，Δb，Δc）变成（w_1，w_2，w_3），从而将“附带约束条件的间接平差”变成了“间接平差”，降低了参数求解过程中的计算量。

5.3.1 误差方程的优化

通过求解两幅图像的相对定向参数来确定卫星在拍摄时刻的相对姿态。利用卫星在 t 时刻和 $t+1$ 时刻拍摄的两幅有重叠图像。重叠图像中某一个点与卫星在这两个时刻的位置形成一个面，利用共面约束条件，可以得到如下方程（王佩军和徐亚明，2005）：

$$F=\begin{vmatrix} B_x & B_y & B_z \\ X_t & Y_t & Z_t \\ p & q & r \end{vmatrix}=0 \tag{5-15}$$

式中，（B_x，B_y，B_z）为两个时刻的卫星空间位置在 x，y，z 方向上的分量（即基线分量），（X_t，Y_t，Z_t）为地面点在 t 时刻的像空间辅助坐标（该坐标系以 t 时刻的像空间坐标系为基准）。（p，q，r）为同一地面点在 $t+1$ 时刻的像空间辅助坐标。另外，这里定义

$$\begin{bmatrix} p \\ q \\ r \end{bmatrix}=R\begin{bmatrix} X_{t+1} \\ Y_{t+1} \\ Z_{t+1} \end{bmatrix} \tag{5-16}$$

式中，（X_{t+1}，Y_{t+1}，Z_{t+1}）为 $t+1$ 时刻的像空间坐标，R 为 $t+1$ 时刻图像相对 t 时刻图像的相对旋转矩阵，也就是卫星在这两个时刻的相对姿态参数。

首先，对式（5-15）进行微分求导得

$$dF=\frac{\partial F}{\partial B_y}dB_y+\frac{\partial F}{\partial B_z}dB_z+\frac{\partial F}{\partial p}dp+\frac{\partial F}{\partial q}dq+\frac{\partial F}{\partial r}dr \tag{5-17}$$

式中，$\frac{\partial F}{\partial B_y}=Z_tp-X_tr$；$\frac{\partial F}{\partial B_z}=X_tq-Y_tp$；$\frac{\partial F}{\partial p}=B_yZ_t-B_zY_t$；$\frac{\partial F}{\partial q}=B_zX_t-B_xZ_t$；$\frac{\partial F}{\partial r}=B_xY_t-B_yX_t$。

对式（5-16）进行微分求导得

$$\begin{bmatrix} dp \\ dq \\ dr \end{bmatrix}=dR\begin{bmatrix} X_{t+1} \\ Y_{t+1} \\ Z_{t+1} \end{bmatrix} \tag{5-18}$$

由旋转矩阵 R 的正交性和 P–H 法的推导结果，有

$$dR=S_wR \tag{5-19}$$

式中，S_w 是反对称矩阵，

$$S_w=\begin{bmatrix} 0 & w_3 & -w_2 \\ -w_3 & 0 & w_1 \\ w_2 & -w_1 & 0 \end{bmatrix} \tag{5-20}$$

结合式（5-18）~（5-20），有

$$\begin{bmatrix} dp \\ dq \\ dr \end{bmatrix}=S_wR\begin{bmatrix} X_{t+1} \\ Y_{t+1} \\ Z_{t+1} \end{bmatrix}=S_w\begin{bmatrix} p \\ q \\ r \end{bmatrix}=S_wV \tag{5-21}$$

其中，

$$V=\begin{bmatrix} p \\ q \\ r \end{bmatrix} \tag{5-22}$$

由外矢积定理，得

$$S_wV=-S_vW \tag{5-23}$$

式中，S_v 是反对称矩阵，

$$S_v=\begin{bmatrix} 0 & r & -q \\ -r & 0 & p \\ q & -p & 0 \end{bmatrix} \tag{5-24}$$

将式（5-21），式（5-22）式代入式（5-18），得

$$\begin{bmatrix} dp \\ dq \\ dr \end{bmatrix}=\begin{bmatrix} qw_3-rw_2 \\ rw_1-pw_3 \\ pw_2-qw_1 \end{bmatrix} \tag{5-25}$$

式（5-15）的线性形式为

$$F=F_0+dF \tag{5-26}$$

将式（5-25），式（5-17）代入式（5-16），整理得

$$F=F_0+dF=F_0+(pZ_t-rX_t)dB_y+(qX_t-pY_t)dB_z$$

$$+(r(B_zX_t-Z_t)-q(Y_t-B_yX_t))w_1$$
$$+(p(Y_t-B_yX_t)-r(B_yZ_t-B_zY_t))w_2$$
$$+(q(B_yZ_t-B_zY_t)-p(B_zX_t-Z_t))w_3 \tag{5-27}$$

由于观测值存在误差，上式的误差方程变为

$$V=(pZ_t-rX_t)\mathrm{d}B_y+(qX_t-pY_t)\mathrm{d}B_z$$
$$+(r(B_zX_t-Z_t)-q(Y_t-B_yX_t))w_1$$
$$+(p(Y_t-B_yX_t)-r(B_yZ_t-B_zY_t))w_2$$
$$+(q(B_yZ_t-B_zY_t)-p(B_zX_t-Z_t))w_3+F_0-F \tag{5-28}$$

用矩阵形式表示为

$$V=AX-L \tag{5-29}$$

式中，$A=\begin{bmatrix} pZ_t-rX_t \\ qX_t-pY_t \\ r\ (B_zX_t-Z_t)\ -q\ (Y_t-B_yX_t) \\ p\ (Y_t-B_yX_t)\ -r\ (B_yZ_t-B_zY_t) \\ q\ (B_yZ_t-B_zY_t)\ -p\ (B_zX_t-Z_t) \end{bmatrix}^{\mathrm{T}}$；$X=\begin{bmatrix} dB_y \\ dB_z \\ w_1 \\ w_2 \\ w_3 \end{bmatrix}$；$L=F_0-F$

根据最小二乘法的平差原理，可列出间接平差的法方程为

$$A^{\mathrm{T}}PAX=A^{\mathrm{T}}PL \tag{5-30}$$

式中，定义每个像点获取的权重是相同的，取 $P=I$，未知数的向量解为

$$X=(A^{\mathrm{T}}A)^{-1}A^{\mathrm{T}}L \tag{5-31}$$

令，

$$X=[\Delta B_y \quad \Delta B_z \quad \Delta w_1 \quad \Delta w_2 \quad \Delta w_3]^{\mathrm{T}} \tag{5-32}$$

这是一个迭代求解过程，有

$$\begin{cases} B_y=B_{y0}+\Delta B_{y1}+\Delta B_{y2}+\cdots \\ B_z=B_{z0}+\Delta B_{z1}+\Delta B_{z2}+\cdots \\ w_1=w_{1\_0}+\Delta w_{1\_1}+\Delta w_{1\_2}+\cdots \\ w_2=w_{2\_0}+\Delta w_{2\_1}+\Delta w_{2\_2}+\cdots \\ w_3=w_{3\_0}+\Delta w_{3\_1}+\Delta w_{3\_2}+\cdots \end{cases} \tag{5-33}$$

设定迭代终止条件为 Δw_1，Δw_2，$\Delta w_3<10^{-7}$。

5.3.2 LU 分解-分块算法的矩阵求逆

在 P-H 法相对姿态和绝对姿态解算中，均涉及到矩阵求逆（相对姿态解算中求逆矩阵大小为 5×5，绝对姿态解算中矩阵的大小为 6×6）。在 FPGA 星上处理平台中，若直接通过伴随矩阵方式，会增加开发难度，消耗更多的硬件资源，同时导致实时性差，不利于实时性要求高的场景，因此，在 FPGA 中实现矩阵求逆需另找方法。

其他的矩阵求逆方法有 LU 分解、LDLT 分解、乔里斯基分解等（Karkooti et al., 2006），这些方法虽然都能在一定程度上减少计算量，但计算速度还有待提高，并行度不高，且硬件资源消耗较大。针对 FPGA 并行处理的特点，本文设计了 LU 分解—分块算法的矩阵求逆。LU 分解-分块算法的本质（郃贵明，2011）是将大矩阵分解成若干个小矩

阵，再对小矩阵进行标准 LU 分解。它对不同尺寸矩阵的求逆过程都是一样的，这里以 5×5 的矩阵为例进行说明，首先定义 B 为待求逆矩阵，对其进行分块，得

$$B=\begin{bmatrix} b_{11} & b_{12} & b_{13} & b_{14} & b_{15} \\ b_{21} & b_{22} & b_{23} & b_{24} & b_{25} \\ b_{31} & b_{32} & b_{33} & b_{34} & b_{35} \\ b_{41} & b_{42} & b_{43} & b_{44} & b_{45} \\ b_{51} & b_{52} & b_{53} & b_{54} & b_{55} \end{bmatrix}=\begin{bmatrix} B_{11} & B_{12} \\ B_{21} & B_{22} \end{bmatrix} \tag{5-34}$$

式中，$B_{11}=\begin{bmatrix} b_{11} & b_{12} & b_{13} \\ b_{21} & b_{22} & b_{23} \\ b_{31} & b_{32} & b_{33} \end{bmatrix}$，$B_{12}=\begin{bmatrix} b_{14} & b_{15} \\ b_{24} & b_{25} \\ b_{34} & b_{35} \end{bmatrix}$，$B_{21}=\begin{bmatrix} b_{41} & b_{51} \\ b_{42} & b_{52} \\ b_{43} & b_{53} \end{bmatrix}^{\mathrm{T}}$，$B_{22}=\begin{bmatrix} b_{44} & b_{45} \\ b_{54} & b_{55} \end{bmatrix}$。

根据 LU 分解–分块算法的定义，有

$$\begin{bmatrix} B_{11} & B_{12} \\ B_{21} & B_{22} \end{bmatrix}=\begin{bmatrix} L_{11} & 0 \\ L_{21} & L_{22} \end{bmatrix}\begin{bmatrix} U_{11} & U_{12} \\ 0 & U_{22} \end{bmatrix} \tag{5-35}$$

由式（5-35）计算，得

$$\begin{cases} L_{11}=\begin{bmatrix} 1 & 0 & 0 \\ l_{21} & 1 & 0 \\ l_{31} & l_{32} & 1 \end{bmatrix} \\ U_{11}=\begin{bmatrix} u_{11} & u_{12} & u_{13} \\ 0 & u_{22} & u_{23} \\ 0 & 0 & u_{33} \end{bmatrix} \end{cases} \tag{5-36}$$

式中，$u_{11}=b_{11}$；$u_{12}=b_{12}$；$u_{13}=b_{13}$；$l_{21}=b_{21}/b_{11}$；$l_{31}=b_{31}/b_{11}$；$u_{22}=b_{22}-l_{21}u_{12}$；$u_{23}=b_{23}-l_{21}u_{13}$；$l_{32}=(b_{32}-l_{31}u_{12})/u_{22}$；$u_{33}=b_{33}-l_{31}u_{13}-l_{32}u_{23}$。

计算 L_{11} 和 U_{11} 后，可以得到

$$\begin{cases} U_{12}=L_{11}^{-1}B_{12} \\ L_{21}=B_{21}U_{11}^{-1} \end{cases} \tag{5-37}$$

令

$$B'_{22}=B_{22}-L_{21}U_{12}=\begin{bmatrix} b'_{11} & b'_{12} \\ b'_{21} & b'_{22} \end{bmatrix}=L_{22}U_{22} \tag{5-38}$$

上式 L_{22} 和 U_{22} 的表达式为

$$L_{22}=\begin{bmatrix} 1 & 0 \\ l'_{21} & 1 \end{bmatrix},\ U_{22}=\begin{bmatrix} u'_{11} & u'_{12} \\ 0 & u'_{22} \end{bmatrix} \tag{5-39}$$

式中，$u'_{11}=b'_{11}$；$u'_{12}=b'_{12}$；$l'_{21}=b'_{21}/u'_{11}$；$u'_{22}=b'_{22}-l'_{21}u'_{12}$。

因此，有

$$B^{-1}=\begin{bmatrix} U_{11} & U_{12} \\ 0 & U_{22} \end{bmatrix}^{-1}\begin{bmatrix} L_{11} & 0 \\ L_{21} & L_{22} \end{bmatrix}^{-1} \tag{5-40}$$

式中，

$$\begin{bmatrix} U_{11} & U_{12} \\ 0 & U_{22} \end{bmatrix}^{-1} = \begin{bmatrix} U_{11}^{-1} & M_{12}^{-1} \\ 0 & U_{22}^{-1} \end{bmatrix};\ \begin{bmatrix} L_{11} & 0 \\ L_{21} & L_{22} \end{bmatrix}^{-1} = \begin{bmatrix} L_{11}^{-1} & 0 \\ N_{21}^{-1} & L_{22}^{-1} \end{bmatrix};\ M_{12}^{-1} = -U_{11}^{-1} U_{12} U_{22}^{-1};\ N_{21}^{-1} = -L_{22}^{-1} L_{21} L_{11}^{-1}。$$

根据式（5-34）到式（5-40），LU 分解–分块算法的流程见图 5-2，其计算过程如下：

（1）对式（5-35）中 B_{11} 进行 LU 分解，得到 L_{11}、U_{11}；

（2）分别将①中得到 L_{11}，U_{11} 求逆，并代入式（5-37），得到 $U_{12} = L_{11}^{-1} B_{12}$ 和 $L_{21} = B_{21} U_{11}^{-1}$；

（3）将 U_{12} 和 L_{21} 结果代入式（5-38），得到 B'_{22}；

（4）对 B'_{22} 进行 LU 分解得到 L_{22} 和 U_{22}；

（5）将 L_{11}，L_{21}，L_{22} 和 U_{11}，U_{12}，U_{22} 代入式（5-40），得到 B^{-1}。

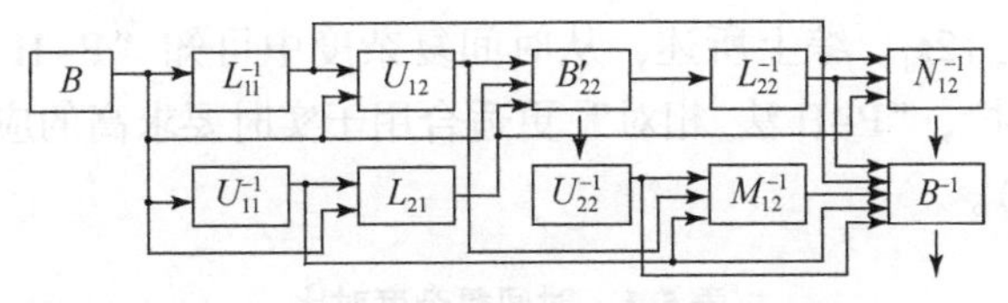

图 5-2　LU 分解–分块算法的流程图

5.3.3　相对姿态解算流程

以上是 P–H 法卫星相对姿态解算的优化模型的设计过程，以下是相对姿态的解算流程：

（1）分别对两幅图像进行局部特征检测与匹配，误匹配剔除和亚像素定位，获得像平面坐标系下的点对（x_t，y_t）和（x_{t+1}，y_{t+1}），再转换到像空间坐标系下（X_t，Y_t，Z_t）和（X_{t+1}，Y_{t+1}，Z_{t+1}）。这里以第一幅图像的像空间坐标系作为像空间辅助坐标系；

（2）近似值设定：$d=1$，$a=0$，$b=0$，$c=0$，$B_x=1$，$B_y=0$，$B_z=0$，根据

$$R=\begin{bmatrix} d^2+a^2-b^2-c^2 & 2(ab-cd) & 2(ac+bd) \\ 2(ab+cd) & d^2-a^2+b^2-c^2 & 2(bc-ad) \\ 2(ac-bd) & 2(bc+ad) & d^2-a^2-b^2+c^2 \end{bmatrix}$$

计算旋转矩阵 R；

（3）根据 R 和（X_{t+1}，Y_{t+1}，Z_{t+1}），利用公式（5-16），计算（p，q，r）；

（4）根据（B_x，B_y，B_z），（X_t，Y_t，Z_t）和（p，q，r），计算 $F_0(L=-F_0)$ 和 A；

（5）求解 $X=[\Delta B_y \quad \Delta B_z \quad \Delta w_1 \quad \Delta w_2 \quad \Delta w_3]^{\mathrm{T}}$ 中 X，并计算改正后的 B_y，B_z，w_1，w_2，w_3；

（6）将 w_1，w_2，w_3 代入公式（5-14），计算 Δa，Δb，Δc，再根据公式 $\Delta d = -\dfrac{a\Delta a+b\Delta b+c\Delta c}{d}$，计算 Δd，然后得到改正后的 d，a，b，c，再进行下一次迭代计算；

（7）重复（2）~（6）步骤，直至满足迭代终止条件；

（8）根据最终的 d，a，b，c 分别计算旋转矩阵 R 及三个旋转角（φ，ω，κ），这三个旋转角就对应了卫星在 t 时刻和 $t+1$ 时刻间的相对姿态参数。

5.3.4 时间复杂度分析

在星上处理平台中，算法的时间复杂度是一个重要的指标，这里将 P-H 法卫星相对姿态的优化模型（“P-H 法_相对”）与欧拉角的卫星相对姿态解算的算法（“欧拉角_相对”）进行对比。这里将完成一次乘法、除法的运算时间定义为 t_{m}，t_{d}，将完成一次正弦、余弦、反正弦、反正切的运算时间定义为 $t_{\sin}$，$t_{\cos}$，$t_{\arcsin}$，$t_{\arctan}$。

从两种方法的法方程看出，二者都是间接平差，系数矩阵维数相同（如：R 是 3×3；A 是 1×5，L 是 1×1），只需对比三个系数 R、A、L 的复杂度即可。表 5-1 为一组同名像点在两种算法中 R、A、L 在每次迭代所需的时间复杂度。从表 5-1 发现，在计算 R 时，“欧拉角_相对”的时间复杂度远比“P-H 法_相对”的大，相差为 $6t_{\mathrm{m}}+15t_{\sin}+14t_{\cos}$。计算 A 时，两种方法的时间复杂度相当。计算 L 时，“欧拉角_相对”的时间复杂度远大于“P-H 法_相对”，相差为 $3t_{\mathrm{m}}+2t_{\mathrm{d}}$。综上所述，从时间复杂度中可知“P-H 法_相对”的计算量远少于“欧拉角_相对”，“P-H 法_相对”更适合用于实时要求高的应用场景（周国清等，2018；黄景金，2018）。

表 5-1 时间复杂度对比

系数	欧拉角_相对	P-H 法_相对
$R_{[3\times3]}$	$16t_m+15t_{\sin}+14t_{\cos}$	$10t_m$
$A_{[1\times5]}$	$19t_m+7t_d$	$27t_m$
$L_{[1\times1]}$	$12t_m+2t_d$	$9t_m$

5.3.5 数值仿真

为分析“P-H 法_相对”，本文利用仿真数据进行分析。通过设定控制点的大地坐标和相邻两个时刻的相机外方位元素，并根据共线方程计算在两个时刻中控制点对应的像点坐标。两个时刻的像点数据计算卫星在两个成像时刻的相对姿态。相机的外方位元素可作为真值参考。另外，将“P-H 法_相对”和“欧拉角_相对”的结果进行对比。

实验设定的仿真实验数据见表 5-2 和表 5-3。表 5-2 中分别考虑了三种情形：①φ，κ，ω 均是小角度；②φ，κ，ω 均是大角度；③φ，κ，ω 模拟真实卫星姿态数据。表 5-3 为 9 个控制点的大地坐标，表 5-4 为控制点在 t，t+1 时刻对应的像点坐标。再将两个时刻的像点数据分别输入到“P-H 法_相对”和“欧拉角_相对”中，从而得到卫星在两个时刻的相对姿态，计算结果见表 5-5。

表 5-2 相机内、外方位元素

内方位元素	t 时刻外方位元素	t+1 时刻外方位元素
$x_0=0$	$X_s(t)=11000$ m	$X_s(t+1)=11500$ m
$y_0=0$	$Y_s(t)=11000$ m	$Y_s(t+1)=11500$ m
$f=0.1$ m	$Z_s(t)=222500$ m	$Z_s(t+1)=222500$ m
情形一	$\varphi(t)=120'$	$\varphi(t+1)=80'$
	$\kappa(t)=60'$	$\kappa(t+1)=-60'$
	$\omega(t)=80'$	$\omega(t+1)=-100'$

续表

内方位元素	t 时刻外方位元素	$t+1$ 时刻外方位元素
情形二	$\varphi(t)=12°$	$\varphi(t+1)=14°$
	$\kappa(t)=20°$	$\kappa(t+1)=22°$
	$\omega(t)=15°$	$\omega(t+1)=17°$
情形三	$\varphi(t)=-49.359525°$	$\varphi(t+1)=-49.351953°$
	$\kappa(t)=-6.410785°$	$\kappa(t+1)=-6.412350°$
	$\omega(t)=2.831896°$	$\omega(t+1)=2.834255°$

表 5-3 控制点的大地坐标 （单位：m）

X	Y	Z	X	Y	Z
105	125	21	84	10147	75
10188	123	45	9220	10189	35
20434	118	68	22420	10237	66
127	16394	62	21437	20447	46
12294	19599	73	/	/	/

表 5-4 控制点对应的像点坐标 （单位：mm）

	x_t	y_t	$x_{(t+1)}$	$y_{(t+1)}$
情形一	-1.530358	-7.192848	-7.410647	-2.337029
	3.004456	-7.281184	-2.875706	-2.253928
	7.628284	-7.372565	1.723762	-2.170944
	-1.460827	-2.685759	-7.509806	2.169374
	2.644757	-2.739001	-3.394023	2.260809
	8.596768	-2.822052	2.538248	2.386664
	-1.391375	0.119010	-7.545367	4.985439
	4.098365	1.468915	-2.087478	6.523093
	8.223750	1.783595	2.019263	6.972983
情形二	-37.103706	-20.848710	-43.681512	-21.724859
	-32.358983	-22.520303	-38.838899	-23.609622
	-27.631140	-24.187491	-34.030391	-25.482721
	-35.058261	-16.206774	-41.298589	-17.038797
	-30.816247	-17.724602	-36.981522	-18.752058
	-24.820524	-19.876663	-30.903037	-21.171484
	-33.781593	-13.380787	-39.819762	-14.196055
	-27.609829	-14.010107	-33.470948	-15.079329
	-23.379788	-15.157793	-29.175571	-16.411621

续表

	x_t	y_t	$x_{(t+1)}$	$y_{(t+1)}$
情形三	106.772351	-0.168345	106.323990	-0.531916
	116.885030	0.586387	116.386857	0.202077
	128.319463	1.437638	127.761683	1.029646
	105.673599	6.333550	105.228861	5.955165
	114.704694	7.350707	114.215818	6.952201
	129.377062	8.993594	128.811632	8.561745
	105.047118	10.372387	104.604446	9.984800
	116.831815	14.160027	116.330512	13.738621
	126.908219	16.215444	126.354159	15.767653

表5-5是在三种卫星姿态情形下的仿真结果，其中真值是真实的相对姿态。Δ1是真值与“欧拉角_相对”的结果之差的绝对值，Δ2是真值与“P-H法_相对”的结果之差的绝对值，n为迭代次数。下面分别分析三种情形下的计算结果：

（1）情形一：Δ1和Δ2的最大值为0.000457，都在$\Delta\kappa$处，但迭代次数完全不同，“欧拉角_相对”的迭代次数是30，而“P-H法_相对”则是6；

（2）情形二：Δ1和Δ2的最大值为0.005825，都在$\Delta\omega$处。在$\Delta\varphi$和$\Delta\kappa$的偏差分别为0.000611和0.004104。但“P-H法_相对”的迭代次数少了6次；

（3）情形三：“欧拉角_相对”在计算过程中出现迭代不收敛，而“P-H法_相对”在4次迭代收敛，Δ2的最大值为0.000046，在$\Delta\omega$处。

表5-5　相对姿态仿真结果　　（单位：弧度）

情形	参数	真值	欧拉角_相对	P-H法_相对	Δ1	Δ2
情形一	$\Delta\varphi$	0.057394	0.057311	0.057311	0.000082	0.000082
	$\Delta\kappa$	-0.033090	-0.033547	-0.033547	0.000457	0.000457
	$\Delta\omega$	-0.053533	-0.053329	-0.053426	0.000204	0.000107
	n	—	30	6	—	—
情形二	$\Delta\varphi$	0.043983	0.043372	0.043373	0.000611	0.000610
	$\Delta\kappa$	0.039958	0.044062	0.044064	0.004104	0.004106
	$\Delta\omega$	0.027349	0.021525	0.021547	0.005825	0.005802
	n	—	11	5	—	—
情形三	$\Delta\varphi$	0.000131	迭代不收敛	0.000126	—	0.000004
	$\Delta\kappa$	-0.000054		-0.000021		0.000032
	$\Delta\omega$	0.000009		0.000055		0.000046
	n	—	—	4	—	—

仿真结果发现：在迭代一开始，“欧拉角_相对”需要提供三个角度的初值，而“P-H法_相对”的初值则是固定不变。在三种姿态情形下，“欧拉角_相对”在某些情形下的结果不理想，不是迭代次数多，就是迭代不收敛，而“P-H法_相对”则具有迭代次数少，

迭代收敛性强的优点。再结合时间复杂度的分析结果，“P-H 法_相对”具有非常好的优化结果，适用于实时性要求高的场景。

5.4 卫星绝对姿态 P-H 法星上解算模型

P-H 法卫星绝对姿态解算优化模型的基础是卫星图像和基准图进行角点特征的检测与匹配。获得它们的同名点对后，根据摄影测量共线方程式（地面角点，像点，摄影中心共线），解算出卫星姿态的角元素。优化模型主要包括两部分：第一部分是找到卫星图像与基准图的同名点对，即要实现卫星图像和基准图的角点检测；第二部分是绝对姿态解算，针对 FPGA 的特点，本章发展了 P-H 法卫星绝对姿态解算的优化模型，其中卫星图像与基准图的同名点对作为输入。下面详细介绍优化模型的设计过程。

P-H 法卫星绝对姿态解算的优化模型与 P-H 法卫星相对姿态解算的优化模型的思路基本类似，都是首先将由欧拉角表示的旋转矩阵转换成由单位四元数表示；然后利用 P-H 法将“附带限制条件的间接平差”转换成“间接平差”，从而减少算法的复杂度，为星上实时处理提供技术保障。

5.4.1 误差方程的优化过程

在基准图角点大地坐标的卫星绝对姿态解算中，主要算法是空间后方交会算法，该算法属于迭代求解过程，其中涉及旋转矩阵的计算，初值估算，迭代收敛性等问题。为解决上述问题，本文设计了 P-H 法空间后方交会卫星绝对姿态解算和 LU 分解/分块算法的 6×6 矩阵求逆。

卫星在成像时刻，基准图角点、角点对应的像点、摄像机中心点，三点在一条直线上，由此得到的共线条件方程（王佩军和徐亚明，2005）表示为

$$\begin{cases} x=-f\,\overline{X}/\overline{Z} \\ y=-f\,\overline{Y}/\overline{Z} \end{cases} \tag{5-41}$$

式中，$(x,\ y)$ 为地面点的像点坐标，f 为相机的焦距，$(\overline{X},\ \overline{Y},\ \overline{Z})$ 为复合变量，该复合变量等于

$$\begin{bmatrix} \overline{X} \\ \overline{Y} \\ \overline{Z} \end{bmatrix} = R^{\mathrm{T}} \begin{bmatrix} X-X_s \\ Y-Y_s \\ Z-Z_s \end{bmatrix} = \begin{bmatrix} a_1 & a_2 & a_3 \\ b_1 & b_2 & b_3 \\ c_1 & c_2 & c_3 \end{bmatrix} \begin{bmatrix} X-X_s \\ Y-Y_s \\ Z-Z_s \end{bmatrix} \tag{5-42}$$

式中，$(X,\ Y,\ Z)$ 为基准图角点坐标，$(X_s,\ Y_s,\ Z_s)$ 为卫星的摄影中心，R 为旋转矩阵。

对式（5-41）的 x，y 求全微分得

$$\begin{bmatrix} \mathrm{d}x \\ \mathrm{d}y \end{bmatrix} = A \begin{bmatrix} \mathrm{d}\,\overline{X} \\ \mathrm{d}\,\overline{Y} \\ \mathrm{d}\,\overline{Z} \end{bmatrix} = A\left\{ \mathrm{d}R^{\mathrm{T}} \begin{bmatrix} X-X_s \\ Y-Y_s \\ Z-Z_s \end{bmatrix} + R^{\mathrm{T}} \begin{bmatrix} \mathrm{d}X-\mathrm{d}X_s \\ \mathrm{d}Y-\mathrm{d}Y_s \\ \mathrm{d}Z-\mathrm{d}Z_s \end{bmatrix} \right\} \tag{5-43}$$

式中，$A=\begin{bmatrix}\dfrac{\partial x}{\partial \overline{X}} & \dfrac{\partial x}{\partial \overline{Y}} & \dfrac{\partial x}{\partial \overline{Z}} \\ \dfrac{\partial y}{\partial \overline{X}} & \dfrac{\partial y}{\partial \overline{Y}} & \dfrac{\partial y}{\partial \overline{Z}}\end{bmatrix}=-\dfrac{f}{\overline{Z}}\begin{bmatrix}1 & 0 & -\dfrac{\overline{X}}{\overline{Z}} \\ 0 & 1 & -\dfrac{\overline{Y}}{\overline{Z}}\end{bmatrix}$。

由于 $\mathrm{d}R^{\mathrm{T}}=S_wR^{\mathrm{T}}$，式（5-43）可变为

$$\begin{bmatrix}\mathrm{d}x \\ \mathrm{d}y\end{bmatrix}=AS_wR^{\mathrm{T}}\begin{bmatrix}X-X_s \\ Y-Y_s \\ Z-Z_s\end{bmatrix}+AR^{\mathrm{T}}\begin{bmatrix}\mathrm{d}X \\ \mathrm{d}Y \\ \mathrm{d}Z\end{bmatrix}-AR^{\mathrm{T}}\begin{bmatrix}\mathrm{d}X_s \\ \mathrm{d}Y_s \\ \mathrm{d}Z_s\end{bmatrix} \tag{5-44}$$

令 $V=[\overline{X}\quad \overline{Y}\quad \overline{Z}]^{\mathrm{T}}$，$S_v=\begin{bmatrix}0 & -\overline{Z} & \overline{Y} \\ \overline{Z} & 0 & -\overline{X} \\ -\overline{Y} & \overline{X} & 0\end{bmatrix}$，由外矢积定量可得：$S_wV=-S_vW$。式（5-44）可变为

$$\begin{aligned}\begin{bmatrix}\mathrm{d}x \\ \mathrm{d}y\end{bmatrix}&=-AS_v\begin{bmatrix}w_1 \\ w_2 \\ w_3\end{bmatrix}+AR^{\mathrm{T}}\begin{bmatrix}\mathrm{d}X \\ \mathrm{d}Y \\ \mathrm{d}Z\end{bmatrix}-AR^{\mathrm{T}}\begin{bmatrix}\mathrm{d}X_s \\ \mathrm{d}Y_s \\ \mathrm{d}Z_s\end{bmatrix} \\ &=L\begin{bmatrix}w_1 \\ w_2 \\ w_3\end{bmatrix}-K\begin{bmatrix}\mathrm{d}X \\ \mathrm{d}Y \\ \mathrm{d}Z\end{bmatrix}+K\begin{bmatrix}\mathrm{d}X_s \\ \mathrm{d}Y_s \\ \mathrm{d}Z_s\end{bmatrix}\end{aligned} \tag{5-45a}$$

式中，

$$L=-AS_v=\begin{bmatrix}f\dfrac{\overline{X}\,\overline{Y}}{\overline{Z}^2} & -f-f\dfrac{\overline{X}^2}{\overline{Z}^2} & f\dfrac{\overline{Y}}{\overline{Z}} \\ f+f\dfrac{\overline{Y}^2}{\overline{Z}^2} & -f\dfrac{\overline{X}\,\overline{Y}}{\overline{Z}^2} & -f\dfrac{\overline{X}}{\overline{Z}}\end{bmatrix}=\begin{bmatrix}\dfrac{xy}{f} & -f-\dfrac{x^2}{f} & -y \\ f+\dfrac{y^2}{f} & -\dfrac{xy}{f} & x\end{bmatrix}; \tag{5-45b}$$

$$K=-AR^{\mathrm{T}}=\begin{bmatrix}\dfrac{1}{\overline{Z}}(a_1f+a_3x) & \dfrac{1}{\overline{Z}}(b_1f+b_3x) & \dfrac{1}{\overline{Z}}(c_1f+c_3x) \\ \dfrac{1}{\overline{Z}}(a_2f+a_3y) & \dfrac{1}{\overline{Z}}(b_2f+b_3y) & \dfrac{1}{\overline{Z}}(c_2f+c_3y)\end{bmatrix} \tag{5-45c}$$

由 P-H 法表示的误差方程表示为

$$\begin{bmatrix}v_x \\ v_y\end{bmatrix}=LW+K\begin{bmatrix}\Delta X_s \\ \Delta Y_s \\ \Delta Z_s\end{bmatrix}-\begin{bmatrix}x^0+f\dfrac{\overline{X}}{\overline{Z}} \\ y^0+f\dfrac{\overline{Y}}{\overline{Z}}\end{bmatrix} \tag{5-46}$$

式（5-46）的矩阵表达式为

$$V=AX-Q \tag{5-47}$$

式中，$V=[v_x\quad v_y]^{\mathrm{T}}$；$A=[L\quad K]$；$Q=\begin{bmatrix}x^0+f\dfrac{X}{Z} & y^0+f\dfrac{Y}{Z}\end{bmatrix}^{\mathrm{T}}$；$X=[\Delta X_s\quad \Delta Y_s\quad \Delta Z_s\quad w_1\quad w_2\quad w_3]^{\mathrm{T}}$。

若多于3个以上的角点大地坐标，可采用最小二乘法进行间接平差计算，其对应的法方程为

$$A^{\mathrm{T}}PAX=A^{\mathrm{T}}PQ \tag{5-48}$$

式中，P为权阵，本文定义每个角点大地坐标的权重是一样，取$P=I$。

未知数的向量解为

$$X=(A^{\mathrm{T}}A)^{-1}A^{\mathrm{T}}Q \tag{5-49}$$

令，

$$X=[\Delta X_s \quad \Delta Y_s \quad \Delta Z_s \quad \Delta w_1 \quad \Delta w_2 \quad \Delta w_3]^{\mathrm{T}} \tag{5-50}$$

这属于迭代求解过程，有

$$\begin{cases} X_s=X_{s0}+\Delta X_{s1}+\Delta X_{s2}+\cdots \\ Y_s=Y_{s0}+\Delta Y_{s1}+\Delta Y_{s2}+\cdots \\ Z_s=Z_{s0}+\Delta Z_{s1}+\Delta Z_{s2}+\cdots \\ w_1=w_{1\_0}+\Delta w_{1\_1}+\Delta w_{1\_2}+\cdots \\ w_2=w_{2\_0}+\Delta w_{2\_1}+\Delta w_{2\_2}+\cdots \\ w_3=w_{3\_0}+\Delta w_{3\_1}+\Delta w_{3\_2}+\cdots \end{cases} \tag{5-51}$$

迭代终止条件为Δw_1，Δw_2，$\Delta w_3<10^{-7}$。每次迭代计算的改正数X，输入式（5-51），对（X_s，Y_s，Z_s，w_1，w_2，w_3）进行改正，改正的（w_1，w_2，w_3）按式（5-14）计算（Δa，Δb，Δc），再结合式（5-9），计算出Δd，再将（$d+\Delta d$，$a+\Delta a$，$b+\Delta b$，$c+\Delta c$）作为旋转矩阵R的输入数据，开始下一次迭代计算。若迭代满足给定阈值（Δw_1，Δw_2，$\Delta w_3<10^{-7}$）时，则迭代终止，并输出（$d+\Delta d$，$a+\Delta a$，$b+\Delta b$，$c+\Delta c$）作为最终的计算结果。

5.4.2 LU分解–分块算法的6×6矩阵求逆

式（5-49）中的$B=(A^{\mathrm{T}}A)$的大小为6×6，其求逆同样使用LU分解/分块算法，矩阵B可分成以下四块：

$$B=\begin{bmatrix} b_{11} & b_{12} & b_{13} & b_{14} & b_{15} & b_{16} \\ b_{21} & b_{22} & b_{23} & b_{24} & b_{25} & b_{26} \\ b_{31} & b_{32} & b_{33} & b_{34} & b_{35} & b_{36} \\ b_{41} & b_{42} & b_{43} & b_{44} & b_{45} & b_{46} \\ b_{51} & b_{52} & b_{53} & b_{54} & b_{55} & b_{56} \\ b_{61} & b_{62} & b_{63} & b_{64} & b_{65} & b_{66} \end{bmatrix}=\begin{bmatrix} B_{11} & B_{12} \\ B_{21} & B_{22} \end{bmatrix} \tag{5-52}$$

式中，$B_{11}=\begin{bmatrix} b_{11} & b_{12} & b_{13} \\ b_{21} & b_{22} & b_{23} \\ b_{31} & b_{32} & b_{33} \end{bmatrix}$，$B_{12}=\begin{bmatrix} b_{14} & b_{15} & b_{16} \\ b_{24} & b_{25} & b_{26} \\ b_{34} & b_{35} & b_{36} \end{bmatrix}$，

$B_{21}=\begin{bmatrix} b_{41} & b_{42} & b_{43} \\ b_{51} & b_{52} & b_{53} \\ b_{61} & b_{62} & b_{63} \end{bmatrix}$，$B_{22}=\begin{bmatrix} b_{44} & b_{45} & b_{46} \\ b_{54} & b_{55} & b_{56} \\ b_{64} & b_{65} & b_{66} \end{bmatrix}$。

矩阵B分成B_{11}，B_{12}，B_{21}，B_{22}后，按照5.3.2节的方法，计算B^{-1}。

5.4.3 绝对姿态解算流程

根据上述优化模型的设计过程，绝对姿态解算流程如下：

（1）获取基准图角点的大地坐标（X，Y，Z）及其对应的像点坐标（x，y）；

（2）设定单位四元数的初值（即 $d=1$，$a=0$，$b=0$，$c=0$），并根据公式

$$R=\begin{bmatrix} d^2+a^2-b^2-c^2 & 2(ab-cd) & 2(ac+bd) \\ 2(ab+cd) & d^2-a^2+b^2-c^2 & 2(bc-ad) \\ 2(ac-bd) & 2(bc+ad) & d^2-a^2-b^2+c^2 \end{bmatrix}$$

计算旋转矩阵 R；

（3）设定卫星位置的初值（可由卫星 GPS 提供）并结合基准图角点的大地坐标和 R 根据式（5-42），计算$\overline{X}$，$\overline{Y}$，$\overline{Z}$；

（4）将旋转矩阵 R，像点坐标（x，y），焦距（f）和$\overline{Z}$代入到公式（5-45c），计算系数 K；

（5）将像点坐标（x，y）和焦距（f）输入到式（5-45b），计算系数 L；再根据 K 和 L，计算系数矩阵 $A=[L\quad K]$；

（6）将像点坐标（x，y），焦距（f）和$\overline{X}$，$\overline{Y}$，$\overline{Z}$代入到式（5-47）中得到系数 Q；

（7）按式（5-48）、式（5-51），进行迭代计算。当满足给定阈值时，则终止迭代，并输出最终结果（$d+\Delta d$，$a+\Delta a$，$b+\Delta b$，$c+\Delta c$）。根据最终输出的（$d+\Delta d$，$a+\Delta a$，$b+\Delta b$，$c+\Delta c$），分别计算旋转矩阵 R 及三个旋转角（φ，ω，κ），这三个旋转角就对应了卫星在这时刻的绝对姿态参数。

5.4.4 时间复杂度分析

在计算绝对姿态方法中，将 P–H 法卫星绝对姿态解算的优化模型（“P–H 法_绝对”）和欧拉角的绝对姿态解算算法（“欧拉角_绝对”）的时间复杂度进行分析。两种方法都属于间接平差，系数矩阵的维数相同（如：R 是 3×3；A 是 2×6，L 是 2×1），因此，同样比较三个系数的时间复杂度即可，从表 5-6 看出，计算 R 的时间复杂度与表 5-1 的情况一致。计算 A 时，“欧拉角_绝对”的时间复杂度比“P–H 法_绝对”的多出 $32t_m-2t_d+8t_{sin}+8t_{cos}$。计算 L 时，“P–H 法_绝对”的时间复杂度比“欧拉角_绝对”的多出 $2t_m+5t_d$。综合来看“P–H 法_绝对”的时间复杂度远小于“欧拉角_绝对”，说明“P–H 法_绝对”的优化效果明显。

表 5-6 时间复杂度对比

系数	欧拉角_绝对	P–H 法_绝对
$R_{[3\times3]}$	$16t_m+15t_{sin}+14t_{cos}$	$10t_m$
$A_{[2\times6]}$	$32t_m+9t_d+8t_{sin}+8t_{cos}$	$16t_m+11t_d$
$L_{[2\times1]}$	$14t_m+2t_d$	$16t_m+7t_d$

5.4.5 数值仿真

为分析“P–H 法_绝对”的优化结果，本节利用仿真数据进行分析，将“欧拉角_绝

对”的计算结果与之进行对比。实验中用到的仿真数据有：卫星绝对姿态数据（见表5-2中的情形一），该数据作为真值进行参考。控制点的大地坐标（表5-3）及其像点坐标（见表5-4中的情形一），它们用于计算卫星绝对姿态并与真值进行对比分析，对比结果见表5-7。表中（X_s，Y_s，Z_s，φ，κ，ω）为卫星的绝对姿态；n 为迭代次数；Δ1 为真值与“欧拉角_绝对”的结果之差的绝对值；Δ2 为真值与“P-H 法_绝对”的结果之差的绝对值。从表中可以看到：“欧拉角_绝对”的计算结果与真值一样，而“P-H 法_绝对”的计算结果在 ω 处仅相差了 0.000009，其余参数结果一样，而且迭代次数一样。虽然迭代次数一样，但结合时间复杂度的分析结果，“P-H 法_绝对”的优势主要体现在旋转矩阵 R 和系数 A 的计算量少，而且迭代初值为常量。

表5-7　绝对姿态计算结果

参数	真值	欧拉角_绝对	P-H 法_绝对	Δ1	Δ2
X_s	11000	11000	11000	0.000000	0.000000
Y_s	11000	11000	11000	0.000000	0.000000
Z_s	222500	222500	222500	0.000000	0.000000
φ	-0.034907	-0.034907	-0.034907	0.000000	0.000000
κ	0.017453	0.017453	0.017453	0.000000	0.000000
ω	0.023271	0.023271	0.023280	0.000000	0.000009
n	—	4	4	—	—

5.5　卫星相对姿态星上解算的 FPGA 实现

5.5.1　卫星相对姿态解算 FPGA 硬件实现整体架构

根据 P-H 法卫星相对姿态解算的优化模型，设计 FPGA 硬件架构（图5-3）。该 FPGA 硬件架构由两个部分组成，第一部分是局部特征的检测与匹配，该框架已经在第三章详细描述（同样参考图3-6），第二部分是基于 FPGA 的 P-H 法卫星相对姿态解算。第一部分得到的亚像素级点对作为该部分的输入数据，分别按照解算流程进行各个系数计算。若满足迭代停止条件，则输出最终的解算结果。下面对各主要模块的 FPGA 实现过程进行详细介绍（黄景金，2018；Huang et al.，2017a，2017b；Huang et al.，2018a；Huang et al.，2018b）。

5.5.2　卫星相对姿态 P-H 法解算模块

由于相对姿态解算过程属于迭代运算，其中涉及矩阵运算、矩阵求逆，另外，为保证迭代求解的精度，优化模型在 FPGA 的硬件实现中采用了 64 bits 的双精度浮点数，这有别于局部特征检测与匹配采用的定点数据结构。在综合考虑数据流、数据结构、硬件资源消耗、处理速度，设计难度等因素后，本文采用了串行计算和并行计算相结合的策略，就是在保证计算精度和计算速度的情况下，减少硬件资源消耗。

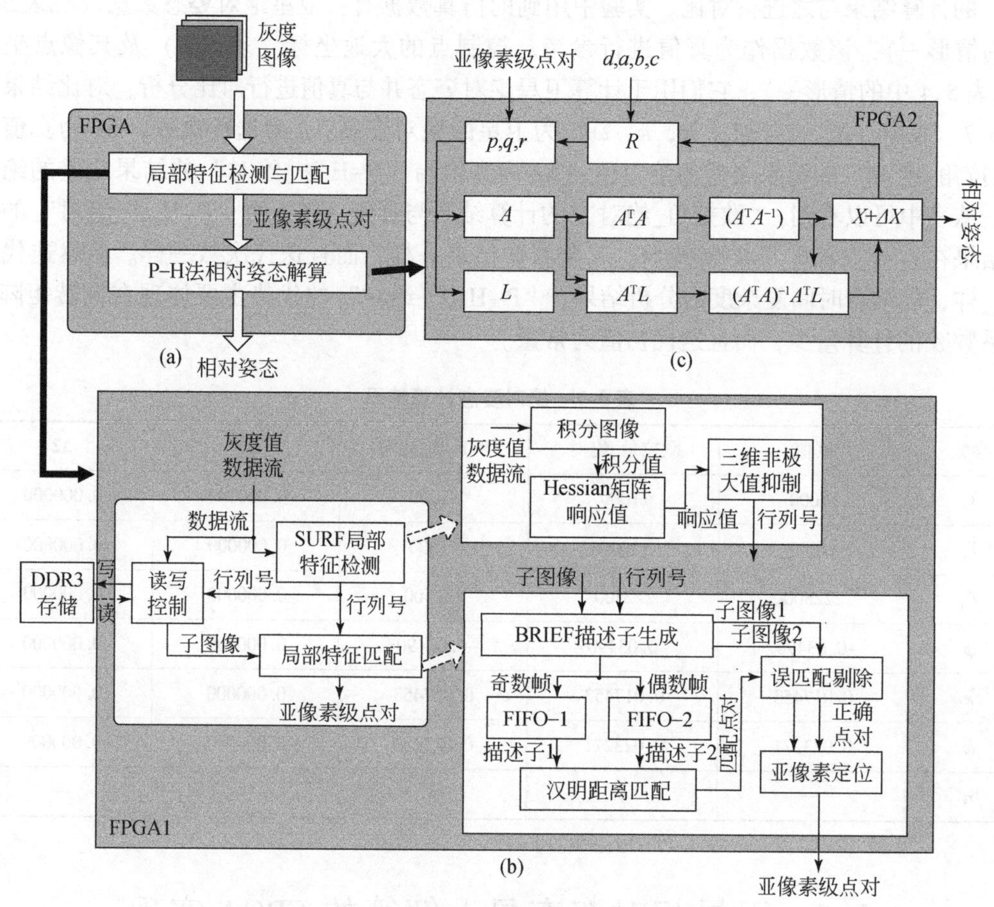

图 5-3　P–H 法相对姿态解算的 FPGA 硬件架构

图 5-4 为相对姿态解算的迭代过程，包括了数据流的流向，时序关系，迭代过程，时间节点。图中横坐标为时间轴，T_0-T_1（或 T_2-T_3）为一次迭代所需时间，每次迭代时间一样，T_1 至 T_2 为两次迭代的时间间隔。纵坐标为系数模块，T_0 左边的参数为硬件架构的初始输入参数，（d_0，a_0，b_0，c_0）为单位四元数的初始值；（lx_i，ly_i，lz_i）和（rx_i，ry_i，rz_i）分别是左右两幅图像的同名点对；（B_{x0}，B_{y0}，B_{z0}）为基线分量的初始值。不同颜色的箭头代表着不同参数的数据流流向。不同颜色的长方形（实线部分+虚线部分）代表着各个系数的计算模块，实线部分代表模块正在计算系数（结果不可调用），它的起始位置代表系数开始计算的时间，虚线部分代表模块完成系数的计算（结果可调用），且任何模块都可在虚线部分直接调用该结果。在改正数模块（$X+\Delta X$）完成计算后，其结果直接输入下一次迭代过程，不需要进行系数保持，该模块不存在系数的虚线部分。在两次迭代计算的间隔（$T_1 \sim T_2$ 间），使各模块的复位信号有效，对模块计算结果清零。在第二次迭代（T_2-T_3），又一次计算各系数，一直重复上述操作，直至 ΔX 满足迭代停止的阈值条件。

FPGA 硬件架构设计采用了串行计算和并行计算相结合的策略，在系数（p，q，r），A，L，A^TL，采用串行计算。在 A^TA 的计算中，同时采用串行和并行计算，而在系数（A^TA）$^{-1}$ 和 $X+\Delta X$ 的计算中，采用并行计算。通过这种串/并结合策略，使整个硬件架构的速度和资源消耗达到平衡，即在有限的硬件资源下提高处理速度。所有系数模块均采用长度为 64 bits 的双精度浮点数，保证了迭代结果的准确性。下面详细介绍各个系数的实现过程。

1. 系数

在计算系数 R 时［图5-5（a）］，采用了三层结构，第一层为9个并行乘法，第二层为10个并行加/减法，第三层为9个并行加/减法，经过三层计算后，直接输出 R 的每个元素。子模块的横坐标是时间轴，t 表示时刻。每次迭代只需计算一次 R 即可。

计算系数（p，q，r）时［图5-5（b）］，同样采用了三层结构，第一层为9个并行乘法，第二、三层都是3个并行加法。该模块采用了串行计算，其中，（rx_i，ry_i，rz_i）以数据流的形式输入，（p_i，q_i，r_i）则以数据流的形式输出。

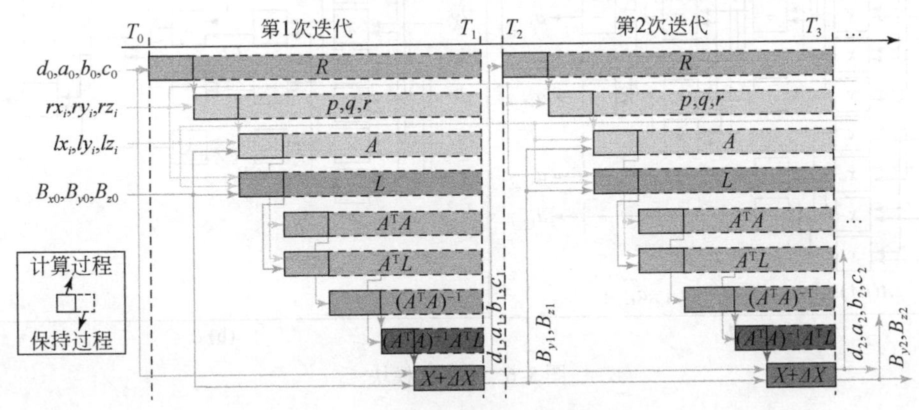

图5-4　相对姿态解算的迭代过程

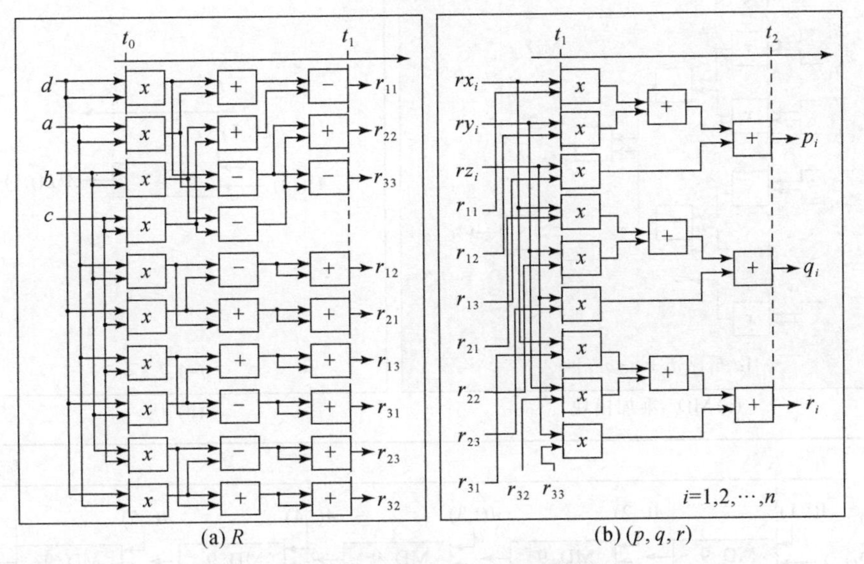

图5-5　R 和（p，q，r）模块

图5-6为系数 A 和 L 的模块，A 模块有四层结构，共有16个乘法器，8个减法器，L 模块共有五层结构，共有9个乘法器，5个加/减法器。L 模块比 A 模块多一层加法运算，L 运行时间比 A 长一个加法器的时间。A 模块和 L 模块的输入是以数据流的形式输入，结果是同样以数据流的形式输出。

图5-7为系数A^TA和A^TL计算模块。图5-7（a）为乘加模块（MD_i），专门用于计算形如“$a_1\times b_1+a_2\times b_2+\cdots+a_i\times b_i$”结构的结果。由于本文采用9组同名点对用于计算相对姿态，这里取$i=1$。A^TA和A^TL模块［图5-7（c），（b）］分别使用了5个和1个MD_9模块。至此，完成了所有系数的计算，下面将介绍最小二乘平差中的矩阵求逆的FPGA实现。

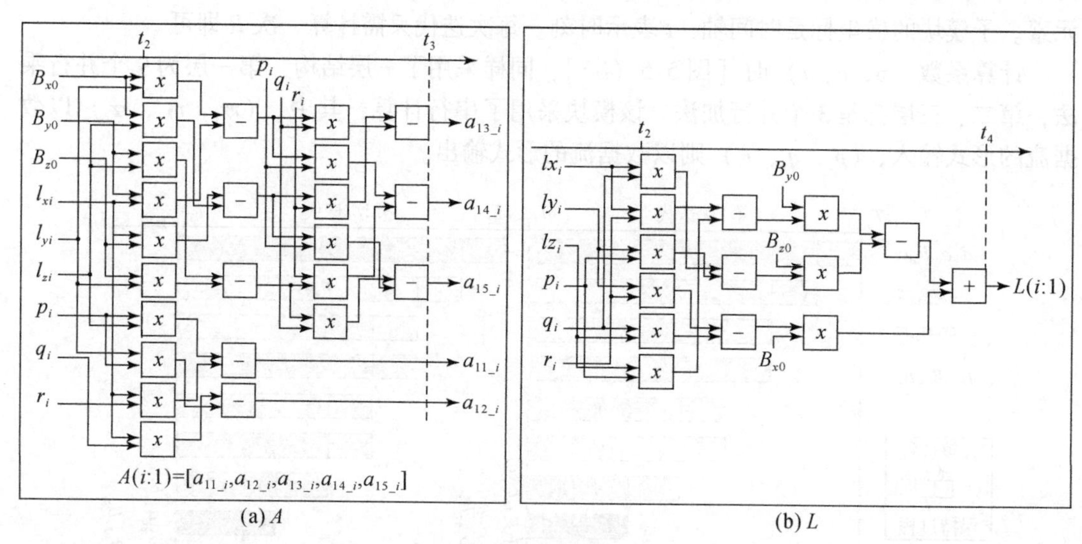

图5-6　A和L模块

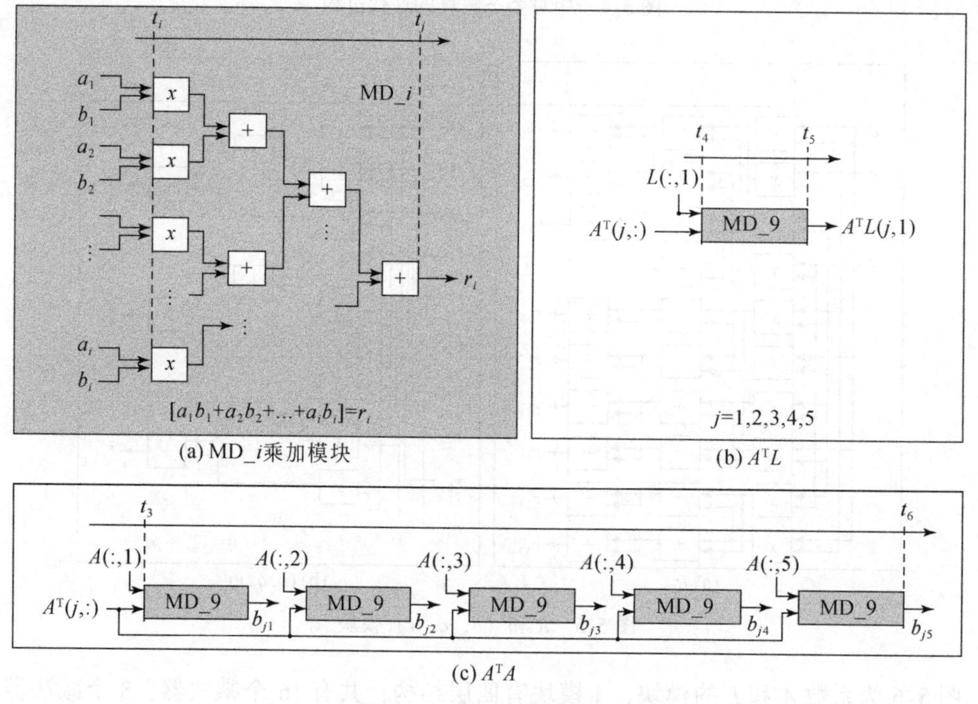

图5-7　A^TA和A^TL模块

2. 5×5矩阵求逆

由于LU分解-分块算法中各个变量具有严格的数学关系，相互影响，在FPGA实现中具有严格的时序逻辑，为降低求逆模块的开发难度、提高运算速度，在设计中采用并行计算，通过消耗部分硬件资源来换取速度的提升和开发难度的降低。

由式（5-36）可知，L_{11}和U_{11}为上三角型和下三角型矩阵，同理，L_{11}^{-1}和U_{11}^{-1}同样为上三角型和下三角型矩阵，只需求出部分元素即可，其余元素则为常量。图5-8为L_{11}^{-1}和U_{11}^{-1}的FPGA硬件架构，其中，“/”为除法器；“1/x”为取倒数；“-x”为最高位符号位取反，其执行不需要时间。图5-8（a）为L_{11}^{-1}和U_{11}的计算过程，采用了6层结构，B_{11}作为模块的输入，L_{11}^{-1}和U_{11}的非零元素作为输出。同时，U_{11}的非零元素又作为图5-8（b）的输入，5-8（b）的输出为U_{11}^{-1}的非零元素。

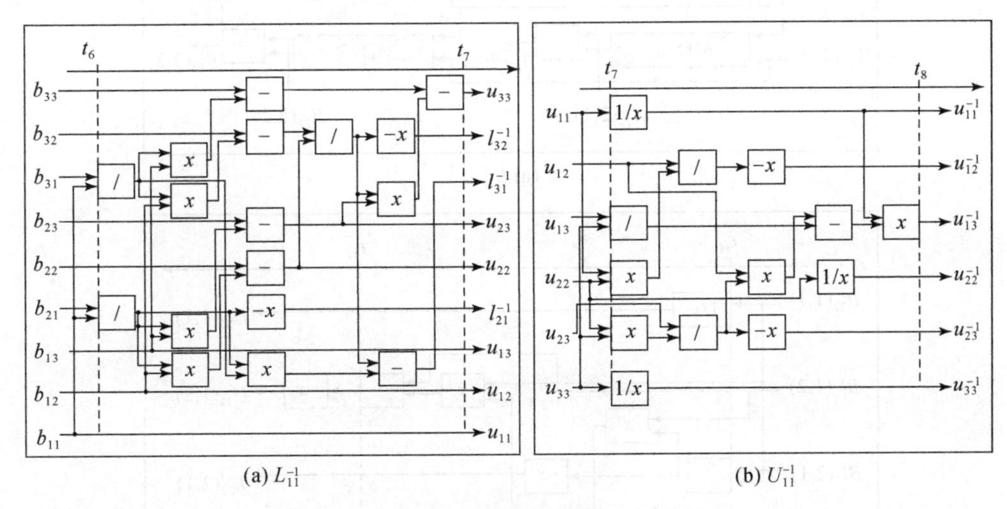

(a) L_{11}^{-1} (b) U_{11}^{-1}

图5-8 L_{11}^{-1}和U_{11}^{-1}模块

图5-9为系数L_{21}和U_{12}的计算过程。图中MD_2和MD_3分别是乘加模块（见图5-9（a），i=2和3）。L_{21}和U_{12}模块都同时使用了2个MD_2模块和2个MD_3模块，属于并行计算。B_{21}和U_{11}^{-1}的非零元素作为图5-9（a）的输入。B_{12}和L_{11}^{-1}的非零元素作为图5-9（b）的输入。

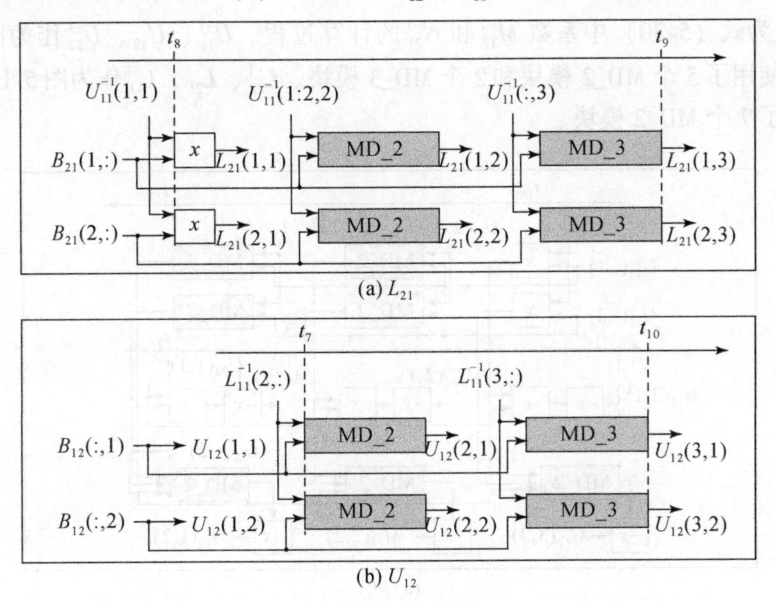

(a) L_{21}

(b) U_{12}

图5-9 L_{21}和U_{12}模块

L_{21}，U_{12}，B_{22}作为图5-10的输入，用于计算系数L_{22}^{-1}和U_{22}^{-1}。图5-10（a）为B'_{22}的计算过程，同时使用了4个MD_3模块，同样为并行处理模块。图5-10（b）为L_{22}^{-1}和U_{22}^{-1}中非零参数的计算过程。

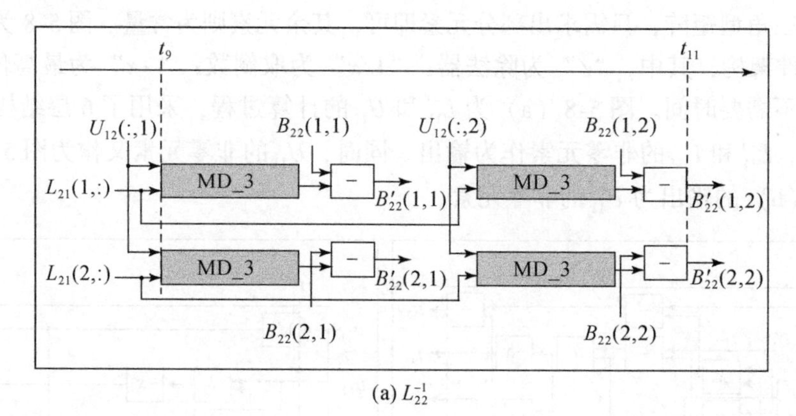

(a) L_{22}^{-1}

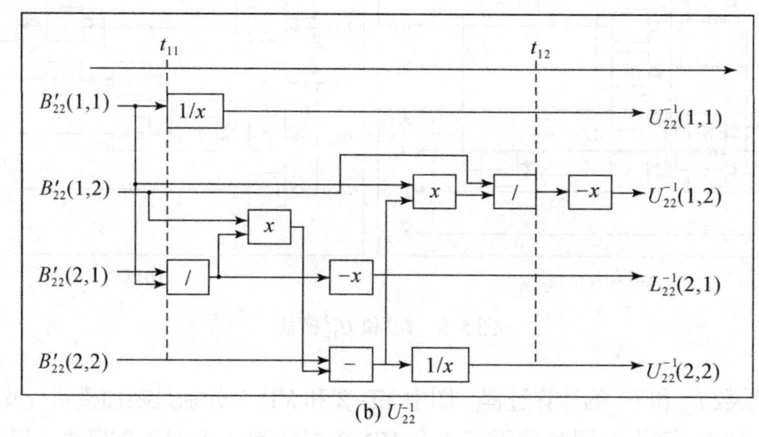

(b) U_{22}^{-1}

图5-10　L_{22}^{-1}和U_{22}^{-1}模块

图5-11为式（5-30）中系数M_{12}^{-1}和N_{21}^{-1}的计算过程。U_{11}^{-1}、U_{12}、U_{22}^{-1}作为图5-11（a）的输入，共使用了5个MD_2模块和2个MD_3模块。L_{22}^{-1}、L_{21}、L_{11}^{-1}作为图5-11（b）的输入，共使用了7个MD_2模块。

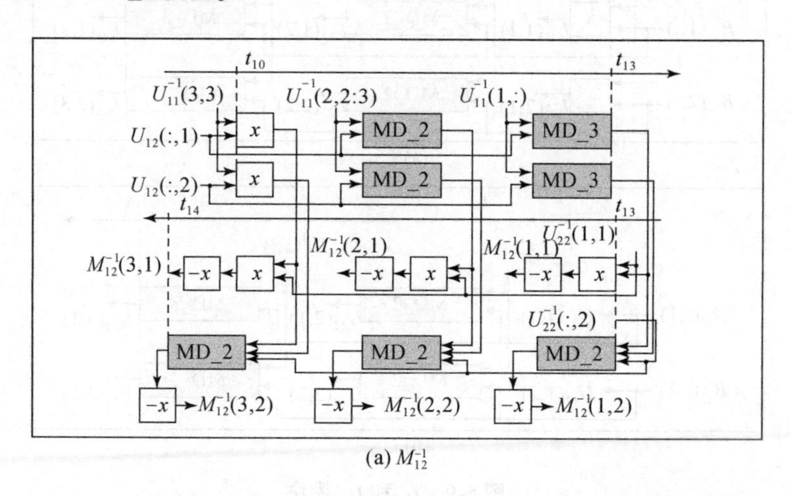

(a) M_{12}^{-1}

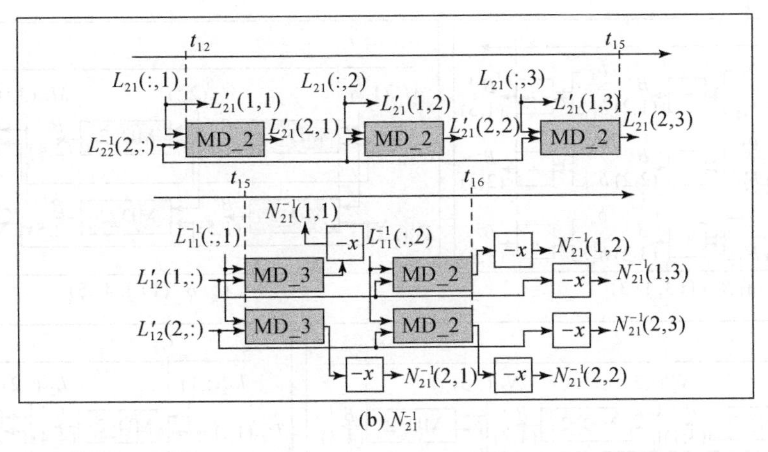

(b) N_{21}^{-1}

图 5-11　M_{12}^{-1}和 N_{21}^{-1}模块

图 5-12 为系数 $U_{11}^{-1}L_{11}^{-1}$和 $M_{12}^{-1}N_{21}^{-1}$的计算过程，属于计算 B^{-1}的中间结果，同时使用了 9 个 MD_3 模块和 9 个 MD_2 模块。

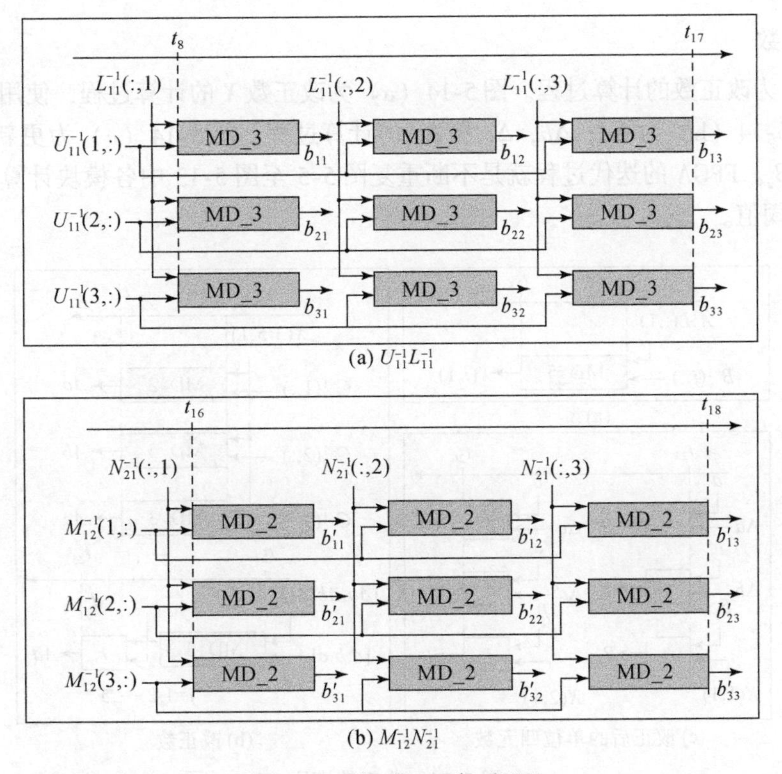

(a) $U_{11}^{-1}L_{11}^{-1}$

(b) $M_{12}^{-1}N_{21}^{-1}$

图 5-12　$U_{11}^{-1}L_{11}^{-1}$和 $M_{12}^{-1}N_{21}^{-1}$模块

图 5-13 为 FPGA 实现 B^{-1}的最后一步，图 5-13（a），（b），（c），（d）分别为 $B^{-1}(1:3,1:3)$，$B^{-1}(1:3,4:5)$，$B^{-1}(4:5,1:3)$，$B^{-1}(4:5,4:5)$。图 5-8 ~ 图 5-13 为计算 B^{-1}的全部过程。

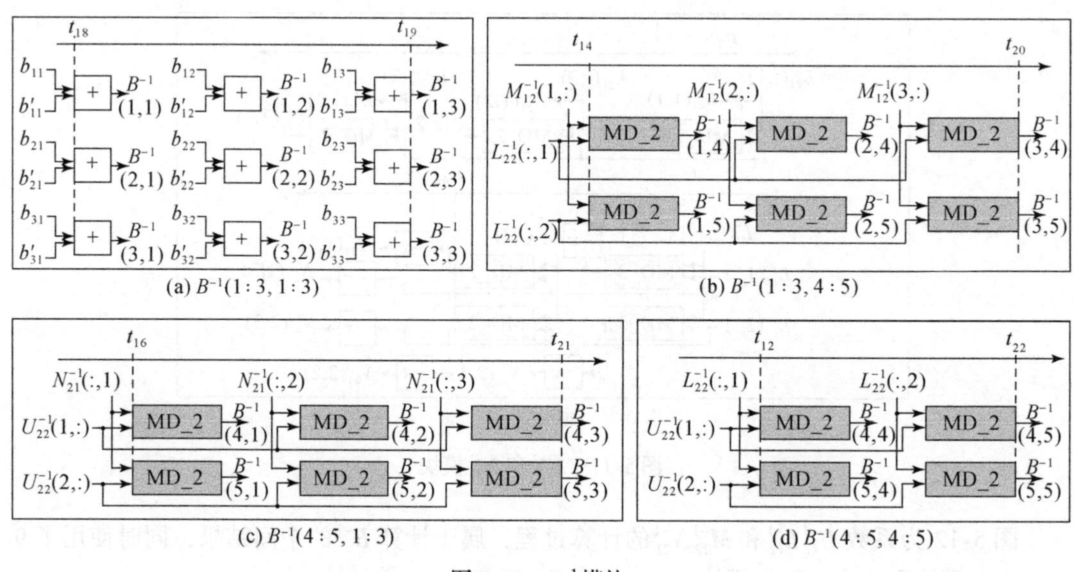

图 5-13　B^{-1}模块

3. 改正数

图 5-14 为改正数的计算过程。图 5-14（a）为改正数 X 的计算过程，使用了 1 个 MD_5 模块；图 5-14（b）为 Δa，Δb，Δc 和 Δd 的计算过程；图 5-14（c）为更新后的 a，b，c，d，B_y，B_z。FPGA 的迭代过程就是不断重复图 5-5 至图 5-13 中各模块计算，直至满足迭代停止的阈值。

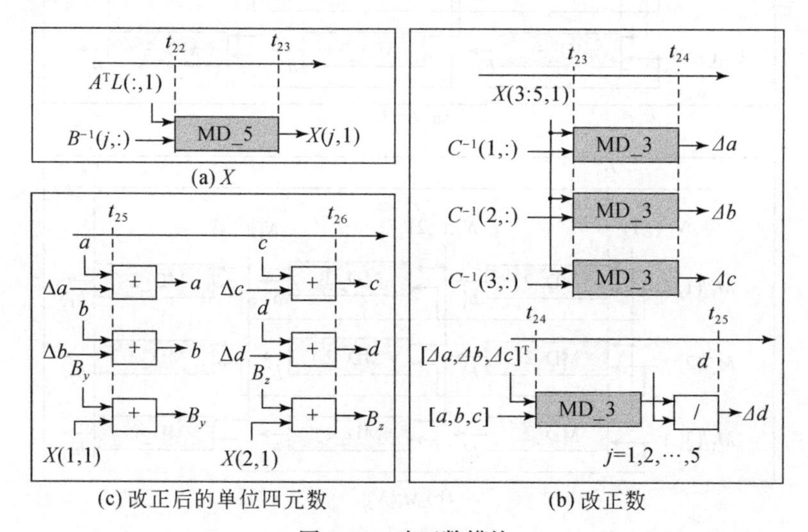

图 5-14　改正数模块

5.5.3 Modelsim 仿真

为验证整个硬件模块的正确性，在 VIVADO2014.2 中调用 Modelsim10.4 进行功能仿真。下面将介绍仿真参数的设置和各个模块的仿真波形。

1. 参数设置

在 Modelsim 功能仿真阶段，需要编写测试文件（Corporation，2015），测试文件主要包含以下内容：

（1）时钟频率为 100MHz；

（2）系统复位信号、使能信号等；

（3）例化顶层模块；

（4）读取图像数据，数据格式为十六进制；

（5）结果以文本形式输出，并在 PC 机上可视化。

2. 子模块仿真波形

为验证 FPGA 硬件实现结果的正确性，在 Modelsim 仿真的输入数据见表 5-8，表中为 9 个同名点的像点坐标。

表 5-8　两幅图像点对（f=0.1 m）

点号	左图像		右图像	
	行号	列号	行号	列号
1	−37.104	−20.849	−43.682	−21.725
2	−34.718	−21.669	−41.243	−22.652
3	−32.359	−22.520	−38.839	−23.610
4	−29.959	−23.372	−36.396	−24.567
5	−27.631	−24.187	−34.030	−25.483
6	−36.121	−18.675	−42.539	−19.529
7	−33.601	−19.385	−39.958	−20.350
8	−31.343	−20.141	−37.657	−21.206
9	−28.945	−20.954	−35.218	−22.125

图 5-15 为顶层模块的仿真波形，其中（L_Xt，L_Yt，L_Zt）和（R_Xt，R_Yt，R_Zt）为左右两幅图像的同名点对。（$d3$，$a3$，$b3$，$c3$）为每次迭代计算中单位四元数（d，a，b，c）的更新结果。整个迭代过程经过了 7 次迭代后，it0_en 信号拉低，说明阈值满足迭代停止条件，迭代结束。

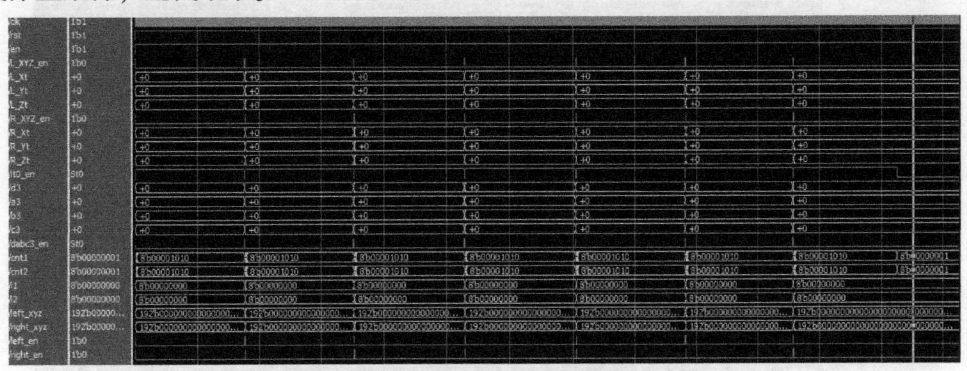

图 5-15　迭代计算仿真波形

系数 R 在每次迭代中只进行一次计算（图 5-16）。第一次计算是根据单位四元数的初始值，第二次及以后的计算是根据上一次改正后的单位四元数（d，a，b，c）。

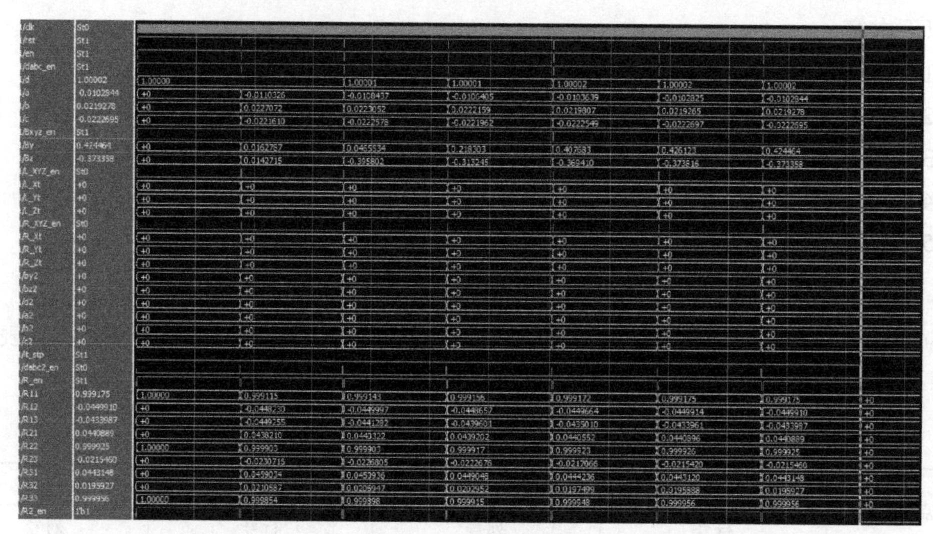

图 5-16 R 仿真波形

在计算（p，q，r）时，右图像点的行列号（R_Xt0，R_Yt0，R_Zt0）以数据流的形式输入，（p，q，r）以数据流形式输出。同理在计算 A（图 5-17）和 $L0$（图 5-18）时，左图像点的行列号（L_Xt0，L_Yt0，L_Zt0）和（p，q，r）都是以数据流的形式输入，A 和 $L0$ 以数据流的形式输出。在以数据流的形式输入时，各个变量需要严格保持数据同步。

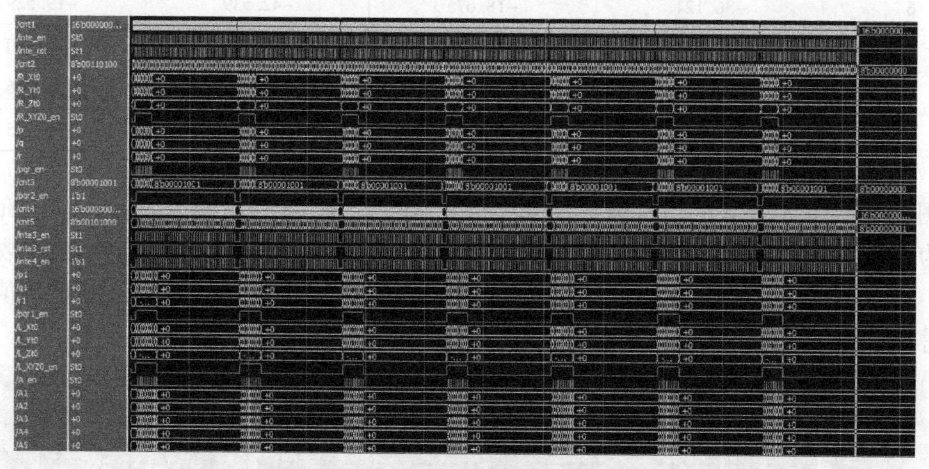

图 5-17 （p，q，r）和 A 仿真波形

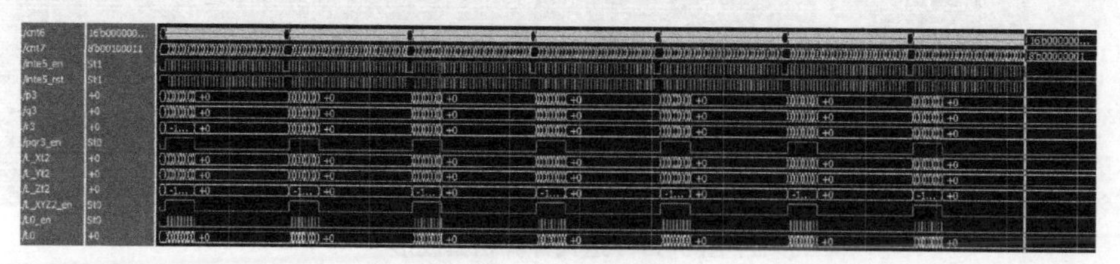

图 5-18 $L0$ 仿真波形

在系数 $A^{\mathrm{T}}A$ 和 $A^{\mathrm{T}}L$ 的计算中，综合使用了串行处理和并行处理两种策略，系数 A 和 L 是以流水线形式输入，而 $A^{\mathrm{T}}A$ 和 $A^{\mathrm{T}}L$ 的计算结果是并行输出，图5-19 为 $A^{\mathrm{T}}L$ 和 $A^{\mathrm{T}}A$ 的仿真波形。

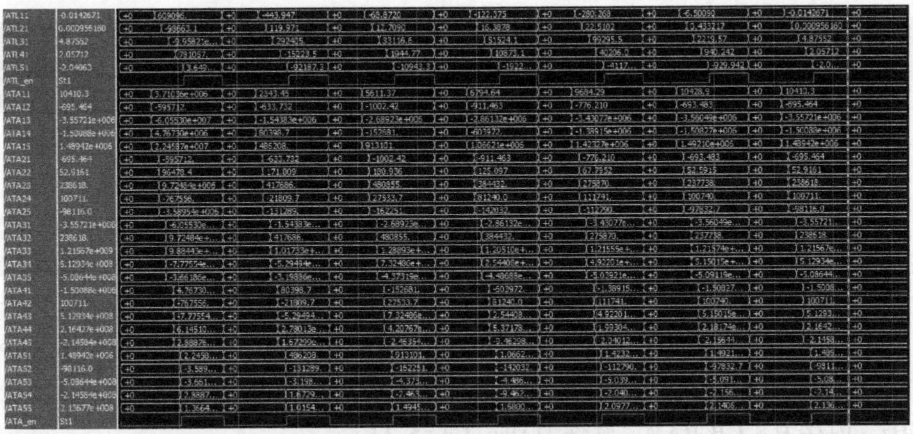

图5-19　$A^{\mathrm{T}}L$ 和 $A^{\mathrm{T}}A$ 的仿真波形

在 LU 分解–分块算法模块中，系数 $A^{\mathrm{T}}A$ 的所有元素作为输入，整个模块采用“并行处理”策略。图5-20（a）为 LU 分解–分块算法在每次迭代中分解得到的中间参数，图5-20（b）为在每次迭代中矩阵求逆的结果。

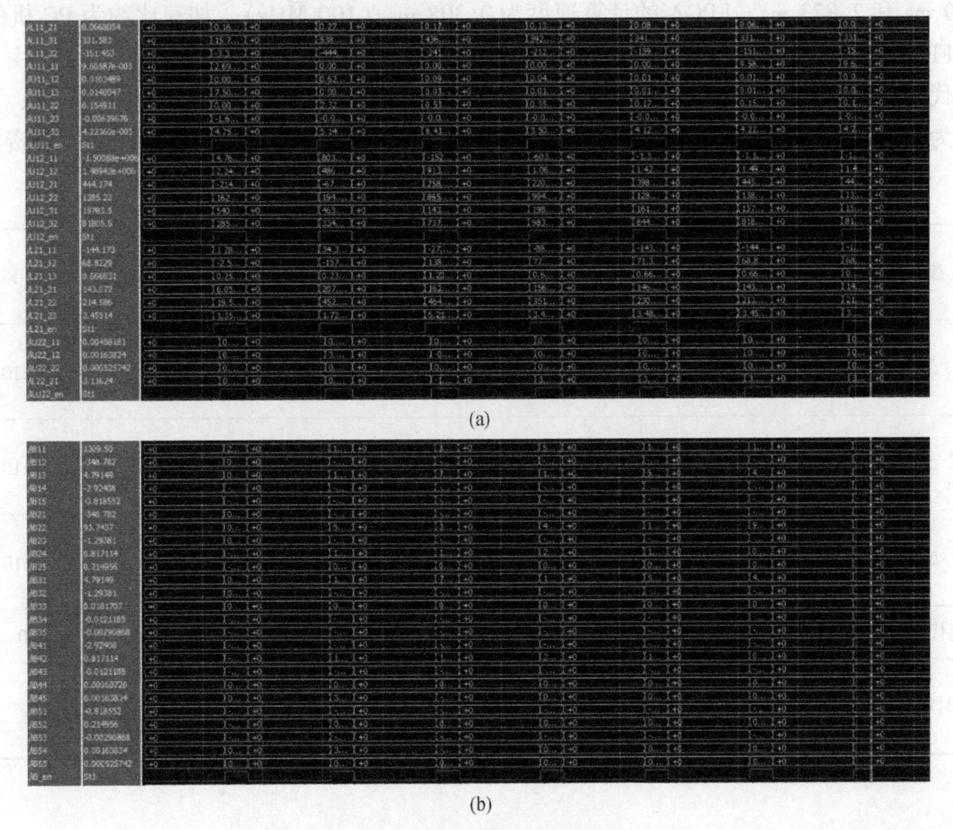

(a)

(b)

图5-20　矩阵求逆仿真波形

（a）中间参数；（b）求逆结果

图 5-21 为改正数 X 的仿真波形，其中 B^{-1} 和 $A^{T}L$ 作为输入，采用串行计算，X_en 为改正数输出的使能信号，X11 至 X51 为改正数的值。仿真结果表明经 Modelsim 仿真得到的改正数与 PC 机计算结果一致。

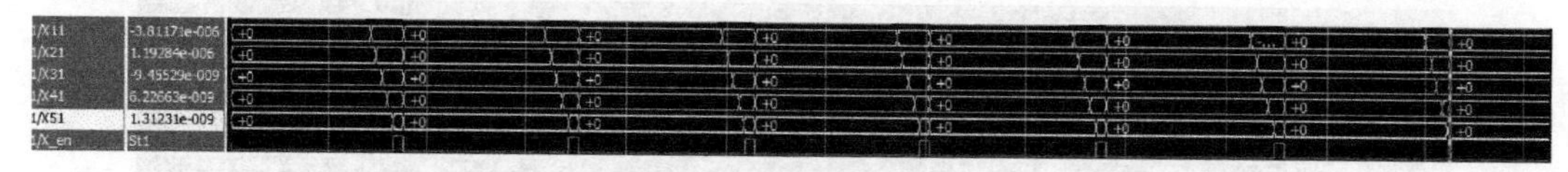

图 5-21　改正数仿真波形

3. 相对姿态解算性能

在得到 Modelsim 仿真波形后，可以分析 FPGA 与 PC 机之间计算结果的偏差，处理速度，以及硬件资源消耗情况。相对姿态解算选用了 XC7VX1140T 芯片（Xilinx），其主要资源有：178000 个 Slices，1139200 个 Logic cells，67680 Kb 的 Memory，3360 个 DSP slices 等。PC 机的主要参数有：WIN10 系统，CPU 为 Intel（R）Core（TM）i7-4770 CPU @ 3.40 GHz，内存为 8 GB RAM，软件为 Dev-C++5.11。

FPGA 端和 PC 端所有的输入参数相同，均为两幅图像的 9 个点对（表 5-8）。迭代终止条件：w_1、w_2、w_3 小于或等于 1.0×10^{-7}，迭代结果见表 5-9。从表 5-9 中发现：PC1 与 PC2 的最大偏差在 $\Delta\omega$，约为 2.4×10^{-5}；PC2 与 FPGA 的最大偏差值约为 5.0×10^{-14}。“P-H 法_相对”比“欧拉角_相对”的少 13 次。在计算速度方面，PC1 与 PC2 的速度分别为 2.269 ms 和 2.873 ms，FPGA 的计算速度为 0.308 ms（100 MHz），加速比约为 PC 机的 10 倍。FPGA 资源消耗情况见表 5-10。表中资源消耗最多的是 DSP48，约为 80.7%。由于整个迭代过程是双精度的浮点运算，调用了大量的浮点运算 IP 核。其次是 LUT 和 FF，百分比约为 50%。所选的 FPGA（V7 xc7vx1140tflg1930-1）能满足整个模型所需的硬件资源。

表 5-9　相对姿态解算在 FPGA 与 PC 机结果对比

参数	PC1（欧拉角_相对）	PC2（P-H 法_相对）	FPGA（P-H 法_相对）	|PC1-PC2|	|PC2-FPGA|
$\Delta\varphi$	0.0433733 6510974	0.0433733 6316752	0.0433733 6316747	1.9×10^{-9}	5.0×10^{-14}
$\Delta\kappa$	0.0440636 4319247	0.0440636 5064706	0.0440636 5064708	7.5×10^{-9}	2.0×10^{-14}
$\Delta\omega$	0.0215234 0090194	0.0215476 7515801	0.0215476 7515795	2.4×10^{-5}	5.0×10^{-14}
迭代次数	20	7	7	13	0
运行时间（ms）	2.269（3.40 GHz）	2.873（3.40 GHz）	0.308（100 MHz）	/	/

表 5-10 FPGA 硬件资源消耗情况（XC7VX1140T）

资源	消耗情况	占总资源百分比
FFs	656464	46.1%
LUTs	382344	53.7%
Memory LUTs	45596	16.1%
DSP48s	2712	80.7%

5.6 卫星相对姿态星上解算的 FPGA 实现

本节重点介绍卫星绝对姿态解算的 FPGA 硬件实现，其理论基础是第三节的 P-H 法卫星绝对姿态解算的优化模型。首先设计绝对姿态解算的 FPGA 硬件架构，包括两个主要模块，第一个模块是角点特征检测与匹配，其设计思路与局部特征检测与匹配模块的类似，采用了相同的汉明距离匹配、误匹配、亚像素定位方法，不同的是输入图像中有一幅是基准图；第二个模块是绝对姿态解算模块，该模块的设计思路与 P-H 相对姿态解算模块的设计思路类似，它们都涉及迭代运算，矩阵求逆，串行计算和并行计算。不同之处在于系数的求解和求逆矩阵维数的大小。然后分析该架构的 Modelsim 功能仿真，以验证解算结果的正确性。最后对比 FPGA 与 PC 机之间解算结果的偏差和分析其处理速度和硬件资源消耗。

5.6.1 卫星绝对姿态解算 FPGA 硬件实现整体架构

绝对姿态解算的 FPGA 硬件架构见图 5-22，该架构包含两个主要模块，第一个模块是角点特征检测与匹配［图 5-22（b）］，采用定点数据结构，包含 DDR3 读写控制，FAST-12 角点检测，BRIEF 描述子生成，汉明距离匹配，斜率法和相关系数法的误匹配剔除，重心法的亚像素定位；第二个模块是 P-H 法绝对姿态解算［图 5-22（c）］，采用 64 bits 浮点数据结构，由基准图的角点大地坐标及其对应的像点坐标作为初始输入数据，按照相应计算流程进行计算，满足迭代停止条件后，输出绝对姿态参数。下面介绍各主要模块的 FPGA 实现过程。

5.6.2 卫星绝对姿态 P-H 法解算模块

图 5-23 为绝对姿态解算的迭代过程，该过程与相对姿态解算的迭代过程类似，不同之处有，该迭代过程的初始输入参数为：单位四元数参数（d_0，a_0，b_0，c_0），基准图的角点大地坐标（X_i，Y_i，Z_i），及其对应的像点坐标（x_i，y_i），卫星坐标（X_s，Y_s，Z_s），焦距 f 等。该过程也采用了串行计算和并行计算相结合的策略，其中，采用串行计算的模块有：（$\overline{X}_i$，$\overline{Y}_i$，$\overline{Z}_i$），A，Q，$A^{\mathrm{T}}Q$。采用串行和并行计算的模块有：$A^{\mathrm{T}}A$；采用并行计算模块有：R，$(A^{\mathrm{T}}A)^{-1}$，X 等。T_0-T_1（等于 T_2-T_3）完成一次迭代计算的时间，T_1-T_2 为两次迭代间所有模块复位的时间。

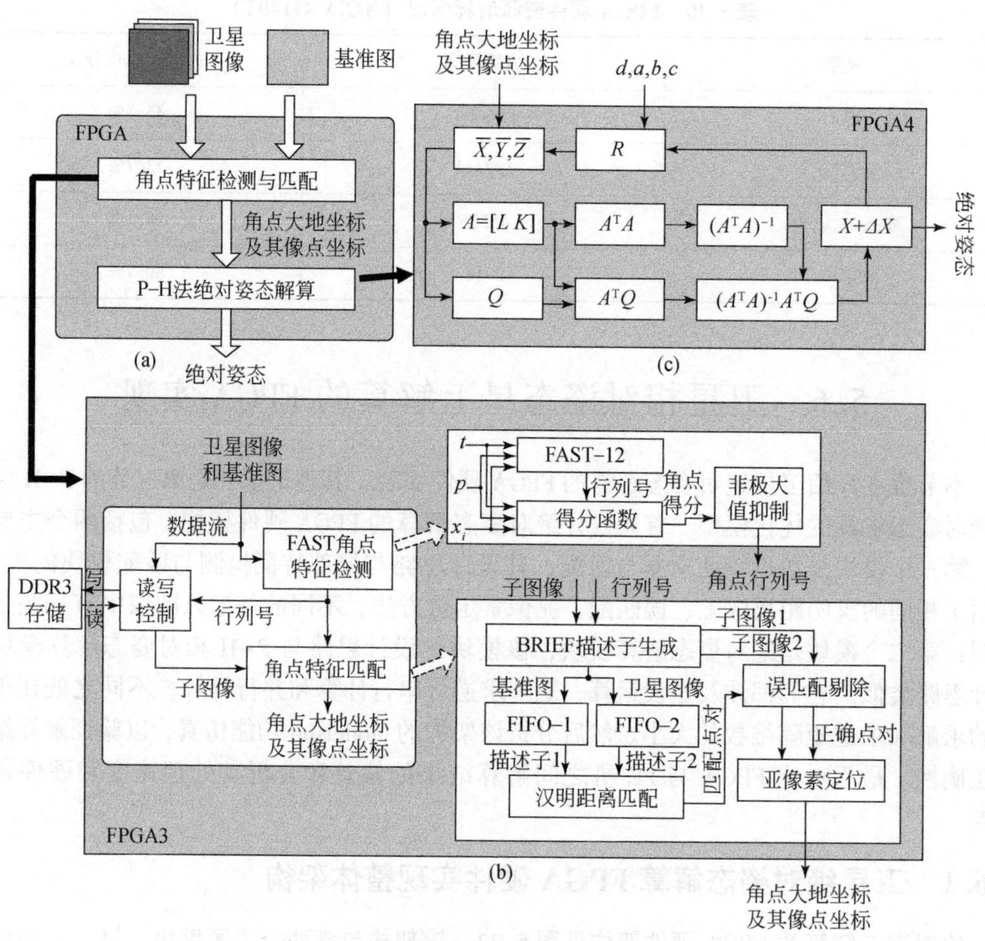

图 5-22　绝对姿态解算的 FPGA 硬件架构

（a）总架构图；（b）角点特征检测与匹配模块；（c）P−H 法绝对姿态解算模块

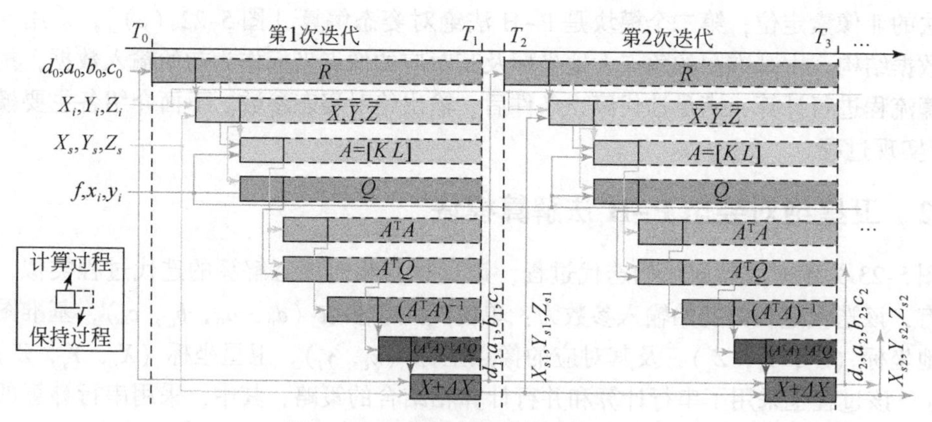

图 5-23　绝对姿态解算的迭代过程

1. 系数

系数（$\bar{X}_i$，$\bar{Y}_i$，$\bar{Z}_i$）的计算采用了串行计算，（X，Y，Z）以数据流的形式输入，

$(\overline{X}_i, \overline{Y}_i, \overline{Z}_i)$ 以数据流的形式输出。为进一步提高处理速度，$(\overline{X}_i, \overline{Y}_i, \overline{Z}_i)$ 模块采用了串行计算和并行计算相结合的策略，同时使用了 3 个 MD_3 模块，如图 5-24 所示。

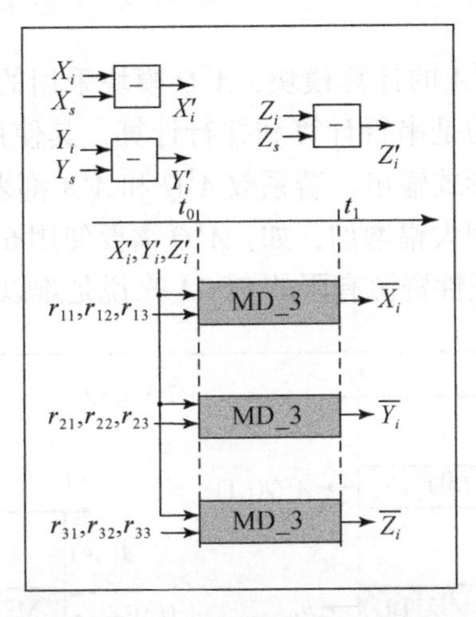

图 5-24 $(\overline{X}_i, \overline{Y}_i, \overline{Z}_i)$ 模块

图 5-25 为系数 $A=[L \quad K]$ 和 Q 的计算模块。L 的表达式中有 4 个除法，且都是除以焦距 f，为减少除法器的使用，将 $1/f$ 作为常数直接作为输入参数，将除法变成乘法，从而达到减少硬件资源消耗和提高处理速度的目的。在 L 模块［图 5-25（a）］中，(x_i, y_i) 以数据流的形式输入，L_i 同样以数据流的形式输出。在 K 模块［5–25（b）］中，(x_i, y_i)

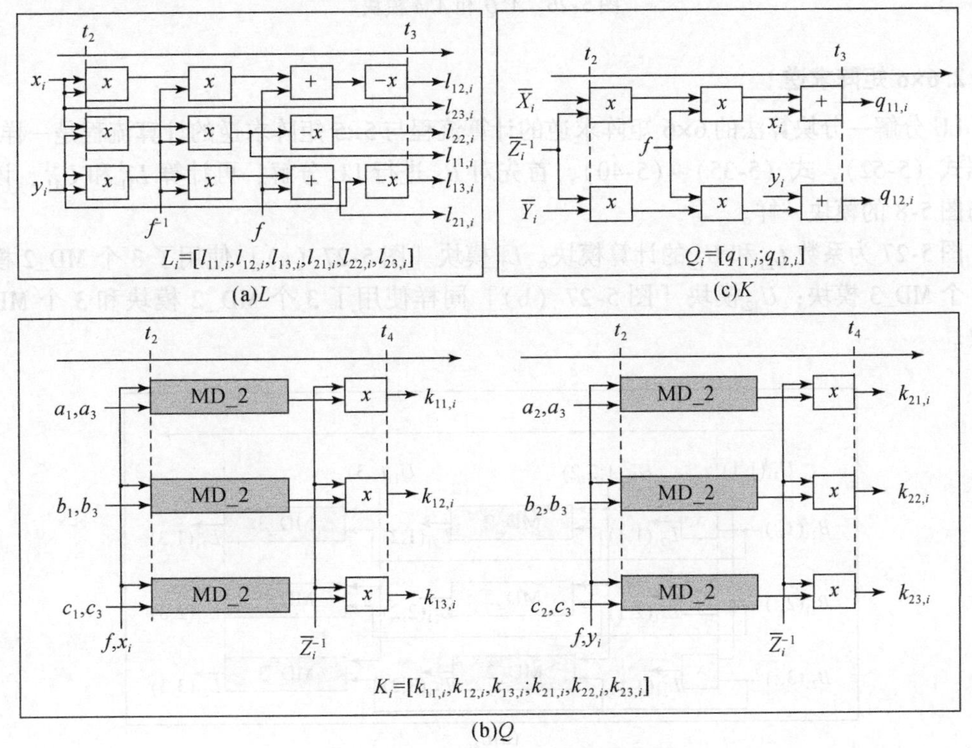

图 5-25 $A=[L \quad K]$ 和 Q 模块

和$\overline{Z}_i$以数据流的形式输入，K_i以数据流的形式输出。为提高该模块的处理速度，同时使用了6个MD_2模块。在Q模块中，（$\overline{X}_i$，$\overline{Y}_i$，$\overline{Z}_i$）和（x_i，y_i）以数据流的形式输入，Q_i则以数据流的形式输出。

图5-26为系数$A^{T}Q$和$A^{T}A$的计算模块，$A^{T}Q$模块采用的是串行计算，其使用了1个MD_10模块，$A^{T}A$模块采用的是串行计算和并行计算，其使用了6个MD_10模块，它们的计算结果都是以数据流的形式输出。若系数$A^{T}Q$和$A^{T}A$都采用并行计算，虽然能减少计算时间，但硬件资源的消耗却大幅增加，如：$A^{T}Q$需要使用6个MD_10模块，$A^{T}A$需要使用36个MD_10模块，这对硬件资源有限的FPGA来说是难以承受的。

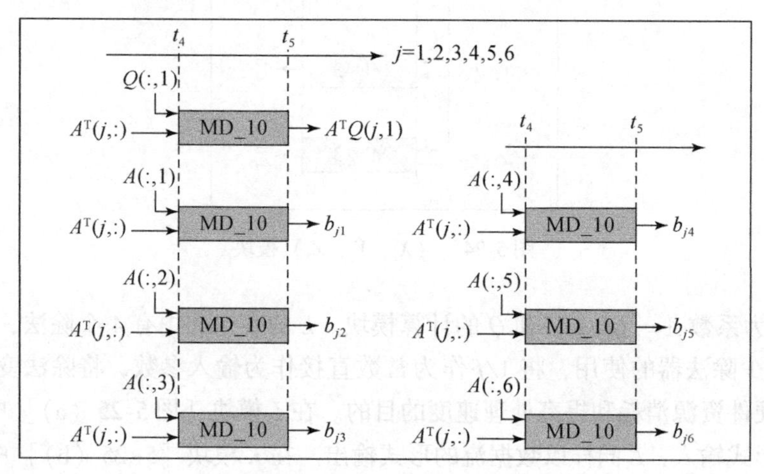

图5-26　$A^{T}Q$和$A^{T}A$模块

2. 6×6矩阵求逆

LU分解—分块算法的6×6矩阵求逆的计算流程与5×5矩阵求逆的计算流程是一样的。根据式（5-52），式（5-35）~（5-40），首先对B_{11}进行LU分解，再计算L_{11}^{-1}和U_{11}^{-1}，该模块与图5-8的模块一样。

图5-27为系数L_{21}和U_{12}的计算模块。L_{21}模块［图5-27（a）］使用了3个MD_2模块和3个MD_3模块；U_{12}模块［图5-27（b）］同样使用了3个MD_2模块和3个MD_3模块。

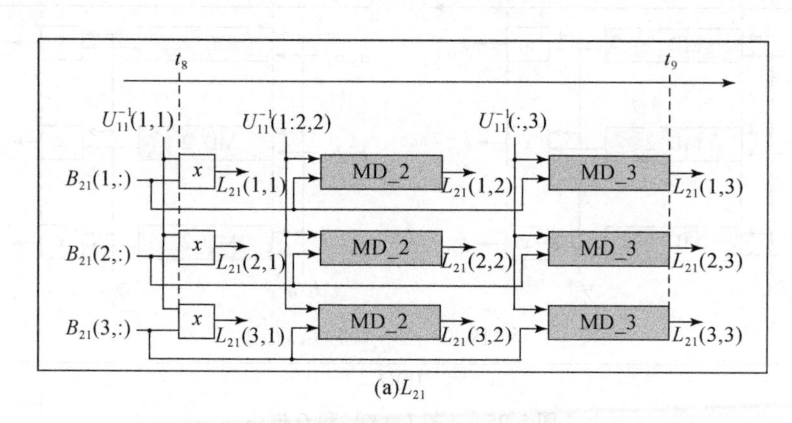

(a)L_{21}

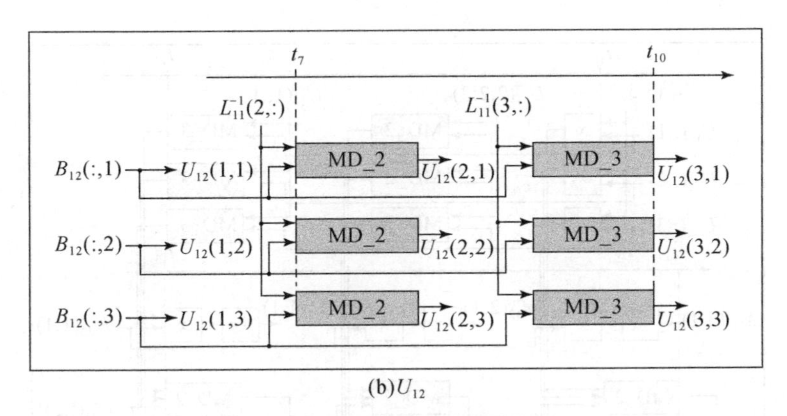

(b) U_{12}

图 5-27　L_{21} 和 U_{12} 模块

图 5-28 为 B'_{22} 的计算模块。该模块的输入为 L_{21} 和 U_{12}，直接输出 B'_{22} 的所有元素，共使用了 9 个 MD_3 模块。将 B'_{22} 进行 LU 分解得到 L_{22} 和 U_{22}，再分别进行上三角矩阵和下三角矩阵求逆，即可得到 L_{22}^{-1} 和 U_{22}^{-1}，这个计算模块与图 5-8 的一样，直接使用图 5-8 的模块就可以得到 L_{22}^{-1} 和 U_{22}^{-1} 的非零元素。

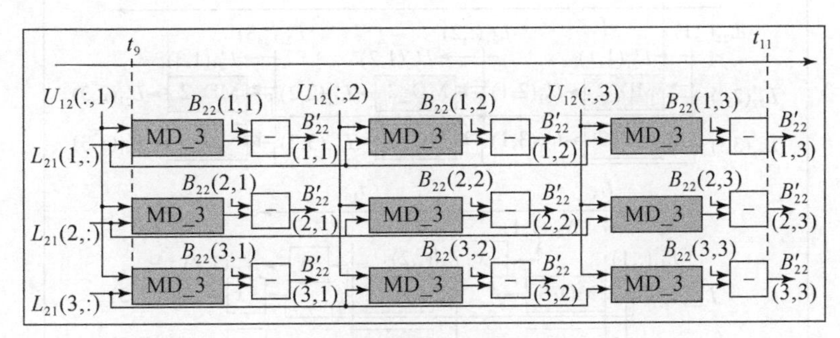

图 5-28　B'_{22} 模块

图 5-29 为系数 M_{12}^{-1} 和 N_{21}^{-1} 的计算模块，其中 M_{12}^{-1} 模块［图 5-29（a）］使用了 6 个 MD_2 模块和 6 个 MD_3 模块；N_{21}^{-1} 模块［图 5-29（b）］使用了 6 个 MD_2 模块和 6 个 MD_3 模块。

图 5-30 为 $U_{11}^{-1}L_{11}^{-1}$ 和 $M_{12}^{-1}N_{21}^{-1}$ 的计算模块，$U_{11}^{-1}L_{11}^{-1}$［图 5-30（a）］和 $M_{12}^{-1}N_{21}^{-1}$（图 5-30（b））分别使用了 9 个 MD_3 模块。

图 5-31 为 B^{-1} 的计算模块，图 5-31（a）输出的是 B^{-1}（1∶3，1∶3）的元素，并行使用了 9 个加法器；图 5-31（b）输出的是 B^{-1}（1∶3，4∶6）的元素；图 5-31（c）输出的是 B^{-1}（4∶6，1∶3）的元素；图 5-31（d）输出的是 B^{-1}（4∶6，4∶6）的元素。图 5-31（b），（c），（d）都并行使用了 9 个 MD_3 模块。从图 5-27 到图 5-31 为 LU 分解–分块算法的 6×6 矩阵求逆的硬件实现全过程。

3. 改正数

图 5-32 为改正数 X 和改正后（d，a，b，c）的计算模块，X 的计算采用了串行计算，其只使用了 1 个 MD_6 模块。Δd，Δa，Δb，Δc 的计算并行使用了 4 个 MD_3 模块。改正后的参数计算（d，a，b，c，X_s，Y_s，Z_s）并行使用了 7 个加法器，改正后的参数作为下一次迭代的输入数据，直至 X 满足迭代停止的阈值。

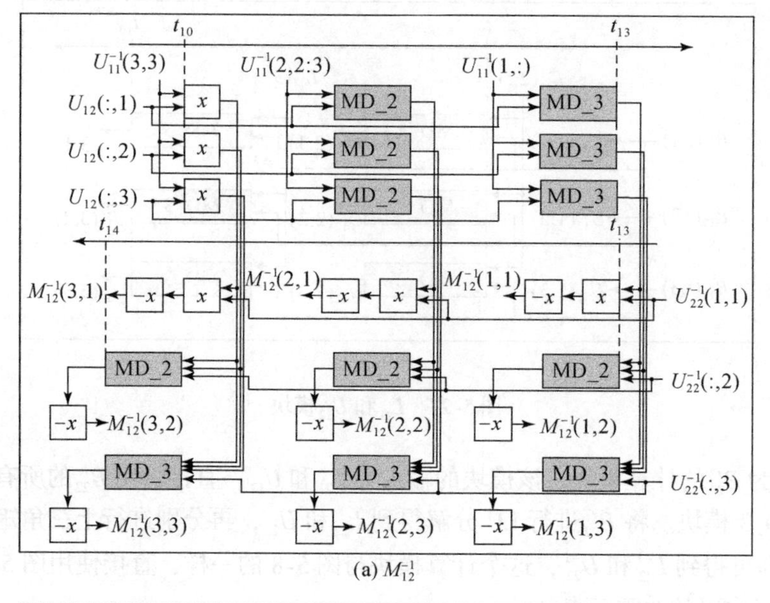

(a) M_{12}^{-1}

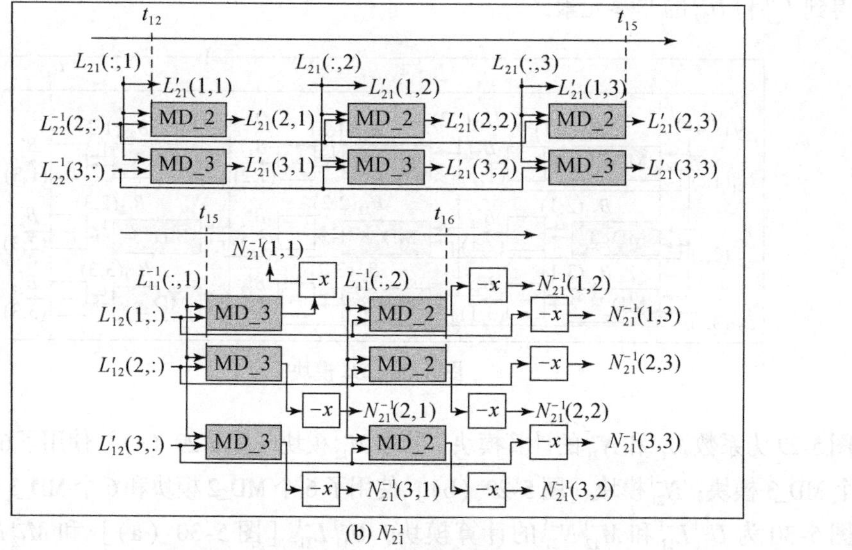

(b) N_{21}^{-1}

图 5-29 M_{12}^{-1} 和 N_{12}^{-1} 模块

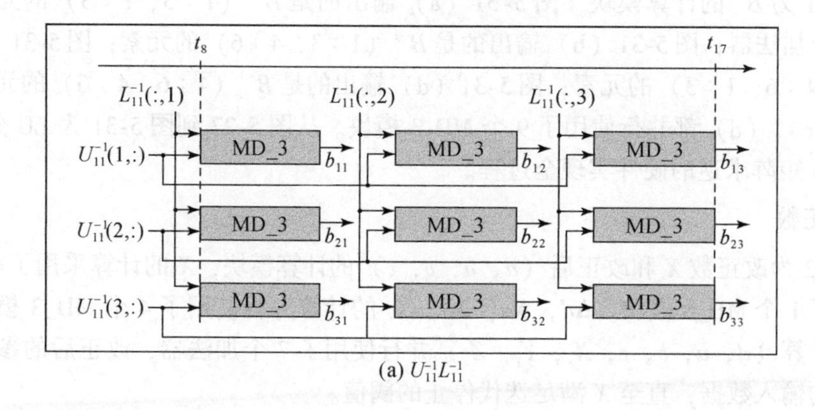

(a) $U_{11}^{-1}L_{11}^{-1}$

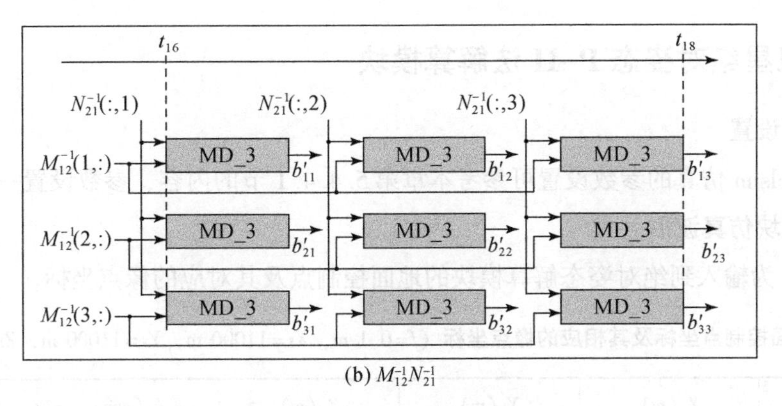

(b) $M_{12}^{-1}N_{21}^{-1}$

图 5-30 $U_{11}^{-1}L_{11}^{-1}$和$M_{12}^{-1}N_{21}^{-1}$模块

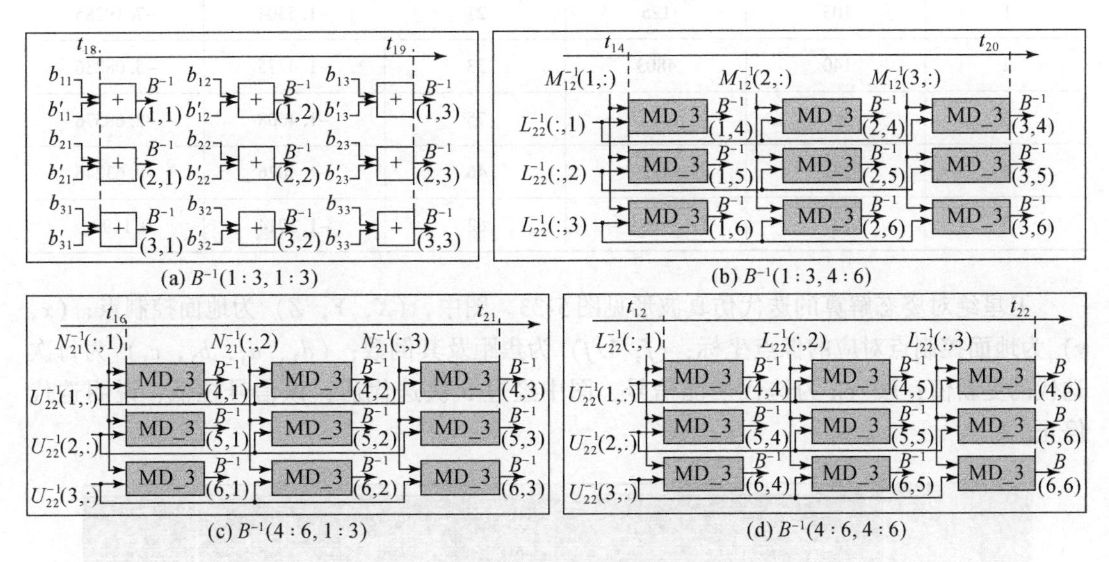

(a) $B^{-1}(1:3, 1:3)$

(b) $B^{-1}(1:3, 4:6)$

(c) $B^{-1}(4:6, 1:3)$

(d) $B^{-1}(4:6, 4:6)$

图 5-31 B^{-1}模块

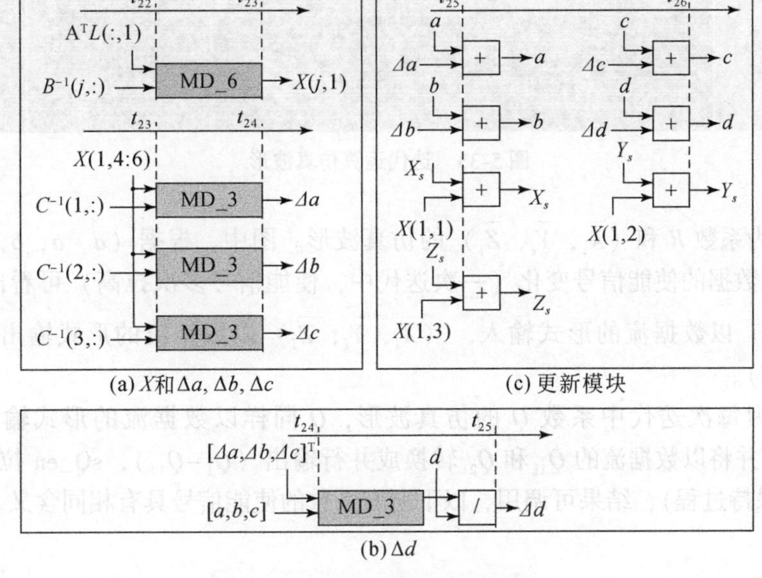

(a) X和$\Delta a, \Delta b, \Delta c$

(c) 更新模块

(b) Δd

图 5-32 改正数和更新模块

5.6.3 卫星绝对姿态 P-H 法解算模块

1. 参数设置

在 Modelsim 仿真的参数设置可参考本章第 5.4.4.1 节的内容，参数设置一致。

2. 子模块仿真波形

表 5-11 为输入到绝对姿态解算模块的地面控制点及其对应的像点坐标。

表 5-11 地面控制点坐标及其相应的像点坐标（$f=0.1$ m，$Xs=11000$ m，$Ys=11000$ m，$Zs=222500$ m）

ID	X（m）	Y（m）	Z（m）	x（mm）	y（mm）
1	105	125	21	−1. 5304	−7. 19285
2	140	4803	33	−1. 4775	−5. 08836
3	84	10147	75	−1. 4608	−2. 68576
4	131	14720	46	−1. 4026	−0. 63246
5	127	16394	62	−1. 3914	0. 11901

卫星绝对姿态解算的迭代仿真波形见图 5-33。图中，（X，Y，Z）为地面控制点；（x，y）为地面控制点对应的像点坐标；（f，$1/f$）为焦距及其倒数；（d_3，a_3，b_3，c_3）为每次迭代的更新值；It0_en 为迭代使能信号，图中经过 5 次迭代后，该信号拉低，说明迭代停止。

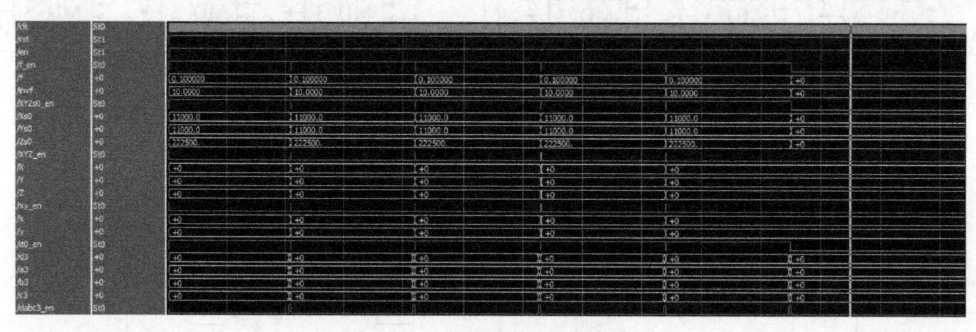

图 5-33 迭代运算仿真波形

图 5-34 为系数 R 和（$\overline{X}_i$，$\overline{Y}_i$，$\overline{Z}_i$）的仿真波形。图中，根据（d，a，b，c）的初始值计算 R。从数据的使能信号变化（一次迭代中，使能信号多次拉高）可看出：（X，Y，Z）和（x，y）以数据流的形式输入，（$\overline{X}_i$，$\overline{Y}_i$，$\overline{Z}_i$）以数据流的形式输出，见图中的（aX，aY，aZ）。

图 5-35 为每次迭代中系数 Q 的仿真波形，Q 同样以数据流的形式输出，见图中（Q_{11}，Q_{12}），并将以数据流的 Q_{11} 和 Q_{21} 转换成并行输出（Q_1-Q_{10}），sQ_en 拉高表示计算完成（结果保持过程），结果可调用，以下所有系数的使能信号具有相同含义。

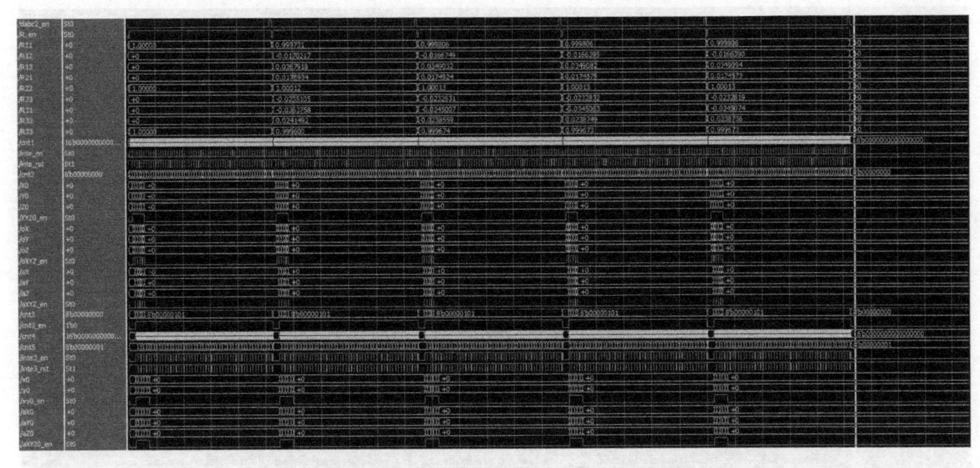

图 5-34　系数 R 和（$\overline{X}_i$，$\overline{Y}_i$，$\overline{Z}_i$）仿真波形

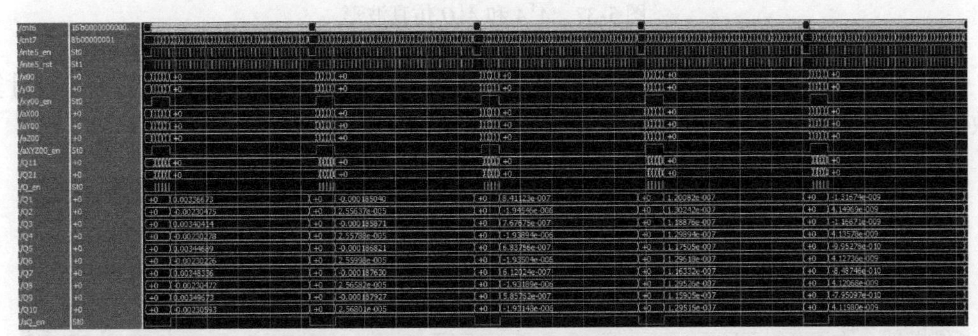

图 5-35　系数 Q 仿真波形

图 5-36 为每次迭代中 $A=[L\quad K]$ 的仿真波形，其中，L 和 K 均以数据流形式输出。图 5-37 为每次迭代中 $A^{\mathrm{T}}A$ 和 $A^{\mathrm{T}}Q$ 的仿真波形，它们的计算结果以并行的方式输出。

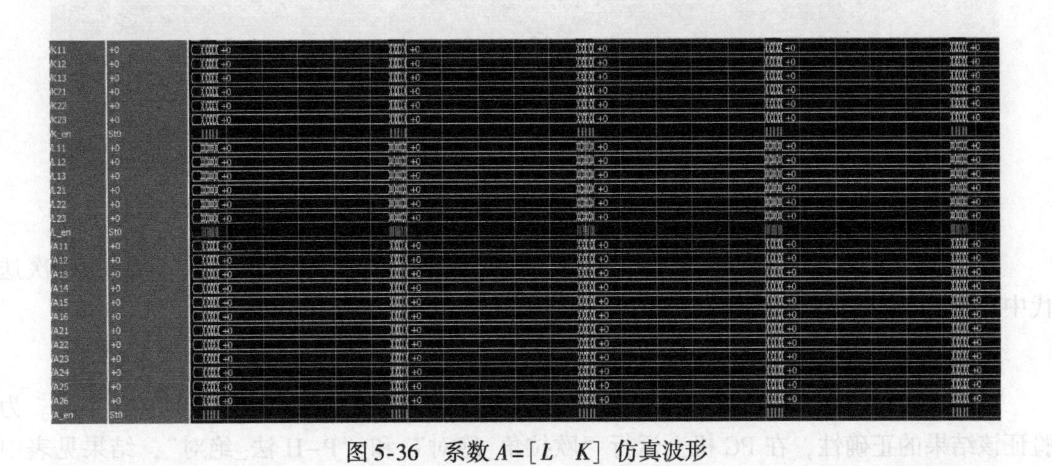

图 5-36　系数 $A=[L\quad K]$ 仿真波形

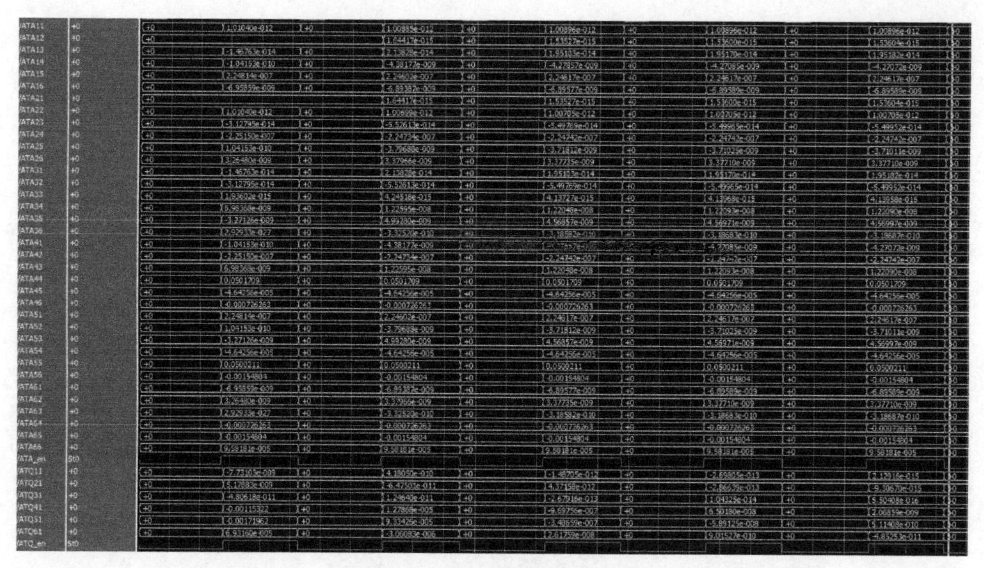

图 5-37　$A^{T}A$ 和 $A^{T}Q$ 仿真波形

图 5-38 为每次迭代中 LU 分解-分块算法的仿真波形，在该模块中采用了并行计算，参数的所有元素都是并行输出。

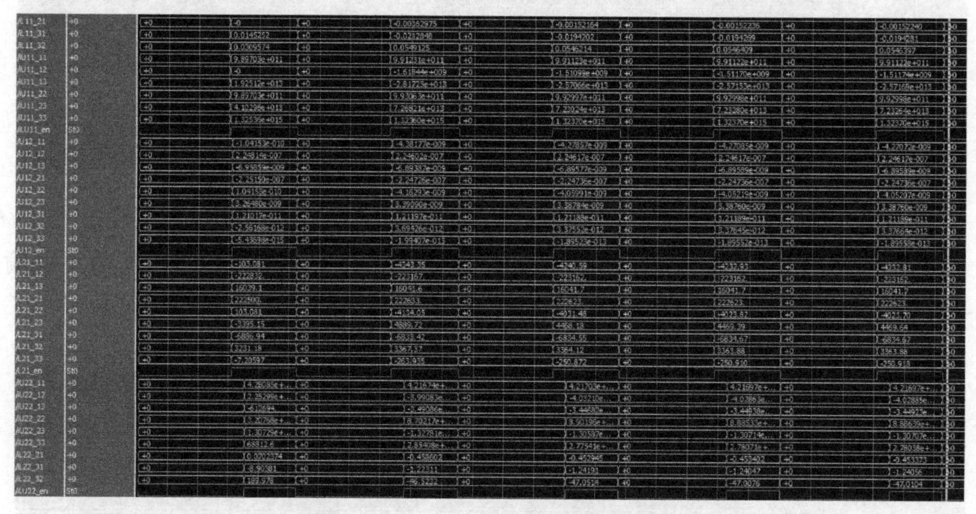

图 5-38　LU 分解-分块算法仿真波形

图 5-39 为每次迭代中 B^{-1} 的仿真波形，B^{-1} 的元素同样是并行输出。图 5-40 为每次迭代中改正数 X 的仿真波形。

3. 绝对姿态解算性能

Modelsim 功能仿真得到的迭代结果见表 5-12 的第四列［FPGA（P-H 法_绝对）］。为验证该结果的正确性，在 PC 机上运行“欧拉角_绝对”和“P-H 法_绝对”，结果见表中第二列［PC1（欧拉角_绝对）］和第三列［PC2（P-H 法_绝对）］。对比发现：|PC1-PC2|的最大偏差在 κ 处，值为 1.3×10^{-5}，最小偏差在 ω 处，值为 1.2×10^{-9}，说明“P-H 法_绝对”在 PC 机的解算结果是正确。| PC2-FPGA | 的最大偏差在 κ 处，值为

图 5-39 B^{-1} 仿真波形

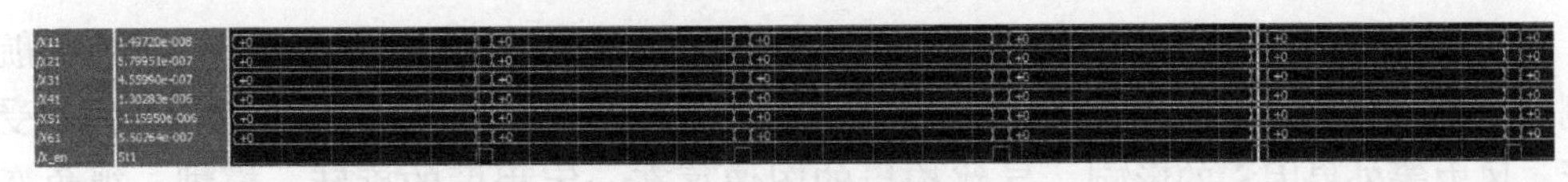

图 5-40 X 仿真波形

1.7×10^{-9}，最小偏差在 φ 处，值为 6.3×10^{-11}，也说明了“P-H 法_绝对”的解算结果是正确，侧面也说明了 LU 分解-分块算法的矩阵求逆的可行性。

从迭代次数看，“欧拉角_绝对”的迭代次数比“P-H 法_绝对”的少 1 次，“P-H 法_绝对”在 PC 机和 FPGA 的迭代次数一致。从迭代次数上看，两种方法在迭代次数上持平，但“欧拉角_绝对”需要估算初始值，进行三角函数计算，而且其系数的计算量大。

从运行时间上看，“欧拉角_绝对”和“P-H 法_绝对”在 PC 机的运行时间分别是 1.048 ms 和 1.166 ms，都处于同一量级。“P-H 法_绝对”在 FPGA 的运行时间为 0.122 ms，其加速度约为 PC 机的 10 倍左右。

表 5-12　绝对姿态解算在 FPGA 与 PC 机结果对比

参数	PC1（欧拉角_绝对）	PC2（P-H 法_绝对）	FPGA（P-H 法_绝对）	$\vert PC1-PC2\vert$	$\vert PC2-FPGA\vert$
φ	-0.034906 58503970	-0.034906 58738590	-0.034906 58732320	2.3×10^{-9}	6.3×10^{-11}
κ	0.023271 05669329	0.023283 94133492	0.023283 93959290	1.3×10^{-5}	1.7×10^{-9}
ω	0.017453 29251994	0.017453 29131176	0.017453 29149894	1.2×10^{-9}	1.9×10^{-10}
迭代次数	4	5	5	1	0
运行时间（ms）	1.048（3.40 GHz）	1.166（3.40 GHz）	0.122（100 MHz）	—	—

FPGA 的硬件资源消耗情况见表 5-13，表中消耗最大的是 DSP48，约为 88.5%，LUT 次之，约为 64.2%，最少的是 Memory LUT，约为 20.6%。DSP48 消耗最多的原因是整个算法的数值运算都采用了 64 bits 的双精度浮点数。

表 5-13　FPGA 硬件资源消耗情况（XC7VX1140T）

资源	消耗情况	占总资源百分比（%）
FFs	831616	58.4
LUTs	457104	64.2
Memory LUTs	58340	20.6
DSP48s	2974	88.5

5.7　实验验证

实验用到的遥感图像数据集由 eBee 智能无人机系统获取（瑞士 SenseFly 公司），航摄比例尺为 1∶4000，地面分辨率为 1.9cm，飞行高度在 270m 左右。由于在拍摄过程中受到地形、风力等外界因素的影响，导致拍摄的图像存在一定程度的旋转、模糊、视角变化等，可以用来评估 FPGA 硬件实现性能。实验中选取了 6 组不同纹理的像对（图 5-41），从视觉上看，这些像对具有不同的变化情况，如：第 1 组像对（i_1，i_2）为房屋建筑物，具有模糊、视角变化的特性；第 2 组像对（i_3，i_4）为平地，具有旋转变化的特性；第 3

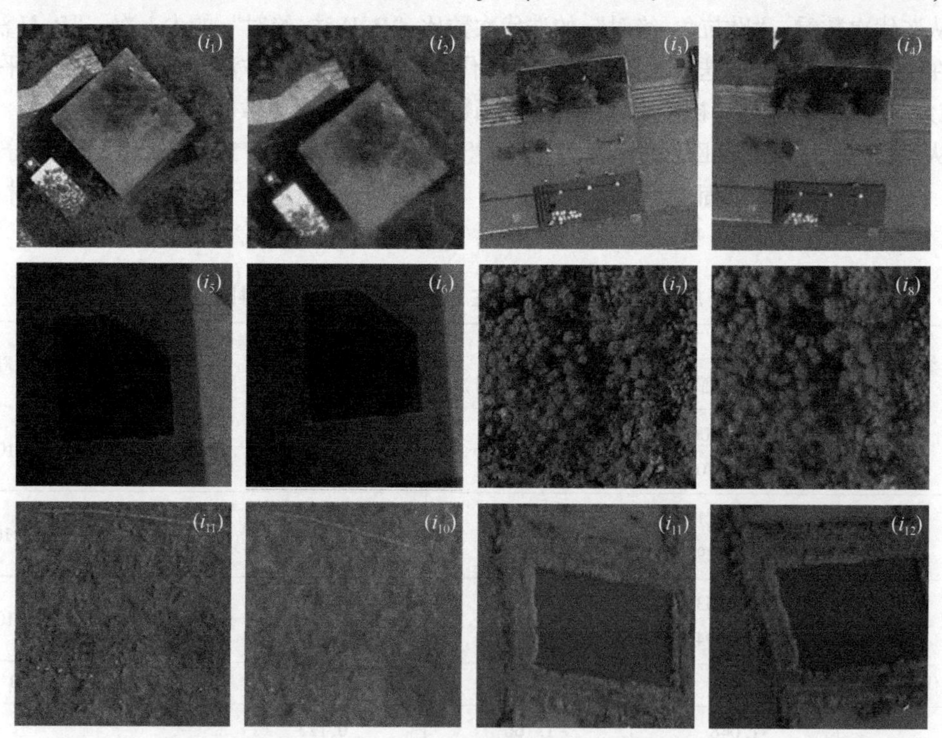

图 5-41　组不同纹理的像对.（i_1，i_2）为房屋；（i_3，i_4）为平地；（i_5，i_6）花坛；（i_7，i_8）树林；（i_9，i_{10}）裸土；（i_{11}，i_{12}）水塘

组像对（i_5，i_6）为花坛，具有平移变化的特性；第4组像对（i_7，i_8）为灌木，具有模糊的特性；第5组像对（i_9，i_{10}）为裸土，具有模糊的特性；第6组像对（i_{11}，i_{12}）为水塘，具有平移、旋转的特性。这些不同纹理，不同变化的图像可以合理评估FPGA硬件实现在相对姿态和绝对姿态解算的性能。

5.7.1 相对姿态P-H法解算验证

在相对姿态解算中，分别对上述6组像对进行局部特征检测与匹配、误匹配剔除和亚像素定位，获得的同名点对输入迭代解算模块中，经迭代计算，并输出相对姿态的参数（$\Delta\varphi$，$\Delta\kappa$，$\Delta\omega$）。

获得以上6组像对的同名点对后，分别输入到FPGA硬件实现中。为对比“P-H法_相对”的计算结果，将相同的同名点对输入到“欧拉角_相对”中。“P-H法_相对”在迭代计算中的初始值为常数（$d=1$，$a=0$，$b=0$，$c=0$），而“欧拉角_相对”的初始值每次都需要给出。两种方法的计算结果见表5-14，其中，Δ=“P-H法_相对”-“欧拉角_相对”。

从第1组的解算结果看出，最大偏差在$\Delta\kappa$处，约为-0.08018626；最小偏差在$\Delta\varphi$处，约为-0.00027210。在迭代次数方面，“P-H法_相对”比“欧拉角_相对”多了7次。从第2组解算结果看出，Δ的最大值和最小值分别为0.008223299和-0.000163142，分别在$\Delta\kappa$和$\Delta\omega$处，但从迭代次数看，“P-H法_相对”仅为5次，而“欧拉角_相对”达到了22次。从第3、4、6组解算结果看，“P-H法_相对”分别经过14次、9次、7次迭代后收敛，而“欧拉角_相对”在给初值的情况依然无法收敛。第5组的解算结果看，Δ的最大值为0.05191683，在$\Delta\kappa$处，最小值为-0.00170844，在$\Delta\omega$处，“P-H法_相对”的迭代次数比“欧拉角_相对”的少了12次。另外，实验发现相对姿态解算结果与点对的分布情况有关，点对分布不合理会对结果有影响。因此，如何保证FPGA在各种纹理图像下都能检测到特征点，且确保点对分布的合理性，需要在下一步的工作中进行考虑。

综上所述，从欧拉角的三角函数计算，迭代计算初始值的选取，迭代收敛性的角度分析，“P-H法_相对”综合性能要优于“欧拉角_相对”，只是在个别情况下，“P-H法_相对”的迭代次数大于“欧拉角_相对”。另外，在相对姿态实时解算中，“P-H法_相对”的优势就体现出来（黄景金，2018；周国清，2018）。

表5-14 相对姿态解算结果

序号	方法	Δφ	Δκ	Δω	迭代次数
第1组（房屋）	P-H法_相对	0.01267796	-0.49093081	-0.02260785	22
	欧拉角_相对	0.01295007	-0.41074455	-0.00449080	15
	Δ	-0.00027210	-0.08018626	-0.01811704	7
第2组（平地）	P-H法_相对	-0.002445589	-0.078510712	0.000493124	5
	欧拉角_相对	-0.002118755	-0.08673401	0.000656266	22
	Δ	-0.000326834	0.008223299	-0.000163142	-17
第3组（花坛）	P-H法_相对	0.00241156	0.28389002	-0.00413050	14
	欧拉角_相对	—	—	—	发散
	Δ	—	—	—	—

续表

序号	方法	$\Delta\varphi$	$\Delta\kappa$	$\Delta\omega$	迭代次数
第4组（灌木）	P-H法_相对	0.02778743	-0.00576667	-0.00615268	9
	欧拉角_相对	—	—	—	发散
	Δ	—	—	—	—
第5组（裸土）	P-H法_相对	-0.00194039	-0.10434710	-0.00182720	10
	欧拉角_相对	0.00139094	-0.15626393	-0.00011876	22
	Δ	-0.00333133	0.05191683	-0.00170844	-12
第6组（水塘）	P-H法_相对	-0.00033852	-0.02952477	0.00021658	7
	欧拉角_相对	—	—	—	发散
	Δ	—	—	—	—

5.7.2 P-H法绝对姿态解算验证

本章采用图5-41中第1–3组（房屋，平地，花坛）的像对进行绝对姿态解算。首先定义左边图像为基准图，右边图像为拍摄图像；再分别将3组像对进行角点特征检测与匹配，误匹配剔除和亚像素定位，将获得角点特征的大地坐标及其对应的像点坐标同时作为姿态解算的输入参数；最后进行迭代计算输出绝对姿态参数（φ，κ，ω）。下面从角点特征的检测与匹配和绝对姿态解算结果进行分析。

将表5-15的数据输入绝对姿态解算模块中，经迭代计算，即可输出绝对姿态参数（φ，κ，ω）。为验证“P-H法_绝对”的解算结果，与“欧拉角_绝对”的解算结果作比较，比较结果见表5-15。表中，Δ=“P-H法_绝对”–“欧拉角_绝对”。对比发现：①从第1组图像的对比结果可知：Δ的最大值为0.00006363，在ω处，最小值为-0.00000247，在φ处。另外，两种方法的迭代次数一样；②第2组图像的对比结果发现：Δ的最大值为0.00004119，在ω处，最小值为-0.00000008，在κ处。“P-H法_绝对”的迭代次数比“欧拉角_绝对”的多1次；③第3组图像的对比表明：Δ的最大值为-0.00000120，在ω处，最小值为-0.00000001，在φ处，两种方法的迭代次数一样。综合以上分析，两种方法的计算结果一致（偏差非常小），迭代次数基本一样。虽然在PC机上运行看不出“P-H法_绝对”的优势，但在星上实时处理中，“P-H法_绝对”具有很大的优势，如：“P-H法_绝对”在迭代计算的初始值为常量以及避免三角函数计算等。

表5-15 绝对姿态解算结果

序号	方法	φ	ω	κ	迭代次数
第1组（房屋）	P-H法_绝对	-0.00356543	0.00259650	0.30108727	6
	欧拉角_绝对	-0.00356296	0.00253287	0.30108128	6
	Δ	-0.0000247	0.00006363	0.00000600	0
第2组（平地）	P-H法_绝对	0.00102232	0.00356872	0.15132279	6
	欧拉角_绝对	0.00102189	0.00352753	0.15132287	5
	Δ	0.00000043	0.00004119	-0.0000001	1

续表

序号	方法	φ	ω	κ	迭代次数
第3组（花坛）	P-H法_绝对	0.00202985	−0.0006937	0.0793068	5
	欧拉角_绝对	0.00202985	−0.0006925	0.0793069	5
	Δ	−0.00000001	−0.0000012	−0.0000001	0

5.8 本章小结

本章重点介绍了P-H法卫星相对姿态解算的FPGA硬件实现过程，分别从FPGA硬件架构，子模块，Modelsim仿真，性能分析等角度进行介绍。主要内容包括：

（1）设计了P-H法卫星相对姿态解算的优化模型和硬件实现

针对星上实时处理的特殊要求，提出以FPGA为硬件平台。设计了P-H法的卫星相对姿态和绝对姿态解算的优化模型及其硬件实现。在优化模型中，将欧拉角的连续像对相对定向替换为单位四元数的连续像对相对定向，可避免三角函数计算。同时，该算法中迭代初始值为常量（$d=1$，$a=0$，$b=0$，$c=0$），又避免了初始值的选定问题。虽然单位四元数解决了欧拉角带来的问题，但单位四元数自带的约束条件（$d^2+a^2+b^2+c^2=1$），会使误差方程求解变成"附带约束条件的间接平差"，这会大大增加算法的复杂度。因此，在单位四元数的基础上，引入P-H法，通过间接求解改正数，将"附带约束条件的间接平差"优化为"间接平差"，解决了约束条件带来的问题。在FPGA硬件实现中，采用了64 bits的双精度浮点数据结构，采用串行计算和并行计算相结合的策略。实验结果表明："P-H法_相对"的收敛性好于"欧拉角_相对"，而且迭代次数少于"欧拉角_相对"。

（2）设计了P-H法卫星绝对姿态解算的优化模型和硬件实现

在绝对姿态解算的优化模型中，将欧拉角的空间后方交会转换为单位四元数的空间后方交会，再将单位四元数替换欧拉角，引入P-H法，解决单位四元数的约束条件带来的问题。在硬件实现中，采用了64 bits的双精度浮点数和串行计算与并行计算相结合的策略，将$1/f$作为输入参数，可消除系数L中除法器的使用。实验结果表明："P-H法_绝对"和"欧拉角_绝对"的计算精度和迭代次数一致，但"P-H法_绝对"的算法复杂度和计算速度远小于"欧拉角_绝对"。

参考文献

贲进，童晓冲，闾海庆，2011. 基于Pope-Hinsken算法的空间后方交会. 测绘科学技术学报，28（01）：37-41.

黄景金，2018. 基于FPGA的P-H法卫星相对姿态和绝对姿态解算算法优化和硬件实现，天津：天津大学.

敬忠良，潘汉，金博，等，2013. 基于运动恢复结构的卫星相对姿态测量方法：中国，102607534 B［P］.

李想，朱遵尚，卜彦龙，等，2014. 卫星位置视觉测量. 国防科技大学学报，36（03）：63-67.

王佩军，徐亚明，2005. 摄影测量学. 武汉：武汉大学出版社.

王任享，王建荣，胡莘，2016. 卫星摄影姿态测定系统低频误差补偿. 测绘学报，45（02）：127-130.

邬贵明，2011. FPGA矩阵计算并行算法与结构. 长沙：国防科学技术大学.

杨龙，董绪荣，韩健，2006. 利用星载加速度计及星敏感器进行卫星定轨的新方法. 宇航学报，

27（s1）：29-33.
岳晓奎，侯小娟，2010. 基于 Rodrigues 参数的视觉相对位姿确定算法．宇航学报，31（03）：753-757.
张春阳，2013. 基于成像载荷的卫星姿态确定．哈尔滨：哈尔滨工业大学．
周国清，黄景金，舒磊，2018. 基于 FPGA 的 P-H 法星上解算卫星相对姿态．武汉大学学报·信息科学版，43（12）：1838-1846.
朱遵尚，2014. 基于三维地形重建与匹配的飞行器视觉导航方法研究．长沙：国防科学技术大学．
Amidi O，1996. An autonomous vision-guided helicopter. Pittsburgh：Carnegie Mellon University.
Bevilacqua A，Gherardi A，Carozza L，2009a. A novel vision-based approach for autonomous space navigation systems. International Symposium on Visual Computing：837-846.
Bevilacqua A，Gherardi A，Carozza L，2009b. A vision-based approach for high accuracy assessment of satellite attitude//IEEE International Conference on Computer Vision Workshops：743-750.
Bhuria S，Muralidhar P，2011. FPGA implementation of sine and cosine value generators using cordic algorithm for satellite attitude determination and calculators//International Conference on Power，Control and Embedded Systems：1-5.
Brookshaw I，2011. Real time implementation of obstacle avoidance for an autonomous mobile robot using monocular computer vision. Composites Science & Technology，71（12）：1471-1477.
Caballero F，Merino L，Ferruz J，et al.，2006. A visual odometer without 3D reconstruction for aerial vehicles. Applications to building ispnection//IEEE International Conference on Robotics and Automation：4673-4678.
Caballero F，Merino L，2009. Unmanned aerial vehicle localization based on monocular vision and online mosaicking. Journal of Intelligent & Robotic Systems，55（4-5）：323-343.
Chu Q P，Woerkom P V，1997. GPS for low-cost attitude determination：A review of concepts，in-flight experiences，and current developments. Acta Astronautica，41（4）：421-433.
Davison A J，Reid I D，Molton N D，et al.，2007. MonoSLAM：real-time single camera SLAM. IEEE Transactions on Pattern Analysis and Machine Intelligence，29（6）：1052-1067.
Hisken L，1988. A singularity-free algorithm for spatial orientation of bundles. International Archives of Photogrammetry and Remote Sensing，27（B5）：262-272.
Hu G，Dixon W E，Gupta S，et al.，2006. A quaternion formulation for Homography-based visual servo control//IEEE International Conference on Robotics and Automation：127-135.
Huang J J，Zhou G，Xiang Z，et al.，2018a. FPGA Architecture of FAST and BRIEF Algorithm for On-Board Corner Detection and Matching，Sensors，doi：10.3390/s18041014.
Huang J J，Zhou G，Xiang Z，et al.，2018b. An FPGA-based implementation of satellite image registration with outlier rejection. Int. J. of Remote Sensing，23（39）：8905-8933，doi：10.1080/01431161.2018.1500728.
Kaiser K，Gans N，Dixon W，2015. Localization and control of an aerial vehicle through chained，vision-based pose reconstruction//IEEE Proceedings of the 2015 American Control Conference：5934-5939.
Karkooti M，Cavallaro J R，Dick C，2006. FPGA implementation of matrix inversion using QRD-RLS algorithm//IEEE Conference Record of the Thirty-Ninth Asilomar Conference Onsignals，Systems and Computers：1625-1629.
Kendoul F，Nonami K，Fantoni I，et al.，2009. An adaptive vision-based autopilot for mini flying machines guidance，navigation and control. Autonomous Robots，27（3）：165-188.
Kouyama T，Kanemura A，Kato S，2017. Satellite attitude determination and map projection based on robust image matching. Remote Sensing，9（1）：90.
Ni S，Zhang C，2011. Attitude determination of Nano satellite based on gyroscope，sun sensor and magnetometer. Procedia Engineering，15：959-963.

Rawashdeh S, Lumpp J, Barringtonbrown J, 2012. A stellar gyroscope for small satellite attitude determination. SSC12-IX-7: 1-9.

Rawashdeh S, Lumpp J E, 2014. Image-based attitude propagation for small satellites using RANSAC. Aerospace & Electronic Systems IEEE Transactions on, 50 (3): 1864-1875.

Rawashdeh S, 2010. Passive attitude stabilization for small satellites. University of Kentucky.

Rawashdeh S, 2013. Visual attitude propagation for small satellites. University of Kentucky.

Rawashdeh S, Danhauer W C, Lumpp J E, 2012. Design of a stellar gyroscope for visual attitude propagation for small satellites//IEEE Aerospace Confnerece: 1-9.

Ready B B, Taylor C N, 2007. Improving accuracy of MAV pose estimation using visual odometry//IEEE American Control Conference: 3721-3726.

Samadzadegan F, Saeedi S, 2008. Vision based navigation of aerial vehicles based on geo-referenced imagery// Computational Intelligence in Decision and Control-International Flins Conference: 1105-1110.

Sandau R, Brieß K, D'Errico M, 2010. Small satellites for global coverage: potential and limits. ISPRS Journal of Photogrammetry & Remote Sensing, 65 (6): 492-504.

Saripalli S, Montgomery J F, Sukhatme, G, 2002. Vision-based autonomous landing of an unmanned aerial vehicle//IEEE International Conference on Robotics and Automation, 2799-2804.

Saripalli S, Montgomery J F, Sukhatme G, 2003. Visually guided landing of an unmanned aerial vehicle. IEEE Transactions on Robotics & Automation, 19 (3): 371-380.

Sim D G, Park R H, Kim R C, 2002. Integrated position estimation using aerial image sequences. Pattern Analysis & Machine Intelligence IEEE Transactions on, 24 (1): 1-18.

Sim D G, Park R H, 2002. Localization based on DEM matching using multiple aerial image pairs. IEEE Transactions on Image Processing A Publication of the IEEE Signal Processing Society, 11 (1): 52-55.

Singla P, Griffith D T, Crassidis J L, et al., 2002. Attitude determination and autonomous on-orbit calibration of star tracker for GIFTS mission. In Advances in the Astronautical Sciences, 112: 19-38.

Soh J, Wu X, 2012. A FPGA-based approach to attitude determination for nanosatellites. IEEE Conference on Industrial Electronics and Applications, 1700-1704.

Stevens M R, Snorrason M, Eaton R, 2004. Motion imagery navigation using terrain estimates//IEEE International Conference on Pattern Recognition, 4: 272-275.

Tweddle B E, Saenzotero A, 2011. Relative computer vision-based navigation for small inspection spacecraft. Journal of Guidance Control & Dynamics, 38 (5): 1-15.

Zhao S, Lin F, Peng K, et al., 2016. Vision-aided estimation of attitude, velocity, and inertial measurement bias for UAV stabilization. Journal of Intelligent & Robotic Systems, 81 (3-4): 531-549.

Zhao S, Lin F, Peng K, et al., 2012. Homography-based vision-aided inertial navigation of UAVs in unknown environments//AIAA Guidance, Navigation, and Control Conference: 1-16.

第6章 星上影像几何定标

6.1 引言

在轨几何定标能够有效地提高卫星遥感影像的直接几何定位精度，为卫星影像后续的数据处理和应用奠定良好的基础（王任享等，2012）。鉴于在轨几何定标的重要性，许多国家的相关机构和学者进行了这方面的研究，从而发展出了较为成熟的在几何定标技术与方法。不过，目前进行的在轨几何定标通常都是由专业人员在地面上借助计算机来实现。然后，定标得到的相关技术参数被用于改正同一颗卫星获取的新影像的系统几何误差。考虑到卫星相关核心技术参数的保密性，第二项工作通常由卫星地面站或影像供应商完成，用户拿到的影像大都经过了这项几何预处理。不过，目前卫星每天所获取影像的数据量越来越大，影像的各项预处理工作（如辐射和几何预处理）无法及时完成，从而不能满足一些用户对影像的时效性要求较高的需求，如军事部门、政府应急救灾机构等。鉴于目前的在轨几何定标技术已经比较成熟，如果能够让卫星实时、自动地完成线阵CCD相机的几何定标与影像的系统几何误差改正的工作，则可以大大提高卫星影像应用的时效性。具体来说就是在卫星影像获取之后通过星上数据处理来实时完成卫星影像的在轨几何定标，从而消除或减弱系统几何误差的影响，即星上几何定标。2001年德国发射的BIRD（bispectral infrared detection）卫星已经具备了一定的星上实时数据处理能力（Halle W et al，2002；Brieß K et al，2005），其中包括了传感器辐射与几何的星上改正、系统性位置误差的星上几何改正、航天器姿态的星上几何改正（URL：http://www.dlr.de/os/en/desktopdefault.aspx/tabid-3508/5440_read-7886/）。这将使得该卫星能够更精确地定位自动识别得到的地面着火点（或区域）的地理位置。不过相关资料没有给出其实现的技术细节。Zhou很早就提出了未来智能对地观测卫星体系的设想，其中智能卫星的星上数据实时处理也包括成像传感器系统几何误差的星上实时改正这一项基础的处理能力（Zhou et al.，2004）。然而，迄今为止很少有文献对星上几何定标进行过深入的研究。如何实现线阵CCD卫星影像实时、自动的星上几何定标正是本文将要具体探讨的问题。

星上几何定标可以快速实现对卫星影像的系统几何误差的定标计算，然后用于改正影像相应的系统误差，从而无须在地面完成这项工作。鉴于目前日益增长的海量影像数据，星上几何定标的实现能大大减少在地面进行这项处理的人力、物力和时间投入，具有巨大的经济效益（蒋林军，2016）。不过，单纯实现了星上几何定标的影像的应用范围还十分有限，如果将卫星影像的星上几何定标与进一步的星上正射纠正结合起来，实现更精确的几何处理，从而可以为更高级的星上实时遥感影像产品的生成奠定基础，从而扩大卫星影像实时应用的领域。利用经过星上几何定标的卫星影像，一些领域的用户可以直接在接收到的卫星遥感影像上进行简单的二维几何量测与分析等操作。结合星上信息提取技术，还可以从影像上实时获取地理位置精度较高的信息提取结果（如陆上军事目标、森林火灾热点、海上船舰等目标）与初级分类影像产品。通过卫星影像一系列的实时/近实时、自动的星上处理（影像的辐射、几何、分类、信息提取等方面的处理），人们可以直接接收得到感兴趣地面区域的精确地理位置和分类结果等有用的信息，这样就可以极大地提高影像应用的时效性，并且能有效地减少影像数据的下传量（Zhou，2004）。

6.2 影像几何定标数学模型

传统影像几何定标是利用单幅影像上的控制点的像点坐标观测值及其对应地面点的大地坐标，根据共线方程得到误差方程，然后进行最小二乘平差求解，从而计算出摄影瞬间影像的6个外方位元素（张剑清等，2009）。在已知一幅航空影像的6个外方位元素初值（由机载GPS和IMU获取）时，可以通过该算法计算出相应的6个改正数，从而求得更精确的外方位元素值。共线方程的表达式如下：

$$\begin{cases} x-x_0=-f\dfrac{r_{11}(X-X_S)+r_{12}(Y-Y_S)+r_{13}(Z-Z_S)}{r_{31}(X-X_S)+r_{32}(Y-Y_S)+r_{33}(Z-Z_S)} \\ y-y_0=-f\dfrac{r_{21}(X-X_S)+r_{22}(Y-Y_S)+r_{23}(Z-Z_S)}{r_{31}(X-X_S)+r_{32}(Y-Y_S)+r_{33}(Z-Z_S)} \end{cases} \tag{6-1}$$

式中，(x, y) 为像点坐标（即框标坐标系下的坐标），$(x-x_0)$ 和 $(y-y_0)$ 为像平面坐标系下坐标，(x_0, y_0, f) 为影像的内方位元素；(X_S, Y_S, Z_S) 为摄影瞬间摄影中心的物方空间坐标，即影像的外方位线元素；(X, Y, Z) 为控制点对应地面点的大地坐标；$r_{ij}(i=1, 2, 3; j=1, 2, 3)$ 为利用影像的3个外方位角元素 $(\varphi, \omega, \kappa)$ 计算得到的9个方向余弦，即旋转矩阵 $\boldsymbol{R}$ 的逆矩阵（$\boldsymbol{R}$ 是正交矩阵，因此 $\boldsymbol{R}^{-1}=\boldsymbol{R}^{\mathrm{T}}$）的各个元素值。

若外方位角元素采用 φ-ω-κ 旋转角系统，则旋转矩阵 $\boldsymbol{R}$ 为：

$$\boldsymbol{R}=\boldsymbol{R}(\varphi)\boldsymbol{R}(\omega)\boldsymbol{R}(\kappa)=\begin{bmatrix}\cos\varphi & 0 & -\sin\varphi \\ 0 & 1 & 0 \\ \sin\varphi & 0 & \cos\varphi\end{bmatrix}\begin{bmatrix}1 & 0 & 0 \\ 0 & \cos\omega & -\sin\omega \\ 0 & \sin\omega & \cos\omega\end{bmatrix}\begin{bmatrix}\cos\kappa & -\sin\kappa & 0 \\ \sin\kappa & \cos\kappa & 0 \\ 0 & 0 & 1\end{bmatrix}$$

$$=\begin{pmatrix}\cos\varphi\cos\kappa-\sin\varphi\sin\omega\sin\kappa & -\cos\varphi\sin\kappa-\sin\varphi\sin\omega\cos\kappa & -\sin\varphi\cos\omega \\ \cos\omega\sin\kappa & \cos\omega\cos\kappa & -\sin\omega \\ \sin\varphi\cos\kappa+\cos\varphi\sin\omega\sin\kappa & -\sin\varphi\sin\kappa+\cos\varphi\sin\omega\cos\kappa & \cos\varphi\cos\omega\end{pmatrix} \tag{6-2}$$

于是有

$$\begin{cases} r_{11}=\cos\varphi\cos\kappa-\sin\varphi\sin\omega\sin\kappa \\ r_{12}=\cos\omega\sin\kappa \\ r_{13}=\sin\varphi\cos\kappa+\cos\varphi\sin\omega\sin\kappa \\ r_{21}=-\cos\varphi\sin\kappa-\sin\varphi\sin\omega\cos\kappa \\ r_{22}=\cos\omega\cos\kappa \\ r_{23}=-\sin\varphi\sin\kappa+\cos\varphi\sin\omega\cos\kappa \\ r_{31}=-\sin\varphi\cos\omega \\ r_{32}=-\sin\omega \\ r_{33}=\cos\varphi\cos\omega \end{cases} \tag{6-3}$$

视像点坐标（x，y）为观测值，相应地面点坐标（X，Y，Z）为真值，内方位元素（x_0，y_0，f）已知，仅仅把六个外方位元素改正数作为待定参数，将式（6-1）的共线方程按照泰勒级数展开至一次项，可以得到如下的误差方程：

$$\begin{cases} v_x = a_{11}\Delta X + a_{12}\Delta Y + a_{13}\Delta Z + a_{14}\Delta\varphi + + a_{15}\Delta\omega + a_{16}\Delta\kappa - l_x \\ v_y = a_{21}\Delta X + a_{22}\Delta Y + a_{23}\Delta Z + a_{24}\Delta\varphi + a_{25}\Delta\omega + a_{26}\Delta\kappa - l_y \end{cases} \tag{6-4}$$

用矩阵形式表示为

$$\boldsymbol{V} = \boldsymbol{AX} - \boldsymbol{l}, \boldsymbol{E} \tag{6-5}$$

式中，$\boldsymbol{V} = [v_x \quad v_y]^{\mathrm{T}}$；$\boldsymbol{A} = \begin{bmatrix} a_{11} & a_{12} & a_{13} & a_{14} & a_{15} & a_{16} \\ a_{21} & a_{22} & a_{23} & a_{24} & a_{25} & a_{26} \end{bmatrix}$；$\boldsymbol{X} = [\Delta X \quad \Delta Y \quad \Delta Z \quad \Delta\varphi \quad \Delta\omega \quad \Delta\kappa]^{\mathrm{T}}$为外方位元素改正数；$\boldsymbol{l} = [l_x \quad l_y]^{\mathrm{T}} = [x-(x) \quad y-(y)]^{\mathrm{T}}$，（$(x)$，$(y)$）是利用外方位元素初值根据式（6-1）计算得到的像点坐标近似值；$\boldsymbol{E}$为像点坐标观测值的权矩阵，将像点坐标看作等精度不相关观测值时取单位矩阵。

矩阵$\boldsymbol{A}$中各系数的计算可以利用下面的公式得到

$$\begin{aligned}
a_{11} &= \frac{\partial x}{\partial X_S} = \frac{1}{\bar{Z}}[r_{11}f + r_{31}(x - x_0)] \quad a_{21} = \frac{\partial y}{\partial X_S} = \frac{1}{\bar{Z}}[r_{21}f + r_{31}(y - y_0)] \\
a_{12} &= \frac{\partial x}{\partial Y_S} = \frac{1}{\bar{Z}}[r_{12}f + r_{32}(x - x_0)] \quad a_{22} = \frac{\partial y}{\partial Y_S} = \frac{1}{\bar{Z}}[r_{22}f + r_{32}(y - y_0)] \\
a_{13} &= \frac{\partial x}{\partial Z_S} = \frac{1}{\bar{Z}}[r_{13}f + r_{33}(x - x_0)] \quad a_{23} = \frac{\partial y}{\partial Z_S} = \frac{1}{\bar{Z}}[r_{23}f + r_{33}(y - y_0)] \\
a_{14} &= \frac{\partial x}{\partial \varphi} = (y - y_0)\sin\omega - \left\{\frac{x - x_0}{f}[(x - x_0)\cos\kappa - (y - y_0)\sin\kappa + f\cos\kappa]\right\}\cos\omega \\
a_{15} &= \frac{\partial x}{\partial \omega} = -f\sin\kappa - \frac{x - x_0}{f}[(x - x_0)\sin\kappa + (y - y_0)\cos\kappa] \\
a_{16} &= \frac{\partial x}{\partial \kappa} = y - y_0 \\
a_{24} &= \frac{\partial y}{\partial \varphi} = -(x - x_0)\sin\omega - \left\{\frac{y - y_0}{f}[(x - x_0)\cos\kappa - (y - y_0)\sin\kappa] - f\sin\kappa\right\}\cos\omega \\
a_{25} &= \frac{\partial y}{\partial \omega} = -f\cos\kappa - \frac{y - y_0}{f}[(x - x_0)\sin\kappa + (y - y_0)\cos\kappa] \\
a_{26} &= \frac{\partial y}{\partial \kappa} = -(x - x_0)
\end{aligned} \tag{6-6}$$

式中，$\bar{Z} = r_{31}(X - X_S) + r_{32}(Y - Y_S) + r_{33}(Z - Z_S)$。

对于公式（6-5）的求解，一般是在影像的四个角选取4个控制点，或者选择更多均匀分布于影像上的控制点。若有n个控制点，则可按式（6-4）列出$2n$个误差方程式，从而得到形式上与式（6-5）一样的总误差方程。由最小二乘平差原理可列出如下法方程式：

$$\boldsymbol{A}^{\mathrm{T}}\boldsymbol{AX} = \boldsymbol{A}^{\mathrm{T}}\boldsymbol{l} \tag{6-7}$$

该法方程式的解为

$$\boldsymbol{X} = (\boldsymbol{A}^{\mathrm{T}}\boldsymbol{A})^{-1}(\boldsymbol{A}^{\mathrm{T}}\boldsymbol{l}) \tag{6-8}$$

从而求出6个外方位元素改正数。单像空间后方交会需要进行迭代平差计算，直至未知数改正小于设定的阈值（通常是为三个角元素设置0.1′的阈值）为止（张剑清等，2009）。6个外方位元素总的改正数是每一次平差求得的改正数的和，即

$$\begin{cases}\Delta X=\Delta X_S^1+\Delta X_S^2+\cdots & \Delta\varphi=\Delta\varphi^1+\Delta\varphi^2+\cdots \\ \Delta Y=\Delta Y_S^1+\Delta Y_S^2+\cdots & \Delta\omega=\Delta\omega^1+\Delta\omega^2+\cdots \\ \Delta Z=\Delta Z_S^1+\Delta Z_S^2+\cdots & \Delta\kappa=\Delta\kappa^1+\Delta\kappa^2+\cdots\end{cases} \tag{6-9}$$

单像空间后方交会算法需要进行最小二乘迭代平差计算，涉及到一系列的浮点数学运算，主要包含了法方程系数矩阵元素的求解、矩阵相乘和矩阵求逆等复杂运算。传统的基于硬件描述语言的FPGA设计开发方法过于底层化，要完成整个单像空间后方算法的FPGA实现比较困难。赛灵思（Xilinx）公司推出的System Generator工具可以从系统级进行FPGA数字系统的快速构建与验证，为算法的硬件实现与验证提供了一种十分便捷的方式。本章将首先介绍本文研究所采用的FPGA的软硬件开发平台及其设计开发方法，然后利用基于System Generator的FPGA设计开发方法，研究了机载框幅式影像单像空间后方交会的最小二乘平差计算的FPGA实现（Zhou et al.，2018；Zhou，2004）。

6.3 FPGA软硬件平台及设计开发

6.3.1 FPGA介绍

目前，FPGA已经广泛地应用于航天领域。其中，宇航级的FPGA芯片有Actel公司的一次编程反熔丝型FPGA和Xilinx公司的基于SRAM型的可重配置的Virtex系列FPGA（宋克非，2010）。本节研究选择了Xilinx公司的FPGA芯片作为算法的硬件实现平台。图6-1所示为Xilinx公司Spartan-2系列FPGA芯片的内部结构示意图。Xilinx公司的FPGA芯片主要由可编程输入输出单元（IOB）、基本可编程逻辑单元（CLB）、完整的时钟管理（DCM）、嵌入式块RAM、丰富的布线资源、内嵌的底层功能单元和内嵌专用硬件模块构成（田耘和徐文波，2008）。由于不同系列的FPGA针对不同的应用领域，其内部结构在局部上会有所差异（Zhou et al.，2015a，2015b，2015c，2015d）。

目前，Xilinx公司的FPGA芯片器件有四个系列，分别是Spartan系列、Virtex系列、Kintex系列和Artix系列。最新的一代产品是7系列FPGA，有Virtex-7、Kintex-7、Artix-7三个系列，其中后两者是最新增加的产品系列。新一代7系列FPGA在逻辑层面上虽然类似于Virtex-6系列，但是有了很多创新，其中包括采用28nm高性能、低功耗工艺，创建统一可扩展架构，改进工具和IP等。和以前的产品相比，7系列FPGA在性能提高的同时功耗也降低了很多。三个7系列FPGA的主要不同点是器件的尺寸和目标市场：Artix-7系列为低成本和低功耗进行了优化，使用小封装设计并定位于大批量的嵌入式应用；Virtex-7系列和以前一样，定位为最高性能和最大的容量；Kintex-7系列位于其他两个系列之间，在成本和性能之间找到一个平衡点（Bailey，2013）。

考虑到单像空间后方交会算法比较复杂的特点以及设计开发的成本，本研究选择了低成本与低功耗的Artix-7系列的FPGA芯片（型号为XC7A200T-2FBG676C）作为硬件处理器。Artix-7系列的FPGA芯片采用了6输入的LUT（查找表）。该型号的FPGA芯

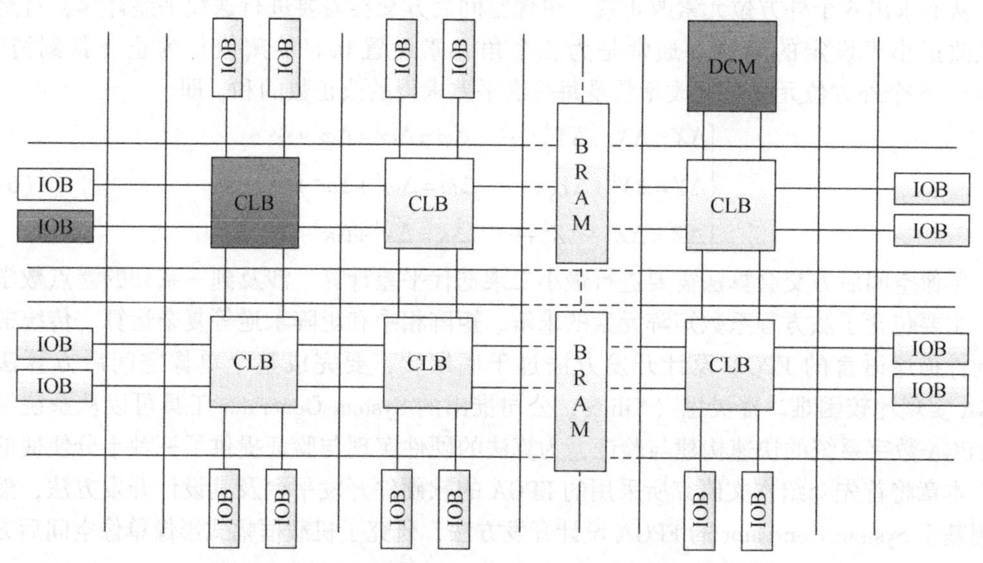

图6-1　FPGA芯片的内部结构（田耘和徐文波，2008）

片具有丰富的逻辑资源以及较多的I/O管脚，基本上能够满足进行算法硬件实现的实验需要。硬件实验平台为包含了该芯片的AC701评价开发板，开发板上FPGA芯片及外围电路的布局如图6-2所示。FPGA开发板提供了一个很好的硬件开发环境。AC701板和许多嵌入式处理系统具有类似的特征，提供了一个DDR3 SODIMM存储器（存储容量为1G，带宽为533MHz /1066Mbps）、一个PCI Express 4通道边缘连接器、一个具有三种模式的以太网PHY（物理接口收发器）、通用I/O和一个UART至USB的桥接器等结构。实验FPGA芯片的硬件资源如表6-1所示。Artix-7的CLB由4个Slice及附加逻辑构成，1个Slice又由多个Logic Cells构成，Slice的内部结构如图6-3所示。在500个用户I/O管脚（pin）中，支持1.2V到3.3V电压的高性能I/O管脚有400个，是用户可以自由分配的管脚数量。

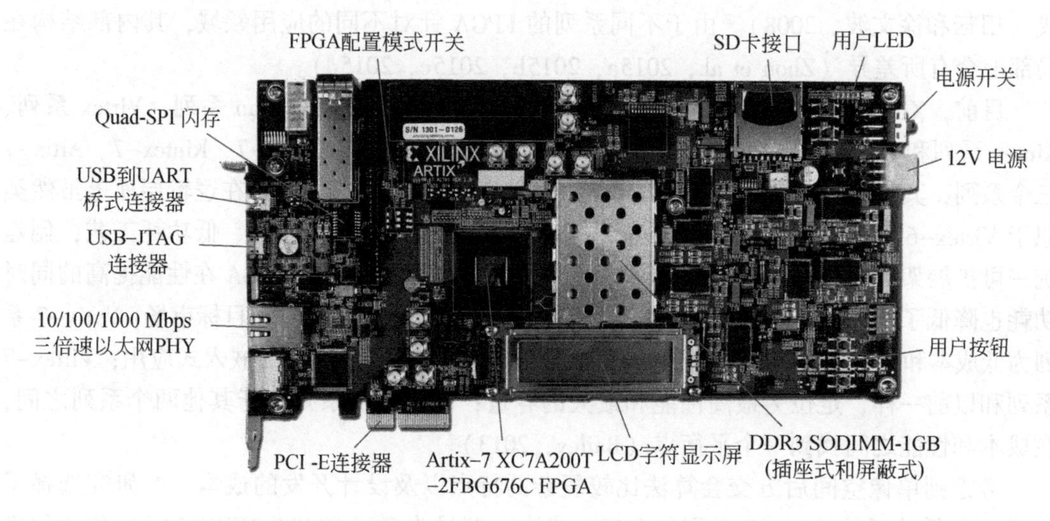

图6-2　AC701评价开发板

表 6-1　Artix-7 XC7A200T-2FBG676C FPGA 芯片的硬件资源（Xilinx，2014）

元件（Components）		数量/个	元件（Components）		数量/个
Logic Cells		215360	PCIe		1
CLBs	Slices①	33650	Block RAM Blocks④	18kb	763
				36kb	365
	Max Distributed RAM	2888		Max（Kb）	13140
DSP48E1 Slices②		740	GTPs		16
CMTs③		10	XADC Blocks		1
Total I/O Banks		10	Max User I/O⑤		500

①7 系列 FPGA 的 Slice 包含了 4 个 LUTs 和 8 个触发器；只有 25%～50% 的 Slice 的 LUTs 可以作为分布式 RAM 或者移位寄存器（SRL）。②每一个 DSP Slice 包含了一个 pre-adder、一个 25×18 的乘法器和一个累加器。③每个 CMT（clock management tile）包含了一个 MMCM（mixed-mode clock manager）和一个 PLL（phase-locked loop）。④Block RAMs 本质上是 36 Kb 大小，每一个 block 也可以用作为两个独立的大小为 18 Kb 的 blocks。⑤其中只有 400 个是用户可以分配的

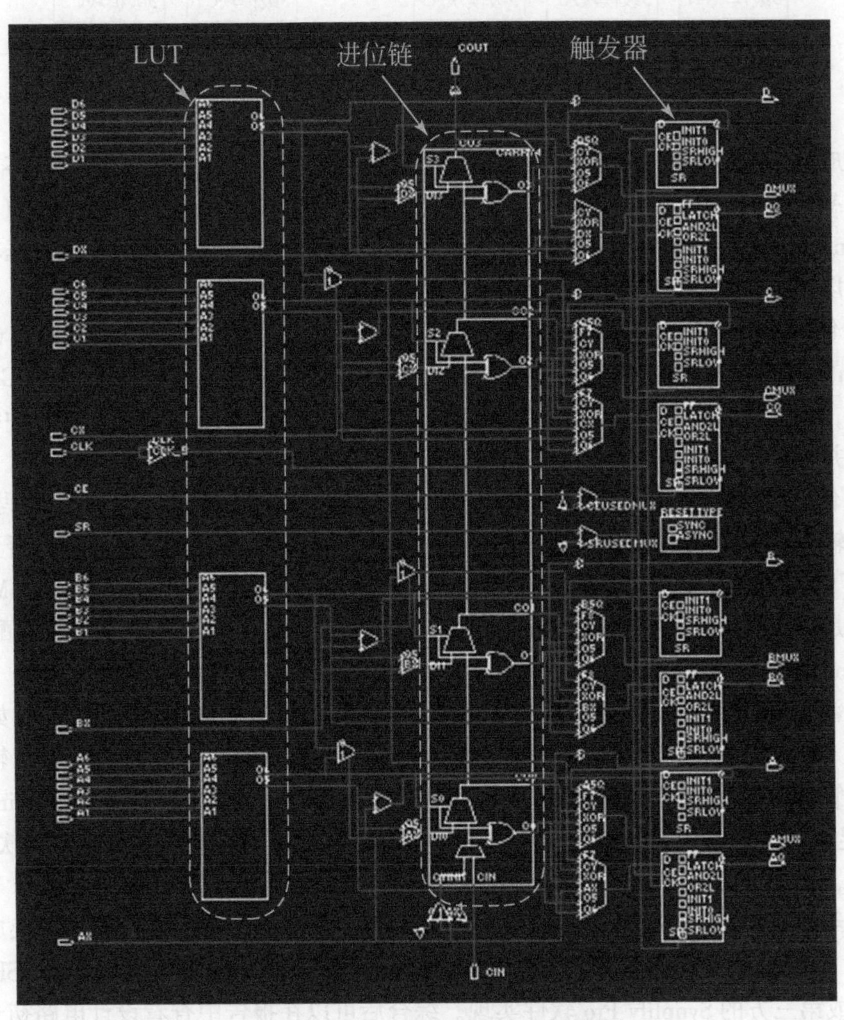

图 6-3　Artix-7 Slice 单元的内部结构

6.3.2 基于ISE软件的FPGA设计开发方法

在进行FPGA系统的设计与开发之前，首先要进行电路功能的设计和完成FPGA器件的选型。电路功能的设计主要是进行电路功能模块的划分，使之能完成所要实现算法的运算。通常是采用自顶向下的层次化设计方法，从系统级开始，将系统划分为多个二级模块，再把二级模块细分为三级模块，一直细分下去，直至能够使用基本的运算单元或者知识产权（intellectual property，IP）核直接实现为止，如图6-4所示。不同型号FPGA的硬件资源量都不同，对于复杂的设计要选用资源更多的器件。器件的选型已在上一节完成，此处不再赘述。

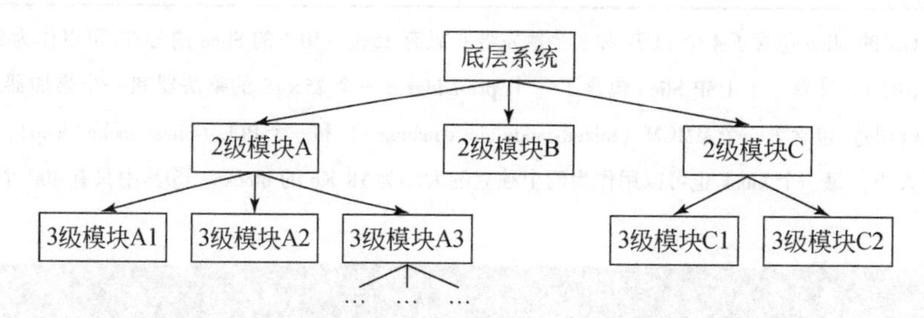

图6-4　自顶向下的FPGA设计开发方法（据田耘和徐文波，2008）

在完成电路功能设计和器件选型之后就可以进入到具体的设计开发过程。本文研究采用的FPGA系统设计开发的软件平台是Xilinx公司的集成软件开发环境ISE（integrated software environment)，软件版本为ISE 14.7。使用ISE软件进行FPGA开发的基本流程可以概括为以下5个步骤（蒋林军，2016；Zhou et al.，2018）：

（1）创建工程和设计输入。在实际的FPGA系统开发中，硬件描述语言（hardware description language，HDL）代码是使用最广泛的一种设计输入方式。HDL是FPGA设计开发的语言，主流语言有VHDL和Verilog HDL两种。使用HDL语言可以完成各种级别的逻辑设计，并可以用于数字逻辑系统的仿真验证、时序设计、逻辑综合。

（2）创建Testbench并进行寄存器传输级（regiter transfer level，RTL）代码的仿真。完成设计输入后，使用HDL编写测试文件进行功能仿真，以验证逻辑功能是否正确。功能仿真可以采用ISE自带的仿真工具ISim，也可以采用第三方的仿真软件Modelsim。Modelsim是业界非常优秀的HDL语言仿真器，本研究将采用了与ISE 14.7软件配套的SE版本的Modelsim 10.1b。

（3）添加时序和管脚约束。时序约束主要是根据设计所需的时序要求（如时钟频率）设置FPGA系统的时钟周期以及相关时序限制，管脚约束是为不同的输入输出信号设置I/O管脚。时序约束和管脚约束都可以利用ISE的约束编辑器（constraint editor）编写满足特定格式的代码实现，也可以采用Xilinx公司的PlanAhead软件进行（图6-5）。

（4）综合与实现。综合优化（synthesis）是指利用综合工具将设计输入转换成由基本逻辑单元（如与门、或门、非门、触发器）组成的逻辑连接网表，可以采用ISE自带的XST工具或第三方的Synplify Pro软件实现。综合后可以在报告中查看设计电路初步的逻辑资源使用情况。实现是将逻辑网表配置到具体的FPGA芯片上，按先后顺序具体分为翻译、映射和布局布线三个过程。布局布线完成后可以在报告中查看设计电路的逻辑资源使用情况、时序分析结果以及在 FPGA 芯片上的布局布线情况，还可以进一步进行能耗分析。

（5）生成位流文件并对 FPGA 芯片进行编程。具体是将布局布线后的电路转换为位流文件（或称 bit 流文件），然后利用 IMPACT 工具进行 FPGA 芯片的配置，将位流文件烧写到 FPGA 芯片中。PC 机与 FPGA 开发板之间的通信通过 USB 至 UART 的连接线以及 JTAG 连接线实现。

最优的设计电路通常要经过反复的修改与验证才会得到，因此第 1 ~ 4 步也是一个重复进行的过程。除了第 2 步的功能仿真，在第 4 步的综合以及实现的步骤之后，可以分别进行综合后仿真与时序仿真，进行设计的进一步验证以查看设计电路是否符合设计要求。在得到设计电路的 bit 流文件后还可以进行基于硬件平台的仿真测试。

6.3.3 基于 System Generator 的 FPGA 开发方法

由于单像空间后方交会涉及到较多的计算步骤，若要选择传统的基于硬件描述语言（HDL）的 FPGA 数字系统设计开发方法来进行整个平差计算系统的设计开发，即使采用了大量的 IP 核（由 HDL 代码封装得到），其实现难度仍相当大。一种简便的 FPGA 设计开发方式是采用 Xilinx 公司推出的 FPGA 数字处理系统的集成开发工具 System Generator for DSP。System Generator 可以和 MATLAB 软件中的 Simulink 工具实现无缝的连接，使得设计者可以将 Xilinx 的 IP 核模块拖曳到 Simulink 中，然后将他们连接起来即可构建 FPGA 计算系统。整个设计过程无需编写任何代码，都是在可视化的环境下完成，可以方便、快速的对系统设计的任意部分进行反复修改，操作非常简便和灵活。利用 System Generator 工具可以实现 FPGA 系统的快速构建并自动生成 HDL 代码，这样使得设计者不必花过多时间去熟悉 HDL 语言，从而大大降低了设计开发难度和缩短了设计开发的周期（田耘，2008）。本节研究将使用该工具来完成平差计算系统的构建，以加快算法 FPGA 实现的硬件设计与验证。

System Generator 工具提供了完成一个 FPGA 系统的设计所需要的所有基本模块，或称之为 IP 核模块。这些基本模块构成了 Xilinx 模块库，被分为了基本模块库、参数化模块库、控制外围电路的模块库三个大类。在 MATLAB/Simulink 环境下通过这些 Xilinx 模块构建的系统才可以在 FPGA 上实现。基本模块库包含了 100 多个底层模块，具体又分为 12 个小类，足以满足设计开发的需要。一个 System Generator 模型必不可少的模块包括了 System Generator 模块、输入和输出边界模块（Gateway In 模块和 Gateway Out 模块），它们均在基本单元模块库（Basic Elements）中。其中 System Generator 模块用于设置 FPGA 芯片的型号以及将设计系统转换为 ISE 工程相关文件。输入和输出边界模块也属于数据类型模块，分别是连接 Simulink 和 System Generator 工具之间的入口和出口，实现定点数与浮点数之间的转换。在基本模块库，常见的数学运算，如加、减、乘、除、正余弦、开方、求相反数、大小比较等运算，可在 Basic Elements、Math 和 Float-Point 库中找到对应的 IP 核模块。运算中经常会用到的计数器、数据选择器、延迟单元、寄存器、RAM、数据格式转换、逻辑运算等功能模块都有对应的 IP 核。利用这些基本的 IP 核模块可以构建出复杂的计算系统。

使用 System Generator 进行 FPGA 设计开发的一般流程如图 6-5 所示。具体的设计开发步骤为（纪志成等，2008）：①使用 MATLAB/Simulink 进行算法的建模和行为级仿真，并生成后缀为 . slx 的 Simulink 文件；②通过 System Generator 自动生成在 ISE 中进一步处理的 RTL 级代码（即 HDL 代码文件）和 IP 核代码，同时生成在功能仿真中用到的 testbench 测试文件；③使用 Modelsim 软件或者 ISim 仿真工具进行功能仿真，验证系统是否满足设计要求；④完成设置约束、综合与实现的执行流程；⑤生成 bit 流文件，然后将 bit 流文件下载到 FPGA，完成整个设计过程。

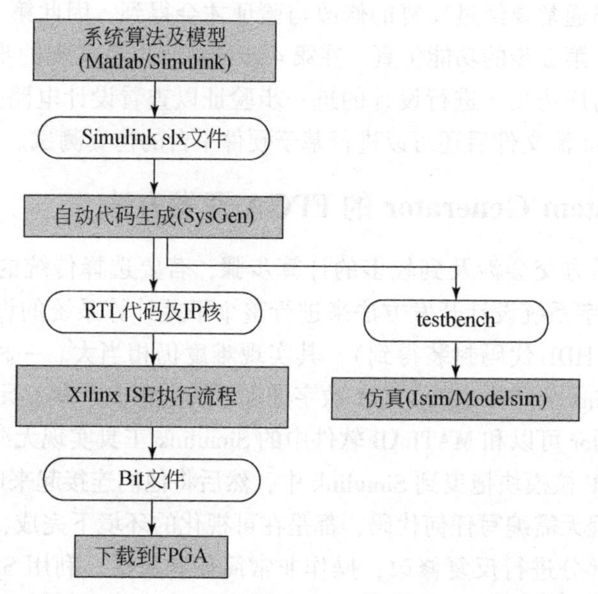

图 6-5　基于 System Generator 的 FPGA 开发流程（纪志成等，2008）

6.4　星上影像几何定标 FPGA 实现

单像空间后方交会算法包含了较多的计算步骤，根据自顶向下的 FPGA 设计开发方法，首先对该算法进行功能模块的划分，然后将各个模块连接起来就能得到其硬件实现结构。FPGA 的优势在于其并行的硬件结构以及可以任意编程的灵活性，十分有利于实现并行计算。因此，设计并行的计算结构可以充分发挥 FPGA 的优势。然而，单像空间后方交会算法在整体上是一个串行和迭代的计算流程，前后计算结果有极大的关联性，无法从整体上完全通过并行的结构来实现。为此，对于该算法的 FPGA 实现，只能在整体上采用串行结构，局部计算尽可能地采用并行结构（Zhou et al., 2018）。

根据单像空间后方交会算法的特点，设计了如图 6-6 所示的理想情况下该算法基于 FPGA 的顶层实现结构。该结构分为数据输入、参数计算、平差计算、阈值比较与结果输出四大模块，并通过各个模块的复用来实现迭代平差计算，从而可以极大地减少硬件资源的使用。数据输入模块部分用于输入外方位元素初始值、控制点的像点坐标和地面点坐标。RAM 实现控制点数据的缓存，以方便后续模块使用该项数据。三个内方位元素作为内部的常数模块，不从外部输入。数据更新模块用于实现迭代计算所需输入数据的更新。参数计算模块用于计算系数矩阵 $\boldsymbol{A}$ 和常数项矩阵 $\boldsymbol{L}$ 的元素。其中，三个角元素的正、余弦值计算的 FPGA 实现比较复杂和耗时，并且为后续子模块共用，因此作为单独的模块；构成旋转矩阵 R 的 9 个方向余弦值同样为后续子模块共用，也作为一个单独模块。计算矩阵 $\boldsymbol{A}$ 和 $\boldsymbol{L}$ 的元素的三个子模块可以并行执行。矩阵平差模块实现了法方程的求解，包括矩阵向量数据的构建、矩阵相乘和矩阵求逆的运算，其中矩阵相乘子模块 $\boldsymbol{A}^{\mathrm{T}}\boldsymbol{A}$ 和 $\boldsymbol{A}^{\mathrm{T}}\boldsymbol{L}$ 可以并行执行。阈值比较与平差结果输出模块用于将三个角元素改正值与预先设定的阈值进行比较和控制迭代计算的进行，并将多次平差的结果进行累加（图 6-6 中的 Acc 模块）和输出。整体计算结构中除了局部子模块的并行执行，子模块内部的实现也可以设计并行的计算结构，具体实现将在下一节给出详细的论述。

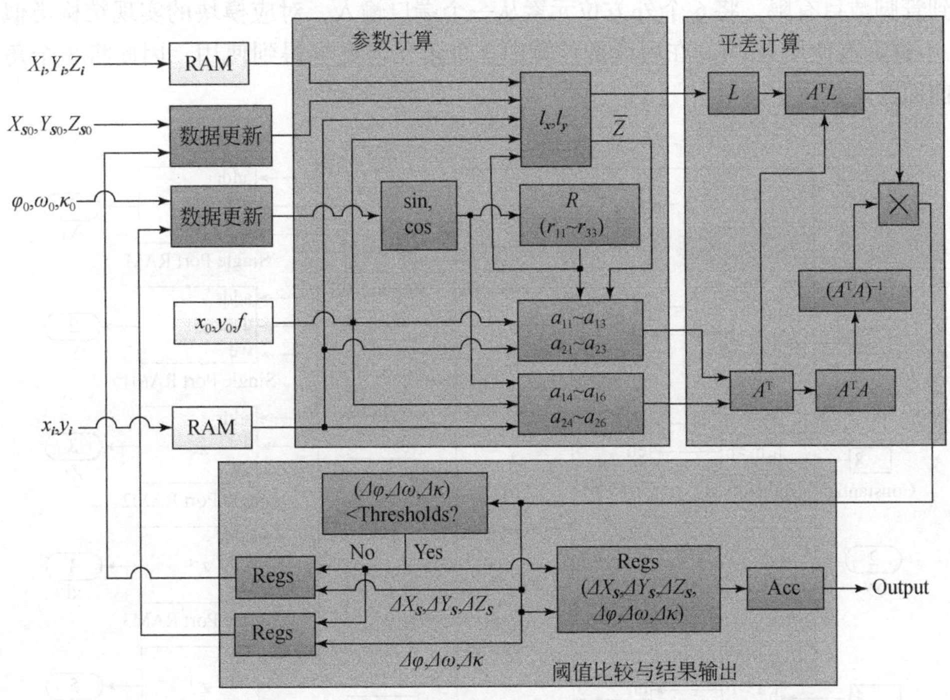

图 6-6　基于 FPGA 的框幅式影像单像空间后方交会的顶层实现结构

6.4.1　数据输入模块的实现

FPGA 在每个时钟周期处理的是数据流中的一个数据，因此输入的多项数据也要转换成数据流的形式。这可以通过在 Matlab 中利用 reshape（）函数构建一个 n 行 2 列的矩阵来实现，第一列的元素为从 0 到（n-1）的整数，表示输入数据的先后顺序，第二列的元素为按顺序排列的待处理数据，即为输入到 FPGA 中的数据流。此外，数据的输入还要考虑两个方面。其一，用户可以自由分配的 FPGA 的 I/O 管脚数量有限（实验 FPGA 芯片有 400 个这样的管脚），则输入与输出数据所使用的管脚数量不能超过这个上限。所使用管脚的数量等于输入及输出数据总的二进制位数，而数据的精度要求则决定了数据二进制数位的多少。数据的精度要求越高，则表示数据的二进制位数越多，所使用的管脚就越多。在管脚数量有限而数据精度要求较高的情况下，需要考虑设置几个数据输入端口才算合适。其二，输入数据流的处理方式（如同类型不同数据项的输入顺序、不同类型数据共用一个端口的输入方式、数据的缓存）在一定程度上也影响着后续数据处理模块的结构，从而影响整个计算系统的硬件资源使用和耗时。

在采用4个控制点时，图6-6的设计结构中需要输入4个控制点的大地坐标和像点坐标以及6个外方位元素初值。为了得到高精度的计算结果，输入的数据均采用双精度浮点格式。控制点的大地坐标和像点坐标从分别两个端口输入，相应模块的实现结构如图6-7所示。由于控制点数据的数据项较多，因此按 X、Y、Z 以及 x、y 的顺序将数据输入，便于实现数据的分流。最后利用单端口随机存取存储器（Single Port RAM）对数据进行缓存，通过计数器控制RAM的存储地址使其重复输出4个控制点的相应数据，以方便后续模块的使用。第一个计数器实现了两层比较器的控制，使得特定的数据输入到RAM中。考虑到管脚数目有限，将6个外方位元素从一个端口输入，对应模块的实现结构类似于图6-7，不过无需使用RAM。在后续的计算中3个角元素更早得到使用，因此将3个角元素放在前面输入。

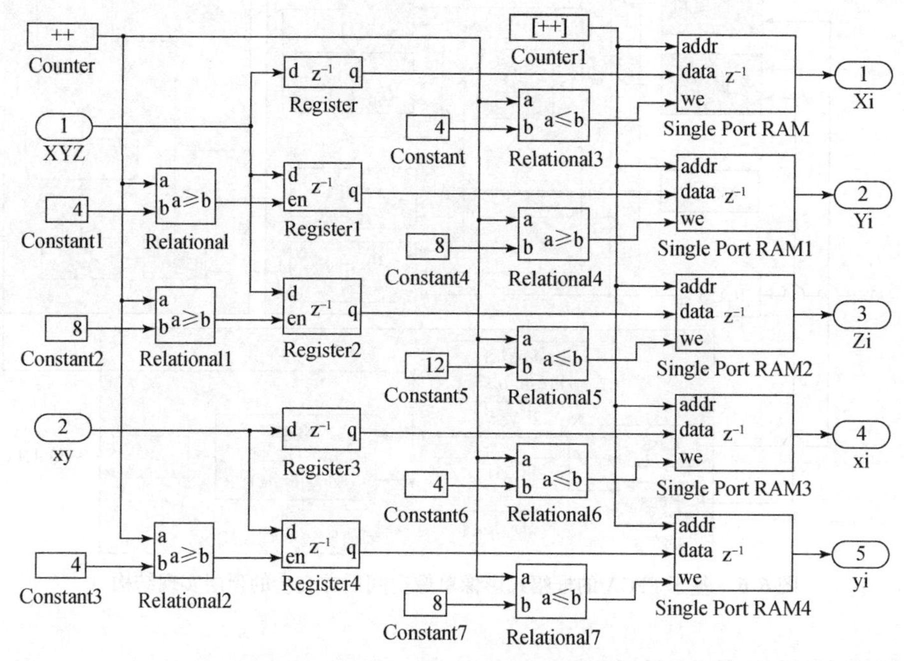

图6-7　控制点数据输入模块的实现结构

6.4.2　参数计算模块的实现

根据图6-6中参数计算模块的设计结构，利用System Generator构建出了如图6-8的参数计算硬件实现的顶层模块。其中，像点的框标坐标到像平面坐标的转换由xy_x0y0模块实现。该模块内部采用了两个减法器，只需要将像点的框标坐标减去像主点坐标即可。需要注意的是整个计算模块中任何运算单元或子模块的命名只能是字母、数值和下划线的组合。其余子模块的设计与实现要复杂一些，下面将一一讲解。

（1）角元素正、余弦值计算模块

角度的正、余弦值计算的硬件实现通常采用CORDIC（coordinate rotational digital computer）算法。在System Generator工具中，可以直接采用已封装好的CORDIC核来实现角度的正、余弦值计算（计算正、余弦值只是CORDIC核的一项功能）。对于Artix-7系列

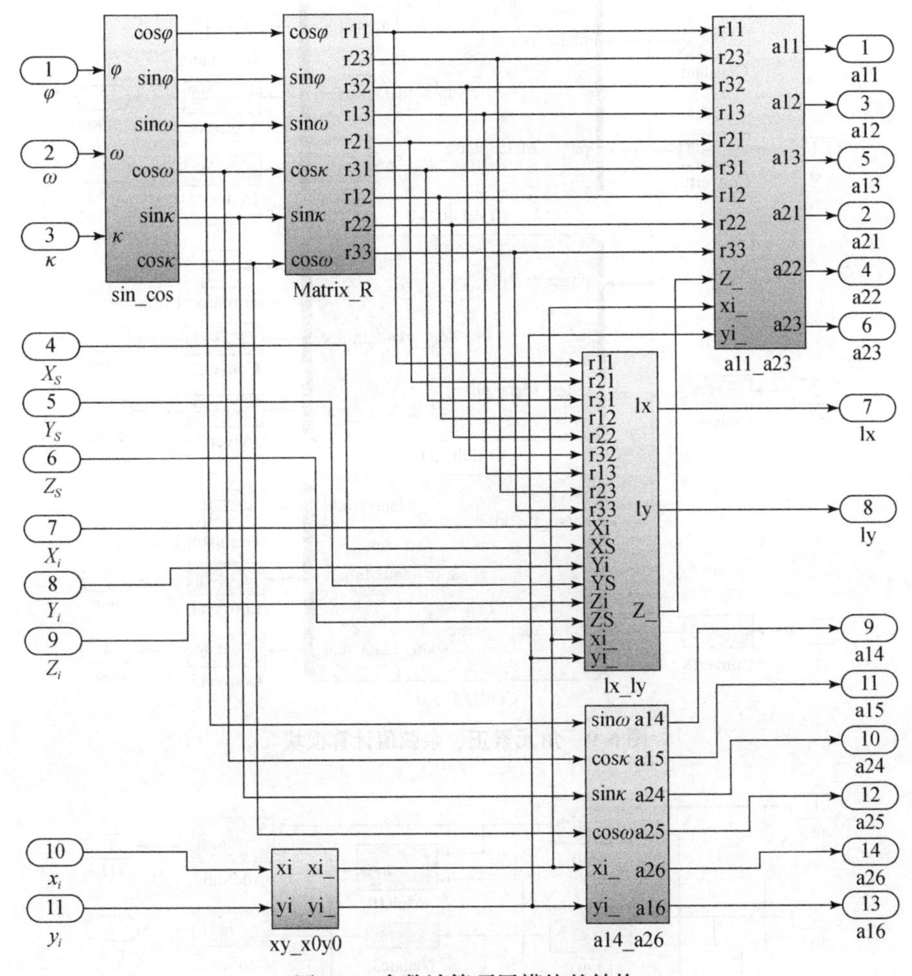

图 6-8 参数计算顶层模块的结构

的 FPGA 芯片，可以采用 CORDIC 5.0 的 IP 核，输入的数据为角度的弧度值，输出的信号中 dout_tdata_image 信号表示正弦值，dout_tdata_real 信号表示余弦值。通过 3 个 CORDIC 核实现三个角度正、余弦值的并行求解，其计算速度是使用一个 CORDIC 核进行计算的速度的三倍，即用电路面积换取了计算速度的提升（图 6-9）。CORDIC 核的输入数据规定为定点数，因此需要通过数据转换单元（convert）将到来的双精度浮点数转换为定点数，计算完成后再转换为双精度浮点数。为了得到高精度的计算结果，将 CORDIC 核的输入与输出数据的定点数位宽都设置为其允许的最高位宽 48 位，此时需要 52 个时钟周期才能完成计算。

（2）方向余弦值计算模块

根据式（6-3）可知 9 个方向余弦值是 6 个角元素的正、余弦值的组合运算，为其设计的并行计算模块如图 6-10 所示。其中，r_{11} 和 r_{23} 之间具有共同项，r_{13} 和 r_{21} 之间具有共同项。对于这些共同项，在设计模块中只需进行一次计算，并由相关计算过程共用，从而可以减少硬件资源的使用。Negate 单元用于计算一个数值的相反数。

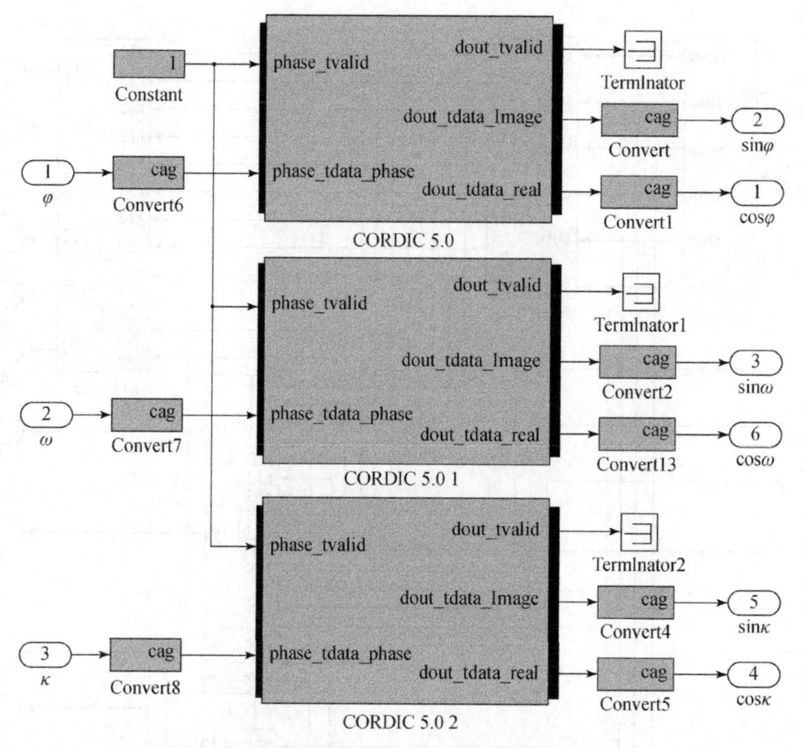

图 6-9　角元素正、余弦值计算模块

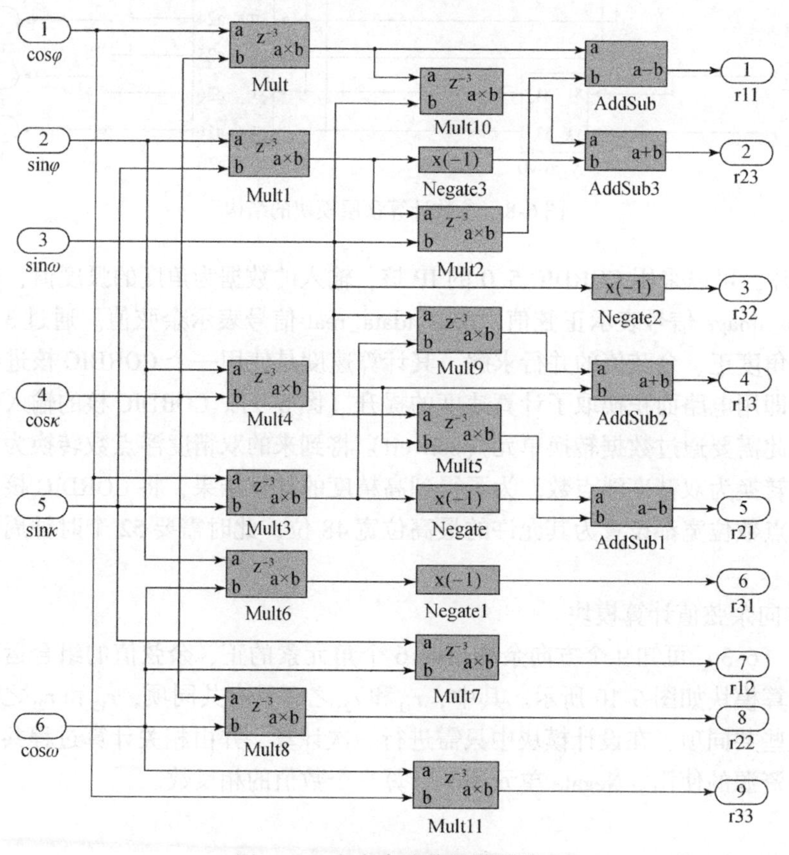

图 6-10　方向余弦值计算模块

（3）常数项矩阵与系数矩阵元素的计算模块

常数项矩阵 $\boldsymbol{L}$ 的元素的计算比较有规律，其计算模块如图 6-11。图中，xi_表示 x_i-x_0，yi_表示 y_i-y_0，Z_表示 $\bar{Z}$，延迟（delay）单元用于对齐数据信号到来的时间（时钟周期）。观察式（6-6）的系数矩阵元素的计算公式可以发现，（a_{11}，a_{12}，a_{13}，a_{21}，a_{22}，a_{23}）的计算式在形式上完全一样，（a_{14}，a_{15}，a_{16}，a_{24}，a_{25}，a_{26}）的计算式在形式上接近并且存在共同项，适合于分为两个子模块单独进行实现。根据计算公式的特点，可以构建出如图 6-12 的计算 $a_{11}\sim a_{23}$的计算模块以及如图 6-13 的计算 $a_{14}\sim a_{26}$的计算模块。

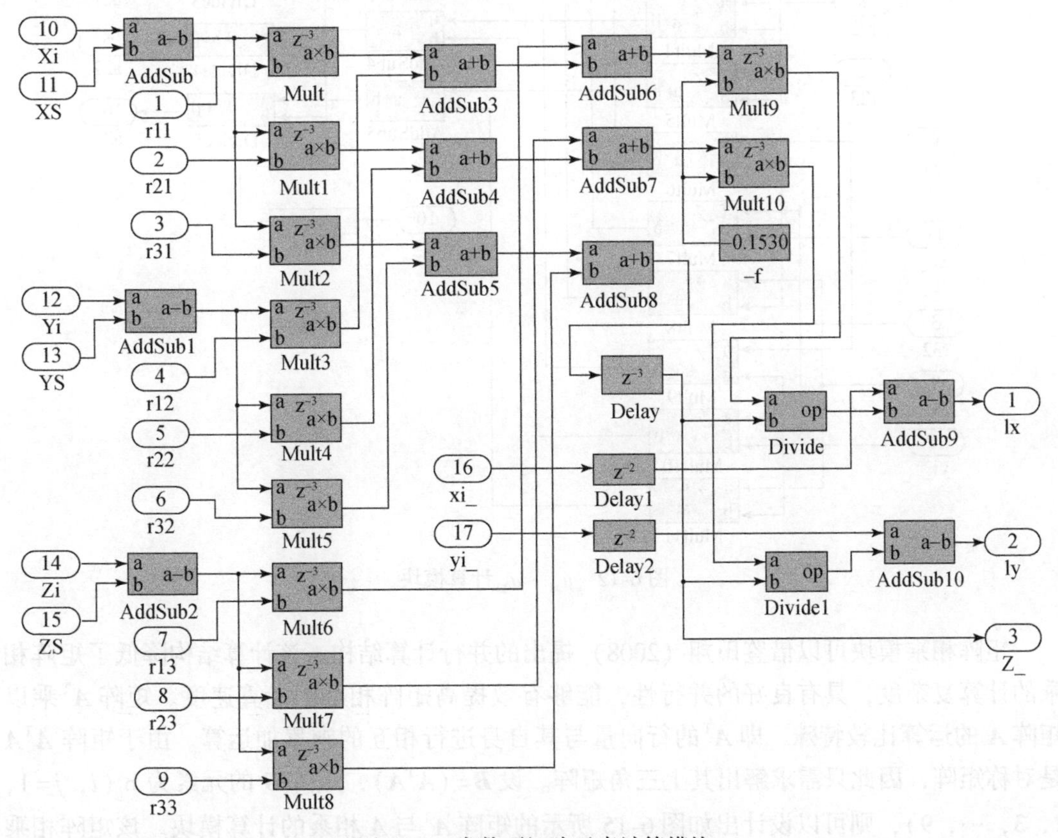

图 6-11　常数项矩阵元素计算模块

6.4.3　矩阵相乘并行计算的实现

矩阵相乘实现的是一个矩阵的行向量乘以另一个矩阵相应的列向量的运算，向量与向量之间进行乘累加运算，从而得到结果矩阵的对应元素值。根据矩阵相乘项 $\boldsymbol{A}^{\mathrm{T}}\boldsymbol{A}$、$\boldsymbol{A}^{\mathrm{T}}\boldsymbol{L}$ 的特点，需要构建矩阵 $\boldsymbol{A}^{\mathrm{T}}$的 6 个行向量（记为 A1、A2、A3、A4、A5、A6）以及列矩阵 $\boldsymbol{L}$ 构成的列向量。$\boldsymbol{A}^{\mathrm{T}}$是 $\boldsymbol{A}$ 的转置矩阵，因此前者的行向量对应着后者的列向量。各行向量和列向量的构建方法相同，以矩阵 $\boldsymbol{A}^{\mathrm{T}}$的第一个行向量 A1 的构建为例，其硬件实现结构如图 6-14 所示。该模块利用数据选择器（简称多路器，即 Mux 单元）将到来的多个数据信号合并为一个信号输出，所使用的 Delay 单元用于控制到来的数据进入到多路器的先后顺序。计数器（counter 单元）按照从小到大的顺序完成循环计数。

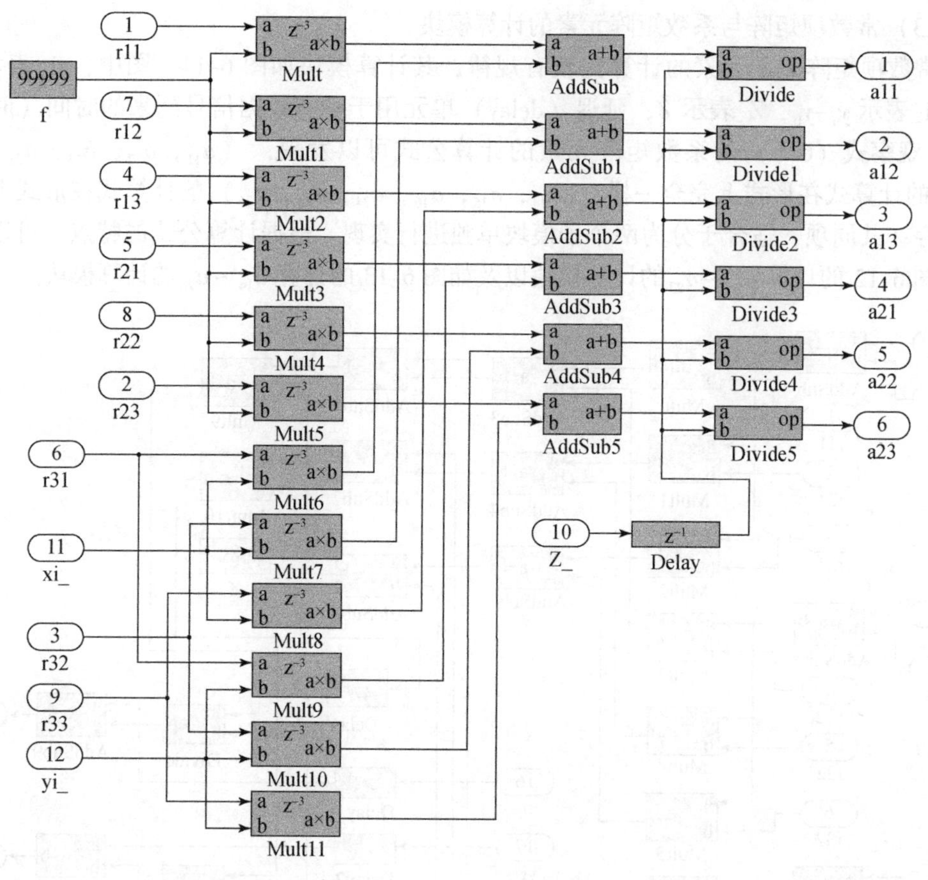

图 6-12　$a_{11}\sim a_{23}$计算模块

矩阵相乘模块可以借鉴田翔（2008）提出的并行计算结构。该计算结构降低了矩阵相乘的计算复杂度，具有良好的并行性，能够有效提高矩阵相乘的计算速度。矩阵 $\boldsymbol{A}^{\mathrm{T}}$乘以矩阵 $\boldsymbol{A}$ 的运算比较特殊，即 $\boldsymbol{A}^{\mathrm{T}}$的行向量与其自身进行相互的乘累加运算。由于矩阵 $\boldsymbol{A}^{\mathrm{T}}\boldsymbol{A}$ 是对称矩阵，因此只需求解出其上三角矩阵。设 $\boldsymbol{B}=(\boldsymbol{A}^{\mathrm{T}}\boldsymbol{A})$，矩阵 $\boldsymbol{B}$ 的元素为 $b_{ij}(i, j=1, 2, 3, \cdots, 9)$，则可以设计出如图 6-15 所示的矩阵 $\boldsymbol{A}^{\mathrm{T}}$与 $\boldsymbol{A}$ 相乘的计算模块。该矩阵相乘模块包含了控制模块、6 个行向量的输入端口、21 个乘累加处理单元（processing element, PE）以及 21 个输出端口。控制模块由计数器、比较器和常数单元组合而成，生成的重置信号和使能信号用于控制 PE 单元的计算。

本文设计的 PE 单元可以实现两个向量的乘累加运算，从而完成目标矩阵的一个元素值的计算，其内部结构如图 6-16 所示。使用 PE 单元的好处在于节约了大量的乘法器和加法器资源。该模块中，控制信号默认为高电平有效，即信号的逻辑值为 1。重置信号 rst 的高电平要比使能信号 en 的高电平提前至少一个时钟周期到来，从而将寄存器（Register）设置为初始状态（例如将寄存器中存储的值设置为 0）。PE 实现乘累加运算的过程为：将输入的 a 和 b 两个数据相乘；rst 信号将寄存器设置为初始状态；下一个时钟周期，使能信号 en 控制寄存器中存储的初始值 0 输出；0 值与经过 Delay 单元延迟 1 个时钟周期后到来的乘积项（a×b）相加，然后经过寄存器后输出；第一次相加得到的结果又作为加法器下一次加法运算的输入数据，与此时到来的乘积项相加，然后又经过寄存器后在下一个时钟周期输出；如此反复，经过 n 次（n 为行向量包含数据的个数）的乘法和加法计算后，就完成了一个相应元素值的计算。

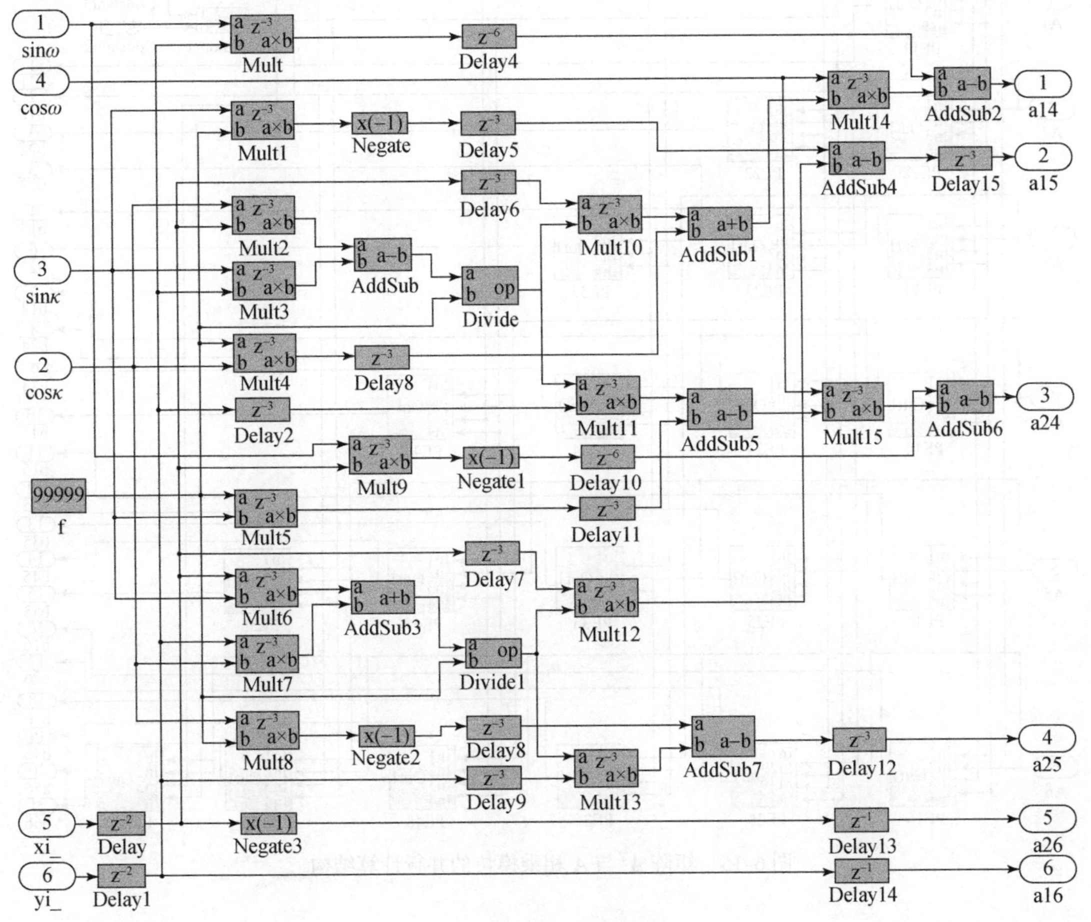

图 6-13　$a_{14} \sim a_{26}$ 计算模块

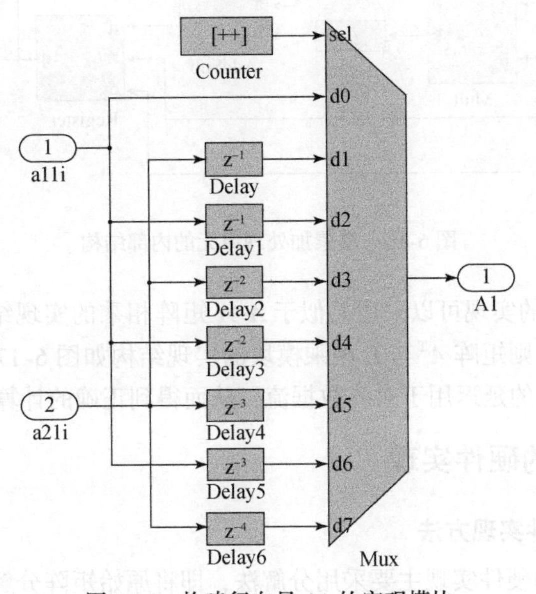

图 6-14　构建行向量 A1 的实现模块

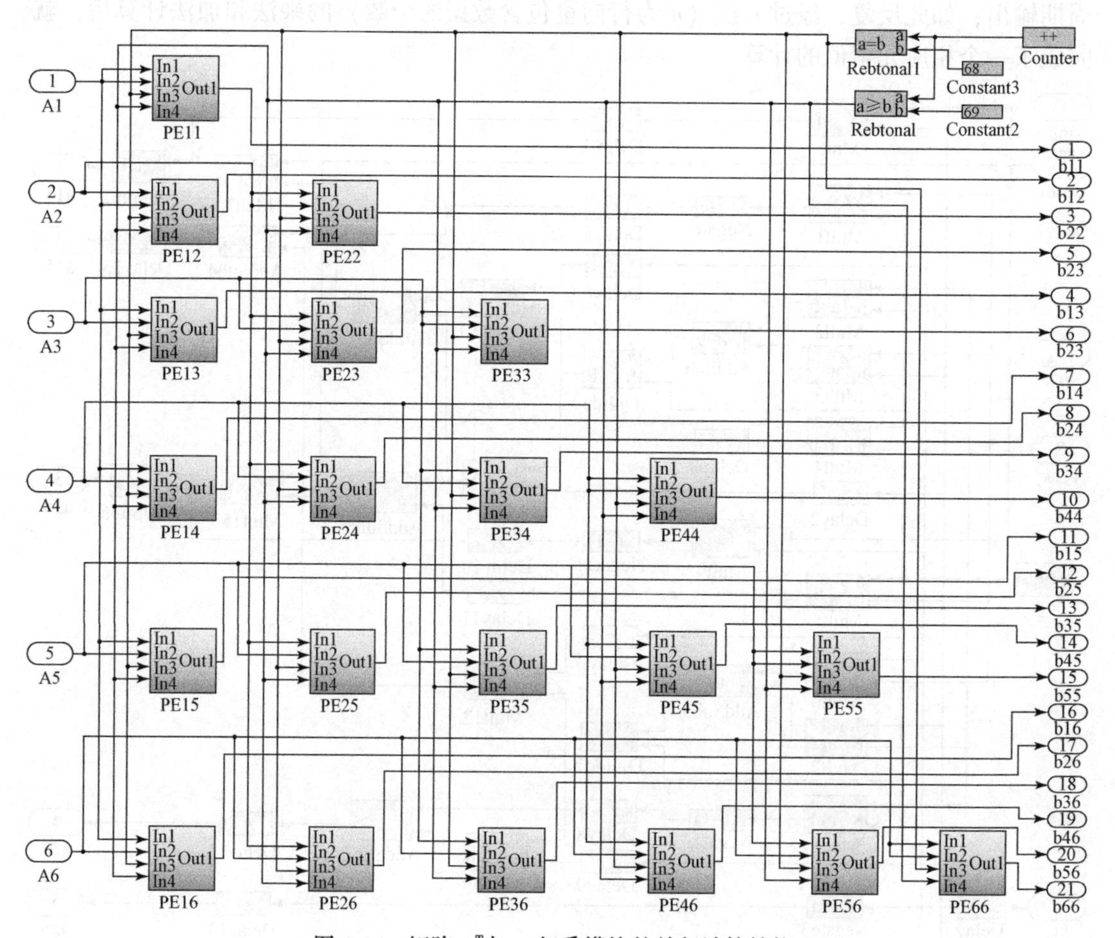

图 6-15　矩阵 $\boldsymbol{A}^{\mathrm{T}}$ 与 $\boldsymbol{A}$ 相乘模块的并行计算结构

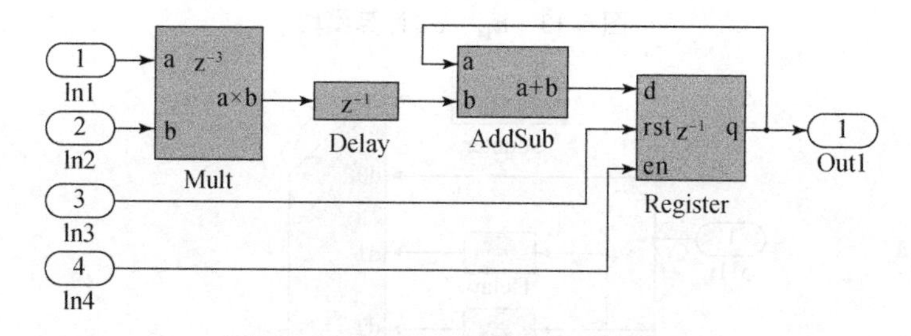

图 6-16　乘累加处理单元的内部结构

矩阵 $\boldsymbol{A}^{\mathrm{T}}$ 与 $\boldsymbol{L}$ 相乘的实现可以采用类似于 $\boldsymbol{A}^{\mathrm{T}}\boldsymbol{A}$ 矩阵相乘的实现结构，此时只需要 6 个 PE 单元。设 $\boldsymbol{C}=\boldsymbol{A}^{\mathrm{T}}\boldsymbol{L}$，则矩阵 $\boldsymbol{A}^{\mathrm{T}}$ 与 $\boldsymbol{L}$ 相乘模块的实现结构如图 6-17 所示。图中为列向量 L 增加的两个时钟周期的延迟用于对齐数据流，从而得到正确的计算结果。

6.4.4　矩阵求逆的硬件实现

1. 矩阵求逆的硬件实现方法

目前，矩阵求逆的硬件实现主要采用分解法，即将原始矩阵分解为三角矩阵或酉矩阵

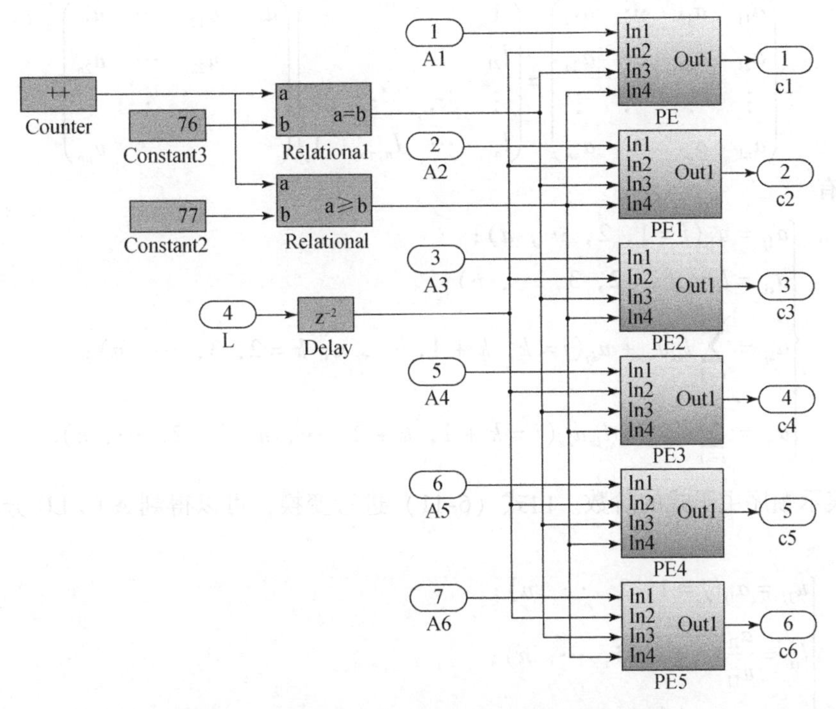

图 6-17 矩阵 $\boldsymbol{A}^{\mathrm{T}}$与 $\boldsymbol{L}$ 相乘模块的并行计算结构

这种具有某种特性、易于求逆的特殊矩阵，然后对分解后的矩阵求逆并相乘，就可以完成原始矩阵的求逆（林皓，2007）。常用的分解法求逆矩阵的方法有 Cholesky 分解、QR 分解和 LU 分解。这几种矩阵分解具有不同的特点，其适用范围不同。Cholesky 分解的计算过程最简单，但只能用于 Hermite 正定矩阵（或者对称正定矩阵）的三角分解，适用范围太小；QR 分解适合于任意矩阵，不过计算过程比较复杂，其硬件实现难度较大；LU 分解可以实现各阶顺序主子式不等于零的矩阵的三角分解，而大多数可逆矩阵都满足这一条件，并且其计算要比 QR 分解简单，因此 LU 分解在矩阵求逆的硬件实现中也有着广泛的运用（林皓，2007）。

通过编写 MATLAB 程序得到的计算结果可以知道，矩阵 $\boldsymbol{A}^{\mathrm{T}}\boldsymbol{A}$ 是比较特殊的对称正定矩阵，因此可以优先采用 Cholesky 分解法和 LU 分解法。本章将研究利用 LU 分解来实现矩阵 $\boldsymbol{A}^{\mathrm{T}}\boldsymbol{A}$ 的基于硬件求逆的方法。由于 $\boldsymbol{A}^{\mathrm{T}}\boldsymbol{A}$ 为 6 阶矩阵，若采用常规的 LU 分解法，则其硬件实现仍然比较复杂。对于阶数较高的矩阵，可以采用易于硬件实现的分块 LU 分解求逆的方法。该方法将原矩阵进行棋盘式的均匀分块，然后分别对各个子矩阵进行分解与求逆运算，最后进行子矩阵的相乘即可得到原始矩阵的逆矩阵，是一种可以实现高阶矩阵求逆且计算复杂度不高的方法（王锐等，2007）。常规的 LU 分解算法是分块 LU 分解算法的基础，因此下面将首先介绍前者，然后给出针对矩阵 $\boldsymbol{A}^{\mathrm{T}}\boldsymbol{A}$ 的分块 LU 分解与求逆的算法。

（1）LU 分解法求逆矩阵

对于一个 n 阶非奇异矩阵（即矩阵的所有顺序主子式均不为零）$\boldsymbol{A}$，将其分解成一个单位下三角矩阵 $\boldsymbol{L}$ 和一个上三角矩阵 $\boldsymbol{U}$ 的乘积，即 $\boldsymbol{A}=\boldsymbol{LU}$，称作矩阵 $\boldsymbol{A}$ 的 LU 分解（邵仪，2010）。由 $\boldsymbol{A}=\boldsymbol{LU}$ 可得

$$
\begin{pmatrix} a_{11} & a_{12} & \cdots & a_{1n} \\ a_{21} & a_{22} & \cdots & a_{2n} \\ \vdots & \vdots & \ddots & \vdots \\ a_{n1} & a_{n2} & \cdots & a_{nn} \end{pmatrix} = \begin{pmatrix} 1 & & & \\ l_{21} & 1 & & \\ \vdots & \ddots & \ddots & \\ l_{n1} & \cdots & l_{n,n-1} & 1 \end{pmatrix} \begin{pmatrix} u_{11} & u_{12} & \cdots & u_{1n} \\ & u_{22} & \cdots & u_{2n} \\ & & \ddots & \vdots \\ & & & u_{nn} \end{pmatrix} \tag{6-10}
$$

所以有

$$
\begin{cases} a_{1j} = u_{1j}(j = 1,\ 2,\ \cdots,\ n); \\ a_{i1} = l_{i1}u_{11}(i = 2,\ 3,\ \cdots,\ n); \\ a_{kj} = \sum\limits_{t=1}^{k-1} l_{kt}u_{tj} + u_{kj}(j = k,\ k+1,\ \cdots,\ n;\ k = 2,\ 3,\ \cdots,\ n); \\ a_{ik} = \sum\limits_{t=1}^{k-1} l_{it}u_{tk} + l_{ik}u_{kk}(i = k+1,\ k+2,\ \cdots,\ n;\ k = 2,\ \cdots,\ n). \end{cases} \tag{6-11}
$$

式中，k 表示顺序主子式的阶数。由式（6-11）进行变换，可以得到 $\boldsymbol{A}$ 的 LU 分解的计算公式为

$$
\begin{cases} u_{1j} = a_{1j}(j = 1,\ 2,\ \cdots,\ n); \\ l_{i1} = \dfrac{a_{i1}}{u_{11}}(i = 2,\ 3,\ \cdots,\ n); \\ u_{kj} = a_{kj} - \sum\limits_{t=1}^{k-1} l_{kt}u_{tj}(j = k,\ k+1,\ \cdots,\ n;\ k = 2,\ 3,\ \cdots,\ n); \\ l_{ik} = \dfrac{1}{u_{kk}}(a_{ik} - \sum\limits_{t=1}^{k-1} l_{it}u_{tk})(i = k+1,\ k+2,\ \cdots,\ n;\ k = 2,\ \cdots,\ n). \end{cases} \tag{6-12}
$$

然后对矩阵 $\boldsymbol{U}$ 和矩阵 $\boldsymbol{L}$ 进行求逆。设 $\boldsymbol{V}=\boldsymbol{U}^{-1}$，根据初等变换法可以得到 $\boldsymbol{U}$ 的逆矩阵 $\boldsymbol{V}$ 的计算公式，即

$$
v_{ij} = \begin{cases} 1/u_{ii}, & i = j,\ 1 \leqslant i \leqslant n \\ -\sum\limits_{k=i+1}^{j} v_{kj}u_{ik}/u_{ii}, & 1 \leqslant i \leqslant n-1,\ 2 \leqslant j \leqslant n \\ 0, & j < i \end{cases} \tag{6-13}
$$

对于单位下三角矩阵 $\boldsymbol{L}$，设 $\boldsymbol{Q}=\boldsymbol{L}^{-1}$，则

$$
\boldsymbol{Q} = \boldsymbol{L}^{-1} = ((\boldsymbol{L}^{\mathrm{T}})^{\mathrm{T}})^{-1} = ((\boldsymbol{L}^{\mathrm{T}})^{-1})^{\mathrm{T}} \tag{6-14}
$$

所以有

$$
\begin{bmatrix} q_{11} & & & \\ q_{21} & q_{22} & & \\ \vdots & \vdots & \ddots & \\ q_{n1} & q_{n2} & \cdots & q_{nn} \end{bmatrix} = \begin{bmatrix} \begin{bmatrix} 1 & l_{21} & \cdots & l_{n1} \\ & 1 & \cdots & l_{n2} \\ & & \ddots & \vdots \\ & & & 1 \end{bmatrix}^{-1} \end{bmatrix}^{\mathrm{T}} \tag{6-15}
$$

通过推导易知矩阵 $\boldsymbol{Q}$ 的元素可以由以下公式计算得到

$$
q_{ji} = \begin{cases} 1, & i = j,\ 1 \leqslant i \leqslant n \\ -\sum\limits_{k=i+1}^{j} q_{jk} \cdot l_{ki}, & 1 \leqslant i \leqslant n-1,\ 2 \leqslant j \leqslant n \\ 0, & j < i \end{cases} \tag{6-16}
$$

最后，将矩阵 $\boldsymbol{V}$ 和矩阵 $\boldsymbol{Q}$ 相乘得到原始矩阵 $\boldsymbol{A}$ 的逆矩阵，以3阶矩阵为例，即

$$\boldsymbol{A}^{-1}=\begin{bmatrix} v_{11} & v_{12} & v_{13} \\ & v_{22} & v_{23} \\ & & v_{33} \end{bmatrix}\begin{bmatrix} 1 & & \\ q_{21} & 1 & \\ q_{31} & q_{32} & 1 \end{bmatrix}=\begin{bmatrix} v_{11}+v_{12}q_{21}+v_{13}q_{31} & v_{12}+v_{13}q_{32} & v_{13} \\ v_{22}q_{21}+v_{23}q_{31} & v_{22}+v_{23}q_{32} & v_{23} \\ v_{33}q_{31} & v_{33}q_{32} & v_{33} \end{bmatrix} \tag{6-17}$$

（2）分块 LU 分解求逆矩阵

按照均匀分块的原则，6阶矩阵 $\boldsymbol{A}^{\mathrm{T}}\boldsymbol{A}$ 可以分解为4个3×3的子矩阵。针对矩阵 $\boldsymbol{A}^{\mathrm{T}}\boldsymbol{A}$ 的分块 LU 分解求逆的步骤与算法如下：

a. 矩阵 $\boldsymbol{A}^{\mathrm{T}}\boldsymbol{A}$ 的块 LU 分解

设 $\boldsymbol{B}=\boldsymbol{A}^{\mathrm{T}}\boldsymbol{A}$，将矩阵 B 均分成4块，然后进行分块 LU 分解，即

$$\begin{bmatrix} \boldsymbol{B}_{11} & \boldsymbol{B}_{12} \\ \boldsymbol{B}_{21} & \boldsymbol{B}_{22} \end{bmatrix}=\begin{bmatrix} \boldsymbol{L}_{11} & \\ \boldsymbol{L}_{21} & \boldsymbol{L}_{22} \end{bmatrix}\begin{bmatrix} \boldsymbol{U}_{11} & \boldsymbol{U}_{12} \\ & \boldsymbol{U}_{22} \end{bmatrix} \tag{6-18}$$

具体的循环分解过程为

①将 $\boldsymbol{B}_{11}$ 进行 LU 分解得到 $\boldsymbol{L}_{11}$ 和 $\boldsymbol{U}_{11}$，即 $\boldsymbol{B}_{11}=\boldsymbol{L}_{11}\boldsymbol{U}_{11}$；②根据三角矩阵求逆方法计算逆矩阵 $\boldsymbol{L}_{11}^{-1}$ 和 $\boldsymbol{U}_{11}^{-1}$；③矩阵计算：$\boldsymbol{L}_{21}=\boldsymbol{B}_{21}\boldsymbol{U}_{11}^{-1}$，$\boldsymbol{U}_{12}=\boldsymbol{L}_{11}^{-1}\boldsymbol{B}_{12}$；④矩阵计算：$\hat{\boldsymbol{B}}_{22}=\boldsymbol{B}_{22}-\boldsymbol{L}_{21}\boldsymbol{U}_{12}$（经过验证可知 $\hat{\boldsymbol{B}}_{22}$ 为3阶对称矩阵）；⑤将 $\hat{B}_{22}$ 进行 LU 分解得到 $\boldsymbol{L}_{22}$ 和 $\boldsymbol{U}_{22}$，即 $\hat{\boldsymbol{B}}_{22}=\boldsymbol{L}_{22}\boldsymbol{U}_{22}$；⑥根据三角矩阵求逆方法计算逆矩阵 $\boldsymbol{L}_{22}^{-1}$ 和 $\boldsymbol{U}_{22}^{-1}$；

b. 块 $\boldsymbol{U}$ 矩阵求逆

设 $\boldsymbol{V}=\begin{bmatrix} \boldsymbol{V}_{11} & \boldsymbol{V}_{12} \\ & \boldsymbol{V}_{22} \end{bmatrix}=\boldsymbol{U}^{-1}=\begin{bmatrix} \boldsymbol{U}_{11} & \boldsymbol{U}_{12} \\ & \boldsymbol{U}_{22} \end{bmatrix}^{-1}$，因为

$$\boldsymbol{V}_{ij}=\begin{cases} \boldsymbol{U}_{ii}^{-1} & i=j,\ i=1,\ \cdots,\ k \\ -\boldsymbol{V}_{ii}\sum\limits_{s=i+1}^{j}\boldsymbol{U}_{is}\cdot\boldsymbol{V}_{sj} & q=1,\ \cdots,\ k-1;\ i=1,\ \cdots,\ k-q;\ j=i+q \\ 0 & j<i \end{cases} \tag{6-19}$$

所以

$$\begin{cases} \boldsymbol{V}_{11}=\boldsymbol{U}_{11}^{-1},\ \boldsymbol{V}_{22}=\boldsymbol{U}_{22}^{-1} \\ \boldsymbol{V}_{12}=-\boldsymbol{V}_{11}\boldsymbol{U}_{12}\boldsymbol{V}_{22} \end{cases} \tag{6-20}$$

c. 块 L 矩阵求逆

设 $\boldsymbol{M}=\begin{bmatrix} \boldsymbol{M}_{11} & \\ \boldsymbol{M}_{21} & \boldsymbol{M}_{22} \end{bmatrix}=\boldsymbol{L}^{-1}=\begin{bmatrix} \boldsymbol{L}_{11} & \\ \boldsymbol{L}_{21} & \boldsymbol{L}_{22} \end{bmatrix}^{-1}$，由 $\boldsymbol{M}=\boldsymbol{L}^{-1}=((\boldsymbol{L}^{\mathrm{T}})^{\mathrm{T}})^{-1}=((\boldsymbol{L}^{\mathrm{T}})^{-1})^{\mathrm{T}}$ 可知

$$\boldsymbol{M}_{ji}=\begin{cases} \boldsymbol{L}_{ii}^{-1} & i=j,\ i=1,\ \cdots,\ k \\ \sum\limits_{s=i+1}^{j}\boldsymbol{M}_{js}\cdot\boldsymbol{L}_{si}(-\boldsymbol{M}_{ii}) & q=1,\ \cdots,\ k-1;\ i=1,\ \cdots,\ k-q;\ j=i+q \\ 0 & j<i \end{cases} \tag{6-21}$$

所以

$$\begin{cases} \boldsymbol{M}_{11}=\boldsymbol{L}_{11}^{-1},\boldsymbol{M}_{22}=\boldsymbol{L}_{22}^{-1} \\ \boldsymbol{M}_{21}=\boldsymbol{M}_{22}\boldsymbol{L}_{21}(-\boldsymbol{M}_{11}) \end{cases} \tag{6-22}$$

d. 子块矩阵相乘累加

对矩阵 $\boldsymbol{B}$ 分解进行块 LU 分解和块矩阵求逆之后得到了上三角块 $\boldsymbol{U}$ 矩阵的逆矩阵 $\boldsymbol{V}$

和下三角块 $\boldsymbol{L}$ 矩阵的逆矩阵 $\boldsymbol{M}$，从而有 $B^{-1}=V\cdot M$。设 $D=B^{-1}$，则有：

$$\boldsymbol{D}=\begin{bmatrix}\boldsymbol{D}_{11} & \boldsymbol{D}_{12}\\ \boldsymbol{D}_{21} & \boldsymbol{D}_{22}\end{bmatrix}=\begin{bmatrix}\boldsymbol{V}_{11} & \boldsymbol{V}_{12}\\ & \boldsymbol{V}_{22}\end{bmatrix}\begin{bmatrix}\boldsymbol{M}_{11} & \\ \boldsymbol{M}_{21} & \boldsymbol{M}_{22}\end{bmatrix}=\begin{bmatrix}\boldsymbol{V}_{11}\boldsymbol{M}_{11}+\boldsymbol{V}_{12}\boldsymbol{M}_{21} & \boldsymbol{V}_{12}\boldsymbol{M}_{22}\\ \boldsymbol{V}_{22}\boldsymbol{M}_{21} & \boldsymbol{V}_{22}\boldsymbol{M}_{22}\end{bmatrix} \tag{6-23}$$

2. 块 LU 分解求逆矩阵的硬件实现

根据矩阵 $\boldsymbol{A}^{\mathrm{T}}\boldsymbol{A}$ 的分块 LU 分解求逆算法，利用 System Generator 设计和构建了如图 6-18 所示的矩阵求逆模块。该计算模块将矩阵 $\boldsymbol{A}^{\mathrm{T}}\boldsymbol{A}$ 的分块 LU 分解求逆的各个计算步骤都进行了单独实现，然后将各个子模块连接起来得到完整的计算模块。该计算模块包含了两次 3 阶矩阵的 LU 分解求逆和实现两个矩阵的元素相加的 D_{11} 模块，剩下的子模块为矩阵相乘模块。下面将简要阐述 3 阶矩阵 LU 分解求逆和不同类型 3 阶矩阵相乘的计算模块的设计与实现。

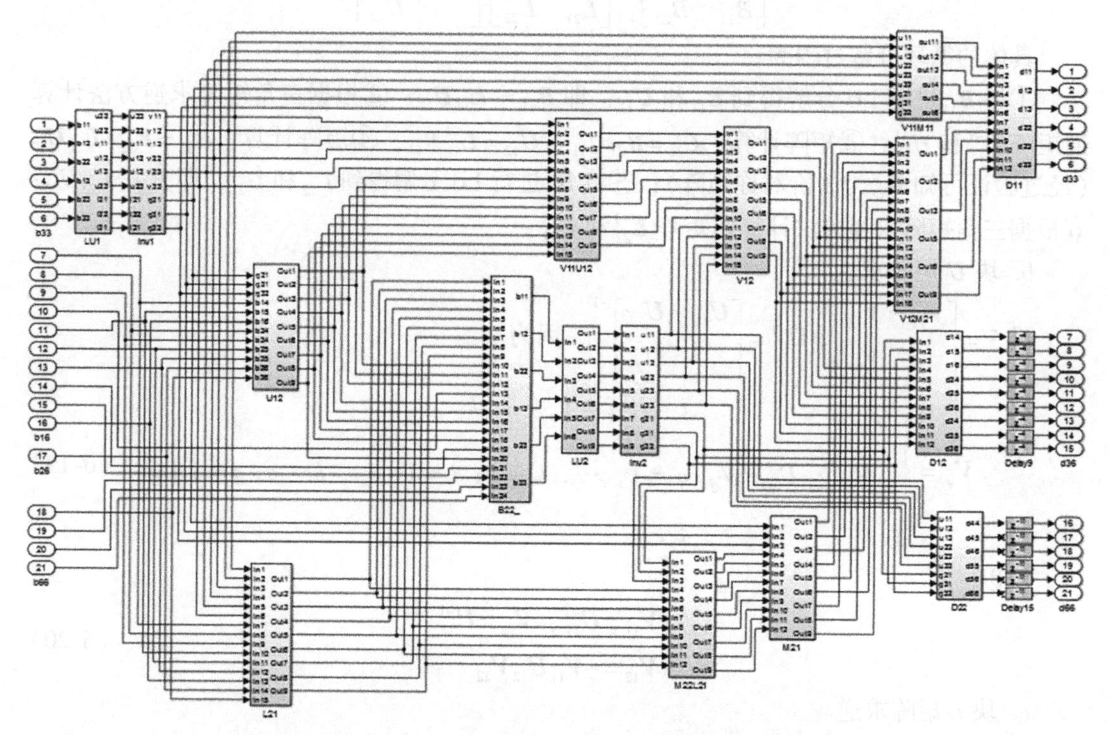

图 6-18 矩阵 $\boldsymbol{A}^{\mathrm{T}}\boldsymbol{A}$ 的分块 LU 分解求逆模块的实现结构

（1）3 阶矩阵 LU 分解与求逆模块的构建

对于 3 阶对称矩阵 B_{11}，相比于林皓（2007）提出的矩阵 LU 分解结构，直接构建其计算模块在计算速度和资源利用上更优。由式（6-12）可以得到 3 阶对称矩阵 B_{11} 的 LU 分解计算式，即

$$\begin{cases}u_{11}=b_{11},u_{12}=b_{12},u_{13}=b_{13} & l_{11}=l_{22}=l_{33}=1\\ u_{22}=b_{22}-l_{21}u_{12},u_{23}=b_{23}-l_{21}u_{13} & l_{21}=b_{12}/u_{11},l_{31}=b_{13}/u_{11}\\ u_{33}=b_{33}-(l_{31}u_{13}+l_{32}u_{23}) & l_{32}=(b_{23}-l_{31}u_{12})/u_{22}\end{cases} \tag{6-24}$$

根据上式可以构建出如图 6-19 的 LU 分解模块（l_{11}、l_{22}、l_{33} 均为 1，可以不用求解）。

上三角矩阵矩阵求逆的实现可以采用脉动阵列结构（王锐等，2007；Seige et al.,

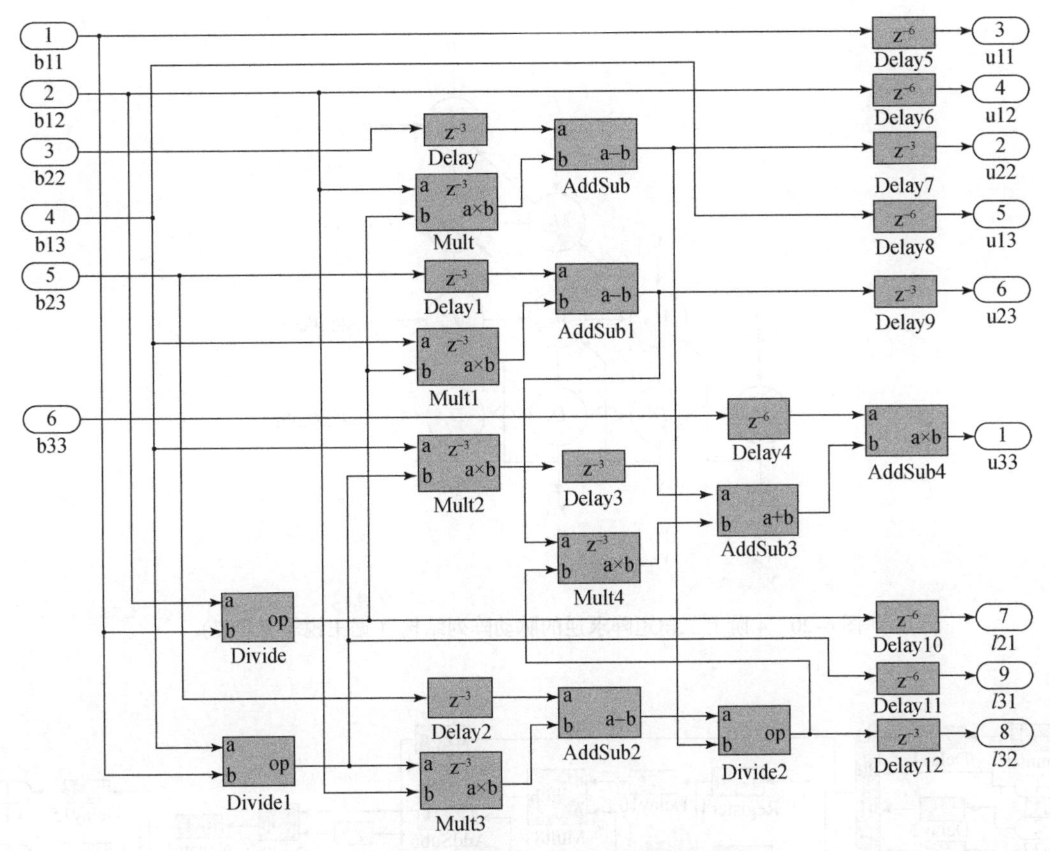

图 6-19　子矩阵 B_{11} 的 LU 分解模块

1998)。图 6-20 所示是 4 阶上三角矩阵求逆的实现结构，图中 M_{ij}（i，j=1，2，3）表示乘加单元，D_i 表示除法器。单位下三角矩阵求逆的 FPGA 实现可以采用类似的计算结构。根据式（6-13）和（6-16），可以得到 3 阶上三角矩阵和单位下三角矩阵的求逆公式：

$$\begin{cases} v_{11}=1/u_{11}, v_{22}=1/u_{22}, v_{33}=1/u_{33} & q_{11}=q_{22}=q_{33}=1 \\ v_{12}=-v_{22}u_{12}/u_{11}, v_{23}=-v_{33}u_{23}/u_{22} & q_{21}=-l_{21}, q_{32}=-l_{32} \\ v_{13}=-(v_{23}u_{12}+v_{33}u_{13})/u_{11} & q_{31}=-(q_{32}l_{21}+q_{33}l_{31}) \end{cases} \tag{6-25}$$

仿照脉动阵列结构，根据式（6-25）可以构建出如图 6-21 所示的求解 3 阶上三角矩阵和单位下三角矩阵的逆矩阵的计算模块。模块中，多路器用于构建向量数据。相比于直接实现的结构，该计算结构减少了乘法器和除法器的使用，其他一些资源（数据选择器、延迟单元和计数器）的使用量有所增加。

（2）不同类型 3 阶矩阵相乘模块的构建

一般3 阶矩阵的相乘运算可以采用田翔等（2008）提出的并行计算架构。不过，图6-17 的块 LU 分解求逆模块中包括 6 种不同类型的 3 阶矩阵相乘的情况。其中有的矩阵相乘模块不适合采用基于 PE 单元的并行计算结构，采用直接计算结构反而能在计算速度和资源消耗上获得更好的结果。直接计算结构是将计算公式中的基本的数学运算一一实现，并按串行或并行的结构连接起来的，不使用 PE 单元，适合于简单的计算过程。在图 6-17 的块

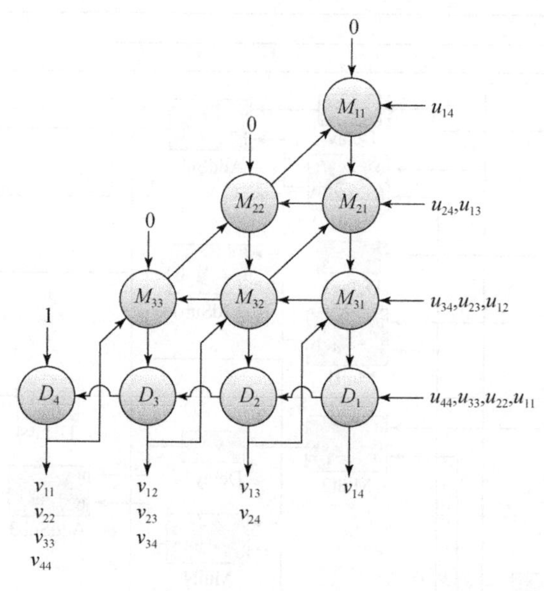

图6-20　4阶上三角矩阵求逆的脉动阵列结构（据王锐等，2007）

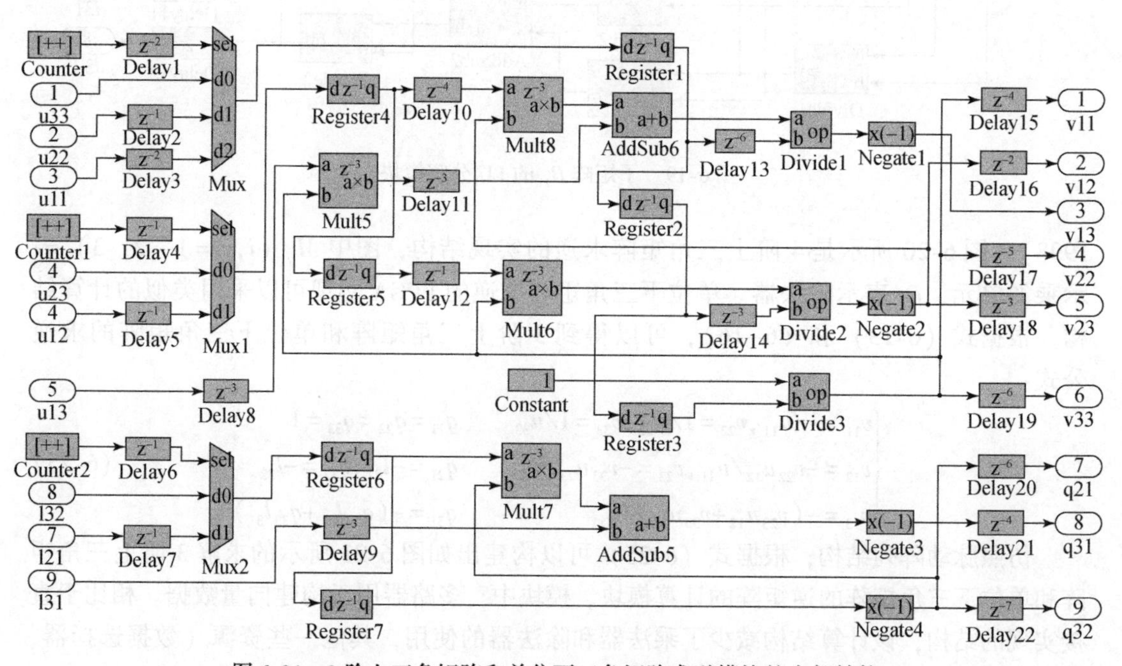

图6-21　3阶上三角矩阵和单位下三角矩阵求逆模块的内部结构

LU分解求逆矩阵模块中，采用了基于PE单元的并行计算结构的矩阵相乘运算包括一般3阶矩阵之间的相乘（B22_和V12M21模块）、一般3阶矩阵与上三角矩阵相乘（L21和V12模块）、上三角矩阵与一般3阶矩阵相乘（V11U12模块）；采用了直接计算结构的矩阵相乘运算包括单位下三角矩阵与一般3阶矩阵相乘（U12和M22L21模块）、一般3阶矩阵与单位下三角矩阵相乘（M21和V12M22模块）、上三角矩阵与单位下三角矩阵相乘

（V11M11 和 D22 模块）。其中，模块 B22_、V12M21、V11M11 和 D22 实现的是计算相应对称矩阵的对角线上及其上方的元素。下面以 L21 和 U12 的计算模块的构建为例，分别说明基于 PE 单元的并行计算结构和直接计算结构的特点。

L21 模块所代表的 3 阶矩阵相乘模块的并行计算结构如图 6-22。该模块主要使用了 9 个 PE 单元和 6 个数据选择器。其中上三角矩阵使用常数 0 作为向量数据的补充数据。相对于直接计算结构，该并行计算模块仅仅多花费了几个时钟周期来完成计算，但是减少了 2/3 的乘法器和加法器的使用量（其他资源的使用量有所增加）。图 6-23 是按照直接计算结构构建的 U12 计算模块，实现了 3 阶单位下三角矩阵与普通 3 阶矩阵的相乘运算。该模块除去对齐数据信号所引入的延迟时间之外，真正计算的时间仅仅是乘法器的 3 个时钟周期，而且相比基于 PE 单元的计算结构减少了硬件资源的使用。

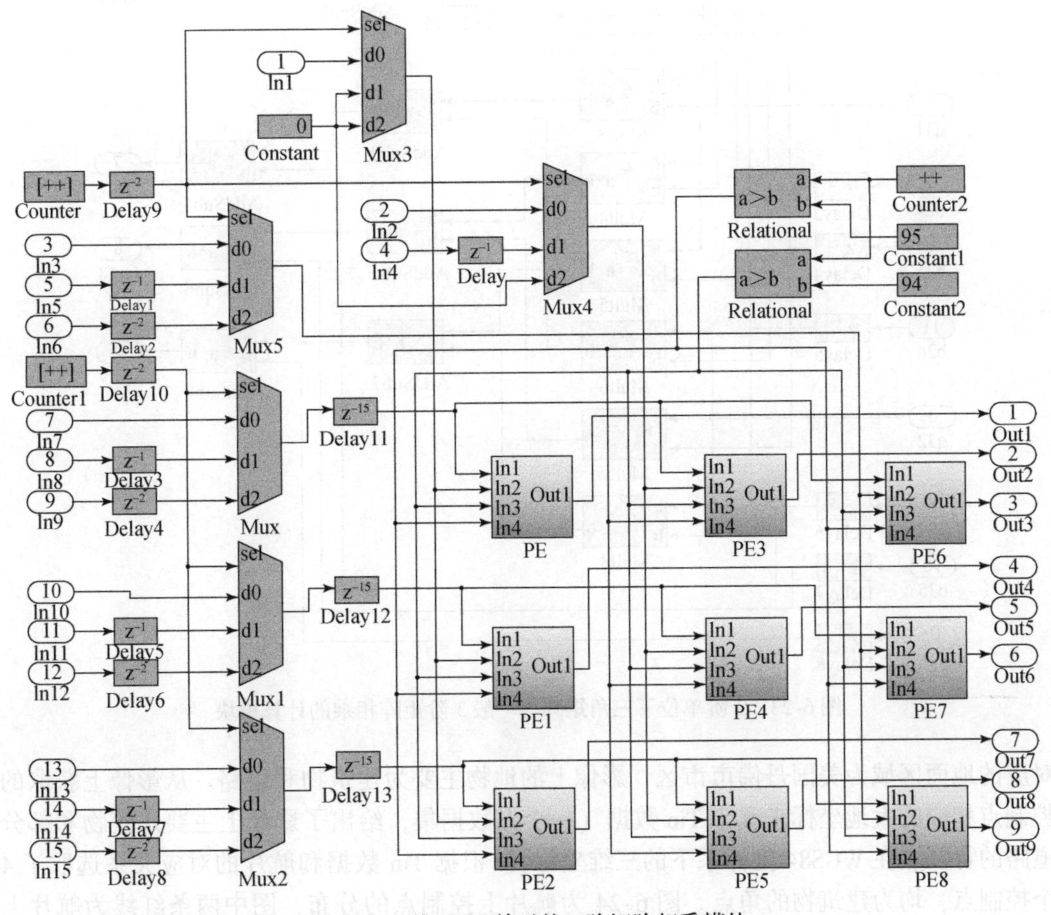

图 6-22　基于 PE 单元的 3 阶矩阵相乘模块

6.5　仿真与验证

6.5.1　实验数据

在设计系统的仿真实验中使用了由框幅式航空摄影相机 RC30 拍摄的一幅影像。影像

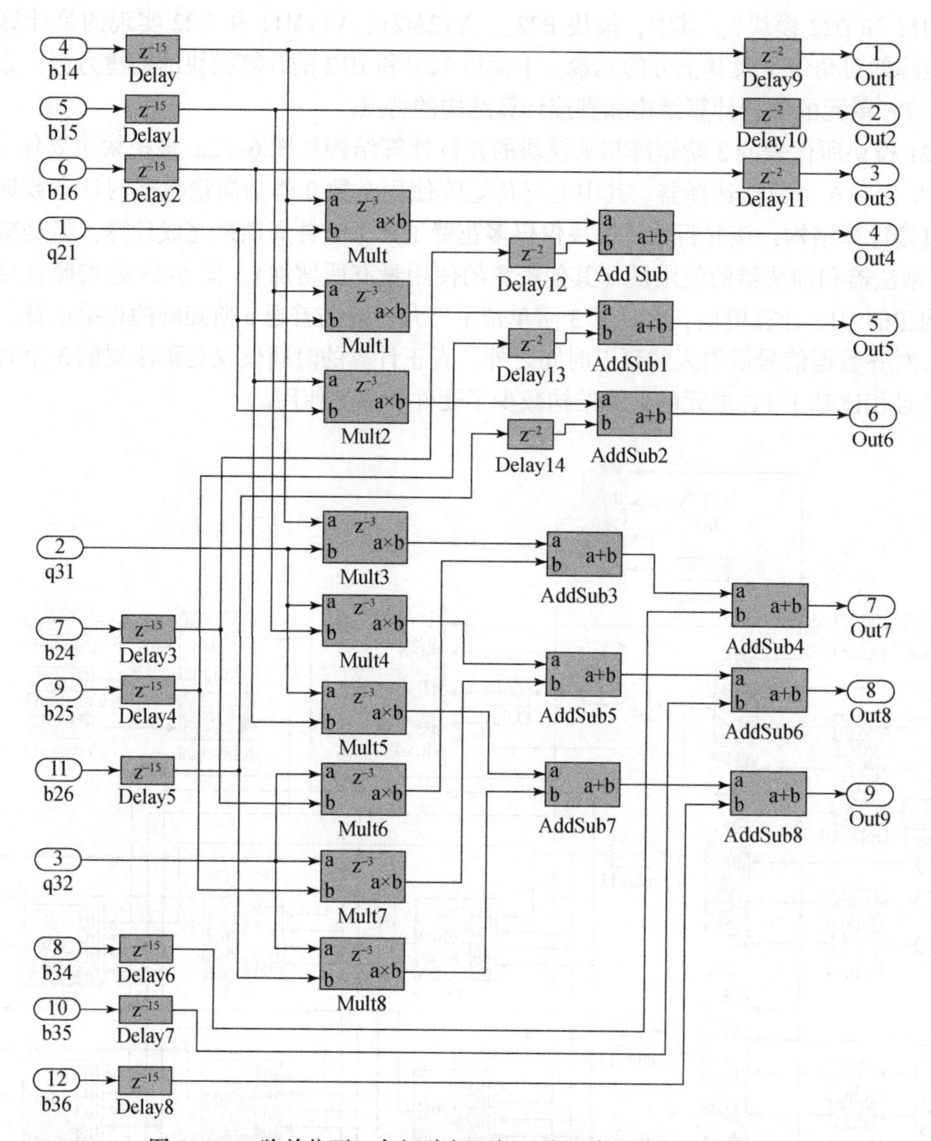

图 6-23　3 阶单位下三角矩阵与一般 3 阶矩阵相乘的计算模块

对应的地面区域为美国丹佛市市区，影像上的地物主要为建筑物和道路。从影像上获取的控制点相应的大地坐标来源于 Tin 数据（一个点数据集，给出了影像上主要建筑物和部分道路的特征点在 WGS84 坐标系下的三维坐标）。根据 Tin 数据和航片的对应关系选取了 4 个控制点，均为建筑物的角点。图 6-24 为航片上控制点的分布，图中两条红线为航片上对边的 4 个机械框标的连线。图 6-25 所示为控制点在 Tin 数据中的分布。

实验所需的控制点数据列于表 6-2，包括了控制点的像点坐标（框标坐标系下的坐标）及对应地面点的大地坐标。航片的内方位元素为：相机焦距 f=153. 022mm，像主点 x_0=0. 002m，y_0=−0. 004m。航片的外方位元素初值为：X_{S0} = 3143040. 5559877m，Y_{S0} = 1696520. 9258295m，Z_{S0} = 9072. 2729450347m，Phi = −0. 0016069590546607rad，Omega = −0. 029855399214836rad，Kappa = −1. 5538531899589rad。

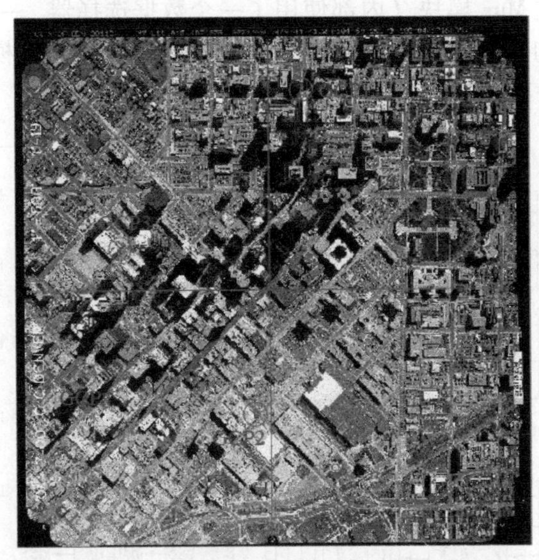

图 6-24　控制点在航片上的分布

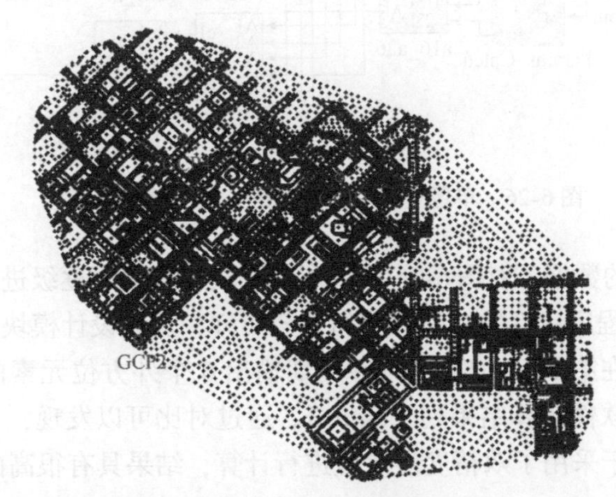

图 6-25　控制点在 Tin 数据中的分布

表 6-2　控制点数据

GCP 序号	像点坐标 x (mm)	像点坐标 y (mm)	大地坐标 X (m)	大地坐标 Y (m)	大地坐标 Z (m)
GCP1	14. 863	89. 707	3145274. 591	1696075. 849	5269. 992
GCP2	-7. 520	-55. 916	3141628. 343	1696569. 504	5220. 351
GCP3	-68. 900	18. 829	3143472. 869	1698126. 977	5218. 668
GCP4	-86. 273	-37. 752	3142061. 273	1698533. 583	5212. 150

6. 5. 2　一次计算的仿真验证与硬件资源使用分析

将 $\boldsymbol{A}^{\mathrm{T}}\boldsymbol{A}$ 的逆矩阵与列矩阵 $\boldsymbol{A}^{\mathrm{T}}\boldsymbol{L}$ 进行相乘就可以得到第一次平差计算的解，即 6 个外方位元素的改正数。矩阵 $(\boldsymbol{A}^{\mathrm{T}}\boldsymbol{A})^{-1}$和 $\boldsymbol{A}^{\mathrm{T}}\boldsymbol{L}$ 的相乘模块可以采用与图 6-16 的计算模块相同

的实现结构。最后通过 Mux 模块（内部使用了一个数据选择器、一个计数器和多个延迟单元）将 6 个改正数构建为一个向量，从一个端口输出。将所有子模块连接起来就得到了单像空间后方交会的一次平差计算系统，如图 6-26 所示。

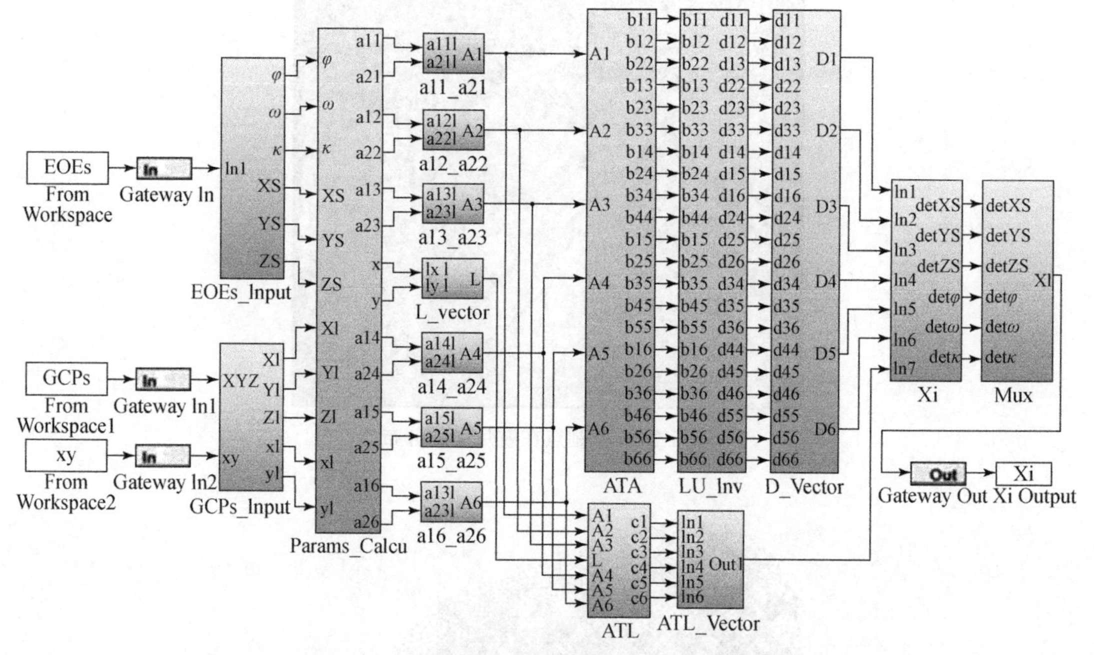

图 6-26　单像空间后方交会的一次平差计算系统

利用3.6.1 节中的数据，对图 6-26 中的所有子模块按顺序逐级进行仿真。将仿真结果与参考值（MATLAB 程序计算的结果）进行比较可知，所有设计模块均能完成预期的计算功能。整个计算系统在第 146～151 个时钟周期输出 6 个外方位元素的改正数。一次平差的 FPGA 计算结果与软件计算结果列于表 6-3。通过对比可以发现，该平差计算系统的仿真结果正确，并且由于采用了双精度浮点数进行计算，结果具有很高的精度。

表 6-3　第一次平差的 FPGA 计算结果与软件计算结果的对比

参数	FPGA 计算结果	MATLAB 计算结果	差值绝对值
ΔX_S（m）	−99.165194612645730	−99.1651946127088	6.3068×10^{-11}
ΔY_S（m）	−64.062338577704200	−64.0623385777028	1.3927×10^{-12}
ΔZ_S（m）	−1.301166966155861	−1.30116696622042	6.4559×10^{-11}
$\Delta\varphi$（rad）	0.0005978302725707929	0.000597830272574276	3.4831×10^{-15}
$\Delta\omega$（rad）	0.003055123116735	0.0030551231167502	1.5200×10^{-14}
$\Delta\kappa$（rad）	0.0006303149951943920	0.000630314995209887	1.5495×10^{-14}

利用图 6-26 中的 System Generator 模块将一次平差计算系统自动转换为 RTL 级代码和 IP 核代码等文件，并自动生成用于用于仿真的 testbench 代码文件。由于转换后得到的 RTL 级电路过于庞大，在 ISE 软件平台下直接利用其自带的 ISim 仿真工具进行仿真时出现了计算机可用内存不足的情况（PC 机的可以内存为 8G）。调用第三方的 Modelsim 软件进

行设计电路的功能仿真，可以顺利完成仿真，并得到了如图 6-27 所示的仿真波形（十六进制表示）。将波形中信号 gateway_out_net 的十六进制数转换为二进制数表示，再根据前文给出的 IEEE 754 标准的计算公式转换为十进制数，得到的数值与表 6-3 中的 FPGA 计算结果一致，说明 RTL 级电路在功能上是正确的。

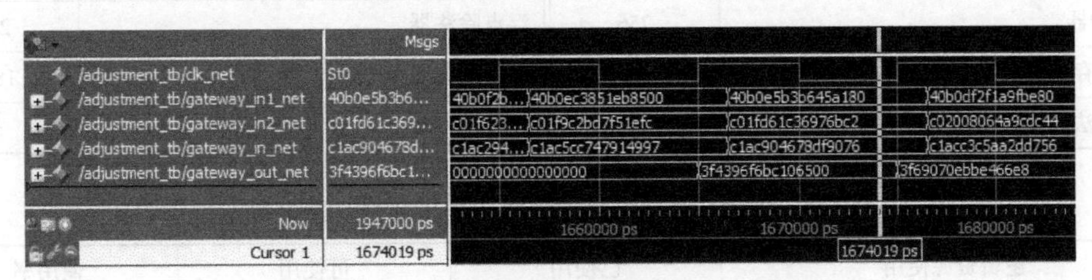

图 6-27　设计电路的功能仿真波形（局部）

对 RTL 级电路执行综合过程，得到相应的 RTL 级网表结构，如图 6-28。该网表和图 6-26 的一次平差计算系统在结构上是一致的。查看综合报告，可以初步了解到设计电路的硬件资源使用情况，列于表 6-4 和表 6-5。从两个资源使用表可以看出，设计电路所使用的 FPGA 芯片上的硬件资源比较多。不过从这里只能初步了解设计电路的硬件资源使用情况，并不能确定实验 FPGA 芯片（本章所选型号的 FPGA）的硬件资源是否能够满足需要。

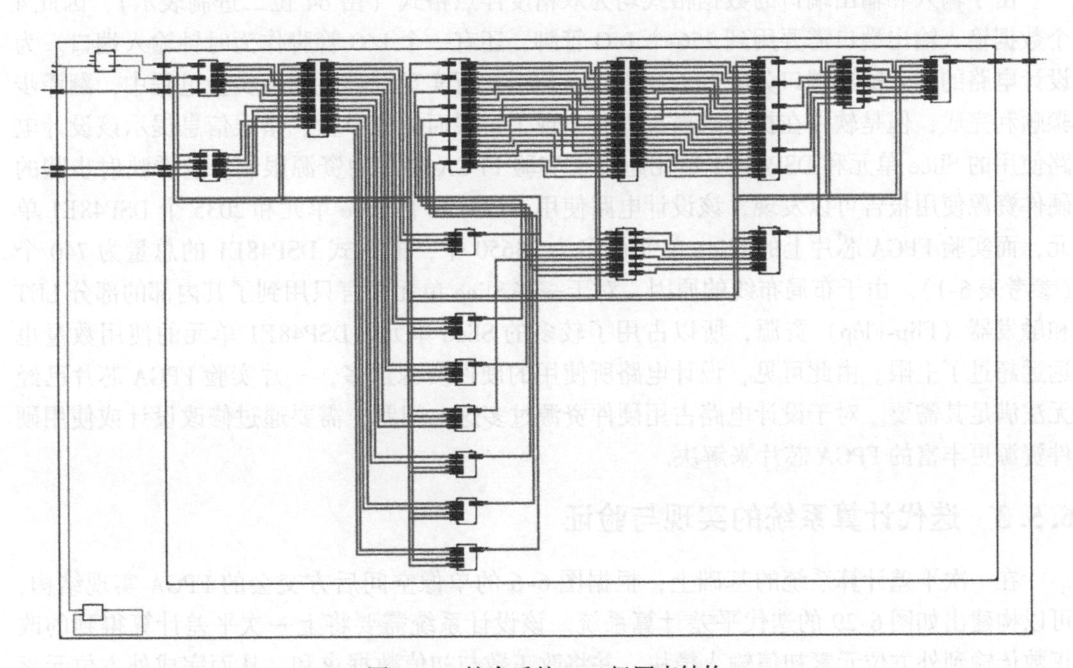
图 6-28　综合后的 RTL 级网表结构

表 6-4　硬件原语和黑盒子使用情况

原语和黑盒子	数量（个）	原语和黑盒子	数量（个）
BELS（包含 GND、INV、LUT、MUX、VCC 等逻辑资源）	4982	各种计数器	34
触发器/锁存器	34914	浮点数到定点数转换核	3

续表

原语和黑盒子	数量（个）	原语和黑盒子	数量（个）
移位寄存器	19990	定点数到浮点数转换核	6
时钟缓冲器	1	CORDIC 核	3
IO 缓冲器	256	浮点除法器	22
块随机存储器	5	浮点乘法器	185
浮点加法器和减法器	173	比较器	3

表 6-5　FPGA 芯片上的逻辑资源使用情况（估计值）

逻辑资源使用	已使用	可使用	使用率
切片寄存器数量	34914	269200	12%
Number of LUTs	24420	134600	18%
Number of fully used LUT-FF pairs	20439	38895	52%
Number of bonded IOBs	257	400	64%
Number of BUFG/BUFGCTRLs	1	32	3%

由于输入和输出端口的数据格式均为双精度浮点格式（由 64 位二进制表示），因此 4 个数据输入输出端口需要用到 256 个 I/O 管脚，还有一个 I/O 管脚作为时钟输入端口。为设计电路的输入输出端口分配好 I/O 管脚，然后执行实现过程。在该实验过程中，翻译步骤顺利完成，但是软件在执行映射过程时出现了错误而被迫中止。错误信息提示该设计电路使用的 Slice 单元和 DSP48E1 单元超过了实验 FPGA 芯片的资源限制。查看映射步骤的硬件资源使用报告可以发现，该设计电路使用了 39738 个 Slice 单元和 2035 个 DSP48E1 单元，而实验 FPGA 芯片上的 Slice 单元最多为 33650 个，嵌入式 DSP48E1 的总量为 740 个（参考表 6-1）。由于布局布线的原因，对于一些 Slice 单元而言只用到了其内部的部分 LUT 和触发器（Flip-Flop）资源，所以占用了较多的 Slice 单元。DSP48E1 单元的使用数量也远远超过了上限。由此可见，设计电路所使用的硬件资源过多，一片实验 FPGA 芯片已经无法满足其需要。对于设计电路占用硬件资源过多这一问题，需要通过修改设计或使用硬件资源更丰富的 FPGA 芯片来解决。

6.5.3　迭代计算系统的实现与验证

在一次平差计算系统的基础上，根据图 6-6 的单像空间后方交会的 FPGA 实现结构，可以构建出如图 6-29 的迭代平差计算系统。该设计系统需要将上一次平差计算得到的改正数传输到外方位元素初值输入模块，并将改正数与初值数据求和，从而完成外方位元素值的更新。更新后的数据可以利用原有的模块进行下一次平差计算。该系统需要通过各个计算模块的复用才能实现，从而能大大地减少电路的面积。然而，这一设计系统难以得到正确的计算结果。要使其正确运行，即让每个子模块按照需要在规定的时钟周期内重复进行特定数据的运算，则需要修改所有与时序相关的子模块内部的时序控制（如增加计数器以获取新的控制信号，为了让时序满足要求而增加更多的延迟单元），从而使得一些子模块更加复杂。甚至为了得到满足要求的时序（尤其是数据选择器的时序），还需要对一些子模块的实现结构进行重新设计。该计算系统对时序要求比较复杂和严格，使得实现的难度也随之提高了，对硬件资源的需求也增加了。如果进行更高阶矩阵的相乘与求逆运算，则这两个问题将更加突出。

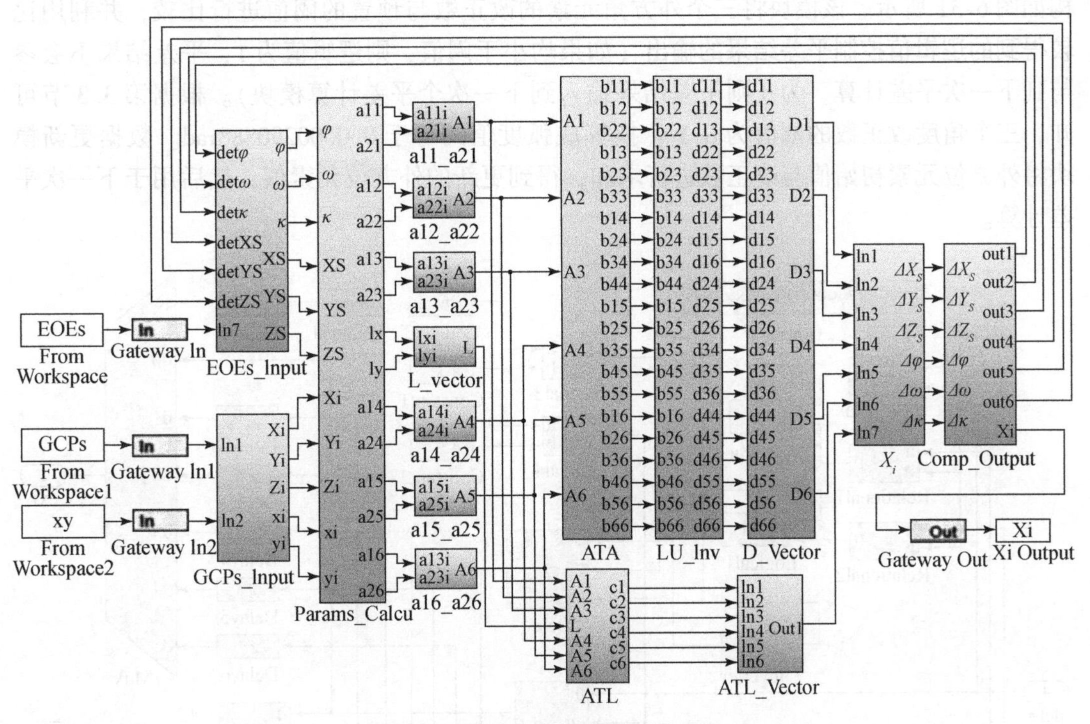

图 6-29 第一种迭代平差计算系统

考虑到迭代平差计算的复杂性，可以将一次迭代计算分成两次单独的平差计算，通过独立的计算模块来实现，从而得到如图 6-30 所示的第二种迭代平差计算系统。第二种迭代平差系统使用的硬件资源大约为一次平差系统所用硬件资源的两倍。该系统的构建比较

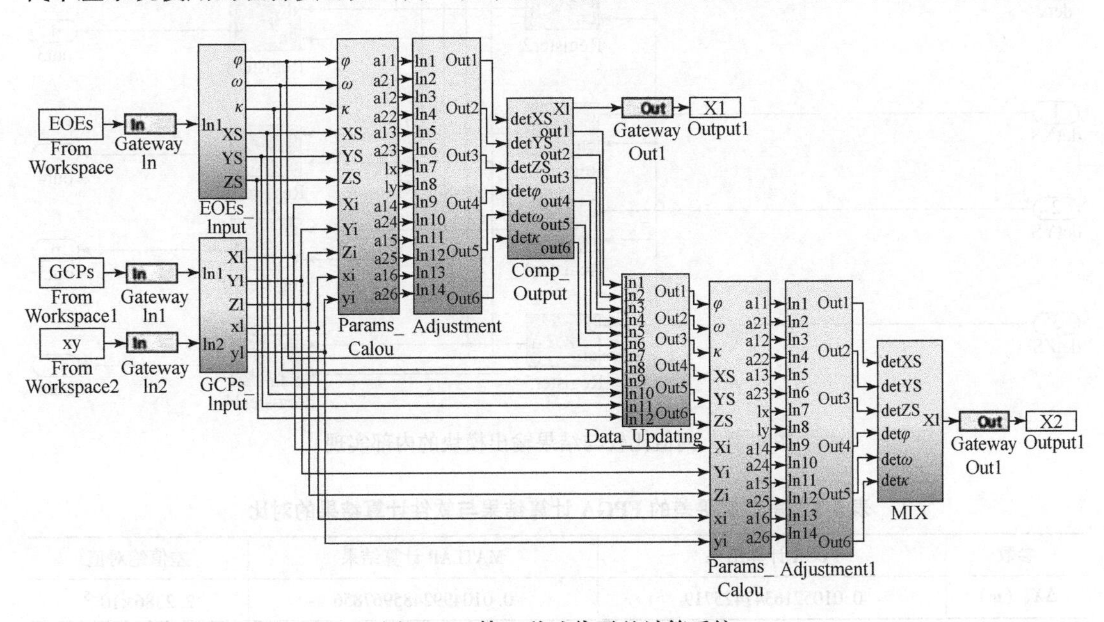

图 6-30 第二种迭代平差计算系统

简单，两次平差计算的参数计算模块和矩阵平差模块的内部结构是相同的，只有矩阵平差模块内部用于时序控制的常数模块的参数设置不一样。阈值比较与结果输出模块的内部结构如图 6-31 所示。该模块将三个外方角元素的改正数与预置的阈值进行比较，并利用比较得到的逻辑值控制平差结果的输出（如果均小于阈值，则逻辑值为 1，平差结果不会参与到下一次平差计算，为 0 则平差结果输入到下一次个平差计算模块）。根据第 3.3 节可知，三个角度改正数的阈值为 0.1′，换算成弧度值约等于 0.0000290888rad。数据更新模块将外方位元素初始值与改正数进行求和，得到更新的外方位元素值，然后用于下一次平差计算。

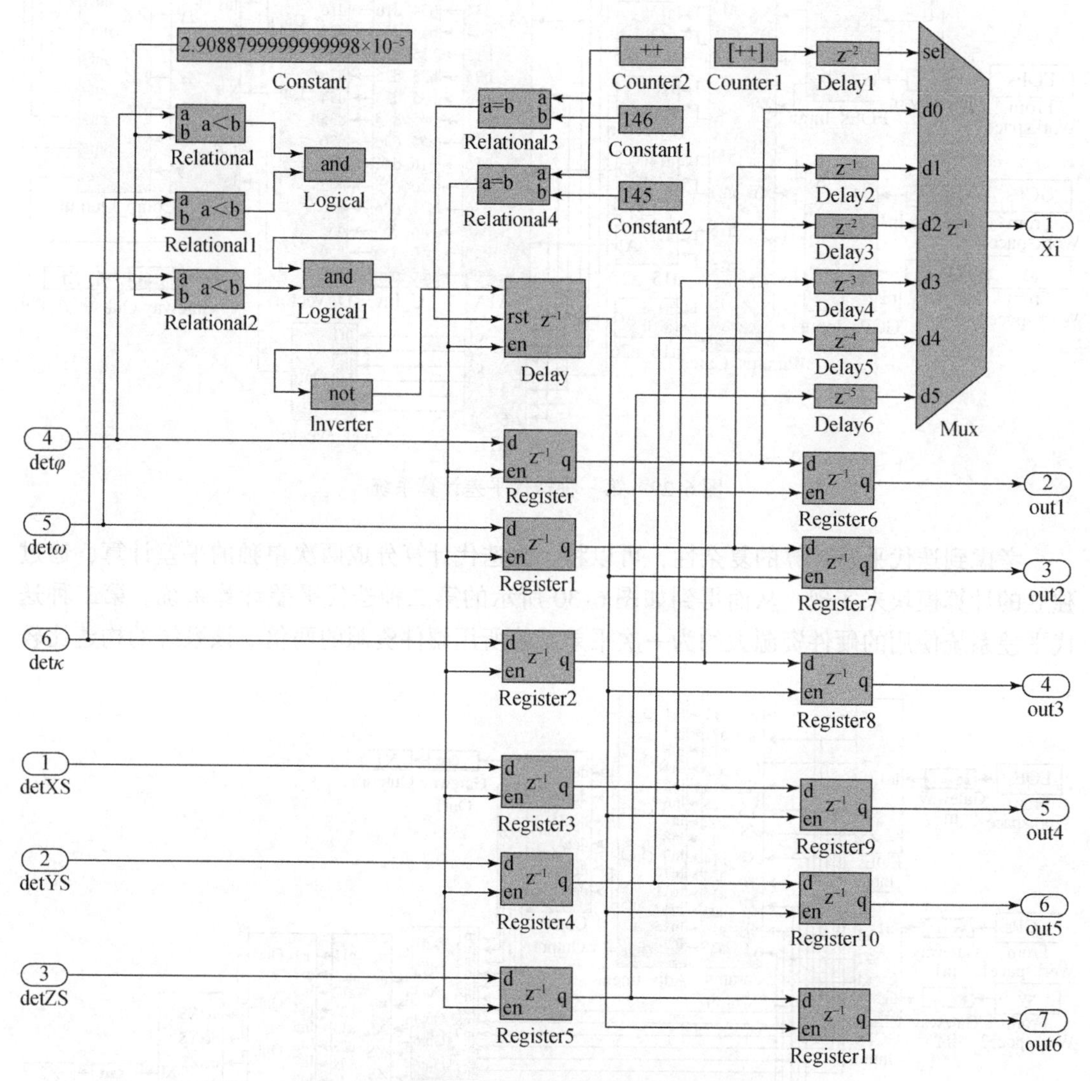

图 6-31　阈值比较与结果输出模块的内部实现

表 6-6　第二次平差的 FPGA 计算结果与软件计算结果的对比

参数	FPGA 计算结果	MATLAB 计算结果	差值绝对值
ΔX_S（m）	0.0105216347425719	0.0104992485967856	2.2386×10^{-5}

续表

参数	FPGA 计算结果	MATLAB 计算结果	差值绝对值
ΔY_S (m)	0.0180373155932267	0.0180254573216991	1.1858×10^{-5}
ΔZ_S (m)	−0.0224123208315854	−0.0224172637980877	4.9430×10^{-6}
$\Delta\varphi$ (rad)	$-2.08496488609610\times10^{-6}$	$-2.07988797915225\times10^{-6}$	5.0769×10^{-9}
$\Delta\omega$ (rad)	$-3.15369324220675\times10^{-6}$	$-3.15051331093826\times10^{-6}$	3.1799×10^{-9}
$\Delta\kappa$ (rad)	$-5.09185593581525\times10^{-8}$	$-5.14193137756369\times10^{-8}$	5.0075×10^{-10}

输入原始数据，对图6-32的迭代平差计算系统进行仿真，在第290～295clk（clk表示时钟周期）完成第二次平差计算，从端口Output1依次输出6个改正数。第二次平差计算的FPGA计算结果和MATLAB计算结果列于表6-6。从表6-6可知，第二种迭代平差计算系统可以正确完成计算，但是计算结果的精度有所降低（线元素改正数只有2～4位有效数字一致，角元素改正数只有1～3位有效数字一致）。通过对第二次平差计算系统的各个子模块的计算结果逐一检查发现，由于第一次平差计算得到的结果本身存在误差，经过第二次平差计算中多次加、减、乘、除的运算之后，这一误差不断被放大，从而使得最终的计算结果的精度下降。由于双精度浮点数所能表示的数据精度有限，极大数或者极小数之间的乘法或者除法运算带来的计算结果的舍入误差也会导致精度的下降。不过，即使采用数据位宽更大的扩展双精度浮点数（浮点数字长为80，尾数长度为64，符号位为1位，指数长度为15）进行实验，结果的精度也没有明显的提高。由此可见，计算误差的累积是引起精度下降的主要原因。第二次平差计算的结果中，三个角元素改正数均小于阈值，因此无需再进行迭代平差。按照前两次平差计算结果的精度变化来看，如果需要继续进行第三次平差计算，则平差结果的精度将会更低。

6.6 本章小结

本章首先介绍了本文研究所采用的FPGA软硬件开发平台及FPGA的设计开发方法与流程。接着采用了基于System Generator的FPGA设计开发方法，通过实验探究了不同数据格式下数学运算的精度差异以及基本数学运算在FPGA芯片上实现的硬件资源使用的差异，从而为后续更复杂的计算过程的FPGA实现奠定了基础。然后深入地研究了机载框幅式影像单像空间后方交会的最小二乘平差计算的FPGA实现方法，完成了框幅式影像外定向误差的定标计算。根据平差算法的特点，按照自顶向下的设计方法，设计了算法的顶层实现结构。利用System Generator设计和构建了数据输入、参数计算、矩阵相乘、矩阵求逆等运算的并行计算模块，重点完成了6阶对称正定矩阵$\boldsymbol{A}^{\mathrm{T}}\boldsymbol{A}$的块LU分解求逆模块的构建，最终整合得到一次平差计算系统。利用真实航片数据进行仿真实验，验证了该计算系统的正确性，而且以双精度浮点数进行计算可以得到精度较高的结果。不过，由于一次平差计算系统实现的计算比较复杂，并且计算精度要求高，实验所用FPGA芯片无法满足其硬件资源的需求，需要更改设计（如改进算法的硬件实现结构，降低计算精度要求）或者采用硬件资源更丰富的FPGA芯片（如Virtex-7系列的FPGA）。最后研究了迭代平差系统的两种硬件实现结构，其中将两次平差计算分开实现的迭代平差计算系统可以得到正确的计算结果。不过实验结果表明，迭代平差计算得到的结果的精度明显降低了，其主要原因在于计算误差的累积。

参考文献

纪志成，高春能，吴定会，2008. FPGA 数字信号处理设计教程———System Generator 入门与提高．西安：西安电子科技大学出版社．

蒋林军，2016. 基于 FPGA 的线阵 CCD 卫星影像星上几何定标的研究，桂林：桂林理工大学．

林皓，2007. 基于 FPGA 的矩阵运算实现．南京：南京理工大学．

邵仪，2010. 基于 FPGA 的矩阵运算固化实现技术研究．解放军信息工程大学．

宋克非，2010. FPGA 在航天遥感器中的应用．光机电信息，27（12）：49-54.

田翔，周凡，陈耀武，等，2008. 基于 FPGA 的实时双精度浮点矩阵乘法器设计．浙江大学学报（工学版），42（9）：1611-1615.

田耘，徐文波，2008. Xilinx FPGA 开发实用教程．北京：清华大学出版社．

王任享，胡莘，王新义，等，2012．“天绘一号”卫星工程建设与应用．遥感学报，16（增刊）：2-5.

王锐，胡永华，马亮，等，2007. 任意维矩阵求逆的 FPGA 设计与实现．中国集成电路，95：51-56.

张剑清，潘励，王树根，2009. 摄影测量学（第 2 版）．武汉：武汉大学出版社．

Bailey D G，2013. Design for Embedded Image Processing on FPGAs. Beijing：Publishing house of electronics industry.

Brieß K，Bärwald W，Gill E，Kayal H，et al.，2005. Technology Demonstration by the BIRD Mission. Acta Astronautica. 56：51-54.

DLR，Mission objectives of BIRD. URL：http://www. dlr. de/os/en/desktopdefault. aspx/tabid- 3508/5440_read-7886.

Halle W，Brie K，Schlicker M，et al.，2002. Autonomous onboard classification experiment for the satellite BIRD. The International Archives of the Photogrammetry，Remote Sensing and Spatial Information Sciences，34（1）：63-68.

Jacobsen K. 2003. Issues and Method for In- Flight and On- Orbit Calibration. Workshop on Radiometric and Geometric Calibration，Gulfport.

Jacobsen K. 2005. Geometry of Satellite Images- Calibration and Mathematical Models//Korean Society of Remote Sensing，ISPRS International Conference，Korea，Jeju，pp. 182-185.

Seige P，Reinartz P，Schroeder M. 1998. The MOMS-2P mission on the MIR station. The International Archives of Photogrammetry and Remote Sensing，32：204 ~ 210.

Xilinx. 7 Series FPGAs Overview v1. 15，February 2014. URL：http://china. xilinx. com/support/documentation/data_sheets/ds180_7Series_Overview. pdf.

Zhou G，Baysal O，Kaye J. et al. 2004. Concept design of future intelligent earth observing satellites. International Journal of Remote Sensing，25（14）：2667-2685.

Zhou G，Li C，Yue T. et al. 2015b. An overview of in-orbit radiometric calibration of typical satellite sensors，The 2015 Int. Workshop on Image and Data Fusion（IWIDF），21- 23 July，2015，Kona，Hawaii，USA. DOI：10. 5194/ISPRS Archives-XL-7-W4-235-2015.

Zhou G，Li C，Yue T. et al. 2015c，FPGA- based data processing module design of on- board radiometric calibration in visible/near infrared band，The 2015 Int. Workshop on Image and Data Fusion（IWIDF2015），21-23 July 2015，Kona Hawaii，USA.

Zhou G，Li C，Yue T，et al.，2015a. FPGA- based data processing module design of onboard radiometric calibration in visible and near infrared bands，Proceedings of SPIE on 2015 Int. Conf. on Intelligent Earth Observing and Applications，0277- 786X，Vol. 9808，23- 24 October 2015，Guilin，China.

Zhou G L, Jiang J, Huang R, et al., 2018. Baysal. FPGA-based on-board geometric calibration for linear CCD imager, Sensors, doi: 10.3390/s18061794.

Zhou G, Liu N, Li C, et al., 2015d. FPGA-Based Remotely Sensed Imagery Denoising, The Int. Geoscience and Remote Sensing 2015 (IGARSS 2015), Milan, Italy.

第7章　星上线阵推扫卫星影像几何定标

7.1　引　　言

在轨几何定标是高分辨率卫星发射升空后必不可少的一项工作。国外在星载线阵CCD传感器在轨几何标定方面的研究开始比较早，经过多年的研究及实践，在这方面积累了丰富的经验。

在1986年SPOT-1卫星发射成功之后，法国进行了一系列的在轨几何定标实验（周国清，2020；Valorge et al.，2004）。法国在全球建立的21个几何定标场，为SPOT系列卫星的在轨几何定标和定位精度验证提供了强有力的基础保证（Bouillon and Gigord，2004）。法国空间中心（CNES）将SPOT-5卫星成像系统的定向误差分为静态的系统误差和动态的系统误差，确定了包含内定向、外定向、区域网平差等步骤的几何定标方法（Bouillon and Gigord，2004；Breton et al.，2002；Bouillon et al.，2003；Gachet，2004）。德国宇航局（DLR）较早地研究了三线阵CCD相机在航空和航天摄影测量方面的应用及其在轨几何检校（Kornus，1996）。他们通过自检校光束法区域网平差（后文简称为自检校平差）对MOMS-2P相机的立体成像模块进行了在轨几何定标，完成了全色相机参数的在轨标定，并通过波段匹配的方法完成了多光谱相机的在轨几何标定（Kornus，2000；Li and Zhou，2002）。印度空间应用中心（ISRO）的影像处理和数据产品团队研究了IRS-1C卫星全色影像成像几何的重建，进行了三种不同误差参数及其组合的区域网平差，从而对全色相机的相关几何技术参数进行了标定（Srivastava and Alurkar，1997）。德国汉诺威大学的Jacobsen结合相机特点设置了15个附加参数，对汉诺威地区的IRC-1C影像进行了不同附加参数组合的自检校平差，有效地改善了影像的几何定位精度（Jacobsen，1997）。不过，该附加参数模型依赖于具体卫星和实践经验，不易于扩展到其他卫星上使用。针对印度后来发射的卫星Cartosat-1和Cartosat-2，不同学者对其在轨几何定标进行了研究，不过仅仅概述了定标的内容和方法流程，并没有给出具体的几何定标模型（Jacobsen，1997；Radhadevi，2008）。IKONOS卫星几何定标组采用了分步定标的方法，在2000~2004年期间多次对IKONOS卫星进行了基于地面定标场的在轨几何定标和几何精度验证（Grodecki，2001，2002，2005；Zhou and Li，2000）。IKONOS卫星的在轨几何定标分为视场角映射（field angle map，FAM）以及相机指向与卫星姿态之间的角度关系（interlock angles）的检校，从而实现内定向参数和外定向参数的定标。FAM检校用于测定每个CCD探元在相机坐标系下的视线方向。IKONOS卫星经过在轨几何定标后，影像几何定位实验的结果表明残余的系统误差均在1个像元以内（Grodecki，2002）。美国轨道成像公司对OrbView-3卫星进行了试运行阶段的初始定标和在轨运行后的定期检校（Jacie，2004）。初始定标利用了地面几何检校场并采用了区域网平差的几何定标方法。定标后，在无控制点条件下，单幅卫星影像的平面定位精度为10m（CE90），立体像对的平面和高程定位精度分别为7.1m（CE90）和9.1m（LE90）（Mulawa，2004）。日本于2006年成功发射ALOS卫星，其搭载的全色遥感立体测绘仪PRISM相机配置了独立的前视、正视和后视3个线阵CCD相机，可沿轨道方向获取立体影像。日本地球观测研究与应用中心（EORC）的Tadono等人在ALOS卫星发射之前就针对PRISM相机的在轨几何定标进行了准备性研究，包括几何定标的内容和几何定标场的建设（Tadono，2004）。Kocaman等（2007）针对PRISM的3个相机设置了30个内定向误差参数，采用自检校平差方法进行整体定标，并利用了多个地面定标场进行了几何定标试验。Saunier和Kocaman（2009）对基于几何定标场的自检校几何定标方法以及PRISM相机几何定标的研究进行了较为全面的总结。韩国在境内的Daejeon、Goheung、Seosan、Gwangyang和Kimje五个地区建立了共5个控制点数据库，以用于2006年发射的KOMPSAT-2卫星的在轨几何定标（Lee et al.，2008）。KOMPSAT-2经过在轨几何定标后，在倾斜26°摄影时，无控制点条件下单幅影像的平面定位精度为80m（CE90），立体像对的平面几何定位精度优于25.4m（CE90），高程精度优于22.4m（LE90）（Seo et al.，2008）。法国于2012年发射的Pleiades-1A卫星利用了几何定标场的具有精确几何位置信息的参考影像（原文称之为“Super-Site”，由定标场区域的DOM和DEM数据组成）进行了在轨几何定标，实现了CCD相机焦平面以及视向参考框架偏差的定标（Greslou et al.，2012）、（De et al.，2012）。定标后，Pleiades卫星全色影像最终实现了有控制点时平面定位精度为1m，无控制点时平面定位精度为10m（90%）、20m（99.7%）（eoportal，2012）。Pleiades-1A卫星还采用了两种创新性的在轨几何定标方法，即“auto-reverse”法和恒星摄影法。第一种方法充分利用了Pleiades卫星极高的敏捷性，能够在同一轨道上从相反方向获取一对具有很大重叠度的影像，然后利用这两幅影像来测定传感器的位置偏差。第二种方法的主要思想是卫星以非常高的精度连续地探测星空中的恒星，然后将恒星在星空中的位置当作GCP来计算传感器的各种定向误差。恒星摄影法还在测试之中，以验证它的原理及未来的技术可行性。以上两种新方法可以不用依赖于地面控制，这是它们相比于传统方法的优势。

从以上研究可以发现，由于各国的高分辨率卫星技术发展水平参差不齐，且不同卫星的特点各异，不同卫星在轨几何定标的内容和方法都有所不同。

我国在航空摄影测量相机几何定标方面已经做得比较成熟，王建荣等学者利用单像空间后方交会法对观测地球的CCD相机的内定向参数，以及星敏感器相机和对地相机的主光轴之间的夹角进行在轨定标，并利用模拟线阵CCD影像进行了实验（王建荣等，2002）。总参测绘研究所的王任享院士（2006）借鉴航空影像的几何定标方法，研究了三线阵CCD卫星影像的高精度几何定标方法，并利用模拟数据进行了试验。在“天绘一号”卫星工程的应用中，王任享等（2003）和李晶等（2012）利用等效框幅像片（equivalent frame photo，EFP）光束法平差方法对三线阵CCD相机的主点和焦距变化以及相机间的夹角关系进行了在轨定标。“天绘一号”卫星首次使用了线阵-面阵CCD组合相机（line-matrix CCD array）这样的有效载荷，即在正视相机的线阵CCD周围增加了四个小面阵CCD，从而有效地控制了航线的扭曲。徐建燕等（2004）提出了在遥感图像几何校正模型中引入偏移矩阵改正来提高几何定位精度的方法。张过等（2007）进一步研究了构成偏置矩阵的三个角元素对影像的几何定位精度的影响，并利用资源二号卫星影像进行了实验，将影像无控制点情况下的平面定位精度提高到了150m左右。祝小勇等（2009）针对资源一号02B卫星进行了俯仰、翻滚、偏航三个外方位定向参数的几何外检校研究，将影像的几何定位精度由860pixels（RMS）提高到216pixels（RMS）。袁修孝和余俊鹏（2008）研究了高分辨率卫星遥感影像的姿态角常差检校模型，在此基础上又提出了姿态角系统误差检校模型（袁修孝和余翔，2012），并通过实验证明了后者更能有效地补偿卫星影像的姿态角误差和改善影像的几何定位精度。苏文博（2010）、汤志强（2011）、雷蓉（2011）等研究了使用单像空间后方交会和自检校平差方法进行星载线阵CCD传感器的在轨几何定标，并以模拟的SPOT-5 HRS影像进行了定标实验。范大昭等（2011）根据ALOS卫星PRISM相机的成像原理，利用卫星影像的辅助数据文件成功构建了该相机的严格成像几何模型。刘楚斌和范大昭等（2012）通过分析PRISM相机的几何系统误差，构建了内定向参数模型，并结合外定向参数的一般多项式误差模型建立了自检校平差模型。

针对传统自检校方法中存在的内、外方位元素耦合（即存在强相关性）而不能获取相机精确的光学畸变参数的问题，郝雪涛等（2011）研究了建立一个内方位元素的3阶多项式的相机畸变误差模型来实现了相机内外方位元素的解耦，并以HJ-1A/B卫星影像进行了实验。2007～2011年之间，我国进行了嵩山遥感综合试验场的建设，其中包括了中国第一个永久性的航天几何定标实验场（张永生，2012，2013）。2012年1月我国发射了国内首颗高精度民用立体测绘卫星，正视相机星下点空间分辨率达到2.1m（李德仁，2012）。李德仁和王密（2012）利用河南嵩山地区的航天几何定标场，以三次多项式的CCD指向角模型为相机内检校模型，以相机安装夹角为外定标参数，采用内、外定向参数分步定标的方法，对“资源三号”卫星进行了在轨几何定标，最终实现了无控制点条件下影像直接定位精度优于15m，有控制点时立体影像的平面定位精度优于4m，高程精度优于3m。杨博和王密（2013）利用类似的几何定标模型和嵩山航天几何定标场，对资源一号02C卫星全色相机进行了在轨几何定标，将影像无控制点下的定位精度由1500m提高到了100m左右，内定标精度优于0.3pixel。随后，王涛（2012）利用以上基于CCD指向角的几何定标模型又对资源三号的三线阵相机和资源一号02C卫星的全色相机获取的多个地区的影像进行了在轨定标实验，进一步验证了该模型的有效性。尽管以上几何定标模型能够有效地提高卫星影像的几何定位精度，但是没有考虑动态的外定向误差。曹金山等（2014）针对资源三号卫星成像传感器提出了一种更为简单的CCD探元指向角定标方法，无须实验室定标参数和地面定标场，无须迭代求解，实验结果表明只需要5个控制点即可取得较好的在轨几何定标结果。该方法利用CCD探元在星敏感器坐标系下的指向角来综合各种外定向参数（相机安装的位置与角度参数）以及内定向参数（CCD探元在相机坐标系下的指向角）对卫星影像几何定位精度的影响，将其作为常量看待（其依据是各种内、外定向参数在卫星飞行的短时间内变化较小），并采用了3次多项式表示线阵CCD上每个CCD探元的指向角。该方法同样没有考虑动态的外定向误差，并且要求卫星具备较高的姿态与轨道测量精度。我国分别于2013年和2014年发射了高分一号和高分二号卫星，在高稳定性的卫星平台及相机系统的制造技术、高精度的姿态和轨道测量技术的水平上有了更大的提高。随着卫星系统的稳定性以及姿轨测量精度的进一步提高，在轨几何定标可以更多地集中于相机焦平面内线阵CCD的精确定标，而外定向参数的在轨定标则可以减弱。

7.2 线阵推扫卫星影像星上几何定标模型

7.2.1 线阵推扫卫星 CCD 传感器成像几何模型

根据线阵 CCD 相机全色波段成像的 CCD 线阵数目划分，可以将线阵 CCD 传感器分为单线阵、双线阵、三线阵和更多线阵的 CCD 传感器。在国外的高分辨率卫星中，搭载了单线阵 CCD 传感器的卫星有 IKONOS、QuickBird-2、Orbview-3、Geoeye-1、RapidEye、Kompsat-1/2、EROS-A/B、Cartosat-2 等；搭载了双线阵 CCD 传感器的卫星有 SPOT-5、Cartosat-1 等；搭载了三线阵 CCD 传感器的卫星有 IRS-1C&D、ALOS；德国制造的航天相机系统 MOMS-2P 的全色立体模块使用了四个线阵 CCD，其中前视、后视镜头都使用了单个线阵 CCD，下视镜头使用了两个线阵 CCD。国内的天绘一号 01/02 星以及“资源三号”卫星搭载的 CCD 相机都使用了三线阵 CCD 传感器。

不同的线阵 CCD 相机稍有不同，但基本原理相似。为此本章以 MOMS-2P 相机系统为例，来描述线阵 CCD 卫星影像星上几何定标模型。MOMS-2P 相机是由德国航空航天中心（DLR）和原德国宇航公司 DASA（Deutsche Aerospace）共同研制，自 1996 年 9 月起被安装在俄罗斯“和平号”（MIR）空间站的“自然号”（PRIRODA）环境研究舱上，从 1996 年 10 月开始分发数据，到 1999 年 8 月结束对地观测任务（Kornus et al., 1996）、（Seige et al., 1998）。MOMS-2P 相机的光学系统是基于模块化的理念，包括多光谱模块和全色立体模块（Seige et al., 1998）。多光谱模块有两个以星下为中心的镜头，各自包括 2 个 CCD 线阵，焦距为 220mm，获取的每幅彩色影像有 4 个窄波段通道（440 ~ 505nm，530 ~ 575nm，645 ~ 680nm，770 ~ 810nm），空间分辨率为 18m，成像幅宽为 105km。全色立体模块由 3 个镜头组成，分别指向三个不同的方向，成像光谱范围为 520 ~ 760nm。其中，前视与后视镜头偏离星下方向倾角大小为 21.4°，均采用单个线阵 CCD，焦距为 237mm，空间分辨率为 18m，成像幅宽为 105km；下视镜头包括两个线阵 CCD，焦距为 660mm，成像幅宽为 50km，两个线阵 CCD 在光学上结合构成一个 CCD 线阵，可以得到空间分辨率为 6m 的全色影像。MOMS-2P 相机有多种成像模式，如表 7-1，其中成像模式 A 可以获取沿轨道三度重叠的立体影像。MOMS-2P 的成像几何如图 7-1 所示。

表 7-1　MOMS-2P 的成像模式和对应通道的活动像元数目

成像模式	MS1（蓝）	MS2（绿）	MS3（红）	MS4（近红外）	HR5A（全色）	HR5B（全色）	ST6（全色）	ST7（全色）	幅宽/km（在 400km 高度）
A	–	–	–	–	4152	4152	2976	2976	50（HR）54（ST）
B	5800	5800	5800	5800	–	–	–	–	105
C	–	3220	3220	3220	6000	–	–	–	58（MS）/36（HR）
D	5800	–	–	5800	–	–	5800	5800	105

注：引自 Kornus et al., 2000

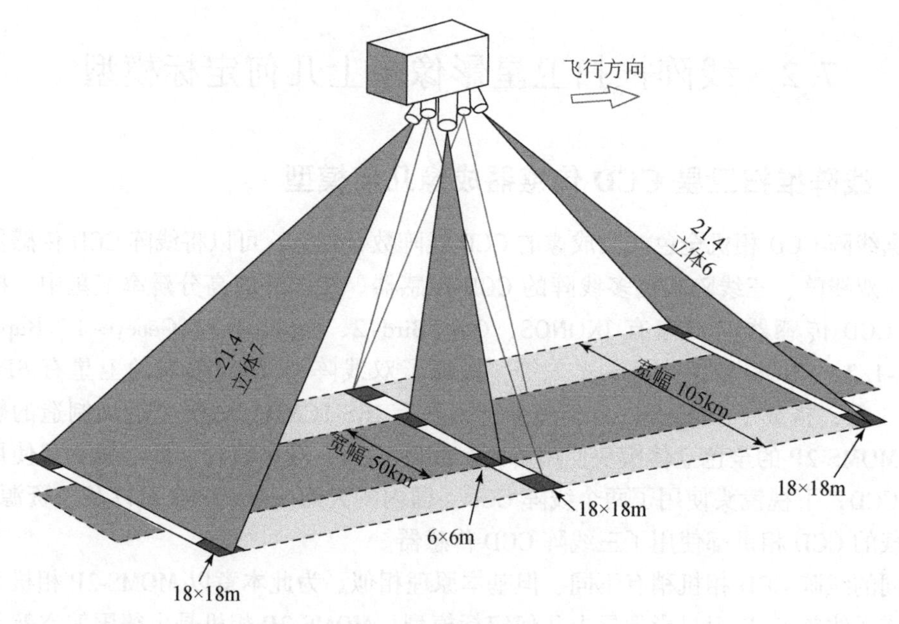

图 7-1 MOMS-2P 相机的成像几何（Li et al., 2000）

7.2.2 线阵推扫卫星影像星上几何定标模型

1. 内定向模型

由 Kocaman（2008）、雷蓉（2011）、Fang（2012）、王涛（2012）和蒋永华（2014）等人的相关研究可知，将与光学系统及线阵 CCD 有关的系统误差综合起来，就可以得到线阵 CCD 相机的内定向误差模型，即

$$\begin{cases}\Delta x=\Delta x_p+\mathrm{d}x_c-\dfrac{\Delta f}{f}\bar{x}+(k_1r^2+k_2r^4+k_3r^6)\bar{x}+p_1(r^2+2\bar{x}^2)+2p_2\bar{x}\bar{y}\\ \quad +b_1\bar{x}+b_2\bar{y}+\bar{y}\sin\theta+\bar{y}r^2b\\ \Delta y=\Delta y_p+\mathrm{d}y_c-\dfrac{\Delta f}{f}\bar{y}+(k_1r^2+k_2r^4+k_3r^6)\bar{y}+p_2(r^2+2\bar{y}^2)+2p_1\bar{x}\bar{y}+s_y\bar{y}\end{cases} \tag{7-1}$$

式中，Δx、Δy 为像点坐标改正量；Δx_p、Δy_p 为像主点坐标偏移改正量；$\mathrm{d}x_c$、$\mathrm{d}y_c$ 为线阵 CCD 在焦平面内的位移；Δf 为传感器焦距 f 的变化值；k_1、k_2、k_3 为径向畸变系数；p_1、p_2 为偏心畸变系数；b_1，b_2 为像平面畸变系数；θ 为线阵 CCD 在焦平面内的旋转角度；s_y 为线阵方向的 CCD 尺寸变化因子；b 为 CCD 线阵列弯曲系数；r 为像点到像主点的辐射距，且 $r^2=\bar{x}^2+\bar{y}^2=(x-x_0)^2+(y-y_0)^2$，其中（$x$，$y$）为像点坐标，（$x_0$，$y_0$）为像主点坐标。

不同的研究文献并没有采用式（7-1）中的所有误差参数，而是通过一些方法来选择其中主要的参数。对式（7-1）的简化处理可以使得误差模型更简单，参数个数更少，易于平差求解，同时也能避免一些参数间的强相关性问题。如，通常将线阵 CCD 在焦平面内的位移被合并到像主点的偏移量中，为了避免镜头畸变参数过度参数化和简化模型而仅仅取 k_1 和 k_2，像平面畸变引起的像点位移较小因而可以忽略，焦距 f 与 CCD 探元尺寸变化因子之间具有很强的相关性因而可以被合并到后者中。根据相关研究的经验，由式（7-1）可得到如下单线阵 CCD 相机的内定向误差模型（Zhou，2020）：

$$\begin{cases}\Delta x=\Delta x_p+(k_1r^2+k_2r^4)\bar{x}+p_1(r^2+2\bar{x}^2)+2p_2\bar{x}\bar{y}+\bar{y}\sin\theta+\bar{y}r^2b\\ \Delta y=\Delta y_p+(k_1r^2+k_2r^4)\bar{y}+p_2(r^2+2\bar{y}^2)+2p_1\bar{x}\bar{y}+s_y\bar{y}\end{cases}\tag{7-2}$$

式（7-2）中所采用的误差参数之间仍有可能存在较强的相关性，需要通过附加参数的统计检验来确定。不同的参数组合对传感器定位精度的影响不同，需要经过大量实验来确定最佳的参数组合。

2. 外定向模型

外定向误差包含了仪器设备的安装误差以及仪器的测量误差。卫星发射升空后，各仪器设备之间的几何关系可能会发生变化，导致在地面检校的参数不再适用。这些变化的参数主要包括CCD相机相对于卫星平台的角度偏差、CCD相机之间的角度偏差、星敏感器相机和CCD相机主光轴之间的夹角变化、GPS偏心误差。仪器的测量误差来源有时间测量误差、姿态观测误差、GPS观测误差。在星载线阵CCD传感器的严格成像几何模型中，以上外定向系统误差并非都要考虑到。位置和角度偏差对传感器的定向可能会产生一些类似的影响，即这些误差之间存在相关性。有的误差的影响很小，如时间观测误差；有的误差参数对定位的影响小而且卫星发射升空后其变化也小，如GPS偏心误差（杨博，2013）。因此，时间测量误差可以不用考虑，GPS偏心误差可以采用实验室检校值。对于各类仪器设备之间的角度偏差，国内通常采用一个误差旋转矩阵来综合它们的影响（徐建艳，2004；张过，2007；李德仁，2012；Fang，2012；蒋永华，2014）。对于CCD相机之间安装夹角参数的单独测定，国际上采用了一种影像配准到影像的方法来实现（Saunier and Kocaman，2009；Radhadevi et al.，2009）。对于卫星的姿态和位置的观测误差，则需要建立合适的姿态和轨道误差补偿模型来对这些误差进行改正。实际上，外定向的各类仪器安装误差和姿态与轨道测量误差可以综合为影像的外方位元素误差（包含外方位角元素和外方位线元素两种误差，也称为外定向误差），所以可以将外方位元素误差模型引入到自检校平差模型中进行联合平差来实现外定向误差的求解。

常用的线阵CCD影像的外定向误差改正模型有直接定位模型（direct georeferencing model，DGR）、分段多项式模型（piecewise polynomial model，PPM）和拉格朗日多项式模型（Kocaman，2008）、（Gruen and Li，2003）。ALOS卫星PRISM相机的在轨几何定标和定位的不同实验中，均采用了DGR和PPM这两种模型，结果表明控制点较少的情况下，DGR模型对影像几何定位精度的改善效果更好，在有9个控制点时，两种模型都能得到很好的结果（Kocaman，2007）。除了以上三种模型之外，一般多项式模型也可以用来改正外方位元素误差（王涛等，2003；袁修孝，2012）。现有的高分辨率卫星的姿轨测量系统通常能以一定频率获取高精度的姿态和轨道观测值，通过一系列坐标系的旋转变化就可以得到影像的外方位元素观测值。外方位元素的精确值可视为观测值与其相应系统误差的和，用一般多项式模型近似表示为（Li，2002；Zhou，2000）

$$\begin{cases}X_{Si}=X_{Si}^0+a_0+a_1t+a_2t^2+\cdots\cdots+a_kt^k\\ Y_{Si}=Y_{Si}^0+b_0+b_1t+b_2t^2+\cdots\cdots+b_kt^k\\ Z_{Si}=Z_{Si}^0+c_0+c_1t+c_2t^2+\cdots\cdots+c_kt^k\\ \varphi_i=\varphi_i^0+d_0+d_1t+d_2t^2+\cdots\cdots+d_kt^k\\ \omega_i=\omega_i^0+e_0+e_1t+e_2t^2+\cdots\cdots+e_kt^k\\ \kappa_i=\kappa_i^0+f_0+f_1t+f_2t^2+\cdots\cdots+f_kt^k\end{cases}\tag{7-3}$$

式中，t 为第 i 扫描行相对于中心扫描行的成像时刻；$(X_{Si}, Y_{Si}, Z_{Si}, \varphi_i, \omega_i, \kappa_i)$ 为 t 时刻的外方位元素精确值；$(X_{Si}^0, Y_{Si}^0, Z_{Si}^0, \varphi_i^0, \omega_i^0, \kappa_i^0)$ 为 t 时刻的外方位元素观测值，由姿轨观测数据转换得到；其余参数，常数项表示系统误差的常数部分，一次项反映系统误差的线性部分，更高次项可以进一步修正系统误差的高频部分（李德仁，2002）。高阶多项式可以得到更高的拟合精度，但是会使得定向参数的个数成倍增加，从而导致后续平差的计算量增加。此外，参数间的可能存在的强相关性也会导致平差解算困难，甚至精度下降。所以，外定向参数的多项式误差模型通常选择一阶或二阶（Zhou，2000）。

3. 外定向参数初值的求解

Li 等（2000）研究了线阵 CCD 卫星影像的特点，并推导了相应的区域网平差算法，然后分别利用模拟 IKONOS 卫星影像、火星快车 HRSC 线阵影像以及 MOMS-2P 影像进行了平差实验，验证了该算法能够有效地提高影像的几何定位精度。其中针对以上全色立体影像数据的摄影测量处理采用的坐标系统包括屏幕坐标系、影像坐标系、参考坐标系、地面坐标系（采用了 WGS-84 坐标系）。屏幕坐标系到影像坐标系的转换属于内定向过程。对于 MOMS-2P 影像而言，影像坐标系到参考坐标系的转换实现了前视、下视、后视影像的像点坐标的统一。由参考坐标系到地面坐标系所构建的共线方程的形式如下（Li et al., 2000）：

$$\begin{cases} x_R = z_R \dfrac{r_{11}(X-X_{Si})+r_{12}(Y-Y_{Si})+r_{13}(Z-Z_{Si})}{r_{31}(X-X_{Si})+r_{32}(Y-Y_{Si})+r_{33}(Z-Z_{Si})} \\ y_R = z_R \dfrac{r_{21}(X-X_{Si})+r_{22}(Y-Y_{Si})+r_{23}(Z-Z_{Si})}{r_{31}(X-X_{Si})+r_{32}(Y-Y_{Si})+r_{33}(Z-Z_{Si})} \end{cases} \tag{7-4}$$

式中，(x_R, y_R, z_R) 为参考坐标系下的像点坐标；(X_{Si}, Y_{Si}, Z_{Si}) 为历元 t 时刻（对应着第 i 扫描行）相机曝光中心在地面坐标系下的坐标；(X, Y, Z) 为像点相应的地面点坐标；$r_{ij}(i, j=1, 2, 3)$ 为矩阵 R_G^R 的元素，R_G^R 为地面坐标系到参考坐标系的旋转矩阵。

目前，不同线阵 CCD 卫星影像的外定向姿态参数都不是直接测定的，而是由卫星本体的姿态数据或 CCD 探元的姿态数据经过坐标系转换得到，如 SPOT-5 的 HRS/HRG、ALOS 的 PRISM、ZY-3 的 TLC 等线阵 CCD 相机（王涛等，2012）。与 MOMS-2P 相机配套的导航系统（GPS、IMU、恒星敏感器）能够以一定频率获取导航数据，包括位置和姿态数据。其中姿态数据通过坐标系的旋转变换后得到下视影像上的若干定向线的外定向姿态参数。然后根据不同相机之间的几何关系，又可以推算出前视与后视影像上定向线的外定向姿态参数。这里的外定向姿态数据给出的是地面坐标系至影像坐标系下的角度关系，为方便三线阵影像的处理，需要将其转换为地面坐标系至参考坐标系的旋转角。已知影像坐标系至参考坐标系的旋转矩阵 R_c^R，利用定向线的姿态参数可以计算得到地面坐标系至影像坐标系的旋转矩阵 R_G^c，则地面坐标系至参考坐标系的旋转矩阵可以由下式计算得到

$$R_G^R = R_c^R \cdot R_G^c \tag{7-5}$$

由于采用了 ω-φ-κ 转角系统，R_G^R 由下面的表达式定义：

$$R_G^R = \begin{pmatrix} \cos\varphi\cos\kappa & \cos\omega\sin\kappa+\sin\omega\sin\varphi\cos\kappa & \sin\omega\sin\kappa-\cos\omega\sin\varphi\cos\kappa \\ -\cos\varphi\sin\kappa & \cos\omega\cos\kappa-\sin\omega\sin\varphi\sin\kappa & \sin\omega\cos\kappa+\cos\omega\sin\varphi\sin\kappa \\ \sin\varphi & -\sin\omega\cos\varphi & \cos\omega\cos\varphi \end{pmatrix} \tag{7-6}$$

从而可以计算出地面坐标系至参考坐标系的外定向姿态参数，即

$$
\begin{cases}
\varphi = \arcsin(r_{31}) \\
\omega = -\arctan(r_{32}/r_{33}) \\
\kappa = -\arctan(r_{21}/r_{11})
\end{cases}
\tag{7-7}
$$

当已知影像上若干定向线的外定向参数时，将其中的三个姿态参数转换为地面坐标系至参考坐标系的三个姿态角。然后利用外定向位置参数和转换后的姿态参数，通过多项式模型插值得到控制点的像点所在扫描行的外定向参数，作为平差计算的初值。根据文献（Li et al., 2000）可知，使用二次多项式模型来拟合 MOMS-2P 影像上任意时刻的扫描行的外定向参数即可满足要求，即

$$
\begin{cases}
X_{Si} = a_0 + a_1 t + a_2 t^2 & \varphi_i = d_0 + d_1 t + d_2 t^2 \\
Y_{Si} = b_0 + b_1 t + b_2 t^2 & \omega_i = e_0 + e_1 t + e_2 t^2 \\
Z_{Si} = c_0 + c_1 t + c_2 t^2 & \kappa_i = f_0 + f_1 t + f_2 t^2
\end{cases}
\tag{7-8}
$$

式中，t 为第 i 影像扫描行的获取时间。利用 3 个采样点反算出二次多项式模型的 18 个拟合系数，然后将控制点的像点所在扫描行的行号转换为成像时间，代入到二次多项式中，即可计算出相应扫描行的外定向参数。

以计算 X_{Si} 的拟合系数（a_0，a_1，a_2）为例，如果有 3 个采样点，则可以得到如下的一个三元一次线性方程组：

$$
X_{Si} = a_0 + t_i a_1 + t_i^2 a_2,\ i = 1,\ 2,\ 3 \tag{7-9}
$$

写成矩阵的形式，即 $\boldsymbol{X} = \boldsymbol{TA}$，则 $\boldsymbol{A} = \boldsymbol{T}^{-1}\boldsymbol{X}$，于是有

$$
\begin{bmatrix} a_0 \\ a_1 \\ a_2 \end{bmatrix} = \begin{bmatrix} 1 & t_1 & t_1^2 \\ 1 & t_2 & t_2^2 \\ 1 & t_3 & t_3^2 \end{bmatrix}^{-1} \begin{bmatrix} X_{S1} \\ X_{S2} \\ X_{S3} \end{bmatrix} \tag{7-10}
$$

因为 t_1、t_2、t_3 均大于 0 且互不相等，所以矩阵 $\boldsymbol{T}$ 的行列式不为 0，即矩阵 $\boldsymbol{T}$ 存在逆矩阵。矩阵 $\boldsymbol{T}$ 的元素比较有规律，因而对其逆矩阵的求解可以采用伴随矩阵法，即

$$
\boldsymbol{T}^{-1} = \boldsymbol{T}^* \cdot \frac{1}{|\boldsymbol{T}|} \tag{7-11}
$$

式中，$\boldsymbol{T}^*$ 为代数余子式，$|\boldsymbol{T}|$ 为行列式值。根据矩阵行列式的计算方法可知

$$
|\boldsymbol{T}| = t_2 t_3^2 + t_1 t_2^2 + t_1^2 t_3 - (t_1^2 t_2 + t_2^2 t_3 + t_1 t_3^2) = t_2 t_3 (t_3 - t_2) + t_1 t_2 (t_2 - t_1) + t_1 t_3 (t_1 - t_3) \tag{7-12}
$$

根据代数余子式的计算方法可知

$$
\boldsymbol{T}^* = \begin{bmatrix} t_2 t_3 (t_3 - t_2) & (t_2 + t_3)(t_2 - t_3) & t_3 - t_2 \\ t_1 t_3 (t_1 - t_3) & (t_1 + t_3)(t_3 - t_1) & t_1 - t_3 \\ t_1 t_2 (t_2 - t_1) & (t_1 + t_2)(t_1 - t_2) & t_2 - t_1 \end{bmatrix} \tag{7-13}
$$

4. 自检校联合平差模型算法

本节以式（7-4）的共线方程为基础方程，以 Fraser（1997）和张剑清（2009）中的单像空间后方交会算法为参考，推导了针对 MOMS-2P 影像的基于扩展共线方程的单像空间后方交会算法。在单像空间后方交会算法中，为了避免引入过多的未知参数和改正主要的外定向误差，外定向误差采用一次多项式模型，即位置误差参数和姿态误差参数均取常差和一次项，从而有 12 个外定向误差参数。经过误差改正的任意扫描行的外定向参数为

$$\begin{cases}X_{Si}=X_{Si}^0+a_0+a_1t & \varphi_i=\varphi_i^0+d_0+d_1t\\ Y_{Si}=Y_{Si}^0+b_0+b_1t & \omega_i=\omega_i^0+e_0+e_1t\\ Z_{Si}=Z_{Si}^0+c_0+c_1t & \kappa_i=\kappa_i^0+f_0+f_1t\end{cases} \tag{7-14}$$

式中，(X_{Si}^0，Y_{Si}^0，Z_{Si}^0，φ_i^0，ω_i^0，κ_i^0）为第 i 扫描行的外定向参数初始值；其余项为相应的系统误差。

将式（7-14）代入式（7-4）中即得到引入了外定向误差的扩展共线方程。将扩展共线方程按照泰勒级数展开至一次项得：

$$\begin{cases}x_R=x_R^0+\dfrac{\partial x}{\partial X_{Si}}\mathrm{d}X_{Si}+\dfrac{\partial x}{\partial Y_{Si}}\mathrm{d}Y_{Si}+\dfrac{\partial x}{\partial Z_{Si}}\mathrm{d}Z_{Si}+\dfrac{\partial x}{\partial \varphi_i}\mathrm{d}\varphi_i+\dfrac{\partial x}{\partial \omega_i}\mathrm{d}\omega_i+\dfrac{\partial x}{\partial \kappa_i}\mathrm{d}\kappa_i\\ y_R=y_R^0+\dfrac{\partial y}{\partial X_{Si}}\mathrm{d}X_{Si}+\dfrac{\partial y}{\partial Y_{Si}}\mathrm{d}Y_{Si}+\dfrac{\partial y}{\partial Z_{Si}}\mathrm{d}Z_{Si}+\dfrac{\partial y}{\partial \varphi_i}\mathrm{d}\varphi_i+\dfrac{\partial y}{\partial \omega_i}\mathrm{d}\omega_i+\dfrac{\partial y}{\partial \kappa_i}\mathrm{d}\kappa_i\end{cases} \tag{7-15}$$

式中，(x_R^0，y_R^0）为利用影像外定向参数初始值按式（7-4）计算得到的控制点的像点坐标近似值；($\mathrm{d}X_{Si}$，$\mathrm{d}Y_{Si}$，$\mathrm{d}Z_{Si}$，$\mathrm{d}\varphi_i$，$\mathrm{d}\omega_i$，$\mathrm{d}\kappa_i$）为外定向参数的改正数；($\partial x/\partial X_{Si}$，…，$\partial y/\partial \kappa_i$）为偏导数，是外定向参数改正数的系数。

以像点坐标（x_R，y_R）为观测值，将相应地面点坐标（X，Y，Z）视为真值，六个外定向参数的改正数为待定未知数，加入相应的改正数 v_x、v_y，按“观测值+观测值改正数=近似值+近似值改正数”的原则，得

$$\begin{cases}x_R+v_x=x_R^0+\mathrm{d}x\\ y_R+v_y=y_R^0+\mathrm{d}y\end{cases} \tag{7-16}$$

从而得到每个像点的误差方程式，即

$$\begin{cases}v_x=\dfrac{\partial x}{\partial X_{Si}}\mathrm{d}X_{Si}+\dfrac{\partial x}{\partial Y_{Si}}\mathrm{d}Y_{Si}+\dfrac{\partial x}{\partial Z_{Si}}\mathrm{d}Z_{Si}+\dfrac{\partial x}{\partial \varphi_i}\mathrm{d}\varphi_i+\dfrac{\partial x}{\partial \omega_i}\mathrm{d}\omega_i+\dfrac{\partial x}{\partial \kappa_i}\mathrm{d}\kappa_i+x_R^0-x_R\\ v_y=\dfrac{\partial y}{\partial X_{Si}}\mathrm{d}X_{Si}+\dfrac{\partial y}{\partial Y_{Si}}\mathrm{d}Y_{Si}+\dfrac{\partial y}{\partial Z_{Si}}\mathrm{d}Z_{Si}+\dfrac{\partial y}{\partial \varphi_i}\mathrm{d}\varphi_i+\dfrac{\partial y}{\partial \omega_i}\mathrm{d}\omega_i+\dfrac{\partial y}{\partial \kappa_i}\mathrm{d}\kappa_i+y_R^0-y_R\end{cases} \tag{7-17}$$

由式（7-14）得到如下微分计算式：

$$\begin{cases}\mathrm{d}X_{Si}=\mathrm{d}a_0+t\cdot\mathrm{d}a_1 & \mathrm{d}\varphi_i=\mathrm{d}d_0+t\cdot\mathrm{d}d_1\\ \mathrm{d}Y_{Si}=\mathrm{d}b_0+t\cdot\mathrm{d}b_1 & \mathrm{d}\omega_i=\mathrm{d}e_0+t\cdot\mathrm{d}e_1\\ \mathrm{d}Z_{Si}=\mathrm{d}c_0+t\cdot\mathrm{d}c_1 & \mathrm{d}\kappa_i=\mathrm{d}f_0+t\cdot\mathrm{d}f_1\end{cases} \tag{7-18}$$

将式（7-18）代入式（7-17），将未知数 $\mathrm{d}a_0$，$\mathrm{d}a_1$，…表示为 Δa_0，Δa_1，…，将未知数的系数分别用 a_{11}，a_{12}，…和 a_{21}，a_{22}，…表示，则可以得到如下的线阵 CCD 遥感影像单像空间后方交会的误差方程：

$$\begin{cases}v_x=a_{11}\Delta a_0+a_{12}\Delta b_0+a_{13}\Delta c_0+a_{14}\Delta d_0++a_{15}\Delta e_0+a_{16}\Delta f_0+a_{17}\Delta a_1+a_{18}\Delta b_1\\ \qquad +a_{19}\Delta c_1+a_{110}\Delta d_1+a_{111}\Delta e_1+a_{112}\Delta f_1-l_x\\ v_y=a_{21}\Delta a_0+a_{22}\Delta b_0+a_{23}\Delta c_0+a_{24}\Delta d_0+a_{25}\Delta e_0+a_{26}\Delta f_0+a_{27}\Delta a_1+a_{28}\Delta b_1\\ \qquad +a_{29}\Delta c_1+a_{210}\Delta d_1+a_{211}\Delta e_1+a_{212}\Delta f_1-l_y\end{cases} \tag{7-19}$$

写成矩阵形式为

$$\boldsymbol{V}=\boldsymbol{AX}-\boldsymbol{l},\ \boldsymbol{E} \tag{7-20}$$

式中，$\boldsymbol{V}=[v_x\quad v_y]^{\mathrm{T}}$；$\boldsymbol{X}=[\Delta a_0\ \Delta b_0\ \Delta c_0\ \Delta d_0\ \Delta e_0\ \Delta f_0\ \Delta a_1\ \Delta b_1\ \Delta c_1\ \Delta d_1\ \Delta e_1\ \Delta f_1]^{\mathrm{T}}$，为待求未知数；$\boldsymbol{A}$ 为未知数 $\boldsymbol{X}$ 的系数矩阵；$\boldsymbol{l}=[l_x\ l_y]^{\mathrm{T}}=[x_R-x_R^0\ y_R-y_R^0]^{\mathrm{T}}=[x_R-z_R(\overline{X}/\overline{Z})\,y_R-z_R(\overline{Y}/$

$\bar{Z})]^{\mathrm{T}}$，其中，

$$\begin{cases}\bar{X}=r_{11}(X-X_{Si})+r_{12}(Y-Y_{Si})+r_{13}(Z-Z_{Si})\\ \bar{Y}=r_{21}(X-X_{Si})+r_{22}(Y-Y_{Si})+r_{23}(Z-Z_{Si})\\ \bar{Z}=r_{31}(X-X_{Si})+r_{32}(Y-Y_{Si})+r_{33}(Z-Z_{Si})\end{cases}$$

E 为像点坐标观测值的权矩阵，这里将像点坐标看作等精度不相关观测值，即 E 为单位矩阵。

系数矩阵 A 的表达式为

$$A=\begin{bmatrix}a_{11}&a_{12}&a_{13}&a_{14}&a_{15}&a_{16}&a_{17}&a_{18}&a_{19}&a_{110}&a_{111}&a_{112}\\ a_{21}&a_{22}&a_{23}&a_{24}&a_{25}&a_{26}&a_{27}&a_{28}&a_{29}&a_{210}&a_{211}&a_{212}\end{bmatrix}$$

$$=\begin{bmatrix}\frac{\partial x}{\partial a_0}&\frac{\partial x}{\partial b_0}&\frac{\partial x}{\partial c_0}&\frac{\partial x}{\partial d_0}&\frac{\partial x}{\partial e_0}&\frac{\partial x}{\partial f_0}&\frac{\partial x}{\partial a_1}&\frac{\partial x}{\partial b_1}&\frac{\partial x}{\partial c_1}&\frac{\partial x}{\partial d_1}&\frac{\partial x}{\partial e_1}&\frac{\partial x}{\partial f_1}\\ \frac{\partial y}{\partial a_0}&\frac{\partial y}{\partial b_0}&\frac{\partial y}{\partial c_0}&\frac{\partial y}{\partial d_0}&\frac{\partial y}{\partial e_0}&\frac{\partial y}{\partial f_0}&\frac{\partial y}{\partial a_1}&\frac{\partial y}{\partial b_1}&\frac{\partial y}{\partial c_1}&\frac{\partial y}{\partial d_1}&\frac{\partial y}{\partial e_1}&\frac{\partial y}{\partial f_1}\end{bmatrix}$$

$$=\begin{bmatrix}\frac{\partial x}{\partial X_{Si}}&\frac{\partial x}{\partial Y_{Si}}&\frac{\partial x}{\partial Z_{Si}}&\frac{\partial x}{\partial \varphi_i}&\frac{\partial x}{\partial \omega_i}&\frac{\partial x}{\partial \kappa_i}&t\frac{\partial x}{\partial X_{Si}}&t\frac{\partial x}{\partial Y_{Si}}&t\frac{\partial x}{\partial Z_{Si}}&t\frac{\partial x}{\partial \varphi_i}&t\frac{\partial x}{\partial \omega_i}&t\frac{\partial x}{\partial \kappa_i}\\ \frac{\partial y}{\partial X_{Si}}&\frac{\partial y}{\partial Y_{Si}}&\frac{\partial y}{\partial Z_{Si}}&\frac{\partial y}{\partial \varphi_i}&\frac{\partial y}{\partial \omega_i}&\frac{\partial y}{\partial \kappa_i}&t\frac{\partial y}{\partial X_{Si}}&t\frac{\partial y}{\partial Y_{Si}}&t\frac{\partial y}{\partial Z_{Si}}&t\frac{\partial y}{\partial \varphi_i}&t\frac{\partial y}{\partial \omega_i}&t\frac{\partial y}{\partial \kappa_i}\end{bmatrix}$$

(7-21)

式中，各偏导数可以由以下公式计算得到（Li et al., 2000）：

$$\frac{\partial x}{\partial X_{Si}}=\frac{1}{\bar{Z}}(-r_{11}z_R+r_{31}x_R)\quad \frac{\partial y}{\partial X_{Si}}=\frac{1}{\bar{Z}}(-r_{21}z_R+r_{31}y_R)$$

$$\frac{\partial x}{\partial Y_{Si}}=\frac{1}{\bar{Z}}(-r_{12}z_R+r_{32}x_R)\quad \frac{\partial y}{\partial Y_{Si}}=\frac{1}{\bar{Z}}(-r_{22}z_R+r_{32}y_R)$$

$$\frac{\partial x}{\partial Z_{Si}}=\frac{1}{\bar{Z}}(-r_{13}z_R+r_{33}x_R)\quad \frac{\partial y}{\partial Z_{Si}}=\frac{1}{\bar{Z}}(-r_{23}z_R+r_{33}y_R)$$

$$\frac{\partial x}{\partial \varphi_i}=\frac{z_R}{\overline{ZZ}}\{\bar{Z}[-\sin\varphi_i\cos\kappa_i(X_i-X_{Si})+r_{11}\sin\omega_i(Y_i-Y_{Si})-r_{33}\cos\kappa_i(Z_i-Z_{Si})]-\bar{X}[\cos\varphi_i(X_i-X_{Si})+\sin\omega_i\sin\varphi_i(Y_i-Y_{Si})-\cos\omega_i\sin\varphi_i(Z_i-Z_{Si})]\}$$

$$\frac{\partial x}{\partial \omega_i}=\frac{z_R}{\overline{ZZ}}\{\bar{Z}[-r_{13}(Y_i-Y_{Si})+r_{12}(Z_i-Z_{Si})]-\bar{X}[-r_{33}(Y_i-Y_{Si})+r_{32}(Z_i-Z_{Si})]\}$$

$$\frac{\partial x}{\partial \kappa_i}=y_R$$

$$\frac{\partial y}{\partial \varphi_i}=\frac{z_R}{\overline{ZZ}}\{\bar{Z}[\sin\varphi_i\sin\kappa_i(X_i-X_{Si})+r_{21}\sin\omega_i(Y_i-Y_{Si})+r_{33}\sin\kappa_i(Z_i-Z_{Si})]-\bar{Y}[\cos\varphi_i(X_i-X_{Si})+\sin\omega_i\sin\varphi_i(Y_i-Y_{Si})-\cos\omega_i\sin\varphi_i(Z_i-Z_{Si})]\}$$

$$\frac{\partial y}{\partial \omega_i}=\frac{z_R}{\overline{ZZ}}\{\bar{Z}[-r_{23}(Y_i-Y_{Si})+r_{22}(Z_i-Z_{Si})]-\bar{Y}[-r_{33}(Y_i-Y_{Si})+r_{32}(Z_i-Z_{Si})]\}$$

$$\frac{\partial y}{\partial \kappa_i}=-x_R \tag{7-22}$$

当有足够的地面控制点时，可以列出形如式（7-20）的误差方程组，然后根据最小二乘平差原理得到法方程

$$A^{T}AX=A^{T}l \tag{7-23}$$

该法方程的解为

$$X=(A^{T}A)^{-1}(A^{T}l) \tag{7-24}$$

为了求解出式（7-20）中的 12 个未知数，至少需要 6 个地面控制点。同样的，以上法方程的求解需要进行迭代计算，直至解小于某一限差为止。

自检校平差模型中包含了像点坐标、控制点坐标、外方位元素和虚拟附加参数的四类观测值。对各类观测值引入合适的权值可以减弱参数间的强相关性，有利于自检校平差得到稳定、可靠的结果。目前比较常用的定权方法有经验求权法和验后方差估计法。经验求权法是根据经验人为地设置各类权值来控制各个观测值对平差的影响，有时能得到较好的解算结果，但是需要反复平差实验来确定最佳的权值，具有一定的盲目性（王涛，2012）。验后方差估计法利用了以上四类观测值的观测精度的先验信息，结合验后方差分量估计来确定虚拟观测值的权值，分为验前权值确定和验后迭代选权两个步骤（袁修孝等，2012）。目前，像点、控制点和外定向元素等观测值的测量精度信息相对较容易得知，充分利用这些先验信息将有助于获得合理的观测值权值。

7.3 线阵推扫卫星影像星上几何定标的 FPGA 实现

7.3.1 星上几何定标硬件实现的整体硬件实现结构

星上几何定标即通过星上几何定标硬件计算系统自主完成定标的一系列工作，如数据输入、控制点的获取、定标模型的平差解算等。控制点的自动获取是星上几何定标十分关键的一步，可以将实时获取的卫星影像与带有地面控制点（ground control point，GCP）数据的模板影像通过影像匹配来获得。根据几何定标模型中未知数的个数可以确定最少需要的控制点数量，从而就可以知道所需的模板影像数量。若要想得到更高的平差解算精度，可以选择均匀分布于待定标卫星影像内的更多的地面控制点，即需要多幅模板影像。在进行基于星上处理的影像匹配之前，需要将带地面控制点的模板影像及地面控制点的地面三维坐标都预先存储在卫星上，构成一个控制点影像库。

根据线阵 CCD 传感器成像的特点以及实时、自动几何定标的需要，可以设计如下星上几何定标的技术流程：①根据卫星的飞行姿态、在轨位置与相机镜头指向的地面区域的地理位置之间的数学关系，估算出获取某一幅卫星影像时所扫过地面区域中心近似的大地坐标，进而可以从模板影像库中选出所需的模板影像；②将待定标卫星影像进行分块，然后分别与相应的模板影像进行匹配以提取卫星影像上的目标像点，从而得到几何定标所需的控制点的像点坐标（来源于卫星影像，由屏幕坐标系下像点的行列号转换得到）及其精确的地面坐标（来源于模板影像）；③利用卫星以一定频率获得的姿态数据通过坐标转换得到影像上相应时刻的影像扫描行的外方位元素值，然后利用一般多项式模型拟合得出控制点对应像点所在影像扫描行的外方位元素值；④将控制点的像点坐标和大地坐标、像点对应扫描行的外方位元素初值以及线阵 CCD 相机的参数输入到星上几何定标的平差计算模块，就可以计算出待定标的误差参数（Zhou et al.，2018）。

以上所有的技术过程均需要通过星上计算机高速、自动地完成，方能达到实时星上几何定标的目标。根据这一要求，设计了如图 7-2 所示的星上几何定标系统的整体硬件实现结构。星上几何定标系统包括了目标模板影像选取、影像匹配、外方位元素（exterior orientation elements，EOEs）初值计算和平差计算的 4 个主要的计算模块以及时序控制模块。各个功能模块的执行顺序由时序控制模块来管理。由于 FPGA 芯片内部用于存储数据的硬件资源有限，所以需要利用外部存储器实现多幅模板影像数据及相应的地面控制点（GCPs）的存储，并且每一幅模板影像都对应一个 ID，从而构建了模板影像库。RAM（随机存储器）用于临时存储模板影像及卫星影像块的影像数据流。该星上几何定标系统还只是初步的设计，其中影像匹配模块和平差计算模块是最为主要和复杂的运算模块。另外还需要增加一个卫星影像的预处理模块，实现影像的辐射预处理以及得到分块的影像，以便用于影像匹配。影像匹配结果的精确度将直接影响到后续的计算，匹配的速度对整个系统的计算速度也有很大的影响。由于星上影像匹配的重要性及其复杂性，单独对其进行深入的研究是很有必要的。本章将对星上影像匹配的实现方法进行初步的探讨，并假设已经完成影像匹配，得到了所需的控制点坐标数据，然后进一步研究外方位元素初值计算和几何定标算法的 FPGA 实现。

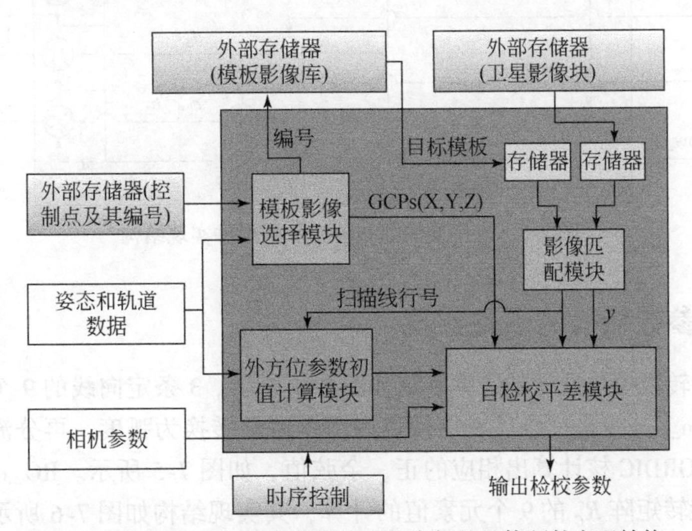

图 7-2　线阵 CCD 卫星影像星上几何定标的整体硬件实现结构

7.3.2　外方位参数初始值的硬件实现

根据外定向参数初值计算的过程及特点，可以将算法的硬件实现划分为姿态参数的坐标系转换和二次多项式插值计算两个模块，并设计得到如图 7-3 的硬件实现结构。图 7-3 中，Transformation 模块为姿态参数的坐标系变换模块，首先完成初始角度数据的正、余弦值的计算，然后构建旋转矩阵 R_G^c，接着与坐标系转换矩阵 R_c^R 相乘得到旋转矩阵 R_G^R，最后计算出对应的外定向姿态参数；Interpolation 模块为计算二次多项式系数与插值得到控制点所在扫描行的外定向参数的模块，主要实现了 3 阶矩阵求逆和多种乘法运算（左边的两个乘法运算单元实现两个数相乘，中间的 6 个乘法运算模块实现 3 阶矩阵与列向量的相乘，右边的 6 个乘法运算模块实现二次多项式插值计算）。t_0 和矩阵 R_c^R 的 9 个元素作为常数单元。由于实验 FPGA 芯片上的硬件资源有限，因此分别为姿态参数转换模块和插值计算模块构建了基于 FPGA 的并行计算系统（Zhou，2018）。

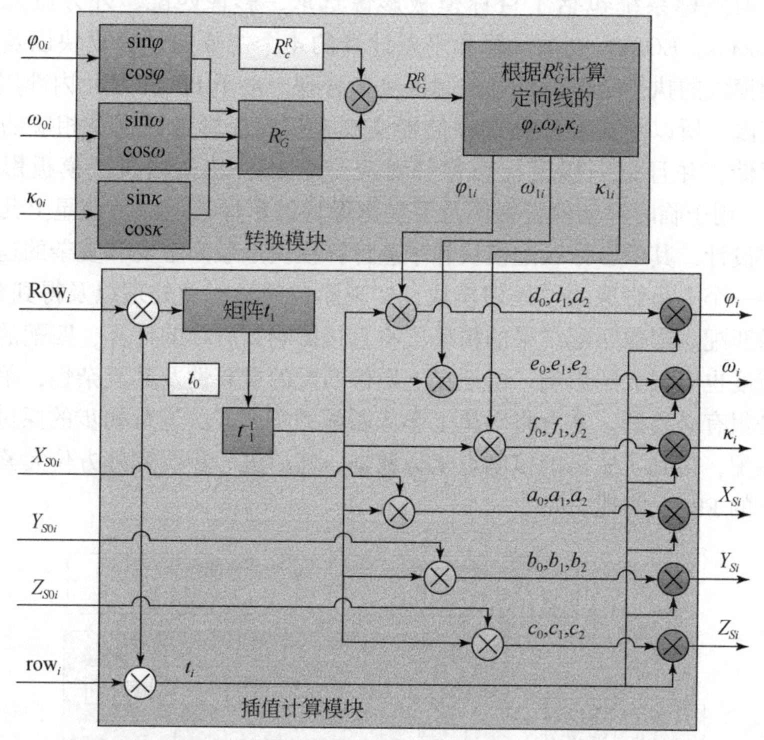

图 7-3　外定向参数初值计算的硬件实现结构

7.3.3　姿态参数转换的硬件实现

为姿态参数转换模块设计的计算系统如图 7-4 所示。3 条定向线的 9 个姿态数据从一个端口输入到 sin_cos 模块，然后在该模块内部角度被转换为弧度，再分流，最后分别通过 3 个并行的 CORDIC 核计算出相应的正、余弦值，如图 7-5 所示。RG_c 模块是根据式 (7-6) 来实现旋转矩阵 R_G^c 的 9 个元素值的计算，其实现结构如图 7-6 所示。该并行计算结构对于矩阵元素中共同项只实现一次计算，相比于直接实现的结构，乘法器的使用量由 16 个减少到了 12 个。根据式（7-7）可知，RG_R 模块只需计算得到两个 3 阶矩阵 R_c^R 和 R_G^c 相乘后的矩阵的 5 个元素值，可以采用直接计算的结构。RG_c 模块和 RG_R 模块的构建比较容易，此处不再给出具体 FPGA 实现结构（Zhou，2018）。

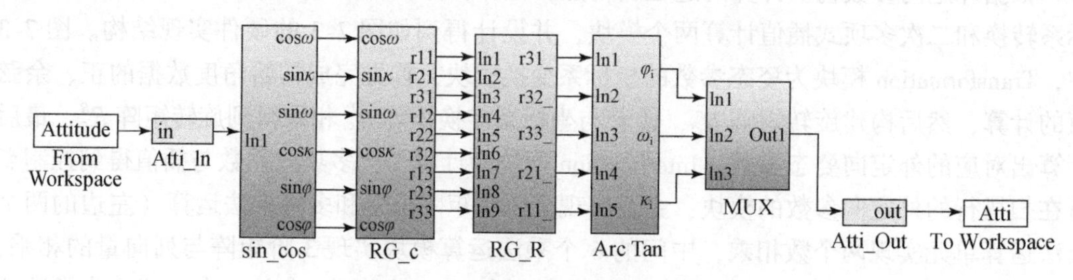

图 7-4　姿态参数转换的计算系统

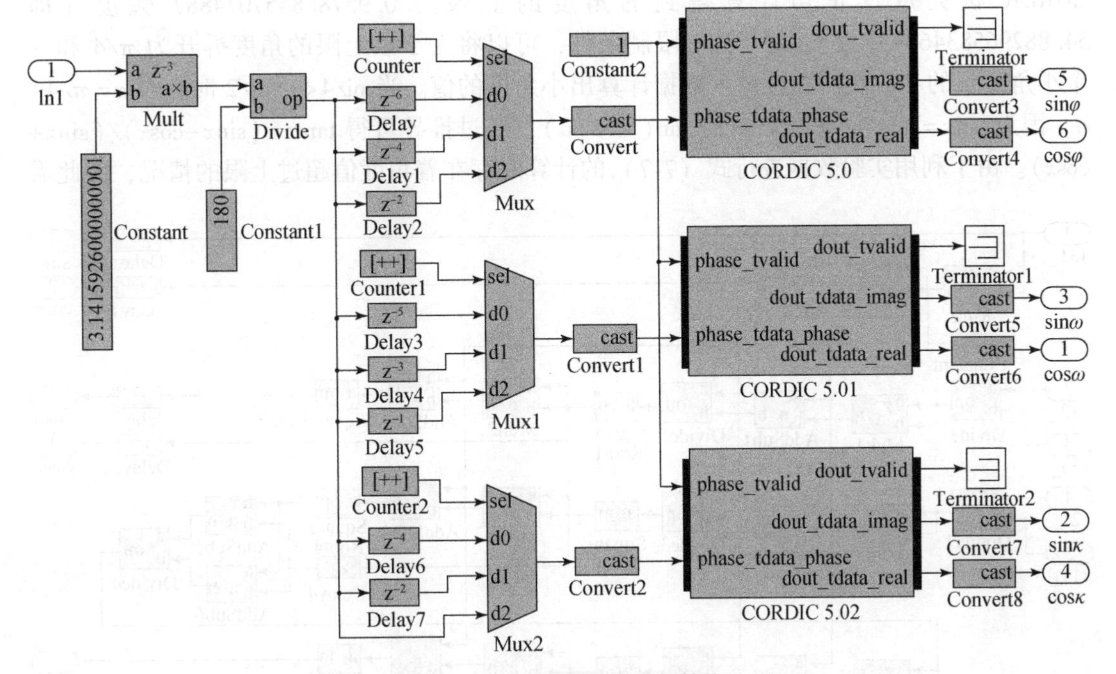

图 7-5　sin_cos 模块的内部结构

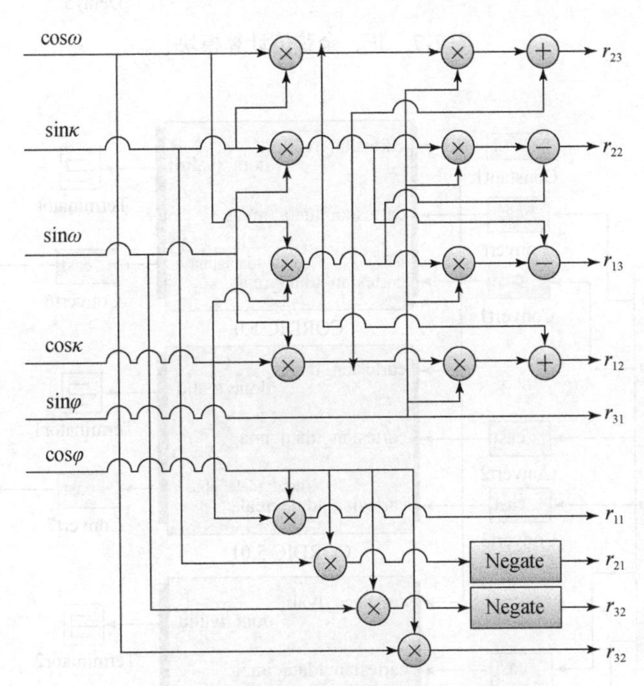

图 7-6　旋转矩阵构建的并行实现结构

式（7-7）的 FPGA 实现稍微复杂一些，原因在于 CORDIC 核不支持反正弦或反余弦的计算，而是只能利用 CORDIC 核的反正切计算功能来反算得到角度（输入到 CORDIC 核的两个数据分别为正弦值和余弦值，输出结果采用了弧度制表示）。经过仿真实验可知，

CORDIC 核完成反正切计算得到的角度的上限为 0.957888457074887 弧度（即 54.88296583468935 度）。对于这一限制条件，可以将大于该上限的角度拆开为 $\pi/4$ 和一个小角度 α 的和，然后通过输入数据计算出小角度的值。当 $pi/4<x<pi/2$ 时，设 $x=\pi/4+\alpha$，因为 $\tan x=\sin x/\cos x$，又 $\tan x=\tan(\pi/4+\alpha)$，经过推导可得 $\tan\alpha=(\sin x-\cos x)/(\sin x+\cos x)$。由于利用实验数据进行式（7-7）的计算时存在着角度值超过上限的情况，因此需

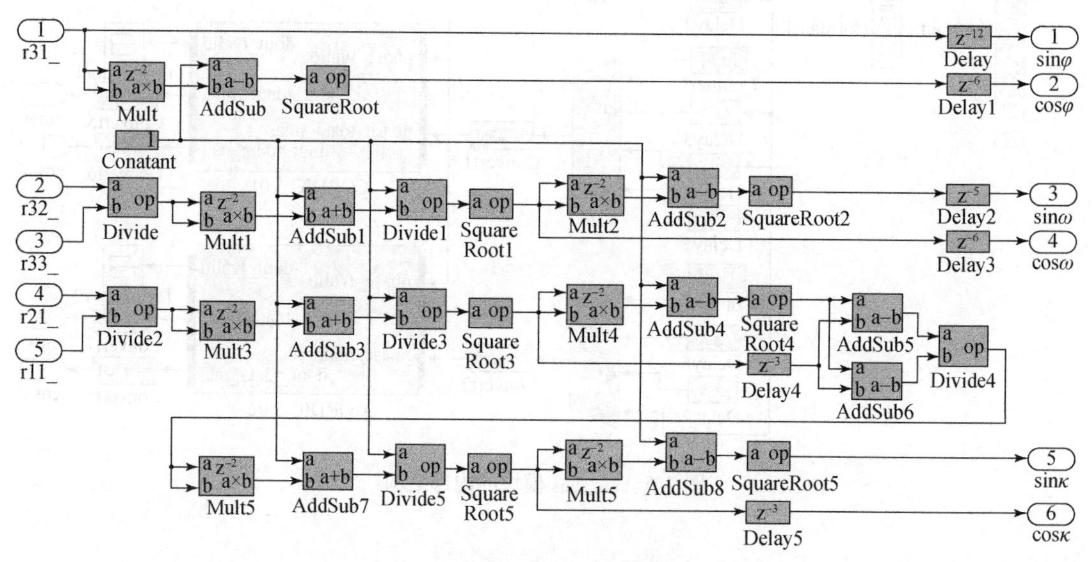

图 7-7　正、余弦值计算模块

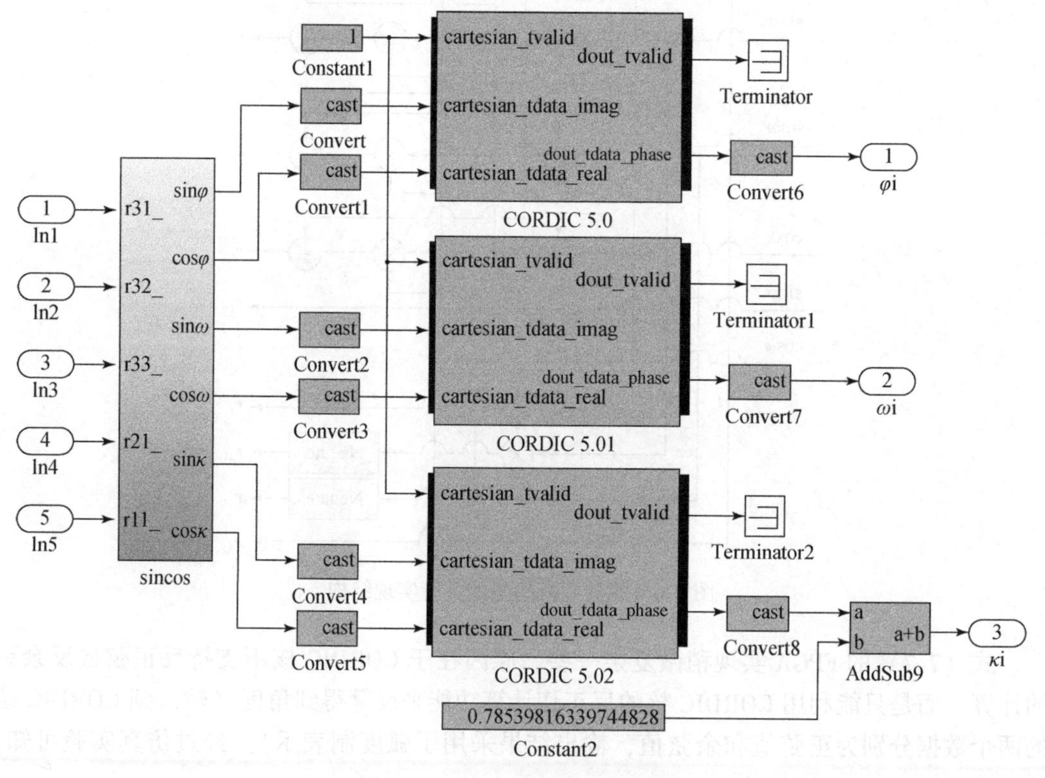

图 7-8　ArcTan 模块的内部结构

要进行相应的处理。将式（7-7）的 FPGA 实现分为两个步骤，即先计算转换之前的角度的正、余弦值，然后进行反正切的计算，相应的实现模块分别如图 7-7 和图 7-8 所示。图 7-6 中最后将转换得到的 9 个外定向姿态角通过 MUX 模块（内部主要使用了一个数据选择器）从一个端口输出（Zhou，2018）。

7.3.4 外方位参数插值的硬件实现

外定向参数的二次多项式插值计算的设计系统如图 7-9。其中输入输出数据的格式分别设置如下：外定向姿态和位置数据均采用双精度浮点数；Row 数据是整数，可以设为有符号 16 位定点数；row 数据是小数，数值不大，设为有符号 14 位定点数，并按照向下取整的方式截取整数部分（后面计算时再加上 1，得到像点所在扫描行的实际行号）；输出的姿态和位置数据均为双精度浮点数。因此该设计系统中用于数据输入输出的 I/O 管脚总共为 286 个。Row_InvT 模块用于完成逆矩阵 $\boldsymbol{T}^{-1}$ 的求解，其实现模块采用了根据式（7-11）~（7-13）设计的并行计算结构，如图 7-10 所示。row_t 模块使用了一个 30 路数据选择器将控制点的像点对应的扫描行行号转换为（261. 305，0，0，766. 913，0，0，7180. 717，0，0，…）这样的顺序，然后再计算得到相应的时间 t 和 t^2（Zhou，2018）。

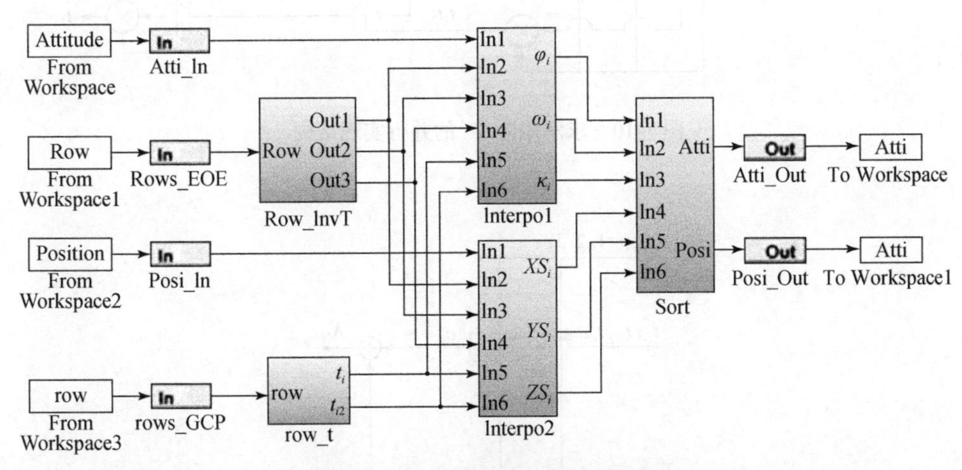

图 7-9 外定向参数插值的计算系统

Interpo1 和 Interpo2 模块分别实现姿态参数和位置参数的插值计算，两者的内部实现结构完全相同。以 X_{Si} 的二次多项式插值计算为例，其并行计算结构如图 7-13 所示（图中的 PE 模块为乘累加运算单元）。图 7-11 中最后通过 Sort 模块（内部主要使用了两个数据选择器）将插值得到 10 个控制点的外定向姿态和位置参数分别排序输出。

7.3.5 星上定标并行计算的硬件实现

1. 顶层实现结构设计

根据框幅式影像单像空间后方交会 FPGA 计算系统的设计与仿真实验结果，在设计线阵 CCD 影像单像空间后方交会算法的硬件实现结构时，需要考虑以下几个方面（Zhou，2018）：

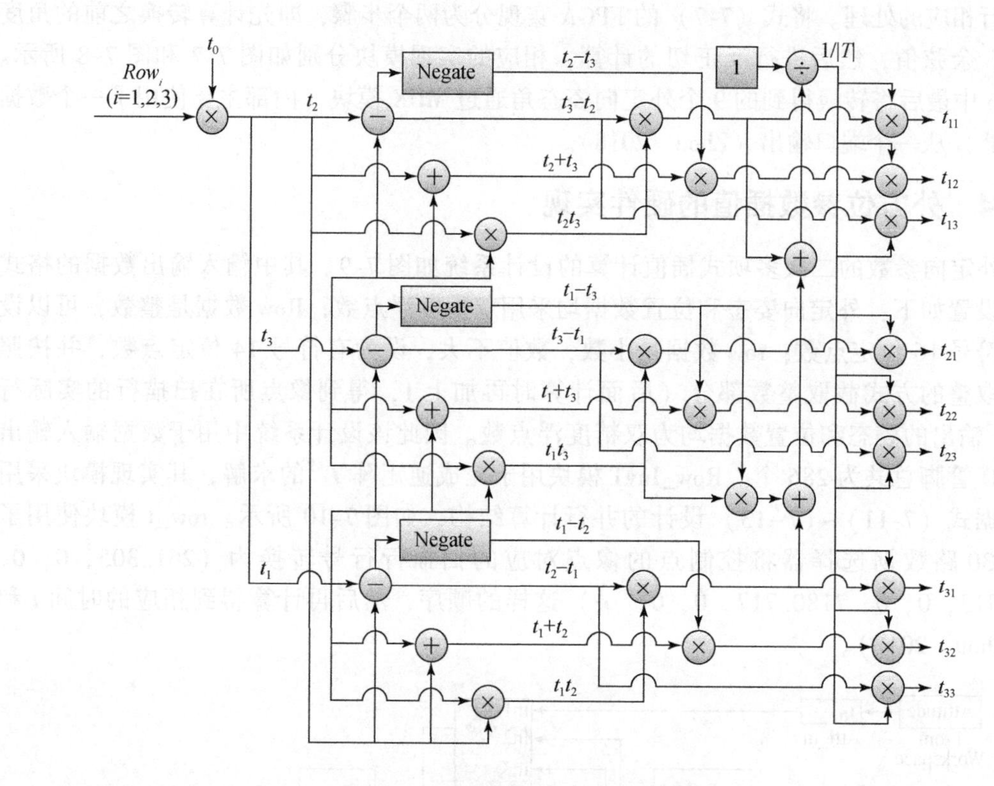

图 7-10 求解矩阵 T^{-1} 的并行实现结构

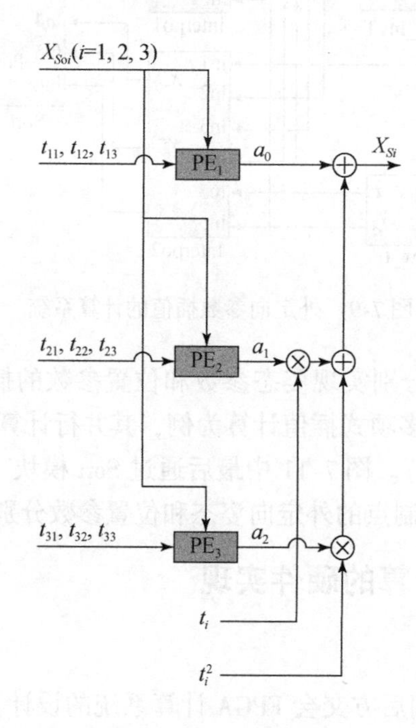

图 7-11 二次多项式插值计算的实现结构（以 XS_i 的计算为例）

（1）单像空间后方交会是一个含有多个计算步骤而且各个计算步骤有严格的先后顺序的算法，这决定了该算法的 FPGA 实现在整体上是串行计算的结构，因此只能尽可能地为局部计算的子模块设计并行的计算结构。不过，不能一味地追求计算的并行性，需要在电路面积（硬件资源使用）和计算结构的并行性之间取得平衡。

（2）单像空间后方交会需要进行迭代平差，每一次平差计算的过程都很复杂，是一种基于深度运算的算法，导致其 FPGA 的实现非常复杂，因此每一次平差计算适宜分开进行。

（3）FPGA 所能表示的数据精度有限，使得计算结果存在舍入误差，从第二次平差计算开始，计算误差会逐步累积从而最终导致解的精度下降，因此，基于 FPGA 的平差计算的次数应该控制在 2～3 次。这样既能保证精度，又可以降低 FPGA 实现的复杂度以及方便对设计电路在芯片上的硬件资源使用进行规划。由于硬件资源有限，设计电路只能完成有限次数的平差计算，无论迭代平差的最终结果是否收敛。

根据以上 3 点以及 MOMS-2P 影像单像空间后方交会算法的特点，可以将该算法的整个计算过程划分为多个计算模块，从而设计了如图 7-12 所示的 FPGA 实现迭代平差的整体硬件结构。该计算结构可以实现一次迭代平差计算，其中第一次平差计算包括数据输入、参数计算、平差计算、阈值比较四个模块，第二次平差计算与第一次平差计算共用数据输入模块，其余主要为输入数据的更新、参数计算、平差计算三个模块。

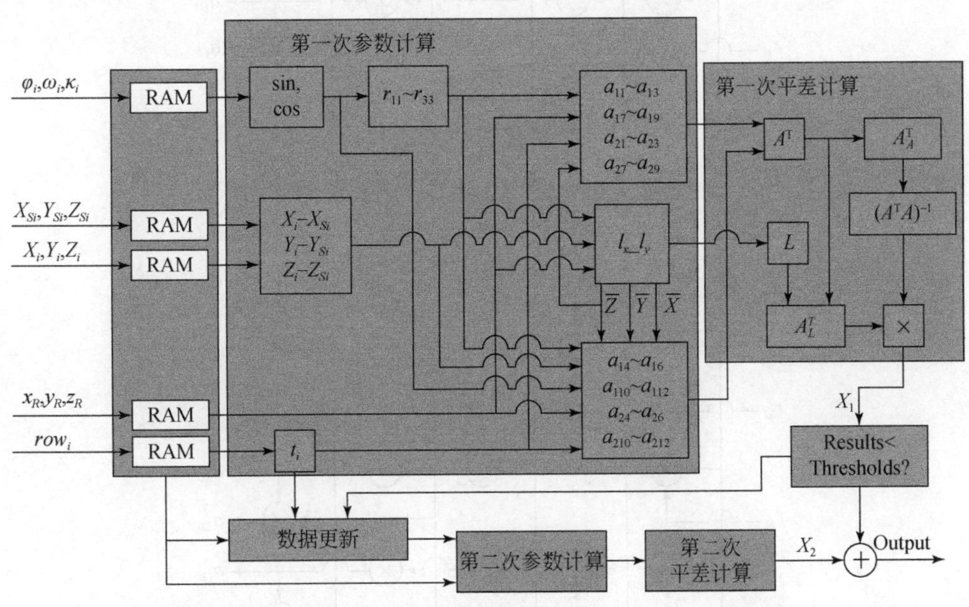

图 7-12　MOMS-2P 影像单像空间后方交会的 FPGA 实现结构

2. 子模块并行计算结构的设计

图 7-12 的单像空间后方交会的 FPGA 实现结构中，为了方便后续计算模块使用多个控制点的相应数据，采用了单端口 RAM 对连续输入的数据进行临时的缓存。参数计算模块与第三章中的对应计算模块的各个子模块的实现结构是类似的，不过计算公式有所变化，因此需要进行一些修改。参数计算模块主要完成外定向姿态角的正、余弦值计算以及加减

乘除的组合运算，其中正、余弦值计算模块只需要三个 CORDIC 核即可实现；旋转矩阵 $\boldsymbol{R}$ 的计算模块可以采用图 7-6 的并行计算结构；控制点大地坐标减去相应扫描行的外定向位置参数的模块使用了三个减法器。根据式（7-21）和式（7-22）给出的 24 个参数计算式的特点，将其划分为两个子模块分别实现，即图 7-12 的第一个参数计算模块中右上角和右下角的两个子模块。用 A1 和 A2 来表示这两个参数计算子模块，并分别设计了如图 7-13 和图 7-14 所示的并行计算结构。设计结构遵循两个原则：各参数的计算同步开始，结果同时输出，通过并行的计算结构来提高计算速度；不同参数计算的实现存在相同的输入数据和计算过程时，只给出唯一的实现，从而减少硬件资源消耗。在构建相应的计算模块时，可以通过延迟单元来保持计算过程的同步。根据式（7-20）的公式说明部分给出的 l_x 和 l_y 的计算公式，可以设计出如图 7-15 所示的 $l_x\_l_y$ 模块的并行计算结构。

矩阵相乘与框幅式单像空间后方交会中的矩阵相乘在硬件实现结构上是相同的，不过矩阵的规模更大。由于有 10 个控制点参与了平差计算，因此矩阵 $\boldsymbol{A}^{\mathrm{T}}$ 为 12×20 的矩阵，常数项矩阵 $\boldsymbol{L}$ 为 20×1 的矩阵。首先需要构建矩阵 $\boldsymbol{A}^{\mathrm{T}}$ 的 12 个行向量以及列向量 $\boldsymbol{L}$，其实现结构如图 7-16。构建 13 个向量数据的实现模块需要使用到 13 个数据选择器、13 个计数器以及 273 个延迟单元。

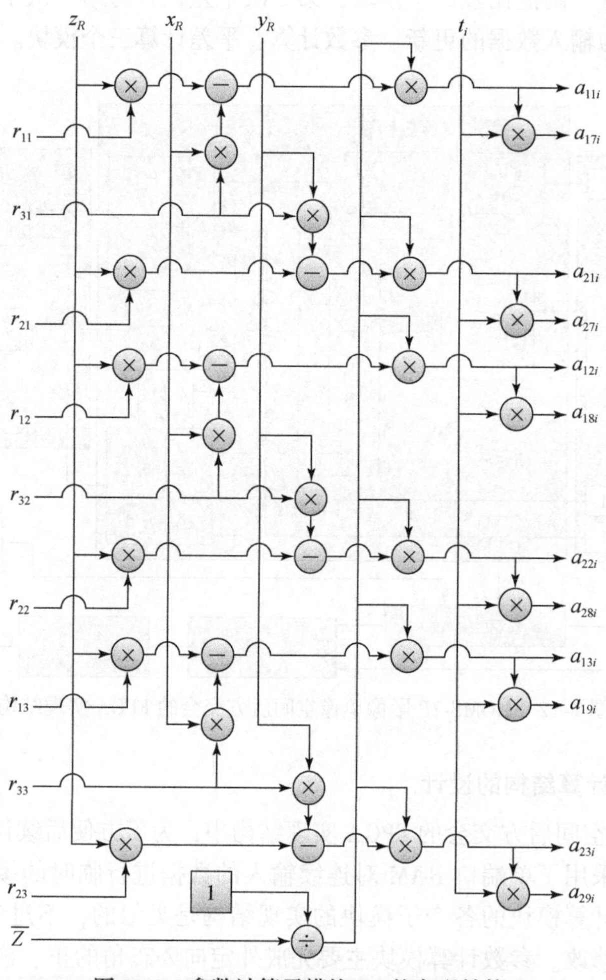

图 7-13　参数计算子模块 A1 的实现结构

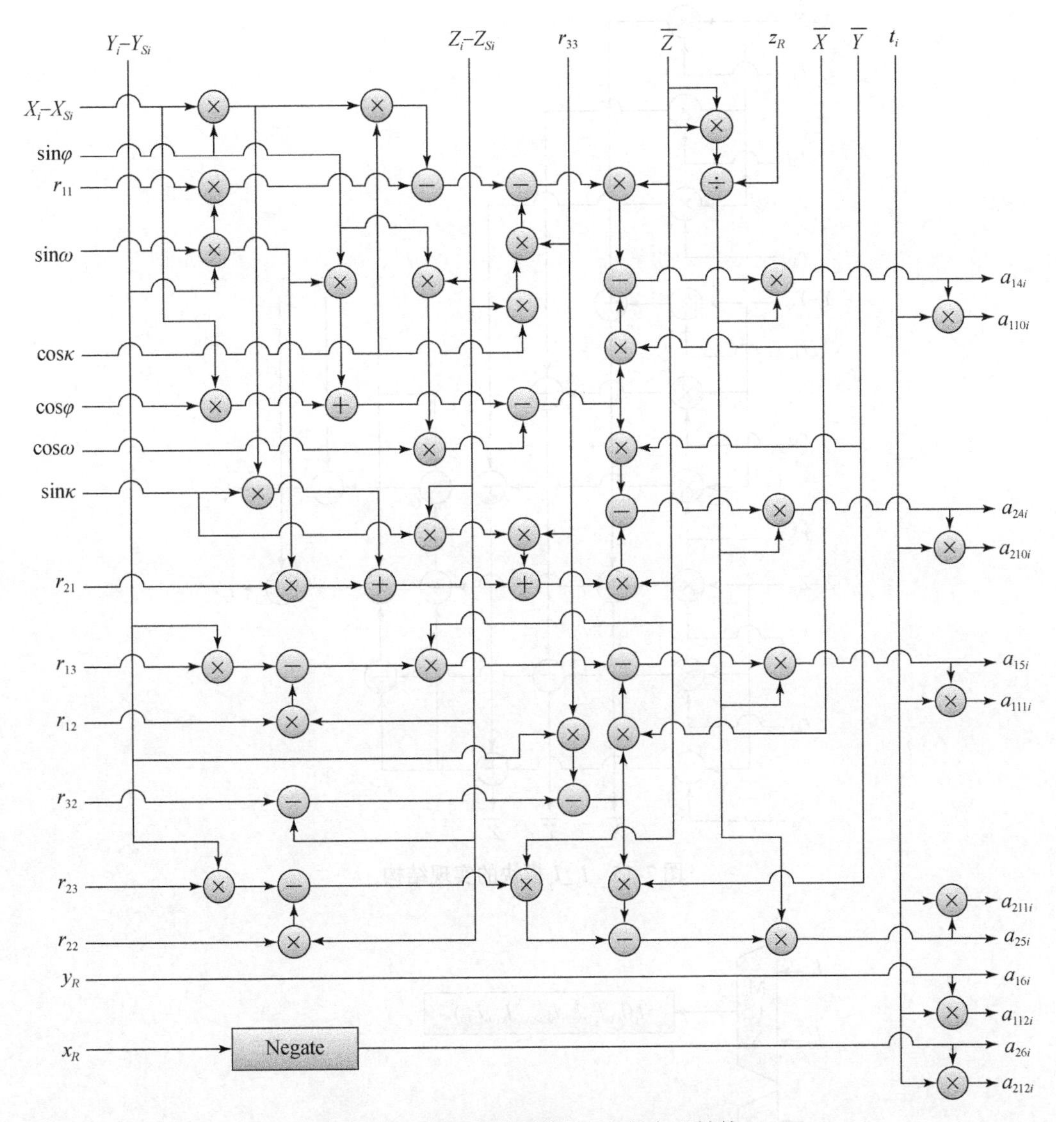

图 7-14　参数计算子模块 A2 的实现结构

矩阵 $\boldsymbol{A}^{\mathrm{T}}\boldsymbol{A}$ 是对称矩阵，设 $\boldsymbol{B}=(\boldsymbol{A}^{\mathrm{T}}\boldsymbol{A})$，矩阵 $\boldsymbol{B}$ 的元素为 $b_{ij}(i,\ j=1,\ 2,\ 3,\ \cdots,\ 12)$，则矩阵 $\boldsymbol{A}^{\mathrm{T}}$与 $\boldsymbol{A}$ 相乘的实现结构如图 7-17 所示。设 $\boldsymbol{C}=\boldsymbol{A}^{\mathrm{T}}\boldsymbol{L}$，其元素值为 $c_i(i=1,\ 2,\ 3,\ \cdots,\ 12)$，则矩阵 $\boldsymbol{A}^{\mathrm{T}}$与 $\boldsymbol{L}$ 相乘的实现结构如图 7-16 所示。矩阵 $(\boldsymbol{A}^{\mathrm{T}}\boldsymbol{A})^{-1}$与矩阵 $\boldsymbol{A}^{\mathrm{T}}\boldsymbol{L}$ 的相乘采用与图 7-18 相同的计算结构即可。以上三处矩阵相乘运算总共需要用到 102 个 PE 单元（乘累加运算单元），意味着相应的实现模块需要总共用到各 102 个的乘法器、加法器、寄存器和延迟单元等硬件资源。相比而言，航片数据单像空间后方交会的一次平差计算中这三处矩阵相乘总共只用到了 33 个 PE 单元。由此可见，随着矩阵规模的增大，矩阵相乘的 FPGA 实现所需的硬件资源也急剧增加。

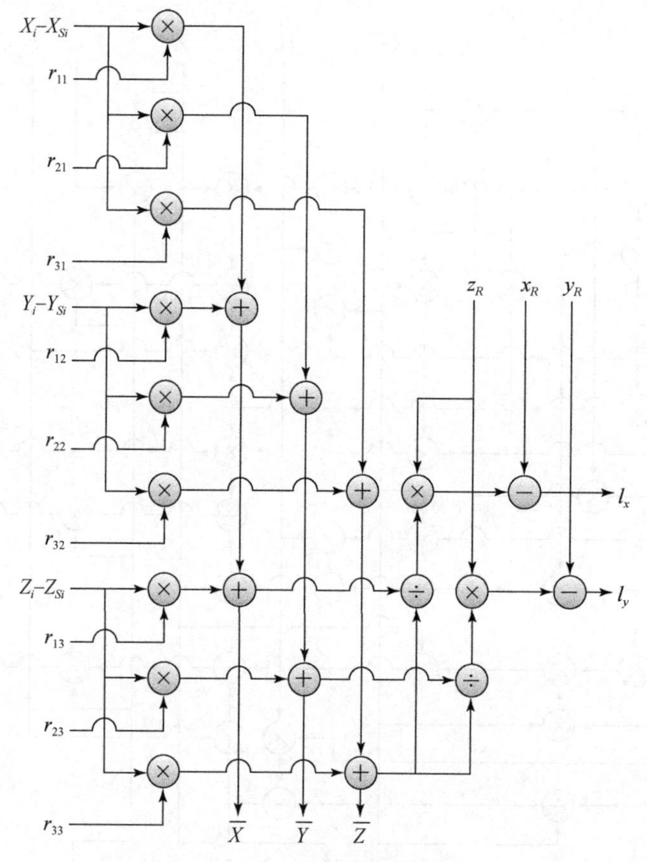

图 7-15　$l_x_l_y$模块的实现结构

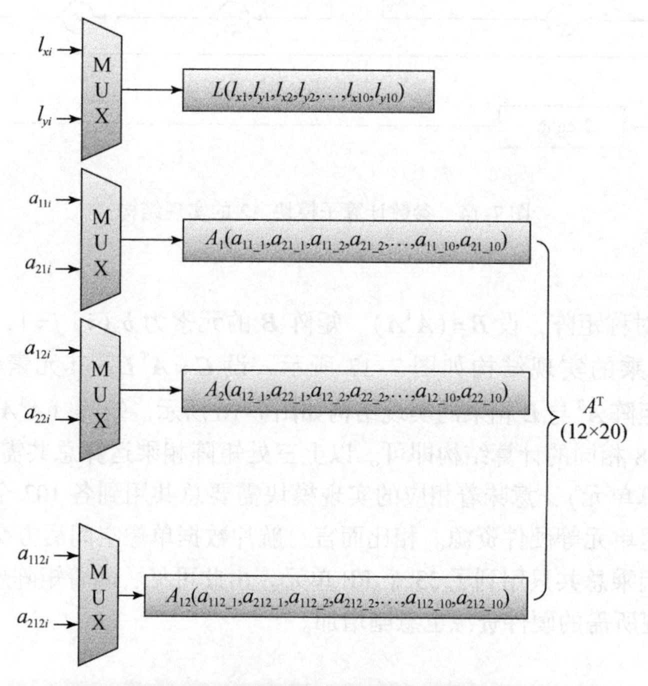

图 7-16　构建矩阵 $\boldsymbol{A}^{\mathrm{T}}$和 $\boldsymbol{L}$ 的实现结构

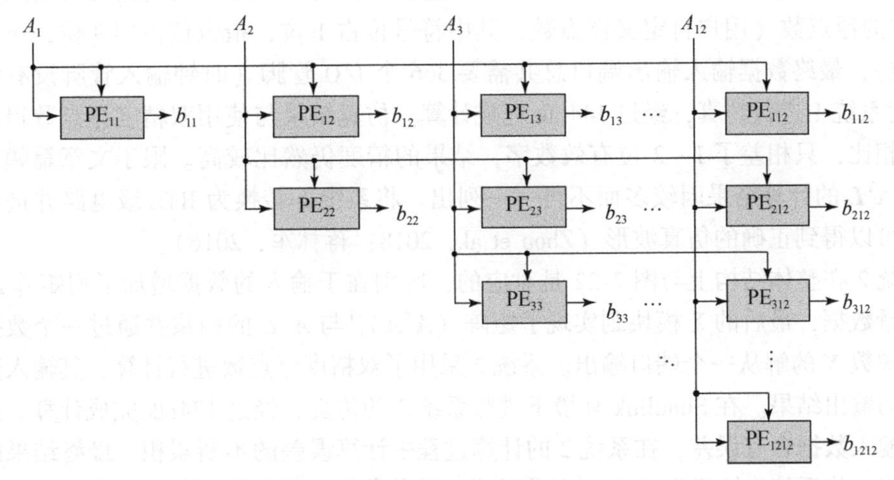

图 7-17　矩阵 $\boldsymbol{A}^{\mathrm{T}}$和 $\boldsymbol{L}$ 相乘的计算结构

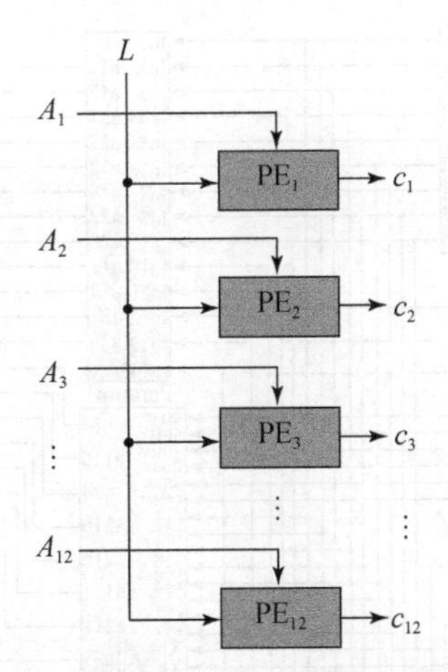

图 7-18　矩阵 $\boldsymbol{A}^{\mathrm{T}}$和 $\boldsymbol{L}$ 相乘的计算结构

线阵 CCD 卫星影像的单像空间后方交会算法的未知数更多，参与计算的数据更多，矩阵规模更大，因此计算量更大，导致算法的 FPGA 实现所需要的硬件资源量成倍增长。这种情况下，实验 FPGA 芯片的硬件资源将无法满足需要，只能将单像空间后方交会算法的计算过程进行拆分，然后分别进行实现。根据算法的特点，可以把每一次平差计算分为矩阵 $\boldsymbol{A}^{\mathrm{T}}\boldsymbol{A}$ 与 $\boldsymbol{A}^{\mathrm{T}}\boldsymbol{L}$ 的计算、矩阵 $\boldsymbol{A}^{\mathrm{T}}\boldsymbol{A}$ 的 LDLT 分解求逆与未知数 $\boldsymbol{X}$ 的求解，从而降低算法硬件实现的复杂度。通过分解一次平差计算，可以设计和构建出如图 7-19 的 FPGA 计算系统，分别记为系统 1 和系统 2。

系统 1 中，子模块 ATA_ATL 内部包含了两个矩阵相乘模块 $\boldsymbol{A}^{\mathrm{T}}\boldsymbol{A}$ 与 $\boldsymbol{A}^{\mathrm{T}}\boldsymbol{L}$，以及一个数据排序输出模块。数据排序输出模块使用了三个 30 路数据选择器将矩阵 $\boldsymbol{A}^{\mathrm{T}}\boldsymbol{A}$ 与 $\boldsymbol{A}^{\mathrm{T}}\boldsymbol{L}$ 的 90 个元素进行排序，然后从三个端口输出。System Generaotr 提供的数据选择器的 IP 核的最大输入数据项为 32 个，所以采用了 3 个数据选择器。由于实验 FPGA 芯片的用户分配的 I/O 管脚数目上限为 400 个，所以输入输出端口的数据格式不使用双精度浮点数。除了像点的行号数据的输入端口采用16位有符号定点数外，其余数据输入输出端口均采用位宽为50位的浮点数（用户自定义浮点数，其中符号位占1位，指数位占用9位，小数位占用40位），最终数据输入输出端口总共需要366个I/O管脚（时钟输入管脚没有统计在内）。对系统1进行仿真，经过144clk完成计算。仿真结果与使用双精度浮点数得到的仿真结果相比，只相差了1~2位有效数字，结果的精度仍然比较高。限于文章篇幅，矩阵$\boldsymbol{A}^{\mathrm{T}}\boldsymbol{A}$和$\boldsymbol{A}^{\mathrm{T}}\boldsymbol{L}$的计算结果因较多而不再一一列出。将系统1转换为RTL级电路并进行功能仿真，可以得到正确的仿真波形（Zhou et al.，2018；蒋林军，2016）。

系统2在整体结构上与图7-22是对应的，区别在于输入的数据增加了列矩阵$\boldsymbol{A}^{\mathrm{T}}\boldsymbol{L}$对应的向量数据，最后的X模块则实现了矩阵$(\boldsymbol{A}^{\mathrm{T}}\boldsymbol{A})^{-1}$与$\boldsymbol{A}^{\mathrm{T}}\boldsymbol{L}$的相乘并通过一个数据选择器将未知数$\boldsymbol{X}$的解从一个端口输出。系统2采用了双精度浮点数进行计算，其输入数据为系统1的输出结果。在Simulink环境下进行系统2的仿真，经过174clk完成计算。由于系统2的输入数据含有误差，在系统2的计算过程中计算误差的不断累积，最终结果的精度有所下降。将系统2转换为RTL级电路并进行功能仿真，可以得到正确的仿真波形（Zhou et al.，2018；蒋林军，2016）。

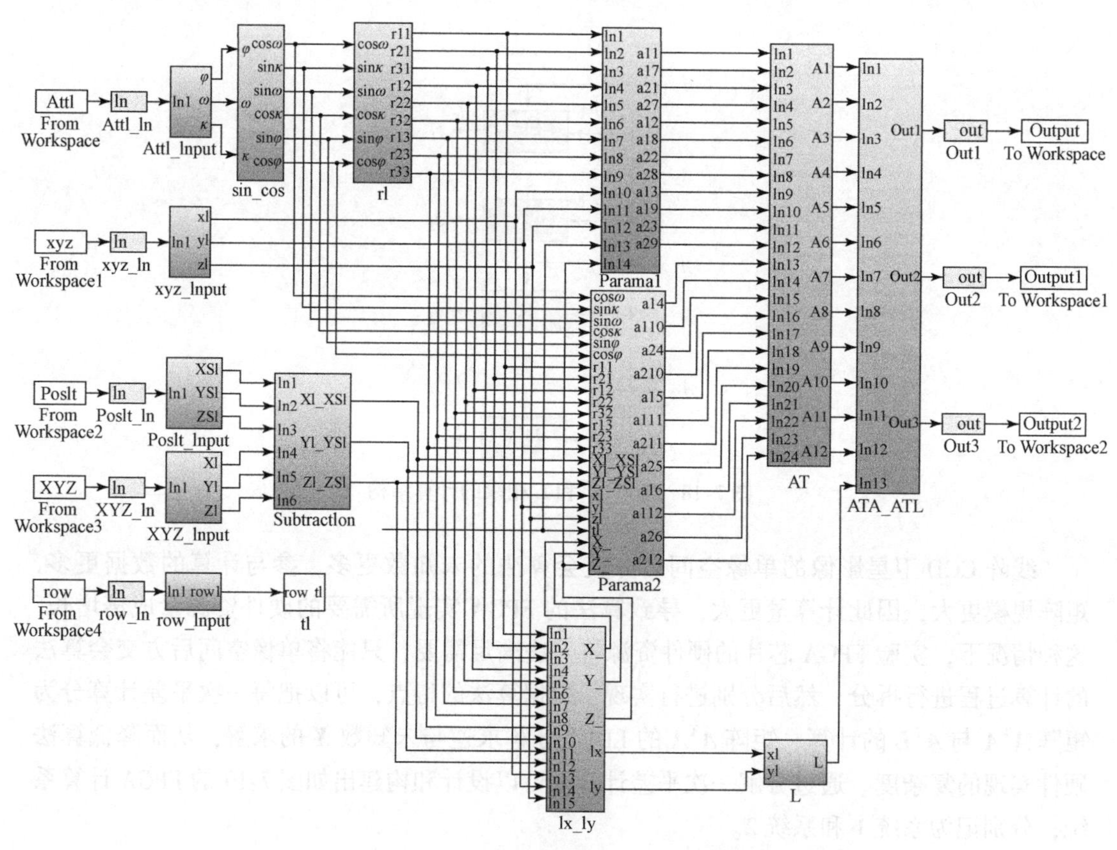

图7-19 矩阵$\boldsymbol{A}^{\mathrm{T}}\boldsymbol{A}$与$\boldsymbol{A}^{\mathrm{T}}\boldsymbol{L}$的计算系统

3. LDLT分解法求逆矩阵的硬件实现

（1）矩阵求逆的LDLT分解算法

矩阵$\boldsymbol{A}^{\mathrm{T}}\boldsymbol{A}$的阶数（12行12列）较高，LU分解求逆以及块LU分解求逆方法的FPGA

实现比较复杂。由于矩阵 $\boldsymbol{A}^{\mathrm{T}}\boldsymbol{A}$ 是对称正定矩阵，所以可以采用计算过程更简便的 Cholesky 分解法来实现其逆矩阵的求解。设 $\boldsymbol{B}=\boldsymbol{A}^{\mathrm{T}}\boldsymbol{A}$，$\boldsymbol{B}=\boldsymbol{L}\boldsymbol{L}^{\mathrm{T}}$ 称为矩阵 $\boldsymbol{B}$ 的 Cholesky 分解，其中 $\boldsymbol{L}$ 是一个下三角矩阵且其对角线上的元素值均大于零（郭磊，2010），即

$$\begin{pmatrix} b_{11} & b_{12} & \cdots & b_{1n} \\ b_{21} & b_{22} & \cdots & b_{2n} \\ \vdots & \vdots & \ddots & \vdots \\ b_{n1} & b_{n2} & \cdots & b_{nn} \end{pmatrix} = \begin{pmatrix} l_{11} & & & \\ l_{21} & l_{22} & & \\ \vdots & \vdots & \ddots & \\ l_{n1} & l_{n2} & \cdots & l_{nn} \end{pmatrix} \begin{pmatrix} l_{11} & l_{21} & \cdots & l_{n1} \\ & l_{22} & \cdots & l_{n2} \\ & & \ddots & \vdots \\ & & & l_{nn} \end{pmatrix} \tag{7-25}$$

$\boldsymbol{B}$ 是对称矩阵，对比式（7-25）两边，易得

$$\begin{cases} b_{11} = l_{11}^2 \\ b_{i1} = l_{11} l_{i1} (i = 2,\ 3,\ \cdots n), \\ b_{kk} = \sum\limits_{i=1}^{k} l_{ki}^2 (k = 2,\ 3,\ \cdots n), \\ b_{ik} = \sum\limits_{j=1}^{k-1} l_{ij} l_{kj} + l_{ik} l_{kk} (i = k+1,\ \cdots n). \end{cases} \tag{7-26}$$

根据式（7-26）可以得到矩阵 $\boldsymbol{B}$ 的 Cholesky 分解的计算公式为

$$\begin{cases} l_{11} = \sqrt{b_{11}}, \\ l_{i1} = \dfrac{b_{i1}}{l_{11}} (i = 2,\ 3,\ \cdots n), \\ l_{kk} = \sqrt{b_{kk} - \sum\limits_{i=1}^{k-1} l_{ki}^2} (k = 2,\ 3,\ \cdots n), \\ l_{ik} = \dfrac{1}{l_{kk}} (b_{ik} - \sum\limits_{j=1}^{k-1} l_{ij} l_{kj}) (i = k+1,\ \cdots n;\ k = 2,\ 3,\ \cdots,\ n-1). \end{cases} \tag{7-27}$$

式（7-27）需要进行开方运算，可能会损失精度和增加运算量，为了避免开方，可以采用改进 Cholesky 分解法（仲雪洁，2012）。改进 Cholesky 分解也称为 LDLT 分解（图 7-20），是将对称正定矩阵 $\boldsymbol{B}$ 分解为 $\boldsymbol{L}\boldsymbol{D}\boldsymbol{L}^{\mathrm{T}}$，其中 $\boldsymbol{L}$ 是单位下三角矩阵，$\boldsymbol{D}$ 是对角矩阵且矩阵元素均大于零（郭磊，2010）。根据 $\boldsymbol{B}=\boldsymbol{L}\boldsymbol{D}\boldsymbol{L}^{\mathrm{T}}$ 可知

$$\begin{pmatrix} b_{11} & b_{12} & \cdots & b_{1n} \\ b_{21} & b_{22} & \cdots & b_{2n} \\ \vdots & \vdots & \ddots & \vdots \\ b_{n1} & b_{n2} & \cdots & b_{nn} \end{pmatrix} = \begin{pmatrix} 1 & & & \\ l_{21} & 1 & & \\ \vdots & \vdots & \ddots & \\ l_{n1} & l_{n2} & \cdots & 1 \end{pmatrix} \begin{pmatrix} d_{11} & & & \\ & d_{22} & & \\ & & \ddots & \\ & & & d_{nn} \end{pmatrix} \begin{pmatrix} 1 & l_{21} & \cdots & l_{n1} \\ & 1 & \cdots & l_{n2} \\ & & \ddots & \vdots \\ & & & 1 \end{pmatrix} \tag{7-28}$$

对比式（7-28）两边的元素，易得

$$\begin{cases} b_{11} = d_{11}, \\ b_{i1} = l_{i1} d_{11} (2 \leqslant i \leqslant n), \\ b_{ii} = \sum\limits_{k=1}^{j-1} l_{ik} d_{kk} l_{ik} + d_{ii} (2 \leqslant i \leqslant n), \\ b_{ij} = \sum\limits_{k=1}^{j-1} l_{ik} d_{kk} l_{jk} + l_{ij} d_{jj} (1 \leqslant j < i \leqslant n). \end{cases} \tag{7-29}$$

根据上式可以确定计算 l_{ij} 和 d_{ii} 的公式如下：

$$
\begin{cases}
d_{11} = b_{11}, \\
l_{i1} = \dfrac{b_{i1}}{d_{11}} (2 \leqslant i \leqslant n), \\
d_{ii} = b_{ii} - \sum\limits_{k=1}^{i-1} l_{ik} d_{kk} l_{ik} (2 \leqslant i \leqslant n), \\
l_{ij} = \dfrac{b_{ij} - \sum\limits_{k=1}^{j-1} l_{ik} d_{kk} l_{jk}}{d_{jj}} (1 \leqslant j < i \leqslant n).
\end{cases}
\tag{7-30}
$$

式（7-30）中的第 3 和第 4 式具有共同项 $l_{ik} d_{kk}$，可以先完成这一项的计算，从而可以减少后续的计算量。在完成矩阵 $\boldsymbol{B}$ 的 LDLT 分解后，可以得到 $\boldsymbol{B}$ 的逆矩阵，即

$$
\boldsymbol{B}^{-1} = (\boldsymbol{LDL}^{T})^{-1} = (\boldsymbol{L}^{T})^{-1} (\boldsymbol{LD})^{-1} = (\boldsymbol{L}^{-1})^{T} \boldsymbol{D}^{-1} \boldsymbol{L}^{-1} \tag{7-31}
$$

式中单位下三角矩阵 $\boldsymbol{L}$ 的求逆可以采用脉动阵列结构。

（2）LDLT 分解求逆矩阵的硬件实现

目前已有研究采用了基于 HDL 语言及已有 IP 核的 FPGA 设计开发方式，在 Virtex-5 系列的 FPGA 芯片上实现了大规模矩阵的 Cholesky 分解以及 LDLT 分解运算，获得了较好的计算加速比（郭磊，2010；仲雪洁，2012）。郭磊（2010）还实现了基于 Cholesky 分解法的大规模单精度浮点数对称正定矩阵的 FPGA 求逆。不过，本章的目的在于实现更高精度浮点数对称正定矩阵的 FPGA 求逆。在相关研究的基础上，本节将研究对称正定矩阵 B 的 LDLT 分解与求逆基于 FPGA 实现的并行计算结构，并给出关键计算步骤的硬件实现模块。

分析式（7-30）可知，LDLT 分解非常有规律，主要体现在矩阵 L 和 D 的后一列元素的求解均需要利用到前一列或前几列所求得的元素。根据这一特点，可以逐列地完成矩阵 $\boldsymbol{B}$ 的 LDLT 分解，即基于列的 LDLT 分解（郭磊，2010），如图 7-22。根据 LDLT 分解算法的特点，可以设计得到如图 7-23 的矩阵 $\boldsymbol{B}$ 的 LDLT 分解的硬件实现结构。图 7-21 中，信号线①②③④分别表示 $l_{i1} d_{11}$，$l_{i2} d_{22}$，$l_{i3} d_{33}$，$l_{i4} d_{44}$，每一个 PE 模块实现一列 d 和 l 的矩阵元素的求解。

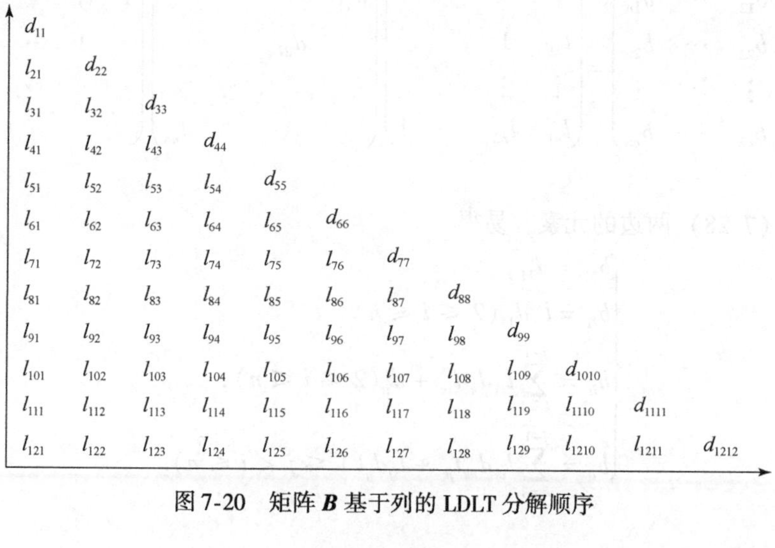

d_{11}
l_{21} d_{22}
l_{31} l_{32} d_{33}
l_{41} l_{42} l_{43} d_{44}
l_{51} l_{52} l_{53} l_{54} d_{55}
l_{61} l_{62} l_{63} l_{64} l_{65} d_{66}
l_{71} l_{72} l_{73} l_{74} l_{75} l_{76} d_{77}
l_{81} l_{82} l_{83} l_{84} l_{85} l_{86} l_{87} d_{88}
l_{91} l_{92} l_{93} l_{94} l_{95} l_{96} l_{97} l_{98} d_{99}
l_{101} l_{102} l_{103} l_{104} l_{105} l_{106} l_{107} l_{108} l_{109} d_{1010}
l_{111} l_{112} l_{113} l_{114} l_{115} l_{116} l_{117} l_{118} l_{119} l_{1110} d_{1111}
l_{121} l_{122} l_{123} l_{124} l_{125} l_{126} l_{127} l_{128} l_{129} l_{1210} l_{1211} d_{1212}

图 7-20　矩阵 $\boldsymbol{B}$ 基于列的 LDLT 分解顺序

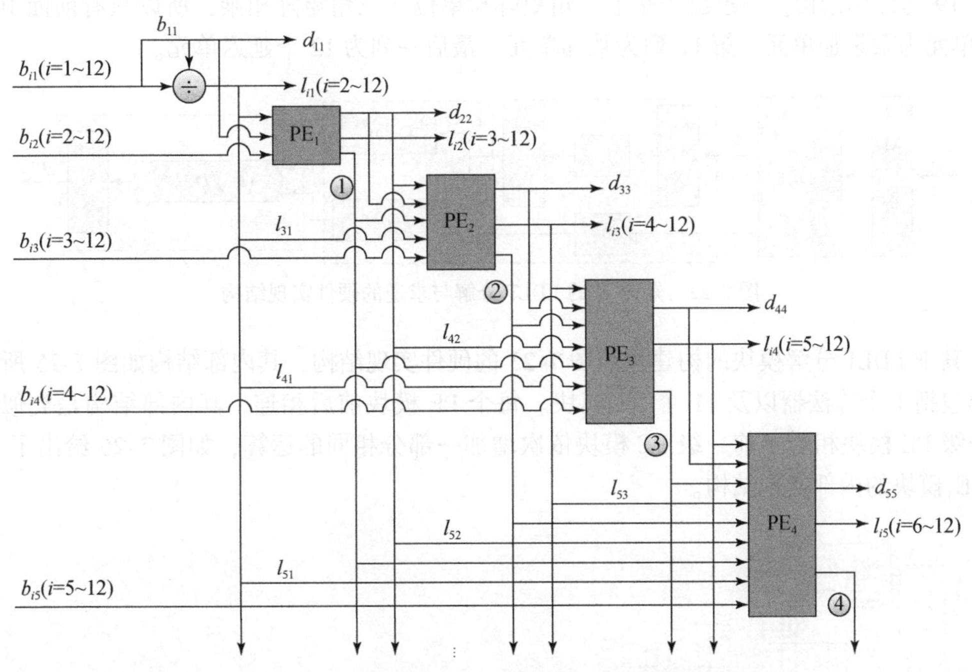

图 7-21　矩阵 $\boldsymbol{B}$ 的 LDLT 分解的硬件实现结构

矩阵 $\boldsymbol{B}$ 的 LDLT 分解与求逆的 FPGA 计算过程可以由以下 5 个步骤完成（蒋林军，2016）：

（1）输入待分解矩阵 $\boldsymbol{B}$ 的对角线及其下方的元素，利用数据选择器将矩阵 $\boldsymbol{B}$ 的元素按列方向构建为向量形式；

（2）对矩阵 $\boldsymbol{B}$ 的向量数据进行 LDLT 分解运算，得到单位下三角矩阵 $\boldsymbol{L}$ 和对角矩阵 $\boldsymbol{D}$ 的元素；

（3）对矩阵 $\boldsymbol{L}$ 和 $\boldsymbol{D}$ 进行求逆，并对矩阵 $\boldsymbol{L}^{-1}$ 进行转置：①利用数据选择器将单位下三角矩阵 $\boldsymbol{L}$ 的元素重排序，分别得到沿主对角线方向排列的多个向量数据；②采用脉动阵列结构对矩阵 $\boldsymbol{L}$ 进行求逆，得到单位下三角矩阵 $\boldsymbol{L}^{-1}$；③对求逆结果进行重排序，得到矩阵 $(\boldsymbol{L}^{-1})^{\mathrm{T}}$ 沿行方向的向量数据（即矩阵 $\boldsymbol{L}^{-1}$ 沿列方向的向量数据）；④利用数据选择器将对角矩阵 $\boldsymbol{D}$ 的对角线上所有元素构建为一个行向量，并通过一个除法器依次求解每个元素的倒数，即完成 $\boldsymbol{D}$ 的逆矩阵的元素的求解；

（4）将矩阵 $(\boldsymbol{L}^{-1})^{\mathrm{T}}$ 和 $\boldsymbol{D}^{-1}$ 的向量数据分别相乘，得到上三角矩阵 $(\boldsymbol{L}^{-1})^{\mathrm{T}}\boldsymbol{D}^{-1}$（由于矩阵 $\boldsymbol{D}^{-1}$ 为对角矩阵，所以两个矩阵相乘的结果仍是向量形式）；

（5）将矩阵 $(\boldsymbol{L}^{-1})^{\mathrm{T}}\boldsymbol{D}^{-1}$ 与 $\boldsymbol{L}^{-1}$ 的向量数据分别相乘，得到一个上三角矩阵，即完成对称矩阵 $\boldsymbol{B}^{-1}$ 的对角线及其上方的元素的求解；然后利用 12 个数据选择器将矩阵元素构建为行向量，从而得到矩阵 $\boldsymbol{B}^{-1}$ 按行方向的 12 个行向量。

以上计算过程可以用图 7-22 的硬件计算结构来实现。其中，4 个 MUX 模块表示利用多个数据选择器构建的数据排序模块，用于构建后续矩阵运算模块所需的向量数据。矩阵 D 的求逆只需将常数 1 依次除以向量数据的每个元素即可完成。$(\boldsymbol{L}^{-1})^{\mathrm{T}}\boldsymbol{D}^{-1}$ 计算模块使用了并行的 11 个乘法器以及一个延迟单元。矩阵 $(\boldsymbol{L}^{-1})^{\mathrm{T}}\boldsymbol{D}^{-1}$ 与 $\boldsymbol{L}^{-1}$ 相乘的模块采用了类似于

图 7-19 的计算结构。不过由于是上三角矩阵与单位下三角矩阵相乘，所以只有前面 10 列 ***PE*** 单元为乘累加单元，第 11 列为乘加单元，最后一列为 12 个延迟单元。

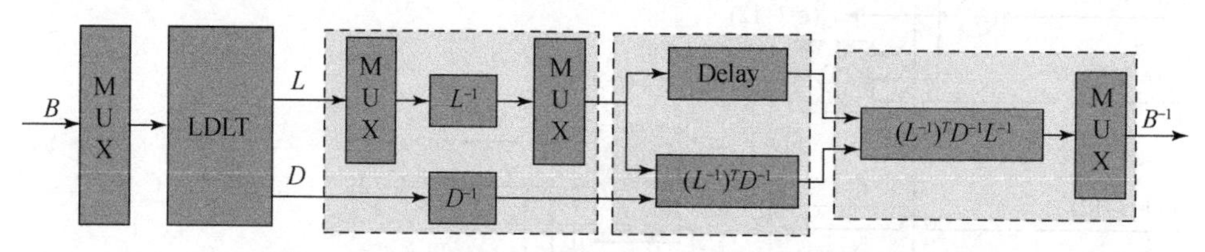

图 7-22　矩阵 ***B*** 的 LDLT 分解与求逆的硬件实现结构

其中 LDLT 分解模块的构建按照图 7-23 的硬件实现结构，其内部结构如图 7-25 所示，内部包括 1 个除法器以及 11 个 PE 模块。每个 PE 模块前后相连，其内部结构是类似的，后一级 PE 模块相对于前一级 PE 模块依次增加一部分相同的运算，如图 7-26 给出了 PE_2 和 PE_3 模块的内部实现结构。

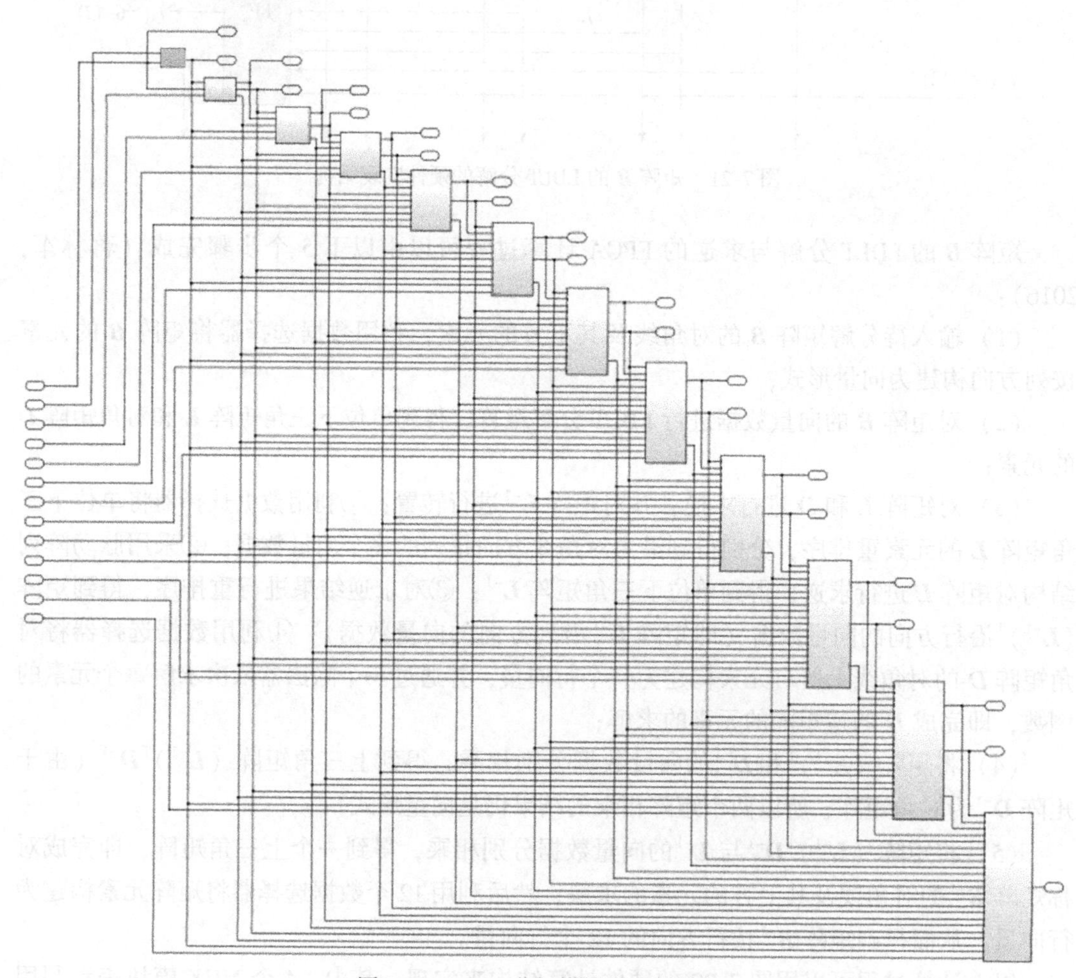

图 7-23　LDLT 分解模块的内部结构

$\boldsymbol{L}^{-1}$ 计算模块实现了单位下三角矩阵 ***L*** 的求逆，其并行计算模块如图 7-25。单位下三角矩阵求逆不需要进行除法计算，因此其脉动阵列计算结构更有规律。该模块的基本运算单元为两种乘加器（图7-24），主要实现一次乘法和一次加法运算，同时完成数据的向后传输。图7-25中，第一列第一个乘加器采用第一种结构，第一列剩余乘加器也采用第一种结构，但是要去掉Negate单元；其余列的第一个乘加器均采用第二种结构（最后一个乘加器只输出 Q_{11}），剩下的乘加器也采用第二种结构，同时也去掉Negate单元。乘加器单元中为输入的向量数据 $P_i(i=1\sim11)$ 设置的延迟起到了重要的作用，使得到达后面的数据信号正好进行相应的乘法运算。而脉动阵列结构又将逐级连接的延迟单元的效果进一步提升了，可以减少整个求逆模块的硬件资源占用（延迟单元的参数可以设置为更小，反映到硬件实现上则减少了Slice单元的使用）（Zhou et al.，2018；蒋林军，2016）。

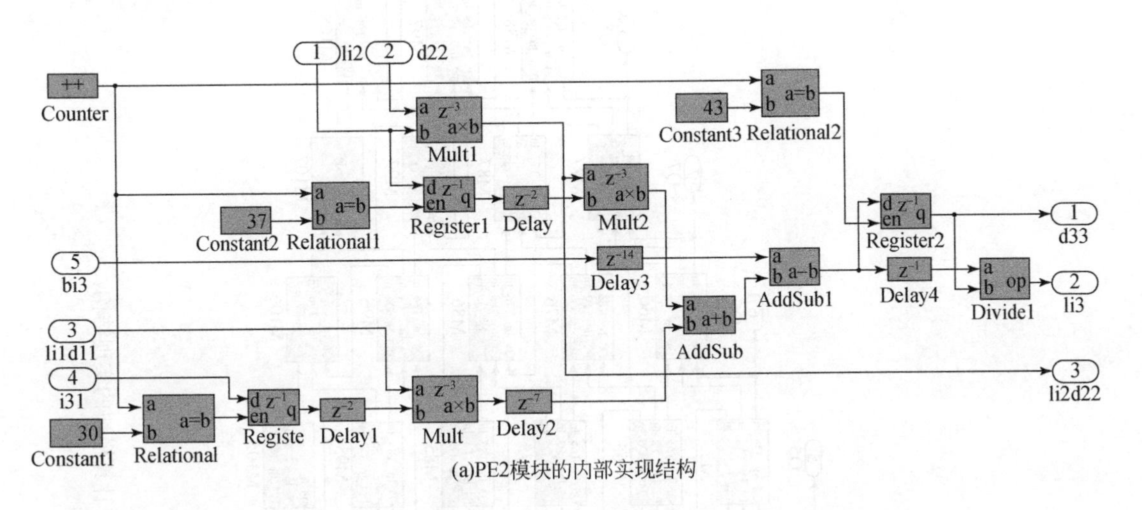

(a)PE2模块的内部实现结构

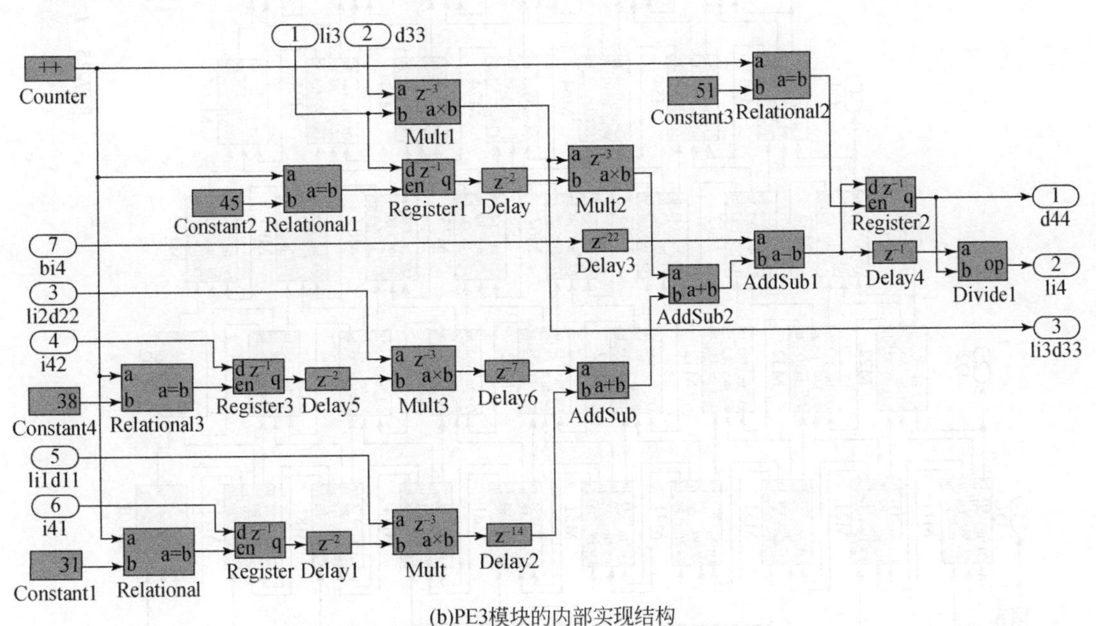

(b)PE3模块的内部实现结构

图7-24　PE2和PE3模块内部结构的对比

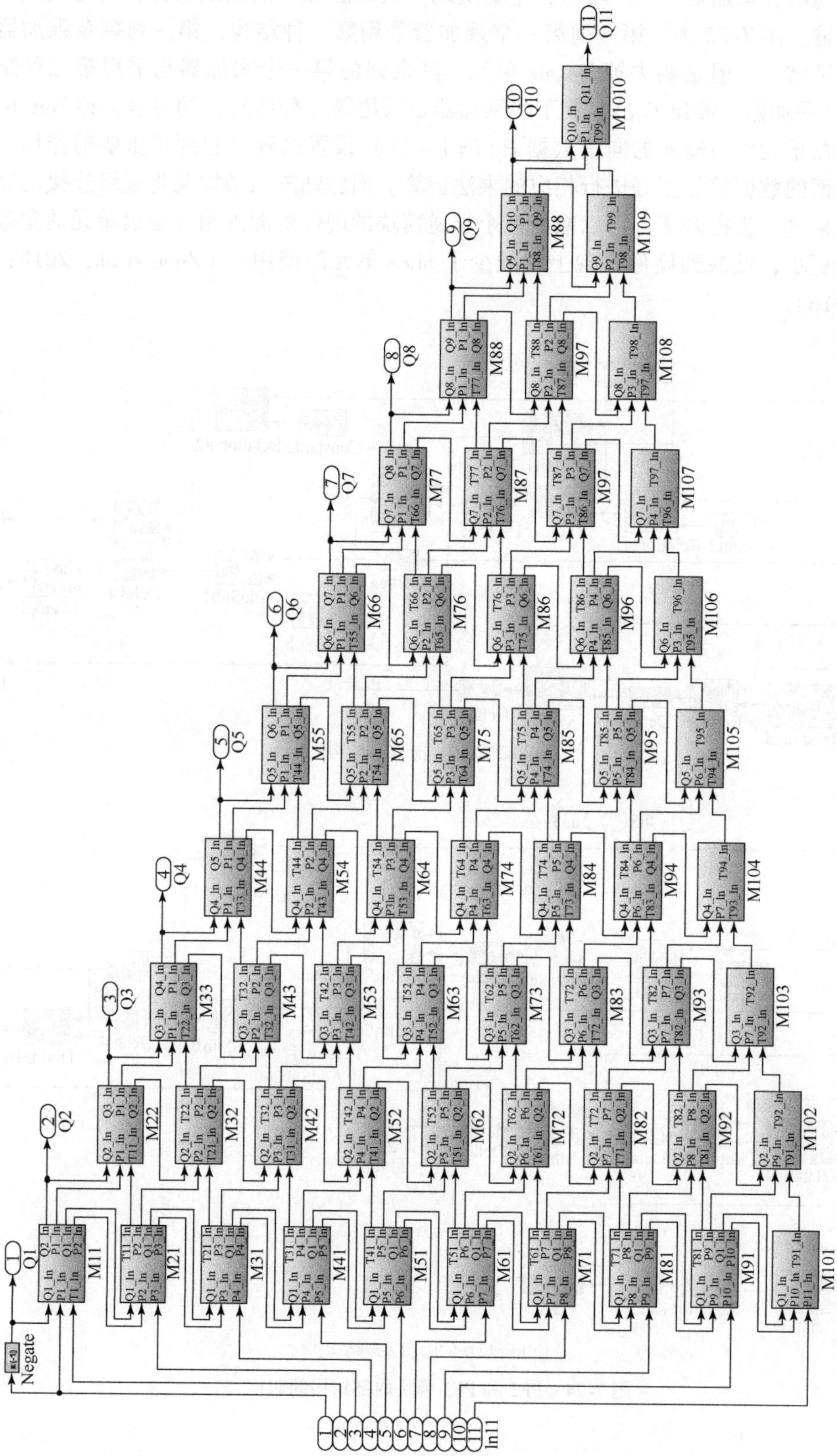

图7-25 L^{-1}计算模块的实现结构

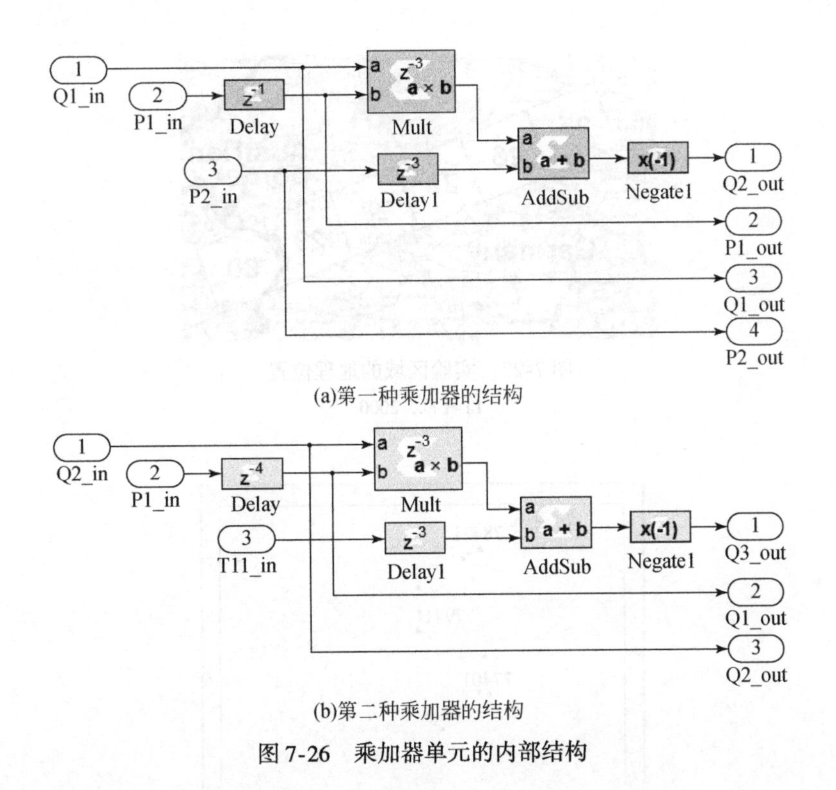

(a)第一种乘加器的结构

(b)第二种乘加器的结构

图 7-26　乘加器单元的内部结构

7.4　星上定标实验结果与硬件资源分析

7.4.1　实验数据

本章实验采用了（Li et al.，2000）的 MOMS-2P 影像的相关数据，包括控制点的像点坐标、控制点的大地坐标以及用于影像外定向的定向线等数据。该文献中所给出的像点坐标已完成了内定向（内定向参数采用了 MOMS-2P 相机在轨几何定标的结果）并转换到了参考坐标系下，所以本章实验直接使用转换后的像点坐标，无需相机的内定向参数。由于实验条件所限，本章研究无法获取原始的单景 MOMS-2P 影像或者其他线阵 CCD 卫星影像的全套数据，因此将组成区域网的多幅 MOMS-2P 影像作为实验对象，进行基于扩展共线方程的单像空间后方交会实验。本章仅仅是将这些数据用作几何定标算法的 FPGA 计算系统的仿真测试数据，以达到本章研究的目的，不考虑计算结果与实际情况的相符性。

实验采用了编号为 27 ~ 30 的影像，影像覆盖的地面区域长 178km，宽 50km，位于德国南部并延伸至奥地利境内，如图 7-27 所示。

在编号 27 ~ 30 的影像上有 10 个控制点（GCPs）和 24 个检查点（check points），如图 7-28。本章研究用到其中的 10 个控制点。控制点在 WGS-84 坐标系下的三维坐标列于表 7-2。

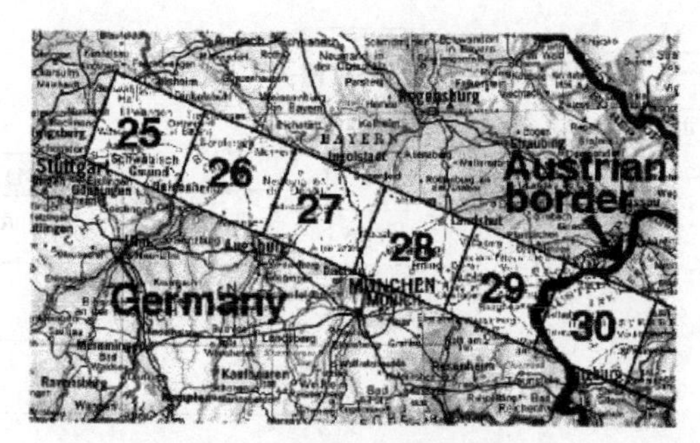

图 7-27　实验区域的地理位置

Li et al., 2000

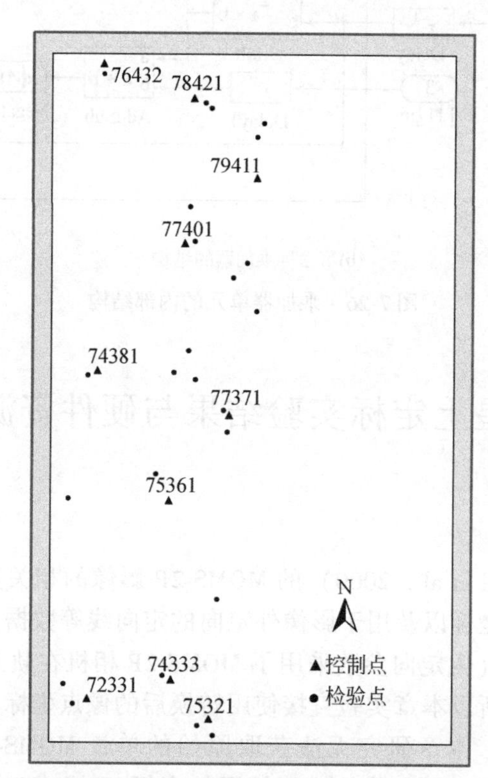

图 7-28　MOMS-2P 影像试验区域控制点和检查点的分布（Li et al., 2000）

表 7-2　10 个地面控制点的大地坐标

控制点 ID	X（m）	Y（m）	Z（m）
72331	4135380.1069022	821844.6723910	4770251.5437677
74333	10450447.2992458	2078254.5432684	12015401.8232950
74381	10902314.3676371	2339180.9076357	12588840.5698504
75321	11444974.0395672	2249772.9774461	13122085.8533283
76432	11782054.9497493	2701092.4290406	13567490.5564890
77371	11842358.9318077	2499590.6675491	13523689.2928181

续表

控制点 ID	X（m）	Y（m）	Z（m）
78421	11899325. 1507090	2695932. 0399983	13598277. 0250364
79411	11940340. 1167487	2651615. 2060703	13580217. 7283520
75361	11865827. 6061746	2463287. 2938036	13632756. 7085828
77401	11879752. 7527548	2610935. 4716081	13601834. 9411220

实验影像为 MOMS-2P 相机的后视镜头拍摄的全色影像（ST7 通道）。控制点的像点在后视影像上的扫描行行号（row）及其在参考坐标系下的像点坐标（单位为 mm）列于表 7-3。

表 7-3　GCPs 的像点所在扫描行行号及像点坐标

控制点 ID	row	x_R（mm）	y_R（mm）	z_R（mm）
72331	261. 305	86. 76887	-7. 43439	220. 81471
74333	766. 913	86. 76982	4. 67343	220. 81434
74381	4180. 717	86. 76808	-10. 70852	220. 81503
75321	421. 892	86. 76907	10. 94952	220. 81464
76432	7819. 913	86. 76712	-13. 79634	220. 81540
77371	4110. 696	86. 76927	9. 83561	220. 81456
78421	7714. 674	86. 76984	0. 27975	220. 81433
79411	6982. 891	86. 76913	10. 61366	220. 81461
75361	2889. 891	86. 76988	1. 68722	220. 81432
77401	5988. 913	86. 76986	0. 80757	220. 81433

用于下视影像外定向的 3 条定向线（orientations lines，OLs）数据包括了定向线所在扫描行的行号、位置和姿态数据，列于表 7-4。每两条相邻的定向线之间间隔了 3330 条扫描行，对应着 8. 2s 的扫描时间，则相邻两条扫描行之间的成像时间间隔为 $t_0=8.2/3330\approx 0.00246246$（s）。因此，任意扫描行的成像时间为 t=行号×$t_0$。

表 7-4　用于影像外定向的 3 条定向线数据

row	X_S（m）	Y_S（m）	Z_S（m）	φ（deg）	ω（deg）	κ（deg）
7786	4409288. 079	994947. 086	5018807. 697	41. 365	-8. 576	77. 731
11116	4413895. 784	1052910. 503	5002854. 357	41. 487	-9. 078	77. 697
14446	4418198. 597	1110782. 710	4986471. 512	41. 598	-9. 570	77. 657

7. 4. 2　仿真与结果分析

在 Simulink 环境下利用定向线的相关数据以及控制点对应像点的行号数据对图 7-4 的姿态参数转换计算系统与图 7-9 的外定向参数插值计算系统分别进行仿真，均可以得到正确的计算结果，表明了设计系统的正确性。表 7-5 为姿态转换的 System Generator 仿真结果和 MATLAB 程序计算结果的对比。插值计算的结果较多，限于文章篇幅，该项结果不再给出。由于采用了双精度浮点数格式数据进行计算和输出结果，因此仿真结果的精度很高。通过实验发现，可以在设计系统的最后增加一个数据转换模块，将双精度浮点数转换为定点数，然后按照需要设置定点数的位数，从而可以控制输出结果的精度水平，进而可以控制结果输出端口的管脚的使用数量。将两个计算系统转换为 RTL 级代码及 IP 核代码文件，利用 Modelsim 软件进行功能仿真，均可以得到正确的仿真波形。

表 7-5　姿态参数转换的 FPGA 计算结果与软件计算结果的对比　（单位：rad）

参数	FPGA 计算结果	MATLAB 程序计算结果	差值绝对值
φ_1	0. 590495480147183	0. 590495480147215	3.1974×10^{-14}
ω_1	0. 295020061690309	0. 295020061690343	3.4028×10^{-14}
κ_1	1. 08197177293173	1. 08197177293174	9.9920×10^{-15}
φ_2	0. 592225951523659	0. 592225951523666	6.9944×10^{-15}
ω_2	0. 286751014446395	0. 286751014446415	1.9984×10^{-14}
κ_2	1. 08038405719791	1. 08038405719793	1.9984×10^{-14}
φ_3	0. 593749144554977	0. 593749144554990	1.2990×10^{-14}
ω_3	0. 278581234896848	0. 278581234896852	3.9968×10^{-15}
κ_3	1. 07880896907989	1. 07880896907989	0

1. 硬件资源使用分析

为转换后两个的 RTL 级电路进行进一步的实验过程，包括时序与物理约束设置、综合、实现、生成 bit 流文件以及下载到 FPGA 芯片，都能够顺利完成。进行输入输出管脚约束设置时，对于复杂的电路，可以将输入管脚均设置在芯片上管脚数目多一些的左边，输出管脚均设置在芯片右边。布局布线完成后可以得到硬件资源使用报告，其中姿态参数转换电路使用了 29651 个 Slice 单元、385 个 DSP48E1 单元和 129 个 I/O 管脚，插值计算电路使用了 14252 个 Slice 单元、572 个 DSP48E1 单元和 287 个 I/O 管脚。通常，单片实验 FPGA 芯片可以满足两个设计系统的硬件资源需求。图 7-29 显示了将姿态参数转换计算电路通过 USB 线成功烧写到了实验开发板的 FPGA 芯片内。

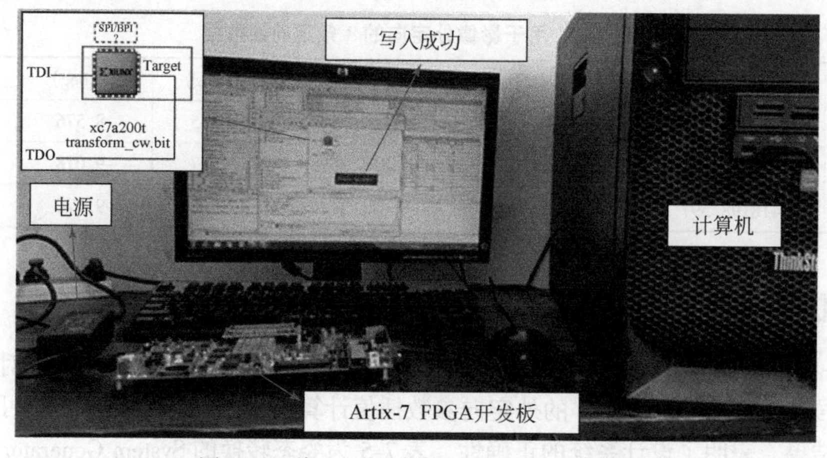

图 7-29　将 bit 流文件烧写到 FPGA 芯片内

完成布局布线后，通过 ISE 软件中的 FPGA Editor 工具查看两个设计电路在 FPGA 芯片上的布局布线情况。图 7-30 为姿态参数转换电路的布局布线和硬件资源（图 7-30（b）中的深蓝色单元）布局情况。由于使用到了较多的 CORDIC 核，设计电路占用了大量的硬件资源（主要是 Slice 资源）。图 7-31 为布局布线的局部放大图，蓝绿色线条为布线资源的使用情况，深蓝色矩形模块为使用到的硬件资源，包括 DSP48E1 单元（右边较大的矩形模块）和 Slice 单元（较小的矩形模块）。相比而言，插值计算电路没有使用 CORDIC 核，而是占用了较多的 DSP48E1 单元（乘法运算较多），其布局布线结果也比较复杂，如图 7-32。

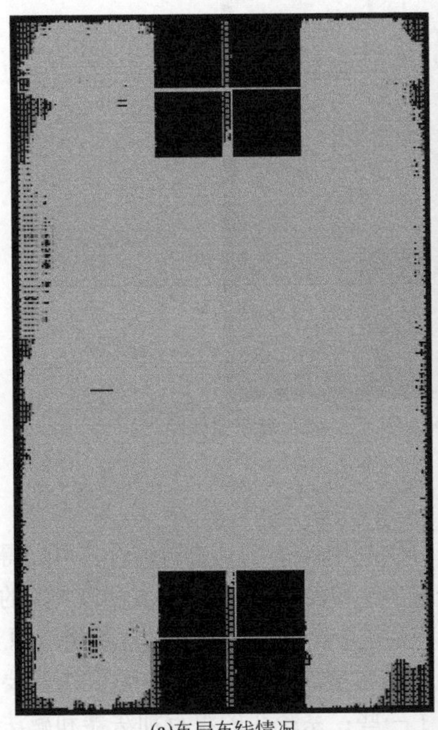

(a)布局布线情况

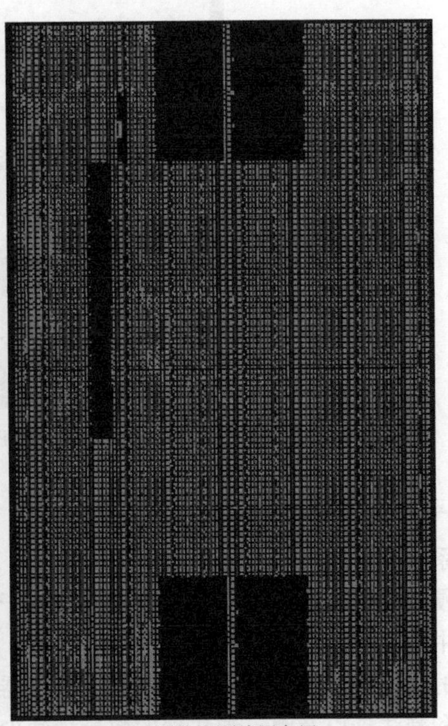

(b)硬件资源使用布局

图 7-30　姿态参数转换电路在 FPGA 芯片上的布局布线情况

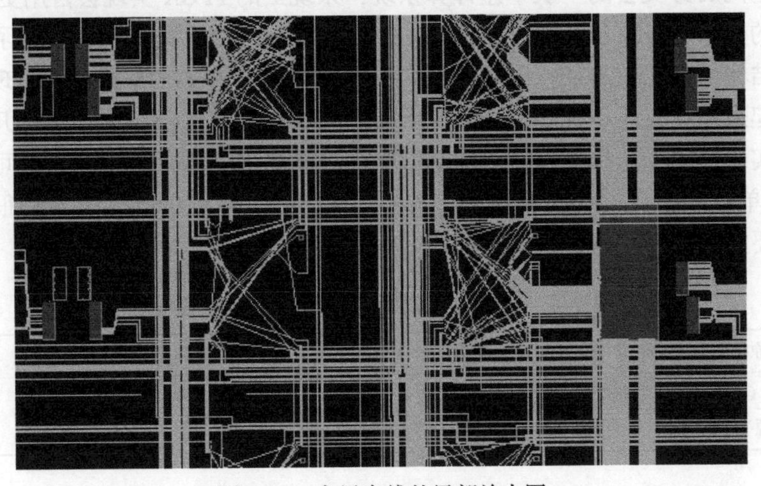

图 7-31　布局布线的局部放大图

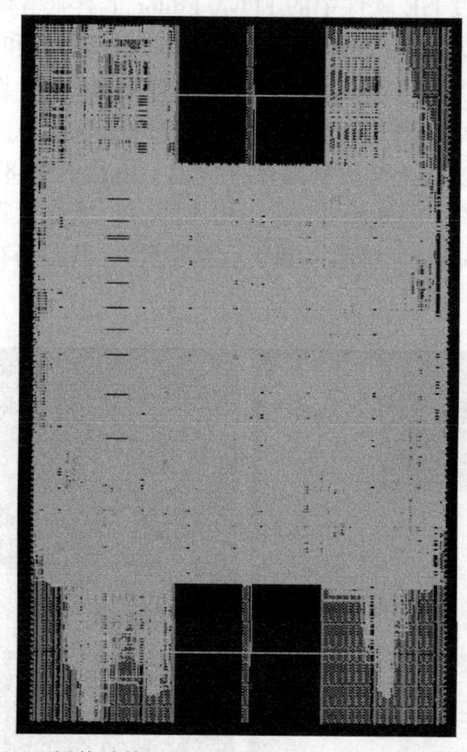

图 7-32　插值计算电路在 FPGA 芯片上的布局布线情况

2. 平差计算硬件资源使用分析

将系统 1 和系统 2 转换为 RTL 级电路后，分别利用 XST 工具进行综合，可以得到设计电路的硬件原语和黑盒子使用情况，分别列于表 7-6 和表 7-7。将表 7-6 和表 7-7 的数据与第三章中表 3-4 的数据进行对比可知：系统 1 和系统 2 所需要的基本硬件逻辑资源（BELS 这一项的逻辑资源，以及触发器和移位寄存器）的数量均超过了许多；系统 1 需要的浮点加法器和减法器以及浮点乘法器的数量稍微少了一些；系统 2 的浮点加法器和减法器以及浮点乘法器的使用要多一些，其他资源的使用数量相差不大。由此可以判断，相比于框幅式航片单像空间后方交会的一次平差计算系统，系统 1 的 FPGA 实现会占用更多的 Slice 资源，系统 2 的 FPGA 实现会占用更多的 Slice 资源和 DSP48E1 资源。这说明了系统 1 和系统 2 的计算结构仍然比较复杂，因而两者均不能在单片实验 FPGA 芯片上实现。系统 1 和系统 2 结合起来才能完成一次平差计算，所需要的硬件资源已经很多，按照几何定标算法的整体硬件实现结构，迭代平差的 FPGA 实现则需要更多的硬件资源。由此可见，对于线阵 CCD 影像单像空间后方交会算法的 FPGA 实现而言，有限的硬件资源是很大的一个限制，也是需要解决的一个非常重要的问题。

表 7-6　系统 1 的硬件原语和黑盒子使用情况

原语和黑盒子	数量（个）	原语和黑盒子	数量（个）
BELS（包含 GND、INV、LUT、MUX、VCC 等逻辑资源）	9359	浮点加法器和减法器	124

续表

原语和黑盒子	数量（个）	原语和黑盒子	数量（个）
触发器/锁存器	37326	各种计数器	30
移位寄存器	26025	浮点数到定点数转换核	3
时钟缓冲器	2	定点数到浮点数转换核	7
IO 缓冲器	366	CORDIC 核	3
块随机存储器	13	浮点除法器	4
定点加法器	1	浮点乘法器	177

表 7-7　系统 2 的硬件原语和黑盒子使用情况

原语和黑盒子	数量（个）	原语和黑盒子	数量（个）
BELS（包含 GND、INV、LUT、MUX、VCC 等逻辑资源）	9797	Block RAM	1
触发器/锁存器	58312	浮点加法器和减法器	199
移位寄存器	42624	各种计数器	40
时钟缓冲器	2	浮点除法器	12
IO 缓冲器	256	浮点乘法器	221

3. 耗时性能分析

虽然两个设计电路可以完成正确的计算，但是它们都存在同一个问题，即不满足设定的时序约束。实验中设置的时序约束条件为：时钟周期等于 10ns，占空比为 50%（即高电平和低电平各占用时钟周期的一半时间）。理论上 FPGA 的工作频率应该达到 100MHz。根据布局布线后的静态时序分析报告可知，姿态参数转换电路的最大工作频率仅仅为 2.774MHz（对应的最小时钟周期为 360.502ns），插值计算电路的最大工作频率为 4.240MHz（对应的最小时钟周期为 235.844ns）。工作频率不高表明了设计电路的时序性能比较差。造成时序性能不好的原因分为 3 类：布局较差、逻辑级数过多以及信号扇出过高（田耘，2008）。布局较差会导致会增大布线延迟。逻辑级数越高（如设计电路中级数较高的组合逻辑电路），意味着资源的利用率越高，但是对工作频率的影响也越大。高扇出即上级模块直接调用的下级模块个数过多，使得布线延迟增大，不利于时序收敛。在设计电路中，这些问题都有体现。可以通过布局布线后的静态时序分析报告查看电路中具体计算单元的布局布线延时，并进行修改。不过，由于设计电路是由 System Generator 模型转换而来的，在 ISE 平台下难以对设计电路的布局布线进行较大的调整。此外，时序约束的设置（如时钟周期）可能过紧，可以设置为更大的数值（即降低设计的 FPGA 工作频率）。在管脚约束的设置不同时，布局布线的结果会不一样，时序性能也会不一样。

根据 FPGA 完成计算的总时钟周期数以及工作频率可以得到算法硬件实现的计算时间，即 $t=\mathrm{Total}_{\mathrm{clk}}/f_{\mathrm{clk}}$，其中 $\mathrm{Total}_{\mathrm{clk}}$ 为完成计算的总时钟数，f_{clk} 为系统的全局时钟频率。由仿真实验可知，姿态参数转换计算系统花费的时钟数为 142clk，外定向参数插值计算系统花费的时钟数为 54clk。按照最高的工作频率来计算转换后的电路的计算时间，并与利用 MATLAB 程序完成计算的时间进行对比，如表 7-8 所示。运行 MATLAB 程序的 PC 机配置为：英特尔 Xeon（至强）E5645 处理器（主频为 2.40GHz），64 位 Windows 7 操作系统，8G 可用内存。通过对比可知，相比 MATLAB 计算而言，FPGA 的计算速度要高出几十倍。对于复杂一些的计算，如姿态参数转换，其加速计算的效果更好。如果能够改善设计电路的时序，则可以进一步提高 FPGA 的计算速度。

表 7-8　硬件与软件完成计算的时间对比

硬件计算系统	FPGA 耗时（ms）	MATLAB 程序耗时（ms）	加速比
姿态参数转换	0.051190	3.567	69.682
外定向参数插值	0.012736	0.224	17.588

7.5　本章小结

本章以 MOMS-2P 影像为对象，以 MOMS-2P 相机获取的线阵 CCD 影像为实验对象，研究了基于扩展共线方程的单像空间后方交会算法的 FPGA 实现，具体包括外定向参数初值求解和线阵 CCD 影像单像空间后方交会两部分算法的硬件实现。考虑到算法比较复杂、计算精度要求高以及硬件资源有限的原因，将两部分算法的硬件实现进一步细分。将外定向参数初值的求解划分为姿态参数转换以及插值计算，实验表明设计的两个计算系统可以完成正确的计算，并且能够在实验 FPGA 芯片上实现。以上两个计算系统直接转换得到的电路因为时序性能不好，其计算频率较低，不过仍然要比软件计算的速度快几十倍。构建了线阵 CCD 影像单像空间后方交会算法的硬件实现结构，并设计了主要计算子模块的并行计算结构及其实现模块。其中设计与构建的矩阵 LDLT 分解模块与单位下三角矩阵求逆的模块的实现结构可以完成 12 阶对称正定矩阵的 FPGA 求逆，并且可以用于其他小规模矩阵的硬件求逆的实现。将一次平差计算拆分为两个部分进行单独的系统构建与仿真实验，可以得到正确的计算结果。然而，设计系统依然比较复杂，以致实验 FPGA 芯片无法满足其硬件资源的需求，需要进一步改进设计结构和采用硬件资源更丰富的 FPGA 芯片。

参考文献

曹金山，袁修孝，龚健雅，等，2014. 资源三号卫星成像在轨几何定标的探元指向角法．测绘学报，43（10）：1039-1045.

范大昭，刘楚斌，王涛，等，2011. ALOS 卫星 PRISM 影像严格几何模型的构建与验证．测绘学报，40（5）：569-574.

郭磊，2010. 矩阵运算的硬件加速技术研究．长沙：国防科学技术大学．

郝雪涛，徐建艳，王海燕，等，2011. 基于角度不变的线阵推扫式 CCD 相机几何畸变在轨检校方法．中国科学：信息科学，41（增刊）：10-18.

蒋林军，2016. 基于 FPGA 的线阵 CCD 卫星影像星上几何定标的研究，桂林：桂林理工大学．

蒋永华，张过，唐新明，等，2014. 资源三号测绘卫星三线阵影像高精度几何检校．测绘学报，42（4）：523-529.

雷蓉，2011. 星载线阵传感器在轨几何定标的理论与算法研究．郑州：解放军信息工程大学．

李德仁，王密，2012. "资源三号"卫星在轨几何定标及精度评估．航天返回与遥感，33（3）：1-6.

李德仁，袁修孝，2002. 误差处理与可靠性理论．武汉：武汉大学出版社．

李德仁，2012. 我国第一颗民用三线阵立体测图卫星——资源三号测绘卫星．测绘学报，41（3）：317-322.
李晶，王蓉，朱雷鸣，等，2012.“天绘一号”卫星测绘相机在轨几何定标．遥感学报，16（增刊）：35-39.
刘楚斌，范大昭，巫勇金，等，2012. ALOS PRISM 自检校光束法区域网平差．测绘科学技术学报，29（3）：196-199.
苏文博，2010. 航天线阵 CCD 传感器在轨几何定标技术研究．郑州：解放军信息工程大学．
汤志强，范大昭，靳克强，等，2011. 基于模拟数据的航天线阵 CCD 传感器定标研究．测绘 与空间地理信息，34（1）：171-173.
田耘，徐文波，2008. Xilinx FPGA 开发实用教程．北京：清华大学出版社．
王建荣，杨俊峰，胡莘，等，2002. 空间后方交会在航天相机检定中的应用．测绘学报，19（2）：119-121.
王任享，2003. 卫星三线阵 CCD 影像光束法平差研究．武汉大学学报·信息科学版，28（4）：379-385.
王任享，2006. 三线阵 CCD 影像卫星摄影测量原理．北京：测绘出版社．
王涛，张艳，张永生，等，2003. 高分辨率遥感卫星传感器严格成像模型的建立及验证．遥感学报，17（5）：1087-1102.
王涛，2012. 线阵 CCD 传感器实验场几何定标的理论与方法研究．郑州：解放军信息工程大学．
徐建艳，侯明辉，于晋，等，2004. 利用偏移矩阵提高 CBERS 图像预处理几何定位精度的方法研究．航天返回与遥感，25（4）：25-29.
杨博，王密，2013. 资源一号 02C 卫星全色相机在轨几何定标方法．遥感学报，17（005）：1175-1190.
袁修孝，曹金山，2012. 高分辨率卫星遥感精确对地目标定位理论与方法．北京：科学出版社．
袁修孝，余俊鹏，2008. 高分辨率卫星遥感影像的姿态角常差检校．测绘学报，37（1）：36-41.
袁修孝，余翔，2012. 高分辨率卫星遥感影像姿态角系统误差检校．测绘学报，41（3）：385-392.
张过，袁修孝，李德仁，2007. 基于偏置矩阵的卫星遥感影像系统的误差补偿．辽宁工程技术大学学报，26（4）：517-519.
张剑清，潘励，王树根，2009. 摄影测量学（第 2 版）．武汉：武汉大学出版社．
张永生，2012. 高分辨率遥感测绘嵩山实验场的设计与实现——兼论航空航天遥感定位精度与可靠性的基 地化验证方法．测绘科学技术学报，29（2）：79-82.
张永生，2013. 遥感测绘卫星全球广域定标定位框架体系．测绘科学技术学报，30（4）：416-423.
仲雪洁，2012. 典型矩阵分解的 FPGA 计算方法研究．哈尔滨：哈尔滨工业大学．
周国清，2020. 美国解密侦查卫星成像原理、处理与应用，北京：测绘科学出版社．
祝小勇，张过，唐新明，等，2009. 资源一号 02B 卫星影像几何外检校研究及应用．地理与地 理信息科学，25（3）：16-18.
Bouillon A，Breton E，De L F，et al.，2003. SPOT5 HRG and HRS first in-flight geometric quality results//International Symposium on Remote Sensing. International Society for Optics and Photonics：212-223.
Bouillon A，Gigord P，2004. SPOT 5 HRS location performance tuning and monitoring principles. The International Archives of Photogrammetry，Remote Sensing and Spatial Information Sciences，35（B1）：379-384.
Breton E，Bouillon A，Gachet R，et al.，2002. Pre-flight and in-flight geometric calibration of SPOT5 HRG and HRS images//ISPRS Comm. I，Denver，CO，10-15 Nov.
De L F，Greslou D，Dechoz C，et al.，2012. Pleiades HR in flight geometrical calibration：location and mapping of the focal plane. The International Archives of the Photogrammetry，Remote Sensing and Spatial Information Sciences，39：519-523.
Eoportal，2012. Pleiades- HR（High- Resolution Optical Imaging Constellation of CNES）. https://

directory. eoportal. org/web/eoportal/satellite- missions/content/-/article/pleiades.
Fang S H, Chen Y, 2012. Sensor Calibration of Three-Line CCD Scanners on ZY-3. The International Archives of the Photogrammetry, Remote Sensing and Spatial Information Sciences, 1: 109-114.
Fraser C S, 1997. Digital camera self- calibration. ISPRS Journal of Photogrammetry and Remote sensing, 52 (4): 149-159.
Gachet R, 2004. SPOT5 in- flight commissioning: Inner orientation of HRG and HRS instruments//Proc. XXth ISPRS Congr. Commission I.
Greslou D, Lussy F, Delvit J, et al., 2012. Pleiades- HR innovative techniques for geometric image quality commissioning. ISPRS Melbourne.
Grodecki J, Dial G, 2001. IKONOS geometric accuracy. Proceedings of Joint International Workshop on High Resolution Mapping from Space: 19-21.
Grodecki J, Dial G, 2002. IKONOS geometric accuracy validation. The International Archives of Photogrammetry Remote Sensing and Spatial Information Sciences, 34 (1): 50-55.
Grodecki J, Lutes J, 2005. Ikonos geometric calibrations//Proceedings of the ASPRS 2005 Annual Conference.
Gruen A, Li Z, 2003. Sensor Modeling for Aerial Triangulation with Three- Line- Scanner (TLS) Imagery. Photogrammetrie Fernerkundung Geoinformation, (2): 85-98.
Jacie, 2004. OrbView- 3 Geometric Calibration and Geopositional Accuracy. High Spatial Resolution Commercial Imagery Workshop.
Jacobsen K, 1997. Calibration of IRS- 1C PAN- camera. ISPRS Workshop on Sensors and Mapping from Space, Hannover, Germany, September. 29: 163-170.
Kocaman S, Gruen, A, 2007. Orientation and calibration of ALOS/PRISM imagery. The International Archives of Photogrammetry, Remote Sensing and Spatial Information Sciences, 36 (Part I): W51.
Kocaman S, 2008. Sensor Modeling and Validation for Linear Array Aerial and Satellite Imagery. Zurich: ETH Zurich, Institute of Geodesy and Photogrammetry.
Kornus W, Lehner M, Blechinger F, et al., 1996. Geometric calibration of the Stereoscopic CCD- Linescanner MOMS-2P//The International Archives of Photogrammetry and Remote Sensing, 31, Part B1: 90-98.
Kornus W, Lehner M, Schroeder M, 2000. Geometric in- flight calibration of the stereoscopic line- CCD scanner MOMS-2P. ISPRS journal of photogrammetry and remote sensing, 55 (1): 59-71.
Lee D, Seo D, Song J, et al., 2008. Summary of calibration and validation for KOMPSAT-2//The International Archives of the Photogrammetry, Remote Sensing and Spatial Information Sciences: 37.
Li R, Zhou G, 2002. Photogrammetric processing of high- resolution airborne and satellite linear array stereo images for mapping applications, Int. J. of Remote Sensing, 20 (23): 4451-4473.
Mulawa D, 2004. On- orbit geometric calibration of the OrbView- 3 high resolution imaging satellite. The International Archives of the Photogrammetry, Remote Sensing and Spatial Information Sciences, 35 (B1): 1-6.
Pleiades- HR (High- Resolution Optical Imaging Constellation of CNES). URL: https://directory. eoportal. org/web/eoportal/satellite- missions/content/-/article/pleiades.
Radhadevi P. V, 2008. In- flight geometric calibration of fore and aft cameras of CARTOSAT- 1. Proc. Euro-Calibration Orient. Workshop Inst.
Geomatics Saunier S, Kocaman S, 2009. Calibration Test Sites Selection and Characterization Methods for Calibration/Validation and Test site requirements, CALIB- TN- WP222- GAEL_ ETH Issue 1. 0, VEGA Technologies SAS, Mar.
Seige P, Reinartz P, Schroeder M, 1998. The MOMS-2P mission on the MIR station. The International Archives of Photogrammetry and Remote Sensing, 32: 204-210.

Seo D C, Yang J, Lee D, et al., 2008. Kompsat-2 direct sensor modeling and geometric calibration/validation// The International Archives of the Photogrammetry, Remote Sensing and Spatial Information Sciences, 37, Part B1.

Srivastava P K, Alurkar M S, 1997. Inflight calibration of IRS-1C imaging geometry for data products. ISPRS journal of photogrammetry and remote sensing, 52 (5): 215-221.

Tadono T, Shimada M, Watanabe M, et al., 2004. Calibration and validation of PRISM onboard ALOS. The International Archives of Photogrammetry, Remote Sensing and Spatial Information Sciences, 35: 13-18.

Valorge C, Meygret A, Lebegue L, et al., 2004. 40 years of experience with SPOT in-flight Calibration// Workshop on Radiometric and Geometric Calibration, Gulfport.

Wang M, Yang B, Hu F, et al., 2014. On-Orbit Geometirc Calibration Model and Its Apllications for High-Resolution Optical Satellite Imagery. Remote Sensing, 6: 4391-4408.

Zhou G, 2020. Urban High-Resolution Remote Sensing: Algorithms and Methods, Taylor & Francis/CRC Press: 468.

Zhou G, Jiang J, Huang R, et al., 2018. FPGA-based on-board geometric calibration for linear CCD imager, Sensors, 18: 1794, doi: 10.3390/s18061794.

Zhou G, Li R, 2000. Accuracy evaluation of ground points from high-resolution satellite imagery IKONOS, Photogrammetry Engineering & Remote Sensing, 9 (66): 1103-1112.

第8章 星上影像地理配准

8.1 引　言

地理配准旨在通过各种函数［例如共线性方程模型（CEM），多项式函数模型（PFM），有理函数模型（RFM）和直接线性变换模型（DLT）］建立图像与地面坐标之间的关系（Zhou，2020；Zhou et al.，2005，2010；Ziboon et al.，2013；Kartal et al.，2017；Wang et al.，2014；Chen et al.，2010）。但是，这些传统算法是为基于个人计算机（PC）的串行指令系统开发的。因此，这些系统几乎无法满足时间紧迫的灾难的响应时间要求（周国清，2020；Zhou et al.，2017）。

为了解决遥感图像处理中的速度限制，许多研究人员提出了有效的替代处理方法。高性能计算（HPC）被广泛用于遥感数据处理系统中。在一些高光谱成像应用中，集群计算已经可以低成本获得优异的计算能力（Lee et al.，2011；Plaza et al.，2006，2011）。尽管遥感数据处理算法通常可以很好地映射到由CPU群集或网络组成的多处理器系统中，但是这些系统通常很昂贵，并且难以适应星上RS数据处理方案。由于这些原因，低重量和低功耗的专用集成硬件设备对于减少任务有效载荷并实时获得分析结果至关重要。现场可编程门阵列（FPGA）和图形处理单元（GPU）具有良好的潜力，可用于星上遥感数据的实时分析（Fang et al.，2014；Van der Jeught et al.，2012；Thomas et al.，2011；Reguera-Salgado et al.，2012）。López-Fandiño等（2015）提出了一种与GPU并行运行的功能，以加速极限学习机（ELM）算法，该算法在土地覆盖应用的遥感数据上执行，与同类支持向量机（SVM）策略相比，具有竞争性的精度结果并显著缩短了执行时间。Lu等（2008）将遥感图像的融合映射到GPU系统上。结果表明，图像尺寸增加，基于GPU的图像融合速度比基于CPU的图像融合速度快得多。现在，使用GPU加速遥感处理已经获得了更多相关的研究成果。但是，大多数并行处理方法都是基于GPU多任务处理的，而这并不是唯一能够克服串行计算缺点的方法（Zhu et al.，2012；Ma et al.，2016）。此外，FPGA的功耗比GPU低（Lopez et al.，2013），与其他高性能计算系统相比，FPGA体积小，重量轻，功耗低，因此已成为星上遥感处理的标准（Zhou，2002a，2002b；Huang et al.，2018a，2018b；Pakartipangi et al.，2015；Yu et al.，2009）。Zhou（2002a，2002b）提出了“星上处理系统”的概念。Huang等（2018）提出了一种由拐角检测、拐角匹配、离群值剔除和亚像素精度定位组成的FPGA体系结构。Pakartipangi等（2015）分析了使用FPGA进行纳米卫星应用的相机阵列星上数据处理。Huang等（2018）提出了一种新的FPGA架构，该架构考虑了子图像数据的重用，FAST检测器和BRIEF描述子结合用于拐角检测和匹配。该FPGA的处理速度分别比PC和GPU处理快约31倍和2.5倍。Yu等（2009）提供了最先进的星上图像压缩系统的概念，并提出了一种新的星上图像压缩系统架构，用于未来LEO卫星的火害监测。Zhou等（2017）提出了一种基于 FPGA 的遥感影像正射纠正处理实时架构，其处理速度比处理相同遥感图像的基于 PC 的平台快4.3倍。Qi（2018）等提出了一种用于光学遥感图像预处理算法的 FPGA 和 DSP 协同处理系统。该设计可应用于星上遥感图像处理所需的快速响应。

地理配准方法包括直接方法和间接方法。直接方法应用原始图像坐标来计算地理参考坐标，间接方法应用地理参考图像坐标来计算原始图像坐标。本节，描述利用二阶多项式方程的方法来实现星上影像地理配准（周国清，2020；Liu et al.，2019a）。

8.2　二次多项式地理配准优化模型

8.2.1　传统的二次多项式模型

传统二次多项式模型的模式方法如下所示（Chen et al.，2006；Bannari et al.，1995）：

$$x=a_0+a_1X+a_2Y+a_3X^2+a_4XY+a_5Y^2 \tag{8-1}$$

$$y=b_0+b_1X+b_2Y+b_3X^2+b_4XY+b_5Y^2 \tag{8-2}$$

其中，(x, y) 是图像坐标，(X, Y) 是相应的地面坐标（经度，纬度），而 a_i 和 $b_i(i=0, 1, \cdots, 5)$ 是二阶多项式方程的未知系数。

在确定坐标变换模型之后，可以根据地面控制点（GCP）根据公式（8-1）和（8-2）获得未知系数 a_i 和 b_i。GCP 是影响几何校准成本和质量的重要因素（Raffa et al.，2016）。为确保准确性，本研究选择了十个 GCP。十个 GCP 的坐标对分别表示为 (x_1, y_1, X_1, Y_1)，(x_2, y_2, X_2, Y_2)，(x_3, y_3, X_3, Y_3)，…，(x_a, y_a, X_b, Y_b)。式（8-3）的矩阵形式可以表示为

$$\begin{bmatrix} 1 & X_1 & Y_1 & {X_1}^2 & X_1Y_1 & {Y_1}^2 \\ 1 & X_2 & Y_2 & {X_2}^2 & X_2Y_2 & {Y_2}^2 \\ 1 & X_3 & Y_3 & {X_3}^2 & X_3Y_3 & {Y_3}^2 \\ 1 & X_4 & Y_4 & {X_4}^2 & X_4Y_4 & {Y_4}^2 \\ \vdots & \vdots & \vdots & \vdots & \vdots & \vdots \\ 1 & X_a & Y_a & {X_a}^2 & X_aY_a & {Y_a}^2 \end{bmatrix} \begin{bmatrix} a_0 \\ a_1 \\ a_2 \\ a_3 \\ a_4 \\ a_5 \end{bmatrix} = \begin{bmatrix} x_1 \\ x_2 \\ x_3 \\ x_4 \\ \vdots \\ x_a \end{bmatrix} \tag{8-3}$$

根据文献 Zhou 等（2017）的研究，式（8-3）可简写为式（8-4）：

$$(\boldsymbol{A}^{\mathrm{T}}\boldsymbol{PA})\boldsymbol{\Delta}_a=\boldsymbol{A}^{\mathrm{T}}\boldsymbol{PL}_x \tag{8-4}$$

其中 $\boldsymbol{A}$ 是地面控制点坐标的矩阵，$\boldsymbol{\Delta}_a$ 是二阶变换矩阵的系数，$\boldsymbol{L}_x$ 是图像像素坐标的矩阵，$\boldsymbol{P}$ 是像素的权重矩阵。

$$\boldsymbol{A}=\begin{bmatrix} 1 & X_1 & Y_1 & {X_1}^2 & X_1Y_1 & {Y_2}^2 \\ 1 & X_2 & Y_2 & {X_2}^2 & X_2Y_2 & {Y_2}^2 \\ 1 & X_3 & Y_3 & {X_3}^2 & X_3Y_3 & {Y_3}^2 \\ 1 & X_4 & Y_4 & {X_4}^2 & X_4Y_4 & {Y_4}^2 \\ \vdots & \vdots & \vdots & \vdots & \vdots & \vdots \\ 1 & X_a & Y_a & {X_a}^2 & X_aY_a & {Y_a}^2 \end{bmatrix},\ \boldsymbol{\Delta}_a=\begin{bmatrix} a_0 \\ a_1 \\ a_2 \\ a_3 \\ a_4 \\ a_5 \end{bmatrix},\ \boldsymbol{L}_x=\begin{bmatrix} x_1 \\ x_2 \\ x_3 \\ x_4 \\ \vdots \\ x_a \end{bmatrix},\ \boldsymbol{P}=\begin{bmatrix} P_1 & & & & & \\ & P_2 & & & & \\ & & P_3 & & & \\ & & & P_4 & & \\ & & & & \ddots & \\ & & & & & P_a \end{bmatrix} \tag{8-5}$$

通常，每个 GCP 获得的权重是相同的。这样，$\boldsymbol{P}=\boldsymbol{I}$，同时式（8-5）可以通过以下公式求解：

$$\boldsymbol{\Delta}_a=(\boldsymbol{A}^{\mathrm{T}}\boldsymbol{A})^{-1}(\boldsymbol{A}^{\mathrm{T}}\boldsymbol{L}_x) \tag{8-6}$$

同理可求得 b 的系数，$\boldsymbol{\Delta}_b=(\boldsymbol{A}^{\mathrm{T}}\boldsymbol{A})^{-1}(\boldsymbol{A}^{\mathrm{T}}\boldsymbol{L}_y)$。

8.2.2 优化的二阶多项式模型

对于等式（8-1）和（8-2）的并行运算，将二阶多项式方程优化为等式（8-7）和（8-8）。

$$\begin{aligned} x &= a_0+a_1X+a_2Y+a_3X^2+a_4XY+a_5Y^2=a_0+(a_1+a_3X)X+(a_2+a_4X+a_5Y)Y \\ &= a_0+p_1(X)+p_2(X,Y) \end{aligned} \tag{8-7}$$

$$\begin{aligned} y &= b_0+b_1X+b_2Y+b_3X^2+b_4XY+b_5Y^2=b_0+(b_1+b_3X)X+(b_2+b_4X+b_5Y)Y \\ &= b_0+q_1(X)+q_2(X,Y) \end{aligned} \tag{8-8}$$

其中，$p_1(X)=(a_1+a_3X)X$，$p_2(X,Y)=(a_2+a_4X+a_5Y)Y$，$p_2(X,Y)=(a_2+a_4X+a_5Y)Y$，$q_1(X)=(b_1+b_3X)X$，$q_2(X,Y)=(b_2+b_4X+b_5Y)Y$。

在公式（8-1）中，需要八个乘法器和五个加法器才能完成转换。但是，在等式（8-7）中，需要五个乘法器和五个加法器才能完成转换。比较而言，总共减少了六个乘法计算。表 8-1 列出了完成坐标转换所需的乘数和加法器。

表 8-1　比较公式（8-1），（8-2），（8-7）和（8-8）的乘法器和加法器的数量

坐标	传统二阶多项式		优化后二阶多项式		减少量	
	乘法器	加法器	乘法器	加法器	乘法器	加法器
x	8	5	5	5	6	0
y	8	5	5	5		

8.2.3 地理配准坐标转换

在建立了二阶多项式模型并求解了公式（8-1）和（8-2）的系数之后，可以对原始图像逐像素进行地理定位。步骤如下（Zhou et al.，2016）：

（1）地理参考图像尺寸的确定

为了正确获得地理参考图像，必须预先计算图像存储的地理参考图像范围，如图 8-1 所示。abcd 是输入图像，在图 8-1（a）的 *o-xy* 图像坐标系中具有角 a，b，c 和 d。图 8-1（b）显示了输出图像的正确范围。$a'b'c'd'$是在 *O-XY* 地面坐标系中具有角 a'，b'，c'和 d'的地理参考图像，ABCD 是用于图像存储的图像范围。显然，由于图像边界定义不正确，地理参考图像是不完整的，具有较大的空白区域，如图 8-1（c）所示。因此，边界确定原理应如图 8-1（b）所示，其中应包括整个地理参考图像，并尽可能减少外部空白矩形（Liu et al.，2019a，2019b）。

（2）四角坐标的确定

（x_{ul}，y_{ul}），（x_{ur}，y_{ur}），（x_{lr}，y_{lr}）和（x_{ll}，y_{ll}）是原始图像（输入图像）的四个角坐标，从中对应的对（X_{ul}，Y_{ul}），（X_{ur}，Y_{ur}），（X_{lr}，Y_{lr}），和（X_{ll}，Y_{ll}）。根据（X_{ul}，Y_{ul}），（X_{ur}，Y_{ur}），（X_{lr}，Y_{lr}）和（X_{ll}，Y_{ll}）计算图像存储的边界坐标的最大值和最小值（$X_{\min}$，

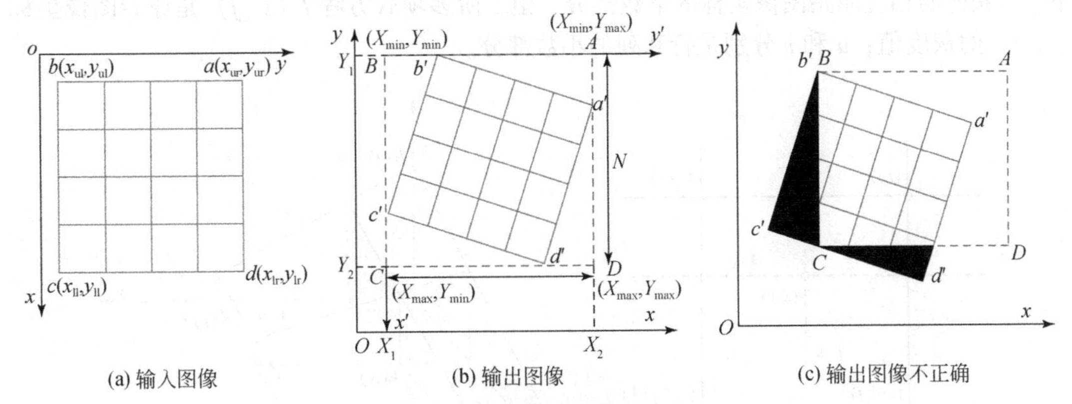

(a) 输入图像　　(b) 输出图像　　(c) 输出图像不正确

图 8-1　地理参考图像的大小

ur：右上；ul：左上；ll：左下；lr：右下角．

abcd 是输入图像，ABCD 是用于地理定位图像存储的图像范围，a'b'c'd'是地理定位图像

X_{max}，Y_{min}，和 Y_{max}），如式 8-9 所示。

$$X_{min}=\min(X_{ur},X_{ul},X_{lr},X_{ll}),X_{max}=\max(X_{ur},X_{ul},X_{lr},X_{ll})$$

$$Y_{min}=\min(Y_{ur},Y_{ul},Y_{lr},Y_{ll}),Y_{max}=\max(Y_{ur},Y_{ul},Y_{lr},Y_{ll}) \tag{8-9}$$

确定输出图像的行（M）和列（N）数。

M 和 N 可由式（8-10）求解得到

$$M=(X_{max}-X_{min})/X_{GSD}+1,N=(Y_{max}-Y_{min})/Y_{GSD}+1 \tag{8-10}$$

其中，X_{GSD}和 Y_{GSD}是输出图像的地面采样距离（GSDs），因此像素位置可以通过 $B\text{-}x'y'$坐标系的行和列来表示（$x'=1, 2, 3, \cdots, M$；$y'=1, 2, 3, \cdots, N$）。

输出图像坐标和原始图像坐标进行转换。

地理参考模型仅表示地面（X，Y）与原始图像（x，y）坐标之间的关系。为了进一步表达原始图像和输出图像坐标之间的关系，必须将大地坐标转换为输出图像的行号和列号，如式（8-11）所示。

$$X_g=X_{min}+X_{GSD}(x_p-1),Y_g=Y_{max}-Y_{GSD}(y_p-1) \tag{8-11}$$

其中，（X_g，Y_g）是地理参考像素的地面坐标，x_p 和 y_p 分别为像素 p 的行和列。

8.2.4　双线性插值重采样

可以预期，坐标转换后，来自地理参考图像定义的显示网格的网格中心通常不会投影到原始图像中的精确像素中心位置。现在必须确定应选择哪个像素亮度值以放置在新网格上。为此，通常使用最近邻插值，双线性插值和三次插值（Shlien，1979；Liu et al.，2019b）。为了平衡预处理函数的准确性和复杂性，本节选择了双线性插值。该算法通过对计算位置（Gribbon and Bailey，2004）周围四个最近邻居的像素值进行加权求和来获得像素值，如图 8-2 和式（8-12）所示：

$$I(x,y)=I(i,j)(1-u)(1-v)+I(i+1,j)u(1-v)+I(i,j+1)(1-u)v+I(i+1,j+1)uv \tag{8-12}$$

其中，（x，y）是地理参考图像的坐标；I（x，y）是具有坐标（x，y）像素的灰度值；i

和 j 是获得的相应原始图像坐标的整数部分，由二阶多项式方程 I（i，j）是原始图像坐标（i，j）的灰度值；u 和 v 分别是行和列的小数部分。

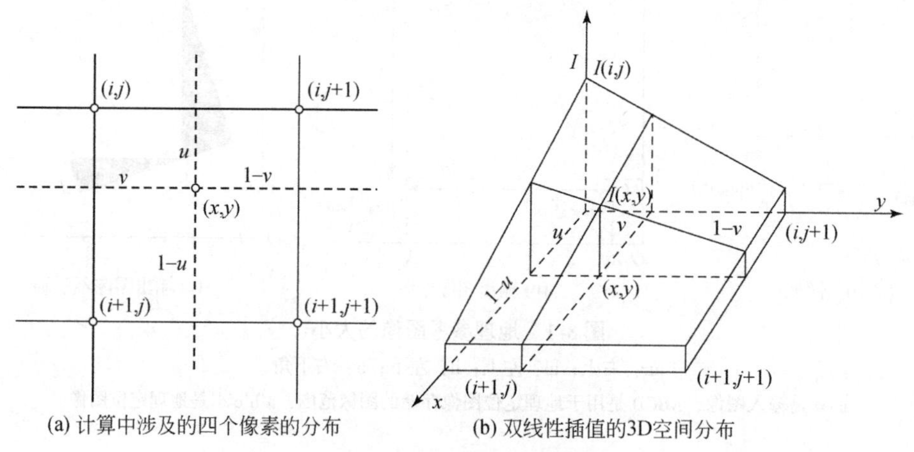

图 8-2　双线性插值架构

8.3　星上影像二次多项式地理配准 FPGA 实现

8.3.1　星上地理配准的 FPGA 结构

如图 8-3 所示，FPGA 硬件体系结构设计用于地理配准遥感图像。它包含五个模块：（Ⅰ）GCP 数据模块；（Ⅱ）输入图像模块（IIM）；（Ⅲ）系数计算模块（CCM）；（Ⅳ）坐标变换模块（CTM）；（Ⅴ）双线性插值模块（BIM）。详细功能如下（Liu et al.，2019a，2019b）：

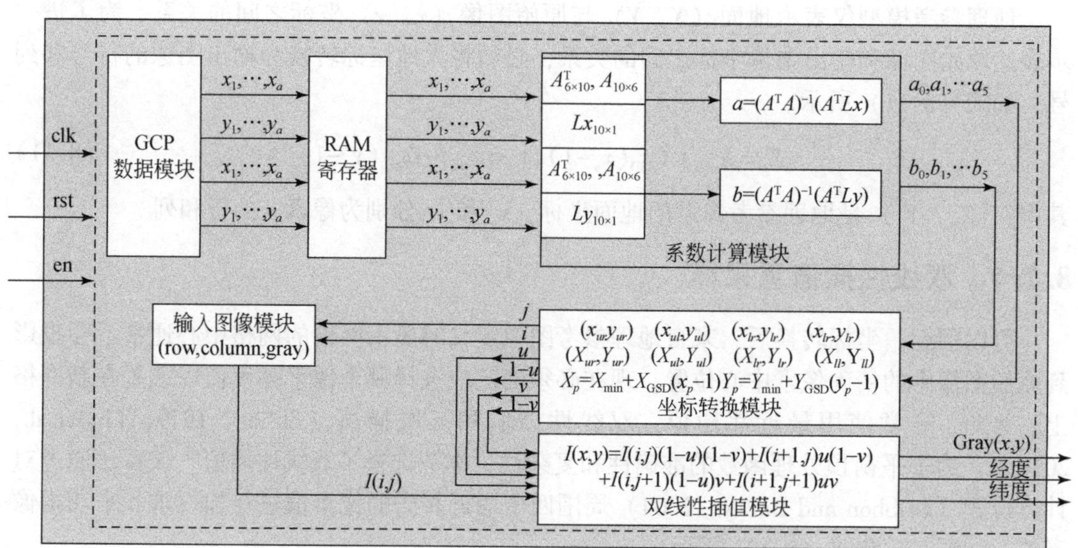

图 8-3　使用二阶多项式方程对 RS 图像进行地理配准的 FPGA 体系结构

RAM：随机存取存储器；clk：时钟；rst：重置信号；en：使能信号

（1）GCP 数据存储在 GCP 数据模块的 RAM 中。这些参数通过接收使能信号的相同时钟周期发送到 CCM。

（2）当接收到使能信号时，输入图像灰度值通过 IIM 被写入 ROM。

（3）当 GCP 参数到达时，在 CCM 中计算系数 a_0，a_1，a_2，a_3，a_4，a_5，b_0，b_1，b_2，b_3，b_4和 b_5。$A^{T}A$，$A^{T}L_x$，$A^{T}L_y$和（$A^{T}A$）$^{-1}$的处理在同一时钟周期中并行执行。

（4）当二阶多项式系数到达时，在 CTM 中执行坐标变换方案。i，j，u，$1-u$，v 和 $1-v$ 的值会同时发送到 BIM。

根据等式（8-7）和（8-8）计算内插值。最后，输出地理参考图像的灰度值以及相应的纬度和经度值。

8.3.2　二阶多项式误差方程式 FPGA 实现

为了使用 FPGA 植入二阶多项式方程，将处理过程分解为三个模块（图 8-4）：（Ⅰ）根据 GCP 数据形成矩阵 $\boldsymbol{A}$，$\boldsymbol{L}_x$，和 $\boldsymbol{L}_y$；（Ⅱ）计算 $\boldsymbol{A}^{T}\boldsymbol{A}$，$(\boldsymbol{A}^{T}\boldsymbol{A})^{-1}$，$\boldsymbol{A}^{T}\boldsymbol{L}_x$和 $\boldsymbol{A}^{T}\boldsymbol{L}_y$；（Ⅲ）执行 $(\boldsymbol{A}^{T}\boldsymbol{A})^{-1}\boldsymbol{A}^{T}\boldsymbol{L}_x$和 $(\boldsymbol{A}^{T}\boldsymbol{A})^{-1}\boldsymbol{A}^{T}\boldsymbol{L}_y$。

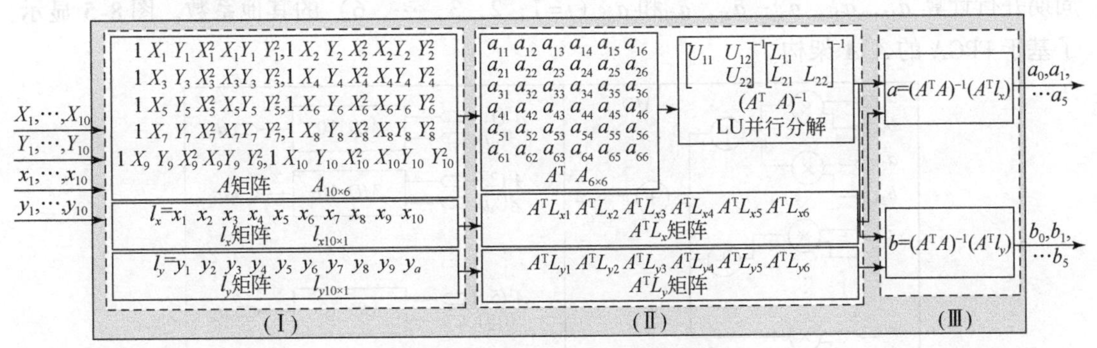

图 8-4　系数求算并行实现架构

矩阵 $\boldsymbol{A}^{T}\boldsymbol{A}$ 的计算：

根据等式（8-6）和矩阵乘法的原理，计算出 a_{1j}（$j=1$，2，…，6）的系数，如等式（8-13）和（8-14）所示。

$$\boldsymbol{A}^{T}\boldsymbol{A}=\begin{bmatrix} A_{11} & A_{21} & A_{31} & A_{41} & A_{51} & A_{61} & A_{71} & A_{81} & A_{91} & A_{a1} \\ A_{12} & A_{22} & A_{32} & A_{42} & A_{52} & A_{62} & A_{72} & A_{82} & A_{92} & A_{a2} \\ A_{13} & A_{23} & A_{33} & A_{43} & A_{53} & A_{63} & A_{73} & A_{83} & A_{93} & A_{a3} \\ A_{14} & A_{24} & A_{34} & A_{44} & A_{54} & A_{64} & A_{74} & A_{84} & A_{94} & A_{a4} \\ A_{15} & A_{25} & A_{35} & A_{45} & A_{55} & A_{65} & A_{75} & A_{85} & A_{95} & A_{a5} \\ A_{16} & A_{26} & A_{36} & A_{46} & A_{56} & A_{66} & A_{76} & A_{86} & A_{96} & A_{a6} \end{bmatrix}\begin{bmatrix} A_{11} & A_{12} & A_{13} & A_{14} & A_{15} & A_{16} \\ A_{21} & A_{22} & A_{23} & A_{24} & A_{25} & A_{26} \\ A_{31} & A_{32} & A_{33} & A_{34} & A_{35} & A_{36} \\ A_{41} & A_{42} & A_{43} & A_{44} & A_{45} & A_{46} \\ A_{51} & A_{52} & A_{53} & A_{54} & A_{55} & A_{56} \\ A_{61} & A_{62} & A_{63} & A_{64} & A_{65} & A_{66} \\ A_{71} & A_{72} & A_{73} & A_{74} & A_{75} & A_{76} \\ A_{81} & A_{82} & A_{83} & A_{84} & A_{85} & A_{86} \\ A_{91} & A_{92} & A_{93} & A_{94} & A_{95} & A_{96} \\ A_{a1} & A_{a2} & A_{a3} & A_{a4} & A_{a5} & A_{a6} \end{bmatrix} \tag{8-13}$$

$$
\begin{bmatrix} A_{11}\\ A_{21}\\ A_{31}\\ A_{41}\\ A_{51}\\ A_{61}\\ A_{71}\\ A_{81}\\ A_{91}\\ A_{a1} \end{bmatrix}^{\mathrm{T}}
\begin{bmatrix}
A_{11} & A_{12} & A_{13} & A_{14} & A_{15} & A_{16}\\
A_{21} & A_{22} & A_{23} & A_{24} & A_{25} & A_{26}\\
A_{31} & A_{32} & A_{33} & A_{34} & A_{35} & A_{36}\\
A_{41} & A_{42} & A_{43} & A_{44} & A_{45} & A_{46}\\
A_{51} & A_{52} & A_{53} & A_{54} & A_{55} & A_{56}\\
A_{61} & A_{62} & A_{63} & A_{64} & A_{65} & A_{66}\\
A_{71} & A_{72} & A_{73} & A_{74} & A_{75} & A_{76}\\
A_{81} & A_{82} & A_{83} & A_{84} & A_{85} & A_{86}\\
A_{91} & A_{92} & A_{93} & A_{94} & A_{95} & A_{96}\\
A_{a1} & A_{a2} & A_{a3} & A_{a4} & A_{a5} & A_{a6}
\end{bmatrix}
=
\begin{bmatrix} a_{11}\\ a_{12}\\ a_{13}\\ a_{14}\\ a_{15}\\ a_{16} \end{bmatrix}^{\mathrm{T}}
\tag{8-14}
$$

通常，计算a_{11}需要十个乘法器和九个加法器。因此，大约需要324次加法和360次乘法来计算所有系数。但是，FPGA芯片上可用的资源有限。因此，采用串行和并行策略的组合。为了提高速度，使用了乘数加法器（MD）模块。以相同的方式，通过相同的时钟周期并行计算a_{1j}，a_{2j}，a_{3j}，a_{4j}，a_{5j}和a_{6j}（$j=1, 2, 3, \cdots, 6$）的其他系数。图8-5显示了基于FPGA的$\boldsymbol{A}^{\mathrm{T}}\boldsymbol{A}$架构。

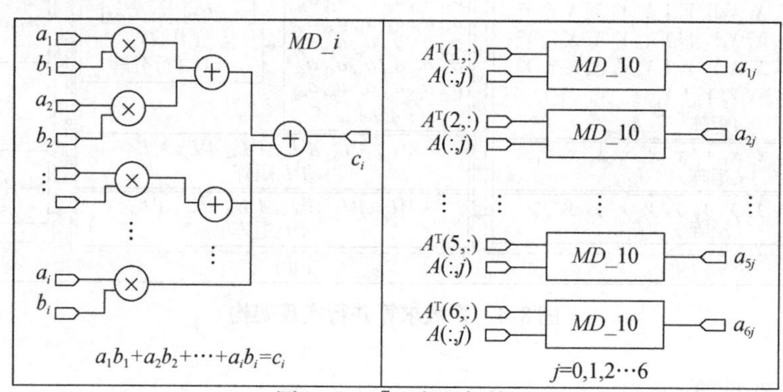

图8-5 $\boldsymbol{A}^{\mathrm{T}}\boldsymbol{A}$实现架构

8.3.3 $\boldsymbol{A}^{\mathrm{T}}\boldsymbol{A}$逆的LU分解FPGA的实现

二阶多项式方程的系数精度对整个系统至关重要。本节提出了一种并行结构，该结构使用浮点块LU分解来解决$\boldsymbol{A}^{\mathrm{T}}\boldsymbol{A}$的逆问题。通过执行大小为$b\times b$的子矩阵的分解以及更新条目所需的其他操作，可以实现大小为$n\times n$的大矩阵$\boldsymbol{A}$的LU分解。矩阵$\boldsymbol{A}$可以表示为四个矩阵$\boldsymbol{A}_{11}$，$\boldsymbol{A}_{12}$，$\boldsymbol{A}_{21}$，和$\boldsymbol{A}_{22}$（Govindu et al.，2004），即

$$
\boldsymbol{A}^{\mathrm{T}}\boldsymbol{A}=
\left[\begin{array}{ccc|ccc}
a_{11} & a_{12} & a_{13} & a_{14} & a_{15} & a_{16}\\
a_{21} & a_{22} & a_{23} & a_{24} & a_{25} & a_{26}\\
a_{31} & a_{32} & a_{33} & a_{34} & a_{35} & a_{36}\\
\hline
a_{41} & a_{42} & a_{43} & a_{44} & a_{45} & a_{46}\\
a_{51} & a_{52} & a_{53} & a_{54} & a_{55} & a_{56}\\
a_{61} & a_{62} & a_{63} & a_{64} & a_{65} & a_{66}
\end{array}\right]
=\begin{bmatrix} \boldsymbol{A}_{11} & \boldsymbol{A}_{12}\\ \boldsymbol{A}_{21} & \boldsymbol{A}_{22}\end{bmatrix}
==\begin{bmatrix} \boldsymbol{L}_{11} & \\ \boldsymbol{L}_{21} & \boldsymbol{L}_{22}\end{bmatrix}
\begin{bmatrix} \boldsymbol{U}_{11} & \boldsymbol{U}_{12}\\ & \boldsymbol{U}_{22}\end{bmatrix}
\tag{8-15}
$$

式中，$\boldsymbol{A}_{11}$，$\boldsymbol{A}_{12}$，$\boldsymbol{A}_{21}$，$\boldsymbol{A}_{22}$，$\boldsymbol{L}_{21}$和$\boldsymbol{U}_{12}$是3×3 矩阵；$\boldsymbol{L}_{11}$和$\boldsymbol{L}_{22}$是3×3 下三角矩阵，$\boldsymbol{U}_{11}$和$\boldsymbol{U}_{22}$是3×3 下三角矩阵。从等式（8-15），可以得到其他等式：

$$\boldsymbol{A}_{11}=\boldsymbol{L}_{11}\boldsymbol{U}_{11} \tag{8-16}$$

$$\boldsymbol{A}_{12}=\boldsymbol{L}_{11}\boldsymbol{U}_{12} \tag{8-17}$$

$$\boldsymbol{A}_{21}=\boldsymbol{L}_{21}\boldsymbol{U}_{11} \tag{8-18}$$

$$\boldsymbol{A}_{22}=\boldsymbol{A}_{21}\boldsymbol{U}_{12}+\boldsymbol{L}_{22}\boldsymbol{U}_{22} \tag{8-19}$$

LU 分解步骤如下（Liu et al.，2020；Liu et al.，2019a，2019b）：

a. 通过块 LU 分解执行$\boldsymbol{A}_{11}$；获得$\boldsymbol{L}_{11}$和$\boldsymbol{U}_{11}$。

b. 从（8-17），通过公式（8-20）求解$\boldsymbol{U}_{12}$：

$$\boldsymbol{U}_{12}=\boldsymbol{L}_{11}^{-1}\boldsymbol{A}_{12} \tag{8-20}$$

c. 根据（8-21），将$\boldsymbol{L}_{21}$计算为（$\boldsymbol{L}_{11}$）$^{-1}$和$\boldsymbol{A}_{21}$的乘积［式（8-18）］：

$$\boldsymbol{L}_{21}=\boldsymbol{A}_{21}\boldsymbol{U}_{11}^{-1} \tag{8-21}$$

d. 通过 LU 分解执行$\boldsymbol{A}_{22}-\boldsymbol{A}_{21}\boldsymbol{U}_{22}$矩阵；获得$\boldsymbol{L}_{22}$和$\boldsymbol{U}_{22}$矩阵。

（1）基于 FPGA 的矩阵$\boldsymbol{A}_{11}$的 LU 分解实现

为了在 FPGA 上实现矩阵$\boldsymbol{A}_{11}$的 LU 分解，可以将公式（8-16）修改为公式（8-22）。矩阵$\boldsymbol{A}_{11}$的 LU 分解步骤如下（Liu et al.，2019a，2019b）：

$$\boldsymbol{A}_{11}=\begin{bmatrix} a_{11} & a_{12} & a_{13} \\ a_{21} & a_{22} & a_{23} \\ a_{31} & a_{32} & a_{33} \end{bmatrix}=\begin{bmatrix} 1 & & \\ l_{21} & 1 & \\ l_{31} & l_{32} & 1 \end{bmatrix}\begin{bmatrix} u_{11} & u_{12} & u_{13} \\ & u_{22} & u_{23} \\ & & u_{33} \end{bmatrix}=\boldsymbol{L}_{11}\boldsymbol{U}_{11} \tag{8-22}$$

a. $u_{11}=a_{11}$，$u_{12}=a_{12}$，$u_{12}=a_{13}$，$l_{11}=l_{22}=l_{33}=1$，$l_{21}=a_{21}/u_{11}=a_{21}/a_{11}$，$l_{31}=a_{31}/a_{11}$。

b. $u_{22}=a_{22}-l_{21}u_{12}$，$u_{22}=a_{22}-l_{21}u_{12}$，$u_{23}=a_{23}-l_{21}u_{13}$。

c. $l_{31}=(a_{32}-l_{31}u_{12})/u_{22}$。

d. $u_{33}=a_{33}-l_{31}u_{13}-l_{32}u_{23}=a_{33}-(l_{31}u_{13}+l_{32}u_{23})$。

根据公式（8-22），图 8-6 显示了基于 FPGA 的计算$\boldsymbol{L}_{11}$和$\boldsymbol{U}_{11}$的架构。在该架构中使用了五个乘法器，三个除数，一个加法器和四个减法器。另外，控制信号用于确保结果同时输出。

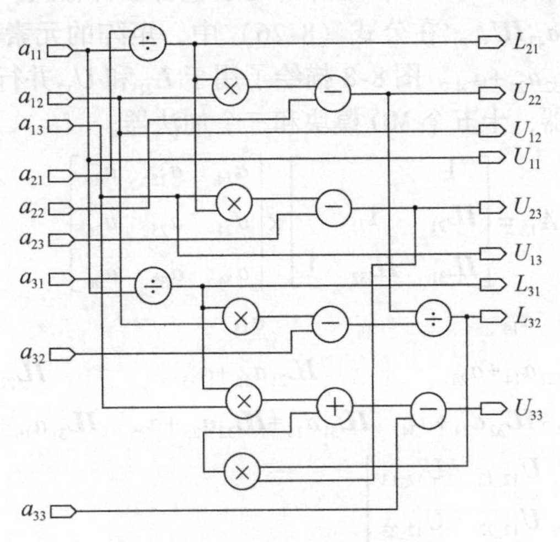

图 8-6　$\boldsymbol{A}_{11}$ FPGA 的实现架构

（2）基于 FPGA 实现（L_{11}）$^{-1}$和（U_{11}）$^{-1}$矩阵的计算

众所周知，下三角矩阵的逆还是另一个下三角矩阵，而上三角矩阵的逆也是另一个上三角矩阵。矩阵 L_{11} 和 U_{11} 的求逆可以分别重写为等式（8-23）和（8-24），如图 8-7 所示。

$$\begin{bmatrix} 1 & & \\ IL_{21} & 1 & \\ IL_{31} & IL_{32} & 1 \end{bmatrix}\begin{bmatrix} 1 & & \\ L_{21} & 1 & \\ L_{31} & L_{32} & 1 \end{bmatrix}=\begin{bmatrix} 1 & & \\ & 1 & \\ & & 1 \end{bmatrix} \tag{8-23}$$

其中 $IL_{11}=-L_{21}$，$IL_{32}=-L_{32}$ 及 $IL_{31}=-IL_{32}L_{21}L_{31}$。

$$\begin{bmatrix} IU_{11} & IU_{12} & IU_{13} \\ & IU_{22} & IU_{23} \\ & & IU_{33} \end{bmatrix}\begin{bmatrix} U_{11} & U_{12} & U_{13} \\ & U_{22} & U_{23} \\ & & U_{33} \end{bmatrix}=\begin{bmatrix} 1 & & \\ & 1 & \\ & & 1 \end{bmatrix} \tag{8-24}$$

其中 $IU_{11}=1/U_{11}$，$IU_{22}=1/U_{22}$，$IU_{33}=1/U_{33}$，$IU_{22}=(IU_{11}U_{12})/U_{22}=-2U_{12}/(U_{11}U_{22})$，$IU_{23}=-(IU_{22}U_{23})/U_{33}=-U_{23}/(U_{22}U_{33})$，并且 $IU_{13}=-(IU_{11}U_{13}+IU_{12}U_{23})/U_{33}=\{(U_{12}U_{23})/(U_{22}U_{33})-U_{13}/U_{33}\}/U_{11}$。

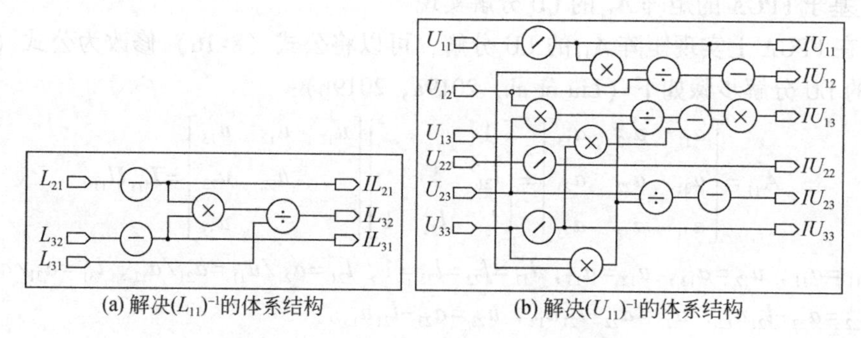

(a) 解决(L_{11})$^{-1}$的体系结构　　(b) 解决(U_{11})$^{-1}$的体系结构

图 8-7　（L_{11}）$^{-1}$和（U_{11}）$^{-1}$的求逆矩阵

1. U_{12}和 L_{21} 的 FPGA 实现

为了基于 FPGA 实现 U_{12}和 L_{21} 的解算，可以将式（8-18）和（8-19）重写为式（8-25）和（8-26）。在公式（8-25）中，矩阵的元素包含三种格式，即 $a_{41}IU_{11}$，$a_{41}IU_{12}+a_{42}IU_{22}$和 $a_{41}IU_{13}+a_{42}IU_{23}+a_{43}IU_{33}$。在公式（8-26）中，矩阵的元素包含三种格式，即 a_{14}，$IL_{21}a_{14}+a_{24}$和 $IL_{31}a_{14}+IL_{32}a_{24}+a_{34}$。图 8-8 描绘了用于 L_{21} 和 U_{12}并行计算的基于 FPGA 的架构，使用了十二个乘法器，十五个 MD 模块和三个加法器。

$$\begin{aligned} U_{12}=(L_{11})^{-1}A_{12}&=\begin{bmatrix} 1 & & \\ IL_{21} & 1 & \\ IL_{31} & IL_{32} & 1 \end{bmatrix}\times\begin{bmatrix} a_{14} & a_{15} & a_{16} \\ a_{24} & a_{25} & a_{26} \\ a_{34} & a_{35} & a_{36} \end{bmatrix} \\ &=\begin{bmatrix} a_{14} & a_{15} & a_{16} \\ IL_{21}a_{14}+a_{24} & IL_{21}a_{15}+a_{25} & IL_{21}a_{16}+a_{26} \\ IL_{31}a_{14}+IL_{32}a_{24}+a_{34} & IL_{31}a_{15}+IL_{32}a_{25}+a_{35} & IL_{31}a_{16}+IL_{31}a_{16}+a_{36} \end{bmatrix} \\ &=\begin{bmatrix} U_{12\_11} & U_{12\_12} & U_{12\_13} \\ U_{12\_21} & U_{12\_22} & U_{12\_23} \\ U_{12\_31} & U_{12\_32} & U_{12\_33} \end{bmatrix} \end{aligned} \tag{8-25}$$

$$
\boldsymbol{L}_{21}=\boldsymbol{A}_{21}\boldsymbol{U}_{11}{}^{-1}=\begin{bmatrix} a_{41} & a_{42} & a_{43} \\ a_{51} & a_{52} & a_{53} \\ a_{61} & a_{62} & a_{63} \end{bmatrix}\begin{bmatrix} \boldsymbol{IU}_{11} & \boldsymbol{IU}_{12} & \boldsymbol{IU}_{13} \\ & \boldsymbol{IU}_{22} & \boldsymbol{IU}_{23} \\ & & \boldsymbol{IU}_{33} \end{bmatrix}
$$

$$
=\begin{bmatrix} a_{41}\boldsymbol{IU}_{11} & a_{41}\boldsymbol{IU}_{12}+a_{42}\boldsymbol{IU}_{22} & a_{41}\boldsymbol{IU}_{13}+a_{42}\boldsymbol{IU}_{23}+a_{43}\boldsymbol{IU}_{33} \\ a_{51}\boldsymbol{IU}_{11} & a_{51}\boldsymbol{IU}_{12}+a_{52}\boldsymbol{IU}_{22} & a_{51}\boldsymbol{IU}_{13}+a_{52}\boldsymbol{IU}_{23}+a_{53}\boldsymbol{IU}_{33} \\ a_{61}\boldsymbol{IU}_{11} & a_{61}\boldsymbol{IU}_{12}+a_{62}\boldsymbol{IU}_{22} & a_{61}\boldsymbol{IU}_{13}+a_{62}\boldsymbol{IU}_{23}+a_{63}\boldsymbol{IU}_{33} \end{bmatrix}
$$

$$
=\begin{bmatrix} L21\_11 & L21\_12 & L21\_13 \\ L21\_21 & L21\_22 & L21\_23 \\ L21\_31 & L21\_32 & L21\_33 \end{bmatrix} \tag{8-26}
$$

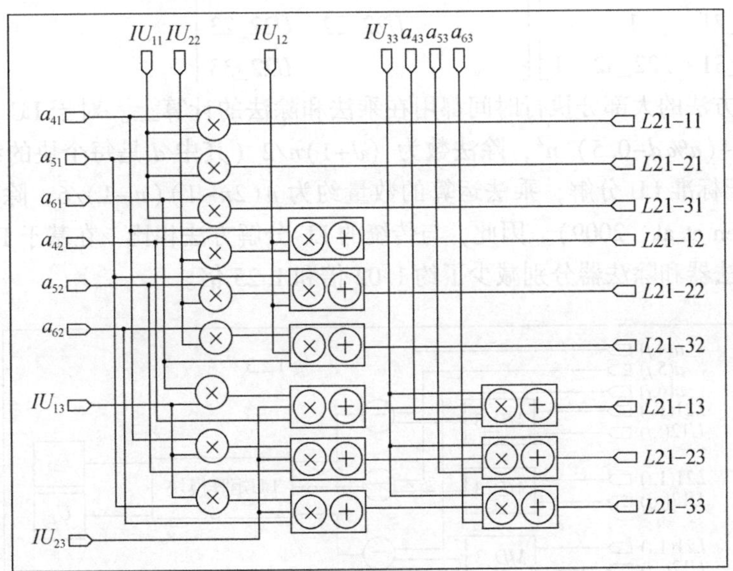

(a) $\boldsymbol{L}_{21}$的框架图

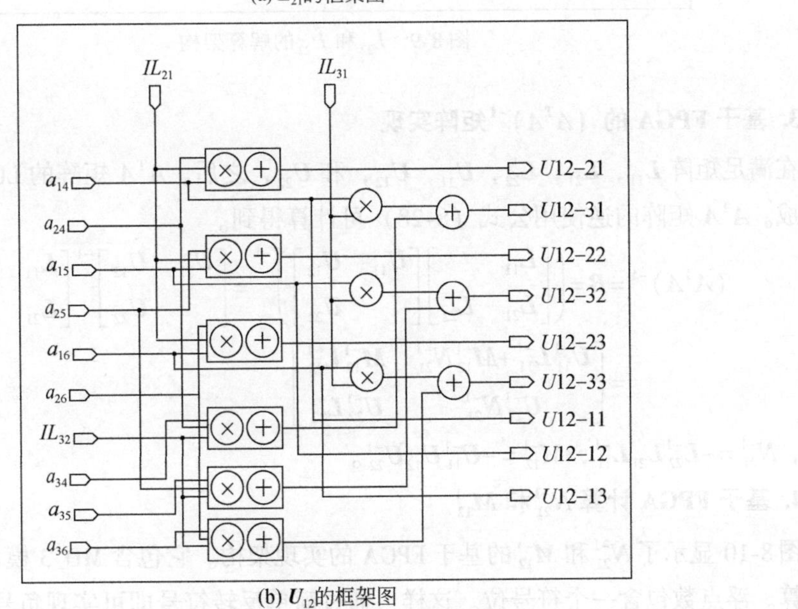

(b) $\boldsymbol{U}_{12}$的框架图

图 8-8 $\boldsymbol{L}_{21}$和 $\boldsymbol{U}_{12}$FPGA 的实现结构

2. U_{22}和L_{22}的 FPGA 实现

为了实现L_{22}和U_{22}，可以在公式（8-17）中描述公式（8-27）。NewA_{22}是一个 3×3 矩阵，格式类似于A_{11}。因此，不详细推导 NewA_{22}的 LU 分解。基于 FPGA 的架构实现如图 8-9 所示。

$$\mathrm{New}\boldsymbol{A}_{22}=\boldsymbol{A}_{22}-\boldsymbol{L}_{21}\boldsymbol{U}_{12}$$
$$=\begin{bmatrix} a_{44} & a_{45} & a_{46} \\ a_{54} & a_{55} & a_{56} \\ a_{63} & a_{65} & a_{66} \end{bmatrix}-\begin{bmatrix} L21\_11 & L21\_12 & L21\_13 \\ L21\_21 & L21\_22 & L21\_23 \\ L21\_31 & L21\_32 & L21\_33 \end{bmatrix}\begin{bmatrix} U12\_11 & U12\_12 & U12\_13 \\ U12\_21 & U12\_22 & U12\_23 \\ U12\_31 & U12\_32 & U12\_33 \end{bmatrix}$$
$$=\begin{bmatrix} 1 & & \\ L22\_21 & 1 & \\ L22\_31 & L22\_32 & 1 \end{bmatrix}\begin{bmatrix} U22\_11 & U22\_12 & U22\_13 \\ & U22\_22 & U22\_23 \\ & & U22\_33 \end{bmatrix} \tag{8-27}$$

矩阵求逆方法的大部分执行时间都用在乘法和除法的计算上。对于 LU 分解模块，乘法数约为 $n^3/3+(n\% d-0.5)\ n^2$，除法数为（$d+1)n/2$（其中 d 是每个块的维数 n 是矩阵的大小）。对于标准 LU 分解，乘法运算的数量约为 $n(2n-1)(n-1)/6$，除法的数量为 $n(n-1)/2$（Chen et al., 2009）。因此，与传统的 LU 分解方法相比，在基于 FPGA 的 LU 分解模块中，乘法器和除法器分别减少了约 1.02 倍和 1.25 倍。

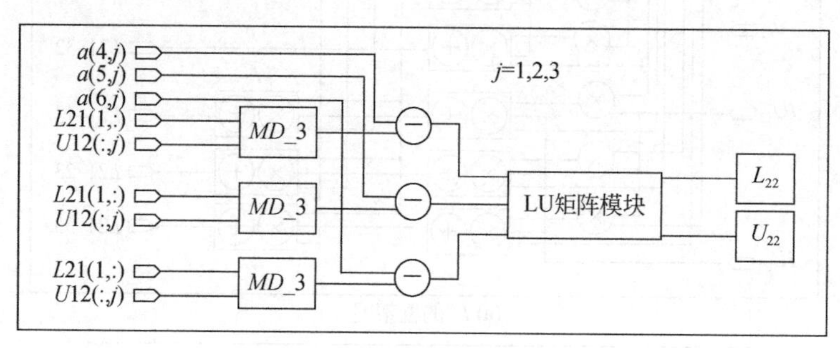

图 8-9　L_{22}和 U_{22}的解算架构

3. 基于 FPGA 的（$A^{\mathrm{T}}A)^{-1}$矩阵实现

在满足矩阵L_{11}，L_{21}，L_{22}，U_{11}，U_{12}，和U_{22}，之后，$A^{\mathrm{T}}A$ 矩阵的 LU 模块矩阵分解已经完成。$A^{\mathrm{T}}A$ 矩阵的逆使用公式（8-28）可计算得到。

$$(\boldsymbol{A}^{\mathrm{T}}\boldsymbol{A})^{-1}=\boldsymbol{B}=\left(\begin{bmatrix} \boldsymbol{L}_{11} & \\ \boldsymbol{L}_{21} & \boldsymbol{L}_{22} \end{bmatrix}\begin{bmatrix} \boldsymbol{U}_{11} & \boldsymbol{U}_{12} \\ & \boldsymbol{U}_{22} \end{bmatrix}\right)^{-1}=\begin{bmatrix} \boldsymbol{U}_{11} & \boldsymbol{U}_{12} \\ & \boldsymbol{U}_{22} \end{bmatrix}^{-1}\begin{bmatrix} \boldsymbol{L}_{11} & \\ \boldsymbol{L}_{21} & \boldsymbol{L}_{22} \end{bmatrix}^{-1}$$
$$=\begin{bmatrix} \boldsymbol{U}_{11}^{-1}\boldsymbol{L}_{11}^{-1}+\boldsymbol{M}_{12}^{-1}\boldsymbol{N}_{21}^{-1} & \boldsymbol{M}_{12}^{-1}\boldsymbol{L}_{22}^{-1} \\ \boldsymbol{U}_{22}^{-1}\boldsymbol{N}_{21}^{-1} & \boldsymbol{U}_{22}^{-1}\boldsymbol{L}_{22}^{-1} \end{bmatrix} \tag{8-28}$$

其中，$\boldsymbol{N}_{21}^{-1}=-\boldsymbol{L}_{22}^{-1}\boldsymbol{L}_{21}\boldsymbol{L}_{11}^{-1}$，$\boldsymbol{M}_{12}^{-1}=-\boldsymbol{U}_{11}^{-1}\boldsymbol{U}_{12}\boldsymbol{U}_{22}^{-1}$。

4. 基于 FPGA 计算 N_{21}^{-1}和 M_{12}^{-1}

图 8-10 显示了N_{21}^{-1}和M_{12}^{-1}的基于 FPGA 的实现架构。它包含 MD_3 模块，MD_2 模块和负运算。浮点数包含一个符号位。这样，通过简单反转符号即可实现负号运算，该操作几乎不占用机器周期。

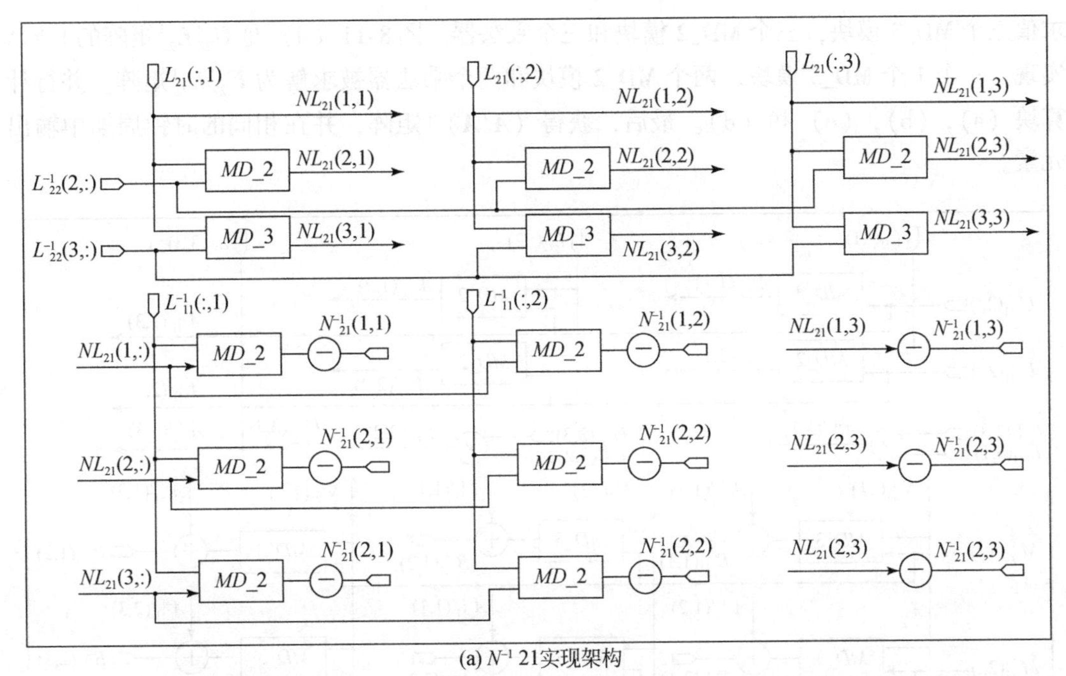

(a) N^{-1} 21实现架构

(b) M^{-1} 12的实现架构

图 8-10　N^{-1} 21 和 M_{12}^{-1} FPGA 的实现框架

5. 基于 FPGA 求算 $(A^{\mathrm{T}}A)^{-1}$

$(\boldsymbol{A}^{\mathrm{T}}\boldsymbol{A})^{-1}$的基于 FPGA 的处理方案如图 8-11 所示。图 8-11（a）是 $\boldsymbol{U}_{11}^{-1}\boldsymbol{L}_{11}^{-1}+\boldsymbol{M}_{12}^{-1}\boldsymbol{N}_{21}^{-1}$矩阵的 FPGA 实现。求解 10 个 MD_3 模块，三个 MD_2 模块，两个乘法器和九个加法器 $\boldsymbol{U}_{11}^{-1}\boldsymbol{L}_{11}^{-1}+\boldsymbol{M}_{12}^{-1}\boldsymbol{N}_{21}^{-1}$矩阵。图 8-11（b）是 $\boldsymbol{M}_{12}^{-1}$、$\boldsymbol{L}_{22}^{-1}$矩阵的 FPGA 实现。三个 M_3 模块和三个 MD_2 模块被用来计算 $\boldsymbol{M}_{21}^{-1}\boldsymbol{L}_{22}^{-1}$矩阵。图 8-11（c）是 $\boldsymbol{U}_{22}^{-1}\boldsymbol{N}_{21}^{-1}$矩阵的 FPGA 实现。对 $\boldsymbol{U}_{22}^{-1}\boldsymbol{N}_{21}^{-1}$矩阵

求值三个 MD_3 模块，三个 MD_2 模块和三个乘法器。图 8-11（d）是 $\boldsymbol{U}_{22}^{-1}\boldsymbol{L}_{22}^{-1}$矩阵的 FPGA 实现。一个 1 个 MD_3 模块，两个 MD_2 模块和两个乘法器被求解为 $\boldsymbol{U}_{22}^{-1}\boldsymbol{L}_{22}^{-1}$矩阵。并行计算块（a），（b），（c）和（d）。最后，获得（$\boldsymbol{A}^{\mathrm{T}}\boldsymbol{A}$）$^{-1}$矩阵，并在相同的时钟周期中输出元素。

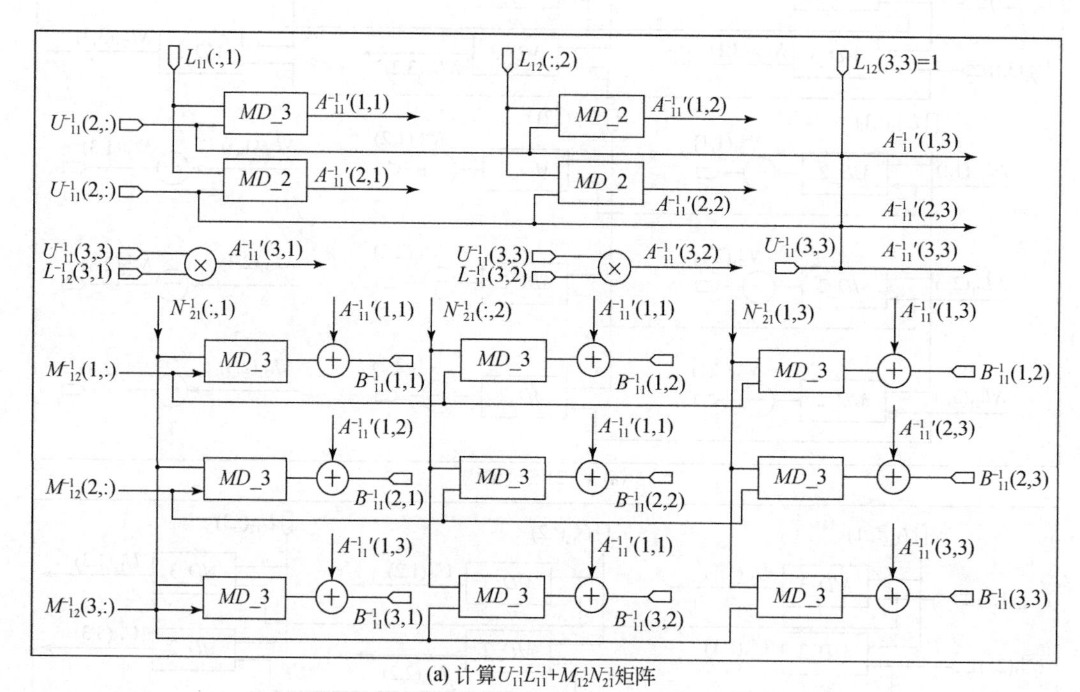

(a) 计算$U_{11}^{-1}L_{11}^{-1}+M_{12}^{-1}N_{21}^{-1}$矩阵

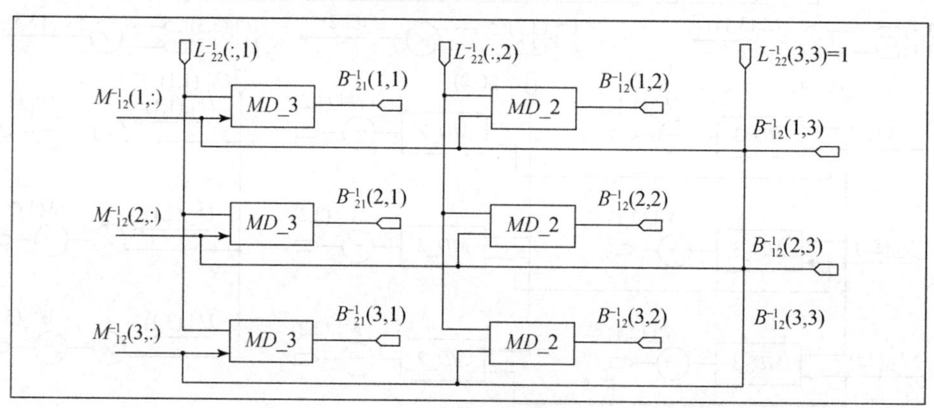

(b) 解算$M_{21}^{-1}L_{22}^{-1}$矩阵

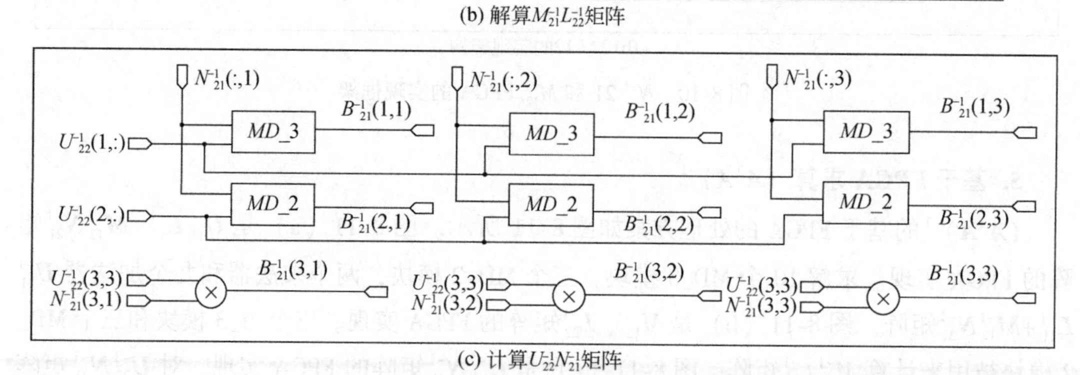

(c) 计算$U_{22}^{-1}N_{21}^{-1}$矩阵

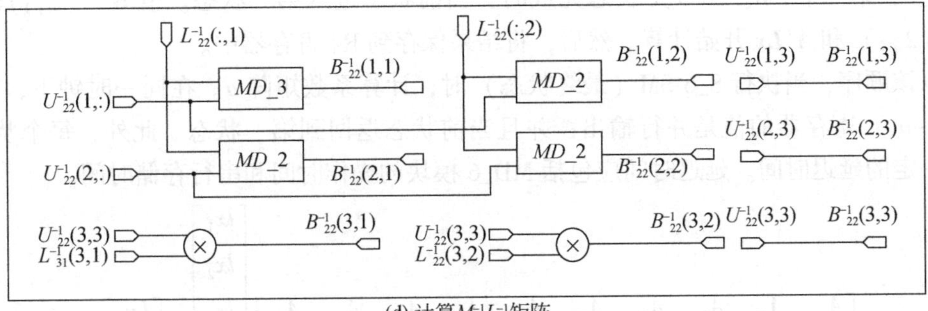

(d) 计算$M^{-1}_{21}L^{-1}_{22}$矩阵

图 8-11　$(\boldsymbol{A}^{\mathrm{T}}\boldsymbol{A})^{-1}$的 FPGA 实现框架

8.3.4　二次方程式解算的 FPGA 实现

由于系数 a 和 b 的结构相同，因此从十个 GCP 数据可以获得 $\boldsymbol{L}_x$ 和 $\boldsymbol{L}_y$ 矩阵，例如 $\boldsymbol{A}^{\mathrm{T}}\boldsymbol{L}x$，$(\boldsymbol{A}^{\mathrm{T}}\boldsymbol{A})^{-1}(\boldsymbol{A}^{\mathrm{T}}\boldsymbol{L}x)$，$\boldsymbol{A}^{\mathrm{T}}\boldsymbol{L}y$，和 $(\boldsymbol{A}^{\mathrm{T}}\boldsymbol{A})^{-1}(\boldsymbol{A}^{\mathrm{T}}\boldsymbol{L}x)$。这样，下面以系数 a 的实现为例。对于公式（8-29）的 FPGA 实现，采用了六个 MD_10 模块。需要六个 MD_6 模块来求解方程式（8-30）。考虑到 FPGA 的资源有限，使用串行框架进行基于 FPGA 的系数实现。该策略如图 8-12 所示［例如 $(\boldsymbol{A}^{\mathrm{T}}\boldsymbol{A})^{-1}$ $(\boldsymbol{A}^{\mathrm{T}}\boldsymbol{L}x)$］。

设计状态转换图（STG）的详细信息如下（Liu et al.，2020；Liu et al.，2019a，2019b）：

S_idle，空闲状态。当第一个信号为低电平时，系统处于复位状态，所有寄存器（R0，R1，...，R5）和其他信号均被复位。

S_1 至 S_6 是六个不同的状态机（SM）。在不同的 SM 下，在 MD_6 模块中计算具有矩阵 $\boldsymbol{A}^{\mathrm{T}}\boldsymbol{L}x$ 的矩阵 $(\boldsymbol{A}^{\mathrm{T}}\boldsymbol{A})^{-1}$的不同行值。MD_6 的结果被串行保存到 R5 至 R0 寄存器中。当六个 SM 完成时，R5 至 R0 寄存器的值将并行输出到矩阵。

S_1，第一个 SM。当第一个信号变为高电平时，当接收到使能信号时，当前状态进入第一状态。将矩阵 $\boldsymbol{B}^{-1}(1,:)=(\boldsymbol{A}^{\mathrm{T}}\boldsymbol{A})^{-1}$ $(1,:)$ 和 $\boldsymbol{A}^{\mathrm{T}}\boldsymbol{L}x$ 的值放入 MD_6 模块中进行乘法和加法运算。结果保存在 R5 寄存器中。

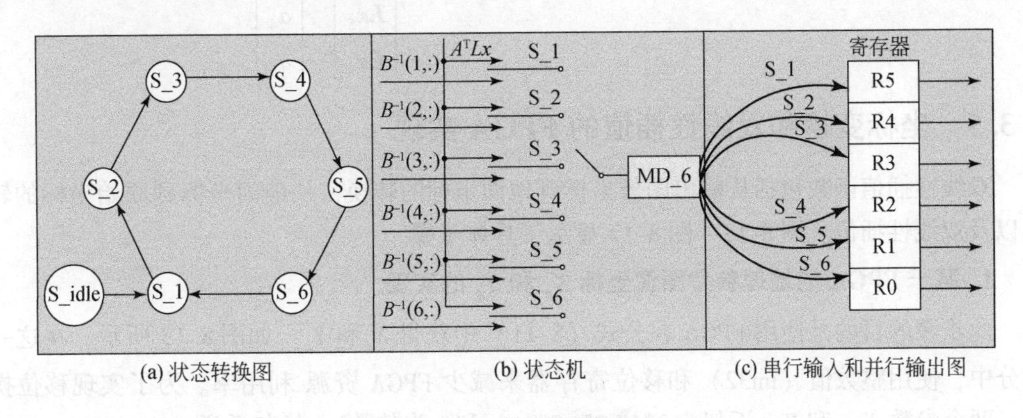

(a) 状态转换图　(b) 状态机　(c) 串行输入和并行输出图

图 8-12　串行处理框架

S_2，第二个 SM。当 S_1 状态完成时，当前状态进入第二状态。值 $\boldsymbol{B}^{-1}$（2，:）=（$\boldsymbol{A}^{\mathrm{T}}$ $\boldsymbol{A}$）$^{-1}$（2，:）和 $\boldsymbol{A}^{\mathrm{T}}\boldsymbol{L}x$ 开始计算。然后，将结果保存到 R4 寄存器中。

以该顺序，当执行 S_6 SM（最终状态）时，计算系数矩阵 a。在同一时钟下，R5 至 R0(a_0-a_5) 寄存器的值是并行输出；并且当前状态返回到第一状态。此外，每个状态应包含一定的延迟时间。延迟时间应包括 MD_6 模块的操作时间和串行存储时间。

$$\boldsymbol{A}^{\mathrm{T}}\boldsymbol{L}\boldsymbol{x} = \begin{bmatrix} A_{11} & A_{21} & A_{31} & A_{41} & A_{51} & A_{61} & A_{71} & A_{81} & A_{91} & A_{a1} \\ A_{12} & A_{22} & A_{32} & A_{42} & A_{52} & A_{62} & A_{72} & A_{82} & A_{92} & A_{a2} \\ A_{13} & A_{23} & A_{33} & A_{43} & A_{53} & A_{63} & A_{73} & A_{83} & A_{93} & A_{a3} \\ A_{14} & A_{24} & A_{34} & A_{44} & A_{54} & A_{64} & A_{74} & A_{84} & A_{94} & A_{a4} \\ A_{15} & A_{25} & A_{35} & A_{45} & A_{56} & A_{65} & A_{75} & A_{85} & A_{95} & A_{a4} \\ A_{16} & A_{26} & A_{36} & A_{46} & A_{56} & A_{66} & A_{76} & A_{86} & A_{96} & A_{a6} \end{bmatrix} \begin{bmatrix} lx_1 \\ lx_2 \\ lx_3 \\ lx_4 \\ lx_5 \\ lx_6 \\ lx_7 \\ lx_8 \\ lx_9 \\ lx_a \end{bmatrix} = \begin{bmatrix} Lx_1 \\ Lx_2 \\ Lx_3 \\ Lx_4 \\ Lx_5 \\ Lx_6 \end{bmatrix}$$

$$= \begin{bmatrix} A_{11}lx_1+A_{21}lx_2+A_{31}lx_3+A_{41}lx_4+A_{51}lx_5+A_{61}lx_6+A_{71}lx_7+A_{81}lx_8+A_{91}lx_9+A_{a1}lx_a \\ A_{12}lx_1+A_{22}lx_2+A_{32}lx_3+A_{42}lx_4+A_{52}lx_5+A_{62}lx_6+A_{72}lx_7+A_{82}lx_8+A_{92}lx_9+A_{a2}lx_a \\ A_{13}lx_1+A_{23}lx_2+A_{33}lx_3+A_{43}lx_4+A_{53}lx_5+A_{63}lx_6+A_{73}lx_7+A_{83}lx_8+A_{93}lx_9+A_{a3}lx_a \\ A_{14}lx_1+A_{24}lx_2+A_{34}lx_3+A_{44}lx_4+A_{54}lx_5+A_{64}lx_6+A_{74}lx_7+A_{84}lx_8+A_{94}lx_9+A_{a4}lx_a \\ A_{15}lx_1+A_{25}lx_2+A_{35}lx_3+A_{45}lx_4+A_{55}lx_5+A_{65}lx_6+A_{75}lx_7+A_{85}lx_8+A_{95}lx_9+A_{a5}lx_a \\ A_{16}lx_1+A_{26}lx_2+A_{36}lx_3+A_{46}lx_4+A_{56}lx_5+A_{66}lx_6+A_{76}lx_7+A_{86}lx_8+A_{96}lx_9+A_{a6}lx_a \end{bmatrix} \tag{8-29}$$

$$a = (\boldsymbol{A}^{\mathrm{T}}\boldsymbol{A})^{-1}(\boldsymbol{A}^{\mathrm{T}}\boldsymbol{L}_x) = \begin{bmatrix} \boldsymbol{B}_{11}^{-1} & \boldsymbol{B}_{12}^{-1} \\ \boldsymbol{B}_{21}^{-1} & \boldsymbol{B}_{22}^{-1} \end{bmatrix} \begin{bmatrix} \boldsymbol{L}x_1 \\ \boldsymbol{L}x_2 \\ \boldsymbol{L}x_3 \\ \boldsymbol{L}x_4 \\ \boldsymbol{L}x_5 \\ \boldsymbol{L}x_6 \end{bmatrix} = \begin{bmatrix} a_0 \\ a_1 \\ a_2 \\ a_3 \\ a_4 \\ a_5 \end{bmatrix} \tag{8-30}$$

8.3.5 坐标变换和双线性插值的 FPGA 实现

双线性插值函数包括从输出图像坐标到地面坐标的转换，从地面坐标到原始坐标的转换以及双线性插值。图 8-13 ~ 图 8-17 显示了具体步骤。

1. 基于 FPGA 的地理参考图像坐标 X_g 和 Y_g 的实现

此步骤的目的是使用 FPGA 在公式（8-11）中获得 X_g 和 Y_g，如图 8-13 所示。在这一部分中，使用整数值（int32）和移位寄存器来减少 FPGA 资源 利用率。为了实现移位操作，两个参数 X_{GSD} 和 Y_{GSD} 近似为 2^m 或 2^m-2^n（m 和 n 为整数）。换句话说，$X_{\mathrm{GSD}}=X_{\mathrm{GSD}}=30$。具体操作过程如图 4-32 所示，其中圆圈中的符号“<<”表示左移操作。

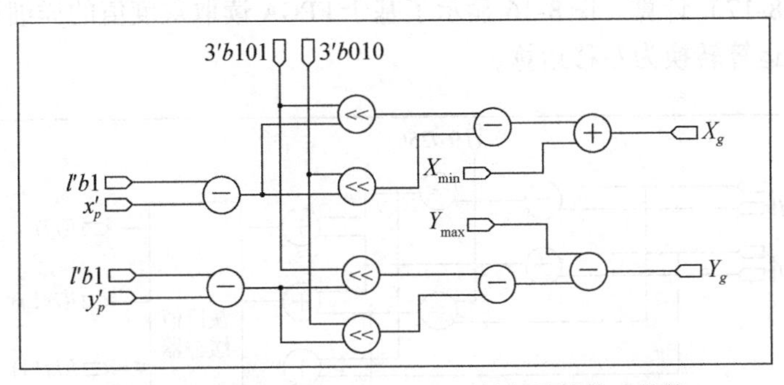

图 8-13　基于 FPGA 的 X_g 和 Y_g 并行计算体系结构

2. 基于 FPGA 的双线性插值实现

当计算 X_g 和 Y_g 值时，可以通过等式（8-10）和（8-11）获得相应原始图像的 x_row 和 y_colm 的坐标值。随后，是否基于 x_row 和 y_colm 的值执行双向插值。整个插值过程基本上分为三个步骤，如图 8-14 所示。

在步骤（Ⅰ）中，主要功能是计算整数部分 i，j；浮点坐标 x_row 和 y_colm 的小数部分 u，v 和权重部分 $1-u$ 和 $1-v$。如图 8-15 所示，x_row 和 y_colm 并行操作，在体系结构中使用了四个减法器，两个 INT 模块和两个绝对模块（圆圈中的“｜｜”）。

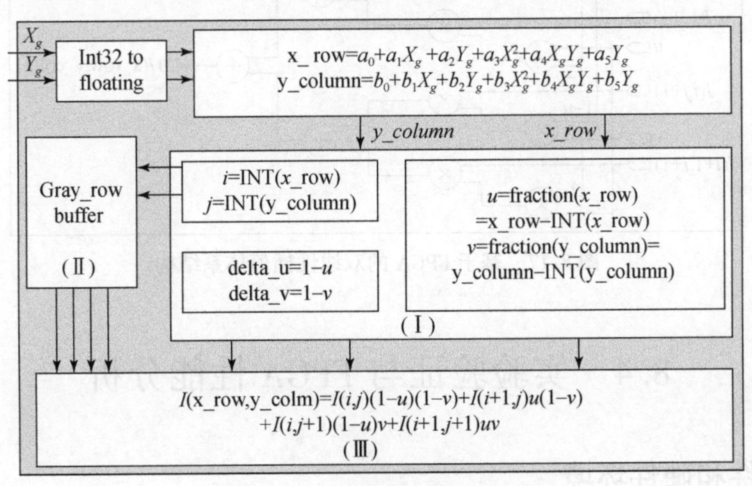

图 8-14　双线性插值的算法框图

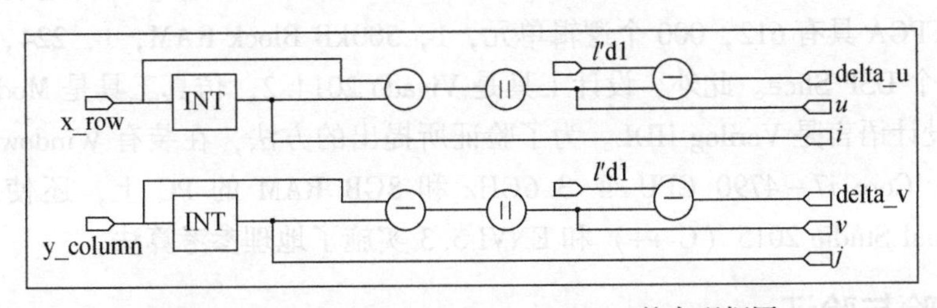

图 8-15　i，j，u，v，$1-u$，$1-v$ FPGA 的实现框图

在步骤（Ⅱ）中，主要功能是计算四个相邻像素的地址并读取相应的灰度值。ROM

地址可使用式（8-17）计算。图 8-16 显示了基于 FPGA 读取灰度值的详细过程。为减少资源需求，将乘法运算转换为左移运算。

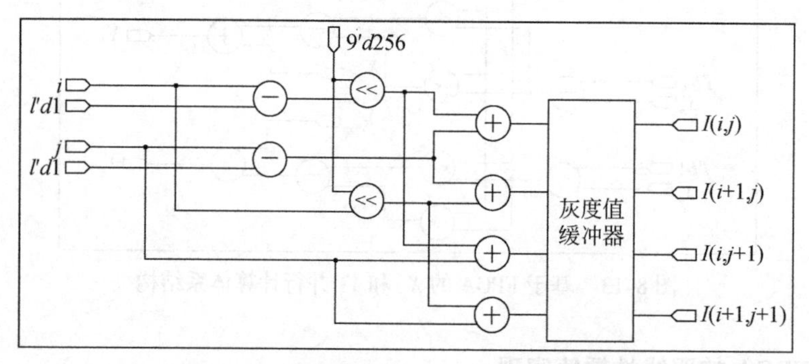

图 8-16　读取灰度值 FPGA 的架构原理图

在 i，j，u，v，$1-u$，$1-v$，$I(i,\ j)$，$I(i+1,\ j)$，$I(i,\ j+1)$ 和 $I(i+1,\ j+1)$ 值计算出之后，地理参考图像的灰度值可以根据等式（4-36）和（4-39）在步骤（Ⅲ）中计算对应的。图 8-17 显示了基于 FPGA 架构的双线性插值。使用了八个乘法器和三个加法器。

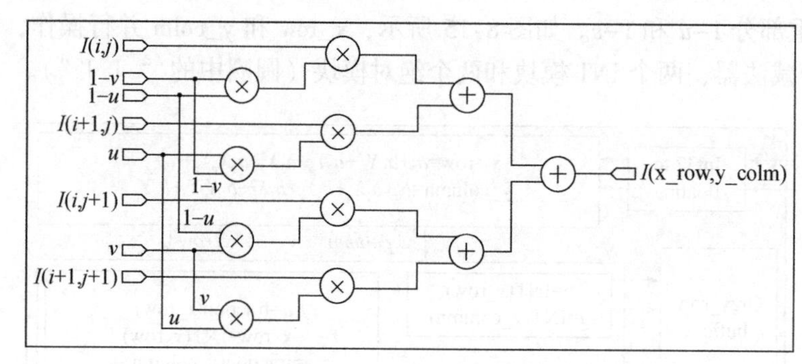

图 8-17　基于 FPGA 的双线性插值体系结构

8.4　实验验证与 FPGA 性能分析

8.4.1　软件和硬件环境

所提议的架构在包含 Xilinx Artix-7 XC7VX980-tffg1930-1 FPGA 的定制设计板上实现。所选的 FPGA 具有 612，000 个逻辑单元，1，500kB Block RAM，1，224，000 个触发器和 3，600 个 DSP Slice。此外，设计工具是 Vivado 2014.2，仿真工具是 ModelSim SE-64 10.4，硬件设计语言是 Verilog HDL。为了验证所提出的方法，在装有 Windows 7（64 位）的 Intel（R） Core i7-4790 CPU @ 3.6GHz 和 8GB RAM 的 PC 上，还使用 MATLAB R2014a，Visual Studio 2015（C ++）和 ENVI 5.3 实施了地理参考算法。

8.4.2　实验与验证

为了验证所提出的基于 FPGA 的系统，使用了两组 SPOT TM 数据来执行地理配准。第一个数据集是 ENVI 软件系统示例中的 bldt_tm. img，带有自己的控制点文件 bldt_tm. pts。第二个数据集是 ERDAS 软件系统示例中的 tmAtlanta. img，其控制点数据是从具有自己的地理信息数据的相应 panAtanta. img 获得的。考虑到 FPGA 的资源有限，两个数据集的两个 256×256 像素作为实验数据［图 8-18（a）和（b）］。表 8-2 显示了两个测试数据集的信息。

(a) ENVI中显示的原始图像　　(b) ERDAS中显示的原始图像

图 8-18　原始图像

表 8-2　两个数据集的信息

影像	投影	区域	空间分辨率（m）	波段数	波长（μm）
bldt_tm. img	UTM	13	30×30	3	0. 63 ~0. 69
tmAtlanta. img	State plan（NAD 27）	3676	30×30	4	0. 76 ~0. 90

8. 4. 3　处理性能

1. FPGA 资源占用

触发器（flip-flop，FF），查找表（look up table，LUT）和 DSP48 是 FPGA 的最重要资源。接下来分析坐标转换方法和双线性插值函数的资源利用率。

在坐标转换方法中，分别以 40. 96%（250656/612000=40. 96%），40. 79% 和 37. 96% 的比率使用 250656 个 LUT，499268 个寄存器和 388 个 DSP48。表 8-3 列出了 FPGA 资源占用。

表 8-3　坐标转换方法的逻辑单元利用率（Xilinx xc7vx980tffg1930-1）

参数	已用	可用	使用率（%）
查找表	250656	612000	40. 96
寄存器	499268	1224000	40. 79
DSP48	388	3600	37. 96

在双线性内插函数中，采用浮点和32位定点混合运算，因为它们的FPGA资源消耗低。表8-4列出了用于双线性插值方案处理的FPGA资源。使用了27218个LUT，45823个寄存器，456个RAM /FIFO和267个DSP48，使用率分别为4.45%，3.74%，30.40%和7.42%。

表8-4 双线性插值方法的逻辑单元利用率（Xilinx xc7vx980tffg1930-1）

参数	已用	可用	使用率（%）
查找器	27218	612000	4.45
寄存器	45823	1224000	3.74
RAM/FIFO	456	1500	30.40
DSP48	267	3600	7.42

2. 灰度值精度

灰度值是重要的图像参数。为了验证正确性，将地理参考图像的灰度与MATLAB 2014a软件平台的灰度进行了比较。为了比较这两种方案的精度，通过从基于MATLAB的图像中减去基于FPGA的地理参考图像并获取绝对值来获得“错误”图像。如果相应的灰度值相等，则差异为0，“错误”图像显示为黑色（0）。相反，错误图像将不会显示黑色。

第一个基于FPGA的地理参考图像灰度值的等值线如图8-19（a）所示；基于MATLAB的代码如图8-19（b）所示。“错误”图像显示在图8-19（c）中。

第二个基于FPGA的地理参考图像灰度值的线框网格如图8-19（a）所示；基于MATLAB的代码如图8-19（b）所示。图8-19（c）显示了错误图像。

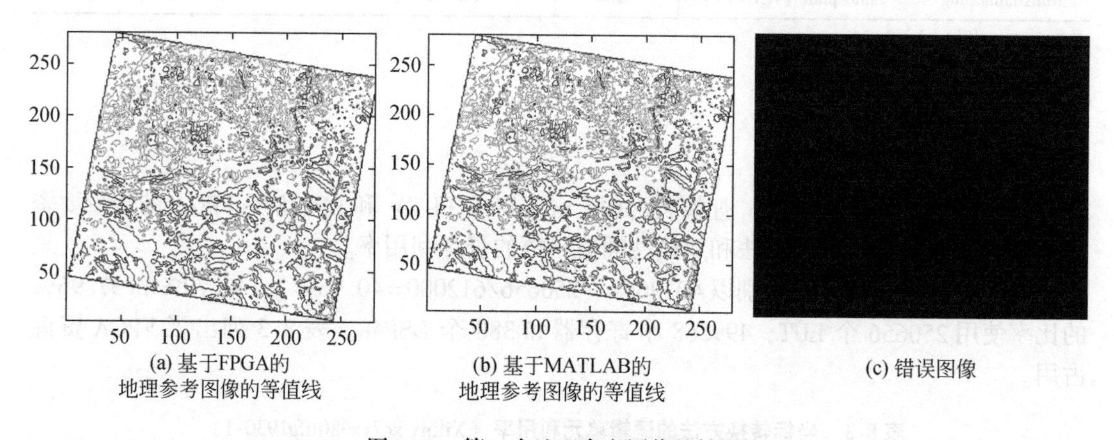

(a) 基于FPGA的地理参考图像的等值线　(b) 基于MATLAB的地理参考图像的等值线　(c) 错误图像

图8-19 第一个地理参考图像的结果

从图8-19和图8-20可以看出，基于FPGA的地理参考图像的灰度值与基于MATLAB的地理参考图像的灰度值相同。也就是说，本章提出了基于FPGA的地理配准架构，其精度与基于MATLAB的精度相同。

3. 正确性结果

为了定量评估所提出的预处理系统的正确性，均方根误差（RMSE）用于分析输出数

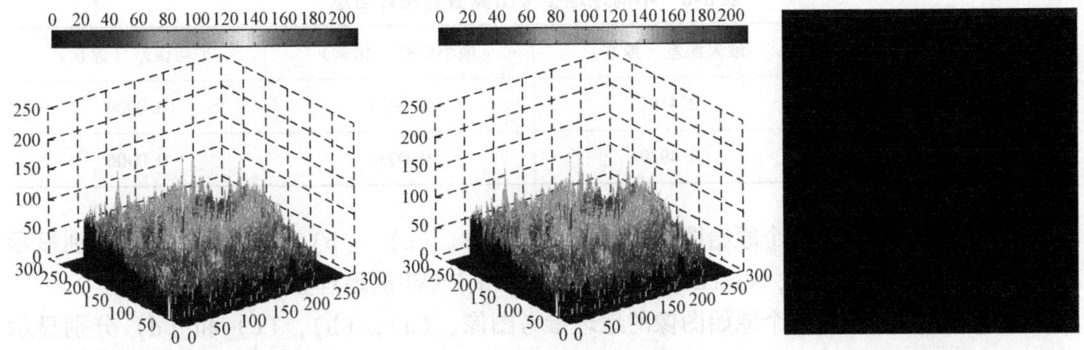

(a) 基于FPGA的地理参考图像的线框网格 (b) 基于MATLAB的地理参考图像的线框网格 (c) 错误图像

图 8-20　第二个地理参考图像的结果

据。RMSE 表示为（Gill et al.，2010）公式：

$$\mathrm{RMSE}_x = \sqrt{\frac{\sum_{k=1}^{n}(x'_k - x_k)^2}{n}} \tag{8-31}$$

$$\mathrm{RMSE}_y = \sqrt{\frac{\sum_{k=1}^{n}(y'_k - y_k)^2}{n}} \tag{8-32}$$

$$\mathrm{RMSE} = \sqrt{\mathrm{RMSE}_x^2 + \mathrm{RMSE}_y^2} \tag{8-33}$$

其中，x_k 和 y_k 是通过建议方法校正的地理参考图像坐标；x'_k和 y'_k 是参考大地坐标；n 是检查点（CP）的数量。

为此，选择了一百个 CPs 来验证设计方案的准确性。

对于第一个数据集，x，y 的 RMSE 和 CPs 的总数为 0.1657、0.1943 和 0.2554 像素。此外，还计算了其他统计信息，例如最大值，最小值和平均误差值，并在表 8-5 中列出。如表 8-5 所示，可以发现 x 和 y 坐标的平均误差分别为 0.0829 和 0.1031 像素；x 和 y 坐标的最小误差值分别为 0.0475 和 0.0444 像素；x 和 y 坐标的最大误差值分别为 0.7062 和 0.2562 像素。

表 8-5　不同地理参考图像值的统计信息

	最大误差（像素）	最小误差（像素）	平均误差（像素）
x	0.7062	0.0475	0.0829
y	0.2562	0.0444	0.1031

对于第二个数据集，x、y 和总 CPs 的 RMSE 分别为 0.1136、0.1216 和 0.1664 像素。此外，还计算了其他统计信息，例如最大值，最小值和平均误差值，并在表 8-6 中列出。如表所示，可以发现 x 和 y 坐标的平均误差分别为 0.0900 和 0.0906 像素。x 和 y 坐标的最小误差值分别为 0.0023 和 0.0060 像素。x 和 y 坐标的最大误差值分别为 0.4191 和 0.4929 像素。

表 8-6　不同地理参考图像值的统计信息

	最大误差（像素）	最小误差（像素）	平均误差（像素）
x	0.4191	0.0023	0.0900
y	0.4929	0.0060	0.0906

图 8-21 显示了第一个原始图像的地理参考图像。(a)，(b)，(c) 和 (d) 分别显示了基于 FPGA，MATLAB，Visual Studio（C ++）和 ENVI 的地理参考图像。

图 8-22 显示了第二个原始图像的地理参考图像。(a)，(b)，(c) 和 (d) 分别显示了通过 FPGA，MATLAB，Visual Studio（C ++）和 ENVI 获得的地理参考图像。

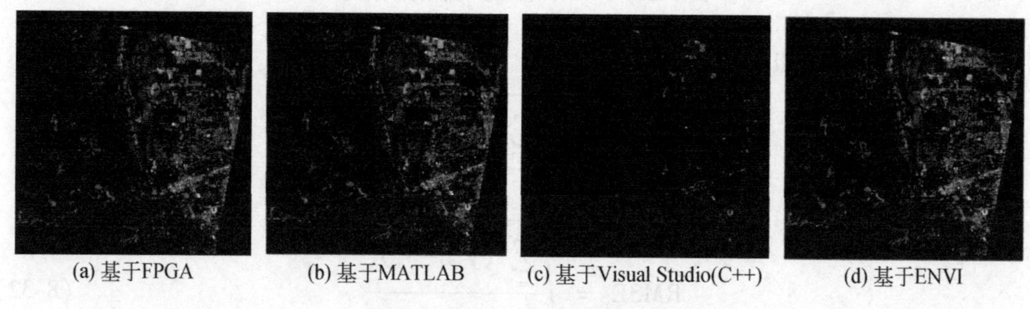

(a) 基于FPGA　(b) 基于MATLAB　(c) 基于Visual Studio(C++)　(d) 基于ENVI

图 8-21　第一个地理参考图像

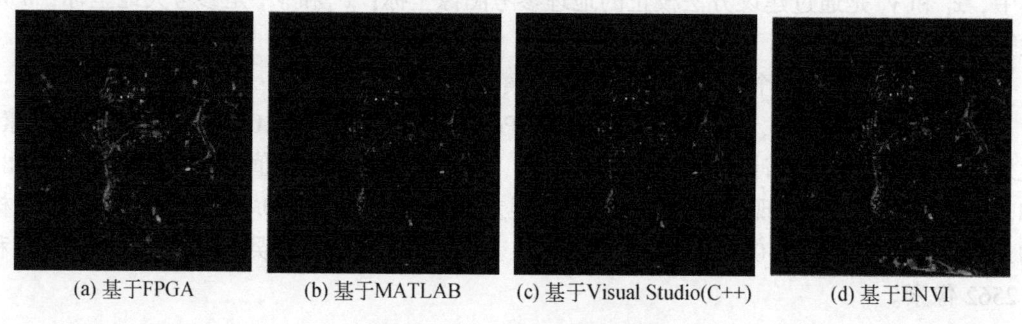

(a) 基于FPGA　(b) 基于MATLAB　(c) 基于Visual Studio(C++)　(d) 基于ENVI

图 8-22　第二个地理参考图像

4. 处理速度分析

计算速度被认为是基于 FPGA 实现的最重要因素之一。第一张原始图片的大小为 256×256 像素；地理配准后，图像尺寸为 281×280 像素。FPGA，Visual Studio（C ++）和 MATLAB 的运行时间分别为 0.34s，1.06s 和 1.12s。第二张原始图像的大小为 256×256 像素；地理配准后，图像尺寸为 285×277 像素。FPGA，Visual Studio（C ++）和 MATLAB 的运行时间分别为 0.41s，1.21s 和 1.26s。简单地说，基于 FPGA 的地理配准算法的计算速度大约是 PC 的三倍，表 8-7 列出了时间消耗。

表 8-7 时间消耗统计

Raw image	FPGA (s)	Visual Studio (C++) (s)	MATLAB (s)	图像尺寸（像素）
bldt_tm. img	0.34	1.06	1.12	281×280
tmAtlanta. img	0.41	1.21	1.26	285×277

8.5 本章小结

本章描述了基于FPGA的优化二阶多项式方程和双线性插值方案的星上地理配准的新方法。该平台包括输入数据模块，坐标转换模块，双线性插值模块和数据输出模块。所做出的主要贡献有：

（1）开发了一个综合框架来优化FPGA的地理配准算法。

①在矩阵求逆中使用基于浮点的块LU分解方法。与传统的LU分解方法相比，乘法和除法运算分别减少了1.02和1.25倍。块LU分解方法可以降低复杂度并提高操作速度。②在双线性插值模块中，浮点数和32位整数的组合用于确保运算的准确性和优化存储资源。③在编程方面，系统程序采用了功能模块化编程方法的设计思想，具有良好的灵活性和较高的可移植性。此外，模块的接口被构造为与Xilinx的IP内核类似的格式。④为了降低资源利用率，使用串行数据流执行重复调用的模块。

（2）通过广泛的参数（例如灰度值准确性，资源利用率，RMSE和处理速度）来评估实验性能。

地理参考图像的灰度值完全等于MATLAB平台计算出的灰度值。误差值小于一个像素。该算法的运算速度大约是基于PC的方法的三倍。因此，提出的具有二阶多项式模型和双线性插值算法的地理配准算法可以实现遥感影像的实时地理配准。

参考文献

周国清，2020. 美国解密侦查卫星成像原理、处理与应用，北京：测绘出版社.

Bannari A，Morin D，Bénié G B，et al.，1995. A theoretical review of different mathematical models of geometric corrections applied to remote sensing images. Remote Sensing of Environment，13（1-2）：27-47.

Chen J，Joang T，Lu W，et al.，2010. The geometric correction and accuracy assessment based on Cartosat-1 satellite image//Image and Signal Processing（CISP），2010 3rd International Congress on，IEEE，Yantai，China，16-18 October：1253-1257.

Chen L C，Teo T A，Liu C L，2006. The geometrical comparisons of RSM and RFM for FORMOSAT-2 satellite images. Photogrammetric Engineering and Remote Sensing，72（5）：573-579.

Fang L，Wang M，Li D，et al.，2014. CPU/GPU near real-time preprocessing for ZY-3 satellite images：Relative radiometric correction，MTF compensation，and geocorrection. ISPRS journal of Photogrammetry and Remote Sensing，87：229-240.

Gill T，Collett L，Armston J，et al.，2010. Geometric correction and accuracy assessment of landsat-7 etm + and landsat-5 tm imagery used for vegetation cover monitoring in queensland，Australia from 1988 to 2007. Surveyor，55（2）：273-287.

Govindu G，Prasanna V K V，Daga Gangadharpalli S，et al.，2004. Efficient floating-point based block LU decomposition on FPGAs//International Conference on Engineering of Reconfigurable Systems and Al- gorithms，

Ersa'04, Las Vegas, Nevada, USA DBLP, 21-24 June 2004: 276-279.

Gribbon K T, Bailey D G, 2004. A novel approach to real- time bilinear interpolation. IEEE International Workshop on Electronic Design, Test and Applications: 126-131.

Huang J, Zhou G, Zhang D, et al., 2018b. An FPGA- based implementation of corner detection and matching with outlier rejection. International journal of Remote Sensing, 39 (23): 8905-8933.

Huang J, Zhou G, Zhou X, et al., 2018a. A new FPGA architecture of FAST and BRIEF algorithm for on-board corner detection and matching. Sensors, 18 (4): 1014.

Kartal H, Sertel E, Alganci U, 2017. Comperative analysis of different geometric correction methods for very high resolution pleiades images//Recent Advances in Space Technologies (RAST), 2017 8th International Conference on IEEE, Istanbul, Turkey, 19-22 June 2017: 171-175.

Lee C A, Gasster S D, Plaza A, et al., 2011. Recent developments in high performance computing for remote sensing: a review. IEEE Journal of Selected Topics in Applied Earth Observations & Remote Sensing, 4 (3): 508-527.

Liu D, Zhou G, Huang J, et al., 2019a. On-Board Georeferencing Using FPGA-Based Optimized Second- Order Polynomial Equation. Remote Sensing, 11 (2) .

Liu D, Zhou G, Zhong X, et al., 2019b. FPGA- Based onboard cubic convolution interpolation for spaceborne georeferencing. Int. Conf. on Geomatics in the Big Data Era with Digital Guangxi Summit, Nov. 15-17, 2019, Guilin, China.

Liu D, Zhou G, 2020. Ground Control Point Automatic Extraction for Spaceborne Georeferencing Based on FPGA. IEEE Journal of Selected Topics in Applied Earth Observations and Remote Sensing (JSTARS), 13: 3350-3366.

Lopez S, Vladimirova T, Gonzalez G, et al., 2013. The promise of reconfigurable romputing for hyperspectral imaging onboard systems: A review and trends//Proceedings of the IEEE, 101: 698-722.

Lu J, Zhang B, Gong Z, et al., 2008. The remote- sensing image fusion based on GPU//The International Archives of the Photogrammetry, Remote Sensing and Spatial Information Sciences, Beijing, China, 23 October: 1233-238.

López-Fandiño J, Barrius P Q, Heras D B, et al., 2015. Efficient ELM- based techniques for the classification of hyperspectral remote sensing images on Commodity GPUs. IEEE Journal of Selected Topics in Applied Earth Observations & Remote Sensing, 8: 2884-2893.

Ma Y, Chen L, Liu P, et al., 2016. Parallel programing templates for remote sensing image processing on GPU architectures: design and implementation. Computing, 98: 7-33.

Pakartipangi W, Darlis D, Syihabuddin B, et al., 2015. Analysis of camera array on board data handling using FPGA for nano-satellite application//International Conference on Telecommunication Systems Services and Applications. IEEE, Bandung, Indonesia, 25-26, November 2015: 1-6.

Plaza A, Du Q, Chang Y L, et al., 2011. High performance computing for hyperspectral remote sensing. IEEE Journal of Selected Topics in Applied Earth Observations and Remote Sensing, 4 (3): 528-544.

Plaza A, Valencia D, Plaza J, et al., 2006. Commodity cluster-based parallel processing of hyperspectral imagery. Journal of Parallel and Distributed Computing, 66 (3): 345-358.

Qi B, Shi H, Zhuang Y, et al., 2018. On- board, real- time preprocessing system for optical remote- sensing imagery. Sensors, 18 (5): 1328.

Raffa M, Mercogliano P, Galdi C, 2016. Georeferencing raster maps using vector data: A meteorological application//Metrology for Aerospace, IEEE, Florence, Italy, 22-23 June: 102-107.

Reguera-Salgado J, Calvino-Cancela M, Martin-Herrero J, 2012. GPU geocorrection for airborne pushbroom imagers. IEEE Transactions on Geo Science and Remote Sensing, 50 (11): 4409-4419.

Shlien S, 1979. Geometric correction, registration, and resampling of Landsat imagery. Canadian Journal of Remote Sensing, 5 (1): 74-89.

Thomas O, Trym V H, Ingebrigt W, et al., 2011. Real-time georeferencing for an airborne hyperspectral imaging system. Algorithms Technol. Multispectral Hyperspectral Ultraspectral Imagery XVII. 8048 (1): 80480S-80480S-6.

Van der Jeught S, Buytaert J A N, Dirckx J J, 2012. Real- time geometric lens distortion correction using a graphics processing unit. Optical Engineering, 51 (2): 669-670.

Wang T, Zhang G, Li D, et al., 2014. Geometric accuracy validation for ZY- 3 satellite imagery. IEEE Geoscience and Remote Sensing Letters, 11 (6): 1168-1171.

Yu G, Vladimirova T, Sweeting M N, 2009. Image compression systems on board satellites. Acta Astronautica. 64 (9-10): 988-1005.

Zhou G, 2002a. Concept Design of Future Intelligent Earth Observing Satellite, International Journal of Remote Sensing, 25 (14): 2667-2685.

Zhou G, 2002b. On- board Integration and Management of Geo- data in Future Intelligent Earth Observing Satellites//First International Symposium on Future Intelligent Earth Observing Satellites.

Zhou G, Chen W, Kelmelis J A, et al., 2005. A comprehensive study on urban true orthorectification. IEEE Transactions on Geoscience and Remote sensing, 43 (9): 2138-2147.

Zhou G, Zhang R, Liu N, et al., 2017. On- board ortho- rectification for images based on an FPGA. Remote Sensing, 9 (9): 874.

Zhou G, Yue T, Shi Y, et al., 2016. Second- order polynomial equation- based block adjustment for orthorectification of DISP imagery. Remote Sensing, 8 (8): 680.

Zhou G, 2010. Geo-Referencing of video flow from small low-cost civilian UAV. IEEE Transactions on Automation Engineering and Science, 7 (1): 156-166.

Zhou G, 2020. Urban High-Resolution Remote Sensing: Algorithms and Methods, Taylor & Francis/CRC Press: 468 .

Zhu H, Cao Y, Zhou Z, et al., 2012. Parallel multi-temporal remote sensing image change detection on GPU// IEEE, International Parallel and Distributed Processing Symposium Workshops & PhD Forum, IEEE Computer Society, Shanghai: 1898-1904.

Ziboon A R T, Mohammed I H. 2013. Accuracy assessment of 2D and 3D geometric correction models for different topography in Iraq. Engineering and Technology Journal, Part (A) Engineering, 31 (11): 2076-2085.

第 9 章　星上无控制点影像定位

9.1　引　言

普通用户能够直接使用星上实时处理后的专题产品的先决条件之一是：在制作专题产品之前对卫星影像进行正射纠正（Zhou，2001；Zhou et al.，2018）。这是因为卫星在获取影像时因受到地形起伏、相机倾斜、地球曲率等因素的影响而使卫星影像产生投影误差和几何畸变。因此，这就要求智能对地观测卫星系统能够在卫星上独立自主地、实时地进行正射纠正，以消除卫星影像的投影误差和多种变形。经过正射纠正的卫星影像不仅附带地图的几何信息，而且相对于一般的地图而言，正射影像能够更直观地表达信息。正射影像因具有可读性强的丰富信息，已经广泛的应用于各个领域：例如，应急救灾（方留杨等，2013），军事侦察（全吉成等，2016），国民经济建设（曾凡洋等，2017），“数字城市”的建设（王贤，2018），以及土地确权（赵建功，2019）等。

随着高精度激光陀螺仪与高精度星敏器技术的发展。卫星星历（即卫星位置和速度数据）、姿态数据（外方位元素）能够在轨获取，通过高精度星历及姿态数据可以代替地面控制点（GCPs）对观测目标进行定位工作。在进行定位工作前，需要利用卫星星历数据和姿态数据建立的几何视线模型（闫利等，2013；贾秀鹏，2005；赵利平等，2005）（viewing geometry model，VGM）实现星上影像实时无控点定位。Liu 等（2019）在 FPGA 上实现了基于二次多项式的遥感影像定位。该基于 FPGA 的遥感影像定位方法能够获得与地面处理平台（例如 ENVI，MATLAB 和 C++）相当的定位精度。而在处理速度方面，FPGA 比 PC 快 8 倍（张荣庭，2019；张荣庭等，2019）。

9.2　无控制点星上定位数学模型

9.2.1　线阵推扫式卫星的成像几何

在相机的焦平面上，CCD 探测元依次排列成一条线，搭载单线阵 CCD 传感器的卫星在预定的轨道上以一定的速度在地球上空飞行，并在每个积分时刻对地球表面进行逐行扫描，从而获得每个积分时刻的线图像。随着卫星不断的向前推进，线图像就组成了一幅二维的遥感影像。单线阵推扫式卫星的成像几何如图 9-1 所示。

9.2.2　星历数据插值

影像采集时间间隔与星历数据采样周期并不一致。通常情况下，由于卫星会在一个平稳的轨道内飞行，其位置与速度、姿态的变化在飞行的过程中都会比较平稳（张过，

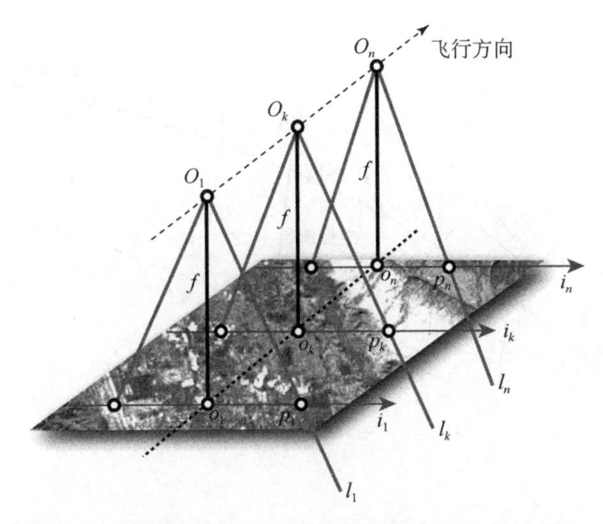

图 9-1　单线阵推扫式卫星的成像几何（张过，2005）

O_k为扫描行 k 的投影中心，f 为 CCD 传感器的主距，o_k 为扫描行 k 的主点，

p_k为卫星影像上任意一像素点，i_k为扫描行 k 上像素点的 i 坐标，l_k为从 O_k 发出的光线

2005；饶艳伟，2008），因此，可通过对星历数据和姿态数据进行插值，以获取每一条扫描行影像对应的星历数据和姿态数据。对于星历数据，常用的插值方法有：三次样条插值方法、拉格朗日多项式插值方法、线性插值方法、切比雪夫插值方法等。本章采用拉格朗日多项式插值方法对卫星星历数据（即卫星位置和速度）进行插值。

为了获取任意一条扫描行对应的卫星位置与速度，首先需要获取任意一条扫描线的成像时刻。任意一条扫描行的成像时刻可以根据式（9-1）计算得到。

$$t=t_r+\mathrm{lsp}\times(\mathrm{line}-\mathrm{line}_r) \tag{9-1}$$

其中，t 为任意扫描行的成像时刻；line 为任意扫描行的序号；line_r 为参考扫描行的序号；t_r 为参考扫描行的成像时刻；lsp 为扫描行采样周期。

为了对 t 时刻对应的卫星位置和速度进行拉格朗日多项式插值，需要分别获取 t 时刻前后各 4 个时刻（共 8 个时刻）对应的卫星位置和速度信息，如图 9-2 所示。

假设 t 时刻卫星位置和速度分别为［$\mathrm{Pos}X(t)$，$\mathrm{Pos}Y(t)$，$\mathrm{Pos}Z(t)$］和［$\mathrm{Vel}X(t)$，$\mathrm{Vel}Y(t)$，$\mathrm{Vel}Z(t)$］，那么根据拉格朗日多项式插值方法有

$$\mathrm{Pos}X(t)=\sum_{c=1}^{n}\frac{\mathrm{Pos}X(t_c)\prod\limits_{d=1,\ d\neq c}^{n}(t-t_d)}{\prod\limits_{d=1,\ d\neq c}^{n}(t_c-t_d)} \tag{9-2}$$

$$\mathrm{Pos}Y(t)=\sum_{c=1}^{n}\frac{\mathrm{Pos}Y(t_c)\prod\limits_{d=1,\ d\neq c}^{n}(t-t_d)}{\prod\limits_{d=1,\ d\neq c}^{n}(t_c-t_d)} \tag{9-3}$$

$$\mathrm{Pos}Z(t)=\sum_{c=1}^{n}\frac{\mathrm{Pos}Z(t_c)\prod\limits_{d=1,\ d\neq c}^{n}(t-t_d)}{\prod\limits_{d=1,\ d\neq c}^{n}(t_c-t_d)} \tag{9-4}$$

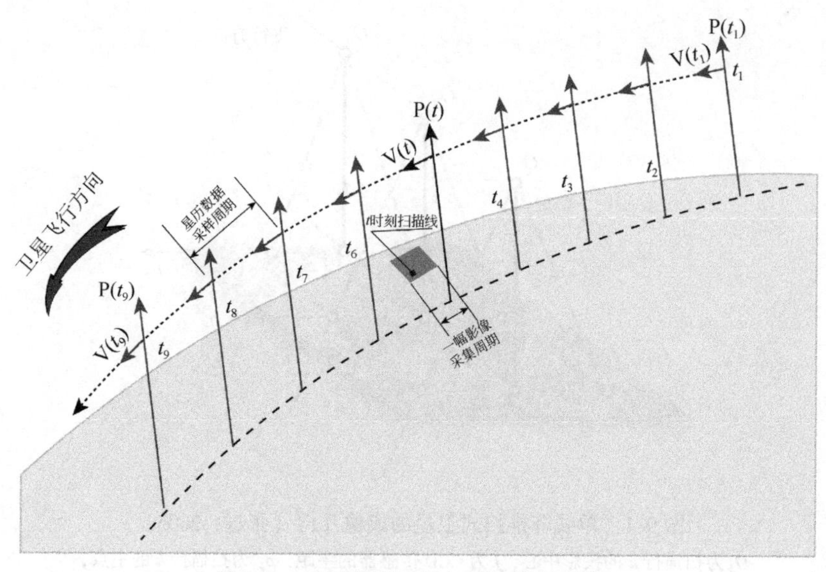

图 9-2　星历数据采样与卫星影像采集

$$\mathrm{Vel}X(t) = \sum_{c=1}^{n} \frac{\mathrm{Vel}X(t_c) \prod_{d=1,\ d \neq c}^{n} (t - t_d)}{\prod_{d=1,\ d \neq c}^{n} (t_c - t_d)} \tag{9-5}$$

$$\mathrm{Vel}Y(t) = \sum_{c=1}^{n} \frac{\mathrm{Vel}Y(t_c) \prod_{d=1,\ d \neq c}^{n} (t - t_d)}{\prod_{d=1,\ d \neq c}^{n} (t_c - t_d)} \tag{9-6}$$

$$\mathrm{Vel}Z(t) = \sum_{c=1}^{n} \frac{\mathrm{Vel}Z(t_c) \prod_{d=1,\ d \neq c}^{n} (t - t_d)}{\prod_{d=1,\ d \neq c}^{n} (t_c - t_d)} \tag{9-7}$$

其中，$n=8$。

9.2.3　基于 SLERP 的卫星姿态插值

与星历数据一样，卫星姿态数据采集频率低于扫描线的扫描频率。为了获取任意一条扫描线对应的卫星姿态数据，需要对卫星姿态数据进行插值。对于用四元数描述的卫星姿态数据，插值计算的主要方法为球面插值（spherical linear interpolation，SLERP）法。对 t 时刻的四元数 $\dot{p}(t)$ 进行 SLERP 插值，就是利用在 t_1 和 t_2 时刻给定的两个单位四元数 $\dot{p}_1(t_1)$ 和 $\dot{p}_2(t_2)$ 在球面上的圆弧寻找 t 时刻的四元数 $\dot{p}(t)$（图 9-3）。

SLERP 插值计算原理如下：

如图 9-4 所示，假设 t 时刻的单位四元数 $\dot{p}(t)$ 与 t_1、t_2 时刻的单位四元数 $\dot{p}_1(t_1)$、$\dot{p}_2(t_2)$ 的夹角分别为 $T\sigma$、$(1-T)\sigma$，那么对 $\dot{p}(t)$ 进行 SLERP 插值可表示为：

$$\dot{p}(t) = C_1(t)\dot{p}_1(t_1) + C_2(t)\dot{p}_2(t_2) \tag{9-8}$$

其中，$C_1(t)$ 和 $C_2(t)$ 分别为 $\dot{p}(t)$ 在 $\dot{p}_1(t_1)$ 和 $\dot{p}_2(t_2)$ 方向上的分量的长度。T 为 t 时刻

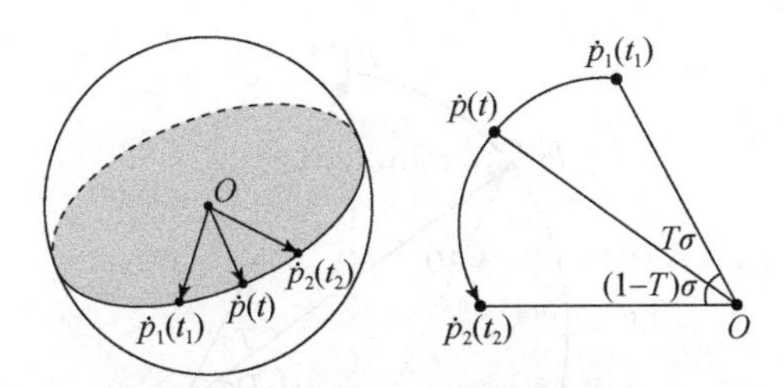

图 9-3　SLERP 插值原理示意图

左图为三维空间示意图，右图为二维平面示意图（龚辉，2011）

相对于 t_1 和 t_2 时刻的差值时间变量。

$$T=\frac{t-t_1}{t_2-t_1}\quad(0<T<1) \tag{9-9}$$

从 $\dot{p}(t)$ 和 $\dot{p}_1(t_1)$ 分别作 $\dot{p}_2(t_2)$ 的垂线，垂线的长度分别为 $\|\dot{p}_1(t_1)\|\sin\sigma$ 和 $\|\dot{p}(t)\|\sin(1-T)\sigma$，然后从 $\dot{p}(t)$ 作 $\dot{p}_1(t_1)$ 的平行线。根据相似三角形性质有：

$$\frac{C_1(t)}{\|\dot{p}_1(t_1)\|}=\frac{\|\dot{p}(t)\|\sin(1-T)\sigma}{\|\dot{p}_1(t_1)\|\sin\sigma} \tag{9-10}$$

因为 $\dot{p}(t)$ 和 $\dot{p}_1(t_1)$ 皆为单位四元数，所以有 $\|\dot{p}_1(t_1)\|=\|\dot{p}(t)\|=1$，则公式（9-10）化简为：

$$C_1(t)=\frac{\sin(1-T)\sigma}{\sin\sigma} \tag{9-11}$$

同理可得：

$$C_2(t)=\frac{\sin T\sigma}{\sin\sigma} \tag{9-12}$$

把公式（9-11）和公式（9-12）带入公式（9-8），即可得到 SLERP 的插值函数，即：

$$\dot{p}(t)=\frac{\sin(\sigma-T\sigma)}{\sin\sigma}\dot{p}_1(t_1)+\frac{\sin(T\sigma)}{\sin\sigma}\dot{p}_2(t_2) \tag{9-13}$$

其中，σ 为向量 $\dot{p}_1(t_1)$ 与向量 $\dot{p}_2(t_2)$ 的夹角，可通过公式（9-14）计算得到：

$$\begin{aligned}\sigma&=\arccos(\dot{p}_1(t_1)\cdot\dot{p}_2(t_2))\\&=\arccos(p_{10}\cdot p_{20}+p_{11}\cdot p_{21}+p_{12}\cdot p_{22}+p_{13}\cdot p_{23})\end{aligned} \tag{9-14}$$

当卫星平台较为平稳地运行时，在较短的时间间隔内，$\dot{p}_1(t_1)$ 和 $\dot{p}_2(t_2)$ 的差异并不是很大，所以 $\dot{p}_1(t_1)$ 和 $\dot{p}_2(t_2)$ 的夹角 σ 会非常小（余岸竹等，2016a，2016b），$\sin\sigma$ 趋于0，因此可对上式进行改写，即

$$\begin{aligned}\dot{p}(t)&=\lim_{\sigma\to0}\left[\frac{\sin(\sigma-T\sigma)}{\sin\sigma}\times\dot{p}_1(t_1)+\frac{\sin(T\sigma)}{\sin\sigma}\times\dot{p}_2(t_2)\right]\\&=\frac{\sigma-T\sigma}{\sigma}\times\dot{p}_1(t_1)+\frac{T\sigma}{\sigma}\times\dot{p}_2(t_2)\\&=(1-T)\times\dot{p}_1(t_1)+T\times\dot{p}_2(t_2)\end{aligned} \tag{9-15}$$

改写后消除了三角函数的计算，在 FPGA 上进行计算时可节约更多硬件资源，利于 FPGA 硬件编程实现。

9.2.4　几何视线模型——VGM 模型

利用卫星影像进行的目标定位是空间几何与时序的结合（章仁为，1997）。成像模型

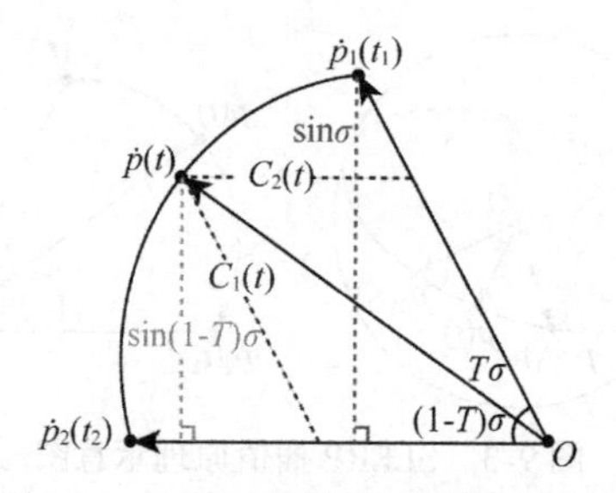

图 9-4 SLERP 插值公式推导示意图

建立了地面目标的像素平面坐标（i, j）与地面空间坐标（X, Y, Z）间的关系（周国清 2002；孙家柄等，1997）。对于任何一种传感器来说，它的成像过程都能够利用一系列点的坐标来描述（梁泽环，1990）。综合上节对像元在各坐标系中的视线向量的讨论，可以得到

$$\begin{bmatrix} X \\ Y \\ Z \end{bmatrix} = \begin{bmatrix} \mathrm{Pos}X(t) \\ \mathrm{Pos}Y(t) \\ \mathrm{Pos}Z(t) \end{bmatrix} + \lambda \boldsymbol{R}_{\mathrm{OT}} \boldsymbol{R}_{\mathrm{BO}} \begin{bmatrix} \boldsymbol{\Psi}_y \\ -\boldsymbol{\Psi}_x \\ 1 \end{bmatrix} \tag{9-16}$$

式（9-16）是利用星历数据、姿态数据建立的 VGM 模型。VGM 模型描述了地面点的像素坐标与地面坐标的数学（几何）关系，属于严格几何处理模型范畴（闫利等，2013）。

式（9-16）中，$[X, Y, Z]^{\mathrm{T}}$为地面点的地心空间直角坐标。λ 为尺度因子。R_{BO}为像元在卫星姿态控制系统视线向量 u_1 转变为像元在轨道坐标系视线向量 u_2 的旋转矩阵。其公式表示为

$$R_{\mathrm{BO}} = \begin{bmatrix} p_0^2+p_1^2-p_2^2-p_3^2 & 2(p_1p_2-p_0p_3) & 2(p_1p_3+p_0p_2) \\ 2(p_1p_2+p_0p_3) & p_0^2-p_1^2+p_2^2-p_3^2 & 2(p_2p_3-p_0p_1) \\ 2(p_1p_3-p_0p_2) & 2(p_2p_3+p_0p_1) & p_0^2-p_1^2-p_2^2+p_3^2 \end{bmatrix} \tag{9-17}$$

其中，p_0、p_1、p_2、和 p_3为 t 时刻扫描行所对应的姿态四元数 $\dot{Q}$ 的 4 个归一化分量。R_{OT}为轨道坐标系向地心空间直角坐标系转换的旋转矩阵。其公式表示为：

$$R_{\mathrm{OT}} = \begin{bmatrix} (X_2)_X & (Y_2)_X & (Z_2)_X \\ (X_2)_Y & (Y_2)_Y & (Z_2)_Y \\ (X_2)_Z & (Y_2)_Z & (Z_2)_Z \end{bmatrix} \tag{9-18}$$

$\boldsymbol{X}_2$，$\boldsymbol{Y}_2$，$\boldsymbol{Z}_2$ 可通过式（9-19）计算得到

$$\boldsymbol{Z}_2 = \frac{\boldsymbol{P}(t)}{\|\boldsymbol{P}(t)\|}, \boldsymbol{X}_2 = \frac{\boldsymbol{V}(t)\times\boldsymbol{Z}_2}{\|\boldsymbol{V}(t)\times\boldsymbol{Z}_2\|}, \boldsymbol{Y}_2 = \boldsymbol{Z}_2\times\boldsymbol{X}_2 \tag{9-19}$$

其中，$\boldsymbol{P}(t)=(\mathrm{Pos}X(t), \mathrm{Pos}Y(t), \mathrm{Pos}Z(t))$ 和 $\boldsymbol{V}(t)=(\mathrm{Vel}X(t), \mathrm{Vel}Y(t), \mathrm{Vel}Z(t))$ 分别为 t 时刻卫星的位置向量和速度向量。

其中尺度因子 λ 可通过视线向量 u_3（CCD 探测元对应像元在地心空间坐标系中的实现向量）与椭球的交点 M 建立一个与向量 u_3 及 WGS84 参考椭球长半轴 a，短半轴 b，地面高程 he 之间的一元二次方程，通过求解 λ 最小的根 $\lambda_{\min}$将其带入公式（9-16）可计算得到 M 点空间直角坐标 $[X, Y, Z]^{\mathrm{T}}$。

再根据图 9-5 转换关系可将空间直角坐标转换为地心大地坐标 $[L,\ B,\ h']^{\mathrm{T}}$。

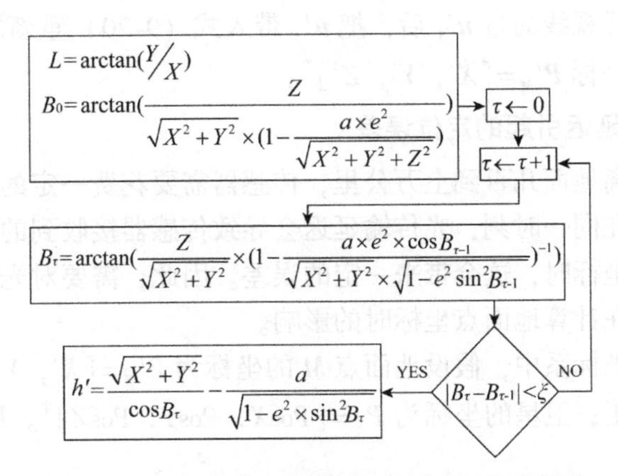

图 9-5　地心空间直角坐标向地心大地坐标的转换

e 为椭球的第一偏心率，τ 为迭代次数

式（9-16）中 $[\psi_Y \quad -\psi_X \quad 1]^{\mathrm{T}}$ 为第 i 个 CCD 探测元对应像元在本体坐标系的视线向量 u_1。

其中，ψ_X 和 ψ_Y，可由式（9-20）计算得到，

$$\begin{cases}\psi_X=\sum\limits_{\alpha}^{\eta}C_\alpha^x\cdot(i-i_{\mathrm{ref}})^\alpha\\ \psi_Y=\sum\limits_{\alpha}^{\eta}C_\alpha^y\cdot(i-i_{\mathrm{ref}})^\alpha\end{cases}\tag{9-20}$$

其中，C_α^x 和 C_α^y 为多项式系数，可由地面实验室定标获得；i 为扫描线中像元的列号；i_{ref} 为扫描线中参考像元的列号；η 为多项式阶数，$\alpha=0,1,2,\cdots,\eta$。

ψ_X 和 ψ_Y 与像元的序号存在有相应的函数关系，以 SPOT-6 卫星为例，则

$$\begin{cases}\psi_X=C_0^x+C_1^x\times(\mathrm{ClmIndex}-\mathrm{ClmIndex}_{\mathrm{ref}})\\ \quad=-0.04279971449+2.2171403835\times10^{-6}\times(\mathrm{ClmIndex}-\mathrm{ClmIndex}_{\mathrm{ref}})\\ \psi_Y=C_0^y+C_1^y\times(\mathrm{ClmIndex}-\mathrm{ClmIndex}_{\mathrm{ref}})\\ \quad=0.0019273+0\times(\mathrm{ClmIndex}-\mathrm{ClmIndex}_{\mathrm{ref}})\end{cases}\tag{9-21}$$

其中 C_0^x、C_1^x、C_0^y、C_1^y、为多项式系数；$\mathrm{ClmIndex}_{\mathrm{ref}}$ 为参考 CCD 探测元序号。

1. 改正由相对速度引起的像差

卫星上的传感器在对地面进行扫描成像时，由于地球自转的原因，地球与卫星之间的相对速度将产生像差（Alberts，2015）。因此，需要对 CCD 探测元在地心空间直角坐标系中的视线向量 u_3 进行纠正以消除相对速度带来的误差。

利用相对速度向量 V 与光速 c 的比值，即可得到改正后的 CCD 探测元视线向量 u'_3，即

$$u'_3=\frac{u_3-\dfrac{V}{c}}{\left|u_3-\dfrac{V}{c}\right|}\tag{9-22}$$

其中，$\boldsymbol{V}=V(t)-([0,\ 0,\ \Omega_e]^{\mathrm{T}}\times[X,\ Y,\ Z]^{\mathrm{T}})$ 其中 $\Omega_e=7.27\times10^{-5}\mathrm{rad/s}$ 为地球自转角速度。获得改正后的像元视线向量 $\boldsymbol{u'}_3$ 后，把 $\boldsymbol{u'}_3$ 带入式（9-20）重新求解地面点 M 在地心空间直角坐标系中的坐标 $\boldsymbol{P'}_M=[X',\ Y',\ Z']^{\mathrm{T}}$。

2. 改正由光传输延迟引起的定位误差

卫星轨道一般距离地面几百到上万公里，传感器需要花费一定的时间才能接收到来自地物反射的太阳光。在同一时刻，光传输延迟会导致传感器接收到的信息与地面点信息不一致。在计算地面点坐标时，这会带来一定的误差。因此，需要对光传输延迟带来的误差进行纠正，以消除其在计算地面点坐标时的影响。

在地心空间直角坐标系中，假设地面点 M 的坐标为 $\boldsymbol{P'}_M=[X',\ Y',\ Z']^{\mathrm{T}}$，该坐标已经过相对速度像差的改正；卫星的坐标为 $\boldsymbol{P}_S=[\mathrm{Pos}X,\ \mathrm{Pos}Y,\ \mathrm{Pos}Z]^{\mathrm{T}}$。那么地面点 M 与卫星的距离 D 为

$$D=|\boldsymbol{P'}_M-\boldsymbol{P}_S| \tag{9-23}$$

那么，地物反射的太阳光到达卫星传感器的时间 t_D 为

$$t_D=\frac{D}{c} \tag{9-24}$$

此时地球自转过的角度 Ω_{t_D} 为

$$\Omega_{t_D}=t_D\cdot\Omega_e \tag{9-25}$$

最后，通过式（9-25）对光传输延迟产生的误差进行改正：

$$\boldsymbol{P''}_M=\begin{bmatrix}\cos\Omega_{t_D} & -\sin\Omega_{t_D} & 0\\ \sin\Omega_{t_D} & \cos\Omega_{t_D} & 0\\ 0 & 0 & 1\end{bmatrix}\cdot\boldsymbol{P'}_M \tag{9-26}$$

其中，$\boldsymbol{P''}_M=[X'',\ Y'',\ Z'']^{\mathrm{T}}$ 即为经过相对速度像差、光传输延迟改正后的地面点 M 的地心空间直角坐标。

3. 改正卫星参数中的系统误差

由于卫星参数（如姿态、卫星位置等）中存在系统误差，这使得利用 VGM 模型进行的影像定位仍存在定位误差。通过建立模型，卫星参数中的系统误差可通过利用少量 GCPs（1至2个）来消除（袁修孝和张过，2003；宋伟东，2005；张过，2005；李德仁等，2006）。

假设卫星参数中的系统误差在像点物方中引起的定位误差为 $\Delta=(X_\Delta,\ Y_\Delta,\ Z_\Delta)$，那么可建立如下平移变换模型来消除该误差：

$$\begin{bmatrix}X_{\mathrm{trd}}\\ Y_{\mathrm{trd}}\\ Z_{\mathrm{trd}}\end{bmatrix}=\begin{bmatrix}X''\\ Y''\\ Z''\end{bmatrix}+\begin{bmatrix}X_\Delta\\ Y_\Delta\\ Z_\Delta\end{bmatrix} \tag{9-27}$$

其中，$[X_{\mathrm{rtd}},\ Y_{\mathrm{rtd}},\ Z_{\mathrm{rtd}}]^{\mathrm{T}}$ 为经系统误差改正后的坐标，$\Delta=[X_\Delta,\ Y_\Delta,\ Z_\Delta]^{\mathrm{T}}$ 可由 GCPs 进行求解，即

$$\begin{bmatrix}X_\Delta\\ Y_\Delta\\ Z_\Delta\end{bmatrix}=\begin{bmatrix}X_{\mathrm{GCP}}\\ Y_{\mathrm{GCP}}\\ Z_{\mathrm{GCP}}\end{bmatrix}_{\mathrm{VGM}}-\begin{bmatrix}X_{\mathrm{GCP}}\\ Y_{\mathrm{GCP}}\\ Z_{\mathrm{GCP}}\end{bmatrix}_{\mathrm{KNW}} \tag{9-28}$$

其中，$[X_{GCP}, Y_{GCP}, Z_{GCP}]^{T}_{VGM}$为VGM模型计算的GCPs的坐标。$[X_{GCP}, Y_{GCP}, Z_{GCP}]^{T}_{KNW}$为GCPs的已知坐标。理论上，式（9-27）只需1个GCPs即可计算出结果。若有多个GCPs，可求取Δ_1，Δ_2，……，Δ_ι（ι为GCPs数量）的平均值。

Zhang等（2018a，2018b）通过进行统计实验，分别利用无控制点和有控制点的方法求解地面大地坐标进而求算两个结果的平面RMSE得到，利用少量控制点对VGM模型进行系统误差改正后，定位精度得到了明显的提高。当利用1个地面控制点对VGM模型进行系统误差改正后，SPOT-6影像的定位精度可达到4.3546 m。当地面控制点大于3个后，地面控制点对定位精度的提高不大于0.5 m，这说明增加地面控制点数量对提高定位精度十分有限。综上所述，利用星历和姿态数据建立的VGM模型有较高的定位精度潜力（Zhou et al.，2017）。

9.3 星上影像实时无控影像定位FPGA实现

9.3.1 卫星姿态数据的FPGA硬件实现

1. 卫星姿态数据的SLERP插值FPGA整体硬件架构

根据SLERP插值理论和算法，设计了如图9-6所示的卫星姿态数据的SLERP插值算法的FPGA硬件架构。该FPGA架构主要包括了：①时间插值及归一化模块TINM，该模块主要获取扫描行的获取时间t和line对应的插值变量T；②四元数插值模块QIM，获取t时刻扫描行line对应的四元数向量（张荣庭，2019）。

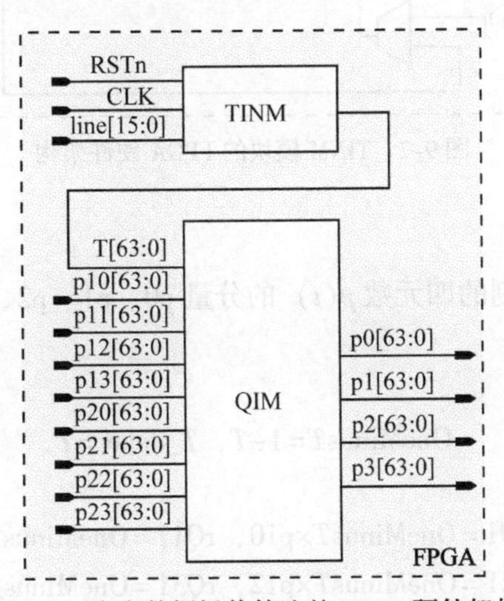

图9-6　姿态数据插值算法的FPGA硬件架构

RSTn为复位信号；CLK为时钟信号；p10［63：0］~p13［63：0］和p20［63：0］~p23［63：0］分别为t1和t2时刻的姿态四元数向量$p_1(t_1)$和$p_2(t_2)$的分量，p0［63：0］~p3［63：0］为t时刻的姿态四元数

2. TINM模块

由式（9-1）可知，要计算遥感影像扫描行line的获取时刻t，需要用到任意扫描行的行号line、参考扫描行的行号line_r和获取时刻t_r、以及扫描行采样周期lsp，其中line_r、t_r

和 lsp 都为常量。若把 $line_r$、t_r和 lsp 都作为 TINM 模块的输入，则会消耗 FPGA 有限的 IO 接口。因此，对于式（9-1），其可以改写为

$$
\begin{aligned}
t &= lsp\times line+(t_r-lsp\times line_r) \\
&= lsp\times line+TLL
\end{aligned}
\tag{9-29}
$$

式（9-29）中的 $TLL=(t_r-lsp\times line_r)$ 可提前计算，并与 lsp 一起存储在寄存器中。同样地，式（9-9）可改写为

$$
T=\frac{t-t_1}{\Delta t}\quad (0<T<1) \tag{9-30}
$$

其中，t_1 和 $t_2-t_1=\Delta t$ 可以存储在寄存器中。

在 TINM 模块中设计了一个 16 bits 的计数器 line 来产生对应扫描行的序号。当时钟信号 CLK 的上升沿到来时，计数器 line 进行自加，即 line = line+1。此外，在每个时钟周期，都要判断当前的 line 是否不大于最大扫描行数 lNum。图 9-7 为 TINM 模块的 FPGA 硬件架构。

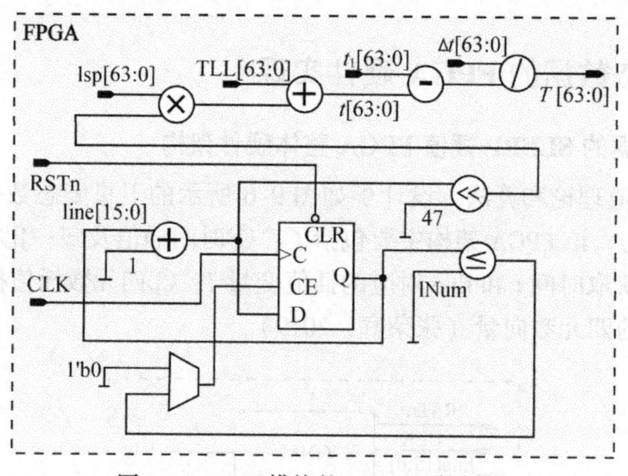

图 9-7 TINM 模块的 FPGA 硬件架构

3. QIM 模块

根据式（9-15），t 时刻的四元数 $\dot{p}(t)$ 的分量 p0、p1、p2、p3，可通过以下过程计算得到：

第 1 级：

$$
\text{OneMinus}T=1-T,\quad T\_\text{delay}=T \tag{9-31}
$$

第 2 级：

$$
\begin{aligned}
&rQ01=\text{OneMinus}T\times p10,\ rQ11=\text{OneMinus}T\times p11,\\
&rQ21=\text{OneMinus}T\times p12,\ rQ31=\text{OneMinus}T\times p13,\\
&rQ02=T\_\text{delay}\times p20,\ rQ12=T\_\text{delay}\times p21,\\
&rQ22=T\_\text{delay}\times p22,\ rQ32=T\_\text{delay}\times p23
\end{aligned}
\tag{9-32}
$$

第 3 级：

$$
\begin{aligned}
&p0=rQ01+rQ02,\ p1=rQ11+rQ12,\\
&p2=rQ21+rQ22,\ p3=rQ31+rQ32
\end{aligned}
\tag{9-33}
$$

根据上述计算过程，为 QIM 模块设计了如图 9-8 所示的 FPGA 硬件架构。

QIM 模块采用了定点数数据结构和流水线处理结构，在经过一定的潜伏时间后，每一

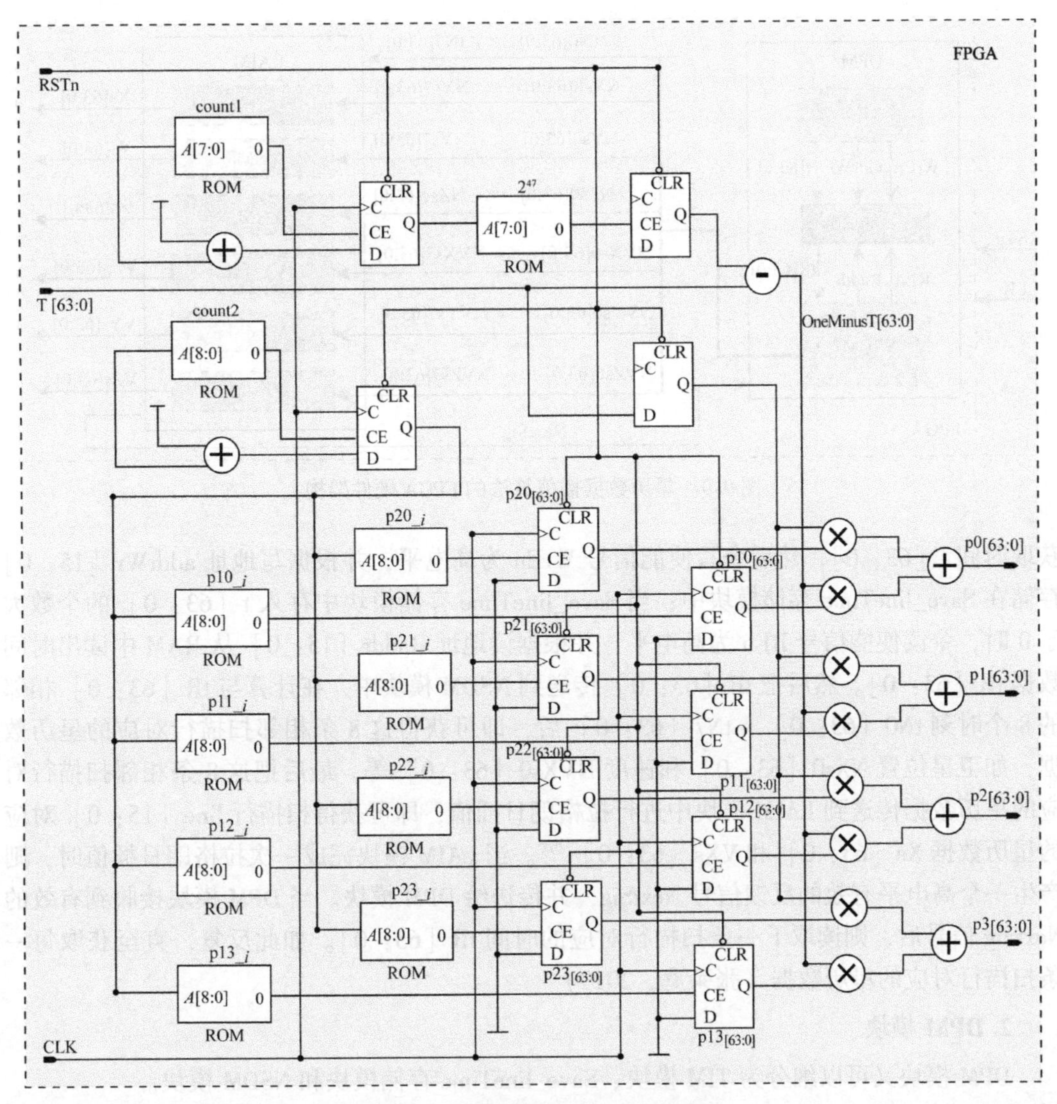

图 9-8 QIM 模块的 FPGA 硬件架构

个时钟周期都能同时得到 64 bits 的 p0［63：0］、p1［63：0］、p2［63：0］和 p3［63：0］。

9.3.2 星历数据的拉格朗日插值算法的 FPGA 硬件实现

1. FPGA 硬件架构

卫星星历数据插值算法的 FPGA 硬件实现架构如图 9-9 所示。该 FPGA 架构主要包括了数据预处理模块（DPM）和拉格朗日插值模块（LAIM）。其中 DPM 模块又包含了时间插值模块（TIM）、存储模块（Save_lineTime）和相邻扫描行数据获取模块（NSDM）；LAIM 模块包含了卫星位置插值模块（XsIM，YsIM 和 ZsIM）和卫星速度插值模块（VXsIM，VYsIM 和 VZsIM）。

在 TIM 模块中，根据扫描行序号 line［15：0］计算出该扫描行 line［15：0］对应的

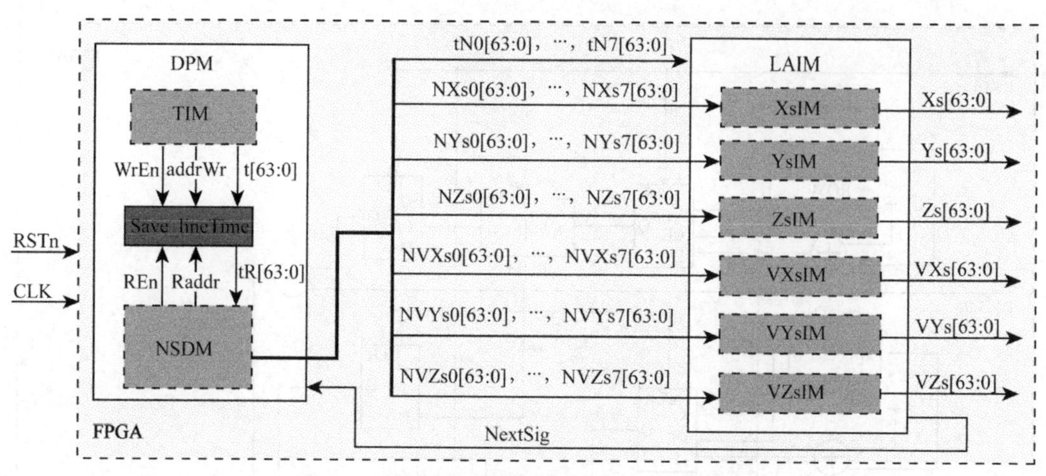

图 9-9　星历数据插值算法的 FPGA 硬件架构

获取时间 t［63：0］，然后令写使能信号 WrEn 为高电平，并根据写地址 addrWr［15：0］存储在 Save_lineTime 存储模块中；当 Save_lineTime 存储模块中存入 t［63：0］的个数大于 0 时，令读使能信号 REn 为高电平，并根据读地址 Raddr［15：0］从 RAM 中读出时间数据 tR［63：0］。然后把 tR［63：0］传送到 NSDM 模块中，在计算与 tR［63：0］相邻的 8 个时刻 tN0［63：0］～tN7［63：0］后，即可获得这 8 条相邻扫描行对应的星历数据，如卫星位置 NXs0［63：0］和速度 NVXs0［63：0］等。最后把这 8 条相邻扫描行对应的星历数据传送到 LAIM 模块中进行拉格朗日插值，即可获得扫描行 line［15：0］对应的星历数据 Xs［63：0］和 VXs［63：0］等。当 LAIM 模块完成一次拉格朗日插值时，则产生一个高电平有效的反馈信号 NextSig，并传送给 DPM 模块。当 DPM 模块接收到有效的 NextSig 信号后，则读取下一条扫描行对应的时间 tR［63：0］。如此反复，直至获取每一条扫描行对应的星历数据（张荣庭，2019）。

2. DPM 模块

DPM 模块又可以细分为 TIM 模块、Save_lineTime 存储模块和 NSDM 模块。

根据式（9-27），为 TIM 模块设计了如图 9-10（a）所示的 FPGA 硬件架构。TIM 模块与 TINM 模块类似，区别在于 TIM 模块没有对时间 t［63：0］进行归一化处理。在 TIM 模块中，扫描行序号 line［15：0］通过 16 bits 的计数器产生。扫描行所对应的获取时间 t［63：0］，存储到 Save_lineTime 存储模块中。

Save_lineTime 存储模块的 FPGA 硬件架构如图 9-11 所示。当获得第一个数据 t［63：0］时，则令写使能信号 WrEn 为高电平，并通过计数器产生 16 bits 的写地址 addrWr［15：0］（如图 9-10（b）所示），然后 Save_lineTime 存储模块根据 WrEn 信号和写地址 addrWr［15：0］对数据 t［63：0］进行存储。当 RAM 写满后，令 WrEn 信号为低电平，不再向 RAM 中写入数据。从 RAM 中读出的时间数据 tR［63：0］和 tR1［63：0］有两种用途，一方面 tR［63：0］被用来确定与其前后相邻的 8 个时刻 tN0［63：0］～tN7［63：0］，以及这 8 个时刻所对应的星历数据；另一方面 tR1［63：0］与 tN0［63：0］～tN7［63：0］以及 NXs0［63：0］、…、NVZs7［63：0］等星历数据被同时发送到 LAIM 模块进行拉格朗日插值。当来自 LAIM 模块的反馈信号 NextSig、读使能 REn 和 REn1 为高电平时，

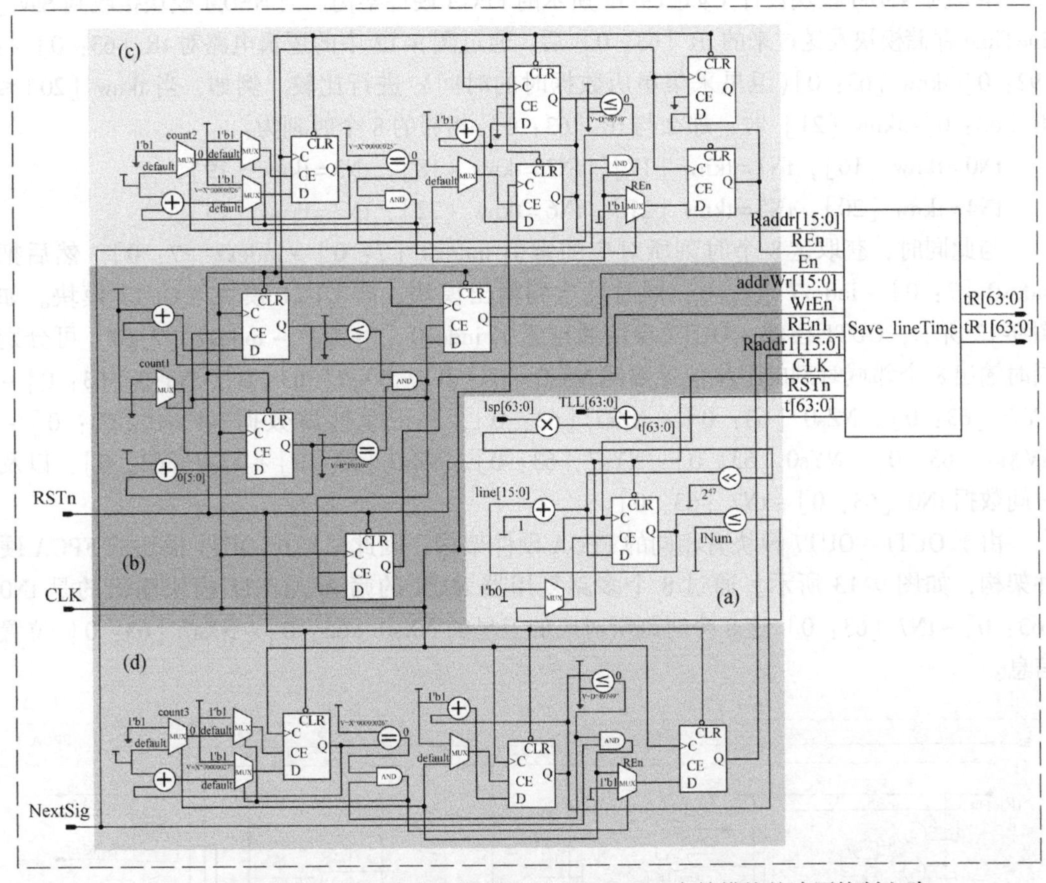

图 9-10　TIM 模块的 FPGA 硬件架构及 Save_lineTime 存储模块的读写控制电路

（a）TIM 模块的 FPGA 硬件架构；（b）Save_lineTime 存储模块写控制电路；（c）（d）Save_lineTime 存储模块读控制电路

tR［63：0］与 tR1［63：0］可分别通过图 9-10（c）和图 9-10（d）的读控制电路从 Save_lineTime 存储模块中读出。在输出 tR1［63：0］前，利用 IP 核对 tR1［63：0］进行定点数转双精度浮点数的操作。为了保证 tR1［63：0］与 tN0［63：0］~ tN7［63：0］以及 NXs0［63：0］~ NVZs7［63：0］等星历数据被同时传输到 LAIM 模块，需要利用延迟单元对 tR1［63：0］进行延迟。

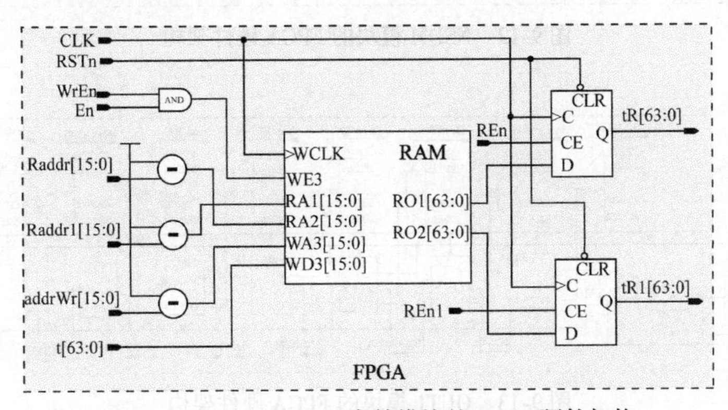

图 9-11　Save_lineTime 存储模块的 FPGA 硬件架构

本章为 NSDM 模块设计了如图 9-12 所示的 FPGA 硬件架构。当 NSDM 模块接收到 Save_lineTime 存储模块发送过来的 tR［63：0］后，通过图 9-12 中的逻辑电路对 tR［63：0］与［92：0］tknw［63：0］(卫星采集星历数据时的时间）进行比较。例如，当 tknw［20］≤tR［63：0］<tknw［21］时，那么与 tR［63：0］相邻的 8 个时刻为：

tN0＝tknw［16］，tN1＝tknw［17］，tN2＝tknw［18］，tN3＝tknw［19］，

tN4＝tknw［20］，tN5＝tknw［21］，tN6＝tknw［22］，tN7＝tknw［23］。

与此同时，获取这 8 个时刻所对应的索引 index0［7：0］~ index7［7：0］。然后把 index0［7：0］~ index7［7：0］同时发送到输出模块，即 OUT1 模块 ~ OUT7 模块。如图 9-12 所示，OUT1 模块 ~ OUT7 模块通过索引 index0［7：0］~ index7［7：0］可分别同时输出 8 个邻域时刻的卫星位置数据 NXs0［63：0］~ NXs7［63：0］、NYs0［63：0］~ NYs7［63：0］、NZs0［63：0］~ NZs7［63：0］，和卫星速度数据 NVXs0［63：0］~ NVXs7［63：0］、NYs0［63：0］~ NYs7［63：0］、NZs0［63：0］~ NZs7［63：0］，以及时间数据 tN0［63：0］~ tN7［63：0］。

由于 OUT1 ~ OUT7 模块有相同的 FPGA 硬件架构，因此只给出 OUT1 模块的 FPGA 硬件架构，如图 9-13 所示。通过 8 个多路复用器 MUX 的筛选，OUT1 模块输出的是 tN0［63：0］~ tN7［63：0］这 8 个时刻所对应的卫星的 NXs0［63：0］~ NXs7［63：0］位置信息。

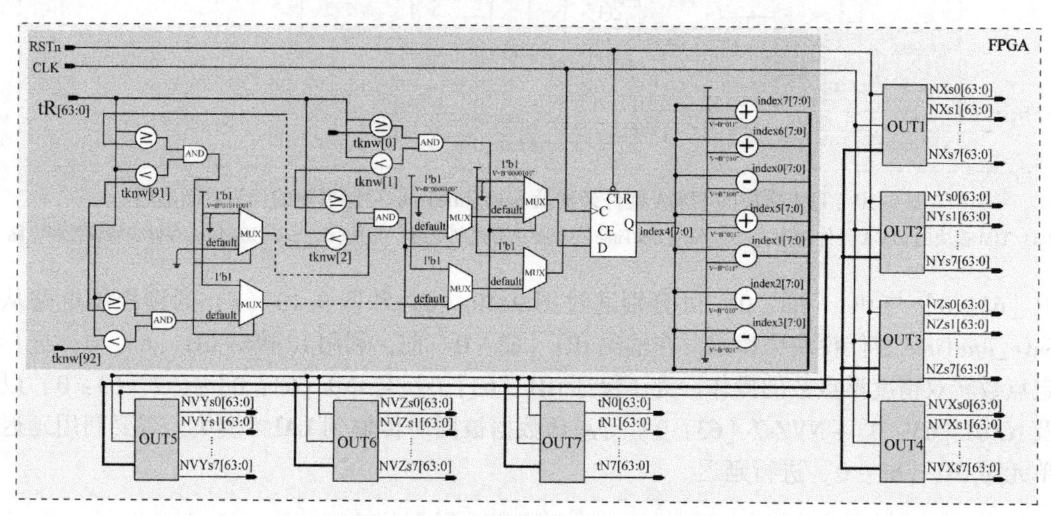

图 9-12　NSDM 模块的 FPGA 硬件架构

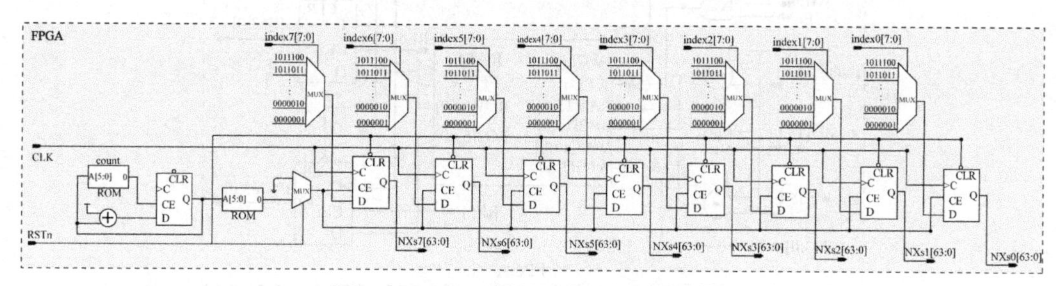

图 9-13　OUT1 模块的 FPGA 硬件架构

3. LAIM 模块

拉格朗日插值模块（LAIM 模块）中的 XsIM 模块、YsIM 模块、ZsIM 模块、VXsIM 模块、VYsIM 模块和 VZsIM 模块有着相同的计算过程。因此，本章对星历数据的拉格朗日插值算法设计了一个可重用的 FPGA 硬件架构。下文以 XsIM 模块为例（图 9-14），详细介绍了拉格朗日插值算法的 FPGA 硬件架构实现过程。

为了平衡 FPGA 硬件资源与处理速度，XsIM 模块采用了数据流串行与结构并行相结合的设计方式。如图 9-14 所示，XsIM 模块主要由控制模块（CONTROL）、任务模块（TASK）、求和模块（SUM）和完成信号输出模块（OUTSIG）组成。

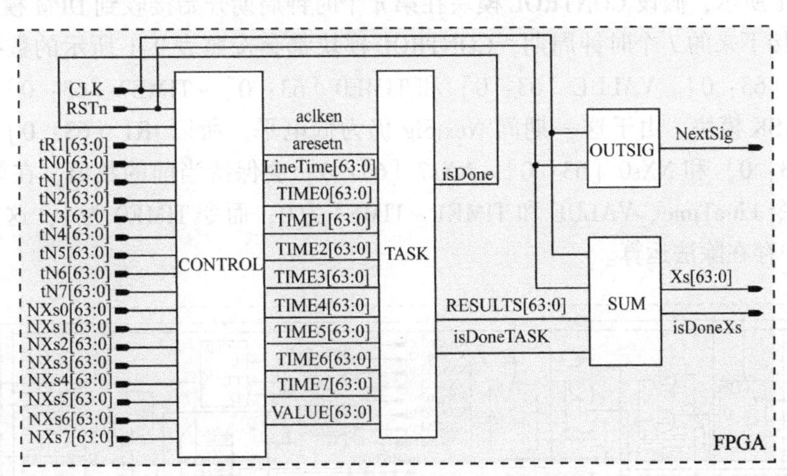

图 9-14　XsIM 模块的 FPGA 硬件架构

4. CONTROL 模块

图 9-15 为 CONTROL 模块的 FPGA 硬件架构图。CONTROL 模块主要负责控制流向 TASK 模块的数据流。当 OUTSIG 模块传入 DPM 模块的反馈信号 NextSig 为高电平时，DPM 模块则向 LAIM 模块输出一组用于进行拉格朗日插值的星历数据，例如 XsIM 模块会接收到来自 DPM 模块的 tR1［63：0］、tN0［63：0］~ tN7［63：0］和 NXs0［63：0］~ NXs7［63：0］（图 9-14）。由上文可知，要获取 tR1［63：0］时刻卫星的位置 Xs［63：0］信息，需要分别对 8 个相邻时刻对应的数据进行累乘，然后在进行累加。顾及到 FPGA 硬件资源有限，CONTROL 模块采用如表 9-1 所示的数据组合形式向 TASK 模块发送数据 LineTime［63：0］、VALUE［63：0］和 TIME0［63：0］~ TIME7［63：0］，其中 VALUE、LineTime、TIME0、和 TIME1 ~ TIME7 分别对应于上文的 Pos$X$（t_c）、t、t_c和 t_d。

表 9-1　CONTROL 模块中的数据组合形式

	n	n+1	n+2	n+3	n+4	n+5	n+6	n+7	n+8
LineTime	tR1	tR1	tR1	tR1	tR1	tR1	tR1	tR1	0
VALUE	NXs0	NXs1	NXs2	NXs3	NXs4	NXs5	NXs6	NXs7	0
TIME0	tN0	tN1	tN2	tN3	tN4	tN5	tN6	tN7	1
TIME1	tN1	tN0	tN1	tN1	tN1	tN1	tN1	tN1	0
TIME2	tN2	tN2	tN0	tN2	tN2	tN2	tN2	tN2	0

续表

	n	n+1	n+2	n+3	n+4	n+5	n+6	n+7	n+8
TIME3	tN3	tN3	tN3	tN0	tN3	tN3	tN3	tN3	0
TIME4	tN4	tN4	tN4	tN4	tN0	tN4	tN4	tN4	0
TIME5	tN5	tN5	tN5	tN5	tN5	tN0	tN5	tN5	0
TIME6	tN6	tN6	tN6	tN6	tN6	tN6	tN0	tN6	0
TIME7	tN7	tN7	tN7	tN7	tN7	tN7	tN7	tN0	0

如表 9-1 所示，假设 CONTROL 模块在第 n 个时钟周期开始接收到 DPM 模块输出的数据，那么在接下来的 7 个时钟周期，CONTROL 模块都会按照表 9-1 所示的数据组合形式对 LineTime［63：0］、VALUE［63：0］和 TIME0［63：0］~ TIME7［63：0］进行赋值，并发送到 TASK 模块。由于这一期间 NextSig 仍为低电平，所以 tR1［63：0］、tN0［63：0］~ tN7［63：0］和 NXs0［63：0］~ NXs7［63：0］会保持当前的数值。在第 n+8 个时钟周期，则令 LineTime、VALUE 和 TIME1 ~ TIME7 为 0；而令 TIME0 为 1，这主要是因为 TASK 模块中存在除法运算。

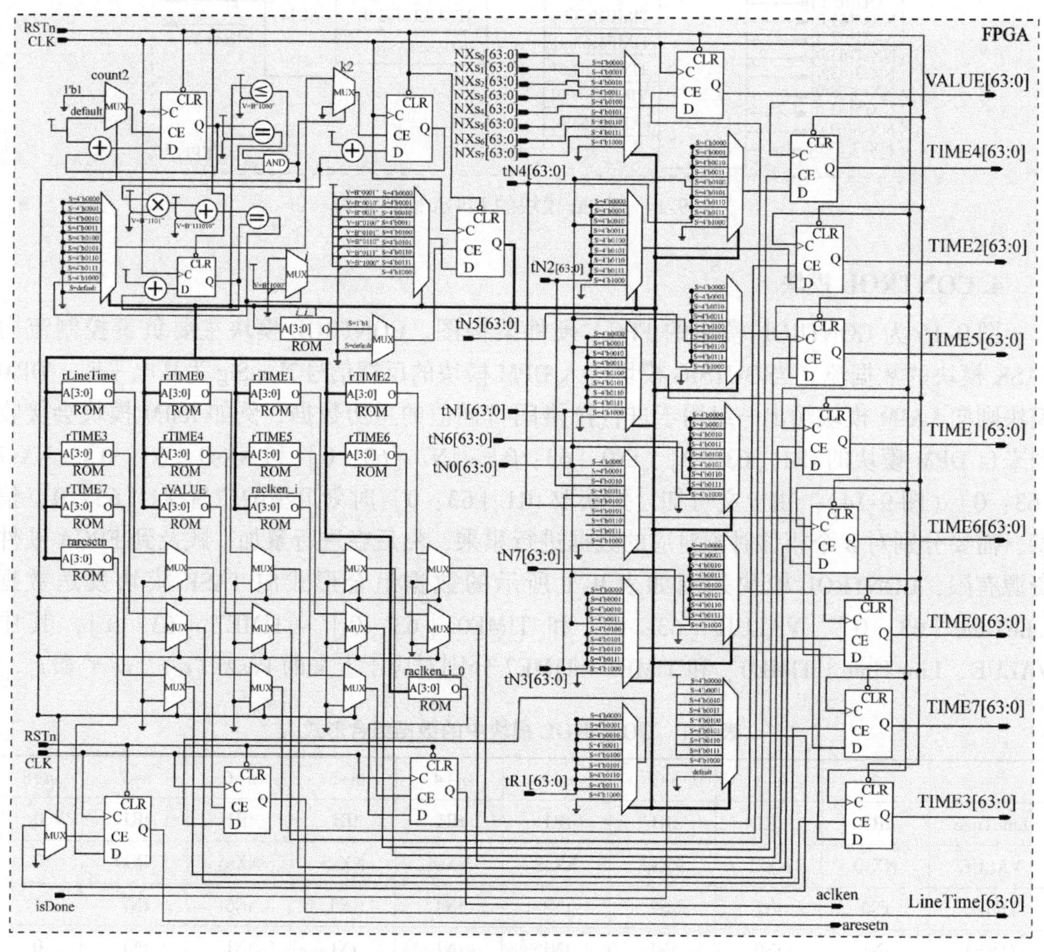

图 9-15　CONTROL 模块的 FPGA 硬件架构

5. TASK 模块

TASK 模块主要用于进行减法、累乘和除法运算。减法、累乘和除法运算可划分为如下 5 级运算，即

第 1 级：

$$\begin{aligned}&Rsub1\_1=LineTime-TIME1,\ Rsub1\_2=LineTime-TIME2,\\&Rsub1\_3=LineTime-TIME3,\ Rsub1\_4=LineTime-TIME4,\\&Rsub1\_5=LineTime-TIME5,\ Rsub1\_6=LineTime-TIME6,\\&Rsub1\_7=LineTime-TIME7,\\&Rsub1\_8=TIME0-TIME1,\ Rsub1\_9=TIME0-TIME2,\\&Rsub1\_10=TIME0-TIME3,\ Rsub1\_11=TIME0-TIME4,\\&Rsub1\_12=TIME0-TIME5,\ Rsub1\_13=TIME0-TIME6,\\&Rsub1\_14=TIME0-TIME7\end{aligned}\tag{9-34}$$

第 2 级：

$$\begin{aligned}&Rmul2\_1=Rsub1\_1\times Rsub1\_2,\ Rmul2\_2=Rsub1\_3\times Rsub1\_4,\\&Rmul2\_3=Rsub1\_5\times Rsub1\_6,\ Rmul2\_4=Rsub1\_7\times rVALUE,\\&Rmul2\_5=Rsub1\_8\times Rsub1\_9,\ Rmul2\_6=Rsub1\_10\times Rsub1\_11,\\&Rmul2\_7=Rsub1\_12\times Rsub1\_13,\ rRsub1\_14=Rsub1\_14,\end{aligned}\tag{9-35}$$

第 3 级：

$$\begin{aligned}&Rmul3\_1=Rmul2\_1\times Rmul2\_2,\ Rmul3\_2=Rmul2\_3\times Rmul2\_4,\\&Rmul3\_3=Rmul2\_5\times Rmul2\_6,\ Rmul3\_4=Rmul2\_7\times rRsub1\_14\end{aligned}\tag{9-36}$$

第 4 级：

$$\begin{aligned}&Rmul4\_1=Rmul3\_1\times Rmul3\_2,\\&Rmul4\_2=Rmul3\_3\times Rmul3\_4\end{aligned}\tag{9-38}$$

第 5 级：

$$RESULTS=\frac{Rmul4\_1}{Rmul4\_2}\tag{9-38}$$

其中，Rsub1_1 ~ Rsub1_14、Rmul2_1 ~ Rmul2_7、Rmul3_1 ~ Rmul3_4、Rmul4_1 和 Rmul4_2 为中间变量；rVALUE 和 rRsub1_14 分别为 VALUE 和 Rsub1_14 经延迟单元延迟后的输出值。

根据式（9-34）~（9-38），为 TASK 模块设计了如图 9-16 所示的 FPGA 硬件架构。图 9-16 中的“Sub”、“Mul” 和 “Div” 分别为 64 bits 浮点数的 “减法”、“乘法” 和 “除法” 运算。通过 CONTROL 模块产生的使能信号 aclken（高电平有效）和复位信号 aresetn（低电平有效）来控制 “Sub”、“Mul” 和 “Div” 运算的有效性。

TASK 模块会产生 2 个反馈信号，即 isDone 信号和 isDoneTASK 信号。isDone 信号会被反馈到 CONTROL 模块中。当 isDone 信号为高电平时，CONTROL 模块中的 aresetn 信号被拉低为低电平。而 isDoneTASK 信号会被发送到 SUM 模块，并控制着 SUM 模块的执行过程（图 9-16）。

6. OUTSIG 模块

图 9-17 为 OUTSIG 模块的 FPGA 硬件架构图。OUTSIG 模块以一定的频率产生持续 1

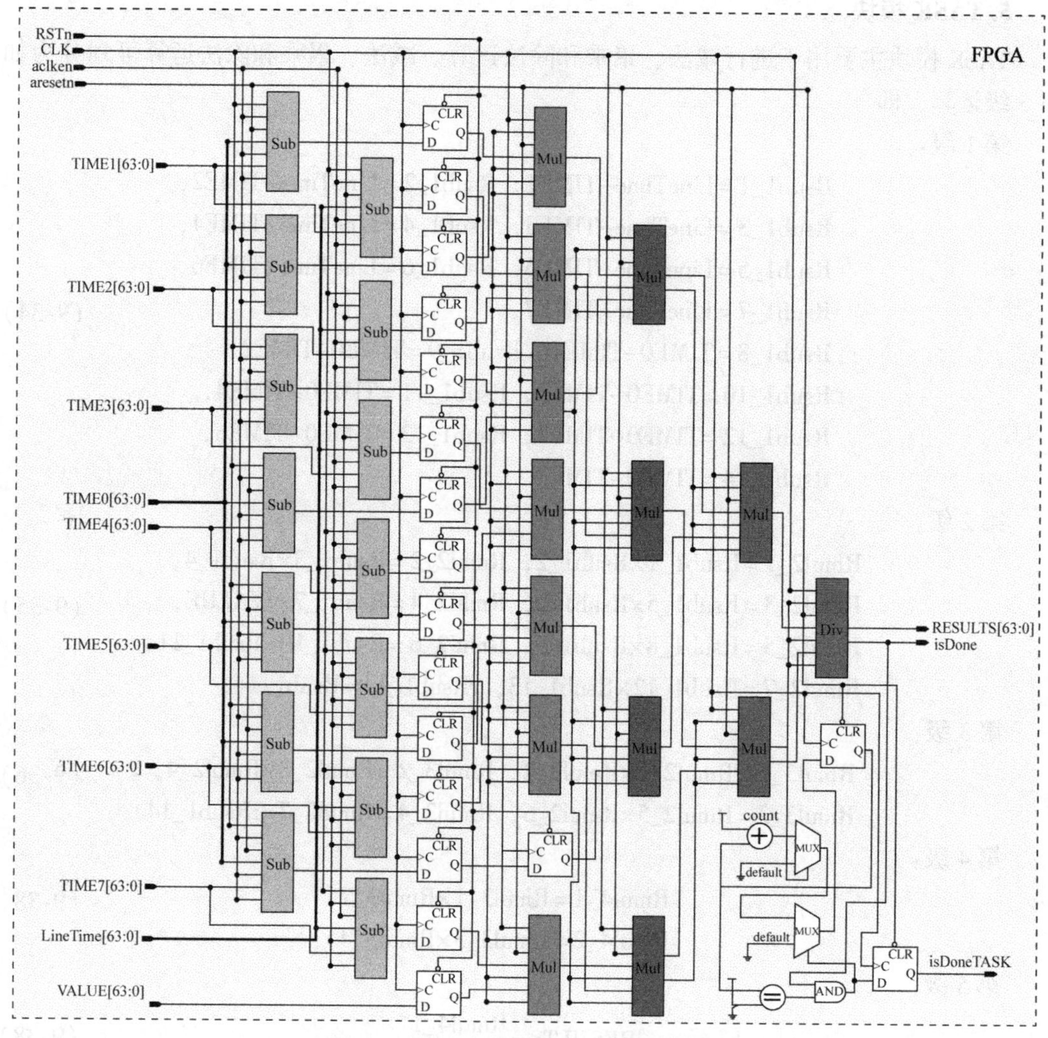

图 9-16 TASK 模块的 FPGA 硬件架构

个时钟周期的高电平 NextSig 信号，并把 NextSig 信号发送到 DPM 模块。当 NextSig 信号为高电平时，DPM 模块就会对 tR1［63：0］、tN0［63：0］~ tN7［63：0］和 NXs0［63：0］~ NXs7［63：0］等数据进行更新。

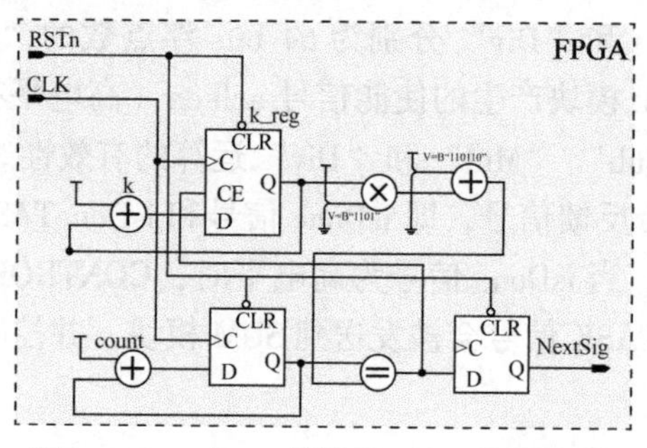

图 9-17 OUTSIG 模块的 FPGA 硬件架构

7. SUM 模块

SUM 模块主要对 TASK 模块的输出 RESULTS [63：0] 进行累加。由式 (9-2) 可知，要获得 tR1 [63：0] 时刻的最终拉格朗日插值结果 Xs [63：0]，需要对 8 个 RESULTS [63：0] 进行累加，记为 RESULTS0 [63：0]、RESULTS1 [63：0]、RESULTS2 [63：0]、RESULTS3 [63：0]、RESULTS4 [63：0]、RESULTS5 [63：0]、RESULTS6 [63：0]、RESULTS7 [63：0]。然而，由前文分析可知，要获取 RESULTS0 [63：0] ~ RESULTS7 [63：0]，中间需要经过 8 个时钟周期。因此，在 SUM 模块中建立 RAM_results [7：0] [63：0] 来存储 RESULTS0 [63：0] ~ RESULTS7 [63：0]，以便后续能够并行的对 RESULTS0 [63：0] ~ RESULTS7 [63：0] 进行累加。当 TASK 模块发送到 SUM 模块的 isDoneTASK 信号为高电平时，则向 RAM_RESULTS [7：0] 中存入对应的 RESULTS。当 RESULTS0 [63：0] ~ RESULTS7 [63：0] 都存入 RAM_RESULTS [7：0] 后，在下一时钟周期到来时，从 RAM_RESULTS [7：0] 中同时取出 8 个数据，记为 result0 [63：0]、result1 [63：0]、result2 [63：0]、result3 [63：0]、result4 [63：0]、result5 [63：0]、result6 [63：0]、result7 [63：0]，然后进行累加。

对 result0 [63：0] ~ result7 [63：0] 的累加可分为如下 3 级运算来进行流水线处理，即：

第 1 级：

$$\begin{aligned}&\text{Rsum1\_1}=\text{result0}+\text{result1},\ \text{Rsum1\_2}=\text{result2}+\text{result3},\\&\text{Rsum1\_3}=\text{result4}+\text{result5},\ \text{Rsum1\_4}=\text{result6}+\text{result7}\end{aligned} \tag{9-39}$$

第 2 级：

$$\begin{aligned}&\text{Rsum2\_1}=\text{Rsum1\_1}+\text{Rsum1\_2},\\&\text{Rsum2\_2}=\text{Rsum1\_3}+\text{Rsum1\_4}\end{aligned} \tag{9-40}$$

第 3 级：

$$X_s=\text{Rsum2\_1}+\text{Rsum2\_2} \tag{9-41}$$

其中，Rsum1_1 ~ Rsum1_4、Rsum2_1 和 Rsum2_2 为中间变量，X_s 为最终的拉格朗日插值结果。

根据式 (9-39) ~ (9-41)，为 SUM 模块设计了图 9-18 所示的 FPGA 硬件架构。图 9-18 中的“Add”为 64 bits 浮点数的“加法”运算。SUM 模块通过使能信号 aclken1 和复位信号 aresetn1 来控制“Add”运算的有效性。当完成累加操作后，SUM 模块将产生反馈信号 isDoneXs。当 isDoneXs 信号为高电平时，则把当前的 Xs [63：0] 存储到文本文件中。

9.4 基于 VGM 模型的无控定位算法的 FPGA 硬件实现

9.4.1 基于 VGM 模型的无控定位的 FPGA 硬件架构

本节设计了如图 9-19 所示的基于 VGM 模型的无控定位算法的 FPGA 硬件架构。该 FPGA 硬件架构主要包括控制模块 (CTRL_VGM)、视线向量计算模块 (VVCM)、视线向量存储模块 (RAM_VV) 和迭代模块 (ITERATION)。CTRL_VGM 模块主要负责产生写使能信号 WrEn/En 和写地址 Wradd [12：0]，以及读使能信号 RdEn 和读地址 Rdadd [12：

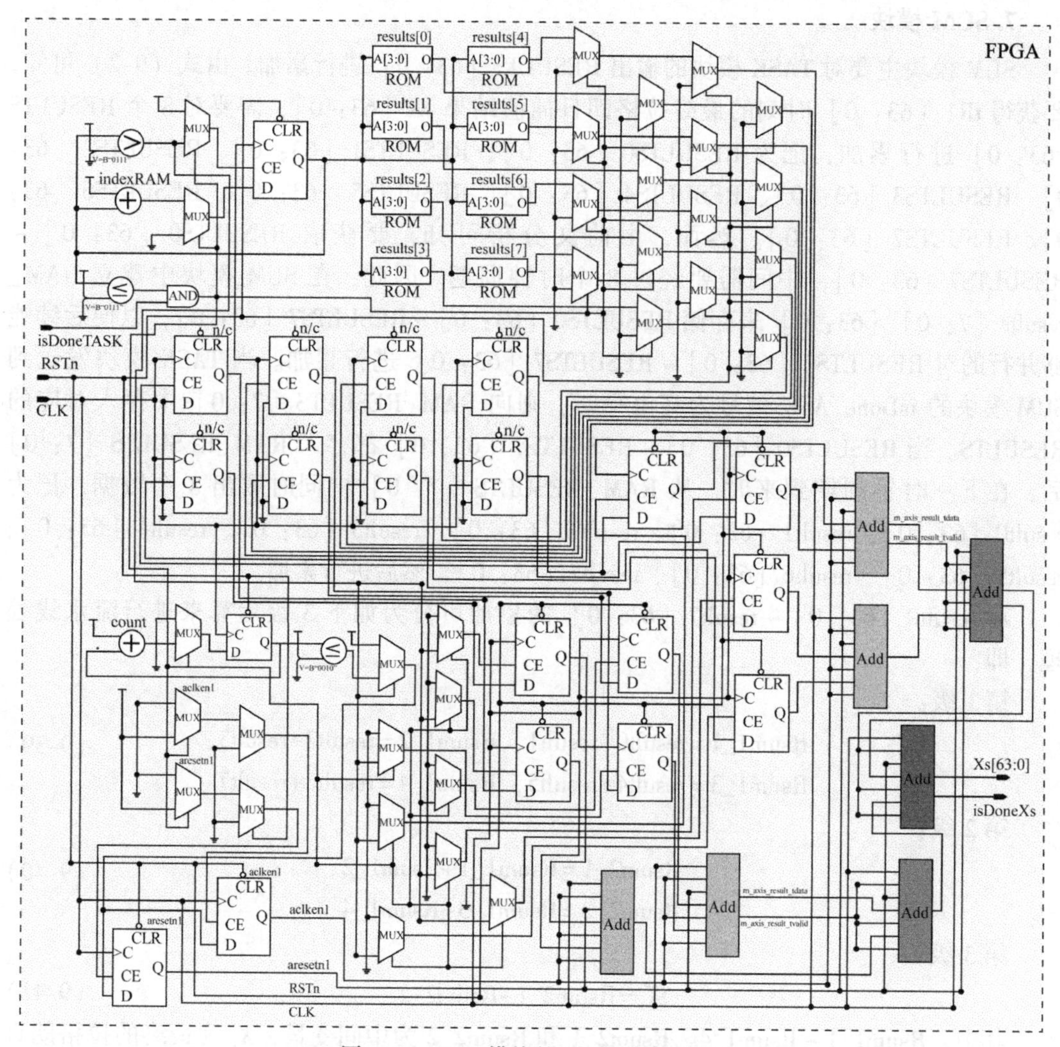

图 9-18　SUM 模块的 FPGA 硬件架构

0］。通过 CTRL_VGM 模块可实现向 RAM_VV 模块写入、读出视线向量 $\boldsymbol{u}_3$ 的 3 个分量 VisXter［63：0］、VisYter［63：0］和 VisZter［63：0］。VVCM 模块主要负责视线向量 $\boldsymbol{u}_1$、视线向量 $\boldsymbol{u}_2$ 和视线向量 $\boldsymbol{u}_3$ 之间的转换。RAM_VV 模块主要负责缓存由 VVCM 模块计算得到的 VisXter［63：0］、VisYter［63：0］和 VisZter［63：0］。ITERATION 模块主要负责通过迭代计算获得视线向量 $\boldsymbol{u}_3$ 与地面的交点的大地坐标（Lon，Lat），其中 Lon 为大地经度，Lat 为大地纬度（张荣庭，2019）。

下文分别对每个子模块的 FPGA 硬件架构设计过程进行了详细地描述。

9.4.2　CTRL_VGM 模块

图 9-20 为 CTRL_VGM 模块的 FPGA 硬件架构。CTRL_VGM 模块控制着视线向量 $\boldsymbol{u}_3$ 的 3 个分量 VisXter［63：0］、VisYter［63：0］和 VisZter［63：0］在 RAM_VV 模块中的写入与读出。

当经过一定的潜伏时间后，VVCM 模块输出第 1 组 VisXter［63：0］、VisYter［63：

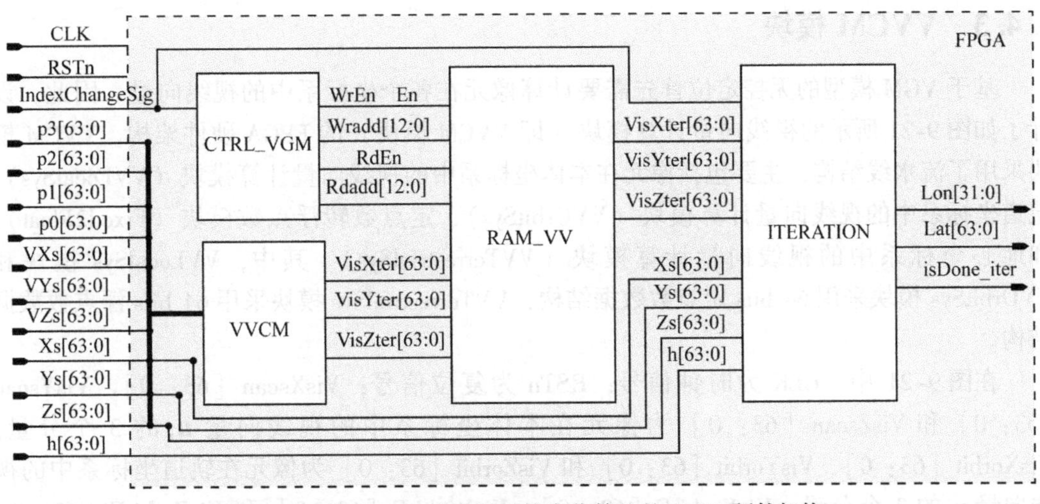

图 9-19　基于 VGM 模型的无控定位算法的 FPGA 硬件架构

0］和 VisZter［63：0］数据。此时，在 CTRL_VGM 模块中，写使能信号 WrEn 和 En 被拉高为高电平，而写地址 Wradd［12：0］进行自加操作。由于 VVCM 模块采用了流水线结构，经过一定的潜伏时间之后，每个时钟周期都会得到一组 VisXter［63：0］、VisYter［63：0］和 VisZter［63：0］数据，因此写使能信号 WrEn 和 En 会持续保持高电平，直至写地址 Wradd［12：0］大于给定的阈值。

当信号 IndexChangeSig 为高电平时，读使能信号 RdEn 被拉高为高电平，而读地址 Rdadd［12：0］进行自加操作；当信号 IndexChangeSig 为低电平时，信号 RdEn 被拉低为低电平，而读地址 Rdadd［12：0］则保持当前值。

信号 IndexChangeSig 由 ITERATION 模块输出的信号 isDone_iter 控制。当 isDone_iter 信号为高电平时，信号 IndexChangeSig 被拉高为高电平；当 isDone_iter 信号为低电平时，信号 IndexChangeSig 被拉低为低电平。由于 ITERATION 模块采用非流水线结构，因此两个高电平的 isDone_iter 信号之间会有一定的时间间隔。

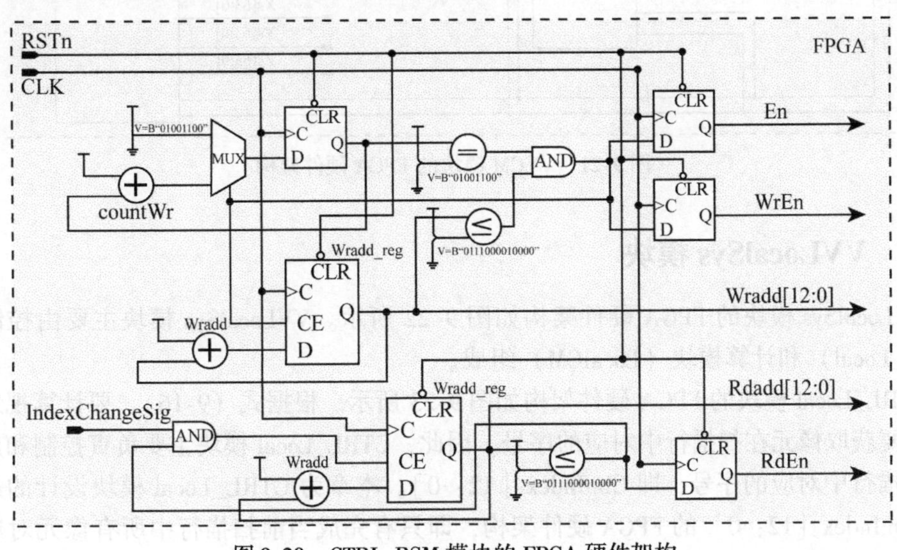

图 9-20　CTRL_RSM 模块的 FPGA 硬件架构

9.4.3 VVCM 模块

基于 VGM 模型的无控定位首先需要计算像元在各个坐标系中的视线向量。因此，设计了如图 9-21 所示的视线向量计算模块（即 VVCM 模块）的 FPGA 硬件架构。VVCM 模块采用了流水线结构，主要包括像元在本体坐标系中的视线向量计算模块（VVLocalSys）、轨道坐标系中的视线向量计算模块（VVOrbitSys）、定点数转浮点数模块（Fixed2Float）、和地心坐标系中的视线向量计算模块（VVTerrestrialSys）。其中，VVLocalSys 模块和 VVOrbitSys 模块采用 64 bits 定点数数据结构，VVTerrestrialSys 模块采用 64 bits 浮点数数据结构。

在图 9-21 中，CLK 为时钟信号；RSTn 为复位信号；VisXscan［63：0］、VisYscan［63：0］和 VisZscan［63：0］为像元在本体坐标系中的视线向量 $\boldsymbol{u}_1$ 的 3 个分量；VisXorbit［63：0］、VisYorbit［63：0］和 VisZorbit［63：0］为像元在轨道坐标系中的视线向量 $\boldsymbol{u}_2$ 的 3 个分量；VisXorbitF［63：0］、VisYorbitF［63：0］和 VisZorbitF［63：0］分别为由定点数 VisXorbit［63：0］、VisYorbit［63：0］和 VisZorbit［63：0］转换的浮点数；VisXter［63：0］、VisYter［63：0］和 VisZter［63：0］为像元在地心坐标系中的视线向量 $\boldsymbol{u}_3$ 的 3 个分量；p0［63：0］、p1［63：0］、p2［63：0］、p3［63：0］为姿态四元数的 4 个分量；Xs［63：0］、Ys［63：0］、Zs［63：0］为卫星位置向量的 3 个分量；VXs［63：0］、VYs［63：0］、VZs［63：0］为卫星速度向量的 3 个分量。

下文分别对各个子模块的设计过程进行了详细地描述。

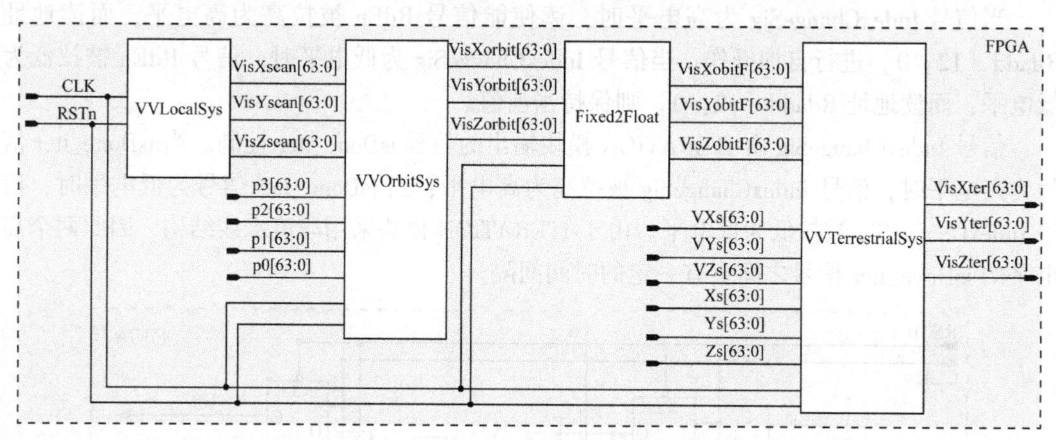

图 9-21　VVCM 模块的 FPGA 硬件架构

9.4.4 VVLocalSys 模块

VVLocalSys 模块的 FPGA 硬件架构如图 9-22 所示。VVLocalSys 模块主要由控制模块（CTRL_Local）和计算模块（LocalCM）组成。

CTRL_Local 模块的 FPGA 硬件架构如图 9-23 所示。根据式（9-16），要计算视线向量 $\boldsymbol{u}_1$，需要获取像元在扫描行中对应的序号。因此，CTRL_Local 模块主要负责控制和产生像元在扫描行中对应的序号，即 ClmIndex［12：0］。本章为 CTRL_Local 模块设计的是按行产生 ClmIndex［12：0］的 FPGA 硬件架构，即只有完成当前扫描行中所有像元对应的视

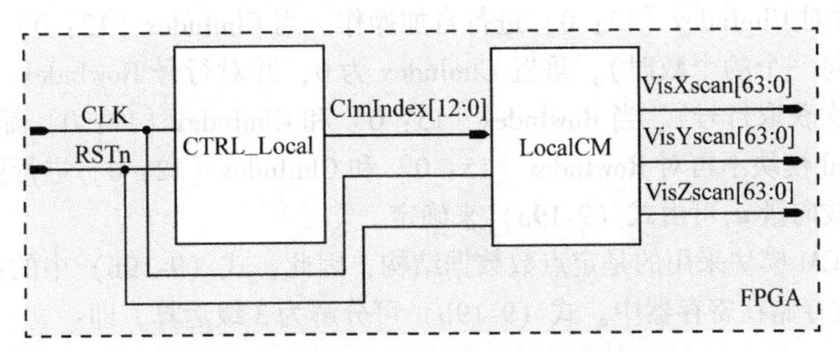

图 9-22　VVLocalSys 模块的 FPGA 硬件架构

线向量 $\boldsymbol{u}_1$ 的计算后，才会进行下一扫描行各像元对应的视线向量 $\boldsymbol{u}_1$ 的计算。例如，如图 9-24 所示，当计算完第 0 行的 0 ~ m 个 CCD 探测元对应的视线向量 $\boldsymbol{u}_1$ 后，才会开始计算第 1 行的 0 ~ m 个 CCD 探测元对应的视线向量 $\boldsymbol{u}_1$，以此类推。

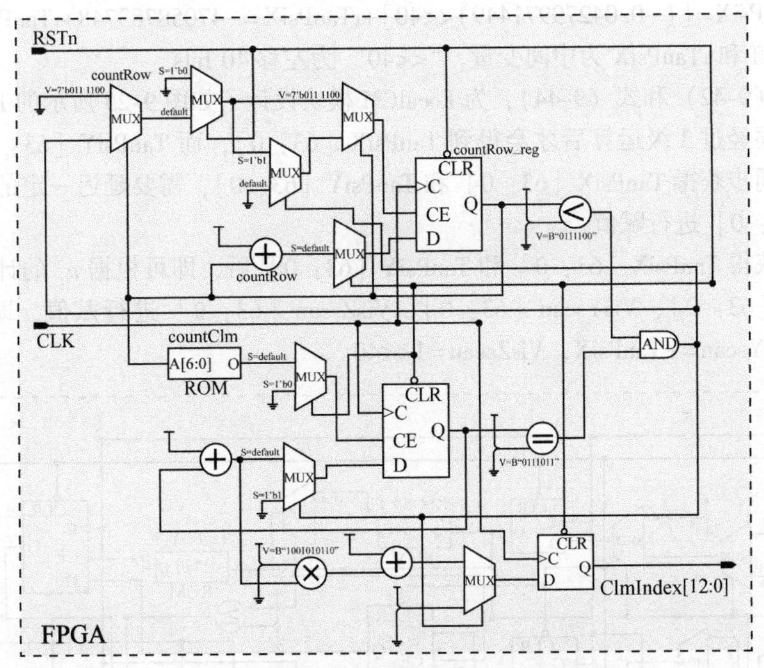

图 9-23　CTRL_Local 模块的 FPGA 硬件架构

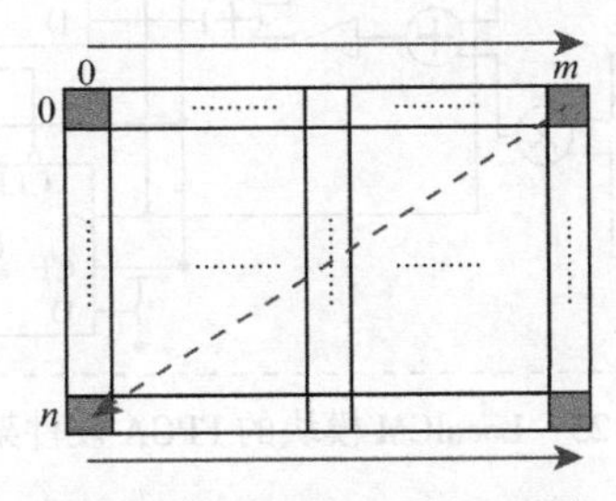

图 9-24　像元序号的产生顺序

CTRL_Local 模块在每个时钟周期都会向 LocalCM 模块发送 1 个 ClmIndex［12：0］数

据（序号），并对 ClmIndex［12：0］进行自加操作。当 ClmIndex［12：0］大于指定的阈值时（大于了每一个的个数时），重置 ClmIndex 为 0，并对行号 RowIndex［15：0］进行加 1 操作（依次获取行号）。当 RowIndex［15：0］和 ClmIndex［12：0］都大于指定阈值时，CTRL_Local 模块不再对 RowIndex［15：0］和 ClmIndex［12：0］进行更新。

像元的视线向量 $\boldsymbol{u}_1$ 可由式（9-19a）来确定。

由于 LocalCM 模块采用的是定点数数据结构，因此，式（9-19b）中的系数在左移 40 bits 后作为常数存储在寄存器中。式（9-19b）可分解为 3 级运算，即：

第 1 级：

$$\text{ClmDiff}=(\text{ClmIndex}-\text{ClmIndex}_{ref})<<40 \tag{9-42}$$

第 2 级：

$$\text{rTanPsiX}=[(2.2171403835\times10^{-6})<<40]\times\text{ClmDiff}=2437772\times\text{ClmDiff} \tag{9-43}$$

第 3 级：

$$\text{TanPsiX}=[(-0.04279971449)<<40]+\text{rTanPsiX}=-47058783748+\text{rTanPsiX} \tag{9-44}$$

其中，ClmDiff 和 rTanPsiX 为中间变量，“<<40”为左移 40 bits。

根据式（9-42）和式（9-44），为 LocalCM 模块设计了如图 9-25 所示的 FPGA 硬件架构。由于需要经过 3 级运算后才会得到 TanPsiX［63：0］，而 TanPsiY［63：0］为常数，因此，为了同步获得 TanPsiX［63：0］和 TanPsiY［63：0］，需要延迟一定的时间后再对 TanPsiY［63：0］进行赋值。

在同步获得 TanPsiX［63：0］和 TanPsiY［63：0］后，即可根据 u_1 的计算公式同时对 VisXscan［63：0］、VisYscan［63：0］、VisZscan［63：0］进行赋值，即 VisXscan = TanPsiY，VisYscan = −TanPsiX，VisZscan = 1<<40。

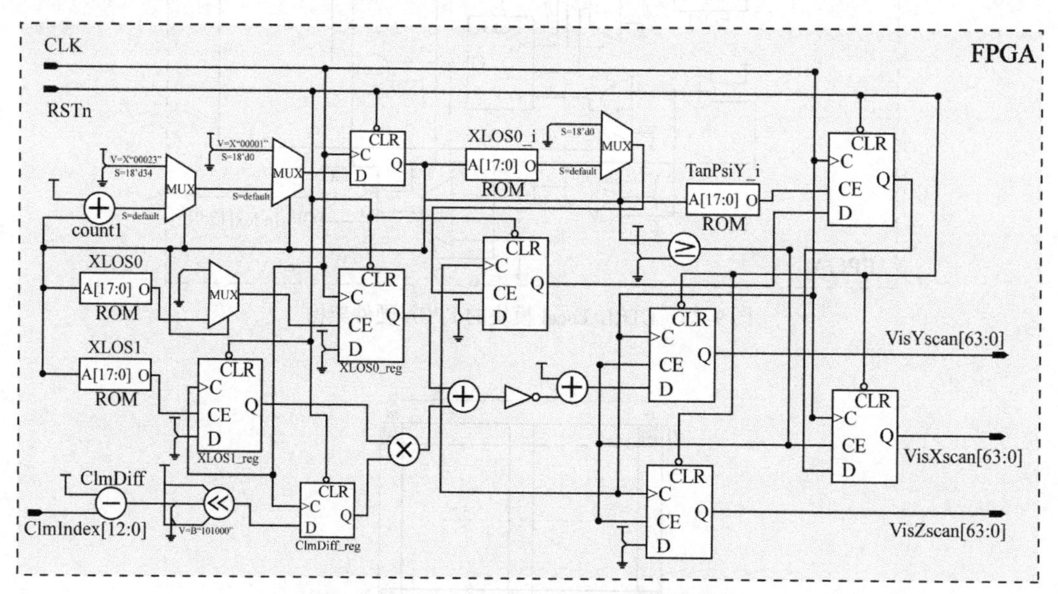

图 9-25　LocalCM 模块的 FPGA 硬件架构

9.4.5　VVOrbitSys 模块

要获取 CCD 探测元在轨道坐标系中的视线向量 $\boldsymbol{u}_2$ =（VisXorbit，VisYorbit，

VisZorbit)^{T}，需要利用由姿态四元数表达的旋转矩阵对视线向量 $\boldsymbol{u}_1$ 进行旋转后方可获取。假设姿态四元数的 4 个分量分别为 p0、p1、p2 和 p3。根据 FPGA 硬件并行处理的特性，本节对 $\boldsymbol{u}_2$ 求算公式进行优化，在经过如下 6 级运算后即可得到 CCD 探测元在轨道坐标系中的视线向量 $\boldsymbol{u}_2=(\text{VisXorbit}, \text{VisYorbit}, \text{VisZorbit})^{T}$：

第 1 级：

$$
\begin{aligned}
&\text{L11}=p0\times p1,\ \text{L12}=p0\times p2,\ \text{L13}=p0\times p3,\ \text{L14}=p1\times p2,\\
&\text{L15}=p1\times p3,\ \text{L16}=p2\times p3,\ \text{L17}=p0\times p0,\ \text{L18}=p1\times p1,\\
&\text{L19}=p2\times p2,\ \text{L110}=p3\times p3
\end{aligned} \tag{9-45}
$$

第 2 级：

$$
\begin{aligned}
&\text{L21}=\text{L16}-\text{L11},\ \text{L22}=\text{L16}+\text{L11},\ \text{L23}=\text{L15}-\text{L12},\\
&\text{L24}=\text{L15}+\text{L12},\ \text{L25}=\text{L14}-\text{L13},\ \text{L26}=\text{L14}+\text{L13},\\
&\text{L27}=\text{L17}-\text{L18},\ \text{L28}=\text{L17}+\text{L18},\ \text{L29}=\text{L19}-\text{L110},\\
&\text{L210}=\text{L19}+\text{L110}
\end{aligned} \tag{9-46}
$$

第 3 级：

$$
\begin{aligned}
&\text{term1}=\text{L28}-\text{L210},\text{term5}=\text{L27}+\text{L29},\text{term9}=\text{L27}-\text{L29},\\
&\text{term2}=\text{L25}[63]\sim((\sim\text{L25}+1)<<1)+1:\text{L25}<<1,\\
&\text{term3}=\text{L24}[63]\sim((\sim\text{L24}+1)<<1)+1:\text{L24}<<1,\\
&\text{term4}=\text{L26}[63]\sim((\sim\text{L26}+1)<<1)+1:\text{L26}<<1,\\
&\text{term6}=\text{L21}[63]\sim((\sim\text{L21}+1)<<1)+1:\text{L21}<<1,\\
&\text{term7}=\text{L23}[63]\sim((\sim\text{L23}+1)<<1)+1:\text{L23}<<1,\\
&\text{term8}=\text{L22}[63]\sim((\sim\text{L22}+1)<<1)+1:\text{L22}<<1
\end{aligned} \tag{9-47}
$$

第 4 级：

$$
\begin{aligned}
&\text{L41}=\text{term1}\times\text{VisXscan},\ \text{L42}=\text{term2}\times\text{VisYscan},\\
&\text{L43}=\text{term4}\times\text{VisXscan},\ \text{L44}=\text{term5}\times\text{VisYscan},\\
&\text{L45}=\text{term7}\times\text{VisXscan},\ \text{L46}=\text{term8}\times\text{VisYscan}
\end{aligned} \tag{9-48}
$$

第 5 级：

$$
\text{L51}=\text{L41}+\text{L42},\ \text{L52}=\text{L43}+\text{L44},\ \text{L53}=\text{L45}+\text{L46} \tag{9-49}
$$

第 6 级：

$$
\begin{aligned}
&\text{VisXorbit}=\text{L51}+\text{term3\_delay},\\
&\text{VisYorbit}=\text{L52}+\text{term6\_delay},\\
&\text{VisZorbit}=\text{L53}+\text{term9\_delay}
\end{aligned} \tag{9-50}
$$

其中，L11 ~ L110、L21 ~ L210、term1 ~ term9、L41 ~ L46、L51 ~ L53 为中间变量；term3_delay、term6_delay 和 term9_delay 分别为 term3、term6 和 term9 经延迟单元延迟后得到的变量。

根据式（9-45）~（9-50），为 VVOrbitSys 模块设计了如图 9-26 所示的 FPGA 硬件架构。由式（9-45）~（9-50）和图 9-26 可知，在计算旋转矩阵 $\boldsymbol{R}_{OB}$ 的元素时，乘法运算由原来的 30 个减少到了 10 个。在第 3 级运算中，要获取 term2［63：0］、term3［63：0］、term4［63：0］、term6［63：0］、term7［63：0］、term8［63：0］只需分别对 L21［63：0］~ L26［63：0］左移 1 bit 即可完成“×2”的运算。由 u_1 计算公式可知，VisZscan

[63：0] 的数值始终为 1，因此，在进行第 4 级运算时，为了减少乘法运算，term3×VisZscan、term6×VisZscan 和 term9×VisZscan 的乘法运算被优化为对 term3 [63：0]、term6 [63：0] 和 term9 [63：0] 进行延迟的操作。VVOrbitSys 模块采用了流水线处理结构，在经过一定的潜伏时间之后，随后的每个时钟周期都会得到一组 VisXorbit [63：0]、VisYorbit [63：0]、VisZorbit [63：0] 数据。

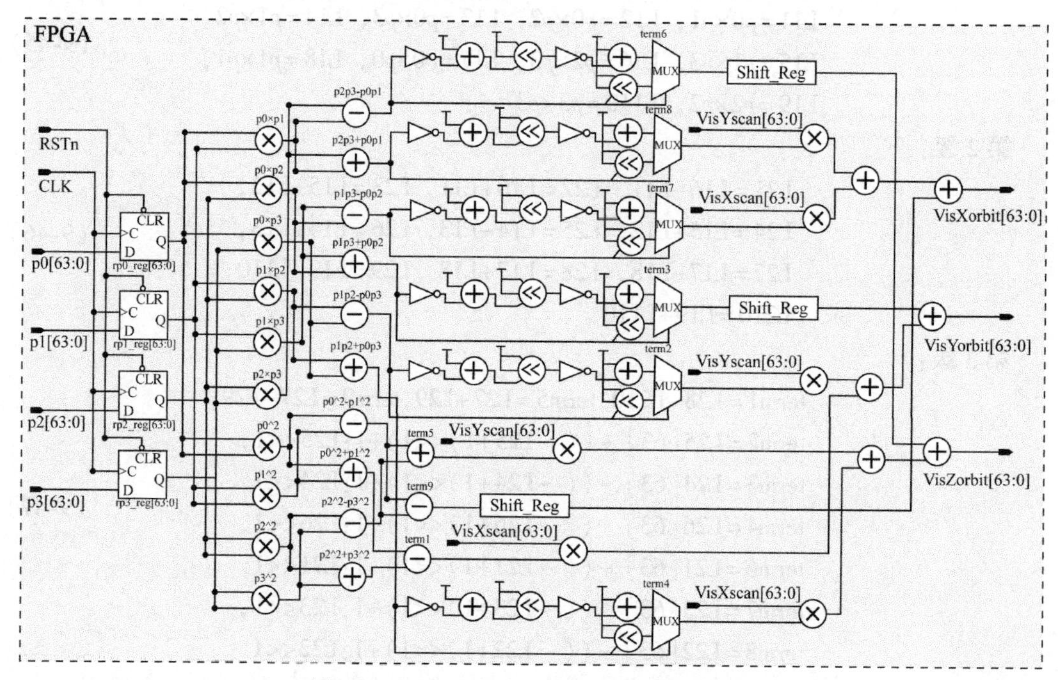

图 9-26 VVOrbitSys 模块的 FPGA 硬件架构

9.4.6 Fixed2Float 模块

由于 VVOrbitSys 模块输出的 VisXorbit [63：0]、VisYorbit [63：0]、VisZorbit [63：0] 为 64 bits 定点数，而 VVTerrestrialSys 模块采用的是 64 bits 浮点数数据结构。因此，需要把 64 bits 定点数 VisXorbit [63：0]、VisYorbit [63：0] 和 VisZorbit [63：0] 分别转换为 64 bits 浮点数 VisXorbitF [63：0]、VisYorbitF [63：0] 和 VisZorbitF [63：0]。

Fixed2Float 模块的 FPGA 硬件架构如图 9-27 所示。在 Fixed2Float 模块中，可利用 IP 核（intellectual property core，IPC）实现定点数到浮点数的转换。当 Fixed2Float 模块接收到有效的 VisXorbit [63：0]、VisYorbit [63：0]、VisZorbit [63：0] 数据时，Fixed2Float 模块中的使能信号 aclken 和复位信号 aresetn 将被同时拉高为高电平，即开始定点数到浮点数的转换。

9.4.7 VVTerrestrialSys 模块

利用旋转矩阵 $\boldsymbol{R}_{OT}$ 对视线向量 $\boldsymbol{u}_2$ 进行旋转后，即可得到视线向量 $\boldsymbol{u}_3=(\text{VisXter}, \text{VisYter}, \text{VisZter})^{\mathrm{T}}$。旋转矩阵 $\boldsymbol{R}_{OT}$ 中的元素与卫星的位置矢量和速度矢量有关，可通过式（9-19）计算得到。根据 FPGA 硬件并行处理的特性，为了更好的在 FPGA 硬件上进行

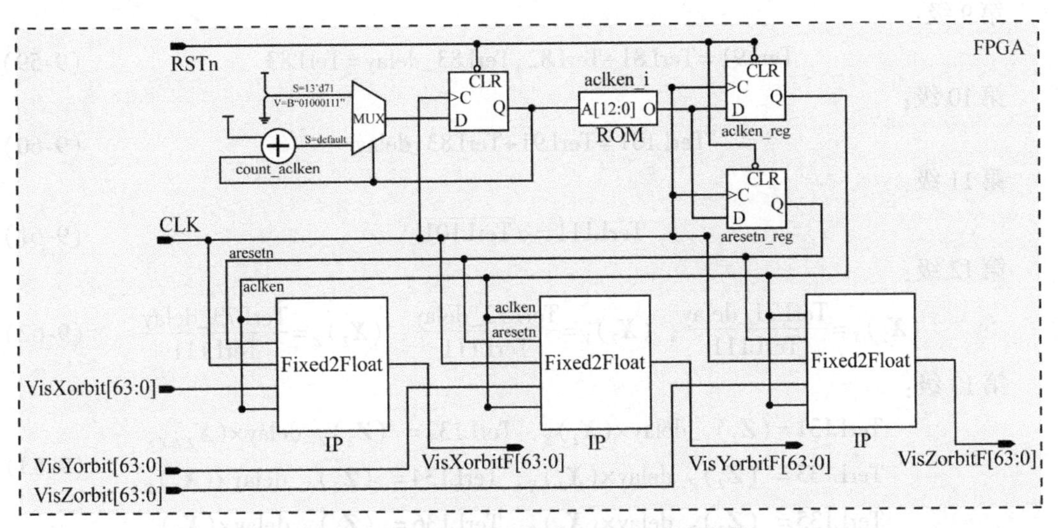

图 9-27　Fixed2Float 模块的 FPGA 硬件架构

实现，下文对 $\boldsymbol{u}_3$ 的计算进行优化。假设 t 时刻卫星的位置矢量和速度矢量分别为 $\boldsymbol{P}(t)=(X_s,\ Y_s,\ Z_s)^{\mathrm{T}}$ 和 $\boldsymbol{V}(t)=(VX_s,\ VY_s,\ VZ_s)^{\mathrm{T}}$。视线向量 $\boldsymbol{u}_3=(\text{VisXter},\ \text{VisYter},\ \text{VisZter})^{\mathrm{T}}$ 可由以下 17 级运算得到，即：

第 1 级：

$$\text{TerL11}=X_s\times X_s,\text{TerL12}=Y_s\times Y_s,\text{TerL13}=Z_s\times Z_s \tag{9-51}$$

第 2 级：

$$\text{TerL21}=\text{TerL11}+\text{TerL12},\ \ \text{TerL13\_delay}=\text{TerL13} \tag{9-52}$$

第 3 级：

$$\text{TerL31}=\text{TerL21}+\text{TerL13\_delay} \tag{9-53}$$

第 4 级：

$$\text{TerL41}=\sqrt{\text{TerL31}} \tag{9-54}$$

第 5 级：

$$(\boldsymbol{Z}_2)_X=\frac{\text{Xs\_delay}}{\text{TerL41}},\ (\boldsymbol{Z}_2)_Y=\frac{\text{Ys\_delay}}{\text{TerL41}},\ (\boldsymbol{Z}_2)_Z=\frac{\text{Zs\_delay}}{\text{TerL41}} \tag{9-55}$$

第 6 级：

$$\begin{gathered}\text{TerL61}=VY_s\times(\boldsymbol{Z}_2)_Z,\text{TerL62}=VZ_s\times(\boldsymbol{Z}_2)_Y,\text{TerL63}=VZ_s\times(\boldsymbol{Z}_2)_X\\ \text{TerL64}=VX_s\times(\boldsymbol{Z}_2)_Z,\text{TerL65}=VX_s\times(\boldsymbol{Z}_2)_Y,\text{TerL66}=VY_s\times(\boldsymbol{Z}_2)_X\end{gathered} \tag{9-56}$$

第 7 级：

$$\begin{gathered}\text{TerL71}=\text{TerL61}-\text{TerL62},\\ \text{TerL72}=\text{TerL63}-\text{TerL64},\\ \text{TerL73}=\text{TerL65}-\text{TerL66}\end{gathered} \tag{9-57}$$

第 8 级：

$$\begin{gathered}\text{TerL81}=\text{TerL71}\times\text{TerL71},\\ \text{TerL82}=\text{TerL72}\times\text{TerL72},\\ \text{TerL83}=\text{TerL73}\times\text{TerL73}\end{gathered} \tag{9-58}$$

第 9 级：

$$\text{TerL91} = \text{TerL81} + \text{TerL82}, \text{TerL83\_delay} = \text{TerL83} \tag{9-59}$$

第 10 级：

$$\text{TerL101} = \text{TerL91} + \text{TerL83\_delay} \tag{9-60}$$

第 11 级：

$$\text{TerL111} = \sqrt{\text{TerL101}} \tag{9-61}$$

第 12 级：

$$(\boldsymbol{X}_2)_X = \frac{\text{TerL71\_delay}}{\text{TerL111}},\ (\boldsymbol{X}_2)_Y = \frac{\text{TerL72\_delay}}{\text{TerL111}},\ (\boldsymbol{X}_2)_Z = \frac{\text{TerL73\_delay}}{\text{TerL111}} \tag{9-62}$$

第 13 级：

$$\begin{aligned} &\text{TerL131} = (\boldsymbol{Z}_2)_{Y}\text{\_delay} \times (\boldsymbol{X}_2)_Z,\ \text{TerL132} = (\boldsymbol{Z}_2)_{Z}\text{\_delay} \times (\boldsymbol{X}_2)_Y, \\ &\text{TerL133} = (\boldsymbol{Z}_2)_{Z}\text{\_delay} \times (\boldsymbol{X}_2)_X,\ \text{TerL134} = (\boldsymbol{Z}_2)_{X}\text{\_delay} \times (\boldsymbol{X}_2)_Z, \\ &\text{TerL135} = (\boldsymbol{Z}_2)_{X}\text{\_delay} \times (\boldsymbol{X}_2)_Y,\ \text{TerL136} = (\boldsymbol{Z}_2)_{Y}\text{\_delay} \times (\boldsymbol{X}_2)_X \end{aligned} \tag{9-63}$$

第 14 级：

$$\begin{aligned} &(\boldsymbol{Y}_2)_X = \text{TerL131} - \text{TerL132}, \\ &(\boldsymbol{Y}_2)_Y = \text{TerL133} - \text{TerL134}, \\ &(\boldsymbol{Y}_2)_Z = \text{TerL135} - \text{TerL136} \end{aligned} \tag{9-64}$$

第 15 级：

$$\begin{aligned} &\text{TerL151} = (\boldsymbol{X}_2)_{X}\text{\_delay} \times \text{VisXorbitF},\ \text{TerL152} = (\boldsymbol{Y}_2)_X \times \text{VisYorbitF}, \\ &\text{TerL153} = (\boldsymbol{Z}_2)_{X}\text{\_delay} \times \text{VisZorbitF}, \\ &\text{TerL154} = (\boldsymbol{X}_2)_{Y}\text{\_delay} \times \text{VisXorbitF},\ \text{TerL155} = (\boldsymbol{Y}_2)_Y \times \text{VisYorbitF}, \\ &\text{TerL156} = (\boldsymbol{Z}_2)_{Y}\text{\_delay} \times \text{VisZorbitF}, \\ &\text{TerL157} = (\boldsymbol{X}_2)_{Z}\text{\_delay} \times \text{VisXorbitF},\ \text{TerL158} = (\boldsymbol{Y}_2)_Z \times \text{VisYorbitF}, \\ &\text{TerL159} = (\boldsymbol{Z}_2)_{Z}\text{\_delay} \times \text{VisZorbitF} \end{aligned} \tag{9-65}$$

第 16 级：

$$\begin{aligned} &\text{TerL161} = \text{TerL151} + \text{TerL152},\ \text{TerL162} = \text{TerL154} + \text{TerL155}, \\ &\text{TerL163} = \text{TerL157} + \text{TerL158},\ \text{TerL153\_delay} = \text{TerL153}, \\ &\text{TerL156\_delay} = \text{TerL156},\ \text{TerL159\_delay} = \text{TerL159} \end{aligned} \tag{9-66}$$

第 17 级：

$$\begin{aligned} &\text{VisXter} = \text{TerL161} + \text{TerL153\_delay}, \\ &\text{VisYter} = \text{TerL162} + \text{TerL156\_delay}, \\ &\text{VisZter} = \text{TerL163} + \text{TerL159\_delay} \end{aligned} \tag{9-67}$$

其中，TerL11 ~ TerL163 为中间变量。

根据式（9-51）~ 式（9-67），为 VVTerrestrialSys 模块设计了如图 9-28 所示的 FPGA 硬件架构。在图 9-28 中，“Add”、“Sub”“Mul”、“Div” 和 “Sqrt” 分别代表浮点数的“加法”、“减法”“乘法”、“除法”和“开根号”运算。第 1 级运算的有效性由 VVTerrestrialSys 模块中的使能信号 aclken 和复位信号 aresetn 进行控制。每当完成一次第 1 级运算时，除了向第 2 级运算发送运算数据外，还会产生一个高电平的使能信号，以驱动第 2 级运算，以此类推。通过图 9-28 所示的 FPGA 硬件架构，能够保证每个时钟周期都能得到一组 VisXter［63：0］、VisYter［63：0］、VisZter［63：0］数据。

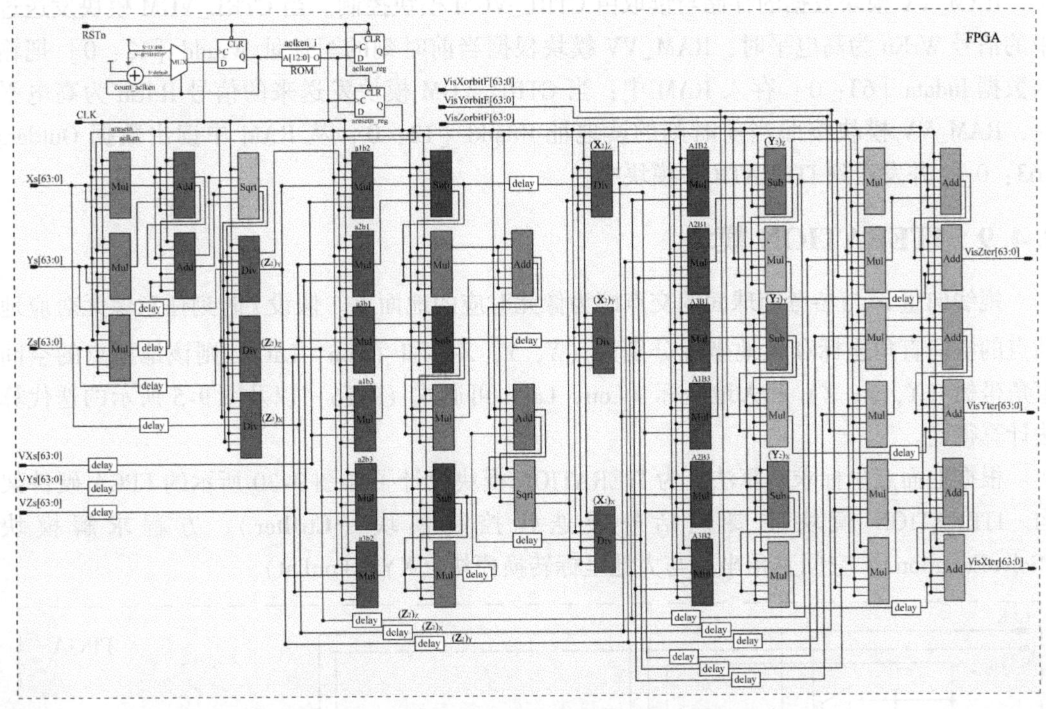

图 9-28　VVTerrestrialSys 模块的 FPGA 硬件架构

9.4.8　RAM_VV 模块

由于 ITERATION 模块需要进行迭代计算，所以输入数据需要保持一段时间后才能更新。然而，VVTerrestrialSys 模块的输出数据在每个时钟周期都会更新。因此，需要对 VisXter［63：0］、VisYter［63：0］和 VisZter［63：0］进行缓存。RAM_VV 缓存模块的 FPGA 硬件架构如图 9-29 所示。

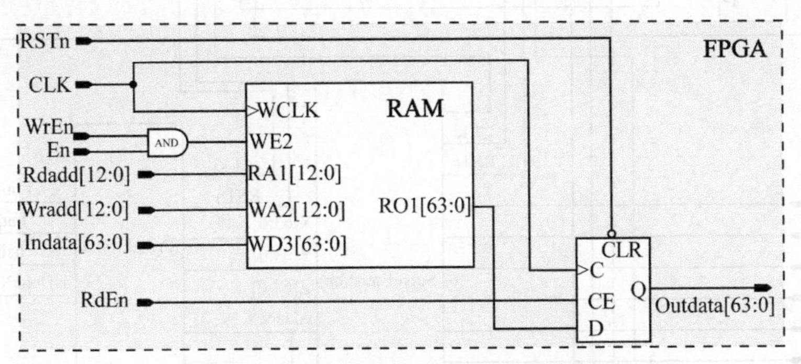

图 9-29　RAM_VV 模块的 FPGA 硬件架构

利用 RAM_VV 模块对 VisXter［63：0］、VisYter［63：0］和 VisZter［63：0］数据进行缓存时，只需把 RAM_VV 模块的输入数据接口 Indata［63：0］分别连接到 VVTerrestrialSys 模块的输出数据接口 VisXter［63：0］、VisYter［63：0］、VisZter［63：

0］即可。

RAM_VV 模块数据的存储与读取由 CTRL_VGM 模块控制。当 CTRL_VGM 模块发送过来的信号 WrEn 为高电平时，RAM_VV 模块根据当前时刻的写地址 Wradd［12：0］把输入数据 Indata［63：0］存入 RAM 中；当 CTRL_VGM 模块发送来的信号 RdEn 为高电平时，RAM_VV 模块按照当前时刻的读地址 Rdadd［12：0］从 RAM 中读出数据 Outdata［63：0］，并发送到 ITERATION 模块中。

9.4.9 ITERATION 模块

视线向量 $\boldsymbol{u}_3$ 与参考椭球面的交点即为像元对应的地面点。假设 t 时刻任意像元对应地面点的空间直角坐标和大地坐标分别为（X，Y，Z）和（Lon，Lat），则该地面点的空间直角坐标（X，Y，Z）和大地坐标（Lon，Lat）可通式（9-16）以及图 9-5 所示的迭代算法计算得到。

根据地面点坐标求解算法，为 ITERATION 模块设计了如图 9-30 所示的 FPGA 硬件架构。ITERATION 模块主要包括外层迭代控制模块（CtrlIter）、方程求解模块（SolveEquation）、空间直角坐标与大地坐标转换模块（XYZ2LonLat）。

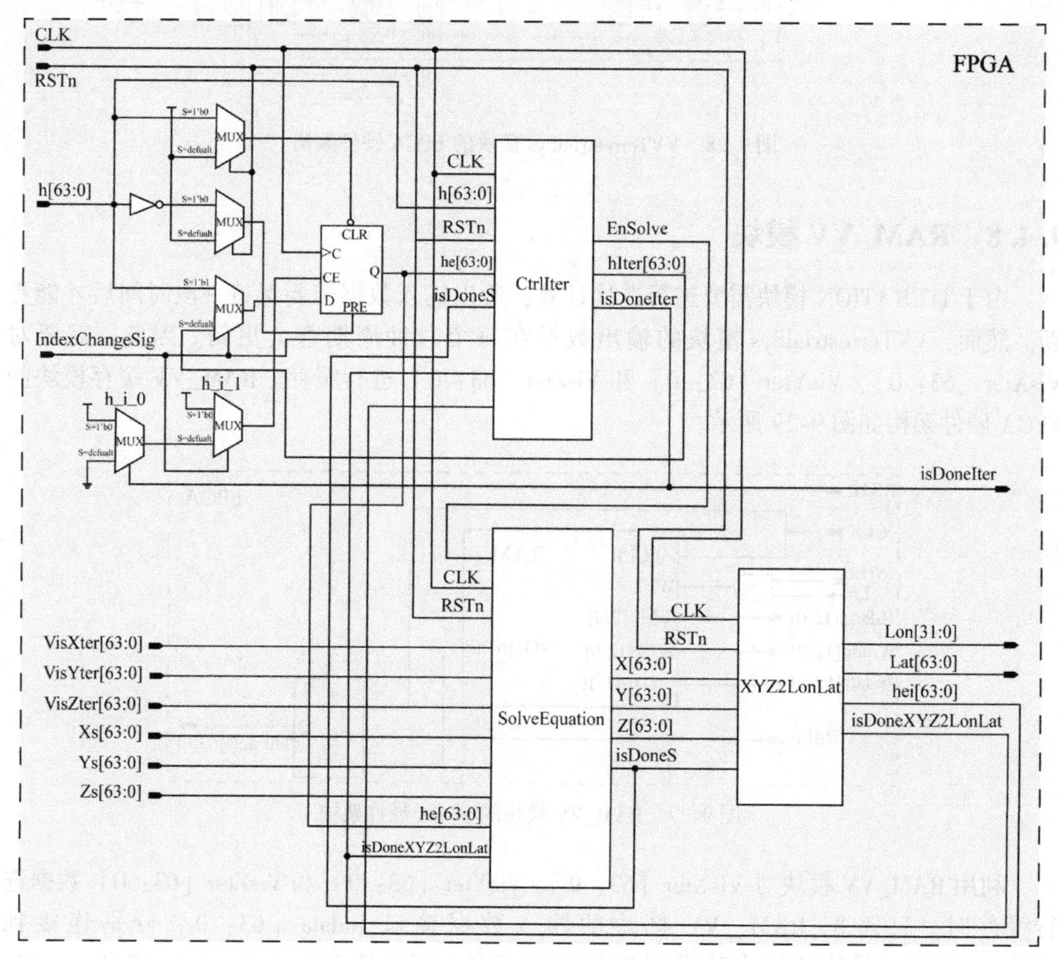

图 9-30 ITERATION 模块的 FPGA 硬件架构

外层的迭代计算，即求解地面点的空间直角坐标（X，Y，Z），由 $\delta h=h-h'$ 来控制，其中 h 为图 9-30 中的输入高程值 h［63：0］，h' 为 XYZ2LonLat 模块计算的得到的 hei［63：0］；当 δh 小于给定的阈值（本章设置为 10^{-6}）时，即可输出最后的结果 Lon［63：0］和 Lat［63：0］。判断 δh 的大小由 CtrlIter 模块执行。

为了使数据对齐，利用图 9-30 所示的信号 IndexChangeSig 和信号 isDoneIter 对 h［63：0］、he［63：0］、hIter［63：0］进行了控制：①当信号 IndexChangeSig 变为高电平时，说明将要开始求解下一个像元对应地面点的大地坐标，h［63：0］将更新为下一个像元对应地面点的高程，而且 SolveEquation 模块的输入数据 he［63：0］的初始值更新为 h［63：0］；当信号 IndexChangeSig 为低电平时，h［63：0］保持当前输入值；②当迭代信号 isDoneIter 和信号 IndexChangeSig 都为低电平时，he［63：0］更新为 hIter［63：0］（hIter［63：0］为 h［63：0］加上 δh 后的值，下文将给出具体的描述）。

9.4.10 CtrlIter 模块

CtrlIter 模块的 FPGA 硬件架构如图 9-31 所示。CtrlIter 模块主要负责控制外层的迭代、计算用于更新 SolveEquation 模块输入数据 he［63：0］的 hIter［63：0］，以及产生控制信号 isDoneIter 和 EnSolve。其中，isDoneIter 信号用于判断当前像元对应地面点的空间直角坐标的迭代计算是否完成，高电平表示完成，低电平表示未完成；EnSolve 信号为 SolveEquation 模块的使能信号，当 EnSolve 信号为高电平时，SolveEquation 模块开始进行有效计算。

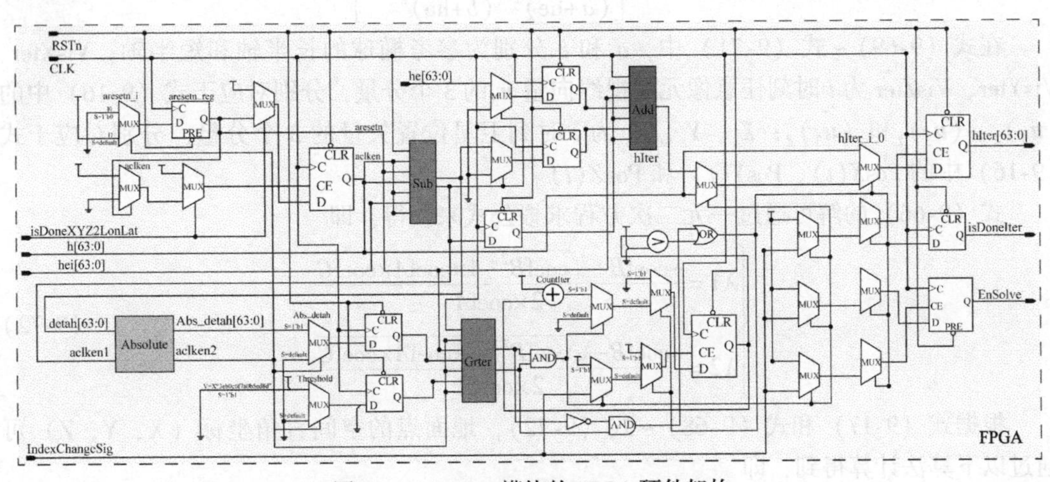

图 9-31　CtrlIter 模块的 FPGA 硬件架构

在 CtrlIter 模块中，“Add”、“Sub”、“Absolute”和“Grter”分别表示浮点数的“加法”、“减法”、“取绝对值”和“大于等于”运算。当 CtrlIter 模块接收到来自 XYZ2LonLat 模块的 isDoneXYZ2LonLat 信号为高电平时，CtrlIter 模块中的 aclken 信号被拉高为高电平。当 aclken 信号和 aresetn 信号为高电平时，h［63：0］与 hei［63：0］进行有效的“Sub”运算，并输出 detah［63：0］（即 δh）和 aclken1 信号。detah［63：0］一方面用于“Absolute”运算，得到结果 Abs_detah［63：0］；另一方面与 he［63：0］进行“Add”运算，得到结果 rhIter［63：0］。

在 Abs_detah［63：0］与迭代阈值 Threshold［63：0］进行“Grter”运算后，根据比较的结果以及当前已迭代的次数 CountIter［4：0］来确定 CtrlIter 模块输出 hIter［63：0］、isDoneIter 和 EnSolve 的状态。例如，（1）当 CountIter［4：0］大于 15 或 Abs_detah［63：0］小于 Threshold［63：0］时，令 hIter［63：0］为下像元对应地面点的 h［63：0］，同时令 isDoneIter 信号为高电平、EnSolve 信号为低电平，以及重置 CountIter［4：0］为 0；（2）当 CountIter［4：0］小于 15 且 Abs_detah［63：0］大于 Threshold［63：0］时，令 hIter［63：0］为 rhIter［63：0］、isDoneIter 信号为低电平、EnSolve 信号为高电平，以及对 CountIter［4：0］进行加 1 操作。

9.4.11 SolveEquation 模块

在 t 时刻，任意像元的对应地面点的空间直角坐标，可通过式（9-16）和 λ 一元二次方程计算得到。其一元二次方程的标准形式，即

$$\mathrm{coef}A\times\lambda^2+\mathrm{coef}B\times\lambda+\mathrm{coef}C=0 \tag{9-68}$$

其中，

$$\mathrm{coef}A=\left[\frac{\mathrm{VisXter}^2+\mathrm{VisYter}^2}{(a+\mathrm{he})^2}+\frac{\mathrm{VisZter}^2}{(b+\mathrm{he})^2}\right] \tag{9-69}$$

$$\mathrm{coef}B=2\times\left[\frac{X_s\times\mathrm{VisXter}+Y_s\times\mathrm{VisYter}}{(a+\mathrm{he})^2}+\frac{Z_s\times\mathrm{VisZter}}{(b+\mathrm{he})^2}\right] \tag{9-70}$$

$$\mathrm{coef}C=\left[\frac{X_s^2+Y_s^2}{(a+\mathrm{he})^2}+\frac{Z_s^2}{(b+\mathrm{he})^2}-1\right] \tag{9-71}$$

在式（9-69）~式（9-71）中，a 和 b 分别为参考椭球的长半轴和短半轴；VisXter、VisYter、VisZter 为 t 时刻任意像元的视线向量 $\boldsymbol{u}_3$ 的 3 个分量，分别对应于式（9-16）中的 $(\boldsymbol{u}_3)_X$、$(\boldsymbol{u}_3)_Y$ 和 $(\boldsymbol{u}_3)_Z$；X_s、Y_s、Z_s 为 t 时刻卫星位置矢量的 3 个分量，分别对应于式（9-16）中的 $\mathrm{Pos}X(t)$、$\mathrm{Pos}Y(t)$ 和 $\mathrm{Pos}Z(t)$。

式（9-66）的解可通过一元二次方程求根公式来获得，即

$$\begin{cases}\lambda1=\dfrac{-\mathrm{coef}B+\sqrt{\mathrm{coef}B^2-4\times\mathrm{coef}A\times\mathrm{coef}C}}{2\times\mathrm{coef}A}\\[2ex]\lambda2=\dfrac{-\mathrm{coef}B-\sqrt{\mathrm{coef}B^2-4\times\mathrm{coef}A\times\mathrm{coef}C}}{2\times\mathrm{coef}A}\end{cases} \tag{9-72}$$

根据式（9-17）和式（9-68）~式（9-72），地面点的空间直角坐标（X，Y，Z）可通过以下算法计算得到，即

第 1 级：

$$\begin{aligned}&\mathrm{SEL11}=\mathrm{VisXter}\times\mathrm{VisXter}, && \mathrm{SEL12}=\mathrm{VisYter}\times\mathrm{VisYter},\\&\mathrm{SEL13}=\mathrm{VisZterr}\times\mathrm{VisZter}, && \mathrm{SEL14}=X_s\times\mathrm{VisXter},\\&\mathrm{SEL15}=Y_s\times\mathrm{VisYter}, && \mathrm{SEL16}=Z_s\times\mathrm{VisZter},\\&\mathrm{SEL17}=X_s\times X_s, && \mathrm{SEL18}=Y_s\times Y_s,\\&\mathrm{SEL19}=Z_s\times Z_s, && \mathrm{SEL110}=a+\mathrm{he},\\&\mathrm{SEL111}=b+\mathrm{he}\end{aligned} \tag{9-73}$$

第 2 级：

$$
\begin{aligned}
&\mathrm{SEL21}=\mathrm{SEL11}+\mathrm{SEL12},\ \mathrm{SEL22}=\mathrm{SEL14}+\mathrm{SEL15},\\
&\mathrm{SEL23}=\mathrm{SEL17}+\mathrm{SEL18},\ \mathrm{SEL24}=\mathrm{SEL110}\times\mathrm{SEL110},\\
&\mathrm{SEL25}=\mathrm{SEL111}\times\mathrm{SEL111}
\end{aligned}
\tag{9-74}
$$

第 3 级：

$$
\begin{aligned}
&\mathrm{SEL31}=\frac{\mathrm{SEL21}}{\mathrm{SEL24}},\ \mathrm{SEL32}=\frac{\mathrm{SEL13\_delay}}{\mathrm{SEL25}},\\
&\mathrm{SEL33}=\frac{\mathrm{SEL22}}{\mathrm{SEL24}},\ \mathrm{SEL34}=\frac{\mathrm{SEL16\_delay}}{\mathrm{SEL25}},\\
&\mathrm{SEL35}=\frac{\mathrm{SEL23}}{\mathrm{SEL24}},\ \mathrm{SEL36}=\frac{\mathrm{SEL19\_delay}}{\mathrm{SEL25}}
\end{aligned}
\tag{9-75}
$$

第 4 级：

$$
\begin{aligned}
&\mathrm{Coef}A=\mathrm{SEL31}+\mathrm{SEL32},\ \mathrm{SEL42}=\mathrm{SEL33}+\mathrm{SEL34},\\
&\mathrm{SEL43}=\mathrm{SEL35}+\mathrm{SEL36}
\end{aligned}
\tag{9-76}
$$

第 5 级：

$$
\mathrm{Coef}B=2\times\mathrm{SEL42},\ \mathrm{Coef}C=\mathrm{SEL43}-1 \tag{9-77}
$$

第 6 级：

$$
\mathrm{SEL61}=\mathrm{Coef}B\times\mathrm{Coef}B,\ \mathrm{SEL62}=\mathrm{Coef}A\_\mathrm{delay}\times\mathrm{Coef}C \tag{9-78}
$$

第 7 级：

$$
\mathrm{SEL71}=4\times\mathrm{SEL62},\ \mathrm{SEL72}=2\times\mathrm{Coef}A\_\mathrm{delay} \tag{9-79}
$$

第 8 级：

$$
\mathrm{SEL81}=\mathrm{SEL61\_delay}-\mathrm{SEL71} \tag{9-80}
$$

第 9 级：

$$
\mathrm{SEL91}=\sqrt{\mathrm{SEL81}} \tag{9-81}
$$

第 10 级：

$$
\mathrm{SEL101}=\mathrm{Coef}B\_\mathrm{delay}+\mathrm{SEL91},\ \mathrm{SEL102}=\mathrm{Coef}B\_\mathrm{delay}-\mathrm{SEL91} \tag{9-82}
$$

第 11 级：

$$
\begin{aligned}
&\mathrm{root1}=\frac{\mathrm{SEL101}}{\mathrm{SEL72\_delay}},\ \mathrm{root2}=\frac{\mathrm{SEL102}}{\mathrm{SEL72\_delay}},\\
&\mathrm{root1}=\mathrm{root1}\ [63]\,?\ \{1'\mathrm{b0},\ \mathrm{root1}\ [62:0]\}:\{1'\mathrm{b1},\ \mathrm{root1}\ [62:0]\},\\
&\mathrm{root2}=\mathrm{root2}\ [63]\,?\ \{1'\mathrm{b0},\ \mathrm{root2}\ [62:0]\}:\{1'\mathrm{b1},\ \mathrm{root2}\ [62:0]\}
\end{aligned}
\tag{9-83}
$$

第 12 级：

$$
\mathrm{ROOT}=\min\ (\mathrm{root1},\ \mathrm{root2}) \tag{9-84}
$$

第 13 级：

$$
\begin{aligned}
&\mathrm{SEL131}=\mathrm{ROOT}\times\mathrm{VisXter\_delay},\\
&\mathrm{SEL132}=\mathrm{ROOT}\times\mathrm{VisYter\_delay},\\
&\mathrm{SEL133}=\mathrm{ROOT}\times\mathrm{VisZter\_delay}
\end{aligned}
\tag{9-85}
$$

第 14 级：

$$
\begin{aligned}
&X=\mathrm{SEL131}+X_s\_\mathrm{delay},\\
&Y=\mathrm{SEL132}+Y_s\_\mathrm{delay},\\
&Z=\mathrm{SEL133}+Z_s\_\mathrm{delay}
\end{aligned}
\tag{9-86}
$$

其中，SEL11～SEL133 为中间变量。

根据上述算法，为 SolveEquation 模块设计了如图 9-32 所示的 FPGA 硬件架构。其中，“Add”、“Sub”、“Mul”、“Div”、“Sqrt” 和“Grter” 分别代表浮点数的“加法”、“减法”、“乘法”、“除法”、“开平方” 和“大于” 运算。

如图 9-32 所示，EnSolve 信号被用于控制第 1 级运算，即当 EnSolve 为高电平时，则进行有效的第 1 级运算。每一级运算除了向其下一级发送用于计算的数据外，还会发送用于控制下一级运算的使能信号。

复位信号 aresetn2 控制着每一级运算的复位。aresetn2 信号为低电平有效且受到 isDoneXYZ2LonLat 信号的控制。当 XYZ2LonLat 模块发送到 SolveEquation 模块的 isDoneXYZ2LonLat 信号为高电平时，则说明 XYZ2LonLat 模块已完成当前空间直角坐标向大地坐标转换的迭代计算，此时需要把 aresetn2 信号拉低为低电平。

在 SolveEquation 模块的 FPGA 硬件架构中，参考椭球的长半轴、短半轴和常数“2”、“4” 等可提前转换为 64 bits 浮点数，并存储在寄存器中。

当 SolveEquation 模块获得地面点的空间直角坐标 X［63：0］、Y［63：0］、Z［63：0］后，SolveEquation 模块的完成信号 isDoneS 被拉高为高电平，并随 X［63：0］、Y［63：0］、Z［63：0］一起被发送到 XYZ2LonLat 模块中。

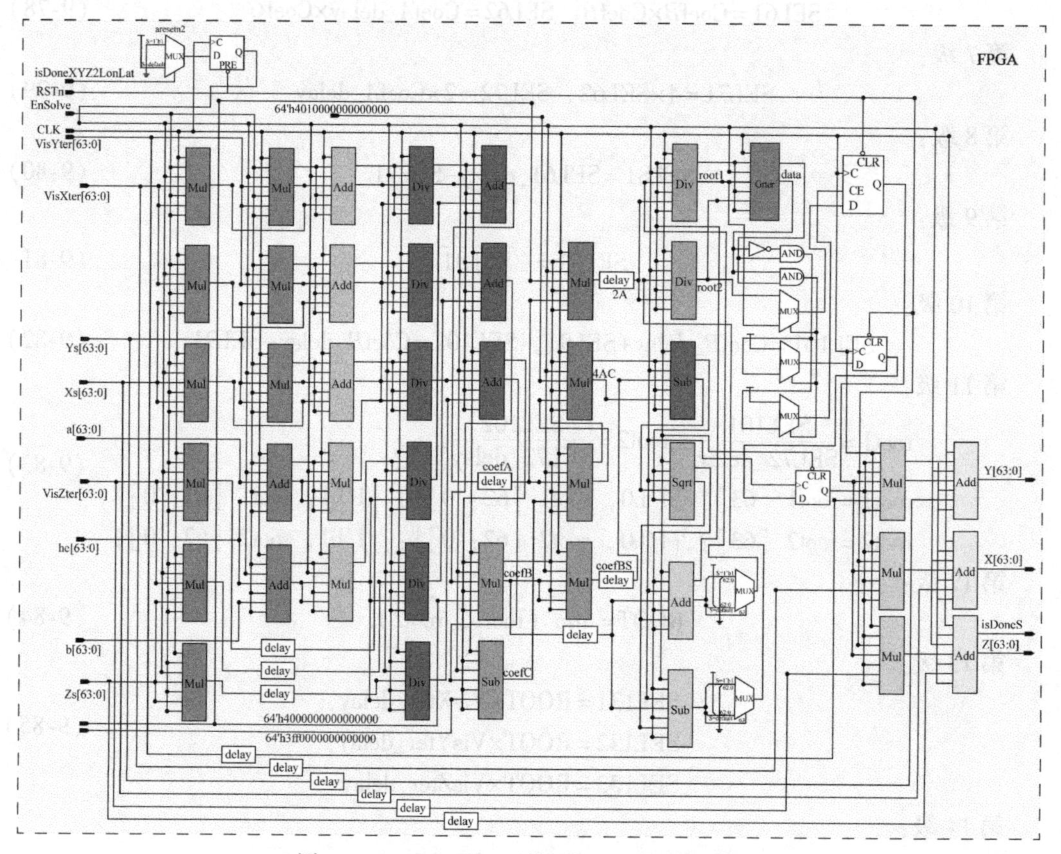

图 9-32　SolveEquation 模块的 FPGA 硬件架构

9.4.12 XYZ2LonLat 模块

如前文所述，要获取 t 时刻任意像元对应地面点的空间直角坐标 X［63：0］、Y［63：0］、Z［63：0］，需要不断地对该地面点的椭球高 he［63：0］进行更新，直至 Abs_detah［63：0］小于 Threshold［63：0］或达到最大迭代次数。因此，地面点的空间直角坐标需要转换为大地坐标，以对该地面点的椭球高进行更新。

如图 9-5 所示，空间直角坐标向大地坐标的转换也是一个迭代的过程，本书中称内层迭代。假设任意地面点的大地坐标和椭球高分别为 Lon、Lat 和 hei。Lon、Lat 和 hei 分别对应图 9-5 中的 L、B 和 h'。要计算 hei，首先需要获得满足条件的 Lat_τ，即 $|Lat_\tau - Lat_{\tau-1}|$ 小于给定的阈值 ξ（本章设置为 10^{-11}）。在求解满足条件的 Lat_τ 时，可分为两部分计算：①计算 Lat 的初始值；②更新 Lat。

基于上述分析以及图 9-5，XYZ2LonLat 模块的 FPGA 硬件架构如图 9-33 所示。XYZ2LonLat 模块主要包括初始值计算控制模块（CtrlTransform_Init）、迭代计算控制模块（CtrlTransform_Iter）和坐标转换计算模块（Transform）。下文对各个模块的 FPGA 硬件架构进行了详细地描述。

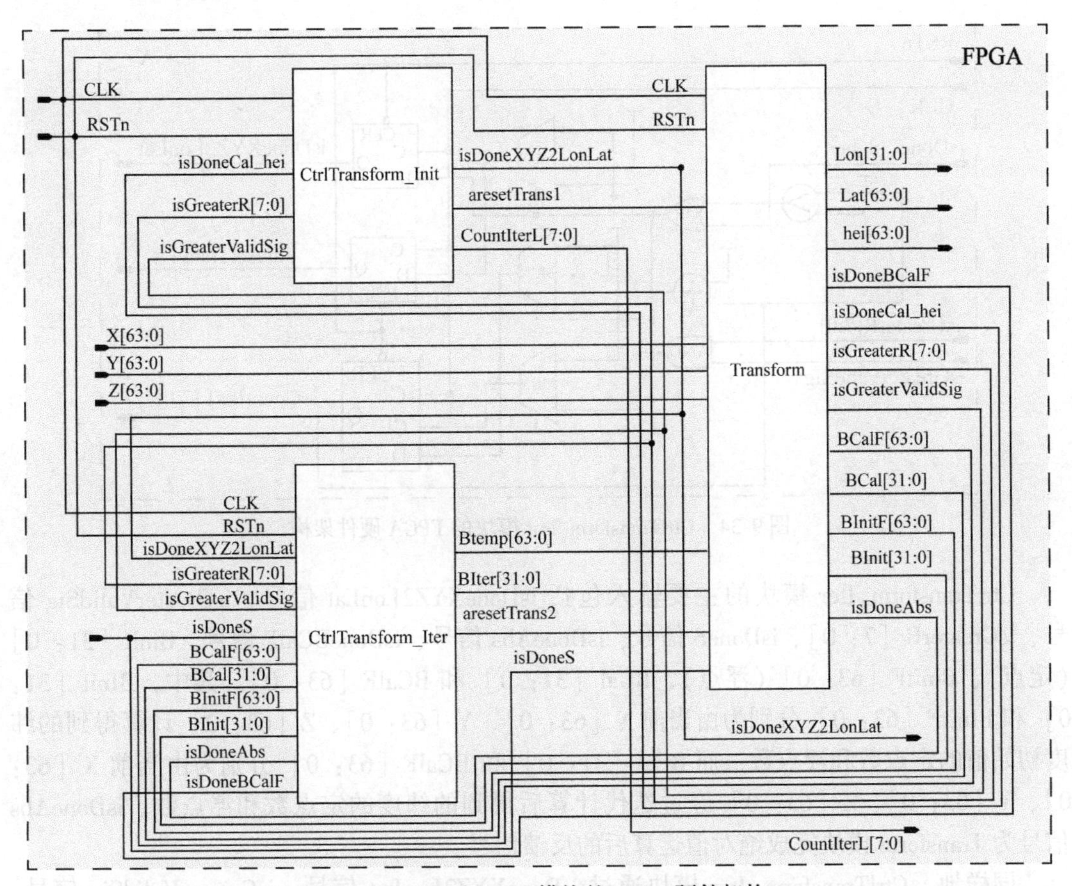

图 9-33 XYZ2LonLat 模块的 FPGA 硬件架构

CtrlTransform_Init 模块的主要输入包括 isDoneCal_hei 信号、isGreaterValidSig 信号和 isGreaterR［7：0］信号（如图 9-33 和图 9-34 所示）。其中 isDoneCal_hei 信号用于判断是

否完成对 hei［63：0］的计算；isGreaterValidSig 信号和 isGreaterR［7：0］信号用于判断两次迭代得到的纬度数据（即 Btemp［63：0］和 BCalF［63：0］）的差值的绝对值（即 Abs_thetaB［63：0］）是否大于给定的阈值（即 ThrdB［63：0］）。

CtrlTransform_Init 模块通过 isDoneCal_hei 信号、isGreaterValidSig 信号和 isGreaterR［7：0］信号的不同状态来决定内层迭代完成信号 isDoneXYZ2LonLat、初始值计算的复位信号 aresetTrans1 是高电平还是低电平。如图 9-34 所示，迭代次数 CountIter［7：0］在与迭代阈值进行比较后，比较结果与 isDoneCal_hei 信号进行了逻辑“或”操作，即，当 CountIter［7：0］大于最大迭代次数（本节设置为 100）或 isDoneCal_hei 为高电平时，isDoneXYZ2LonLat 信号被拉高为高电平，aresetTrans1 信号（低电平有效）被拉低为低电平，CountIter［7：0］被重置为 1。而当 isGreaterValidSig 为高电平且 isGreaterR［0］等于 1 时，则令 isDoneXYZ2LonLat 信号为低电平，aresetTrans1 信号为高电平，CountIter［7：0］进行自加。在其他情况下，isDoneXYZ2LonLat 信号为低电平，aresetTrans1 信号为高电平，CountIter［7：0］保持当前值。

CtrlTransform_Init 模块输出的 isDoneXYZ2LonLat 信号一方面被发送到 CtrlIter 模块，另一方面被发送到 CtrlTransform_Iter 模块；aresetTrans1 信号则被发送到 Transform 模块。

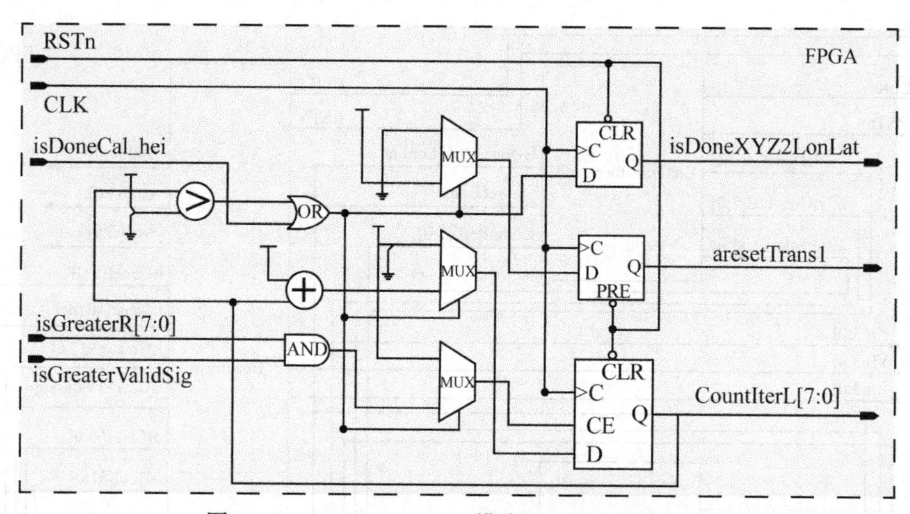

图 9-34　CtrlTransform_Init 模块的 FPGA 硬件架构

CtrlTransform_Iter 模块的主要输入包括 isDoneXYZ2LonLat 信号、isGreaterValidSig 信号、isGreaterR［7：0］、isDoneS 信号、isDoneAbs 信号、isDoneBCalF 信号、Binit［31：0］（定点）、BinitF［63：0］（浮点）、BCal［31：0］和 BCalF［63：0］。其中，BInit［31：0］和 BInitF［63：0］分别为由当前 X［63：0］、Y［63：0］、Z［63：0］计算得到的纬度初始值的定点数和浮点数；而 BCal［31：0］和 BCalF［63：0］分别为由当前 X［63：0］、Y［63：0］、Z［63：0］经过迭代计算后得到的纬度的定点数和浮点数。isDoneAbs 信号为 Transform 模块完成绝对值运算后的反馈信号。

同样地，CtrlTransform_Iter 模块通过 isDoneXYZ2LonLat 信号、isGreaterValidSig 信号、isGreaterR［0］信号、isDoneS 信号、isDoneAbs 信号和 isDoneBCalF 信号的不同状态来控制 Btemp［63：0］和 BIter［31：0］赋值，以及确定迭代计算的复位信号 aresetTrans2 为高电平还是低电平。如图 9-35 所示，当 ｛isDoneBCalF，isGreaterValidSig，isGreaterR

[0], isDoneXYZ2LonLat} = = 4′b1110 时，BIter [31: 0] 被赋值为 BCal [31: 0], Btemp [63: 0] 被赋值为 BCalF [63: 0]; 当 {isGreaterValidSig, isGreaterR [0], isDoneXYZ2LonLat} = = 3′b010 时，BIter [31: 0] 和 Btemp [63: 0] 保持当前值；当 X [63: 0]、Y [63: 0]、Z [63: 0] 发生改变后，BIter [31: 0] 被赋值为更新后的 BInit [31: 0], Btemp [63: 0] 被赋值为更新后的 BinitF [63: 0]。对于迭代计算的复位信号 aresetTrans2，当 {isGreaterValidSig, isGreaterR [0], isDoneS} = = 2′b11 时，aresetTrans2 信号被拉高为高电平；当 isDoneAbs 信号为高电平时，aresetTrans2 信号则被拉低为低电平。

CtrlTransform_Iter 模块输出的 BIter [31: 0]、Btemp [63: 0] 和 aresetTrans2 信号都被发送到 Transform 模块中。

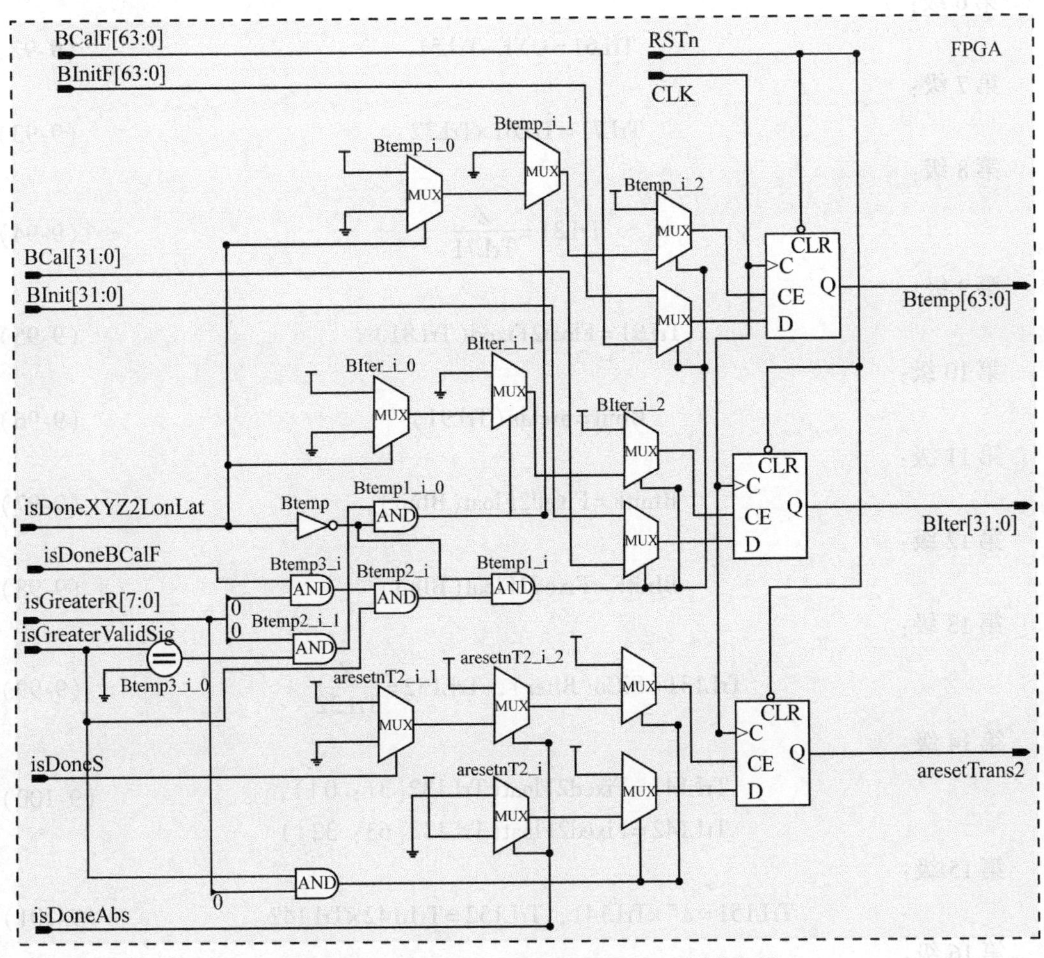

图 9-35　CtrlTransform_Iter 模块的 FPGA 硬件架构

Transform 模块主要负责图 9-5 中的计算部分。为了实现图 9-5 中的算法，本节根据 FPGA 并行计算的特性对图 9-5 中纬度的初始值计算部分和迭代计算部分进行了如下分解：

第 1 级：

$$\mathrm{TrL11}=X\times X,\ \mathrm{TrL12}=Y\times Y,$$
$$\mathrm{TrL13}=Z\times Z,\ \mathrm{TrL14}=\frac{Y}{X} \tag{9-87}$$

第 2 级：

$$\mathrm{TrL21}=\mathrm{TrL11}+\mathrm{TrL12},\ \mathrm{TrL22}=\mathrm{Float2Fixed}(\mathrm{TrL14}) \tag{9-88}$$

第 3 级：

$$\mathrm{TrL31}=\mathrm{TrL21}+\mathrm{TrL13},\ \mathrm{TrL32}=\mathrm{Sqrt}(\mathrm{TrL21}),\ \mathrm{Lon}=\arctan(\mathrm{TrL22}) \tag{9-89}$$

第 4 级：

$$\mathrm{TrL41}=\mathrm{Sqrt}(\mathrm{TrL31}) \tag{9-90}$$

第 5 级：

$$\mathrm{TrL51}=\frac{a^{e^2}}{\mathrm{TrL41}} \tag{9-91}$$

第 6 级：

$$\mathrm{TrL61}=\mathrm{ONE}-\mathrm{TrL51} \tag{9-92}$$

第 7 级：

$$\mathrm{TrL71}=\mathrm{TrL61}\times\mathrm{TrL32} \tag{9-93}$$

第 8 级：

$$\mathrm{TrL81}=\frac{Z}{\mathrm{TrL71}} \tag{9-94}$$

第 9 级：

$$\mathrm{TrL91}=\mathrm{Float2Fixed}(\mathrm{TrL81}) \tag{9-95}$$

第 10 级：

$$\mathrm{BInit}=\arctan(\mathrm{TrL91}) \tag{9-96}$$

第 11 级：

$$\mathrm{BInitF}=\mathrm{Fixed2Float}(\mathrm{BInit}) \tag{9-97}$$

第 12 级：

$$\mathrm{BInitF}=\mathrm{Fixed2Float}(\mathrm{BInit}) \tag{9-98}$$

第 13 级：

$$\mathrm{TrL131}=\mathrm{SiCo}(\mathrm{BIter}),\ \mathrm{TrL132}=\frac{Z}{\mathrm{TrL32}} \tag{9-99}$$

第 14 级：

$$\mathrm{TrL141}=\mathrm{Fixed2Float}(\mathrm{TrL132}[31:0]),\ \mathrm{TrL142}=\mathrm{Fixed2Float}(\mathrm{TrL132}[63:32]) \tag{9-100}$$

第 15 级：

$$\mathrm{TrL151}=a^{e^2}\times\mathrm{TrL141},\ \mathrm{TrL152}=\mathrm{TrL142}\times\mathrm{TrL142} \tag{9-101}$$

第 16 级：

$$\mathrm{TrL161}=e^2\times\mathrm{TrL152} \tag{9-102}$$

第 17 级：

$$\mathrm{TrL171}=\mathrm{ONE}-\mathrm{TrL161} \tag{9-103}$$

第 18 级：

$$\mathrm{TrL181}=\mathrm{Sqrt}(\mathrm{TrL171}) \tag{9-104}$$

第 19 级：

$$\mathrm{TrL191}=\mathrm{TrL32}\times\mathrm{TrL181} \tag{9-105}$$

第 20 级：

$$\mathrm{TrL201}=\frac{\mathrm{TrL161}}{\mathrm{TrL191}} \tag{9-106}$$

第 21 级：

$$\mathrm{TrL211}=\mathrm{ONE}-\mathrm{TrL201} \tag{9-107}$$

第 22 级：

$$\mathrm{TrL221}=\frac{\mathrm{ONE}}{\mathrm{TrL211}} \tag{9-108}$$

第 23 级：

$$\mathrm{TrL231}=\mathrm{TrL132}\times\mathrm{TrL221} \tag{9-109}$$

第 24 级：

$$\mathrm{TrL241}=\mathrm{Float2Fixed}(\mathrm{TrL231}) \tag{9-110}$$

第 25 级：

$$\mathrm{BCal}=\arctan(\mathrm{TrL241}) \tag{9-111}$$

第 26 级：

$$\mathrm{BCalF}=\mathrm{Fixed2Float}(\mathrm{BCal}) \tag{9-112}$$

第 27 级：

$$\mathrm{TrL271}=\mathrm{BCalF}-\mathrm{Btemp} \tag{9-113}$$

第 28 级：

$$\mathrm{TrL281}=\mathrm{Abs}(\mathrm{TrL271}) \tag{9-114}$$

第 29 级：

$$\{\mathrm{isGreaterValidSig},\ \mathrm{isGreaterR}\}=\mathrm{Grter}(\mathrm{TrL281},\ \mathrm{ThrdB}) \tag{9-115}$$

第 30 级：

$$\begin{aligned}&\mathrm{Lat}=(\mathrm{isGreaterValidSig}==1\ \&\&\ \mathrm{isGreaterR}[0]==1\}\ ?\ \mathrm{BCalF}:64'\mathrm{d}0\\&\mathrm{lat}=(\mathrm{isGreaterValidSig}==1\ \&\&\ \mathrm{isGreaterR}[0]==1\}\ ?\ \mathrm{BCal}:64'\mathrm{d}0\end{aligned} \tag{9-116}$$

在式（9-87）~式（9-116）中，TrL11 ~ TrL281 为中间变量；a 为参考椭球长半轴，e^2 为参考椭球第一偏心率的平方，ae^2 为 a 与 e^2 的乘积，它们都为常数；ONE 为十进制数“1”的 64 bits 浮点数；“Float2Fixed”为浮点数转定点数操作；“Fixed2Float”为定点数转浮点数操作；“arctan”为求反正切；“Sqrt”为开平方操作；“Abs”为取绝对值操作；“SiCo”为求解正弦和余弦操作；“Grter”用于判断 TrL281 是否大于 ThrdB。式（9-87）~式（9-116）不断地进行迭代计算，直至｛isGreaterValidSig，isGreaterR［0］｝= = 2′b10 后，把当前的 BCalF 和 BCal 分别赋值给 Lat 和 lat。

当｛isGreaterValidSig，isGreaterR［0］｝= = 2′b10 时，地面点的椭球高 hei 可由以下分步计算得到，即：

第 31 级：

$$\mathrm{HL11}=\mathrm{SiCo}(\mathrm{Lat}) \tag{9-117}$$

第 32 级：

$$\begin{aligned}&\mathrm{HL21}=\mathrm{Fixed2Float}(\mathrm{HL11}[31:0]),\\&\mathrm{HL22}=\mathrm{Fixed2Float}(\mathrm{HL11}[63:32])\end{aligned} \tag{9-118}$$

第 33 级：

$$HL31=\frac{TrL32}{HL22},\tag{9-119}$$
$$HL32=HL22\times HL22$$

第 34 级：

$$HL41=e^2\times HL32\tag{9-120}$$

第 35 级：

$$HL51=ONE-HL41\tag{9-121}$$

第 36 级：

$$HL61=Sqrt(HL51)\tag{9-122}$$

第 37 级：

$$HL71=\frac{a}{HL61}\tag{9-123}$$

第 38 级：

$$hei=HL31-HL71\tag{9-124}$$

在式（9-117）~式（9-124）中，HL11 ~ HL71 为中间变量。

根据式（9-117）~式（9-124），本节为 Transform 模块设计了如图 9-36 所示的 FPGA 硬件架构。如图 9-33 和图 9-36 所示，Transform 模块的输入主要有 aresetTrans1 信号、aresetTrans2 信号、isDoneS 信号、X［63：0］、Y［63：0］、Z［63：0］、BIter［63：0］和 Btemp［63：0］。其中，aresetTrans1 信号和 aresetTrans2 信号分别控制纬度初始值计算部

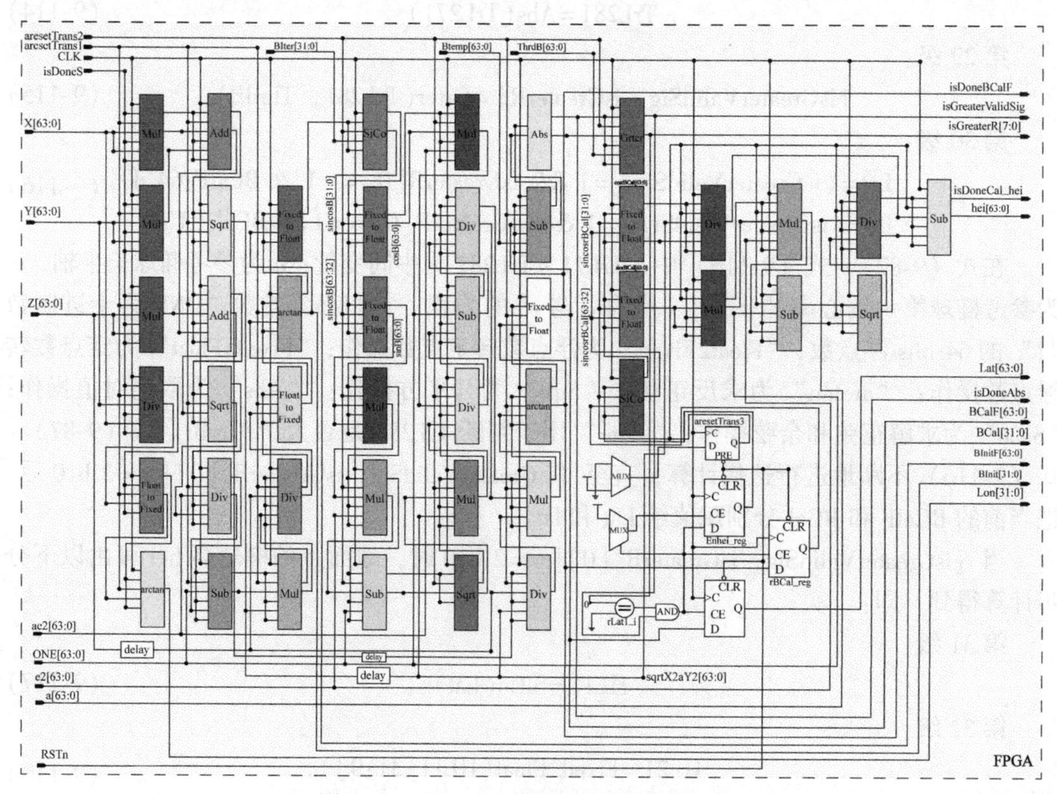

图 9-36　Transform 模块的 FPGA 硬件架构

分和迭代计算部分的复位；BIter［31：0］将参与更新BCal［31：0］和BCalF［63：0］的计算；而Btemp［63：0］则与更新后的BCalF［63：0］进行比较，当Btemp［63：0］与BCalF［63：0］的差值的绝对值小于阈值ThrdB［63：0］时，则退出迭代，否则继续进行迭代。a［63：0］、e2［63：0］、ae2［63：0］、ONE［63：0］和ThrdB［63：0］作为常数存储在寄存器中，它们都为64 bits浮点数。

当｛isDoneS，aresetTrans1｝= =2′b11时，Transform模块的第1级进行有效运算。对于第1级～第30级运算，当上一级运算完成时除了会向下一级运算发送计算数据外，还会发送使能信号，以使下一级运算有效。而对于第31级～第38级运算，则需要等待｛isGreaterValidSig，isGreaterR［0］｝= =2′b10后，它们的使能信号才会变为高电平。

9.5 本章小结

本章描述了卫星影像的VGM无控定位算法的FPGA硬件实现过程，本章还描述了卫星姿态数据的SLERP插值优化算法和星历数据的拉格朗日插值优化算法的FPGA硬件实现。根据仿真实验结果，分别从数值精度、处理速度和硬件资源消耗情况三个方面对FPGA与PC的处理结果进行了比较。比较结果表明：①在数值精度方面，FPGA能够获得与PC相当的处理精度。例如在进行卫星影像的VGM无控定位时，最大偏差为在于Lon坐标，其值为$|Lon_FPGA-Lon_PC|=2.2848\times10^{-7}$度，这部分差异主要是由定点数与浮点数相互转换而引起的精度损失。②在处理速度方面，FPGA的处理速度明显优于PC的处理速度。例如在进行卫星姿态数据插值、星历数据插值、以及卫星影像的VGM无控定位时，FPGA分别比PC快约767、303和34倍。③在硬件资源方面，利用FPGA实现卫星姿态数据插值算法、星历数据插值算法、以及卫星影像的VGM无控定位时，消耗最多的硬件资源分别是LUT（60.1703%）、DSP（39.5833%）和IO（42.1538%）。

参考文献

方留杨，王密，李德仁，2013. CPU和GPU协同处理的光学卫星遥感影像正射校正方法. 测绘学报，42（5）：668-675.

龚辉，2011. 基于四元数的高分辨率卫星遥感影像定位理论与方法研究. 解放军信息工程大学.

贾秀鹏，2005. 使用星历文件和少量控制点的SPOT5影像正射纠正//第十五届全国遥感技术学术交流会，贵阳：150.

李德仁，张过，江万寿，等，2006. 缺少控制点的SPOT-5 HRS影像RPC模型区域网平差. 武汉大学学报（信息科学版），31（5）：377-381.

梁泽环，1990. 卡尔曼滤波器在卫星遥感影像大地校正中的应用. 环境遥感，5（4）：297-307.

全吉成，王平，王宏伟，2016. 计算机图形处理器加速的光学航空影像正射校正. 光学精密工程，24（11）：2863-2871.

饶艳伟，唐新明，王华斌，等，2008. SPOT HRG影像无控制正射纠正实验与精度分析. 测绘科学，33（3）：82-84.

宋伟东，2005. 稀少控制点下遥感影像纠正模型研究. 辽宁工程技术大学.

孙家柄，舒宁，关泽群，1997. 遥感原理、方法和应用. 北京：测绘出版社.

王贤，2018. 基于POS系统的数字正射影像制作研究. 西南科技大学.

闫利，姜芸，王军，2013. 利用视线向量的资源三号卫星影像严格几何处理模型，武汉大学学报（信息科学版），38（12）：1451-1455.
余岸竹，姜挺，龚辉，等，2016b. 线阵卫星遥感影像外方位元素对偶四元数求解法．测绘学报，45（2）：186-193+198.
余岸竹，姜挺，郭文月，等，2016a. 对偶四元数用于航天线阵遥感影像光束法平差解算，测绘科学技术学报，33（2）：157-162.
袁修孝，张过，2003. 缺少控制点的卫星遥感对地目标定位．武汉大学学报（信息科学版），28（5）：505-509．
曾凡洋，李长辉，宋杨，等，2017. 微型无人机在违法用地与违法建设动态监测中的应用．测绘通报，（S1）：152-154+168.
张过，2005. 缺少控制点的高分辨率卫星遥感影像几何纠正．武汉大学．
张荣庭，周国清，周祥，等，2019. 基于 FPGA 的星上影像正射纠正．航天返回与遥感．40（1）：20-31.
张荣庭，2019. 卫星影像的 GA-RLS-RFM 正射纠正算法及其 FPGA 硬件实现，天津：天津大学．
章仁为，1997. 卫星轨道姿态动力学与控制．北京：北京航空航天大学出版社．
赵建功，2019. 襄垣县土地确权数字正射影像图检查方法探讨，山西建筑，45（4）：210-212.
赵利平，刘凤德，李健，2005. SPOT5 HRG 与 HRS 影像正射纠正．第十五届全国遥感技术学术交流会，贵阳：150.
周国清，2020. 美国解密侦查卫星成像原理、处理与应用，测绘出版社．
Alberts K，2015. Landsat 8（l8）calibration and validation（cal/val）algorithm description document（add）［S/OL］. Reston，VA，USA：USGS，2015-06. https://www. usgs. gov.
Liu D，Zhou G，Huang J，et al.，2019. On-Board Georeferencing Using FPGA-Based Optimized Second-Order Polynomial Equation. Remote Sensing，11（2）：124-151.
Zhang R，Zhou G，Zhang G，et al.，2018a. RPC-based orthorectification for satellite images using FPGA. Sensors，18（8）：2511-2534.
Zhang R，Zhou G，2018b. Real-time orthorectification for remotely sensed images，5th Int. Symp. on Recent Advances in Quantitative Remote Sensing，Torrent（Valencia），Spain，18-22 September 2017.
Zhou G，Zhang R，Zhang D，et al.，2018. Real-time ortho-rectification for remote-sensing images. International Journal of Remote Sensing，40（5-6）：2451-2465.
Zhou G，Zhang R，Jiang L. 2017. On-Board Ortho-Rectification for Images Based on an FPGA，Remote sensing，9（9）：874，doi：10. 3390/rs9090874.
Zhou G，2001. Architecture of future intelligent earth observation satellites（FIEOS）in 2010 and beyond. National Aeronautics and Space Administration Institude of Advance Concepts（NASA-NICA）.

第10章　星上无控制点RFM解算

10.1　引　　言

在过去，由于技术的限制，复杂的星上影像实时处理并不能够被实现（Zhou et al., 2017）。用户获取到的数据基本上是原始卫星影像。此外，出于保密的原因，有的供应商并不向用户提供卫星传感器的特性信息和成像机理，从而导致用户难以使用严格几何处理模型进行卫星影像的几何纠正。这使得与传感器无关的非参数模型得到了快速发展，例如多项式函数、直接线性变换方程以及有理函数模型（rational function model，RFM），也称有理多项式系数模型（rational polynomial coefficients，RPCs）。其中，RFM 模型的应用最为广泛。

20 世纪 80 年代，三维多项式函数就已被用来近似替代严格几何处理模型。Kratky（1987；1989）分别用 3 阶和 4 阶的三维多项式函数来近似 SPOT 影像的严格几何处理模型。近年来，有理函数（rational functions，RFs）已经成为近似超高分辨率影像的严格几何处理模型的标准形式。RFs 通常用 3 阶多项式比率来描述正则像方坐标与正则物方坐标之间的关系。其中的多项式系数、尺度参数和偏移参数一起组成了所谓的 RFM 模型。影像供应商或者政府机构虽不愿提供卫星或者传感器的详细信息，但通常会把 RFM 模型参数随卫星影像一起提供给用户，例如 GeoEye 公司的 IKONOS 影像和 GeoEye-1 影像；DigitalGlobe 公司的 QuickBird-2 影像和 WorldView-2 影像；ISRO 公司的 Cartosat-1 影像；JAXA 的 ALOS-PRISM 影像。研究表明，RFM 模型的参数可通过严格几何处理模型来求解（Tao and Hu，2001a；Cheng et al.，2005）。

RFM 模型已被广泛应用于卫星影像的几何纠正中，并取得了较高的纠正精度。Tao 等（Tao and Hu，2001b）采用“与地形相关”的 RFM 模型对航空影像和 SPOT 影像进行了纠正，并与传统的多项式模型进行比较。比较结果表明，通过调整阶数与配置不同的参数，采用“与地形相关”的 RPCs 模型能够获得更高的纠正精度。有研究利用 RFM 模型对航空画幅式影像和 CCD 扫描影像的严格几何处理模型进行了拟合。拟合结果表明，通过构建适当的控制网，RFM 模型能够替代严格几何处理模型（刘军等，2002；刘军，2003）。Grodecki 和 Dial（2003）提出了基于 RFM 模型的区域网平差方法，并用于 IKONOS 卫星影像的纠正。通过把先验约束条件引入到纠正模型，该方法可以对多个独立的卫星影像进行有 GCPs 或者无 GCPs 的纠正。实验结果表明，该方法的纠正精度与严格几何处理模型的纠正精度相当。张过（2005）利用严格几何处理模型分别对 SPOT-5 影像、IKONOS 影像和 QuickBird 影像的 RFM 模型参数进行了求解，提出了顾及全球 DEM 的、无需初值的 RFM 模型参数求解方法；并在算法研究的基础上，开发了一套在缺少 GCPs 条件下的遥感影像对地目标定位系统。李德仁等（2006）利用 RFM 模型与像面的仿射变换模型构建了卫星影像的区域网平差模型。在无 GCPs 的情况下，该模型对 SPOT-5 HRS 影像的定位精度在平面是 13.177 m，高程为 7.332 m；而增加 1 个 GCP 后，定位精度平面达到了 7.663 m，高程达到了 8.572 m。Xiong 和 Zhang（2009）提出了对 RFM 模型进行精细化的通用方法。该方法首先对卫星的虚拟位置和姿态进行恢复，然后利用 GCPs 对这些参数进行修正，最后利用修正后的参数求解 RFM 模型的新参数。Aguilar 等（2013）利用 RFM 模型分别对 GeoEye-1 影像和 WorldView-2 影像进行了正射纠正，并比较了经过正射纠正后的 GeoEye-1 影像和 WorldView-2 影像的定位精度。Jannati 和 Valadan Zoej（2015）把基因改造（genetic modification，GM）的概念引入到了 RFM 模型中，并对模型进行了优化。Ye 等（2017）利用校正特征值方法和最小二乘方法求解了 RFM 模型参数，并对 WorldView-2 Level-1B 影像进行了几何纠正实验。实验结果表明，在无 GCPs 的情况下，该方法能够提高 WorldView-2 Level-1B 影像的定位精度。晏杨等（2018）为了减少 RFM 模型逐点纠正的计算量，提出了基于 RFM 模型的像平面二维直接线性变换快速正射纠正方法。该方法从纠正后的影像出发，对正射影像进行分块，分别求取每个影像块四个角点对应的原始影像的图像坐标，然后再求解二维直接变换模型的系数。晏杨等提出的方法只考虑了纠正后的影像坐标与原始影像坐标之间的二维变换关系，并没有考虑地形引起的投影差；另一方面，划分的影像块大小对纠正精度也存在一定的影响。

当严格几何处理模型不可用或者影像供应商没有提供 RFM 模型参数时，可利用二维或三维的经验模型对卫星影像进行几何纠正。二维或三维经验模型中的一个典型模型为仿射变换模型。为了克服由传感器的窄视场角引起的误差，Okamoto（1981）提出了仿射变换模型。该模型首先对影像进行透视投影到仿射投影的初始变换，然后是像方到物方的线性变换。由于该模型利用本地坐标系统和椭球高作为参考系统，因此需要对地球曲率引起的高差进行补偿。通过对 IKONOS 影像（Tao and Hu，2002）和 SPOT 影像（Okamoto et al.，1998）进行二维和三维定位试验，仿射变换模型能够达到亚像素的定位精度。直接线性变换模型是仿射变换模型的简化版。对直接线性变换模型进行求解，只需要 GCPs 而不需要获取卫星传感器的内外方位元素。学者们对 SPOT 影像（El-Manadili and Novak，1996）、IRS-1C 影像（Savopol and Armenakis，1998）等进行了基于直接线性变换模型的几何建模。通过对自检校的修正，Wang 对直接线性变换模型进行了改进（Wang，1999）。

一般地，二维或三维直接线性变换模型适用于误差较小或者经过系统误差纠正的星下点影像。而对于原始高分辨率或超高分辨率推扫式传感器来说，直接线性变换模型并不适用。因为高分辨率或超高分辨率卫星影像的纠正需要更高阶的几何模型才能消除影像的几何畸变。

10.2 卫星遥感影像 RFM 模型

在进行密集像素的正射纠正运算时，相对于第九章所建立的严格几何处理模型（即 VGM 模型），由于通用传感器模型（如直接线性变换模型、多项式变换模型、有理函数模型等）的数学形式更为简洁，因而更利于在星上进行影像实时纠正处理。此外，在向用户分发实时处理的产品时，只需附带所用的通用传感器模型参数，而不需提供卫星参数、轨道参数等保密信息。因此，寻求一种数学表达形式简单且易于硬件实现的通用传感器模型来替代 VGM 模型成为关键。

利用替代模型进行卫星遥感影像正射纠正的关键在于替代模型必须能够很好地对严格几何处理模型进行拟合。研究表明（Tao and Hu，2001b），有理函数模型（rational function model，RFM）是一种通用传感器模型，其数学表达形式较严格几何处理模型更为简洁，在实时计算方面有较大的优势。相对于其他通用传感器模型（例如直接线性变换模型和多项式变换模型等），RFM 模型能够很好的逼近严格几何处理模型，并获得较高的正射纠正精度，而且其具有很好的内插性能（Tao and Hu，2001a；2001b；Pan et al.，2016）。

利用 RFM 模型进行星上影像实时正射纠正之前，首先需要快速求解 RFM 模型参数。然而，在求解 RFM 模型参数时，通常需要对大型矩阵进行求逆运算，这不仅会消耗大量 FPGA 硬件资源，还会降低求解 RFM 模型参数的速度，因此，本节提出了一种利于 FPGA 硬件实现的 RFM 模型参数求解算法，即递推最小二乘（recursive least square，RLS）求解 RFM 模型参数算法。

10.2.1 卫星遥感影像 RFM 模型

RFM 模型利用比例多项式来建立地面点的大地坐标（Lon，Lat，Hei）与其像素坐标（i，j）之间的关系，如式（10-1）所示。为了提高式（10-1）的数值稳定性，需要对大地坐标和像素坐标进行正则化处理，使其数值在−1.0～1.0 范围内（Tao and Hu，2001b）。

$$I=\frac{\mathrm{Num}_S(P,L,H)}{\mathrm{Den}_S(P,L,H)},J=\frac{\mathrm{Num}_L(P,L,H)}{\mathrm{Den}_L(P,L,H)} \tag{10-1}$$

$$\begin{aligned}\mathrm{Num}_L=&a_1+a_2L+a_3P+a_4H+a_5LP+a_6LH+a_7PH+\\&a_8L^2+a_9P^2+a_{10}H^2+a_{11}PLH+a_{12}L^3+a_{13}LP^2+\\&a_{14}LH^2+a_{15}L^2P+a_{16}P^3+a_{17}PH^2+a_{18}L^2H+a_{19}P^2H+a_{20}H^3\end{aligned} \tag{10-2}$$

$$\begin{aligned}\mathrm{Den}_L=&b_1+b_2L+b_3P+b_4H+b_5LP+b_6LH+b_7PH+\\&b_8L^2+b_9P^2+b_{10}H^2+b_{11}PLH+b_{12}L^3+b_{13}LP^2+\\&b_{14}LH^2+b_{15}L^2P+b_{16}P^3+b_{17}PH^2+b_{18}L^2H+b_{19}P^2H+b_{20}H^3\end{aligned} \tag{10-3}$$

$$\begin{aligned}\mathrm{Num}_S=&c_1+c_2L+c_3P+c_4H+c_5LP+c_6LH+c_7PH+\\&c_8L^2+c_9P^2+c_{10}H^2+c_{11}PLH+c_{12}L^3+c_{13}LP^2+\\&c_{14}LH^2+c_{15}L^2P+c_{16}P^3+c_{17}PH^2+c_{18}L^2H+c_{19}P^2H+c_{20}H^3\end{aligned} \tag{10-4}$$

$$\begin{aligned}\mathrm{Den}_S=&d_1+d_2L+d_3P+d_4H+d_5LP+d_6LH+d_7PH+\\&d_8L^2+d_9P^2+d_{10}H^2+d_{11}PLH+d_{12}L^3+d_{13}LP^2+\\&d_{14}LH^2+d_{15}L^2P+d_{16}P^3+d_{17}PH^2+d_{18}L^2H+d_{19}P^2H+d_{20}H^3\end{aligned} \tag{10-5}$$

其中，a_1，…，a_{20}，b_1，…，b_{20}，c_1，…，c_{20}，d_1，…，d_{20} 为有理多项式参数（rational polynomial coefficients，RPCs）；P、L 和 H 分别为大地坐标（Lon，Lat，Hei）的正则化坐标值；I 和 J 分别为像素坐标（i，j）的正则化坐标值，它们可分别由式（10-6）和式（10-7）求解：

$$L=\frac{\mathrm{Lon}-\mathrm{Lon}_{\mathrm{off}}}{\mathrm{Lon}_{\mathrm{Scale}}},\ P=\frac{\mathrm{Lat}-\mathrm{Lat}_{\mathrm{off}}}{\mathrm{Lat}_{\mathrm{Scale}}},\ H=\frac{h-h_{\mathrm{off}}}{h_{\mathrm{Scale}}} \tag{10-6}$$

$$I=\frac{i-i_{\mathrm{off}}}{i_{\mathrm{Scale}}},\ J=\frac{j-j_{\mathrm{off}}}{j_{\mathrm{Scale}}} \tag{10-7}$$

其中，Lon_{off}、Lon_{Scale}、Lat_{off}、Lat_{Scale}、h_{off}、h_{Scale}、i_{off}、i_{Scale}、j_{off}和j_{Scale}为正则化参数。

研究表明，不同阶数的 RFM 表达了对不同因素引起的误差的改正。例如，RFM 中的一阶项改正了由光学投影引起的畸变；二阶项能够较好地改正对地球曲率、大气折射及镜头畸变等引起的误差；三阶项是对其他未知畸变的改正。RFM 本质上是多项式的一般形式，例如当式（10-1）的分母为 1 时，RFM 就转变为了常规的三阶多项式模型；当分母与分子都为一阶项时，RFM 就转变为了直接线性变换模型。此外，RFM 不受坐标系统约束，可以在任意坐标系下对像方与物方坐标进行定义。这使得坐标转换的过程得到了简化，便于计算。

10.2.2 RFM 模型系数求解方案

一般地，RFM 有 9 种形式（张过和李德仁，2007），求解不同形式的 RFM 参数所需要的最少控制点个数有所不同，如表 10-1 所示。根据式（10-2）~式（10-5）可知，三阶的 RFM 在分母不相等的情况下，未知参数个数已经达到了 80 个，但是通常取 $b_1=d_1=1$，未知参数个数减少到 78 个。

表 10-1　不同形式的 RFM

形式	分母	阶数	未知参数个数	所需最少控制点个数
1	相等且等于 1	1	8	4
2		2	20	10
3		3	40	20
4	不相等	1	14	7
5		2	38	19
6		3	78	39
7	相等但不等于 1	1	11	6
8		2	29	15
9		3	59	30

在考虑三阶项且分母不同的情况下，RFM 模型中的未知参数个数可高达 78 个，至少需要 39 个控制点才能解算出未知参数。

在无控制点的情况下，若要求解 RFM 模型参数需要在影像空间中建立一系列目标格网点，并根据最大最小高程值划分若干高程面；然后利用 VGM 模型求解这些格网点的大地坐标，由此得到用于求解 RFM 模型参数的“虚拟控制点”；最后利用“虚拟控制点”求解 RFM 模型参数。其具体步骤如下：

（1）在影像空间中建立“虚拟控制点”格网

如图 10-1 所示，在原始卫星影像平面上以一定的间隔建立大小为 $m \times n$ 的网格，并记录网格线交点在原始卫星遥感影像上的行列号。这些行列号即为“虚拟控制点”的像素坐标。由图 10-1 可知，获取的“虚拟控制点”在卫星遥感影像上是均匀分布的。

（2）在地面空间中建立“虚拟控制点”格网

当影像空间的“虚拟控制点”格网建立好后，利用 VGM 模型计算“虚拟控制点”的大地坐标。在计算“虚拟控制点”的大地坐标之前，可利用 VGM 模型计算卫星影像四个

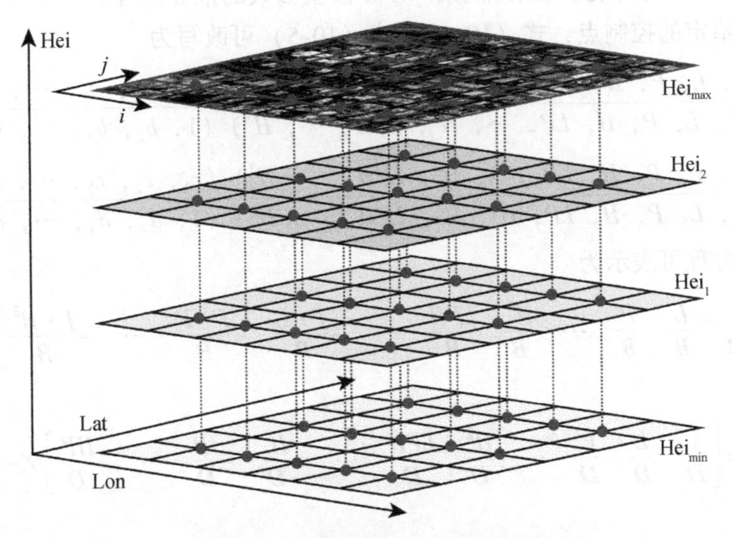

图 10-1 “虚拟控制点”格网示意图

顶点对应的大地坐标，以便确定卫星影像所覆盖地面的最大最小高程值，例如可通过美国地质调查局（United States Geological Survey，USGS）提供的全球 DEM 来确定。确定高程的最大最小值后，把高程以一定的间隔分为若干层（如图 10-1 所示），然后再利用严格几何处理模型计算影像空间中“虚拟控制点”的像素坐标在各个高程条件下对应的大地坐标，至此即完成了在地面空间中建立“虚拟控制点”格网。为了防止在计算 RFM 模型参数时出现病态问题，对高程分层的层数应大于 4 层（Tao 和 Hu，2001b）。

（3）求解 RFM 模型的未知参数

利用“虚拟控制点”的像素坐标及其对应的大地坐标求解 RFM 模型的未知参数。求解 RFM 模型未知参数的算法将在下文中给出具体的描述。

（4）精度评定

通过步骤 1 和步骤 2 来建立加密的检查点。在建立检查点时，格网密度及高程的分层层数通常是“虚拟控制点”的 2 倍。在确定 RFM 模型参数后，根据检查点的大地坐标，利用 RFM 模型计算检查点的像素坐标。然后计算检查点的已知像素坐标与由 RFM 模型计算得到的像素坐标的偏差，并以此来评定 RFM 模型的纠正精度。

Zhang 等（2018）利用统计实验分别统计了 RFM 形式、格网点数、高程分层数对 RFM 模型精度影响，最后所得到的结论选取三阶且分母不同的 RFM 模型，格网点数 35×35，高层分层量为 10 时，RFM 模型的精度最好。后文在建立“虚拟控制点”网时采用以上方式。

10.3 RFM 模型参数求解算法

10.3.1 最小二乘求解 RFM 模型参数算法

一般地，RFM 模型参数可通过最小二乘法（least-square，LS）进行求解（贾沛璋，

1980)。下文给出了利用最小二乘法求解 RFM 模型参数的推导过程。

对于某个给定的控制点，式（10-1）~式（10-5）可改写为

$$\boldsymbol{J}=\frac{(1,\ L,\ P,\ H,\ LP,\ \cdots,\ H^2,\ LPH,\ \cdots,\ H^3)\ (a_1,\ a_2,\ a_3,\ \cdots,\ a_{20})^{\mathrm{T}}}{(1,\ L,\ P,\ H,\ LP,\ \cdots,\ H^2,\ LPH,\ \cdots,\ H^3)\ (1,\ b_2,\ b_3,\ \cdots,\ b_{20})^{\mathrm{T}}} \tag{10-8}$$

$$\boldsymbol{I}=\frac{(1,\ L,\ P,\ H,\ LP,\ \cdots,\ H^2,\ LPH,\ \cdots,\ H^3)\ (c_1,\ c_2,\ c_3,\ \cdots,\ c_{20})^{\mathrm{T}}}{(1,\ L,\ P,\ H,\ LP,\ \cdots,\ H^2,\ LPH,\ \cdots,\ H^3)\ (1,\ d_2,\ d_3,\ \cdots,\ d_{20})^{\mathrm{T}}} \tag{10-9}$$

那么误差方程可表示为

$$\boldsymbol{v}_J=\begin{bmatrix}\frac{1}{\boldsymbol{B}} & \frac{L}{\boldsymbol{B}} & \frac{P}{\boldsymbol{B}} & \cdots & \frac{H^2}{\boldsymbol{B}} & \frac{LPH}{\boldsymbol{B}} & \cdots & -\frac{\boldsymbol{J}\cdot L}{\boldsymbol{B}} & -\frac{\boldsymbol{J}\cdot P}{\boldsymbol{B}} & \cdots & -\frac{\boldsymbol{J}\cdot H^3}{\boldsymbol{B}}\end{bmatrix}\mathcal{F}-\frac{\boldsymbol{J}}{\boldsymbol{B}} \tag{10-10}$$

$$\boldsymbol{v}_I=\begin{bmatrix}\frac{1}{\boldsymbol{D}} & \frac{L}{\boldsymbol{D}} & \frac{P}{\boldsymbol{D}} & \cdots & \frac{H^2}{\boldsymbol{D}} & \frac{LPH}{\boldsymbol{D}} & \cdots & -\frac{\boldsymbol{I}L}{\boldsymbol{D}} & -\frac{\boldsymbol{I}P}{\boldsymbol{D}} & \cdots & -\frac{\boldsymbol{I}H^3}{\boldsymbol{D}}\end{bmatrix}\mathcal{K}-\frac{\boldsymbol{I}}{\boldsymbol{D}} \tag{10-11}$$

其中，

$$\boldsymbol{B}=(1,\ L,\ P,\ H,\ LP,\ \cdots,\ H^2,\ LPH,\ \cdots,\ H^3)\ (1,\ b_2,\ b_3,\ \cdots,\ b_{20})^{\mathrm{T}} \tag{10-12}$$

$$\boldsymbol{D}=(1,\ L,\ P,\ H,\ LP,\ \cdots,\ H^2,\ LPH,\ \cdots,\ H^3)\ (1,\ d_2,\ d_3,\ \cdots,\ d_{20})^{\mathrm{T}} \tag{10-13}$$

$$\mathcal{F}=(a_1,\ a_2,\ a_3,\ \cdots,\ a_{20},\ b_2,\ b_3,\ \cdots,\ b_{20})^{\mathrm{T}} \tag{10-14}$$

$$\mathcal{K}=(c_1,\ c_2,\ c_3,\ \cdots,\ c_{20},\ d_2,\ d_3,\ \cdots,\ d_{20})^{\mathrm{T}} \tag{10-15}$$

对于给定的 n 个控制点，以 J 坐标的误差方程为例，误差方程式 10–10 可改写成矩阵形式：

$$\begin{bmatrix}v_{J1}\\ v_{J2}\\ \vdots\\ v_{Jn}\end{bmatrix}=\begin{bmatrix}\frac{1}{B_1} & 0 & \cdots & 0\\ 0 & \frac{1}{B_2} & 0 & \vdots\\ \vdots & 0 & \ddots & 0\\ 0 & \cdots & 0 & \frac{1}{B_n}\end{bmatrix}\begin{bmatrix}1 & L_1 & \cdots & H_1^3 & -J_1L_1 & \cdots & -J_1H_1^3\\ 1 & L_2 & \cdots & H_2^3 & -J_2L_2 & \cdots & -J_2H_2^3\\ \vdots & \vdots & \ddots & \vdots & \vdots & \ddots & \vdots\\ 1 & L_n & \cdots & H_n^3 & -J_nL_n & \cdots & -J_nH_n^3\end{bmatrix}\mathcal{F}-\begin{bmatrix}\frac{1}{B_1} & 0 & \cdots & 0\\ 0 & \frac{1}{B_2} & 0 & \vdots\\ \vdots & 0 & \ddots & 0\\ 0 & \cdots & 0 & \frac{1}{B_n}\end{bmatrix}\begin{bmatrix}J_1\\ J_2\\ \vdots\\ J_n\end{bmatrix} \tag{10-16}$$

或

$$\boldsymbol{v}_J=\boldsymbol{W}_J\mathcal{M}_J\mathcal{F}-\boldsymbol{W}_J\boldsymbol{J} \tag{10-17}$$

其中，

$$\boldsymbol{v}_J=\begin{bmatrix}v_{J1}\\ v_{J2}\\ \vdots\\ v_{Jn}\end{bmatrix},\quad \boldsymbol{W}_J=\begin{bmatrix}\frac{1}{B_1} & 0 & \cdots & 0\\ 0 & \frac{1}{B_2} & 0 & \vdots\\ \vdots & 0 & \ddots & 0\\ 0 & \cdots & 0 & \frac{1}{B_n}\end{bmatrix} \tag{10-18}$$

$$\mathfrak{M}_J=\begin{bmatrix}1 & L_1 & \cdots & H_1^3 & -J_1L_1 & \cdots & -J_1H_1^3\\ 1 & L_2 & \cdots & H_2^3 & -J_2L_2 & \cdots & -J_2H_2^3\\ \vdots & \vdots & \ddots & \vdots & \vdots & \ddots & \vdots\\ 1 & L_n & \cdots & H_n^3 & -J_nL_n & \cdots & -J_nH_n^3\end{bmatrix},\ \boldsymbol{J}=\begin{bmatrix}J_1\\ J_2\\ \vdots\\ J_n\end{bmatrix} \tag{10-19}$$

$\boldsymbol{W}_J$ 为残差权重矩阵。综合以上分析，法方程可表达为

$$\mathfrak{M}_J^{\mathrm{T}}\boldsymbol{W}_J^2\mathfrak{M}_J\mathcal{F}-\mathfrak{M}_J^{\mathrm{T}}\boldsymbol{W}_J^2\boldsymbol{J}=0 \tag{10-20}$$

因此，参数 a_1，…，a_{20}，b_2，…，b_{20} 可由式 3-23 计算得到

$$\mathcal{F}=(\mathfrak{M}_J^{\mathrm{T}}\boldsymbol{W}_J^2\mathfrak{M}_J)^{-1}\mathfrak{M}_J^{\mathrm{T}}\boldsymbol{W}_J^2\boldsymbol{J} \tag{10-21}$$

同理，参数 c_1，…，c_{20}，d_2，…，d_{20} 可由式 3-24 计算得到

$$\mathcal{K}=(\boldsymbol{M}_I^{\mathrm{T}}\boldsymbol{W}_I^2\mathfrak{M}_I)^{-1}\mathfrak{M}_I^{\mathrm{T}}\boldsymbol{W}_I^2\boldsymbol{I} \tag{10-22}$$

其中，

$$\boldsymbol{W}_I=\begin{bmatrix}\frac{1}{D_1} & 0 & \cdots & 0\\ 0 & \frac{1}{D_2} & 0 & \vdots\\ \vdots & 0 & \ddots & 0\\ 0 & \cdots & 0 & \frac{1}{D_n}\end{bmatrix},\ \boldsymbol{I}=\begin{bmatrix}I_1\\ I_2\\ \vdots\\ I_n\end{bmatrix} \tag{10-23a}$$

$$\mathfrak{M}_I=\begin{bmatrix}1 & L_1 & \cdots & H_1^3 & -I_1L_1 & \cdots & -I_1H_1^3\\ 1 & L_2 & \cdots & H_2^3 & -I_2L_2 & \cdots & -I_2H_2^3\\ \vdots & \vdots & \ddots & \vdots & \vdots & \ddots & \vdots\\ 1 & L_n & \cdots & H_n^3 & -I_nL_n & \cdots & -I_nH_n^3\end{bmatrix} \tag{10-23b}$$

利用式（10-21）和式（10-22）求解 RFM 模型参数时，首先取 $\boldsymbol{W}_I$ 和 $\boldsymbol{W}_J$ 为单位矩阵，可求得 $\mathfrak{K}$ 和 $\mathfrak{F}$ 的初值，然后在进行迭代计算，直至各改正数小于给定的阈值为止。上述基于 LS 的 RFM 模型参数求解过程不仅需要进行复杂的迭代计算，而且需要进行复杂的矩阵求逆运算。为了避免计算初值以及进行迭代计算，张过和李德仁（2007）把 RFM 模型由式（10-1）的形式变为了式（10-24）的形式，并指出变形后的 RFM 模型的误差方程（即式（10-25））为线性模型，从而使得在求解 RFM 模型参数时不需计算初值和迭代计算。

$$\begin{cases}F_I=\mathrm{Num}_S(P,L,H)-I\times\mathrm{Den}_S(P,L,H)=0\\ F_J=\mathrm{Num}_L(P,L,H)-J\times\mathrm{Den}_L(P,L,H)=0\end{cases} \tag{10-24}$$

变形后误差方程式表示为

$$\begin{cases}v'_I=\boldsymbol{NK}-\boldsymbol{I}\\ v'_J=\boldsymbol{MF}-\boldsymbol{J}\end{cases} \tag{10-25}$$

其中，

$$\boldsymbol{N}=\begin{bmatrix}\frac{\partial F_I}{\partial c_1} & \frac{\partial F_I}{\partial c_2} & \cdots & \cdots & \frac{\partial F_I}{\partial c_{20}} & \frac{\partial F_I}{\partial d_2} & \frac{\partial F_I}{\partial d_2} & \cdots & \cdots & \frac{\partial F_I}{\partial d_{20}}\end{bmatrix}$$
$$=\begin{bmatrix}1 & L & \cdots & \cdots & H^3 & -IL & -IP & \cdots & \cdots & -IH^3\end{bmatrix} \tag{10-26}$$

$$\boldsymbol{M}=\left[\frac{\partial F_J}{\partial a_1} \quad \frac{\partial F_J}{\partial a_2} \quad \cdots \quad \cdots \quad \frac{\partial F_J}{\partial a_{20}} \quad \frac{\partial F_J}{\partial b_2} \quad \frac{\partial F_J}{\partial b_3} \quad \cdots \quad \cdots \quad \frac{\partial F_J}{\partial b_{20}}\right]$$
$$=\left[1 \quad L \quad \cdots \quad \cdots \quad H^3 \quad -JL \quad -JP \quad \cdots \quad \cdots \quad -JH^3\right] \tag{10-27}$$

根据最小二乘法的原理，有

$$\begin{cases}\boldsymbol{K}=(\boldsymbol{N}^{\mathrm{T}}\boldsymbol{N})^{-1}\boldsymbol{N}^{\mathrm{T}}\boldsymbol{I}\\ \boldsymbol{F}=(\boldsymbol{M}^{\mathrm{T}}\boldsymbol{M})^{-1}\boldsymbol{M}^{\mathrm{T}}\boldsymbol{J}\end{cases} \tag{10-28}$$

尽管由张过和李德仁（2007）提出的 RFM 模型参数求解算法不再需要计算初值和进行迭代计算，但仍需要对矩阵进行求逆运算。因此，该算法也不利于在 FPGA 上实现。

10.3.2 递推最小二乘求解 RFM 模型参数算法

最小二乘法求解 RFM 模型参数算法是把所有的“虚拟控制点”都集中在一起进行处理，使得系数矩阵的变得很大，因而不利于使用 FPGA 硬件实现矩阵的求逆运算。

对于线性模型，递推最小二乘法（recursive least square，RLS）与最小二乘法是等价的，而且递推最小二乘法是简单的逐步递推，不需要进行矩阵的求逆运算。因此，为了避免对矩阵进行求逆运算、节省 FPGA 的片上资源以及加快 RFM 模型参数求解速度，在张过和李德仁（2007）提出的 RFM 模型参数求解算法的基础上，提出了递推最小二乘求解 RFM 模型参数算法（记为 RLS-RFM 算法）。在求解 RFM 模型参数时，RLS-RFM 算法每次只需利用一个“虚拟控制点”进行计算，处理完后该“虚拟控制点”即可弃掉，并递推的去利用下一个“虚拟控制点”来求解 RFM 模型的参数。下文给出了 RLS-RFM 算法的具体描述。

为了方便讨论，下面以求解 RFM 模型参数 a_1，…，a_{20}，b_2，…，b_{20}为例对 RLS-RFM 算法进行说明。假设有 ρ 个“虚拟控制点”，那么由式（10-24）和式（10-25）可得到如式（10-29））所示的线性方程组（张过和李德仁，2007），

$$\begin{bmatrix}1 & L_1 & \cdots & H_1^3 & -J_1L_1 & \cdots & -J_1H_1^3\\ 1 & L_2 & \cdots & H_3^3 & -J_2L_2 & \cdots & -J_2H_2^3\\ \vdots & \vdots & \ddots & \vdots & \vdots & \ddots & \vdots\\ 1 & L_\rho & \cdots & H_\rho^3 & -J_\rho L_\rho & \cdots & -J_\rho H_\rho^3\end{bmatrix}\left[a_1,\ a_2,\ \cdots,\ a_{20},\ b_2,\ \cdots,\ b_{20}\right]^{\mathrm{T}}-\begin{bmatrix}J_1\\ J_2\\ \vdots\\ J_\rho\end{bmatrix}=0 \tag{10-29}$$

即，

$$\boldsymbol{M}_\rho\boldsymbol{F}'_\rho-\boldsymbol{J}_\rho=0 \tag{10-30}$$

其中 a_1，…，a_{20}，b_2，…，b_{20}为未知参数，其余为已知量。

那么针对式（10-30）的 ρ 个线性方程，其最小二乘解为

$$\boldsymbol{F}'_\rho=\left[\boldsymbol{M}_\rho^{\mathrm{T}}\boldsymbol{M}_\rho\right]^{-1}\boldsymbol{M}_\rho^{\mathrm{T}}\boldsymbol{J}_\rho \tag{10-31}$$

当方程（即“虚拟控制点”）个数增加为 $\rho+1$ 个时，其最小二乘解可表示为

$$\boldsymbol{F}'_{\rho+1}=\left[\boldsymbol{M}_{\rho+1}^{\mathrm{T}}\boldsymbol{M}_{\rho+1}\right]^{-1}\boldsymbol{M}_{\rho+1}^{\mathrm{T}}\boldsymbol{J}_{\rho+1} \tag{10-32}$$

下面对 $\boldsymbol{F}'_\rho$ 和 $\boldsymbol{F}'_{\rho+1}$之间的关系进行推导。

首先对矩阵 $\boldsymbol{M}_{\rho+1}$ 和矩阵 $\boldsymbol{J}_{\rho+1}$进行分块处理，即

$$\boldsymbol{M}_{\rho+1}=\left[\frac{\boldsymbol{M}_\rho}{\boldsymbol{m}_{\rho+1}}\right],\ \boldsymbol{J}_{\rho+1}=\left[\frac{\boldsymbol{J}_\rho}{\boldsymbol{J}_{\rho+1}}\right] \tag{10-33}$$

其中，$m_{\rho+1}=[1 \quad L_{\rho+1} \quad \cdots \quad H_{\rho+1}^{3} \quad -J_{\rho+1}L_{\rho+1} \quad \cdots \quad -J_{\rho+1}H_{\rho+1}^{3}]$。

令 $Q_\rho=M_\rho^{\mathrm{T}}M_\rho$，$Q_{\rho+1}=M_{\rho+1}^{\mathrm{T}}M_{\rho+1}$，由于

$$
\begin{aligned}
M_{\rho+1}^{\mathrm{T}}M_{\rho+1}&=\begin{bmatrix}M_\rho\\ \hline m_{\rho+1}\end{bmatrix}^{\mathrm{T}}\begin{bmatrix}M_\rho\\ \hline m_{\rho+1}\end{bmatrix}\\
&=[M_\rho^{\mathrm{T}}\mid m_{\rho+1}^{\mathrm{T}}]\begin{bmatrix}M_\rho\\ \hline m_{\rho+1}\end{bmatrix}\\
&=[M_\rho^{\mathrm{T}}M_\rho+m_{\rho+1}^{\mathrm{T}}m_{\rho+1}]
\end{aligned}
\tag{10-34}
$$

因此有 $Q_{\rho+1}=Q_\rho+m_{\rho+1}^{\mathrm{T}}m_{\rho+1}$，从而可得

$$Q_{\rho+1}^{-1}=[Q_\rho+m_{\rho+1}^{\mathrm{T}}m_{\rho+1}]^{-1} \tag{10-35}$$

可证明对于形如［A+GD］的矩阵的逆为

$$[\mathbf{A}+\mathbf{G}\mathbf{D}]^{-1}=\mathbf{A}^{-1}-\mathbf{A}^{-1}\mathbf{G}[\mathbf{D}^{-1}+\mathbf{A}^{-1}\mathbf{G}]^{-1}\mathbf{A}^{-1} \tag{10-36}$$

因此，根据式（10-36），式（10-35）可改写为

$$
\begin{aligned}
Q_{\rho+1}^{-1}&=Q_\rho^{-1}-Q_\rho^{-1}m_{\rho+1}^{\mathrm{T}}\ [1+m_{\rho+1}Q_\rho^{-1}m_{\rho+1}^{\mathrm{T}}]^{-1}m_{\rho+1}Q_\rho^{-1}\\
&=Q_\rho^{-1}-Q_\rho^{-1}m_{\rho+1}^{\mathrm{T}}\mathcal{R}_{\rho+1}^{-1}m_{\rho+1}Q_\rho^{-1}
\end{aligned}
\tag{10-37}
$$

其中，$R_{\rho+1}=[1+m_{\rho+1}Q_\rho^{-1}m_{\rho+1}^{\mathrm{T}}]$，显然地，$R_{\rho+1}$ 为纯量。

于是把式（10-37）带入式（10-32）得

$$
\begin{aligned}
F'_{\rho+1}&=Q_{\rho+1}^{-1}M_{\rho+1}^{\mathrm{T}}J_{\rho+1}\\
&=[Q_\rho^{-1}-Q_\rho^{-1}m_{\rho+1}^{\mathrm{T}}\Re_{\rho+1}^{-1}m_{\rho+1}Q_\rho^{-1}][M_\rho^{\mathrm{T}}\mid m_{\rho+1}^{\mathrm{T}}]\begin{bmatrix}J_\rho\\ \hline J_{\rho+1}\end{bmatrix}\\
&=[Q_\rho^{-1}-Q_\rho^{-1}m_{\rho+1}^{\mathrm{T}}\Re_{\rho+1}^{-1}m_{\rho+1}Q_\rho^{-1}][M_\rho^{\mathrm{T}}J_\rho+m_{\rho+1}^{\mathrm{T}}J_{\rho+1}]\\
&=Q_\rho^{-1}M_\rho^{\mathrm{T}}J_\rho+Q_\rho^{-1}m_{\rho+1}^{\mathrm{T}}J_{\rho+1}-Q_\rho^{-1}m_{\rho+1}^{\mathrm{T}}R_{\rho+1}^{-1}m_{\rho+1}Q_\rho^{-1}M_\rho^{\mathrm{T}}J_\rho-\\
&\quad Q_\rho^{-1}m_{\rho+1}^{\mathrm{T}}R_{\rho+1}^{-1}m_{\rho+1}Q_\rho^{-1}m_{\rho+1}^{\mathrm{T}}J_{\rho+1}\\
&=F'_\rho-Q_\rho^{-1}m_{\rho+1}^{\mathrm{T}}R_{\rho+1}^{-1}m_{\rho+1}F'_\rho+Q_\rho^{-1}m_{\rho+1}^{\mathrm{T}}R_{\rho+1}^{-1}[R_{\rho+1}-m_{\rho+1}Q_\rho^{-1}m_{\rho+1}^{\mathrm{T}}]J_{\rho+1}
\end{aligned}
\tag{10-38}
$$

由式（10-37）可知 $R_{\rho+1}-m_{\rho+1}Q_\rho^{-1}m_{\rho+1}^{\mathrm{T}}=1$，因此有：

$$
\begin{aligned}
F'_{\rho+1}&=F'_\rho-Q_\rho^{-1}m_{\rho+1}^{\mathrm{T}}R_{\rho+1}^{-1}m_{\rho+1}F'_\rho+Q_\rho^{-1}m_{\rho+1}^{\mathrm{T}}\Re_{\rho+1}^{-1}J_{\rho+1}\\
&=F'_\rho+Q_\rho^{-1}m_{\rho+1}^{\mathrm{T}}R_{\rho+1}^{-1}[J_{\rho+1}-m_{\rho+1}F'_\rho]
\end{aligned}
\tag{10-39}
$$

由式（10-37）和式（10-39）可知，在利用 $\rho+1$ 个控制点对 RFM 模型参数 a_1，…，a_{20}，b_2，…，b_{20}进行求解时，只需要利用由 ρ 个控制点计算得到的 RFM 模型参数 F'_ρ、Q_ρ^{-1} 以及第 $\rho+1$ 个控制点的信息 $m_{\rho+1}$进行相应的矩阵乘法、加法和减法运算，而不需要计算矩阵的逆。

综上所述，RLS-RFM 算法求解参数 a_1，…，a_{20}，b_2，…，b_{20}的过程总结如下：

（1）初始化 F'_0 和 Q_0^{-1}；

（2）根据式（10-37）和式（10-39），依次利用“虚拟控制点”计算 RFM 模型参数，直至最后一个“虚拟控制点”；

（3）输出最终的 RFM 模型参数 a_1，…，a_{20}，b_2，…，b_{20}。

利用 RLS-RFM 算法求解参数 c_1，…，c_{20}，d_2，…，d_{20}的过程同上，在此不再赘述。

Zhang 等（2018）通过实验利用 VGM 模型建立了 35×35×10 的“虚拟控制点”及 70×

70×20 的“虚拟检查点”。计算其像素坐标及地面点坐标。根据“与地形无关”的方案，分别利用 LS 法和 RLS 求解形式 6 的 RFM 模型参数。并分别利用 RFM 模型计算得到“虚拟检查点”的像素坐标（i_{LS}，j_{LS}）和（i_{RLS}，j_{RLS}）。随机选取 100 个检查点，计算平面 RMSE。统计结果表明 LS 法和 RLS 法平面 RMSE 值为 6.7647×10^{-3} 个像素。由此说明 RLS 算法能够代替 LS 算法进行 RFM 模型参数的求解。

RFM 模型是对严格几何处理模型的精确近似。通常情况下，RFM 模型的定位精度与严格几何处理模型的定位精度相当，但由于 RFM 模型的参数是由卫星影像供应商根据严格几何处理模型求解得到，因此，严格传感器模型所包含的误差也会传递给 RFM 模型，从而引起 RFM 模型的定位误差。研究表明（Beasley et al.，1993），RFM 模型的定位误差有很强的系统性，表现为误差方向和大小都比较一致。因此有必要对 RFM 模型进行改正。一般地，利用 GCPs 对像方空间坐标进行补偿可实现对 RFM 模型的改正。

10.3.3 像方空间坐标补偿方案

像方空间坐标补偿改正的是像素坐标的系统误差，需要在式（10-1）的基础上引入改正参数，即（Grodecki and Dial，2003）：

$$\frac{(i+\Delta i)-i\_\mathrm{off}}{i\_\mathrm{Scale}}=\frac{\mathrm{Num}_S(P,L,H)}{\mathrm{Den}_S(P,L,H)} \tag{10-40}$$

$$\frac{(j+\Delta j)-j\_\mathrm{off}}{j\_\mathrm{Scale}}=\frac{\mathrm{Num}_L(P,L,H)}{\mathrm{Den}_L(P,L,H)} \tag{10-41}$$

式（10-40）和式（10-41）中的 Δi 和 Δj 即为改正参数。改正数 Δi 和 Δj 的值可分别根据式（10-42）和式（10-43）计算得到

$$\Delta i=e_0+e_i i+e_j j+e_{ij}ij+e_{i2}i^2+e_{j2}j^2+\cdots \tag{10-42}$$

$$\Delta j=f_0+f_i i+f_j j+f_{ij}ij+f_{i2}i^2+f_{j2}j^2+\cdots \tag{10-43}$$

式（10-42）和式（10-43）中的 e_0，e_i，e_j，e_{ij}，e_{i2}，e_{j2}，f_0，f_i，f_j，f_{ij}，f_{i2}，f_{j2} 是多项式系数，它们表示了不同的物理意义，例如 e_0 表示了翻滚角 Roll 的误差、扫描线方向的星历误差等；f_0 表示了俯仰角 Pitch 的误差、飞行方向的星历误差等（Grodecki and Dial，2003）。

一般地，式（10-42）和式（10-43）的 4 种常用形式分别为

$$\Delta i=f_0,\quad \Delta j=e_0 \tag{10-44}$$

$$\Delta i=f_0+f_i i,\quad \Delta j=e_0+e_i i \tag{10-45}$$

$$\Delta i=f_0+f_j j,\quad \Delta j=e_0+e_j j \tag{10-46}$$

$$\Delta i=f_0+f_i i+f_j j,\quad \Delta j=e_0+e_i i+e_j j \tag{10-47}$$

式（10-44）为像方空间坐标的平移变换，只需要 1 个控制点即可解算出改正参数 Δi 和 Δj；式（10-45）和式（10-46）为像方空间坐标的线性变换，至少需要 2 个控制点才能解算出改正参数 Δi 和 Δj；式（10-47）为像方空间坐标的仿射变换，至少需要 3 个控制点才能解算出改正参数 Δi 和 Δj。

RFM 模型建立后，因其本身具有较强的系统误差，可通过像方仿射变换对改模型进行改正，张荣庭（2019）、Zhang 等（2018）通过统计实验得到利用较少的（3～9 个）控制点进行仿射变换可将不经改正的 RFM 模型的像素定位精度提高近 50%。

10.4 RFM 参数递推最小二乘求解的 FPGA 硬件实现

10.4.1 FPGA 硬件架构

为了求解 RFM 模型的系数 a_1，…，a_{20}，b_2，…，b_{20}（或系数 c_1，…，c_{20}，d_2，…，d_{20}），本节根据式（10-37）和式（10-39）设计了如图 10-2 所示的基于 RLS 的 RFM 模型系数求解算法。在图 10-2 中，S_ρ 和 $S_{\rho+1}$ 为 39×1 的矩阵，分别对应式（10-39）中的 $\boldsymbol{F}'_\rho$ 和 $\boldsymbol{F}'_{\rho+1}$；W_ρ 和 $W_{\rho+1}$ 为 39×39 的矩阵，分别对应式（10-39）中的 $\boldsymbol{Q}_\rho^{-1}$ 和 $\boldsymbol{Q}_{\rho+1}^{-1}$；$NL_{\rho+1}$ 为 1×39 的矩阵，对应式（10-39）中的 $\boldsymbol{m}_{\rho+1}$；S_0 和 W_0 为随机产生的初始矩阵，大小分别为 39×1 和 39×39；I 为 39×39 的单位矩阵；$J_{\rho+1}$ 为第 $\rho+1$ 个“虚拟控制点”的正则化像素坐标；rtemp2、temp2、invtemp2、rJ、detaJ 为标量；NGCPs 为“虚拟控制点”个数。由图 10-2 所示的算法可知，基于 RLS 的 RFM 模型系数求解主要是矩阵相乘的操作，因此，如何利用 FPGA 实现快速矩阵相乘运算成为关键。

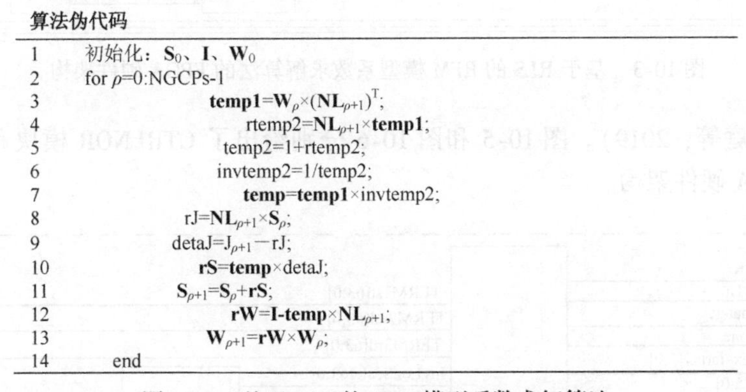

算法伪代码

```
1   初始化：S0、I、W0
2   for ρ=0:NGCPs-1
3       temp1=Wρ×(NLρ+1)^T;
4       rtemp2=NLρ+1×temp1;
5       temp2=1+rtemp2;
6       invtemp2=1/temp2;
7       temp=temp1×invtemp2;
8       rJ=NLρ+1×Sρ;
9       detaJ=Jρ+1－rJ;
10      rS=temp×detaJ;
11      Sρ+1=Sρ+rS;
12      rW=I-temp×NLρ+1;
13      Wρ+1=rW×Wρ;
14  end
```

图 10-2 基于 RLS 的 RFM 模型系数求解算法

根据图 10-2 所示的基于 RLS 的 RFM 模型系数求解算法，本节设计了如图 10-3 所示的 FPGA 硬件架构。该硬件架构主要包括 NORMALIZE 模块、TEMP1 模块、TEMP2 模块、TEMP 模块、UPDATE_W 模块和 UPDATE_S 模块。其中，NORMALIZE 模块主要用于获取正则化的大地坐标和像素坐标，并计算矩阵 ***NL*** 中的元素 term1［63：0］～term39［63：0］；TEMP1 模块和 TEMP 模块主要用于计算矩阵 temp1 和矩阵 temp 中的元素；TEMP2 模块主要用于计算标量 temp2；UPDATE_W 模块主要用于更新矩阵 $\boldsymbol{W}_{\rho+1}$；UPDATE_S 模块主要用于更新矩阵 $\boldsymbol{S}_{\rho+1}$。下文将对各个模块的设计进行详细的描述。

10.4.2 NORMALIZE 模块

在求解 RFM 模型系数前，需要对“虚拟控制点”的大地坐标和像素坐标进行正则化，并对正则化后的大地坐标和像素坐标进行相应地计算，以获取矩阵 ***NL*** 中的元素。NORMALIZE 模块的 FPGA 硬件架构如图 10-4 所示。该硬件架构主要包括控制模块 CTRLNOR 和计算模块 CALNOR，其中 CTRLNOR 模块主要负责控制向 CALNOR 模块、TEMP1 模块等发送参与运算的数据和使能信号等；CALNOR 模块主要负责计算矩阵 ***NL*** 的

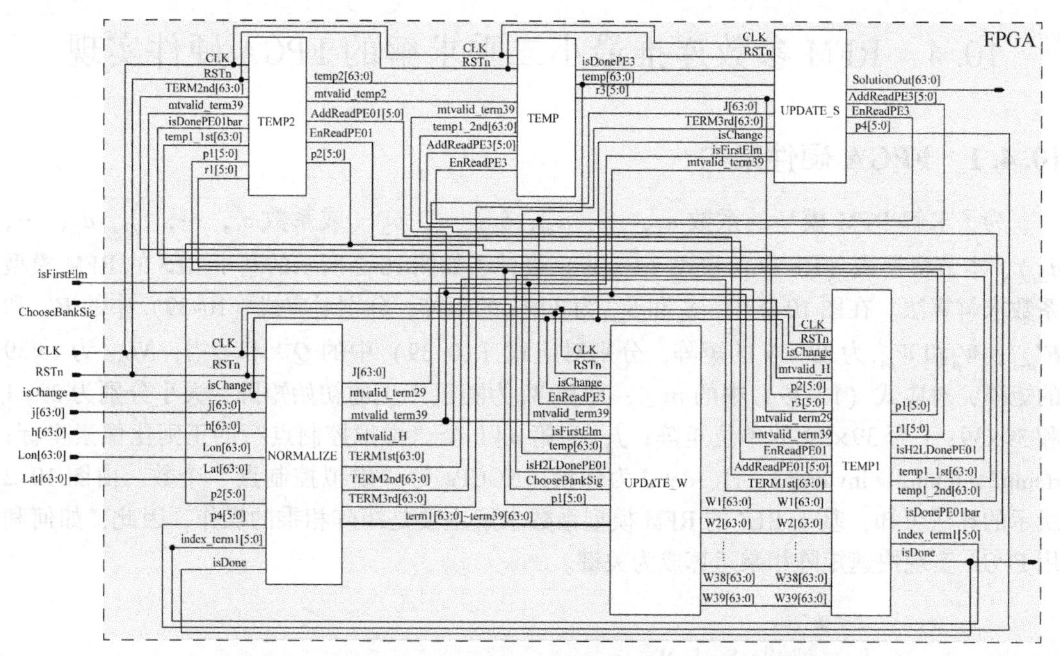

图 10-3 基于 RLS 的 RFM 模型系数求解算法的 FPGA 硬件架构

元素等（张荣庭等，2019）。图 10-5 和图 10-6 分别给出了 CTRLNOR 模块和 CALNOR 模块具体的 FPGA 硬件架构。

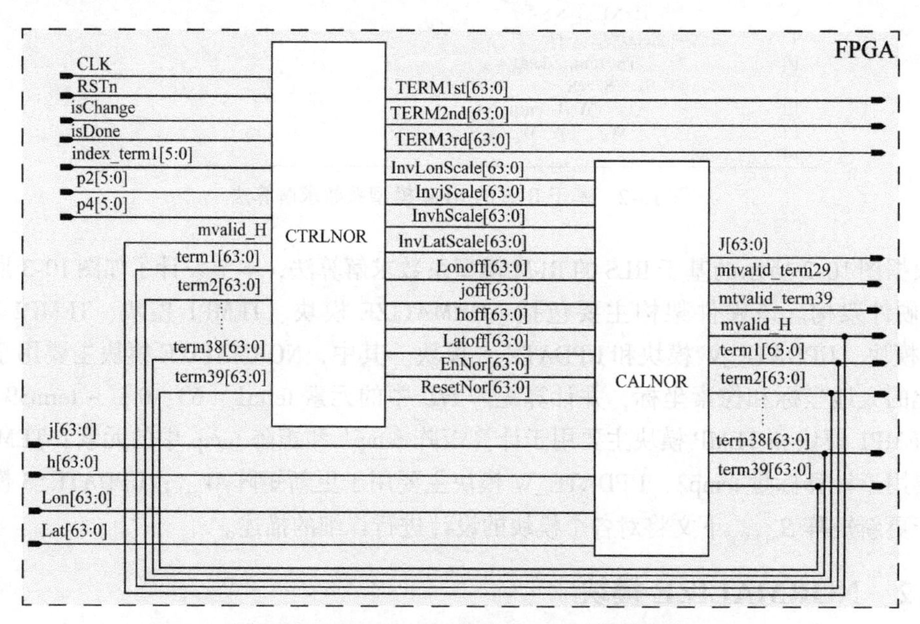

图 10-4 NORMALIZE 模块的 FPGA 硬件架构

10.4.3 CTRLNOR 模块

如图 10-5 所示，在 CTRLNOR 模块中，信号 isChange 和信号 isDone 控制着正则化参数（例如 Lonoff［63：0］、Latoff［63：0］、hoff［63：0］等）、使能信号 EnNor 和复位信号

ResetNor 的数值和状态。TERM1st［63：0］、TERM2nd［63：0］和 TERM3rd［63：0］的取值分别由信号 mvalid_H 和索引 index_term1［5：0］、p2［5：0］、p4［5：0］来确定，例如当信号 mvalid_H 为高电平时，index_term1［5：0］的数值为 6′d3，那么 TERM1st［63：0］将被赋予输入数据 term4［63：0］的值。

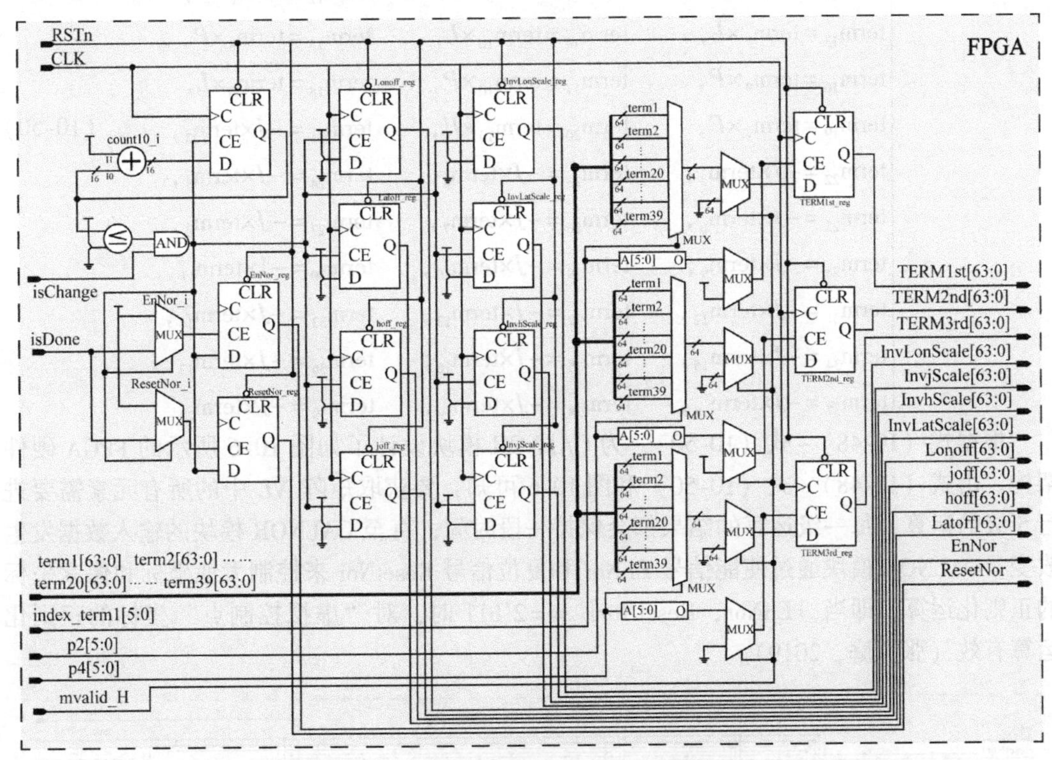

图 10-5　CTRLNOR 模块的 FPGA 硬件架构

10.4.4　CALNOR 模块

由式（10-6）和式（10-7）可知，每一个“虚拟控制点”的坐标在进行正则化时都需要进行除法运算，这会消耗大量的硬件资源。为了避免除法运算，本节把式（10-6）和式（10-7）可改写为

$$rL=\text{Lon}-\text{Lonoff},\ rP=\text{Lat}-\text{Latoff},$$
$$rH=h-\text{hoff},\ rJ=j-\text{joff},\ rI=i-\text{ioff} \tag{10-48}$$

$$L=rL\times\text{invLonScale},\ P=rP\times\text{invLatScale},$$
$$H=rH\times\text{invhScale},\ J=rJ\times\text{invjScale} \tag{10-49}$$

其中，(Lon，Lat）和（i，j）分别为“虚拟控制点”的大地坐标中的经纬度和像素坐标；h 为高程；rL、rP、rH 和 rJ 为中间变量；invLonScale、invLatScale、invhScale、invjScale 分别为正则化参数 LonScale、LatScale、hScale、jScale 的倒数；Lonoff、Latoff、hoff、ioff 和 joff 为正则化参数。

在对“虚拟控制点”的大地坐标和像素坐标进行正则化后，即可通过式（10-50）来计算矩阵 $\boldsymbol{NL}$ 中的元素。

$$
\begin{cases}
\text{term}_1 = 1, & \text{term}_2 = L, & \text{term}_3 = P, \\
\text{term}_4 = H, & \text{term}_5 = L \times P, & \text{term}_6 = L \times H, \\
\text{term}_7 = P \times H, & \text{term}_8 = L^2, & \text{term}_9 = P^2, \\
\text{term}_{10} = H^2, & \text{term}_{11} = \text{term}_5 \times H, & \text{term}_{12} = \text{term}_8 \times L, \\
\text{term}_{13} = \text{term}_9 \times L, & \text{term}_{14} = \text{term}_{10} \times L, & \text{term}_{15} = \text{term}_8 \times P, \\
\text{term}_{16} = \text{term}_9 \times P, & \text{term}_{17} = \text{term}_{10} \times P, & \text{term}_{18} = \text{term}_6 \times L, \\
\text{term}_{19} = \text{term}_7 \times P, & \text{term}_{20} = \text{term}_{10} \times H, & \text{term}_{21} = -J \times \text{term}_2, \\
\text{term}_{22} = -J \times \text{term}_3, & \text{term}_{23} = -J \times \text{term}_4, & \text{term}_{24} = -J \times \text{term}_5, \\
\text{term}_{25} = -J \times \text{term}_6, & \text{term}_{26} = -J \times \text{term}_7, & \text{term}_{27} = -J \times \text{term}_8, \\
\text{term}_{28} = -J \times \text{term}_9, & \text{term}_{29} = -J \times \text{term}_{10}, & \text{term}_{30} = -J \times \text{term}_{11}, \\
\text{term}_{31} = -J \times \text{term}_{12}, & \text{term}_{32} = -J \times \text{term}_{13}, & \text{term}_{33} = -J \times \text{term}_{14}, \\
\text{term}_{34} = -J \times \text{term}_{15}, & \text{term}_{35} = -J \times \text{term}_{16}, & \text{term}_{36} = -J \times \text{term}_{17}, \\
\text{term}_{37} = -J \times \text{term}_{18}, & \text{term}_{38} = -J \times \text{term}_{19}, & \text{term}_{39} = -J \times \text{term}_{20}
\end{cases}
\tag{10-50}
$$

根据式（10-48）~式（10-50），为 CALNOR 模块设计了如图 10-6 所示的 FPGA 硬件架构。由式（10-48）~式（10-50）和图 10-6 可知，要获取矩阵 ***NL*** 中的所有元素需要进行 5 级的运算，每一级运算的结果都会保持一段时间，直至 CALNOR 模块的输入数据发生改变。CALNOR 模块通过使能信号 EnNor 和复位信号 ResetNor 来控制大地坐标和像素坐标的正则化运算，即当 {EnNor, ResetNor} = = 2′b11 时，对"虚拟控制点"坐标的正则化运算有效（张荣庭，2019）。

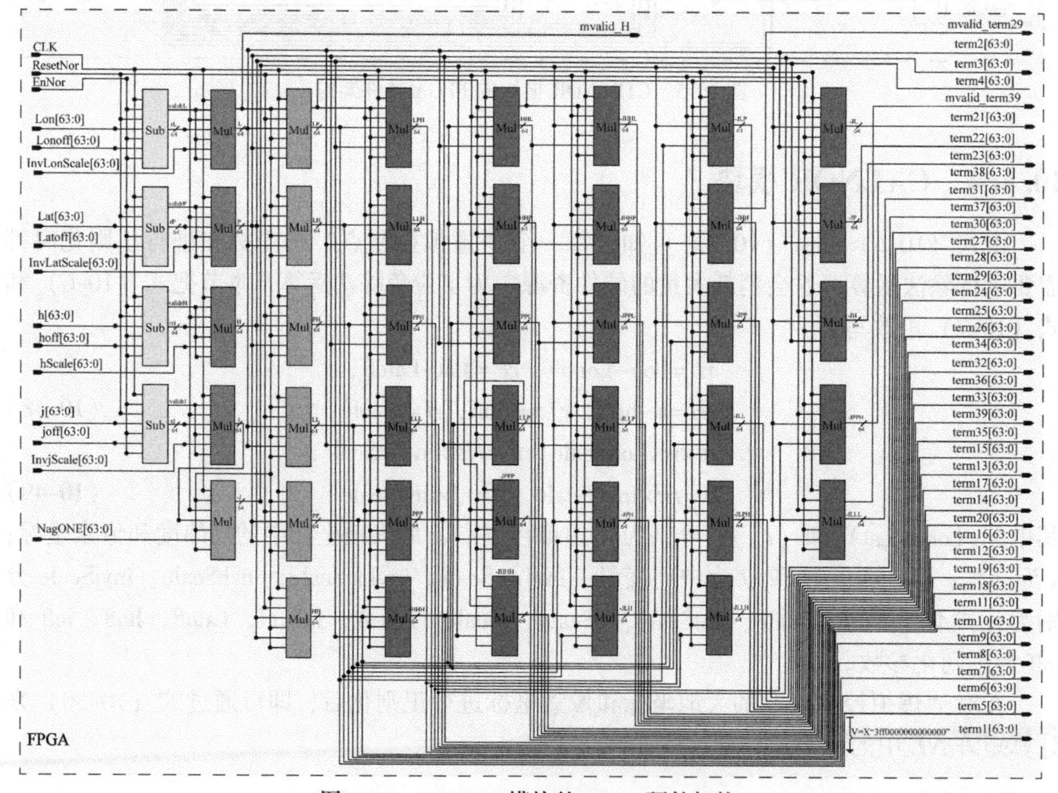

图 10-6　CALNOR 模块的 FPGA 硬件架构

10.4.5 快速的矩阵乘法并行结构的硬件设计

由图 10-2 可知，基于 RLS 的 RFM 模型系数求解算法中所涉及了如表 10-2 所示的矩阵乘法运算。一般地，顺序执行矩阵乘法的时间复杂度为 O（n^3），因此，随着矩阵维度的增大，顺序执行矩阵乘法所需的时间就会剧增（邬贵明，2011）。

表 10-2　基于 RLS 的 RFM 模型系数求解算法中所涉及的矩阵乘法运算

矩阵乘法类型	算例	矩阵 1 大小	矩阵 2 大小	输出矩阵大小
Ⅰ	$\boldsymbol{W}_{\rho}\times(\boldsymbol{NL}_{\rho+1})^{\mathrm{T}}$	39×39	39×1	39×1
Ⅱ	$\boldsymbol{NL}_{\rho+1}\times$**temp1** $\boldsymbol{NL}_{\rho+1}\times\boldsymbol{S}_{\rho}$	1×39	39×1	1×1
Ⅲ	**temp**$\times\boldsymbol{NL}_{\rho+1}$	39×1	1×39	39×39
Ⅳ	$\boldsymbol{rW}\times\boldsymbol{W}_{\rho}$	39×39	39×39	39×39
Ⅴ	**temp1**×invtemp2 **temp**×detaJ	] 39×1	1×1	39×1

为了能够快速获取矩阵相乘的结果，本节设计了如图 10-7 所示的矩阵乘法的并行结构，以便通过 FPGA 对矩阵乘法进行硬件加速。如图 10-7 所示，矩阵乘法的并行结构主要由相互独立的乘法累加器 PE 组成。由于每个 PE 不需要进行数据交换和通信，因此该矩阵乘法的并行结构具有很好的扩展性，在硬件资源充足的条件下，理论上可以实现任意维度的矩阵乘法。

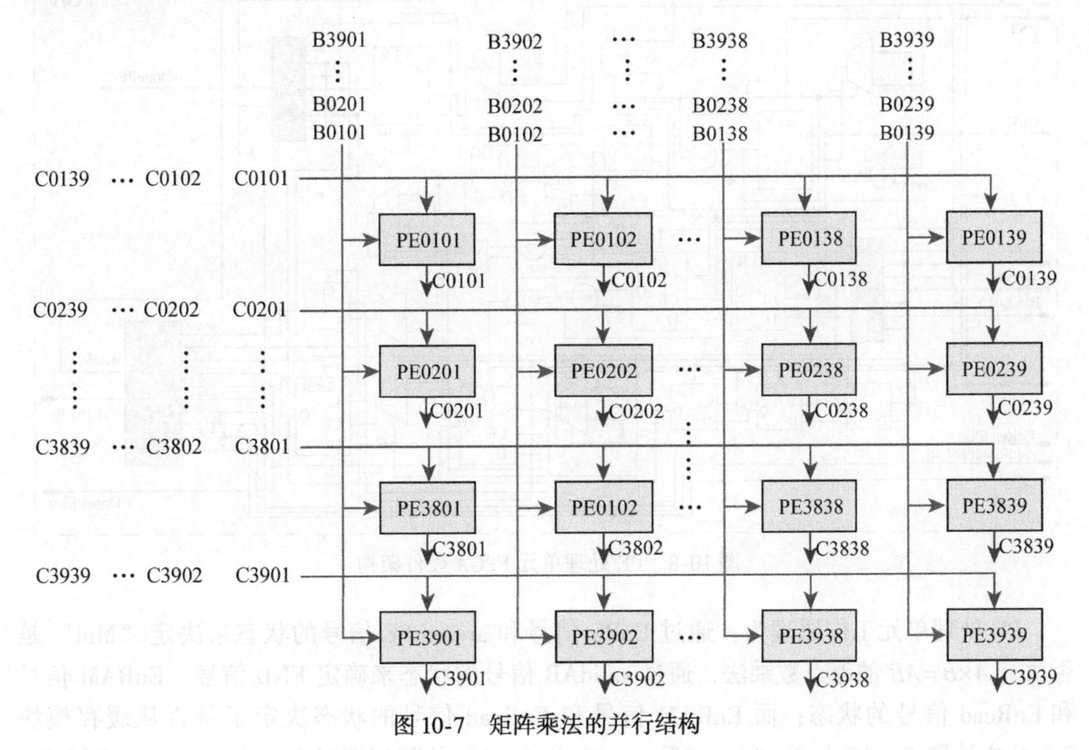

图 10-7　矩阵乘法的并行结构

下文以 $\boldsymbol{A}\times\boldsymbol{B}=\boldsymbol{C}$ 为例对矩阵乘法的并行计算原理进行了描述，其中矩阵 ***A***、***B***、***C*** 的大小均为 39×39。如图 10-7 所示，A0101 ~ A3939 和 B0101 ~ B3939 分别为矩阵 ***A*** 和矩阵 ***B*** 中的元素；C0101 ~ C3939 为矩阵 ***C*** 中的元素。为了保证能够获得正确的计算结果，需要在同一时刻并行的把矩阵 ***A*** 和矩阵 ***B*** 中的元素发送到对应的 PE 处理单元中，其中矩阵 ***A*** 和矩阵 ***B*** 分别以列优先和行优先的方式向对应的 PE 处理单元发送数据。例如，如图 10-7 所示，在 t 时刻，矩阵 ***A*** 的第 1 列数据，即 A0101 被广播到第 1 行的 PE 处理单元中（即 PE0101 ~ PE0139），A0201 被广播第 2 行的 PE 处理单元中（即 PE0201 ~ PE0239），以此类推，A3901 被广播第 39 行的 PE 处理单元中（即 PE3901 ~ PE3939）；而 ***B*** 矩阵的第 1 行数据，即 B0101 被广播到第 1 列的 PE 处理单元中（即 PE0101 ~ PE3901），以此类推，B0139 被广播到第 39 列的 PE 处理单元中（即 PE0139 ~ PE3939）。当上述数据完成乘法累加运算后，矩阵 ***A*** 的第 2 列数据和矩阵 ***B*** 的第 2 行将按照上述过程发送到对应的 PE 处理单元中进行乘法累加运算，矩阵 ***C*** 中的元素 C0101 ~ C3939 将得到更新。当矩阵 ***A*** 最后一列的元素和矩阵 ***B*** 最后一行的元素按照上述过程完成乘法累加运算后即可得到最终的矩阵 ***C***。由上述分析可知，矩阵乘法的时间复杂度由顺序执行的 $O(n^3)$ 降低到了并行执行的 $O(n)$。

在实际应用中，可根据矩阵的维度和 FPGA 硬件资源来确定 PE 处理单元的数量。本节为 PE 处理单元设计的 FPGA 硬件架构如图 10-8 所示。在该硬件架构中，“Add”和“Mul”为 64 bits 浮点数的加法和乘法运算；“SaveC”为利用 RAM 建立的缓存模块，主要用于缓存进行累加后的结果。

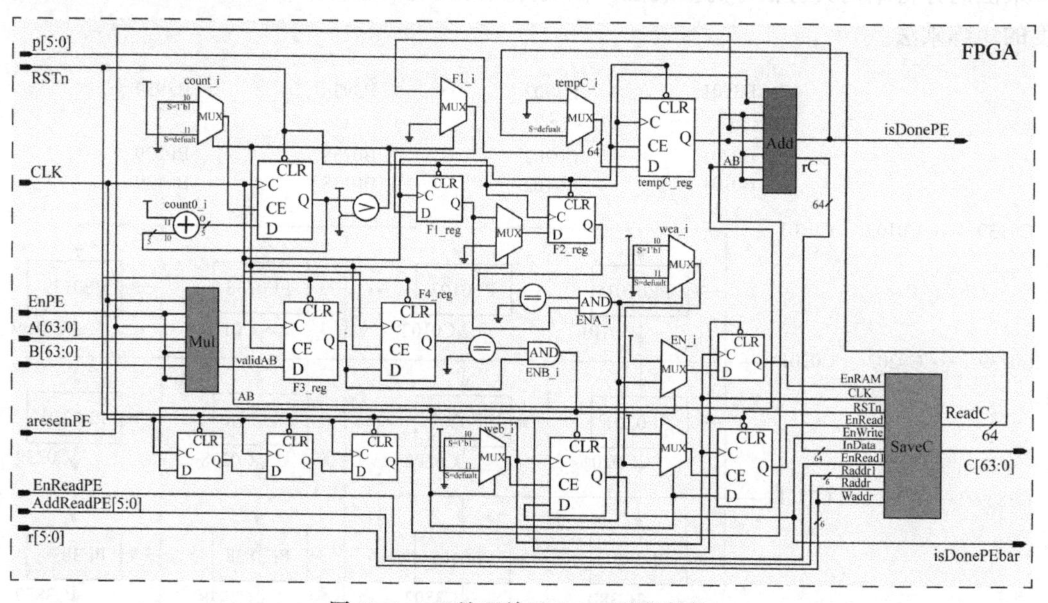

图 10-8　PE 处理单元 FPGA 硬件架构

PE 处理单元工作原理为：通过 EnPE 信号和 aresetnPE 信号的状态来决定“Mul”是否执行 $A\times B=AB$ 的浮点数乘法；通过 validAB 信号的状态来确定 ENB 信号、EnRAM 信号和 EnRead 信号的状态；而 EnRAM 信号和 EnRead 信号的状态决定了是否从缓存模块 SaveC 中读取 ReadC［63：0］；加数 tempC［63：0］的赋值情况由 p［5：0］是否等于 0

来决定；最后计算“AB+tempC”，并把结果 rC［63：0］存入缓存模块 SaveC。至此完成一次乘法累加运算。

10.4.6 TEMP1 模块的矩阵乘法并行结构

根据图 10-2 所示的算法可知，在计算矩阵**temp1** = $\boldsymbol{W}_\rho \times (\boldsymbol{NL}_{\rho+1})^{\mathrm{T}}$时所涉及的矩阵乘法类型为表 10-2 中的第 I 类。因此，图 10-7 所示的矩阵乘法并行结构简化为如图 10-9 所示的并行结构，其中 $W_\rho0101$ ~ $W_\rho3939$ 为矩阵 $\boldsymbol{W}_\rho$ 的元素、$\boldsymbol{NL}_{\rho+1}0101$ ~ $\boldsymbol{NL}_{\rho+1}3901$ 为矩阵 $\boldsymbol{NL}_{\rho+1}$的元素、temp1_0101 ~ temp1_3901 为矩阵**temp1** 的元素。如图 10-9 所示，在计算矩阵**temp1** 时，总共需要 39 个 PE 处理单元。

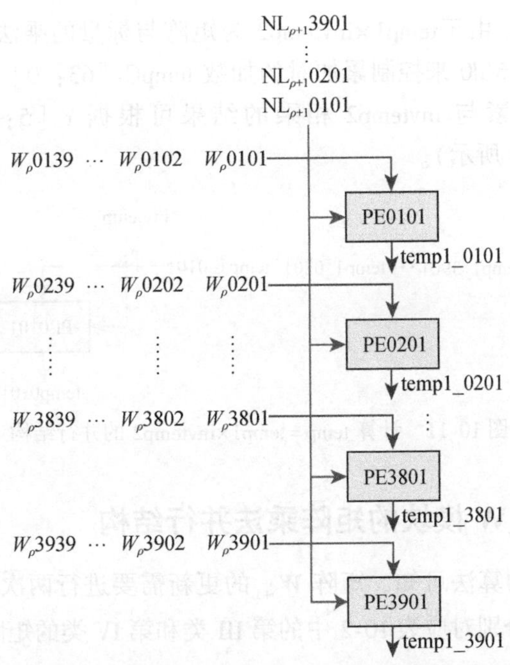

图 10-9 计算 temp1 = $W_\rho \times (NL_{\rho+1})$ T 的并行结构

10.4.7 TEMP2 模块的矩阵乘法并行结构

根据图 10-2 所示的算法可知，temp2 可通过 1+rtemp2 计算得到，其中中间变量 rtemp2 = $\boldsymbol{NL}_{\rho+1}$ ×**temp1**，其所涉及的矩阵乘法类型为表 10-2 中的第 II 类，由此可知 temp2 和 rtemp2 皆为标量。rtemp2 可通过如图 10-10 所示的结构进行矩阵乘法运算得到。如图 10-10 所示，在计算中间变量 rtemp2 = $\boldsymbol{NL}_{\rho+1}$ ×**temp1** 时只需要一个 PE 处理单元即可。在得到中间变量 rtemp2 后，只需再进行一次浮点数加法即可得到 temp2。

10.4.8 TEMP 模块的矩阵乘法并行结构

根据图 10-2 所示的算法可知，矩阵**temp** 可由**temp1**×invtemp2 计算得到，其中 invtemp2 为 temp2 的倒数。之所以利用 invtemp2 乘矩阵**temp1**，是为了避免对矩阵**temp1** 的每个元素进行除法运算。由表 10-2 可知，**temp** =**temp1**×invtemp2 为第 V 类的矩阵乘法，其矩阵乘

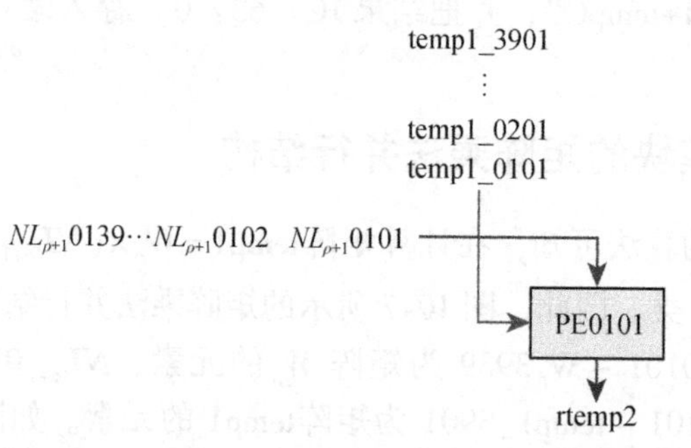

图 10-10 计算 rtemp2 = $NL_{\rho+1}$×temp1 的并行结构

法结构如图 10-11 所示。由于**temp1**×invtemp2 为矩阵与标量的乘法运算，因此，在 PE 处理单元内部可通过 p = = 6′d0 来控制累加时的加数 tempC［63：0］的值，即 tempC = = 64′d0。矩阵**temp1** 中的元素与 invtemp2 相乘的结果可根据 r［5：0］存储在缓存模块“SaveC”中（如图 10-8 所示）。

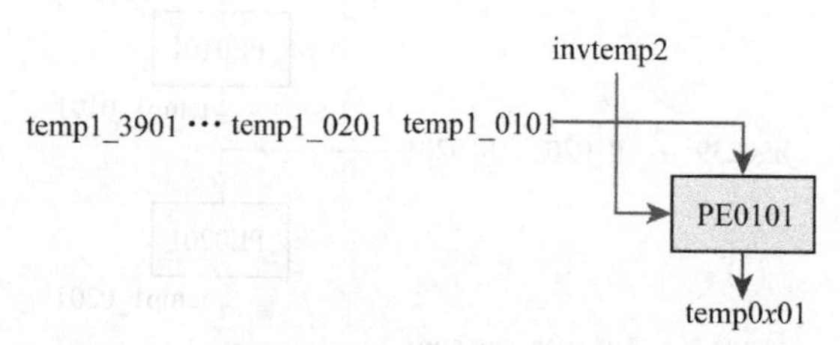

图 10-11 计算 temp = temp1×invtemp2 的并行结构

10.4.9 UPDATE_W 模块的矩阵乘法并行结构

根据图 10-2 所示的算法可知，矩阵 $\boldsymbol{W}_{\rho+1}$ 的更新需要进行两次的矩阵乘法，即**temp** ×$\boldsymbol{NL}_{\rho+1}$ 和 $\boldsymbol{rW}$×$\boldsymbol{W}_{\rho}$，它们分别对应表 10-2 中的第 III 类和第 IV 类的矩阵乘法，其中矩阵 $\boldsymbol{rW}$=$\boldsymbol{I}$−**temp** ×$\boldsymbol{NL}_{\rho+1}$。

由表 10-2 可知，**temp** ×$\boldsymbol{NL}_{\rho+1}$ 为第 III 类的矩阵乘法，该类矩阵乘法的计算中不存在累加操作，为了能够利用独立的乘法累加器来计算 $\boldsymbol{rW}$=$\boldsymbol{I}$−**temp** ×$\boldsymbol{NL}_{\rho+1}$，本节设计了如图 10-12 所示的并行计算结构，其中 PE′处理单元为针对 $\boldsymbol{rW}$=$\boldsymbol{I}$−**temp** ×$\boldsymbol{NL}_{\rho+1}$ 所设计的第 2 类乘法累加器。如图 10-12 所示，用于计算矩阵 $\boldsymbol{rW}$ 的并行结构总共包含 39 个 PE′处理单元。PE′处理单元的 FPGA 硬件架构如图 10-13 所示。

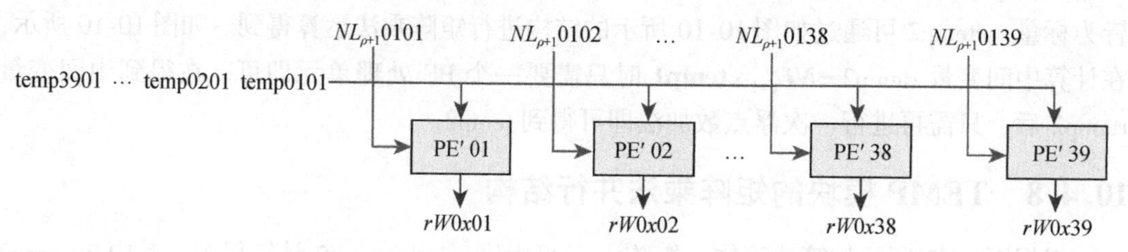

图 10-12 计算 $\boldsymbol{rW}$=$\boldsymbol{I}$−**temp** ×$\boldsymbol{NL}_{\rho+1}$ 的并行结构

如图 10-13 所示，由于在计算矩阵 $\boldsymbol{rW}$ 时，需要用单位矩阵 $\boldsymbol{I}$ 减去**temp** ×$\boldsymbol{NL}_{\rho+1}$ 的结果，

因此 PE′处理单元用浮点数减法代替了浮点数加法。在 PE′处理单元中可通过判断 **r** [5：0] 是否等于 **q** [5：0] 来决定是把浮点数“64′h3FF0000000000000”（即十进制数“1”）赋值给 tempC [63：0]，还是把“64′h0”赋值给 tempC [63：0]。对于 PE′01 ~ PE′39 处理单元，**q** [5：0] 的取值分别为 0 ~ 38。当 $r=q$ 时，tempC = 64′h3FF0000000000000，否则 tempC = 64′h0；然后计算“tempC−AB”。

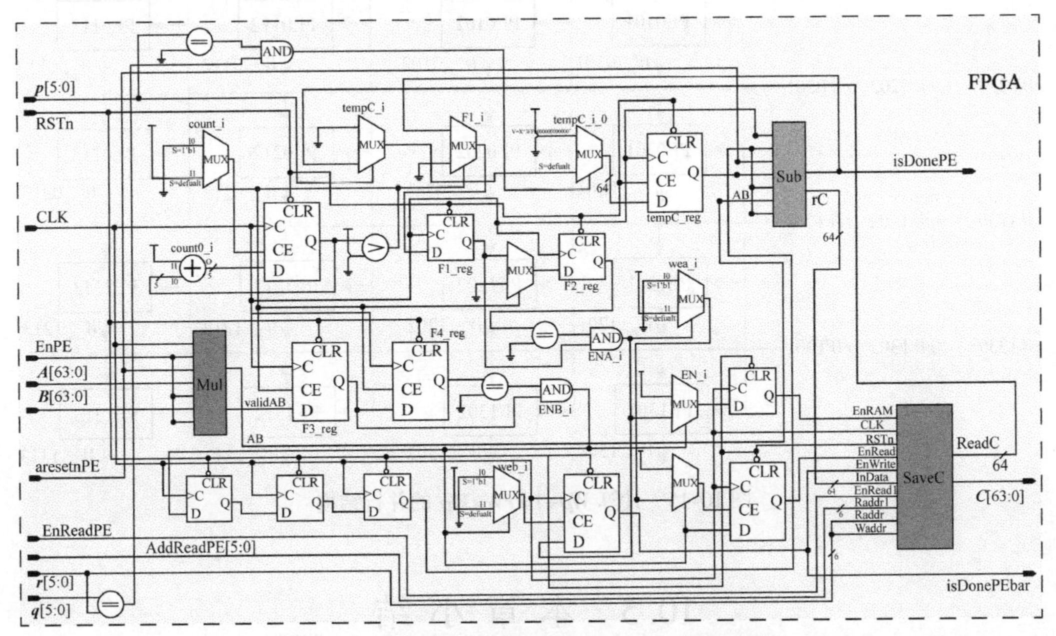

图 10-13　第 2 类 PE′处理单元的 FPGA 硬件架构

在综合考虑处理速度和 FPGA 硬件资源后，本节采用如图 10-14 所示的矩阵分块方法来进行第 IV 类的矩阵乘法，即 $W_{\rho+1}=rW\times W_{\rho}$。如图 10-14 所示，目标矩阵 $W_{\rho+1}$ 被划分为 9 块（每个分块大小为 13×13），并按图 10-14 中红色箭头所指方向进行计算。矩阵 $W_{\rho+1}$ 的任意分块都可以通过如图 10-15 所示的并行结构计算得到。该并行结构总共包含了 13×13 个 PE 处理单元。

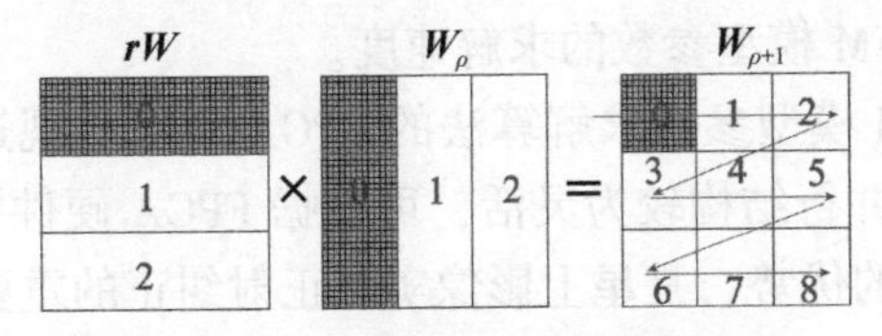

图 10-14　矩阵分块计算示意图

10.4.10　UPDATE_S 模块的矩阵乘法并行结构

根据图 10-2 所示的算法可知，在更新矩阵 $S_{\rho+1}$ 时，所涉及的矩阵乘法主要包含 $rJ=NL_{\rho+1}\times S_{\rho}$ 和 $rS=\text{temp}\times \text{deta}J$，由表 10-2 可知，它们分别为第 II 类和第 V 类的矩阵乘法。因此，$rJ=NL_{\rho+1}\times S_{\rho}$ 和 $rS=\text{temp}\times \text{deta}J$ 可分别通过如图 10-10 和图 10-11 所示的并行结构计算得到。在此不再赘述。

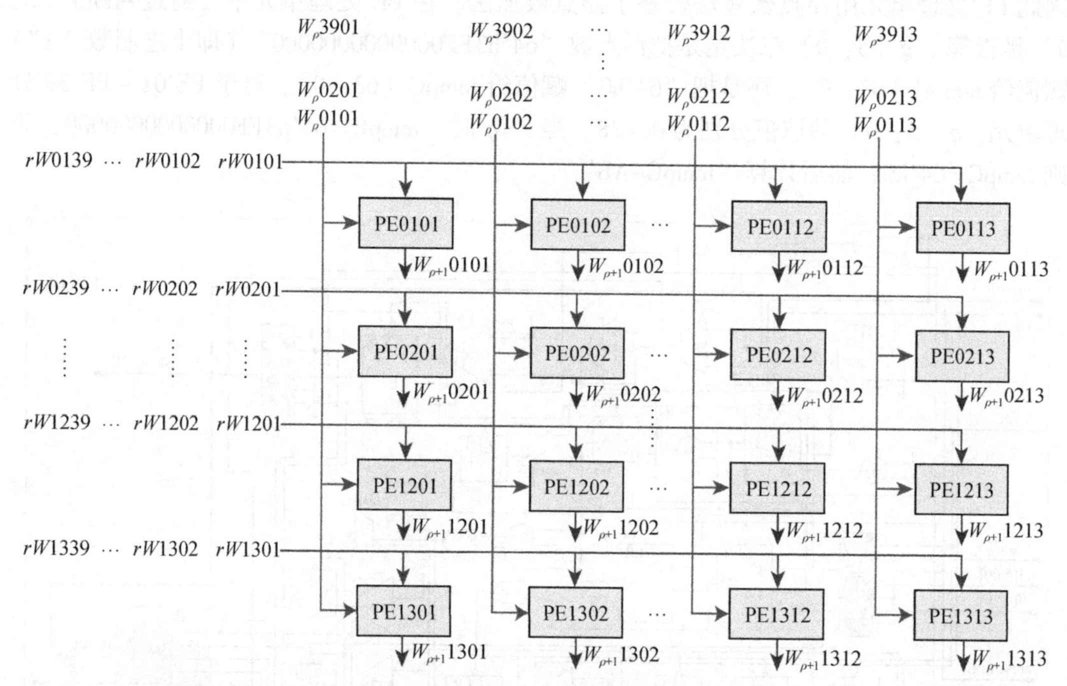

图 10-15 计算 $\boldsymbol{W\rho}+1=\boldsymbol{rW}\times\boldsymbol{W\rho}$ 的并行结构

10.5 本章小结

快速求解 RFM 模型参数是星上影像实时正射纠的关键。虽然目前最小二乘（least square，LS）可以很好地求解 RFM 模型参数，但是最小二乘求解 RFM 模型参数时，需要对大型矩阵进行复杂的乘法和求逆运算。然而，大型矩阵的乘法和求逆运算不仅会消耗大量的 FPGA 硬件资源，还会影响 RFM 模型参数的求解速度。为此本章做了以下工作：

（1）提出了 RLS 求解 RFM 模型参数算法（由该算法确定的 RFM 模型记为 RLS-RFM 模型）。RLS 求解 RFM 模型参数算法避免了大型矩阵的乘法和求逆运算，便于 FPGA 硬件实现的同时，也加快了 RFM 模型参数的求解速度。

（2）研究了 RLS-RFM 模型参数求解算法的 FPGA 硬件实现过程，并设计了一种快速的矩阵乘法并行结构。该并行结构较为灵活，可根据 FPGA 硬件资源对结构进行调整，充分发挥了 FPGA 并行处理的优势，是星上影像实时正射纠正的重要保障。

参考文献

贾沛璋，1980. 卫星测地中最小二乘估计递推算法的误差分析．天文学报，21（2）：112-121.

江万寿，张剑清，张祖勋，2002. 三线阵 CCD 卫星影像的模拟研究．武汉大学学报（信息科学版），27（4）：414-419.

李德仁，张过，江万寿，等，2006. 缺少控制点的 SPOT-5 HRS 影像 RPC 模型区域网平差．武汉大学学报（信息科学版），31（5）：377-381.

李德仁，沈欣，2005. 论智能化对地观测系统．测绘科学，30（4）：9-11+3.

刘军，张永生，范永弘，2002. 有理函数模型在航空航天传感器摄影测量重建中的应用及分析．信息工程大学学报，3（4）：66-69.
刘军，2003. 高分辨率卫星 CCD 立体影像定位技术研究．中国人民解放军信息工程大学．
邬贵明，2011. FPGA 矩阵计算并行算法与结构．北京：国防科学技术大学．
晏杨，谢宝蓉，李欣等，2018. 基于 RPC 模型的星上遥感卫星影像快速正射纠正．上海航天，35（1）：110-116.
叶江，2017. 面向青藏高原矿集区三维场景的高分辨率卫星影像精处理方法．西南交通大学．
袁修孝，张过，2003. 缺少控制点的卫星遥感对地目标定位．武汉大学学报（信息科学版），28（5）：505-509.
张过，李德仁，2007. 卫星遥感影像 RPC 参数求解算法研究．中国图象图形学报，12（12）：2080-2088.
张过，2005. 缺少控制点的高分辨率卫星遥感影像几何纠正．武汉：武汉大学．
张荣庭，周国清，周祥，等，2019. 基于 FPGA 的星上影像正射纠正．航天返回与遥感．1（40）：20-31.
张荣庭，2019. 卫星影像的 GA-RLS-RFM 正射纠正算法及其 FPGA 硬件实现，天津：天津大学．
Aguilar M A，Saldaña M D M，Aguilar F J，2013. Assessing geometric accuracy of the orthorectification process from GeoEye- 1 and WorldView- 2 panchromatic images. International Journal of Applied Earth Observation and Geoinformation，21：427-435.
Al-Roussan N，Cheng P，Petrie G，et al.，1997. Automated DEM extraction and orthoimage generation from SPOT Level 1B imagery. Photogrammetric Engineering and Remote Sensing，63（8）：965-974.
Beasley D，Bull D R，Martinnd R R，1993. An overview of genetic algorithms：Part 1，Fundamentals. Univ. Camping，15（2）：58-69.
Cheng P，Smith D，Sutton S，2005. Mapping of QuickBird images：improvement in accuracy since release of first QuickBird. GeoInformatics，8（6）：50-52.
Crespi M，Baiocchi V，Vendictis L，et al.，2003. A new method to orthorectify EROS A1 imagery// Proceedings of 2003 Tyrrhenian International Workshop on Remote Sensing，Elba Island，Italy，566-575.
Crespi M，Fratarcangeli F，Giannone F，et al.，2007. SISAR：a rigorous orientation model for synchronous and asynchronous pushbroom sensors imagery. International Archives of Photogrammetry，Remote Sensing and Spatial Information Sciences，36（1/W51）：1-6.
Ebner H，Kornus W，Ohlhof T，1992. A simulation study on point determination for the MOMS-02/D2 space project using an extended functional model. International Archives of Photogrammetry and Remote Sensing，29（B4）：458-464.
El-Manadili Y，Novak K，1996. Precision rectification of SPOT imagery using the direct linear transformation model. Photogrammetric Engineering and Remote Sensing，62（1）：67-72.
Fritsch D，Stallmann D，2000. Rigorous Photogrammetric Processing of High Resolution Satellite Imagery. International Archives of Photogrammetry and Remote Sensing，13：1-9.
Grodecki J，Dial G，2003. Block Adjustment of High-Resolution Satellite Images Described by Rational Polynomials. Photogrammetric Engineering and Remote Sensing，69（1）：59-68.
Gugan D J，Dowman I J，1988. Accuracy and completeness of topographic mapping from SPOT imagery. Photogrammetric Record，12（72）：787-796.
Guichard H，1983. E′tude the′orique de la pre′cision dans l′exploitation cartographique d′un satellite a`de′filement：application a`SPOT. Bulletin de la Socie′te′ Française de Photogramme′trie et de Te′le′de′tection，90：15-26.
Hofmann O，1984. DPS-A digital photogrammetric system for producing digital elevation models and orthophotos by means of linear array scanner imagery. Photogrammetric Engineering and Remote Sensing，50（8）：1135-1142.
Jacobsen K，Konecny G，Wegmann H，1998. High resolution sensor test comparison with SPOT. KFA1000，

KVR1000, IRS-1C and DPA in Lower Saxony. International Archives of Photogrammetry and Remote Sensing, 32 (4): 260-269.
Jacobsen K, Passini R, 2003. Accuracy of digital orthophotos from high resolution space imagery//Proceedings of ISPRS Workshop on High Resolution Mapping from Space, Hanover, Germany, 1-6.
Jacobsen K, 2004. DEM generation by SPOT HRSC. International Archives of Photogrammetry, Remote Sensing and Spatial Information Sciences, 35 (B1): 439-444.
Jannati M, Valadan Zoej M J, 2015. Introducing genetic modification concept to optimize rational function models (RFMs) for georeferencing of satellite imagery. GIScience and Remote Sensing, 52 (4): 510-525.
Konecny G, Lohmann P, Engel H, et al., 2006. Evaluation of SPOT imagery on analytical photogrammetric instruments. Photogrammetric Engineering and Remote Sensing, 53 (9): 1223-1230.
Kratky V, 1987. Rigorous stereophotogrammetric treatment of SPOT images. Comptes- rendus du Colloque International sur SPOT-1: utilisation des images, bilans, re'sultats, Paris, France, 1281-1288.
Kratky V, 1989. On- line aspects of stereophotogrammetric processing of SPOT images. Photogrammetric Engineering and Remote Sensing, 55 (3): 311-316.
Michalis P, Dowman I, 2008. A generic model for along track stereo sensors using rigorous orbit mechanics. Photogrammetric Engineering and Remote Sensing, 74 (3): 303-309.
Okamoto A, Fraser C , Hattorl S , et al., 1998. An alternative approach to the triangulation of SPOT imagery. International Archives of Photogrammetry and Remote Sensing, 32 (B4): 457-462.
Okamoto A, 1981. Orientation and Construction of Models, Part III: Mathematical Basis of the Orientation Problem of One- Dimentional Central- Perspective Photographs. Photogrammetric Engineering and Remote Sensing, 47 (4): 335-347.
Pan H , Tao C , Zou Z, 2016. Precise georeferencing using the rigorous sensor model and rational function model for ZiYuan-3 strip scenes with minimum control. ISPRS Journal of Photogrammetry and Remote Sensing, 119: 259-266.
Poli D, 2005. Modelling of spaceborne linear array sensors//Dotral, Institute of Geodesy and Photogrammetry, Swiss Federal Institute of Technology, Switzerland.
Poli D, 2007. A Rigorous Model for Spaceborne Linear Array Sensors. Photogrammetric Engineering and Remote Sensing, 73 (2): 187-196.
Savopol F , Armenakis C, 1998. Modelling of the IRS- 1C satellite PAN stereo- imagery using the DLT approach. International Archives of Photogrammetry and Remote Sensing, 32 (4): 511-514.
Tao C V , Hu Y, 2001a. Use of the rational function model for image rectification. Canadian Journal of Remote Sensing, 27 (6): 593-602.
Tao C V , Hu Y, 2001b. A comprehensive study of the rational function model for photogrammetric processing. Photogrammetric Engineering and Remote Sensing, 67 (12): 1347-1357.
Tao C V , Hu Y, 2002. 3D Reconstruction Methods. Photogrammetric Engineering and Remote Sensing, 68 (7): 705-714.
Toutin T, 1983. Analyse mathe'matique des possibilite's cartographiques du satellite SPOT. France.
Toutin T, 2003. Error Tracking in Ikonos Geometric Processing Using a 3D Parametric Model. Photogrammetric Engineering and Remote Sensing, 69 (1): 34-51.
Toutin T, 2004a. DSM generation and evaluation from QuickBird stereo imagery with 3D physical modelling. International Journal of Remote Sensing, 25 (22): 5181-5192.
Toutin T, 2004b. Comparison of stereo-extracted DTM from different high-resolution sensors: SPOT-5, EROS-a, IKONOS-II, and QuickBird. IEEE Transactions on Geoscience and Remote Sensing, 42 (10): 2121-2129.
Toutin T, 2006a. Spatiotriangulation with multisensor HR stereo- images. IEEE Transactions on Geoscience and

Remote Sensing, 44 (2): 456-462.

Toutin T, 2006b. Generation of DSMs from SPOT-5 in-track HRS and across-track HRG stereo data using spatio-triangulation and autocalibration. ISPRS Journal of Photogrammetry and Remote Sensing, 60 (3): 170-181.

Valadan Zoej M J, Foomani M J, 1999. Mathematical modelling and geometric accuracy testing of IRS-1C stereo-pairs//Proceedings of ISPRS Workshop on High Resolution Mapping from Space. Hanover: ISPRS, 1-6.

Wang Y, 1999. Automated triangulation of linear scanner imagery. Proceedings of Joint ISPRS Workshop on Sensors and Mapping from Space. Hanover: ISPRS, 1-5.

Weser T, Rottensteiner F, Willneff J, et al., 2008. Development and testing of a generic sensor model for pushbroom satellite imagery. The Photogrammetric Record, 23 (123): 255-274.

Westin T, Forsgren J, 2001. Orthorectificationof EROS A1 images. IEEE/ ISPRS Joint Workshop on Remote Sensing and Data Fusion over Urban Areas, 1-4.

Westin T, 1990. Precision rectification of SPOT imagery. Photogrammetric Engineering and Remote Sensing, 56 (2): 247-253.

Xiong Z, Zhang Y, 2009. A Generic Method for RPC Refinement Using Ground Control Information. Photogrammetric Engineering and Remote Sensing, 75 (9): 1083-1092.

Ye J, Lin X, Xu T, 2017. Mathematical Modeling and Accuracy Testing of WorldView-2 Level-1B Stereo Pairs without Ground Control Points. Remote Sensing, 9 (7).

Zhang R, Zhou G, Zhang G, et al., 2018a. RPC-based orthorectification for satellite images using FPGA. Sensors, 18 (8): 2511-2534.

Zhang R, Zhou G, Zhang G, et al., 2018. RPC-based orthorectification for satellite images using FPGA. Sensors, 18 (8): 2511-2534.

Zhou G, Zhang R, Zhang D, et al, 2018. Real-time ortho-rectification for remote-sensing images. International Journal of Remote Sensing,, 40 (5-6): 2451-2465.

Zhou G, Zhang R, Jiang L, 2017. On-Board Ortho-Rectification for Images Based on an FPGA, Remote sensing, 9 (9): 874, doi: 10.3390/rs9090874.

第11章　星上影像正射纠正

11.1　引　　言

传统的正射纠正工作受地面控制点（ground control points，GCPs）的分布情况及数量多少的影响很大（周国清，2020；王贤，2018），与此同时传统正射影像在做正射数据处理时应用的模型和算法主要是基于PC软件的串行数据处理，这显然是不符合智能对地观测卫星系统的星上数据实时处理的要求（Zhou，2020）。随着MEMS技术的不断发展，现场可编程门阵列（field programmable gate array，FPGA）在硬件设计中已逐渐成为主流器件。相对于中央处理器（central processing unit，CPU）和图形处理器（graphic processing unit，GPU），FPGA拥有更小的尺寸、更轻的重量、和更低的功耗。FPGA不仅解决了定制电路的不足，还克服了原有可编辑器件门电路数不足的缺点，其硬件数据处理的流水线特点，使FPGA在数据处理上拥有强大的并行度。因此研究基于FPGA的无控制点条件下的星上影像实时正射纠正具有重要的意义。

一般地，正射纠正方法可分为非参数方法和参数方法（Zhou et al.，2005；张永生等，2004）。非参数方法主要是利用数学模型（例如多项式函数和直接线性变换方程等）来模拟卫星影像的变形，然后利用数量充足、分布良好的GCPs求解数学模型。非参数方法不需要考虑卫星的位置和姿态信息（即外方位元素），但是需要有足够的GCPs（Ji and Jensen，2000）。参数方法则通过摄影测量技术对获取的时变影像进行物理建模，即建立严格几何处理模型（Zhou et al.，2002）。参数方法通常需要获取卫星的位置和姿态信息，以及数字高程模型（digital elevation model，DEM）或者基准的正射影像。

不同的成像系统所获取的原始影像都会存在几何畸变。引起影像畸变的因素可分为两大类（Toutin，2004）：第一类是由成像系统引起的畸变，例如航天/航空平台运动速度、姿态的变化；成像传感器扫描速度的变化；或者其他测量设备时钟不同步，如陀螺仪、星敏感器等。第二类是由被观测目标引起的畸变，例如大气的折射和扰动；地球自转、地球曲率、地形起伏等。存在畸变的原始卫星影像必须经过纠正模型纠正并投影到投影系统后，用户才能对影像进行下一步地应用与分析。对于一个给定的传感器来说，成像几何模型主要描述的是地面目标在空间坐标系中的三维坐标与对应像点在像平面坐标系中的二维坐标之间的数学关系。在经典的摄影测量产品中，从原始影像的辐射预处理到生成带“地理参考”的2维（2D）和3维（3D）产品，影像的定位和定向是基础处理。因此，定位和定向的处理精度在整个处理系统中是一个关键性问题。

如今，由于高分辨率卫星在空间、时间、和光谱精度上的优势，它们的影像越来越多的被应用于各个领域，例如国外SPOT系列、GeoEye公司的GeoEye-1、DigitalGlobal公司的WorldView-1和WorldView-2、QuickBird、以及IKONOS等；国内的资源一号、资源二号和资源三号等。由于这些卫星的影像常被应用于大比例尺的精确制图、地图更新等（Holland et al.，2006），因此建立它们的成像几何模型有着重要的意义。这些卫星装配的对地观测光学传感器主要使用的是电荷耦合器件（charge-couple device，CCD）线性阵列，以及推扫式成像模式。与框幅式成像模式不同，线阵推扫式成像模式需要对轨道、传感器几何以及影像获取模式进行专门的研究。自 SPOT-1 卫星成功发射后，各个航天遥感大国都开始着手发展严格的、精确的成像几何模型，主要包括俄罗斯（Khizhnichenko，1982）、法国（Guichard，1983；Toutin，1983）、德国（Konecny et al.，1986，1987）、英国（Gugan and Dowman，1988）以及加拿大（Kratky，1987，1989）等。本章主要关注的是线阵推扫式卫星影像的正射纠正。Kuo 和 Gordon（2010）利用 FPGA 对 Formosat-2 卫星影像进行了实时地正射纠正。在对影像进行处理时，FPGA 的吞吐率达到了 1600 万像素/s，比没有使用硬件加速的方法提高了 16 倍的处理速度。但是，Kuo 等并没有给出基于 FPGA 的正射纠正的具体细节。徐芳（2013）提出了基于 FPGA 的航空 CCD 相机图像畸变纠正算法的设计方案。该方案在保证纠正精度的同时，纠正速度可以达到实时性的要求。Zhou 等（2017a）针对地面处理平台不能实时地进行遥感影像正射纠正的缺点，提出了基于 FPGA 的正射纠正方法，并对航空影像进行了正射纠正实验。实验结果表明，基于 FPGA 的纠正方法在保证纠正精度的同时，纠正速度提高了约 4 倍。Qi 等（2018）提出了一种星上实时影像预处理架构。该架构通过结合 FPGA 与数字信号处理器（Digital Signal Processor，DSP）实现了遥感影像的实时辐射纠正和几何纠正。张荣庭（2019）、张荣庭等（2019）、Zhang 等（2018）提出了基于定点数的 RPC 模型（fixed-point-RPC，FP-RPC），并在 FPGA 上进行了算法的固化，并对 SPOT 影像和 IKONOS 影像进行了正射纠正。实验结果表明，基于 FPGA 的纠正精度与基于 PC 的纠正精度相当，但是速度得到了可观地提升。Zhou 等（2017a，2017b，2018）提出了适用于线阵 CCD 的星上实时几何定标的 FPGA 架构。通过对 MOMS-2P 影像数据进行实验发现，增加 GCPs 数量不会显著地的消耗 FPGA 资源；基于 FPGA 的几何定标处理速度比基于 PC 的几何定标处理速度快约 24 倍（Zhou et al.，2019；Zhang and Zhou，2017）。

通过对以上分析后发现，基于 FPGA 的方法都能够获得与基于地面串行处理平台一致的处理精度。而且，相对于地面串行处理平台，FPGA 有多方面的优势，例如 FPGA 能够进行并行处理，使处理速度得到大幅度提升；FPGA 的重构性好、逻辑资源丰富、抗辐射性好以及设计灵活等（Zhou et al.，2018）。

11.2 GA 算法概述

对于分母不同的 RFM 模型，由于其能较精确地逼近严格几何处理模型，因此，常被用于高分辨率遥感影像的正射纠正。但是，该类 RFM 模型的众多系数（80 个）间的相关性会对纠正精度产生一定的影响。因此，为了筛选出相对独立的 RFM 模型参数以提高纠正精度，提出了基于遗传算法（genetic algorithm，GA）-RFM 模型（GA-RFM）的正射纠正方法。该方法首先利用 GA 算法对 RFM 模型的参数进行优选，然后在利用优化后的 RFM 模型进行间接正射纠正（张荣庭，2019）。

遗传算法的流程如图 11-1 所示。在执行遗传算法之前，需要事先设置遗传算法所需要的参数，主要包括种群的大小、个体的编码长度、交叉概率、变异概率以及遗传算法的停止条件。

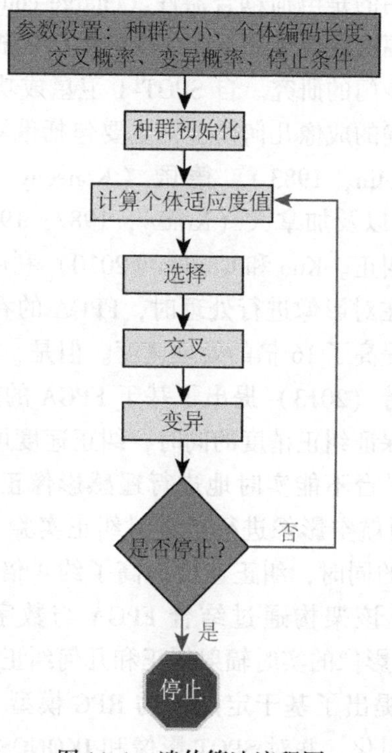

图 11-1　遗传算法流程图

11.2.1　RFM 模型系数优选

为了能够在摄影测量与遥感领域中应用 RFM 模型，首先最重要的步骤是确定 RFM 模型的结构，即要确定式（10-2）~（10-5）的多项式 Num_L、Den_L、Num_S、Den_S中哪些项将参与运算。这一过程主要是为了挑选出不相关的 RFM 模型系数。优化后的 RFM 模型能够更准确地表达卫星影像的几何性质和影像覆盖区域的地形，并且有利于减少计算量。当利用 GCPs 来确定 RFM 模型的参数时，可根据 ICPs 的均方根误差（root mean square error, RMSE）来评价所建立的 RFM 模型的好坏。同理地，RFM 模型优化的最优解能够使 ICPs 的平面 RMSE 最小。

考虑到 RFM 模型中多项式的组合数量是庞大的以及优化的 RFM 模型并没有统一的形式，因此，遗传算法是处理这一优化问题的最佳选择之一。为了利用遗传算法来优化 RFM 模型，那么在遗传算法种群中的每一个个体都应该代表一种备选 RFM 模型结构。寻找 RFM 模型的最优结构就是通过利用交叉和变异操作对不同个体进行结合，以便生成表示 RFM 模型新结构的新个体。该过程将会一直持续，直至找到能够使 ICPs 的平面 RMSE 最小的个体（即 RFM 模型的最优结构）为止。综合以上分析，首先需要对 RFM 模型的每一个备选结构进行编码，才能建立起遗传算法中的个体和种群。因此，下文首先详细描述了对 RFM 模型备选结构进行编码的策略，然后建立了用于评价 RFM 模型备选结构的适应度评价函数。

11.2.2 编码方案

要使用遗传算法来解决某个优化问题，首先需要把实际问题的一个备选解编码为一组有序的基因集，即个体。个体中的每个基因代表了一个待优化参数，当对这些基因赋予不同的值时，即可生成不同的备选解。有限个数的备选解组成了遗传算法的种群。

在摄影测量与遥感领域的应用中，本章的主要目标是找到 RFM 模型的最优结构，优化参数的过程可看作是对多项式 Num_L、Den_L、Num_S、Den_S 中不同的项是否参与运算做出决策。因此，所设计的个体是一串用二进制数表示的基因值，每个基因都对应表示多项式中一个特定的项。对于一个给定的基因，“1”和“0”分别代表了该基因所对应的项“参与”和“不参与”运算。

在确定了优化过程中每个多项式可用项的个数后，多项式的每一项所对应的基因按特定的顺序依次排列即可组成一个二元基因链，至此就完成了个体的设计。基因的不同排列次序会产生不同的编码方案，如图 11-2 所示。图 11-2 给出了卫星影像的一阶 RFM 模型的 2 种不同的编码方案。在该一阶 RFM 模型中，多项式 Num_L、Den_L、Num_S、Den_S 分别都有 4 项可用项。

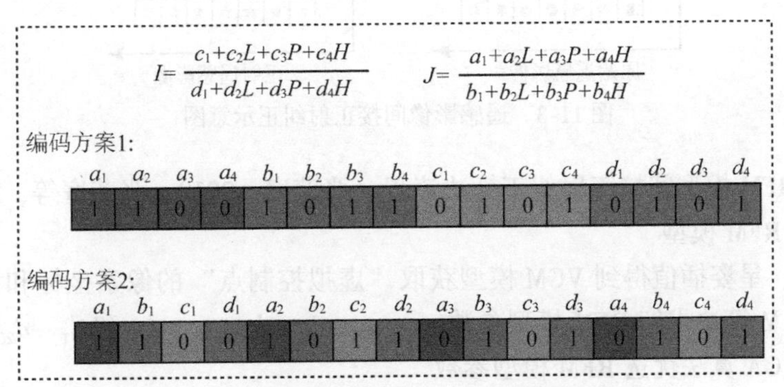

图 11-2 卫星影像的一阶 RFM 模型编码方案

编码方案 1：在方案 1 中，多项式 Num_L、Den_L、Num_S、Den_S 中的可用项分别按阶数依次排序，分别形成了 4 个结构相似的基因块状，然后再把这 4 个基因块串联起来，即可得到一个代表了遥感影像一阶 RFM 模型备选结构的个体。通过随机改变该个体结构下基因的值，即可产生不同的个体。

编码方案 2：在方案 2 中，首先对多项式 Num_L、Den_L、Num_S、Den_S 中的可用项分别按阶数依次排序，然后每次交替地从多项式 Num_L、Den_L、Num_S、Den_S 中取出 1 个对应的基因，并依次排列，即可得到一个代表了遥感影像一阶 RFM 模型备选结构的个体。通过随机改变该个体结构下基因的值，即可产生不同的个体。

11.2.3 适应度函数

为了计算个体的适应度值，本文把遗传算法检查点（genetic algorithm check points, GACPs）的平面 RMSE 的函数作为适应度函数，如式（11-1）所示：

$$\mathrm{RMSE}_{\mathrm{GACP\_Plane}}=\sqrt{\frac{\sum_{k=1}^{N_{\mathrm{GACP}}}(j_{\mathrm{GACP}'}^{k}-j_{\mathrm{GACP}}^{k})^2+(i_{\mathrm{GACP}'}^{k}-i_{\mathrm{GACP}}^{k})^2}{N_{\mathrm{GACP}}}} \tag{11-1}$$

其中，j_{GACP}^{k}和i_{GACP}^{k}为 GACPs 的像素坐标；$j_{\mathrm{GACP'}}^{k}$和$i_{\mathrm{GACP'}}^{k}$为由优化后的 RFM 模型计算得到的遗传算法检查点的像素坐标；N_{GACP}为检查点的个数，$k=1, 2, 3, \cdots, N_{\mathrm{GACP}}$。最优个体即为能够使得 $\mathrm{RMSE}_{\mathrm{GACP_Plane}}$最小的个体。

当设计好编码方案和适应度函数后，即可按照上文遗传优化过程对 RFM 模型系数进行优选。

11.2.4 基于 GA-RFM 模型的间接正射纠正

间接正射纠正指的是从正射影像出发，通过正射纠正模型（如正解形式的 RFM 模型），逐点计算正射影像的像点在原始遥感影像上对应的像点（图 11-3）。

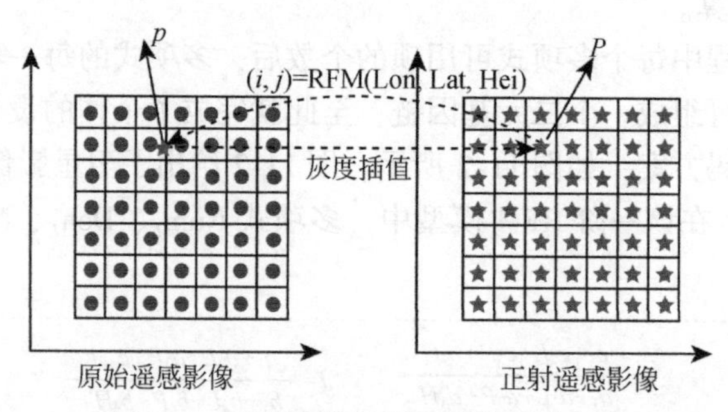

图 11-3 遥感影像间接正射纠正示意图

基于 GA-RFM 模型间接正射纠正算法流程（张荣庭，2019；张荣庭等，2019）如下：

（1）建立 RFM 模型

利用星历、星姿插值得到 VGM 模型获取“虚拟控制点”的像素坐标和大地坐标；然后利用 RLS-RFM 算法求解 RFM 模型参数 $a_1 \sim a_{20}$，$b_1 \sim b_{20}$，$c_1 \sim c_{20}$和 $d_1 \sim d_{20}$。

（2）利用 GA 算法优选 RFM 模型参数

在确定 RFM 模型参数 $a_1 \sim a_{20}$，$b_1 \sim b_{20}$，$c_1 \sim c_{20}$和 $d_1 \sim d_{20}$后，根据前文的 GA 算法对 RFM 模型参数进行优选。

（3）获取正射影像像素的地面坐标

如图 11-4 所示，假设原始遥感影像的 4 个顶点分别为 p_1、p_2、p_3和 p_4，它们对应的地面点 P_1、P_2、P_3和 P_4的大地坐标可通过 VGM 模型来确定。假设地面点 P_1、P_2、P_3和 P_4的大地坐标分别为（Lon_{P1}，Lat_{P1}）、（Lon_{P2}，Lat_{P2}）、（Lon_{P3}，Lat_{P3}）和（Lon_{P4}，Lat_{P4}），那么正射影像覆盖的地面范围可根据式（11-2）来确定，即：

$$\begin{cases} \mathrm{Lon}_{\max} = \max(\mathrm{Lon}_{P1}, \mathrm{Lon}_{P2}, \mathrm{Lon}_{P3}, \mathrm{Lon}_{P4}) \\ \mathrm{Lon}_{\min} = \min(\mathrm{Lon}_{P1}, \mathrm{Lon}_{P2}, \mathrm{Lon}_{P3}, \mathrm{Lon}_{P4}) \\ \mathrm{Lat}_{\max} = \max(\mathrm{Lat}_{P1}, \mathrm{Lat}_{P2}, \mathrm{Lat}_{P3}, \mathrm{Lat}_{P4}) \\ \mathrm{Lat}_{\min} = \min(\mathrm{Lat}_{P1}, \mathrm{Lat}_{P2}, \mathrm{Lat}_{P3}, \mathrm{Lat}_{P4}) \end{cases} \tag{11-2}$$

在确定了正射影像的范围后，即可根据给定的地面采样间距 STEPLon 和 STEPLat 来确定正射影像的行、列数量，如式（11-3）：

$$N_{i_{\mathrm{Orth}}} = \frac{\mathrm{Lon}_{\max} - \mathrm{Lon}_{\min}}{\mathrm{STEPLon}}, \quad N_{j_{\mathrm{Orth}}} = \frac{\mathrm{Lat}_{\max} - \mathrm{Lat}_{\min}}{\mathrm{STEPLat}} \tag{11-3}$$

其中，$N_{j\mathrm{Orth}}$和 $N_{i\mathrm{Orth}}$分别为正射影像的行、列数量。

假设正射影像上任意一个像点 p_{Orth} 的像素坐标为（i_{Orth}，j_{Orth}），那么像点 p_{Orth} 对应的地面点 P 的大地坐标（Lon，Lat）可通过式（11-4）得到，即

$$\begin{cases} \mathrm{Lon}=\mathrm{Lon}_{\min}+(i_{Orth}-i_{LB})\times \mathrm{STEPLon}, i_{Orth}=0,1,2,\cdots,N_{i_{Orth}} \\ \mathrm{Lat}=\mathrm{Lat}_{\min}+(j_{LB}-j_{Orth})\times \mathrm{STEPLat}, j_{Orth}=0,1,2,\cdots,N_{j_{Orth}} \end{cases} \tag{11-4}$$

其中（i_{LB}，j_{LB}）为正射影像左下角顶点的像素坐标，通常有 $i_{LB}=0$，$j_{LB}=N_{j\,Orth}$。

在得到地面点 P 的大地坐标（Lon，Lat）后，即可根据（Lon，Lat）在 DEM 或 DSM 中内插出地面点 P 的高程 Hei。

（4）进行正射影像

在获取正射影像像点的地面坐标（Lon，Lat，Hei）后，即可把地面点坐标（Lon，Lat，Hei）输入到经步骤 2 优化后的 RFM 模型中，通过计算后即可获得原始影像的像素坐标（i_{Orig}，j_{Orig}）。然后根据像素坐标（i_{Orig}，j_{Orig}）在原始影像中进行灰度插值。灰度计算时可采用双线性插值方法来获取像素点 p 的灰度值。

双线性插值的可由式（11-5）表示：

$$\begin{aligned} \mathrm{grey}(i_p,j_p)= & (1-\mathrm{fra}_{i_p})\times(1-\mathrm{fra}_{j_p})\times \mathrm{grey}(\mathrm{int}_{i_p},\mathrm{int}_{j_p})+ \\ & \mathrm{fra}_{j_p}\times(1-\mathrm{fra}_{i_p})\times \mathrm{grey}(\mathrm{int}_{i_p},\mathrm{int}_{j_p}+1)+ \\ & \mathrm{fra}_{i_p}\times(1-\mathrm{fra}_{j_p})\times \mathrm{grey}(\mathrm{int}_{i_p}+1,\mathrm{int}_{j_p})+ \\ & \mathrm{fra}_{i_p}\times \mathrm{fra}_{j_p}\times \mathrm{grey}(\mathrm{int}_{i_p}+1,\mathrm{int}_{j_p}+1) \end{aligned} \tag{11-5}$$

其中，fra_{i_p} 和 int_{i_p} 分别为坐标 i_p 的小数和整数部分；fra_{j_p} 和 int_{j_p} 分别为坐标 j_p 的小数和整数部分；grey（int_{i_p}，int_{j_p}）、grey（int_{i_p}，$\mathrm{int}_{j_p}+1$）、grey（$\mathrm{int}_{i_p}+1$，int_{j_p}）和 grey（$\mathrm{int}_{i_p}+1$，$\mathrm{int}_{j_p}+1$）为与像素点 p 相邻的 4 个像素点的灰度值；grey（i_p，j_p）为插值得到的像素点 p 的灰度值。

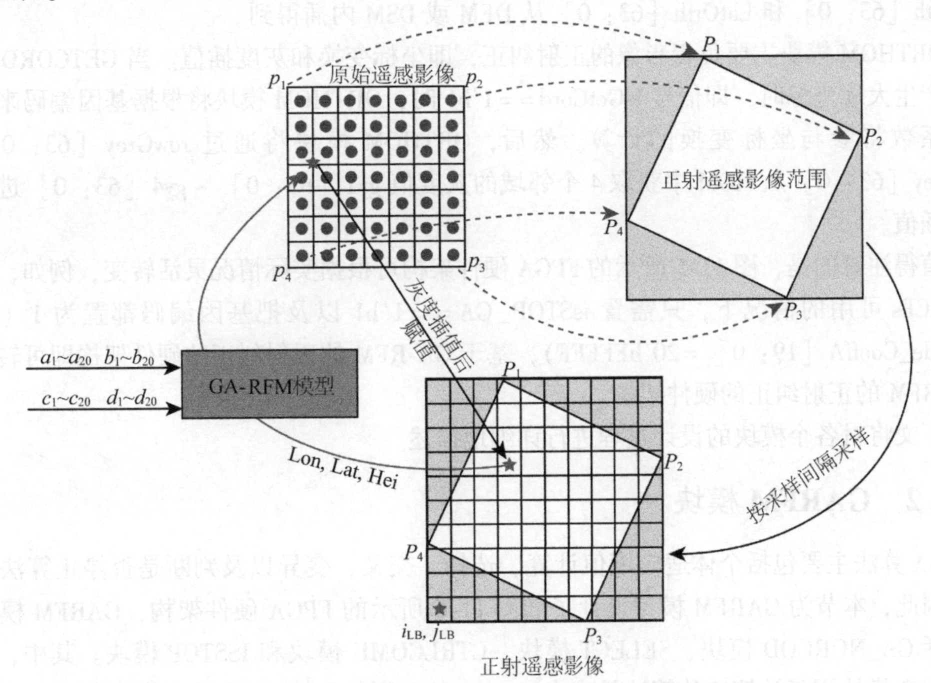

图 11-4 基于 GA-RFM 模型的间接正射纠正

最后把灰度值赋给正射影像的像素点（i_{Orth}，j_{Orth}）即可。最后输出正射影像。逐点地对正射影像上的像素点执行步骤1至步骤4的操作，即可获得经过正射纠正的影像。

11.3 基于FPGA的GA-RFM正射影像纠正硬件实现

11.3.1 基于FPGA的GA-RFM影像正射纠正的硬件架构

基于GA-RFM模型的影像正射纠正的FPGA硬件架构，主要包括3个模块，即：①GARFM模块主要是利用GA算法对RFM模型的系数进行优选；②GETCORD模块主要是用于获取正射影像像素的大地坐标；③ORTHOM模块主要是利用由GARFM模块确定的GA-RFM模型进行坐标变换和灰度插值。

GARFM模块主要负责利用GA算法对RFM模型系数进行优选，其中GACode_CoeffA［19：0］、GACode_CoeffB［19：0］、GACode_CoeffC［19：0］和GACode_CoeffD［19：0］为最终的基因编码，分别对应于RFM模型系数$a_1 \sim a_{20}$、$b_1 \sim b_{20}$、$c_1 \sim c_{20}$和$d_1 \sim d_{20}$。每一组基因编码由20 bits的二进制数0和1构成，其决定了对应的系数是否参与后续的计算。例如GACode_CoeffA［0］对应于a_1，若GACode_CoeffA［0］==1，那么a_1将参与后续计算；否则不参与后续计算。

当GARFM模块完成RFM模型系数的优选后，即信号isSTOP_GA==1′b1时，GETCORD模块将通过计算为ORTHOM模块提供输入数据LonOrth［63：0］、LatOrth［63：0］和HeiOrth［63：0］，它们分别为正射影像像素对应的经度、纬度和高程，其中LonOrth［63：0］和LatOrth［63：0］可根据采样距离计算得到，而HeiOrth［63：0］可根据LonOrth［63：0］和LatOrth［63：0］从DEM或DSM内插得到。

ORTHOM模块主要负责影像的正射纠正，即坐标变换和灰度插值。当GETCORD模块开始产生大地坐标时，即信号isGetCord==1′b1时，ORTHOM模块将根据基因编码来确定哪些系数将参与坐标变换的计算。然后，ORTHOM模块将通过rowGrey［63：0］和clmGrey［63：0］从ROM中获取4个邻域的灰度值gy1［63：0］~gy4［63：0］进行双线性插值。

值得注意的是，图11-5所示的FPGA硬件架构可根据实际情况灵活转变，例如，在没有GACPs可用的情况下，只需置isSTOP_GA==1′b1以及把基因编码都置为1（例如GACode_CoeffA［19：0］=20′hFFFFF），基于GA-RFM的正射纠正的硬件架构即可转变为基于RFM的正射纠正的硬件架构。

下文将对各个模块的设计过程进行详细地描述。

11.3.2 GARFM模块

GA算法主要包括个体适应度值计算、选择、交叉、变异以及判断是否停止算法等过程。因此，本节为GARFM模型设计了如图11-6所示的FPGA硬件架构，GARFM模块主要包括GA_NORCOD模块、SELECT模块、CTRLCOMU模块和ISSTOP模块。其中，GA_NORCOD模块用于计算遗传算法检查点GACPs的正则化坐标；SELECT模块负责选出最优的个体；CTRLCOMU模块主要负责三个方面的操作：①随机选出10组个体发送到

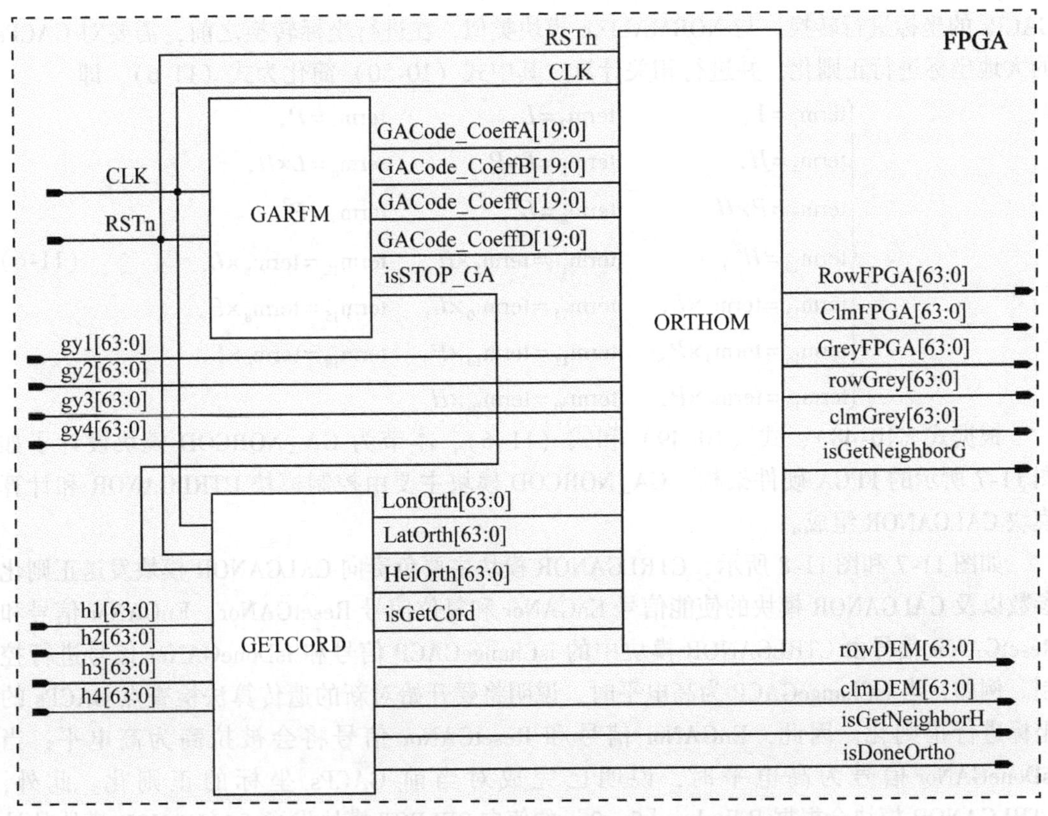

图 11-5　基于 GA-RFM 的正射纠正算法的 FPGA 硬件架构

SELECT 模块；②从交配池中随机选取父代个体进行交叉操作，以产生子代个体；③对子代个体进行变异操作。ISSTOP 模块通过繁殖的代数和个体的适应度值来决定是否停止对 RFM 模型系数的优选。

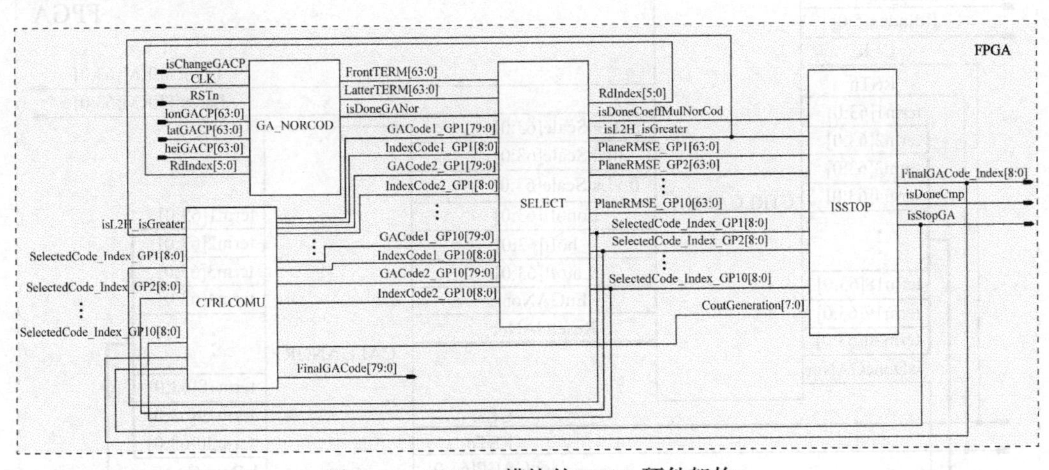

图 11-6　GARFM 模块的 FPGA 硬件架构

11.3.3　GA_NORCOD 模块

由于本节以 GACPs 的平面 RMSE 作为个体的适应度值，因此需要利用 RFM 模型对

GACPs 的坐标进行转换。与 NORMALIZE 模块类似，在进行坐标转换之前，需要对 GACPs 的大地坐标进行正则化，并进行相关计算。其中式（10-50）简化为式（11-6），即

$$\begin{cases} \text{term}_1 = 1, & \text{term}_2 = L, & \text{term}_3 = P, \\ \text{term}_4 = H, & \text{term}_5 = L \times P, & \text{term}_6 = L \times H, \\ \text{term}_7 = P \times H, & \text{term}_8 = L^2, & \text{term}_9 = P^2, \\ \text{term}_{10} = H^2, & \text{term}_{11} = \text{term}_5 \times H, & \text{term}_{12} = \text{term}_8 \times L, \\ \text{term}_{13} = \text{term}_9 \times L, & \text{term}_{14} = \text{term}_{10} \times L, & \text{term}_{15} = \text{term}_8 \times P, \\ \text{term}_{16} = \text{term}_9 \times P, & \text{term}_{17} = \text{term}_{10} \times P, & \text{term}_{18} = \text{term}_6 \times L, \\ \text{term}_{19} = \text{term}_7 \times P, & \text{term}_{20} = \text{term}_{10} \times H \end{cases} \tag{11-6}$$

根据式（10-48）、式（10-49）和式（11-6），本节为 GA_NORCOD 模块设计了如图 11-7 所示的 FPGA 硬件架构。GA_NORCOD 模块主要由控制模块 CTRLGANOR 和计算模块 CALGANOR 组成。

如图 11-7 和图 11-8 所示，CTRLGANOR 模块主要负责向 CALGANOR 模块发送正则化参数以及 CALGANOR 模块的使能信号 EnGANor 和复位信号 ResetGANor。EnGANor 信号和 ResetGANor 信号由 CTRLGANOR 模块中的 isChangeGACP 信号和 isDoneGANor 信号进行控制。例如，当 isChangeGACP 为高电平时，说明将要开始对新的遗传算法检查点 GACPs 的坐标进行正则化，因此，EnGANor 信号和 ResetGANor 信号将会被拉高为高电平；当 isDoneGANor 信号为高电平时，说明已完成对当前 GACPs 坐标的正则化。此外，CTRLGANOR 模块会根据 RdIndex［5：0］的值向 SELECT 模块发送 CALGANOR 模块的计算结果 FrontTERM［63：0］和 LatterTERM［63：0］。其中，FrontTERM［63：0］将在 $\text{term}_1 \sim \text{term}_{10}$ 范围内进行取值；而 LatterTERM［63：0］则在 $\text{term}_{11} \sim \text{term}_{20}$ 范围内取值。例如，当 RdIndex = = 6′d3 时，FrontTERM［63：0］将会被赋予 term_3［63：0］的值，而

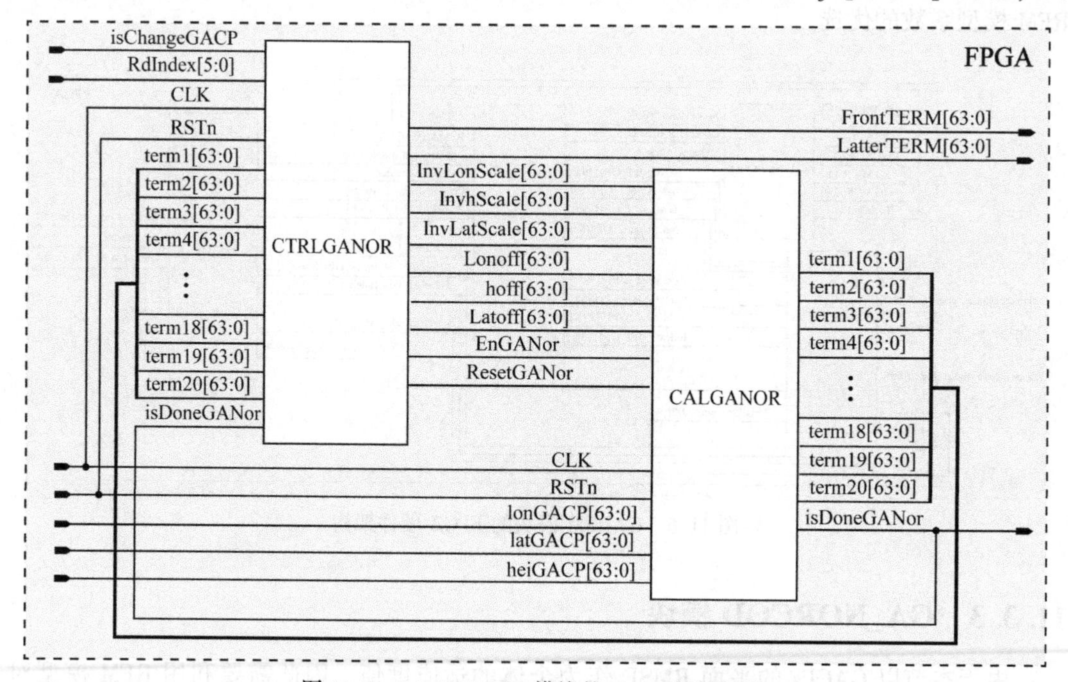

图 11-7　GA_NORCOD 模块的 FPGA 硬件架构

LatterTERM［63：0］则会被赋予 $term_{13}$［63：0］的值。

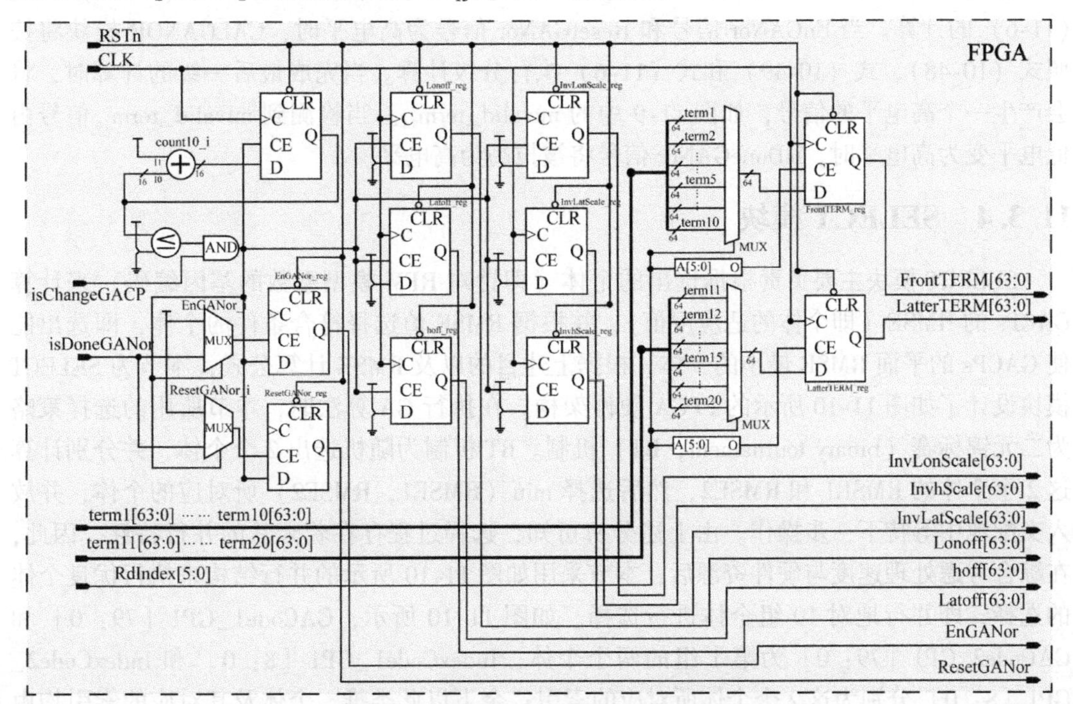

图 11-8　CTRLGANOR 模块的 FPGA 硬件架构

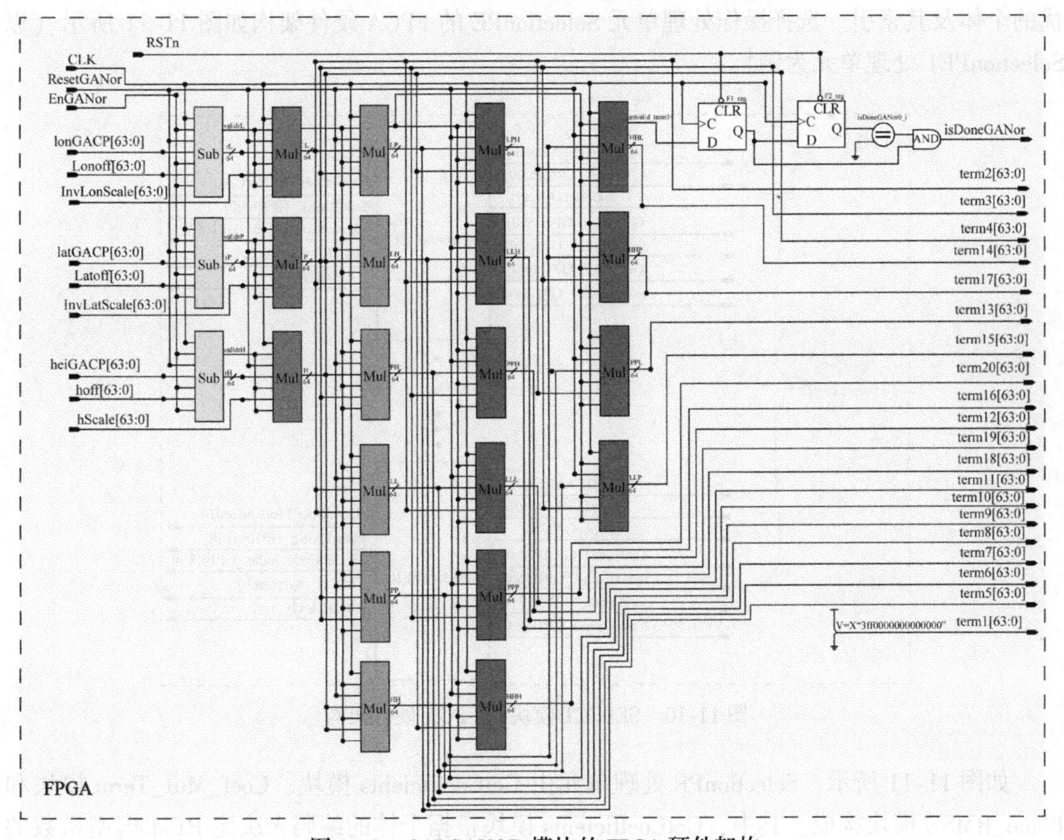

图 11-9　CALGANOR 模块的 FPGA 硬件架构

如图 11-7 和图 11-9 所示，CALGANOR 模块主要负责式（10-48）、式（10-49）和式（11-6）的计算。当 EnGANor 信号和 ResetGANor 信号为高电平时，CALGANOR 模块将按照式（10-48）、式（10-49）和式（11-6）执行分级计算。当完成最后一级的计算时，将会产生一个高电平的信号，如图 11-9 中的 $mtvalid\_term_{14}$。当检测到 $mtvalid\_term_{14}$ 信号由低电平变为高电平时，isDoneGANor 信号将被拉高为高电平。

11.3.4 SELECT 模块

SELECT 模块主要负责根据选出的个体（即针对 RFM 模型系数的基因编码）来计算 GACPs 的 RMSE（即个体的适应度值），并根据 RMSE 值选择符合条件的个体，即选出能使 GACPs 的平面 RMSE 最小的个体。根据上述目的以及 RMSE 计算公式，本节为 SELECT 模块设计了如图 11-10 所示的 FPGA 硬件架构。在执行 GA 算法时，本节所用的选择策略为二元锦标赛（binary tournament，BT）机制。BT 机制为随机选出 2 个个体，并分别计算这 2 个个体的 RMSE1 和 RMSE2，然后选择 min（RMSE1，RMSE2）所对应的个体，并放入交配池中等待下一步操作。由上述分析可知，选择过程存在着天然的并行特性。因此，在综合考虑处理速度与硬件资源后，本节采用如图 11-10 所示的并行结构来执行优良个体的选择，即并行地对 10 组个体进行选择。如图 11-10 所示，GACode1_GP1［79：0］和 GACode2_GP1［79：0］为第 1 组的两个个体，IndexCode1_GP1［8：0］和 IndexCode2_GP1［8：0］分别为这 2 个个体所对应的索引；余下以此类推。个体及其对应的索引均由 CTRLCOMU 模块发送而来，它们在经过选择处理单元 SelectionPE 后，即可得到该组中较优的个体及其索引。选择操作处理单元 SelectionPE 的 FPGA 硬件架构如图 11-11 所示（以 SelectionPE1 处理单元为例）。

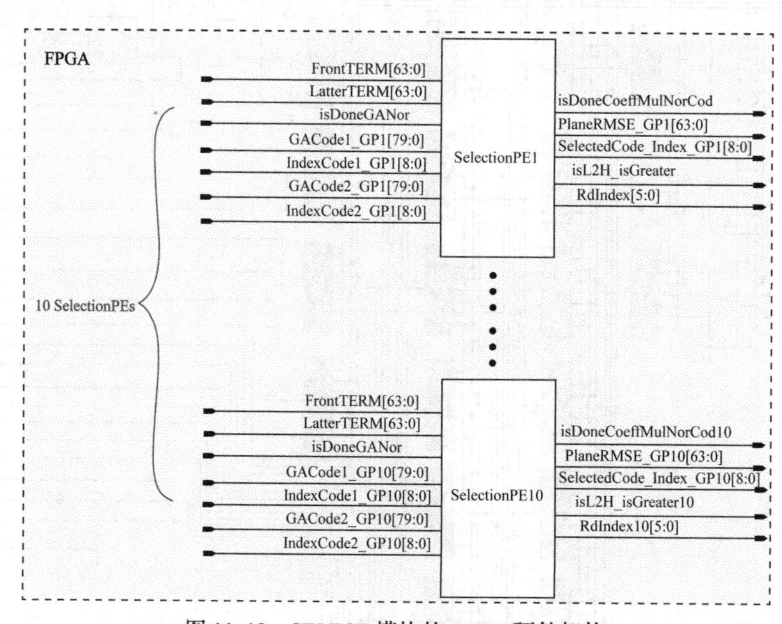

图 11-10　SELECT 模块的 FPGA 硬件架构

如图 11-11 所示，SelectionPE 处理单元由 GetCoefficients 模块、Coef_Mul_Term 模块和 Plane_RMSE 模块构成。其中，GetCoefficients 模块根据个体的编码来决定 RFM 模型系数的

状态，例如，对于个体 GACode1_GP1 [79：0]，GACode1_GP1 [0] 到 GACode1_GP1 [19] 决定了 $a_1 \sim a_{20}$ 的状态，GACode1_GP1 [20] 到 GACode1_GP1 [39] 决定了 $b_1 \sim b_{20}$ 的状态，GACode1_GP1 [40] 到 GACode1_GP1 [59] 决定了 $c_1 \sim c_{20}$ 的状态，GACode1_GP1 [60] 到 GACode1_GP1 [79] 决定了 $d_1 \sim d_{20}$ 的状态（个体 GACode2_GP1 [79：0] 类似）。例如，若 GACode1_GP1 [5] = = 1′b0，系数 a_6 取值为 0；若 GACode1_GP1 [5] = = 1′b1，系数 a_6 保持原值。

Coef_Mul_Term 模块主要根据式（10-2）~式（10-5）进行乘法累加操作，以获取上式中的 Num_L、Den_L、Num_S 和 Den_S。Plane_RMSE 模块在利用 NumL_GACode1 [63：0]、DenL_GACode1 [63：0]、NumS_GACode1 [63：0] 和 DenS_GACode1 [63：0] 计算出对应 GACPs 的像素坐标后，计算当前个体的适应度值 RMSE1。当获得本组 2 个个体的适应度值 RMSE1 [63：0] 和 RMSE2 [63：0] 后，通过浮点数比较器（如图 11-11 中的“isGreater”）比较 RMSE1 [63：0] 和 RMSE2 [63：0] 的大小。当 mtvalid_isGrter 为高电平时，若 isGrter = = 8′d1，则说明 RMSE1 [63：0] 大于 RMSE2 [63：0]，那么 SelectionPE1 处理单元最后将选择的个体为 GACode2_GP1 [79：0]，因此该个体对应的索引值 IndexCode2_GP1 [8：0] 将被赋予 SelectedCode_index_GP1 [8：0]，RMSE2 [63：0] 将被赋予 PlaneRMSE_GP [63：0]，并输出到 CTRLCOMU 模块和 ISSTOP 模块，反之亦然。

下文将对主要模块的结构进行详细的描述。

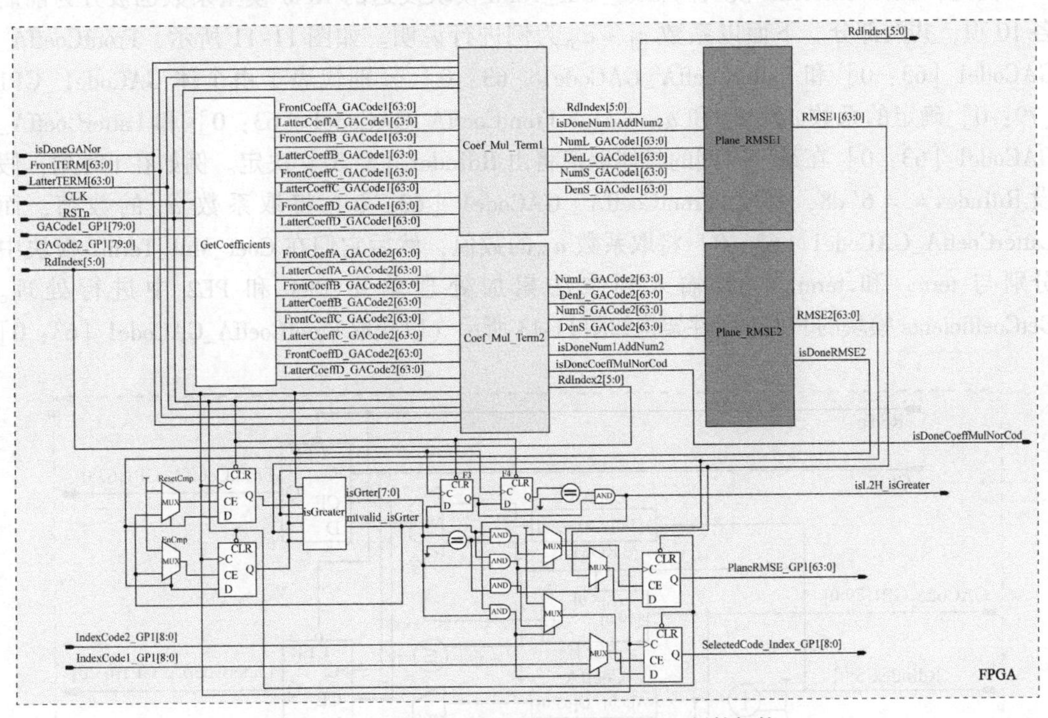

图 11-11　SelectionPE 处理单元的 FPGA 硬件架构

$\mathrm{Coef\_Mul\_Term}_1$ 模块与 $\mathrm{Coef\_Mul\_Term}_2$ 模块结构相同，下文以 $\mathrm{Coef\_Mul\_Term}_1$ 模块为例对其结构进行说明。在 $\mathrm{Coef\_Mul\_Term}_1$ 模块根据式（10-2）~（10-5）进行乘法累加运算时，综合考虑 FPGA 硬件资源和处理速度后，本节对乘法累加运算进行了并行处理。例如，对于式（10-2），其被分为前 10 项和后 10 项，这两部分同时利用乘法累加处理单元 PE 进行并行计算（图 11-12）；在同时得到 rNumL1 和 rNumL2 后再进行一次浮点数加法即可得到乘法累加结果，即图 11-11 和图 11-12 中的 NumL_GACode1［63：0］。同理可得 DenL_GACode1［63：0］、NumS_GACode1［63：0］和 DenL_GACode1［63：0］。

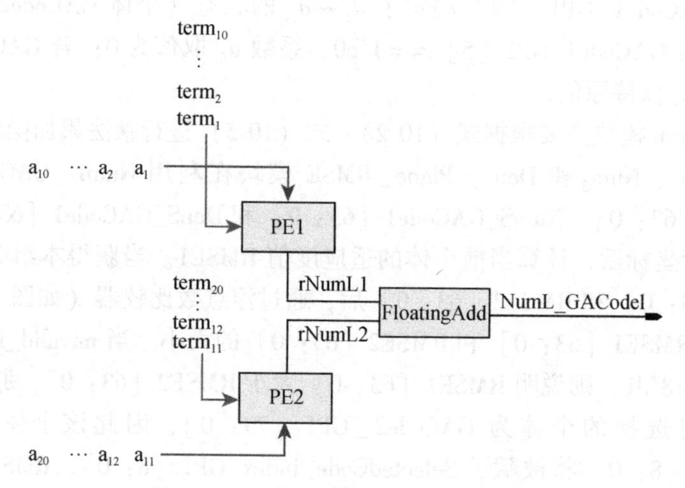

图 11-12　用于计算 NumL 的并行结构

因此，GetCoefficients 模块向 Coef_Mul_Term 模块发送的 RFM 模型系数也被分为前后各 10 项，共两部分。下面以系数 $a_1 \sim a_{20}$ 为例进行说明。如图 11-11 所示，FrontCoeffA_GACode1［63：0］和 LatterCoeffA_GACode1［63：0］分别代表了由个体 GACode1_GP1［79：0］确定的系数 $a_1 \sim a_{10}$ 和 $a_{11} \sim a_{20}$。FrontCoeffA_GACode1［63：0］和 LatterCoeffA_GACode1［63：0］在某一时刻的具体取值将由 RdIndex［5：0］决定。例如在 t 时刻，假设 RdIndex = = 6′d8，那么 FrontCoeffA_GACode1［63：0］将取系数 a_9 的数值，而 LatterCoeffA_GACode1［63：0］将取系数 a_{19} 的数值，然后它们在 Coef_Mul_Term1 模块中分别与 $term_9$ 和 $term_{19}$ 同时输入到乘法累加处理单元 PE1 和 PE2 中进行处理。GetCoefficients 模块的 FPGA 硬件架构如图 11-13 所示（以获取 FrontCoeffA_GACode1［63：0］

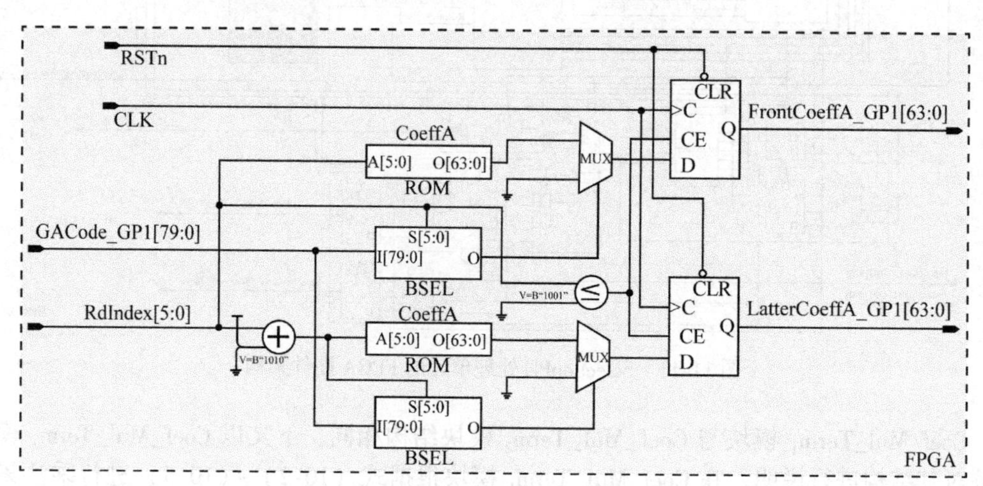

图 11-13　GetCoefficients 模块的 FPGA 硬件架构（以获取 FrontCoeffA_GACode1［63：0］和 LatterCoeffA_GACode1［63：0］为例）

和 LatterCoeffA_GACode1［63：0］为例，其余系数的获取类似)，模型系数 $a_1 \sim a_{20}$ 被存储在 ROM 中，通过 RdIndex［5：0］的值分别从 ROM 和位选择器“BSEL”中读出对应的系数和个体基因，最后由位选择器“BSEL”输出的个体基因确定系数最终的取值。

当 $\mathrm{Coef\_Mul\_Term}_1$ 模块输出 DenL_GACode1［63：0］、NumS_GACode1［63：0］和 DenL_GACode1［63：0］后，可通过如图 11-14 所示的 Plane_RMSE1 模块的 FPGA 硬件架构来获取个体 GACode1_GP1［79：0］的适应度值，即 RMSE1［63：0］。在该硬件架构中，首先根据式（11-7）的并行方式同时获取 GACPs 的像素坐标 i［63：0］和 j［63：0］，然后再求解个体的适应度值 RMSE1［63：0］，即式（11-8）。

$$\begin{aligned}
&\text{第 1 级}\quad \mathrm{Nor}I=\frac{\mathrm{Num}S}{\mathrm{Den}S},\ \mathrm{Nor}J=\frac{\mathrm{Num}L}{\mathrm{Den}L}\\
&\text{第 2 级}\quad \mathrm{Temp}i=\mathrm{Nor}I\times i\mathrm{Scale},\ \mathrm{Temp}j=\mathrm{Nor}J\times j\mathrm{Scale}\\
&\text{第 3 级}\quad i_{\mathrm{GACP}}=\mathrm{Temp}i+\mathrm{ioff},\ j_{\mathrm{GACP}}=\mathrm{Tempj}+\mathrm{joff}
\end{aligned}\tag{11-7}$$

$$\begin{aligned}
&\text{第 4 级}\quad \mathrm{detai}=i_{\mathrm{GACP}}-i_{\mathrm{GACP'}},\ \mathrm{deta}j=j_{\mathrm{GACP}}-i_{\mathrm{GACP'}}\\
&\text{第 5 级}\quad \mathrm{Sdeta}i=\mathrm{deta}i\times\mathrm{deta}i,\ \mathrm{Sdetai}=\mathrm{detai}\times\mathrm{detai}\\
&\text{第 6 级}\quad \mathrm{Sum_Sdetai}+=\mathrm{Sdetai},\ \mathrm{Sum_Sdetaj}+=\mathrm{Sdetaj}\\
&\text{第 7 级}\quad \mathrm{Sum}=\mathrm{Sum_Sdetai}+\mathrm{Sum_Sdetaj}\\
&\text{第 8 级}\quad \mathrm{MSE}=\mathrm{Sum}\times\mathrm{invNGACP}\\
&\text{第 9 级}\quad \mathrm{RMSE}=\sqrt{\mathrm{MSE}}
\end{aligned}\tag{11-8}$$

其中，invNGACP 为 GA 算法检查点个数的倒数，避免除法运算。

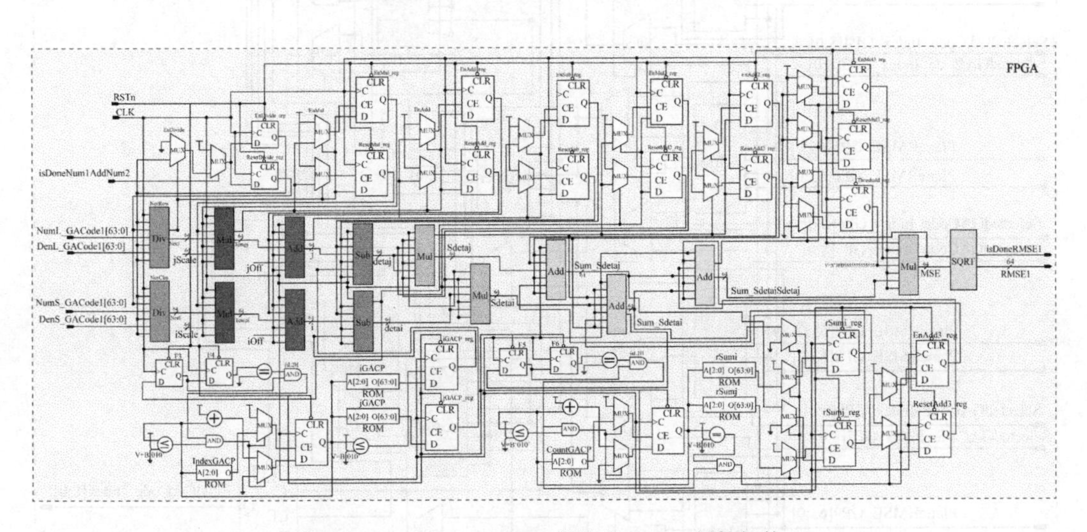

图 11-14　Plane_RMSE1 模块的 FPGA 硬件架构

11.3.5　ISSTOP 模块

由前文可知，通过并行处理，SELECT 模块每次可分别从 10 组个体（每组 2 个个体）中选出本组相对优良的个体，因此共有 10 个个体被选择出来。所选出的这 10 个个体相对于本组的另一个个体来说，它们能够得到更小的 RMSE。为了判定是否结束对 RFM 模型系数的优选，ISSTOP 模块利用如图 11-15 所示的 FPGA 硬件架构对 SELECT 模块选出的 10

个个体进行进一步的筛选，旨在选出能够得到最小 RMSE 的个体。最后，ISSTOP 模块通过比较最小的 RMSE 与给定阈值的大小来决定是否结束对 RFM 模型系数的优选。如图 11-15 所示，ISSTOP 模型通过 5 步的比较即可确定是否结束对 RFM 模型系数的优选，即当 isStopGA 信号为高电平时结束对系数的优选，反之继续。

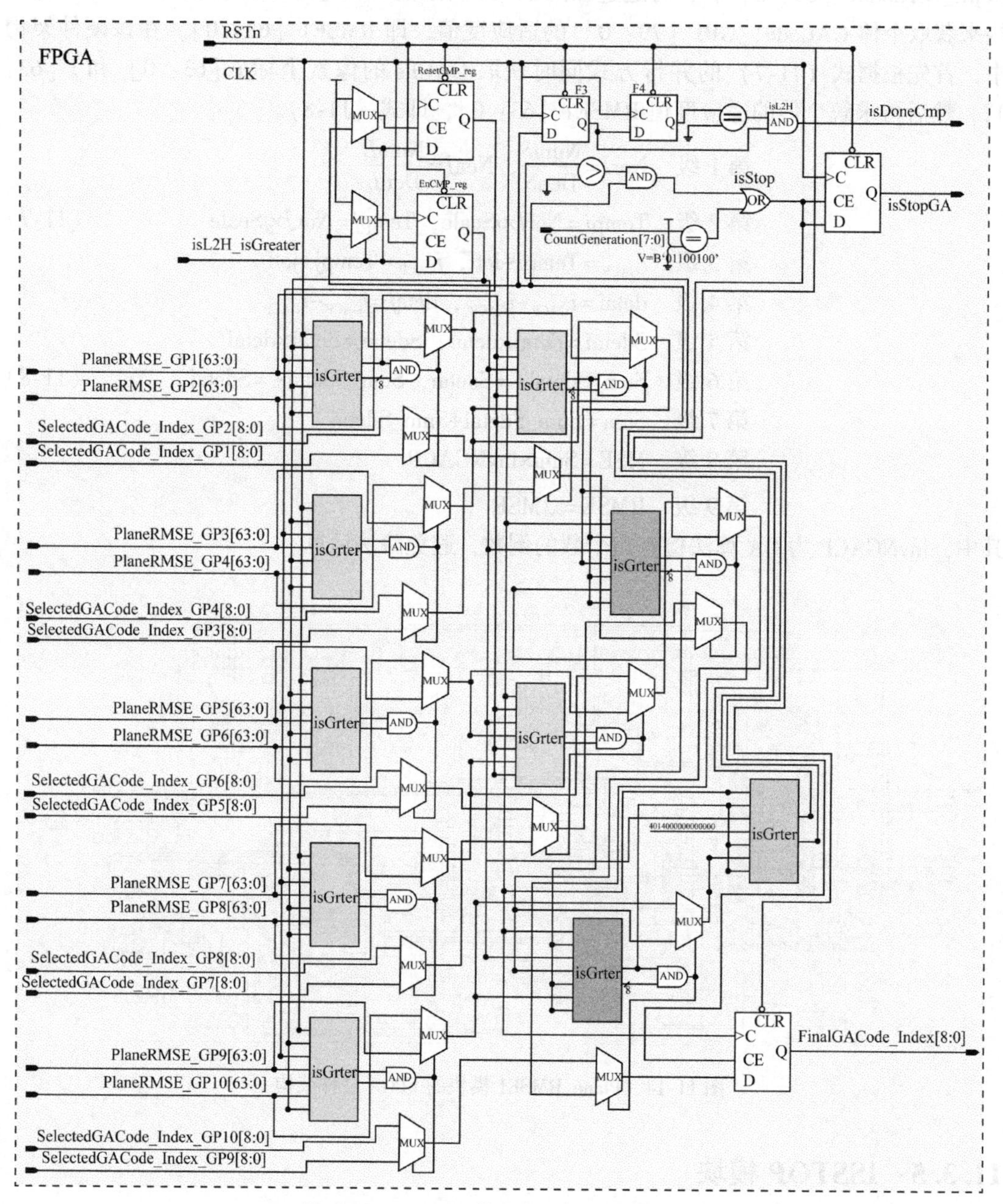

图 11-15　ISSTOP 模块的 FPGA 硬件架构

11.3.6　CTRLCOMU 模块

如前文所述，CTRLCOMU 模块的主要功能有：①随机选出 10 组个体发送到 SELECT

模块；②从交配池中随机选取父代个体，并产生随机交叉点位后进行交叉操作；③产生随机变异概率以及随机变异点位，然后通过产生的概率判断是否对子代个体进行变异操作。因此，如何利用 FPGA 硬件产生随机数对实现 CTRLCOMU 模块的功能有着至关重要的作用。

线性反馈移位寄存器（linear feedback shift registers，LFSR）是一个序列移位寄存器，通过一系列的组合反馈逻辑，LFSR 能够随机地循环产生一系列二进制值。由于 LFSR 能够兼顾处理速度与资源，因此常用于产生随机数、噪声序列和快速数字计数器等。如图 11-16 所示，一个 N 阶的 LFSR 主要包含 N 个 D 触发器和若干个异或门，其中 $g_0 \sim g_{N-1}$ 为反馈系数，它们的取值只能为“1”或“0”。例如当 g_2 为“1”时，说明该反馈路线存在，反之则不存在。当 $g_0 \sim g_{N-1}$ 满足一定条件后，LFSR 可以循环遍历 2^N-1 个状态（除全“0”状态外）。下面以 $N=3$ 为例对 LFSR 的状态转移过程进行详细叙述。

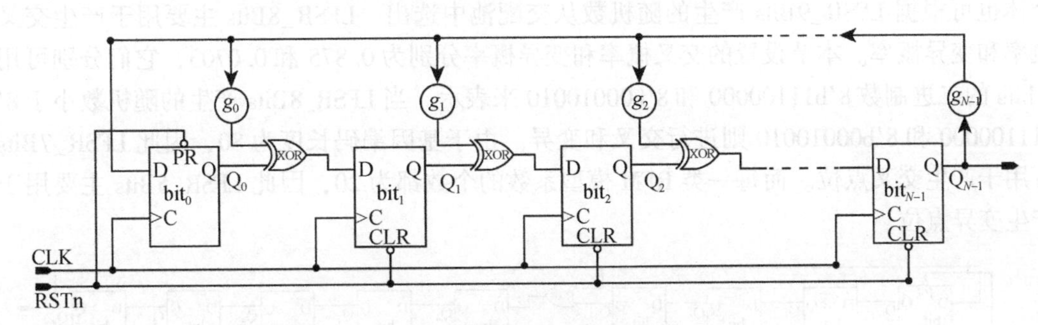

图 11-16　N 阶 LFSR 的 FPGA 硬件架构示意图

根据 Smith（1998）等，当 $g_0g_1g_2=101$ 时，即如图 11-17 所示的 FPGA 硬件架构，LFSR 可遍历到 $2^3-1=7$ 个状态。例如，假设随机种子（Seed）$Q_2Q_1Q_0=101$，当第 1 个时钟到来时，有：(未找到参考文献)

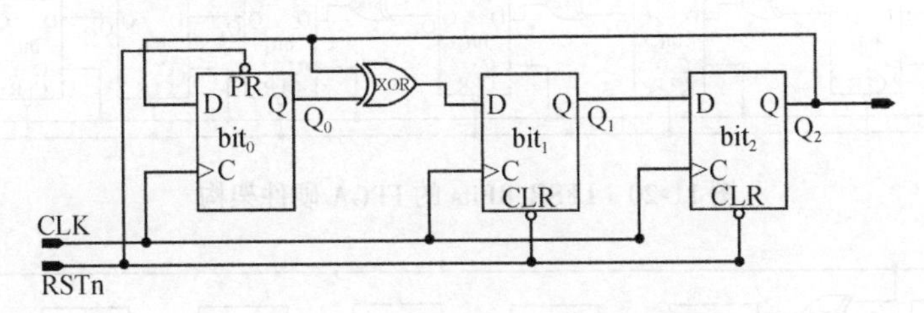

图 11-17　3 阶 LFSR 的 FPGA 硬件架构

$Q_0=Q_1=1$，

$Q_1=Q_0\hat{}Q_2=0$，

$Q_2=Q_1=0$，即 $Q_2Q_1Q_0=001$；

同理可得，当第 2 个时钟到来时，$Q_2Q_1Q_0=010$；以此类推，可到如图 11-18 所示的状态转移图。

由上述分析可知，Seed 的值决定了 LFSR 的初始状态；不同的反馈系数组合对应着不同的状态转移图；当选择合适的反馈系数时，LFSR 能够在指定的范围内循环地产生随机数。

根据 CTRLCOMU 模块的功能，本节分别设计了 9 阶、8 阶、7 阶和 5 阶的 LFSR，分

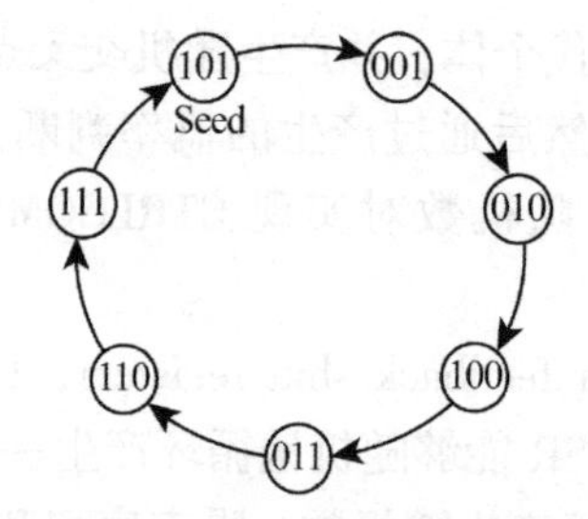

图 11-18　3 阶 LFSR 的状态转移图

别记为 LFSR_9Bits、LFSR_8Bits、LFSR_7Bits 和 LFSR_5Bits，它们的 FPGA 硬件结构分别如图 11-19、图 11-20、图 11-21 和图 11-22 所示。由于种群的大小为 500，因此可根据 LFSR_9Bits 产生的随机数从种群中选出个体作为 SELECT 模块的输入；此外，用于交叉的个体也可根据 LFSR_9Bits 产生的随机数从交配池中选出。LFSR_8Bits 主要用于产生交叉概率和变异概率。本节设置的交叉概率和变异概率分别为 0. 875 和 0. 0703，它们分别可用 8 bits 的二进制数 8′b11100000 和 8′b00010010 来表示。当 LFSR_8Bits 产生的随机数小于 8′b11100000 和 8′b00010010 则进行交叉和变异。由于基因编码长度为 80，因此 LFSR_7Bits 可用于产生交叉点位。而每一类 RFM 模型系数的个数都为 20，因此 LFSR_5Bits 主要用于产生变异点位。

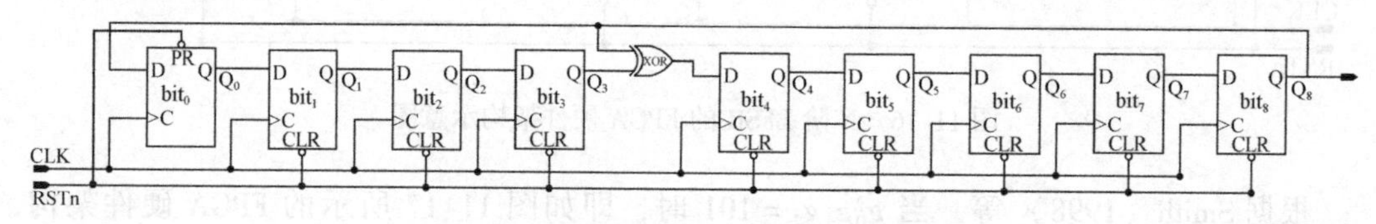

图 11-19　LFSR_9Bits 的 FPGA 硬件架构

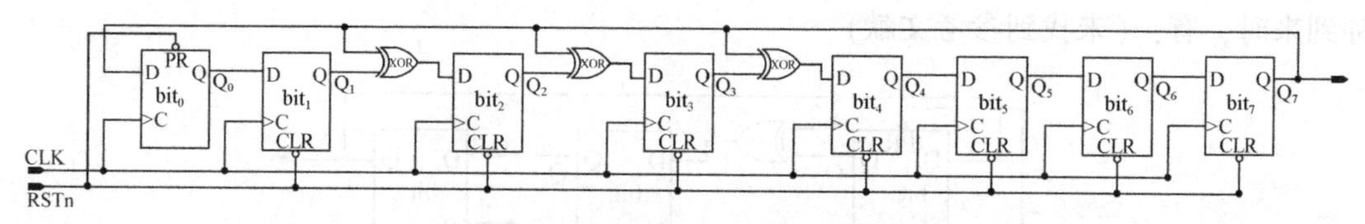

图 11-20　LFSR_8Bits 的 FPGA 硬件架构

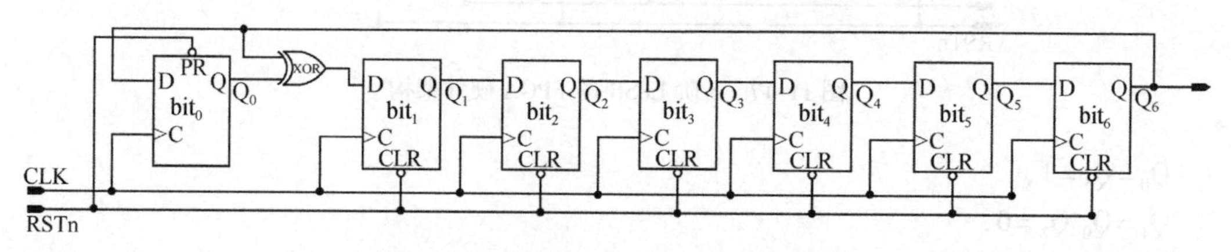

图 11-21　LFSR_7Bits 的 FPGA 硬件架构

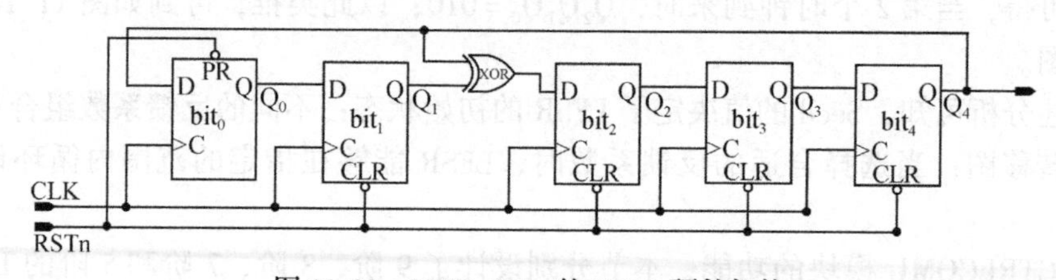

图 11-22　LFSR_5Bits 的 FPGA 硬件架构

当获得交叉点位且交叉概率小于给定阈值 8′b11100000 后，即可根据交叉点位进行单点交叉。基于 FPGA 的单点交叉具体过程如图 11-23 所示。假设基因编码长度为 6，交叉点位为 2，进行交叉的两个父代个体分别为 Parent1 = 6′b001101 和 Parent2 = 6′b010110。如图 11-23 所示，为了交换 Parent1 和 Parent2 的基因，只需分别对这两个个体进行 2 次移位操作后，再进行按位或操作即可。图 11-23 所示的交叉过程可用式（11-9）表示，即

$$
\begin{aligned}
Son1 &= ((Parent1 >> locC) << locC) \mid ((Parent2 << (lh - locC)) >> (lh - locC)) \\
Son2 &= ((Parent2 >> locC) << locC) \mid ((Parent1 << (lh - locC)) >> (lh - locC))
\end{aligned}
\tag{11-9}
$$

其中，lh 为基因编码长度，locC 为交叉点位，Son1 和 Son2 为父代个体 Parent1 和 Parent2 交叉后产生的两个子代个体。

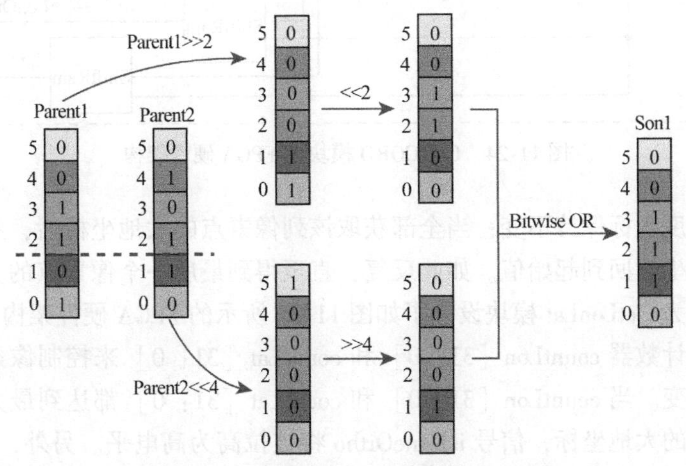

图 11-23　基于 FPGA 的单点交叉过程

当 LFSR_8Bits 产生的变异概率 MuPro 小于 8′b00010010 时，则对 LFSR_5Bits 产生的变异点位 locM 进行变异。变异过程可表示为式（11-10），即

$$
Son1[locM] = (MuPro < 8'b00010010)\ ?\ \sim Son1[locM] : Son1[locM] \tag{11-10}
$$

11.3.7　GETCORD 模块

根据 GA-RFM 模型的正射纠正原理，正射影像覆盖的地面范围可通过式（11-2）来确定。在确定正射影像 4 个顶点的大地坐标后，即可把正射影像的左下角顶点作为起始位置，并根据式（11-4）获取正射影像上任意像素对应的大地坐标。在获取正射影像像素的大地坐标后，即可利用双线性插值算法从 DEM 或 DSM 中内插出该像素点对应的高程值。因此，GETCORD 模块主要包含了用于获取大地坐标的 GetLonLat 模块和用于内插高程的 InterpolateHei 模块（图 11-24）。为了保证 LonOrth［63：0］和 LatOrth［63］能够与 HeiOrth［63：0］同步地输入到 ORTHOM 模块，本节利用基于 RAM 的移位寄存器对其进行了延迟。

11.3.8　GetLonLat 模块

根据式（11-4），本文将以列优先的顺序来获取正射影像像素点的经纬度坐标。因此，要获取当前像素点的纬度坐标只需在同一列的前一个像素点的纬度坐标的基础上加上采样

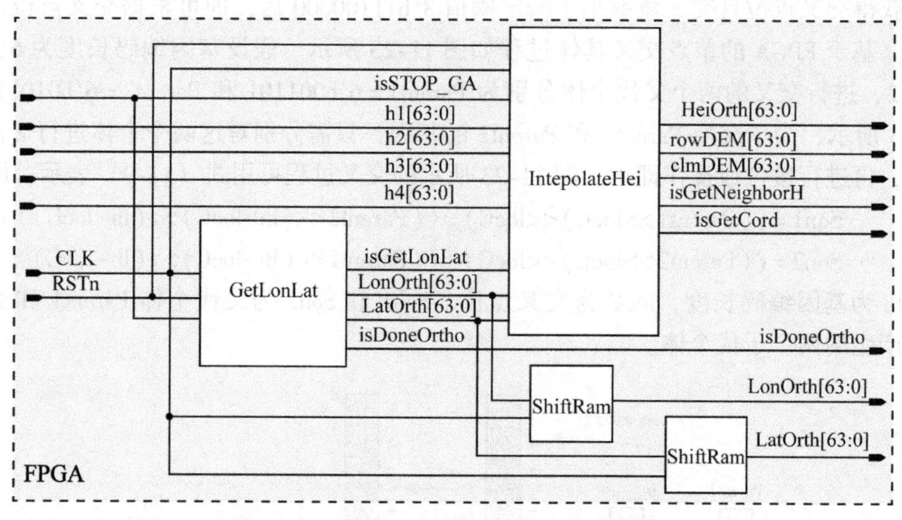

图 11-24　GETCORD 模块的 FPGA 硬件架构

间距即可，而经度坐标保持不变；当全部获取该列像素点的大地坐标后，经度坐标自加采样间距，而纬度坐标回到起始值。如此反复，直至得到最后一个像素点的大地坐标。根据上述分析，本节为 GetLonLat 模块设计了如图 11-25 所示的 FPGA 硬件架构。如图 11-25 所示，该架构通过计数器 countLon［31：0］和 countLat［31：0］来控制像素点的顺序，以便标记行列的转变。当 countLon［31：0］和 countLat［31：0］都达到最大值后，说明已获取全部像素点的大地坐标，信号 isDoneOrtho 将被拉高为高电平。另外，为了便于运算，采用 64 bits 的定点数来表示大地坐标 LonIter［63：0］和 LatIter［63：0］。在 LonIter［63：0］和 LatIter［63：0］分别完成自加采样间距后，即 LonIter = LonIter + OrthSTEPLon 和 LatIter = LatIter + OrthoSTEPLat，再分别把 LonIter［63：0］和 LatIter［63：0］转换为 64 bits 的浮点数 LonOrth［63：0］和 LatOrth［63：0］。

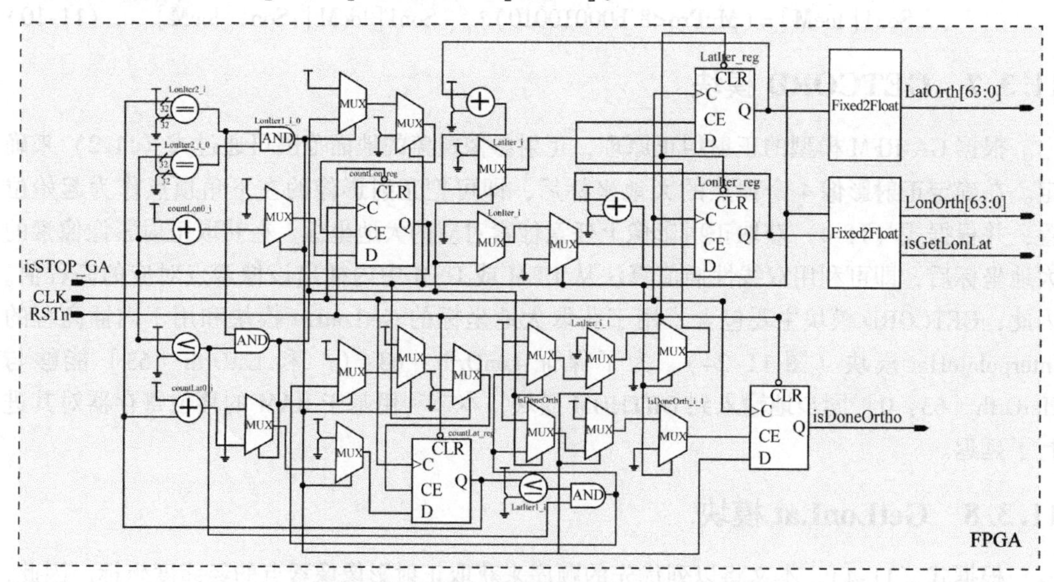

图 11-25　GetLonLat 模块的 FPGA 硬件架构

11.3.9 InterpolateHei 模块

当 InterpolateHei 模块检测到 GetLonLat 模块发送而来的 isGetLonLat 信号为高电平时，InterpolateHei 模块将根据 LonOrth [63: 0] 和 LatOrth [63: 0] 在 DEM 上进行双线性插值。

通过双线 性插值方法内插大地坐标为 LonOrth [63: 0] 和 LatOrth [63: 0] 的地面点 Point*A* 的高程值，首先需要确定该地面点在 DEM 上的 4 个邻域地面点的高程值。这 4 个地面点的高程值可通过下述过程获取，

首先通过式 (11-11) 确定 Point*A* 在 DEM 影像上的位置 ROWDEM 和 CLMDEM，

$$\begin{aligned} \text{ROWDEM} &= \frac{\text{LeftTopLat}-\text{LatOrth}}{\text{STEPLatDem}}, \\ \text{CLMDEM} &= \frac{\text{LonOrth}-\text{LeftTopLon}}{\text{STEPLonDem}} \end{aligned} \tag{11-11}$$

式中，LeftTopLon 和 LeftTopLat 为 DEM 左上角顶点的经纬度坐标，STEPLonDem 和 STEPLatDem 分别为 DEM 在经度和纬度方向上的步长。

在获取 ROWDEM 和 CLMDEM 后，需分离出它们的整数部分 rowDEM、clmDEM 和小数部分 rowFDEM、clmFDEM。因此，4 个邻域点的在 DEM 上的位置分别为 (rowDEM, clmDEM)、(rowDEM, clmDEM+1)、(rowDEM+1, clmDEM) 和 (rowDEM+1, clmDEM+1)，由此可得到它们的高程值 h1、h2、h3 和 h4。小数部分 rowFDEM 和 clmFDEM 分别对应于式 (11-5) 中的 fra_{i_p} 和 fra_{j_p}。

为了减少计算量，根据式 (11-5)，双线性插值公式可改写为式 (11-12)，即

$$\begin{cases} \text{h11} = \text{h1} + \text{clmFDEM} \times (\text{h2} - \text{h1}), \\ \text{h12} = \text{h3} + \text{clmFDEM} \times (\text{h4} - \text{h3}), \\ \text{HeiInterpolate} = \text{h11} + \text{rowFDEM} \times (\text{h12} - \text{h11}) \end{cases} \tag{11-12}$$

式中，h11 和 h12 为中间变量，HeiInterpolate 为最终的插值结果。对比式 (11-5) 和式 (11-12) 可知，乘法的次数由原来的 8 次减少到了 3 次。

根据式 (11-11) 和式 (11-12)，本节为 InterpolateHei 模块设计了如图 11-26 的 FPGA 硬件架构。如图 11-26 所示，在该架构中，ROWDEM [63: 0] 和 CLMDEM [63: 0] 均为 64 bits 浮点数，为了便于分离它们的正数部分和小数部分，需要把 64 bits 浮点数 ROWDEM [63: 0] 和 CLMDEM [63: 0] 分别转化为 Q40 格式的 64 bits 的定点数 RowFx [63: 0] 和 ClmFx [63: 0]。由此可得到整数部分 rowDEM = {RowFx [63: 40], 40′d0} 和 clmDEM = {ClmFx [63: 40], 40′d0}，以及小数部分 rowFdem = {24′d, RowFx [39: 0]} 和 clmFdem = {24′d, ClmFx [39: 0]}。一方面，通过 rowDEM [63: 0] 和 clmDEM [63: 0] 和信号 isGetNeighborH，即可从存储器中读取 4 个邻域像素的高程 h1 [63: 0]、h1 [63: 0]、h1 [63: 0] 和 h4 [63: 0]。另一方面，定点数 rowFdem [63: 0] 和 clmFdem [63: 0] 则重新转换为 64 bits 的浮点数 rowFDEM [63: 0] 和 clmFDEM [63: 0]，以便后续的计算。

11.3.10 ORTHOM 模块

ORTHOM 模块主要是利用由 GARFM 模块确定的 GA-RFM 模型把正射影像像素点的大

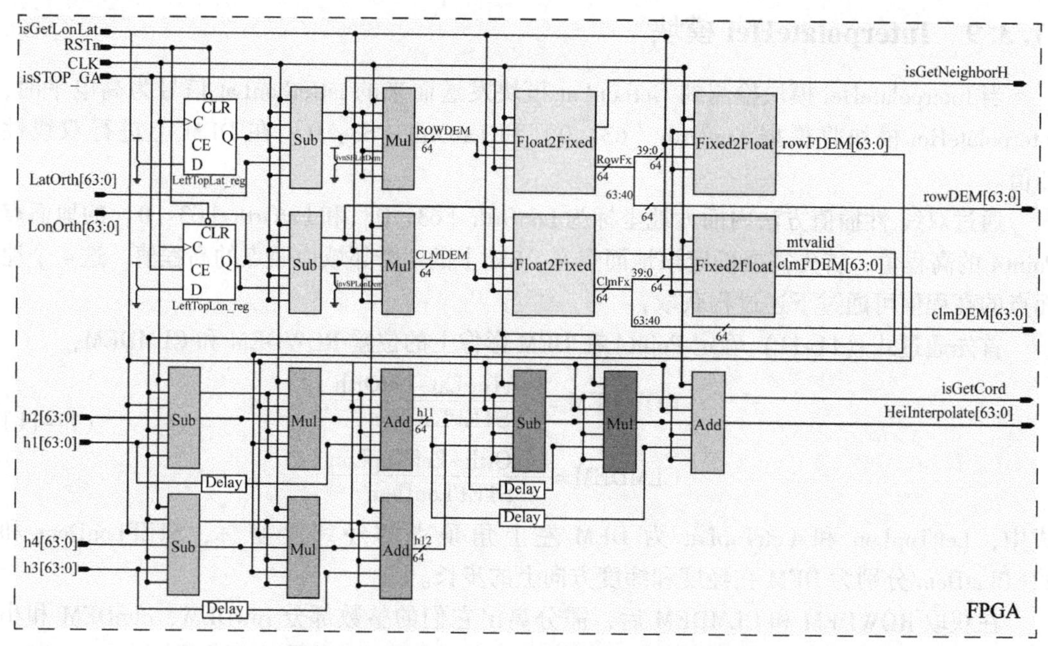

图 11-26 InterpolateHei 模块的 FPGA 硬件架构

地坐标 LonOrth［63：0］、LatOrth［63：0］和 HeiOrth［63：0］转换为原始影像的像素坐标 RowFPGA［63：0］和 ClmFPGA［63：0］，然后再根据 RowFPGA［63：0］和 ClmFPGA［63：0］内插出该像素点的灰度值 GreyFPGA［63：0］。根据式（10-1）~式（10-5）、式（10-48）、式（10-49）、式（11-6）以及式（11-12），本节为 ORTHOM 模块设计了如图 11-27 所示的 FPGA 硬件架构，该硬件架构主要由 GetTerm 模块、DetermineCoeff 模块、CoeffMTermPE1 ~ CoeffMTermPE4 模块、GetRowClm 模块和 InterpolateGrey 模块。

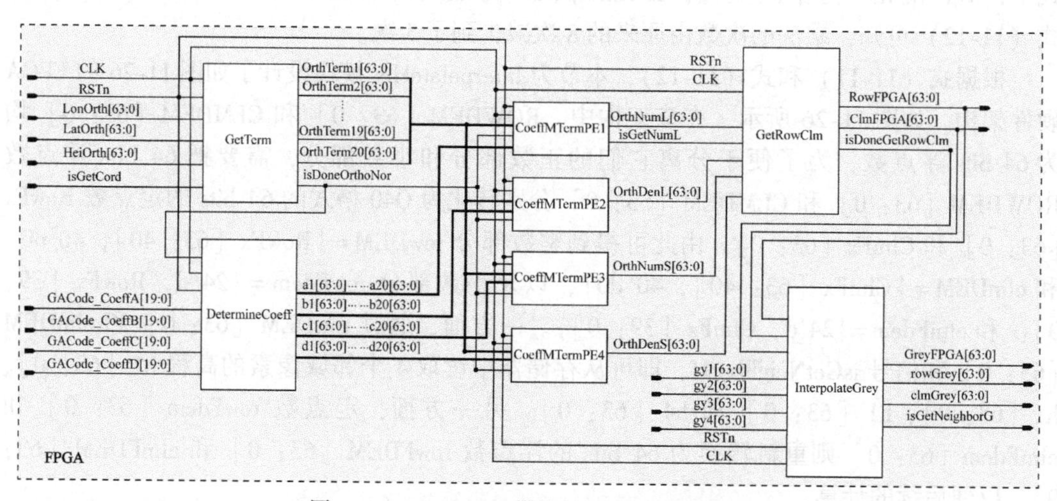

图 11-27 ORTHOM 模块的 FPGA 硬件架构

GetTerm 模块与 GA_NORCOD 模块类似，主要是利用式（10-48）、式（10-49）、式（11-6）获取 OrthTerm1［63：0］~ OrthTerm20［63：0］。与 GA_NORCOD 模块不同，

GetTerm 模块采用流水线结构来获取 OrthTerm1［63：0］等。

DetermineCoeff 模块与 GetCoefficients 模块的功能类似，但是 DetermineCoeff 模块主要是根据 GARFM 模块输出的最终基因编码 GACode_CoeffA［19：0］、GACode_CoeffB［19：0］、GACode_CoeffC［19：0］和 GACode_CoeffD［19：0］来确定 RFM 模型系数 $a_1 \sim a_{20}$、$b_1 \sim b_{20}$、$c_1 \sim c_{20}$和 $d_1 \sim d_{20}$的最终取值。

CoeffMTermPE1 ~ CoeffMTermPE4 模块具有相同的硬件结构。它们主要根据式（10-2）~式（10-5）来获取 OrthNumL［63：0］、OrthDenL［63：0］、OrthNumS［63：0］和 OrthDenS［63：0］。CoeffMTermPE1 等模块与 Coef_Mul_Term1 模块有类似的功能，但是 CoeffMTermPE1 等模块采用的是流水线结构。

GetRowClm 模块则是根据式（11-7）采用流水线结构来获取原始影像的像素坐标 RowFPGA［63：0］和 ClmFPGA［63：0］。

最后，在分离浮点数 RowFPGA［63：0］和 ClmFPGA［63：0］的整数部分和小数部分后，InterpolateGrey 模块根据优化后的双线性插值方法（式（11-12））对像素点进行灰度插值。

下文对各子模块的硬件架构进行了详细地描述。

11.3.11 GetTerm 模块

根据式（10-48）、式（10-49）、式（11-6），本节为 GetTerm 模块设计了如图 11-28

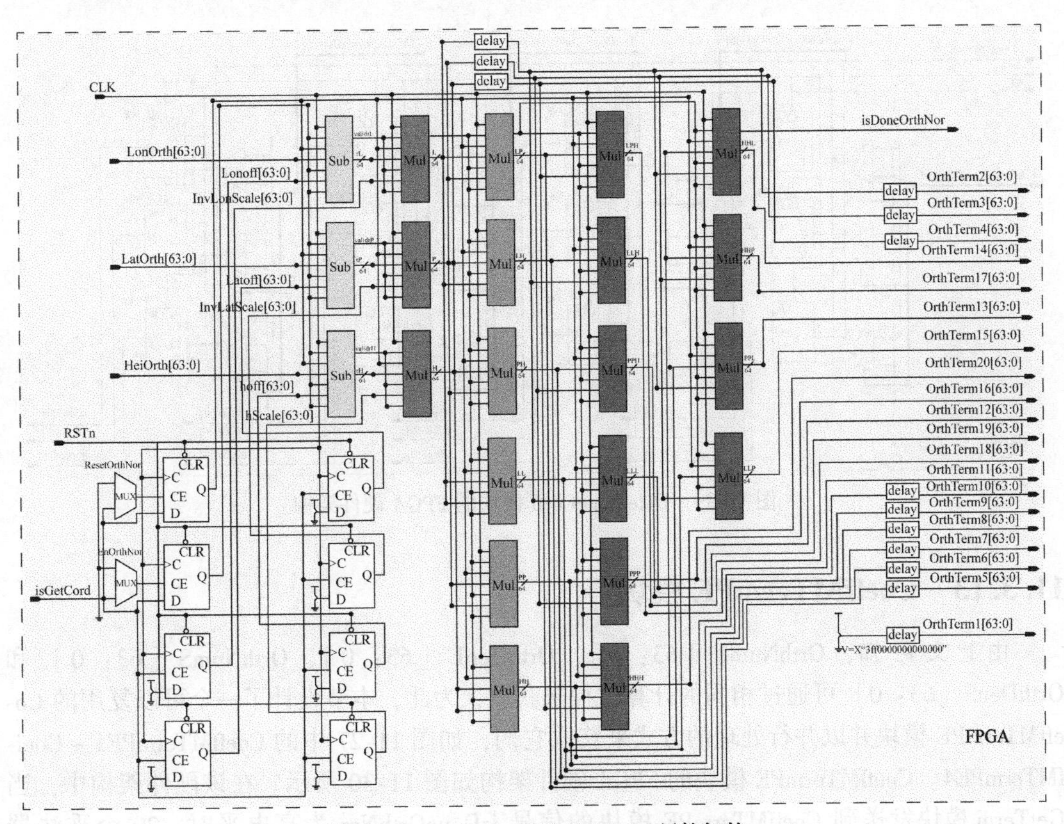

图 11-28　GetTerm 模块的 FPGA 硬件架构

所示的 FPGA 硬件架构。由于 GetTerm 模块采用了流水线结构，为了保证能够同时输出 $OrthTerm_1$［63：0］~ $OrthTerm_{20}$［63：0］，因此需要利用延迟单元对 $OrthTerm_1$［63：0］~ $OrthTerm_{10}$［63：0］进行延迟。当信号 isDoneOrthNor 为高电平时，说明 GetTerm 模块已开始向 CoeffMTermPE1 等模块发送 $OrthTerm_1$［63：0］~ $OrthTerm_{20}$［63：0］的数据流。

11.3.12 DetermineCoeff 模块

如前文所述，DetermineCoeff 模块主要是根据 GARFM 模块输出的最终基因编码来确定 RFM 模型系数的数值。在 DetermineCoeff 模块中，任意一个 RFM 模型系数都可以通过式（11-13）来确定，即

$$\text{coeff} = \text{code} ?\ \text{coeff} : 64'\text{d}0 \tag{11-13}$$

式中，coeff 为任意 RFM 模型系数；code 为该系数对应的基因编码。当 code = = 1′b1 时，coeff 保持原值，反之 coeff 的值为 0。

综上所述，本节为 DetermineCoeff 模块设计了如图 11-29 所示的 FPGA 硬件架构。如图 11-29 所示，通过选择器 MUX 即可完成式（11-13）的功能。当 GetTerm 模块的输出信号 isDoneOrthNor 为高电平时，DetermineCoeff 模块将同时输出 a_1［63：0］~ a_{20}［63：0］、b_1［63：0］~ b_{20}［63：0］、c_1［63：0］~ c_{20}［63：0］和 d_1［63：0］~ d_{20}［63：0］到 CoeffMTermPE 模块。

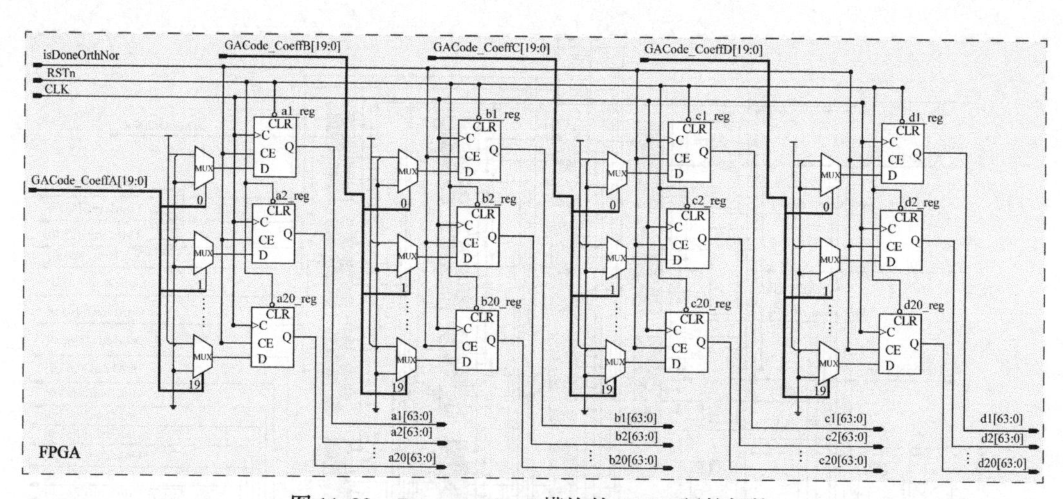

图 11-29 DetermineCoeff 模块的 FPGA 硬件架构

11.3.13 CoeffMTermPE 模块

由上文可知，OrthNumL［63：0］、OrthDenL［63：0］、OrthNumS［63：0］和 OrthDenS［63：0］可通过相同的计算过程来获取，为此，本节设计了一个可以复用的 CoeffMTermPE 模块并以并行处理的方式来获取它们，如图 11-27 中的 CoeffMTermPE1 ~ CoeffMTermPE4。CoeffMTermPE 模块的 FPGA 硬件架构如图 11-30 所示。在该硬件架构中，当 GetTerm 模块发送到 CoeffMTermPE 模块的信号 isDoneOrthNor 为高电平时，20 个乘法器“Mul”将同时进行计算，然后再经过 5 级的加法“Add”运算后即可得到最终结果。

如图 11-30 所示，在 CoeffMTermPE1 ~ CoeffMTermPE4 模块中：①coeff1［63：0］~ coeff20［63：0］分别对应于 a_1［63：0］~ a_{20}［63：0］、b_1［63：0］~ b_{20}［63：0］、c_1［63：0］~ c_{20}［63：0］和 d_1［63：0］~ d_{20}［63：0］；②ResultsCMT［63：0］分别对应为 OrthNumL［63：0］、OrthDenL［63：0］、OrthNumS［63：0］和 OrthDenS［63：0］；③信号 isDoneCMT 即为图 11-27 中的信号 isGetNumL。

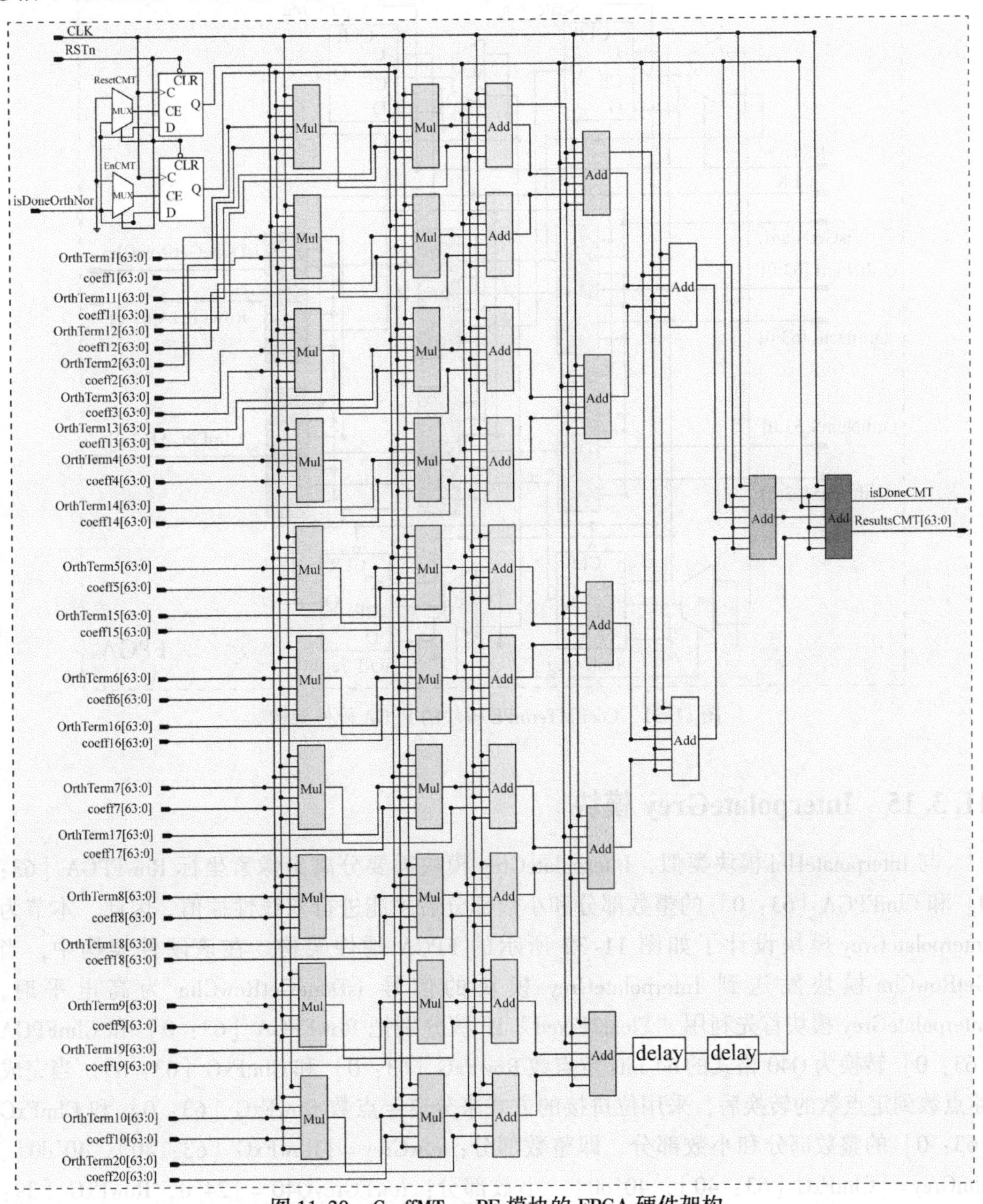

图 11-30　CoeffMTermPE 模块的 FPGA 硬件架构

11.3.14　GetRowClm 模块

根据式（11-7），本节为 GetRowClm 模块设计了如图 11-31 所示的基于流水线结构的

FPGA 硬件架构。在该硬件架构中，首先并行的获取正则化的像素坐标 NorRow ［63：0］和 NorClm ［63：0］，然后再利用正则化参数 iScale ［63：0］、jScale ［63：0］、iOff ［63：0］和 jOff ［63：0］ 反求像素坐标 RowFPGA ［63：0］ 和 ClmFPGA ［63：0］。由 GetRowClm 模块得到的 RowFPGA ［63：0］ 和 ClmFPGA ［63：0］ 均为 64 bits 浮点数。

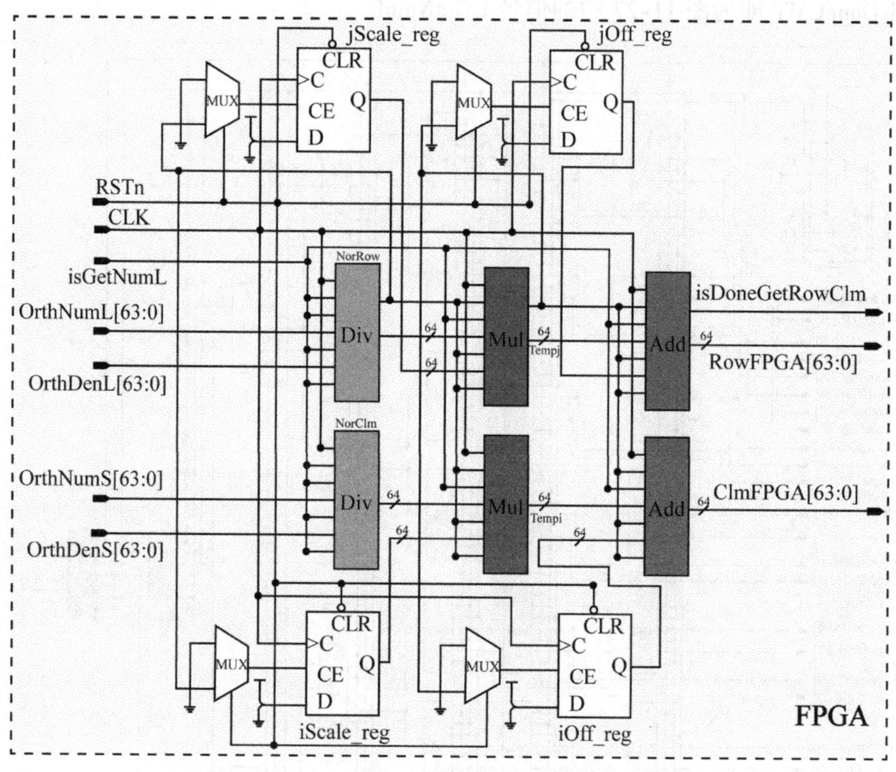

图 11-31　CoeffMTermPE 模块的 FPGA 硬件架构

11.3.15　InterpolateGrey 模块

与 InterpolateHei 模块类似，InterpolateGrey 模块需要分离出像素坐标 RowFPGA ［63：0］和 ClmFPGA ［63：0］ 的整数部分和小数部分后才能进行双线性插值。因此，本节为 InterpolateGrey 模块设计了如图 11-32 所示的 FPGA 硬件架构。在该硬件架构中，当 GetRowClm 模块发送到 InterpolateGrey 模块的信号 isDoneGetRowClm 为高电平时，InterpolateGrey 模块首先利用“Float2Fixed” IP 核分别把 RowFPGA ［63：0］ 和 ClmFPGA ［63：0］ 转换为 Q40 格式的 64 bits 定点数 RowFxG ［63：0］ 和 ClmFxG ［63：0］。当完成浮点数到定点数的转换后，采用位拼接的方式来分离定点数 RowFxG ［63：0］ 和 ClmFxG ［63：0］ 的整数部分和小数部分，即整数部分：rowGrey = {RowFxG ［63：40］，40′d0}、clmGrey = {ClmFxG ［63：40］，40′d0}，小数部分：rowFGreyQ40 = {24′d，RowFxG ［39：0］}、clmFGreyQ40 = {24′d，RowFxG ［39：0］}。其中，根据 rowGrey ［63：0］、clmGrey ［63：0］ 和信号 isGetNeighborG 即可从存储器中获取 4 个邻域像素点的灰度值，即 gy1 ［63：0］、gy2 ［63：0］、gy3 ［63：0］ 和 gy4 ［63：0］。而 rowFGreyQ40 ［63：0］ 和 clmFGreyQ40 ［63：0］ 则将重新转换为 64 bits 的浮点数 rowFGrey ［63：0］ 和 clmFGrey

[63：0]。当利用“Fixed2Float”IP核完成定点数到浮点数的转换后，mtvalid_clmFGrey信号将被拉高为高电平，此时即可根据式（11-12）进行灰度插值。当信号isGetGrey为高电平时，说明已开始有插值好的灰度值流出。

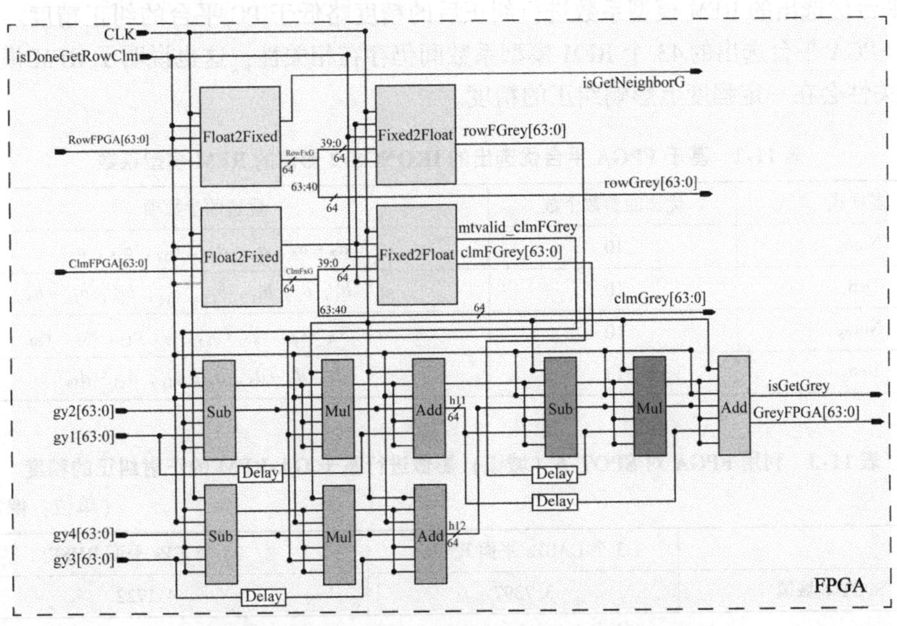

图11-32 InterpolateGrey模块的FPGA硬件架构

11.4 仿真实验

为了衡量本节所设计的FPGA硬件架构是否能够（近）实时的进行，本节利用PC端上的MATLAB R2012a软件实现了基于GA-RFM的影像正射纠正，并以PC端的结果作为参考值，然后与FPGA端的结果进行比较。

在进行基于GA-RFM的正射纠正的过程中，由FPGA平台优选出的SPOT-6影像和IKONOS-2的RFM模型系数如表11-1和表11-2所示。在进行RFM模型系数优选时，由于个体的选取、交叉概率、交叉点位、变异概率等都是随机产生，因此，利用两个不同平台所优选出的RFM模型系数会有所不同。

表11-1 基于FPGA平台优选出的SPOT-6影像的RFM模型系数

多项式	优选的参数个数	优选的参数项
Num_L	11	$a_1 \sim a_4$，$a_6 \sim a_9$，$a_{16} \sim a_{18}$
Den_L	14	$b_1 \sim b_8$，b_{11}，b_{14}，b_{15}，b_{17}，b_{18}，b_{20}
Num_S	11	c_1，c_2，c_4，$c_6 \sim c_8$，c_{11}，c_{14}，$c_{18} \sim c_{20}$
Den_S	9	d_1，d_2，d_6，d_7，d_{10}，d_{11}，$d_{16} \sim d_{18}$

在利用FPGA对SPOT-6（城镇）影像和IKONOS-2影像执行基于GA-RFM的正射纠正后，分别随机选取28个和29个ICPs来验证纠正精度。用于RFM模型系数优选的GACPs

的平面 RMSE 和 ICPs 的平面 RMSE 如表 11-3 和表 11-4 所示。

由表11-3 可知，对于SPOT-6 影像，利用FPGA 平台优选出的RFM 模型系数进行影像纠正，其纠正精度与 PC 平台相当。由表 11-4 可知，对于 IKONOS-2 影像，利用基于 FPGA 平台优选出的 RFM 模型系数进行纠正后的精度略低于 PC 平台的纠正精度。这主要是因为FPGA 平台选出的43 个 RFM 模型系数间仍存在相关性，这也说明了 RFM 模型系数间的相关性会在一定程度上影响纠正的精度。

表 11-2　基于 FPGA 平台优选出的 IKONOS-2 影像的 RFM 模型系数

多项式	优选的参数个数	优选的参数项
Num_L	10	$a_2 \sim a_6$，a_8，a_{12}，a_{12}，a_{15}，a_{17}
Den_L	10	b_1，b_3，b_7，b_{11}，b_{13}，b_{14}，b_{16}，$b_{18} \sim b_{20}$
Num_S	10	c_2，$c_4 \sim c_6$，c_8，c_{10}，c_{13}，c_{15}，c_{16}，c_{20}
Den_S	13	d_1，$d_3 \sim d_5$，$d_8 \sim d_{11}$，$d_{15} \sim d_{19}$

表 11-3　利用 FPGA 对 SPOT-6（城镇）影像进行基于 GA-RFM 的正射纠正的精度

（单位：像素）

#	3 个 GACPs 平面 RMSE	28 个 ICPs 平面 RMSE
SPOT-6 城镇	3. 7397	4. 1722

表 11-4　利用 FPGA 对 IKONOS-2 影像进行基于 GA-RFM 的正射纠正的精度

（单位：像素）

#	3 个 GACPs 平面 RMSE	29 个 ICPs 平面 RMSE
IKONOS-2	5. 8433	7. 1802

在利用 FPGA 对 SPOT-6（山地）影像和 SPOT-6（某机场）影像执行基于 RFM 的正射纠正后，分别随机 10 个 ICPs 来验证纠正精度（表 11-5 所示）。由表 11-5 可知，对于控制点获取困难的地区（例如山地、军事敏感区、无人区等），在利用 FPGA 进行基于 RFM 的正射纠正后，SPOT-6（山地）影像和 SPOT-6（某机场）影像的平面 RMSE 分别为 5. 2399 像素和 4. 9443 像素。由此可知，利用 FPGA 在控制点获取困难的地区进行星上实时纠正有较大的精度潜力。

表 11-5　利用 FPGA 对 SPOT-6（山地）和 SPOT-6（某机场）影像进行 GA-RFM 的正射纠正的精度

（单位：像素）

#	ICPs 的 RMSE		
	i	j	平面 RMSE
SPOT-6（山地）	3. 6676	3. 7424	5. 2399
SPOT-6（某机场）	3. 3959	3. 5935	4. 9443

此外，对比了 FPGA 平台与 PC 平台之间的纠正结果，并对分别随机选取的 50 个 ICPs 进行像素坐标偏差的统计（表 11-6）。图 11-33 和图 11-34 分别为利用 FPGA 和 PC 对

SPOT-6（城镇）影像和IKONOS-2影像进行基于GA-RFM的纠正结果，以及两平台正射纠正影像的差值影像。其中，PC所用的基因编码与FPGA形同。图11-35和图11-36分别为利用FPGA和PC对SPOT-6（山地）影像和SPOT-6（某机场）影像进行基于RFM的纠正结果，以及两平台正射纠正影像的差值影像。

由图11-33（c）、图11-34（c）、图11-35（c）和图11-36（c）所示的差值图像可知，由FPGA和PC得到的纠正影像在灰度上存在一定程度的偏差，而且偏差主要集中在灰度变化剧烈的地方，如房屋边缘、道路边缘等。引起偏差的主要因素有：①FPGA与PC得到的像素坐标存在偏差，在进行灰度插值时会引起偏差。②数制转换引起的偏差，例如定点数与浮点数之间的转换。

(a) 基于PC得到的纠正影像

(b) 基于FPGA得到的纠正影像 (c) 影像(a)与影像(b)的差值图像

图11-33　利用FPGA对SPOT-6（城镇）影像进行基于GA-RFM的正射纠正得到的影像

(a) 基于PC得到的纠正影像　(b) 基于FPGA得到的纠正影像　(c) 影像(a)与影像(b)的差值图像

图11-34　利用FPGA对IKONOS-2影像进行基于GA-RFM的正射纠正得到的影像

(a) 基于PC得到的纠正影像　(b) 基于FPGA得到的纠正影像　(c) 影像(a)与影像(b)的差值图像

图11-35　利用FPGA对SPOT-6（山地）影像进行基于RFM的正射纠正得到的影像

(a) 基于PC得到的纠正影像

(b) 基于FPGA得到的纠正影像

(c) 影像(a)与影像(b)的差值图像v

图 11-36　利用 FPGA 对 SPOT-6（某机场）影像进行基于 RFM 的正射纠正得到的影像

表 11-6　ICPs 的像素坐标偏差统计　　（单位：像素）

#	GA-RFM		RFM	
	SPOT-6 城镇	IKONOS-2	SPOT-6 山地	SPOT-6 某机场
max | *i*_FPGA-*i*_PC |	0.0856	0.0311	0.0782	0.1026
mean | *i*_FPGA-*i*_PC |	0.0217	0.0048	0.0214	0.0164
std | *i*_FPGA-*i*_PC |	0.0209	0.0064	0.0191	0.0250
max | *j*_FPGA-*j*_PC |	0.1263	0.0336	0.1302	0.1380
mean | *j*_FPGA-*j*_PC |	0.0286	0.0052	0.0359	0.0291
std | *j*_FPGA-*j*_PC |	0.0351	0.0069	0.0362	0.0329

由于在进行 RFM 模型系数优选时，各平台所进行繁殖的代数有所差异，例如，对于 SPOT-6（城镇）影像，在 GACPs/ICPs 为 3/28 的条件下，PC 平台在优选 RFM 模型系数时需要繁殖 6 代，而 FPGA 平台只需繁殖 2 代；对于 IKONOS-2 影像，在 GACPs/ICPs 为 3/29 的条件下，PC 平台在优选 RFM 模型系数时需要繁殖 7 代，而 FPGA 平台只需繁殖 5 代。因此，为了能在同一条件下比较 FPGA 和 PC 的处理速度，统计了 PC 分别在繁殖了 2 代和 5 代后，再利用 FPGA 优选出的 RFM 模型系数分别对 SOPT-6（城镇）影像和 IKONOS 影像进行纠正所需的时间（表 11-7 和表 11-8 所示）。由表 11-7 和表 11-8 可知，在进行基于 GA-RFM 的正射纠正时，FPGA 比 PC 快 3000 倍以上。

表 11-7　利用 FPGA 与 PC 对 SOPOT-6（城镇）影像进行基于 GA-RFM 的正射纠正的速度比较

#	影像大小	时钟频率（MHz）	处理时间（s）	加速比
FPGA	1024×1024	100	1.1086×10^{-2}	3139
PC	1024×1024	—	34.7947	

表 11-8 利用 FPGA 平台与 PC 平台对 IKONOS-2 影像进行基于 GA-RFM 的正射纠正的速度比较

#	影像大小	时钟频率（MHz）	处理时间（s）	加速比
FPGA	1024×1024	100	1.1724×10^{-2}	3078
PC	1024×1024	—	36.089066	

在利用 FPGA 实现基于 GA-RFM 的影像正射纠正时，消耗的 FPGA 硬件资源如表 11-9 所示。其中，消耗最多的是 DSP，其使用率为 79.5833%；消耗最少的是 LUTRAM，其使用率为 0.0100%；另外，LUT、FF、BRAM、IO 和 BUFG 的使用率分别为 26.8211%、2.0339%、12.6984%、74.2308%和 0.1389%。因此，所选用的 FPGA 硬件能够满足设计的需求。

表 11-9 FPGA 硬件资源消耗

资源名称	资源使用量	资源可用量	资源使用率（%）
LUT	679368	2532960	26.8211
LUTRAM	32	459360	0.0100
FF	103039	5065920	2.0339
BRAM	320	2520	12.6984
DSP	2292	2880	79.5833
IO	965	1300	74.2308
BUFG	2	1440	0.1389

11.5 本章小结

RFM 模型已被广泛应用于卫星影像的几何纠正中，并取得了较高的纠正精度。它的缺点是模型解算复杂，运算量大，并且要求控制点数目相对较多，这也会给实时正射纠正带来巨大的阻力。为了能够实现星上影像的实时正射纠正，本章做了以下工作：

（1）提出了 RFM 模型的遗传算法优化方法获取最优的 RFM 模型结构，优化后的 RLS-RFM 模型记为 GA-RLS-RFM 模型。GA-RFM 模型不仅比 RLS-RFM 模型少了 40 个参数，而且与 RLS-RFM 模型纠正精度相当。

（2）重点描述了卫星影像的 GA-RFM 正射纠正算法的 FPGA 硬件实验过程。基于 FPGA 的正射纠正实验结果表明：①FPGA 能够获得与 PC 相当的纠正精度。例如，在进行基于 GA-RFM 的正射纠正时，对于 SPOT-6（城镇）影像和 IKONOS-2 影像，FPGA 与 PC 的纠正结果在 i 坐标的最大差值为 0.0856 像素和 0.0311 像素，j 坐标的最大差值为 0.1263 像素和 0.0336 像素。在进行基于 RFM 的无控制点正射纠正时，对于 SPOT-6（山地）影像和 SPOT-6（某机场）影像，FPGA 与 PC 的纠正结果在 i 坐标的最大差值分别为 0.0782 像素和 0.1026 像素，j 坐标的最大差值为 0.1302 像素和 0.1380 像素。②在进行基于 GA-RFM 模型的正射纠正时，FPGA 比 PC 快 3000 倍以上。

参考文献

李德仁，沈欣，2005. 论智能化对地观测系统．测绘科学，30（4）：9-11+3.

王贤，2018. 基于 POS 系统的数字正射影像制作研究．西南科技大学．

徐芳，2013. 基于 FPGA 的航空 CCD 相机图像畸变校正技术研究．中国科学院研究生院（长春光学精密机械与物理研究所）．

张荣庭，周国清，周祥，等，2019. 基于 FPGA 的星上影像正射纠正．航天返回与遥感，40（1）：20-31.

张荣庭，2019. 卫星影像的 GA-RLS-RFM 正射纠正算法及其 FPGA 硬件实现，天津：天津大学．

张永生，刘军，巩丹，2004. 高分辨率遥感卫星应用．北京：科学分社出版社．

周国清，2020. 美国解密侦查卫星成像原理、处理与应用，测绘出版社．

Gugan D J , Dowman I J. 1988. Accuracy and completeness of topographic mapping from SPOT imagery. Photogrammetric Record，12（72）：787-796.

Guichard H. 1983. E' tude the'orique de la pre'cision dans l' exploitation cartographique d' un satellite a ` de'filement：application a` SPOT. Bulletin de la Socie'te' Française de Photogramme'trie et de Te'le'de'tection，90：15-26.

Holland D A , Boyd D S , Marshall P. 2006. Updating topographic mapping in Great Britain using imagery from high-resolution satellite sensors. ISPRS Journal of Photogrammetry and Remote Sensing，60（3）：212-223.

Ji M , Jensen J R. 2000. Continuous piecewise geometric rectification for airborne multispectral scanner imagery. Photogrammetric Engineering and Remote Sensing，66（2）：163-171.

Khizhnichenko V I. 1982. Co- ordinates transformation when geometrically correcting Earth space scanner images. Earth Exploration From Space，5：96-103.

Konecny G , Kruck E , Lohmann P. 1986. Ein universeller Ansatz die geometrischen Auswertung von CCD-Zeilenabtasteraufnahmen. Bildmessung und Luftbildwesen，54（4）：139-146.

Konecny G , Lohmann P , Engel H , et al. 1987. Evaluation of SPOT imagery on analytical photogrammetric instruments. Photogrammetric Engineering and Remote Sensing，53（9）：1223-1230.

Kratky V. 1987. Rigorous stereophotogrammetric treatment of SPOT images. Comptes- rendus du Colloque International sur SPOT-1：utilisation des images，bilans，re'sultats，Paris，France，1281-1288.

Kratky V. 1989. On-line aspects of stereophotogrammetric processing of SPOT images. Photogrammetric Engineering and Remote Sensing，55（3）：311-316.

Kuo D , Gordon D. 2010. Real- time orthorectification by FPGA- based hardware acceleration. SPIE Remote Sensing. Bellingham，WA，USA：SPIE，78300Y-1-78300Y-7.

Qi B , Shi H , Zhuang Y , et al.，2018. On- Board，Real- Time Preprocessing System for Optical Remote-Sensing Imagery. Sensors，18（5）：1327-1344.

Toutin T. 1983. Analyse mathe'matique des possibilite's cartographiques du satellite SPOT. France.

Toutin T. 2004a. Review article：Geometric processing of remote sensing images：models，algorithms and methods. International Journal of Remote Sensing，25（10）：1893-1924.

Zhang R , Zhou G , Zhang G , et al.，2018. RPC- based orthorectification for satellite images using FPGA. Sensors，18（8）：2511-2534.

Zhang R , Zhou G. 2017. Real- time orthorectification for remotely sensed images，5th Int. Symp. on Recent Advances in Quantitative Remote Sensing，Torrent（Valencia），Spain，18-22 September 2017.

Zhou G , Fan Y , Zhang R , et al.，2017a. Onboard Ortho- Rectification for Remotely Sensed Images，2017 IEEE Int. Geoscience and Remote Sensing（IGARSS 2017），Fort Worth，Texas，USA，July 23-28，2017.

Zhou G , Jezek K , Wright W , et al.，2002. Orthorectification of 1960s satellite photographs covering Greenland. IEEE Transactions on Geoscience and Remote Sensing, 40 (6): 1247-1259.

Zhou G , Jiang L , Huang J , et al., 2018. FPGA-Based On-Board Geometric Calibration for Linear CCD Array Sensors. Sensors, 18 (6): 1794-1811.

Zhou G , Chen W, Kelmelis J, 2005. A comprehensive study on urban true orthorectification, IEEE Trans. on Geosciene and Remote Sensing, 9 (43): 2138-2147.

Zhou G , Zhang R , Jiang L, 2017b. On-Board Ortho-Rectification for Images Based on an FPGA, Remote sensing, 9 (9): 874, doi: 10.3390/rs9090874.

Zhou G, 2019. Real-time ortho-rectification for remote sensing images, Int. J. of Remote Sensing, 5-6 (40): 2451-2465.

Zhou G, 2020. Urban High-Resolution Remote Sensing: Algorithms and Methods, Taylor & Francis/ CRC Press, ISBN: 9780367857509: 468.

第12章　星上云检测

12.1　引　　言

光学遥感卫星对地观测所获取的图像具有数据量大、分辨率高和速度快等特点，被广泛应用于国民经济各个领域。然而，受光学遥感传感器成像机理的限制，光学卫星遥感图像极易受到天气的影响，如云雾的影响，常常难以获得完全无云的图像，尤其对于多云雾地区影响更为严重。实际上，获取的光学遥感图像中，超过50%的遥感影像几乎全部被云覆盖。这些光学影像基本上不包含能用的信息或是能用信息非常的少。厚云层会遮挡来自地表的电磁辐射信息，光学卫星图像上被厚云覆盖的区域几乎不具备任何地面信息，需要实时云判技术进行识别并剔除这些“无效区域”或整幅图像，减少星上处理系统的存储空间和传输带宽，提高遥感数据的有效性。

云检测与处理是遥感图像后续处理与应用的前期工作，也是基础性工作（刘毅龙，2015；Zhou et al.，2016）。研究有效的可见光遥感图像的云检测技术，能够极大的提升遥感图像的利用率，实现星上实时云检测与处理可以提高卫星系统的实时处理、传输和服务能力，对我国的军事防备有着极其重要的战略意义（郭洪涛等，2010）。

12.2　最小交叉熵和SVM联合的云检测算法

12.2.1　支持向量机云检测

支持向量机（support vector machine，SVM），Cortes和Vapnik于1995年首先提出来的，是一种发展前景非常好的分类技术（惠文华，2006）。

假设有这样一个样本集合 $\{(x_i, y_i), i=1, 2, \cdots, N\}$，$x_i$代表的是训练样本，$y_i$表示的是样本$x_i$所对应的类别种类，N表示的是样本的数量总和。云检测其本质为一个二分类问题，$y_i=\pm 1$，把这个集合送入SVM分类器进行分类识别。SVM分类器的实质是对送入其中的样本做训练建模，构造一个判别函数式（分类超平面）并以此对样本分类。SVM的分类示意图见图12-1所示：

样本集合共分三种不同情况：

（1）假设输入的样本集是线性可分的，就可直接找到一个最优的超平面$\langle w, x\rangle+b=0$，使得

$$y_i \cdot [\langle w,x_i\rangle+b] \geqslant 1, i=1,2,\cdots,N \tag{12-1}$$

（2）假设输入的样本集并非是线性可分的，则需要引入一个松弛因子ξ_i。这个因子表示的是样本和分类超平面之间存在的误差。假设存在$\xi_i=0$，则这个样本集也可看成线性

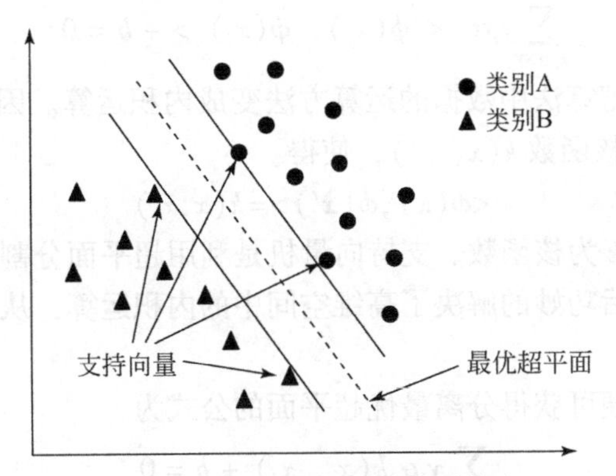

图 12-1　基于 SVM 的云检测算法

可分，跟上述情况一样可找到一个超平面，使得

$$\begin{cases} <w,x_i>+b \geqslant 1-\xi_i, \text{if } y_i=1 \\ <w,x_i>+b \leqslant -1+\xi_i, \text{if } y_i=-1 \\ \xi_i \geqslant 0 \quad i=1,2,\cdots,N \end{cases} \tag{12-2}$$

（3）假设输入的样本集中不满足以上两种情况，则需要利用高维映射法把样本转变成线性可分，使得

$$\begin{cases} <w,\phi(x_i)>+b \geqslant 1-\xi_i, \text{if } y_i=1 \\ <w,\phi(x_i)>+b \leqslant -1+\xi_i, \text{if } y_i=-1 \\ \xi_i \geqslant 0 \quad i=1,2,\cdots,N \end{cases} \tag{12-3}$$

上述公式中，$\phi(x_i)$ 表示的是高维空间中的某个样本点，b 是代表的截距，w 表示的是高维空间中的超平面系数。

除了要满足上面的所有条件，最优超平面还应该使得 $\|w\|$ 的取值最小，对于一般的情况来说，最优超平面应该满足如下条件：

$$\begin{cases} \min J(w,\xi) = \dfrac{1}{2} < w,w > + c \cdot \sum_{i=1}^{l} \xi_i \\ \text{s. t. } y_i \cdot [< \phi(x_i), w > + b] \geqslant 1 - \xi_i \\ \xi_i \geqslant 0 i = 1,2,\cdots,N \end{cases} \tag{12-4}$$

式中，c 为惩罚系数，是用来约束拉格朗日乘子的数值范围。

从式（12-4）可以看出，转变成一个求有约束的最优化解的情况。直接运算较困难，可把拉格朗日求解法变成对偶求解法，如式（12-5）所示：

$$\begin{cases} \max\limits_{a} \sum_{i=1}^{l} \alpha_i - \dfrac{1}{2} \sum_{i=1}^{l} \sum_{j=1}^{l} y_i y_j \alpha_i \alpha_j < \phi(x_i), \phi(x_j) > \\ s.\ t. \sum_{i=1}^{l} y_i \alpha_i = 0 \\ 0 \leqslant \alpha_i \leqslant C \ i = 1, 2, \cdots, N \end{cases} \tag{12-5}$$

随意一个的样本 x_i，都能找到与其相对应的拉格朗日乘子 α_i，如果 $\alpha_i \neq 0$，则把这个 x_i 叫作支持向量（support vector，SV），根据上述条件即可有分离超平面的公式：

$$\sum_{x_i \in SV} y_i \alpha_i < \phi(x_i), \phi(x_j) > + b = 0 \tag{12-6}$$

对偶的优点是能够把算法中数据的运算方法变成内积运算。因此超平面只是由函数 $\phi(x)$ 决定。如此，引入核函数 $k(x, x')$，使得：

$$<\phi(x), \phi(x')> = k(x, x') \tag{12-7}$$

满足上公式的函数 k 为核函数。支持向量机是利用超平面分割理论基础建立的机器学习算法，它引入核函数后巧妙的解决了高维空间中的内积运算，从而非常好的解决了样本线性不可分的问题。

因此，利用核函数便可获得分离最优超平面的公式为

$$\sum_{x_i \in SV} y_i \alpha_i k(x_i, x_j) + b = 0 \tag{12-8}$$

式（12-8）中截距 b 为

$$b = -\frac{1}{2}\left(\max_{y_i=-1}\left(\sum_{x_j \in SV}^{l} y_j \alpha_j k(x_i, x_j)\right) + \max_{y_i=+1}\left(\sum_{x_j \in SV}^{l} y_j \alpha_j k(x_i, x_j)\right)\right) \tag{12-9}$$

判别函数为

$$y = \mathrm{sgn}\left(\sum_{x_j \in SV}^{l} y_j \alpha_j k(x_i, x_j) + b\right) \tag{12-10}$$

式（12-10）中的判别函数即为支持向量机。公式里面的 $\mathrm{sgn}(x)$ 是符号函数，这个函数的表示如下：

$$\mathrm{sgn}(x) = \begin{cases} 1 & \text{if} \quad x>0 \\ -1 & \text{if} \quad x<0 \end{cases} \tag{12-11}$$

常用的核函数 $k(x_i, x_j)$ 内积有以下三种：

（1）多项式核函数：

$$k(x_i, x_j) = [x_i \cdot x_j + 1]^q \tag{12-12}$$

式（12-12）中的参数 q 是向量推广的深度。当 $q=1$ 的时候，对原始向量不做任何；当 $q>1$ 的时候，核函数对原始向量进行 C_n^l 的组合变换从而产生新的向量。

（2）高斯核函数：

$$k(x_i, x_j) = \exp\left[\frac{\| x_i - x_j \|}{2\delta^2}\right] \tag{12-13}$$

式（12-13）中的参数 δ 是为样本向量间的距离度量权重程度。如果上式里面 δ 值越大，就表示特征空间的内积越大，反过来说，如果上式里面 δ 值越小，则表示特征空间内积越小。高斯核函数也叫 RBF 核函数。

（3）Sigmoid 核函数：

$$k(x_i, x_j) = \tan(v(x_i \cdot x_j) + C) \tag{12-14}$$

式（12-14）中的函数 $v(x_i, x_j)$ 是可以由自己随意定义的。通过利用 tan 的周期性可以模拟任意多层的人工神经网络。

本章选取了高斯核函数作为 SVM 的核函数。对于上述核函数的参数选取，既可以通过经验给出，也可以通过对训练样本数据利用已用验证方法自行验证给出。关于 SVM 的核函数的参数如何优化及选择，将在本节的后续部分进行介绍。

12.2.2 最小交叉熵的云检测算法

交叉熵（相对熵）最早是由 Kullback（1959）提出概念，在刚提出来的时候也被叫做定向差异（directed divergence）。它是用来描述两个概率分布 P 和 Q 的差异性，对其的公式定义如下所示：

$$\begin{cases} P = \{p_1, p_2, \cdots, p_N\} \\ Q = \{q_1, q_2, \cdots, q_N\} \\ D(Q, P) = \sum_{k=1}^{N} q_k \log_2 \dfrac{q_k}{p_k} \end{cases} \tag{12-15}$$

Renyi 等（1984）在对交叉熵研究的时候，D 是被看做这两个分布之间的信息理论距离。

Renyi 同时还指出，当 P 被 Q 代替的时候，信息内容变化的期望就能够很好的用这个公式来说明。上公示中所有的 p 被我们设置成相等并且先验信息并不存在的时候，初始估计最小交叉熵方法也可以被看成是最大熵法的延伸。利用最小交叉熵阈值法来区分可见光遥感图像的云和下垫面的时候，其实就是图像分割的一个过程，图像分割可以是看做图像分布重建的过程。我们假设有以下图像：

$$\begin{cases} f: N\times N \to G \\ G = \{1, 2, \cdots, L\} \subset N \end{cases} \tag{12-16}$$

式中，N 是正整数；G 是灰度的集合。图像分割的过程也可以用以下函数表示：

$$\begin{cases} g: N\times N \to S \\ S = \{\mu_1, \mu_2\} \in R^+ \times R^+ \end{cases} \tag{12-17}$$

式中，R^+是正的实整数；g 是重新分割后的图像函数，其定义如下所示：

$$g(x, y) = \begin{cases} \mu_1, f(x, y) < t \\ \mu_2, f(x, y) < t \end{cases} \tag{12-18}$$

上述的分割图像 g（x，y）是由 f（x，y）转变而来，是由三个未知的参数共同决定的。这意味着我们必需创建一个准则来搜索最优的 g，或是等价的三个参数，让其尽可能的和 f 等价。准则的表达式如下所示：

$$(g) = \eta(t, \mu_1, \mu_2) \tag{12-19}$$

从式（12-19）可知道，准则函数是一种失真测量。另外，利用最小交叉熵来做图像分割的问题可以看成是带限制条件的经典最大熵推理问题。我们重新描述上述分割问题如下：

$$\begin{cases} G = \{g_1, g_2, \cdots, g_N\} \\ F = \{f_1, f_2, \cdots, f_N\} \end{cases} \tag{12-20}$$

G 是由一系列的数值组成，N 代表图像中的像素点总数，F 是原图像。原图像和 G 直接是进行重新分布得到的，之间存在着某种限制准则。为了得到 G，需要找出这个准侧概率，并结合 F 来计算。限制表达式如下：

$$\begin{cases} g_i \in \{\mu_1, \mu_2\} \\ \sum_{f<t_i} f_i = \sum_{f<t_i} \mu_1 \\ \sum_{f\geqslant t_i} f_i = \sum_{f\geqslant t_i} \mu_2 \end{cases} \tag{12-21}$$

式中，两个参数分别代表了两者的均值，可以式（12-22）来确定：

$$\mu_1(t)=\frac{\sum_{f<t_i} f_i}{N_1},\ \mu_2(t)=\frac{\sum_{f<t_i} f_i}{N_2} \tag{12-22}$$

其中，N_1和N_2分别表示了两个不同图像的像素点个数。联合以上公式可得到准则函数有

$$\eta(g)=\sum_{f<t_i} f_i\log\left[\frac{f_i}{\mu_1(t)}\right]+\sum_{f\geqslant t_i} f_i\log\left[\frac{f_i}{\mu_2(t)}\right] \tag{12-23}$$

图像的最优分割阈值为

$$T_0=\min_T(\eta(T)) \tag{12-24}$$

12.2.3 最小交叉熵和SVM联合的云检测算法

根据上节的实验结果可知，待测图像的分块大小直接影响了云检测的结果。当图像的分块在比较大的时候，云检测的误判会比较多，下垫面容易被识别成云层。当分块逐渐减小时，云检测的结果越来越好。但是，如果图像的分块过小，会极大的增加云检测的计算量，大大减缓了云检测的速度。而改进最小交叉阈值检测精度一般，但是检测速度非常的快。结合这两者的特点，本章提出了改进最小交叉熵和SVM联合相结合的云检测算法。

改进最小交叉熵和SVM联合的云检测算法框架如图12-2所示。算法主要是由两个步骤构成：①应用改进最小交叉熵法对待测图像进行初步云检测，得到一个粗略的检测结果，阈值法计算速度快这样能迅速且很容易的初步检测出含云子块。但是阈值法的检测精度不能让人很满意，初步检测结果中很多下垫面子块也被误判为云，所以我们需要对对粗略的云检测结果做更精细的检测；②利用SVM分类器对初步云检测的结果做更精细的检测，得到更精确的云检测结果。该算法大大的减少了误判，提高了检测精度。下面会对算进行更具体的介绍。

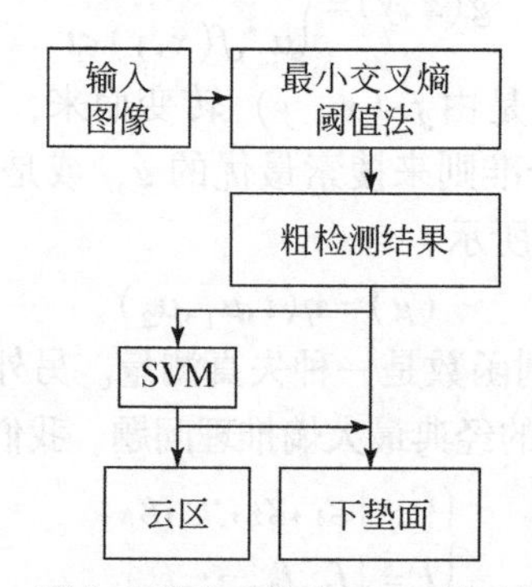

图12-2 联合改进交叉熵和SVM的云检测算法

结合上文的分析，完整的改进最小交叉熵和SVM联合的云检测算法主要有两个步骤组成：分类器的训练建模与云图的分类识别检测。下面将给出具体说明：

1. 分类器的训练建模

（1）样本训练集合的选取。根据上文所述，挑选的样本集合包含两种：无云样本集合和有云样本集合。将用于提取特征建立特征向量和SVM分类器的训练建模。

（2）提取训练样本集合的特征，建立特征向量。首先对无云图和有云图样本集合分别

进行对应的标号，非云图像被标记为0，将有云图像标记为1。然后分别计算训练样本集合中的每幅图像所对应的特征，然后建立特征向量并存储。

（3）SVM分类器的训练建模。将步骤（2）中得到的训练集的特征量及其分类标号输入到SVM分类器进行训练，最终建立云判决分类模型。SVM选用的内核函数是高斯核函数。

2. 待测图像的分类检测

（4）用改进的最小交叉熵阈值法对待测图像进行初步检测，判定为云的子块标记为1，否则标为0。

（5）对于原图像中已初步检测出来（标记为1）的云块，分别提取它们的特征，然后建立特征向量。

（6）利用SVM分类器对步骤（5）中的待测图像进行最终检测。对于每个图像子块，利用上面训练建模得到的SVM分类器，根据步骤（5）中得到的图像子块相应的特征进行分类判别。判定每个子块是否是有云图子块，若判定结果为有云图像，则在原图中对应的将该子块变为白色（灰度值为255）；若判定结果为下垫面子图像，则在原图中对应的将该子块变为黑色（即灰度值为0）。

（7）最后输出分类检测后的二值图像，对照二值图像结果便可知云层在原图像中的位置。

12.3 基于DSP的星上云检测

基于DSP的云检测处理平台（图12-3）主要包括三个组成部分：DSP硬件开发实现平台（图12-4）、DSP软件开发平台以及将软件和硬件平台相互连接的硬件仿真器。这个三个组成部分完成各自的工作：

（1）DSP硬件开发实现平台（开发板型号为北京闻亭公司的DM642-VCM-JYD）：实现云检测算法，完成云检测的目标；

（2）DSP软件开发平台：完成云检测算法的设计以及其程序代码的编写，并完成程序的编译和调试；

图12-3　DSP实验平台实物照

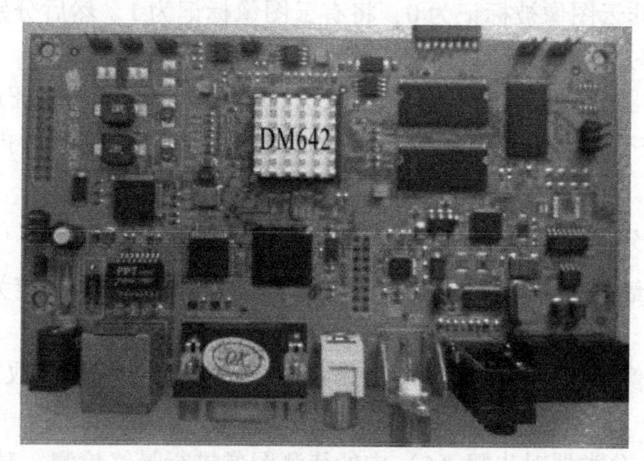

图 12-4 DSP 硬件开发平台实物

(3) 硬件仿真器：将软件开发平台和 DSP 硬件开发平台相连，实现程序代码在 DSP 存储器中的加载，并且完成遥感图像数据在两个平台之间的传输和显示。

12.3.1 基于 DM642 核心芯片的 DSP 开发板

基于 DSP 的云检测图像处理平台的硬件系统主要包括基于 TMS320DM642（简称 DM642）芯片的核心处理电路、JTGA 接口电路、电源电路、时钟电路和 SDRAM 存储电路等外围电路。该系统是由 DSP 和 FPGA 组合的方法架构成云检测平台。整个系统的运行流程如下：该硬件平台系统通后，CPU 从 FLASH 里面启动程序，完成对 DM642 的初始化和相应的配置工作，遥感图像通过硬件仿真器经 JTGA 传输到 DSP 系统平台的存储器（SDRAM）中，系统的内部 FPGA 电路将图像传送至 DSP 核心处理电路进行图像处理和云检测算法的实现，检测后的图像将存入片外内存。硬件仿真器可以经过 JTGA 接口实时将内存中存储的检测后的图像结果传送至 PC 端的 CCS 开发环境显示。

12.3.2 核心芯片 TMS320DM642

(1) 内核

从图 12-5 可以看出，DM642 的内核由如下部分构成：CPU 通用寄存器、数据总线的功能单元、读写存储器数据总线以及地址总线等。

a. CPU 通用寄存器

DM642 数据总线中有两个对称的通用寄存器组（A 与 B），通用寄存器的总数是 64 个且字长为 32 位。DM642 采用了指令打包技术，具有八位指令溢出包含功能。

b. 数据总线的功能单元

DM642 数据总线中的总共有两组功能单元，每组都有 4 个（.L、.S、.M、.D）。其中两组数据总线功能单元的功能基本使用一样。DM642 的功能单元不但能够完成 C62x 里面的全部指令，另外还扩展了很多 8bit 与 16bit 的数据计算的指令。

c. 写存储器数据总线

DM642 每一个寄存器组有 2 个数据读取通道以及 2 个数据存储通道。

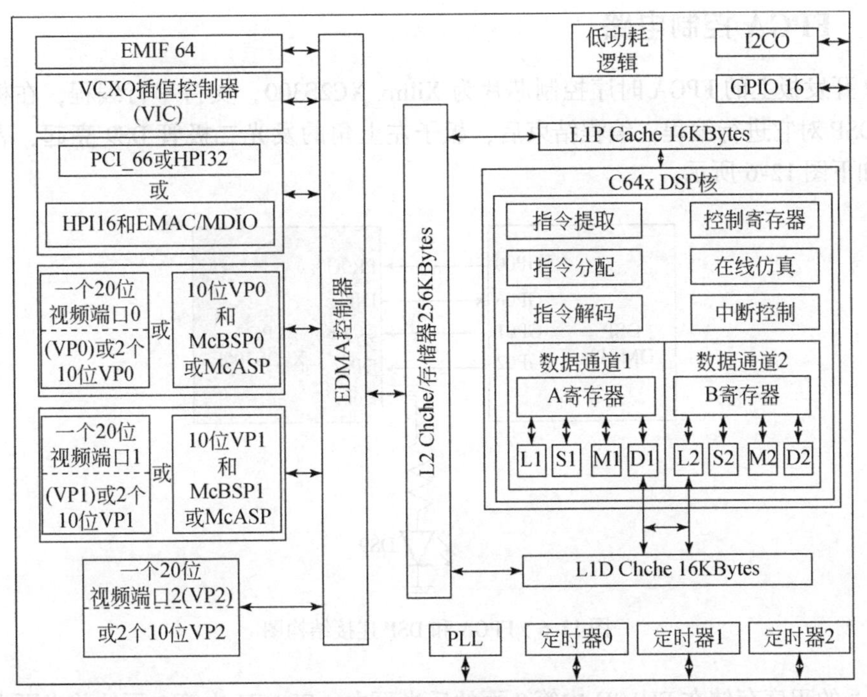

图 12-5　DM642 的内核结构图

d. 地址总线

DM642 的每一个寄存器组有单独的 32 位地址总线，并且允许寄存器文件之间交叉寻址。

（2）EDMA

EDMA 控制着内存和 DSP 所有外设之间的数据传送，主要由下面几个部分组成：

a. 事件和中断处理寄存器；

b. 事件编码器；

c. 参数 RAM；

d. 硬件地址产生。

DM642 的 EDMA 能够支持高达 2Gb/s 传输速度；其中的控制器有 64 个通道，每一个通道都有一个特定的事件与之同步；能够支持两种方式：EDMA 传输参数连接（linking）以及传输通道的链接（chaining）（刘晔，2010）。“linking”是通过多组参数轮流重新加载某一个 EDMA 通道参数；而“chaining”是在某一个通道的数据传送完成的时候，启动另外一个通道开始传送数据。Linking 与 Chaining 这两种传输方式的存在能够让 CPU 在起始设置完成后，DMA 在不消耗 CPU 任何资源的情况下不间断的自己完成数据的传输。

（3）外部存储器接口 EMIF

DM642 的外部存储器接口（external memory interface，EMIF）的能够支持外部 64 位的寻址大小，总线的最高传送速率能够高达 256MHz。EMIF 对应着为四个能够分别单独寻址的空间 CE［3：0］。EMIF 内部包含三个内存控制器：SDRAM 控制器、可编程同步控制器、可编程异步控制器。

12.3.3 FPGA 控制电路

DSP 开发板上的 FPGA 时序控制芯片为 Xilinx XC2S300，支持串行编程，在板子复位后，由 DSP 对它进行编程，编程结束后，板子左上角的发光二极管 DS9 亮起，表示编程完毕。如下图 12-6 所示：

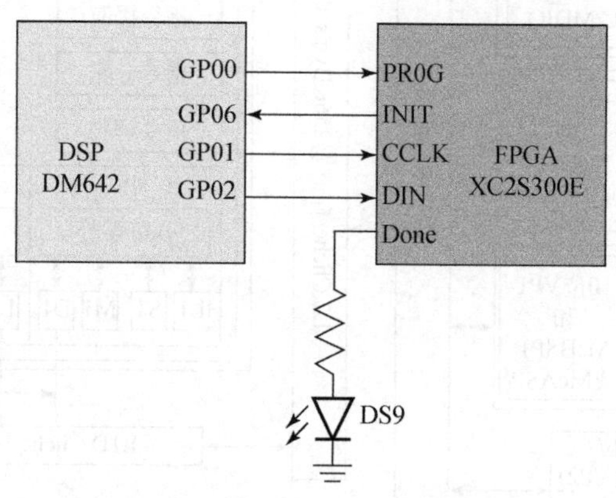

图 12-6　FPGA 和 DSP 连接结构图

FPGA 的程序存储在 FLASH 中第 0 页的后半页中，FLASH 中第 0 页的前半页中，是板子的上电引导代码，包括对板子的初始化和对 FPGA 加载程序。

实验中为了实现实时调试，我们利用硬件仿真器来实时观察图像处理的过程和结果，并且在 PC 的 CSS 工作环境中将实验的结果实时显示出来。我们采用的 TDS560USB 硬件仿真器如图 12-7 所示。TI 为 C64x 系列 DSP 都提供了 JTAG 端口支持。硬件仿真器通过 JTAG 口建立主机和目标平台之间的连接，完成软件和硬件的联合调试。与此同时，主机还能够利用硬件仿真器读取 DSP 的所有资源，包括片内寄存器以及其它所有的存储器。其有如下特点：

（1）高速的代码下载功能：下载速度达 500Kb/s。

（2）高速的实时数据交换能力：

①DSP 芯片运行时还能够与 PC 之间进行实时数据交换，交换速率高达 2Mbytes/s；②能够对变量完成实时的收集与显示，对程序进行实时仿真调试；③能够达到实时的数据交换；④支持 USB2.0 接口功能。

图 12-7　TDS560 硬件仿真器

DSP 工作条件下也能够支持实时事件时序服务器；

生成一个新的事件时序并且管理并显示，实现多任务管理；

12.3.4 DSP 软件开发平台

在本章的程序开发研究中，采用的 DSP 集成开发软件是 TI 公司的 CCS 3.3（吴婉兰，2006）。CCS（Code Composer Studio）开发环境可以独立工作于 Windows 系统环境中，是 IT 公司研制推出的一款具有高度集成性的 DPSs 软件开发及调试工具。该开发环境由以下的软件工具（蔡梅艳，2007；刘华，2009）组合而成：①C6000 的代码生成软件（包含了 C6000 的 C 编译器、汇编优化器、汇编器以及连接器）；②软件模拟器（Simulator）；③实时基础软件 DSP/BIOS；④实时数据交换软件 RTDX；⑤实时分析（real time analysis）与数据可视化软件。

但是 CCS 并不仅是由代码生成、调试等软件工具的集合。在 CCS 提供的上述软件下，不仅让开发者能够完成程序代码的设计和基本调试工作之外，而且还能为其提供实时的可视化数据图形，大大的改进了传统的 DSP 调试方式。本章的实时图像显示，就是利用了实时分析以及数据可视化软件做到的。除此优点之外，开发者不但能够使用 C 语言和汇编与语言来编写主程序，甚至能使用两种语言混合编写，大大的提高了开发者的编程效率。以上所述的这些优点都减少了 DSP 系统的开发难度，提升了 DSP 系统的开发效率（尹勇，2003）。

CCS 的工作方式有两种：软件仿真和硬件在线编程。软件仿真主要应用于算法的前期调试，这种工作方式使得它能够完全脱离 DSP 硬件平台直接在 Windows 系统上模拟指令的执行。硬件的在线编程是实时的在基于 DSP 的硬件开发平台上运行程序指令。图 12-8 所

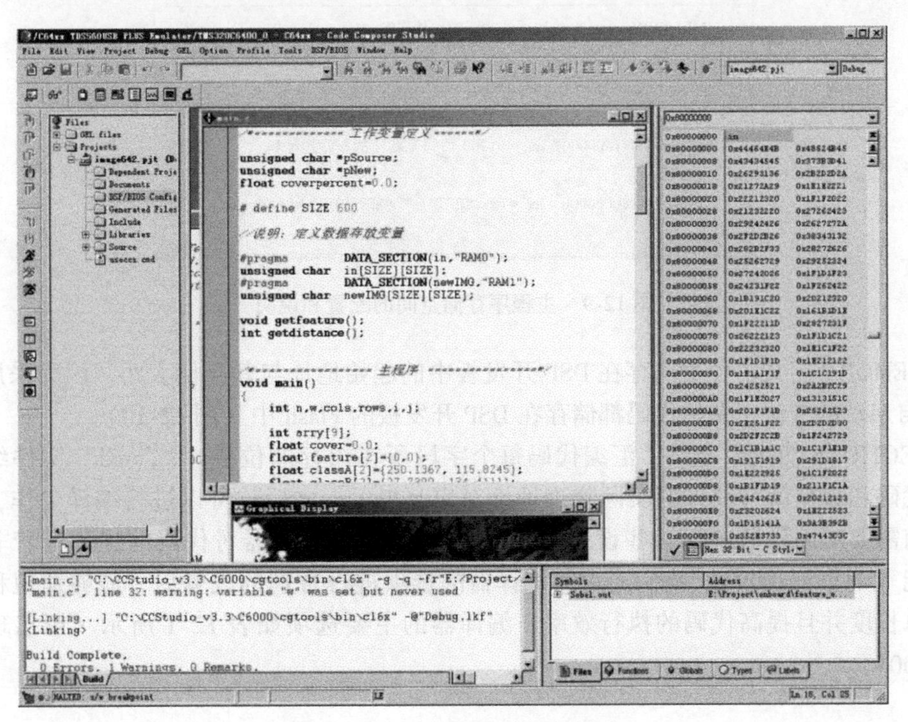

图 12-8 CCS 开发环境运行界面

展现的是 CCS 开发环境成功运行的界面。

12.3.5 检测算法的 DSP 移植

1. DSP 存储空间的分配及编译优化

DM642 的 DSP 工程项目至少有三个文件构成：主程序、连接命令文件“.cmd”以及 rts6x.lib 库文件（田黎育，2006）。在图像检测的主程序编写完后，需用代码调适器（Code Composer Studio，CCS）上位机开发软件编译主开发程序。在 PC 环境下，我们不需要考虑数据和代码的存储情况，但是在 DSP 开发环境下，需要对数据和代码分配详细的存储位置。在 CCS 开发软件中，提供了把代码中的程序段和数据段与 DSP 开发板的实际物理地址映射起来的连接命令（cmd）文件，cmd 文件能够实现代码的重新定位。连接命令文件（cmd）提供了 DSP 开发板的存储空间的分配和程序与数据的对应的物理地址。因此，在建立 DSP 工程的时候，还需要编写额外的“.cmd”文件才能编译成个项目。

在连接命令（cmd）文件中，用连接器提供的伪指令 MEMORY 将用户设定的存储器定义不同的存储空间，接着利用伪指令 SECTIONS 将用户目标文件的所有数据段与代码段分配到 MEMORY 定义的存储空间。如果 DPS 的开发板存储器地址配置一旦发生了改变，只需在 MEMORY 中进行相对应的改动就可以了；同样的，在 SECTIONS 内可快速的地修改不同的数据段与代码段的实际地址。

在本开发软件中，主程序存储空间的配置和说明如图 12-9 所示。

```
MEMORY      /* 描述系统实际的硬件资源 */
{
boot: o =0x00000000   len= 0x00700 /* 启动地址 */
Page 1:
data：o= 0x1400000   len = 0x200   /* FLASH 的起始地址*/
page2:
data: o =0x80000000   len = 0x00ffffff   /* 外部 SDRAM */
}
```

图 12-9 主程序存储空间的配置和说明

MEMORY 定义了各个内存在 DSP 开发板中的起始地址与其存储大小。因为采用的是 ROM 自启动的方法，初始代码都储存在 DSP 开发板的 Flash 中（图 12-10）。

SECTIONS 伪指令定义了汇编代码每个字段所在内存的位置。“.cmd”文件编写好后，代码和数据就与硬件的实际物理地址对应起来了。之后就可以进行编译工作，在编译之前需要对编译器进行一些设置，TI 公司提供的 C 编译器对代码的优化有着非常好的性能（刘华，2009）。我们通过对编译器的选项进行合理的设置后，能够缩短程序代码的总长度并且提高代码的执行效率。编译器的主要选项如表 12-1 所示（彭启琮和管庆，2004）。

```
SECTIONS
{
        .vectors>ISRAM        /* 中断矢量段 */
        .text   >ISRAM        /* 程序正文段 */
        .data   >ISRAM
        .bss    >ISRAM        /* 为未初始化变量保留存储空间，
                                 主要指全局变量和静态变量 */
        .cinit  >ISRAM        /* C 程序初始化段 */
        .const  >ISRAM
        .far    >ISRAM        /* 为申明为 far 的全局变量和静态
                                 变量保留空间 */
        .stack  >ISRAM        /* 为系统堆栈段分配空间，主要用
                                 于函数参数和局部变量 */
        .cio    >ISRAM        /* 用于 stdio 函数 */
        .sysmem >ISRAM        /* 动态内存分配存储空间，主要指函
                                 数 malloc 等 */
        in:>data, page=1
        newIMG:>data, page=1
        sourceIMG:>data, page=1
}
```

图 12-10　目标文件的储存空间配置

表 12-1　编译器的编译选项表

编译选项	功能
-g	全符号调试选项，应用在编译时会生成众多用于程序调试的符号信息，但是会降低程序的执行效率
-o3	顶级的文件级优化，用来删除不适用的函数、使用内联函数以及对循环做多项优化，选择时与-pm 联合使用
-pm	程序级优化，所有源程序联合观测，程序性能和代码尺寸同时得到优化
-mt	消除存储器相关性，使编译器优化更加顺手
-mv6400	根据 C64x 系列 DSP 硬件的特殊结构，对程序做优化处理

在软件编译的过程中，对编译器进行如上所述的配置之后，结合上述的 cmd 文件及其主开发程序 C 代码以及 DM642 的 C 运行库文件编译（蔡梅艳，2007）就会得到一个 detection. out 执行文件（下文会对这个文件的用处做说明）。利用 CCS 的在线编程仿真模式，通过硬件仿真器把执行文件烧写到 DSP 便可以进行云检测算法的工作。

2. DSP 处理图像的生成

因为在上位机处理遥感图像时，可以借用各种图形处理软件（如 ENVI、matlab）里面自带的各种已经编写好的函数库直接对图像做各种后期处理。这样对图像做处理非常的便捷，一方面不受图像格式的限制（图像可以是 TIFF、JPG、PNG 等格式）；另一方面不用知道图像在上位机里面的存放的实际地址也不必顾虑图像的大小等等问题。但是在 DSP 平台对图像做处理的时候，图像的格式、大小以及在硬件资源里的存放位置等这些问题都必需要考虑。与此同时，对图像做检测算法的函数还要利用 C 语言来编写，在硬件平台完成图像处理之后还要传送回上位机里面进行显示。本章所采用的上位机软件（CCS3. 3）不能对普通格式的彩色遥感图像进行直接的处理，DSP 硬件平台也不能存放普通格式的图像。所以需要把实验用的图像转换成 DSP 平台能处理的 DAT 格式文件。对于所有待检测

的原始遥感图像，本章节利用了 matlab 软件将其格式变成 DAT 类型的文件，并且图像的存放模式是 16 进制的小端模式。转换代码如图 12-11 所示。

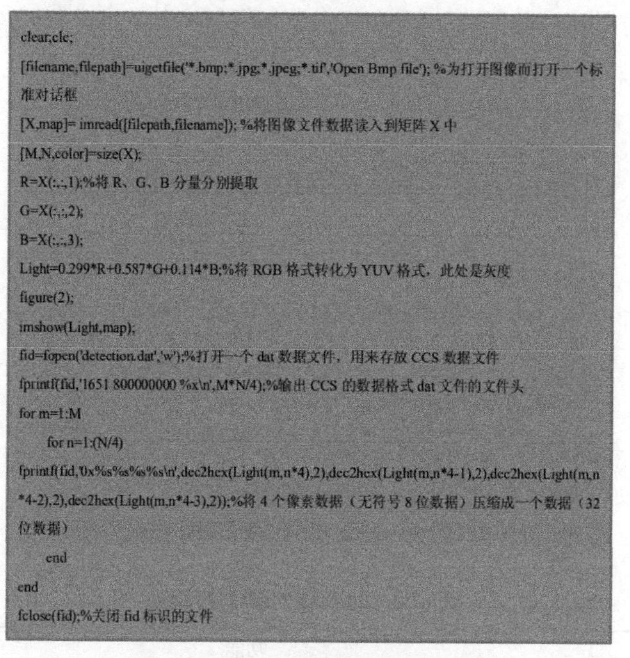

```
clear;clc;
[filename,filepath]=uigetfile('*.bmp;*.jpg;*.jpeg;*.tif','Open Bmp file'); %为打开图像而打开一个标准对话框
[X,map]= imread([filepath,filename]); %将图像文件数据读入到矩阵 X 中
[M,N,color]=size(X);
R=X(:,:,1);%将 R、G、B 分量分别提取
G=X(:,:,2);
B=X(:,:,3);
Light=0.299*R+0.587*G+0.114*B;%将 RGB 格式转化为 YUV 格式，此处是灰度
figure(2);
imshow(Light,map);
fid=fopen('detection.dat','w');%打开一个 dat 数据文件，用来存放 CCS 数据文件
fprintf(fid,'1651 800000000 %x\n',M*N/4);%输出 CCS 的数据格式 dat 文件的文件头
for m=1:M
    for n=1:(N/4)
fprintf(fid,'0x%s%s%s%s\n',dec2hex(Light(m,n*4),2),dec2hex(Light(m,n*4-1),2),dec2hex(Light(m,n*4-2),2),dec2hex(Light(m,n*4-3),2));%将 4 个像素数据（无符号 8 位数据）压缩成一个数据（32 位数据）
    end
end
fclose(fid);%关闭 fid 标识的文件
```

图 12-11　Matlab 转换图像格式代码

利用如上的代码，任意格式的实验图像输出就变成了以“detection. dat”命名的 DAT 类型文件，文件里面存放的图像是利用 32 位 16 进制小端模式的灰度图像。

在硬件平台实现云检测算法的时候，在图像完成了检测之后，无法直接的观看检测结果，需要利用仿真器把存放在开发板里面的图像传送至上位机软件（本章为 CCS3. 3）里进行显示观看。CCS3. 3 集成了数据可视化软件（刘晔，2010），能够把 DSP 开发板中存放的数据绘制成所需要的图像格式（RGB 和 YUV 格式），并且实时的显示出来。在 CCS 里面显示图像的详细过程为：首先点击菜单栏里面的 flie-data-load 把待处理的图像导入进去（DAT 格式的文件）；然后运行“view-graph-image”命令即可查看图像（下文会做详细说明）。图 12-12 显示了通过仿真器在 CCS 开发环境中在线显示待处理图像的效果。

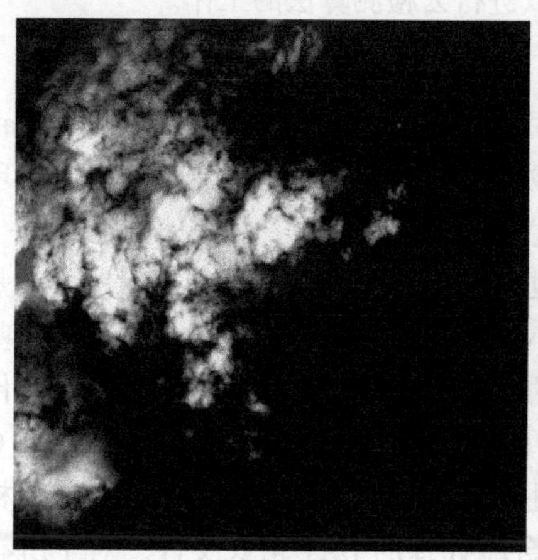

(a) 原始图像

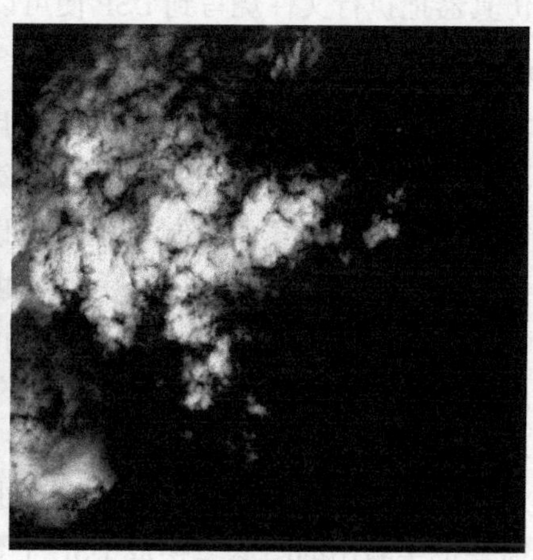

(b) 灰度图像

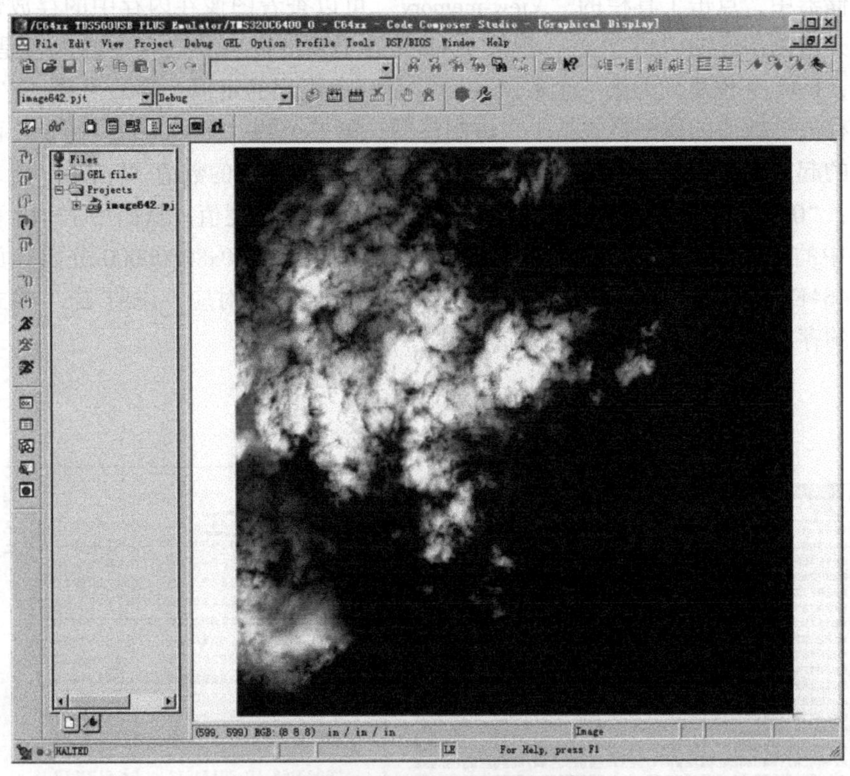

(c) 在CCS中读取显示dat格式的图像

图 12-12　CCS 的图像显示

12.3.6　联合最小交叉熵和 SVM 的云检测 DSP 实现

1. DAT 文件在 DSP 的导入

在完成了云检测算法在仿真条件下的程序编译和调试后，需要在 DSP 的硬件平台实现并观察实验结果。DSP 云检测的硬件实验平台为：上位机的 Windows XP Professional SP3、TI 公司提供的 CCS3.3 仿真软件、TDS560PLUS 仿真器。首先利用 USB 线连接硬件仿真器和 PC 机，然后通过 DSP 电路板上的 JTAG 仿真端口连接 TDS560 仿真器，系统上电且成功启动后 CCS3.3 上位机连接上了 DSP 开发板。硬件仿真器在这里的作用是烧写编译好的执行代码、在 PC 机和 DSP 开发板之间传输图像数据打开 CCS3.0 软件后，选择硬件仿真器模式启动。打开建立好的工程，点击工具栏的 File 选项，之后点击 load program 命令选项，在弹出的对话框中载入上述编译好的 detection.out 十六进制可执行文件。装载完毕后，CPU 的运行指针 PC 指向 c_int00 处，说明仿真器已经成功把程序烧制到 DSP 开发板硬件。

程序烧入到硬件平台后，需要把待处理的图像也装载到硬件平台。首先按照上文的介绍利用 matlab 将待处理图像转换成 DSP 支持的十六进制 DAT 文件。实验中把 DAT 文件存储到 DSP 的硬件外部存储器，外部存储的起始地址为 0x80000000，已经在上文交代的 cmd 文件里面定义。为了把 DAT 文件传输到 DSP 开发板，需要利用“File-Data-load”命令，之后会出现 load data 的对话框，选择要传输的文件点击打开。

完成以上步骤之后，图像就存放到了 DSP 的外部存储器里面。为了验证图像是否正确存放到存储器中，点击工具栏的“View-memory”可以查看图像在内存中的存放情况。用记事本打开待测图像的DAT文件，观察DAT文件里面的内容和内存中的内容是否一致。如图所示，DAT文件里面的第一个数“1651”是一个规定的定值；第二个数“1”表示了文件里面存放的数值的数据格式是十六进制整型；第三个数“80000000”则是上面所述的存放数据的起始地址；第三个数“0”表示了页码类型；最后的数值“15f90”代表了数据块的大小；“0x”后面的数值是图像的以十六进制存储的灰度值。从图中12-13可以看到DAT文件中的第一个灰度数值是“44464E4B”，而内存中从0x80000000开始存放的数值也是“44464E4B”。DAT文件中的数值和内存中的数值一一对应，说明DAT格式的待测图像正确的存放到了DSP开发板的存储器中。

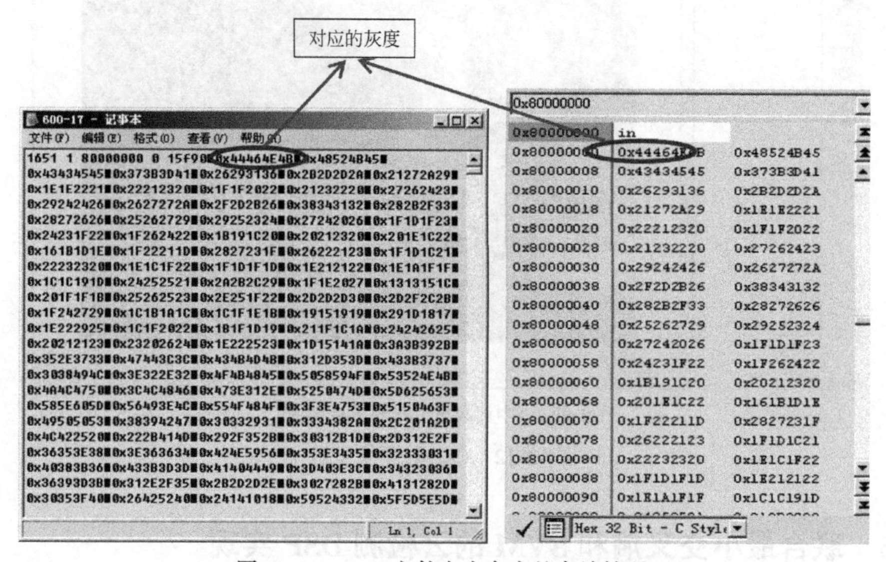

图12-13　DAT文件在内存中的存放情况

为了直观的观测图像处理前后的结果，执行“view-graph-image”命令在CCS环境下显示待检测的图像，在弹出的对话框中对相应的选项做设置（图12-14）。设置如图所示，

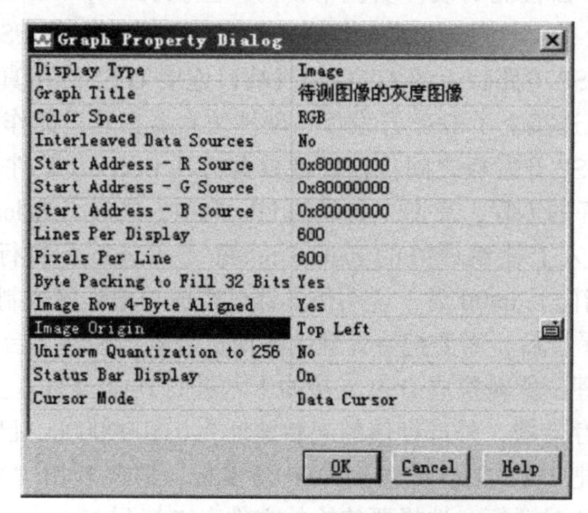

图12-14　CCS图形化显示图像设置窗口

图像的大小是600×600，所以Lines Per Display和Pixels Per Line两个选项都是600；图像的Start address即上述的起始地址0x80000000；Color Space选项为RGB类型。设置后这些选项后，点击确定就能看到待处理灰度图像在CCS环境中的显示（图12-15）。

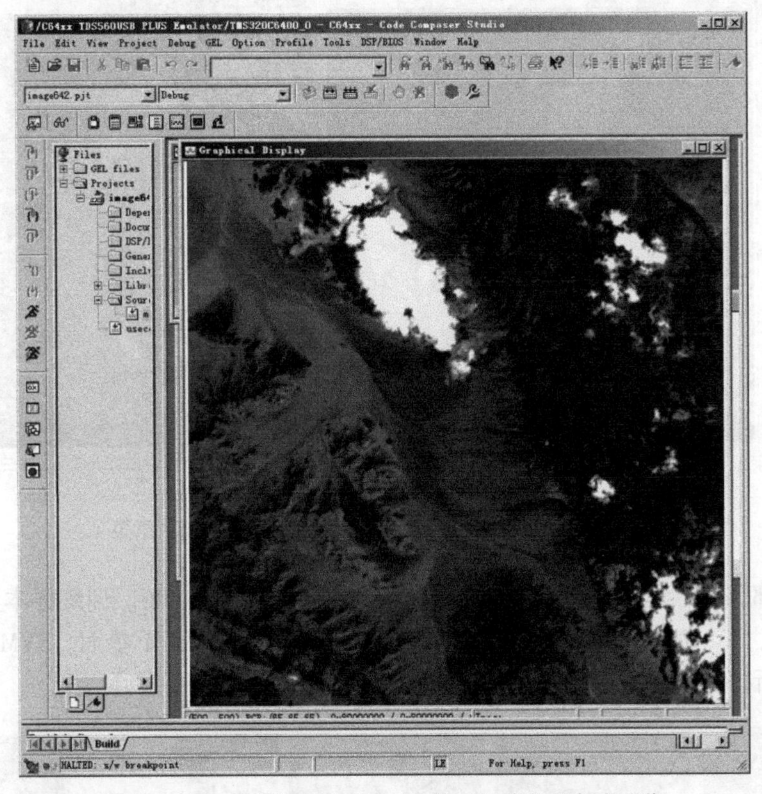

图12-15　CCS图形化显示DAT格式的待处理灰度图像

2. 最小交叉熵法粗检测结果

完成上节的操作之后，执行“运行程序”命令，DSP就开始执行云检测。为了观测改进最小交叉熵法粗检测结果，需要在主程序中设置相应断点，并添加少许代码。

同样的，可以利用CCS的在线图形显示功能，通过硬件仿真器把存储在DSP存储器中的结果显示出来。图12-16显示的是改进最小交叉熵法检测结果在DSP硬件平台实现后，通过CCS实时显示的结果。图中左侧显示的是待检测的灰度图像，右侧则是云检测的二值图像。

3. SVM分类器训练及参数优化

我们从Landsat-8卫星图像中（卫星图像的分辨率为30m）选取了大量的卫星图像组成训练集图像来对SVM分类器训练，训练集图像分为2类：有云集合和无云集合（下垫面）。有云集图合尽可能地包含了卫星图像中的每种云类；无云集图像挑选以山峦、海面、盆地、草原等不同背景的不包含任何云层信息的图像。在对这两种训练集图像的选择数量上，顾虑到无云集图像所包含的图像信息比有云集图像所含的图像信息丰富；并且期望得到的分类器对下垫面图像的识别更强一点，从而减少分类器的误判，因此本节按照1∶3的数量选取了训练集图像。我们选取了500幅有云集图像块和1500幅无云集图像块作为

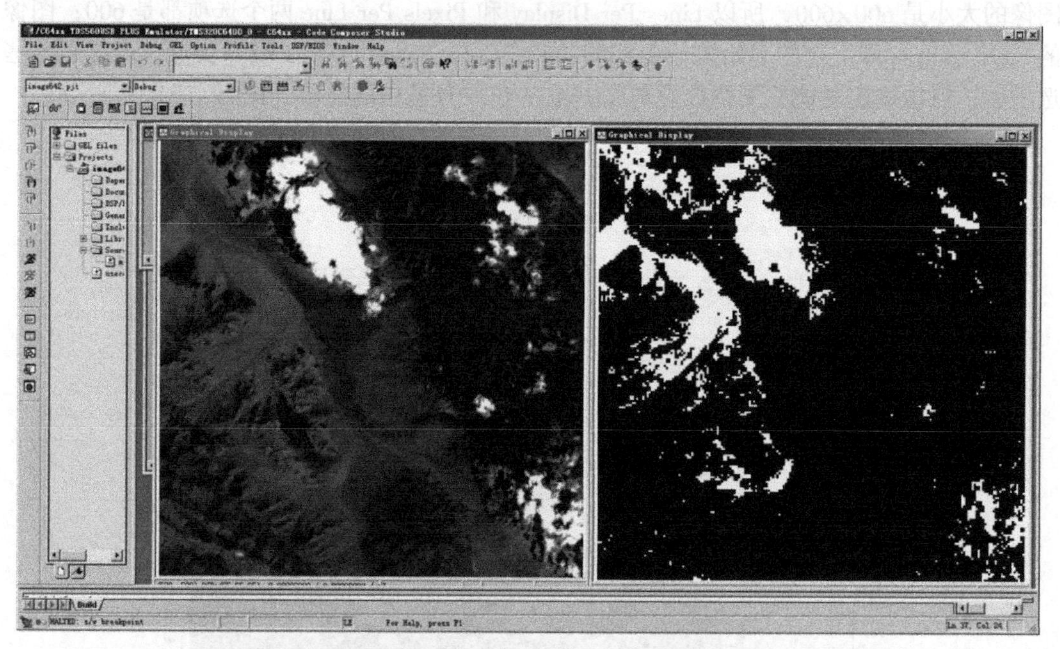

图 12-16　CCS 图形化显示改进最小交叉熵法检测结果

训练样本（部分训练集如下图 12-17 所示），图像大小为 200×200。训练样本集为 $\{(x_i, y_i), i=1, 2, \cdots, N\}$，$y_i=1$ 时，样本是云，$y_i=-1$ 时，样本是下垫面。SVM 的内核函数选用的是高斯核函数。

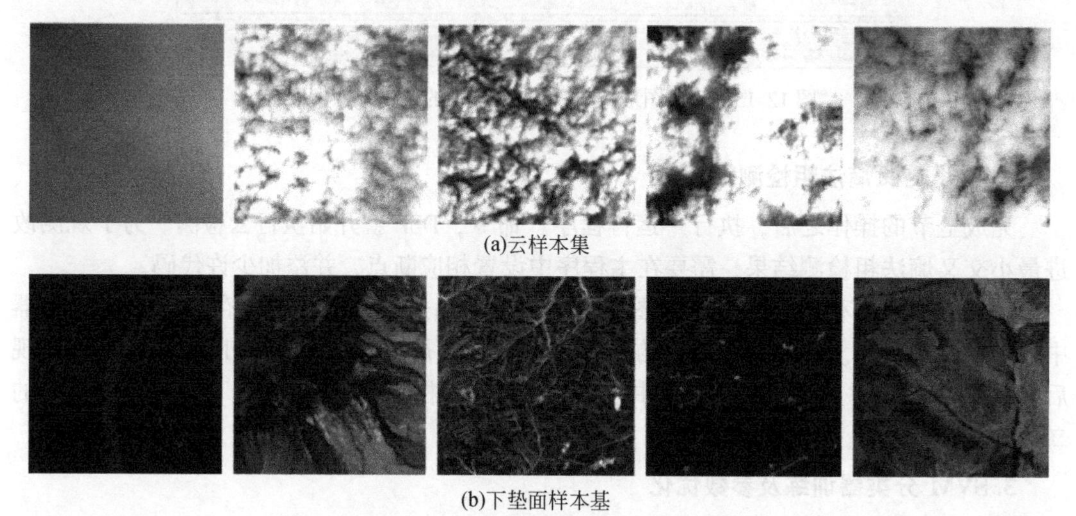

(a)云样本集

(b)下垫面样本基

图 12-17　训练集图像示例（部分）

在 SVM 的分类器训练建模好之后，我们需要知道这个分类器的性能是否满足需求，分类的精度是否足够高（闫国华和朱永生，2009；郭雷等，2009）。本节利用了交叉验证法（朱世增和党选举，2008）(cross validation，CV) 来证实建模好的分类器，该方法是基于统计分析的基础上建立。交叉验证法的步骤如下介绍：首先按照某种规则（可自己定义）把数据分成两种类别，第一类叫做训练集合，第二类叫做验证集合；然后利用训练集合进行建模训练得到分类器的模型，之后把验证集合输入分类器进行测试，用测试结果的精度作为性能指标。

本节采用了K-CV的方法来验证SVM的分类器模型的性能，这种验证方法对数据的分组处理是，把数据平均的划分成K组。首先把K组数据中的每个子集据取出分别作为验证集，剩下的K-1组组成训练集，然后对分类器做交叉验证。剩下的K-1组数据轮流作为验证集重复以上步骤，如此一来这种方法总共会有K个模型。对K个模型的分类精度取平均值，得到最终的均值精度作为该方法下分类器的评判指标。关于K的取值，通常情况下K是不能小于2的，但是在实际应用中K的取值都是以3作为起始值，除非样本数据非常小才会把K取做2。这种验证方法能够有效的防止欠学习与过学习的情况出现，分类器的分类结果也十分的有信服力。

在验证方法确定之后，对SVM训练建模并完成对SVM的参数的优化选取。但是目前来说，如何确定选择的SVM的参数是最优，世界上还对任何一个方法达成共识。

本节选用了最常用的一种方法，其对SVM参数的选取步骤如下：首先把C与δ确定在某个范围内；然后对这两个参数步进取值，对于每一对的C与δ的值，通过K-CV的验证方法就会得到一个分类器的分类精度；最后，选取分类精度最大时所相对的那对C与δ就是最优选择。为防止C的取值过高从而出现过学习情况，本节选择的分类精度最高时参数C的值为最小的那对C与δ，与此同时，C有多个δ与之成对，选择最先搜索到的那对C和δ作为最优参数即可。对参数的搜索过程如图12-18所示，首先进行粗略的搜索选择把C与δ的取值范围定为［2^{-10}，2^{10}］，得到参数取值$C=0.015624$，$\delta=0.5$，根据粗略略搜索得到的参数取值之后缩小搜索范围进行精细搜索参数选取，把C的取值范围定为［2^{-2}，2^{4}］，δ的取值范围定为［2^{-4}，2^{4}］，得到最终的参数取值$C=0.01103087$，$\delta=0.707107$。在用最优参数利用SVM对测试样本集分类的结果如下所示，分类器的模型精度达98.7%。

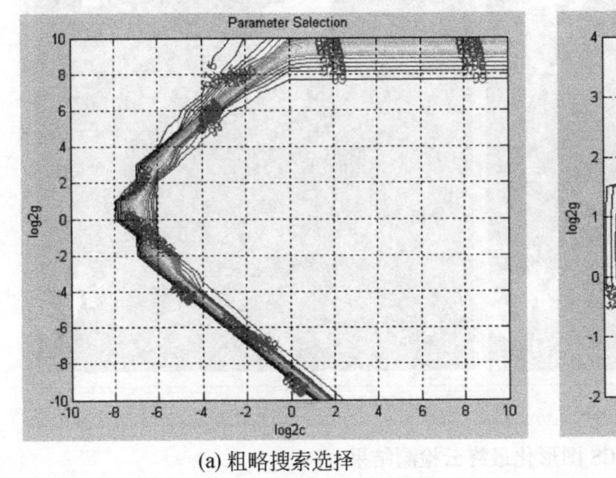

(a) 粗略搜索选择

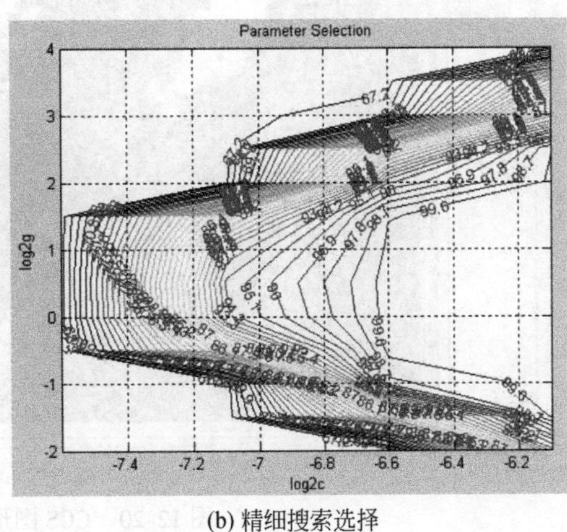

(b) 精细搜索选择

图12-18　SVM参数优化选择过程

4. SVM最终检测结果

SVM分类器做检测首先特征提取，构成特征向量。对于被判定为下垫面的像素块，不做任何处理。被判定为云层的像素块则送入到SVM分类器进行第二步的特征提取，SVM

识别时所采用的特征有：用共生矩阵的角二阶距、共生矩阵的信息熵、共生矩阵的对比度和共生矩阵的相关性，SVM 分类器参数优化选取的结果如图 12-19 所示。

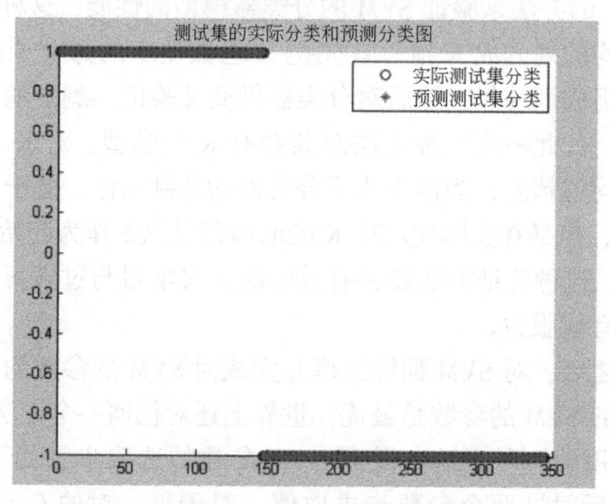

图 12-19　SVM 分类器参数优化选取的结果

然后 SVM 分类器分类判定。对于输入的每个像素块，SVM 分类器做分类判定。二值结果输出的代码与上文类似，这里不再给出。判定为云层的区域用白色表示，下垫面用黑色表示。最终的云检测二值结果如图 12-20 所示。

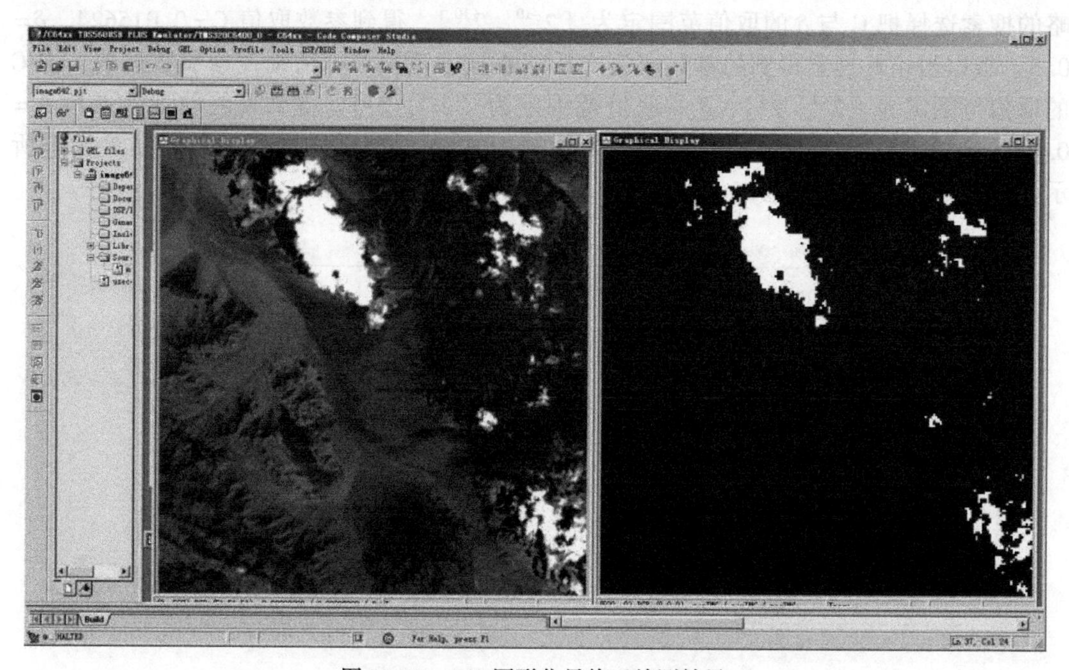

图 12-20　CCS 图形化最终云检测结果

5. 算法比较

为了直观对比本节提出的检测算法，进行检测算法的对比，分别用 SVM 检测算法、本节提出的联合检测算法做实验对比。在本节的试验中，可见光遥感图像是来自 Landsat-8 卫星的卫星图像，图像的分辨率为 30m。

改进最小交叉熵和 SVM 联合结合算法和 SVM 云检测算法的实验对比如图 12-21 所示(部分实验结果)。图像的背景包括了海面、盆地、山川等，检测的云有层云、淡积云、厚积云等。训练建模的 SVM 分类器与上文的分类器一样。两个算法的检测窗口大小都是3×3。

实验结果给出了海面、盆地和山川三种背景的云检测二值对比结果。从三幅图像的二值检测结果中，可以看出本章节的检测结果要比 SVM 算法检测结果好。SVM 算法检测的结果中，虚假检测较多，很多区域的下垫面被误判定为云层；这是由于图像中的高亮区域与云层有着相似的灰度共生矩阵特征以及图像噪声的干扰。本章节提出的算法则大大减少了这种误判，检测精度要高于 SVM 算法。从边界勾勒图中可以看到，两个算法对图像的边界都能比较好的检测出来，但是在所有图像中本章节算法对边界的检测效果最好，最接近实际情况。

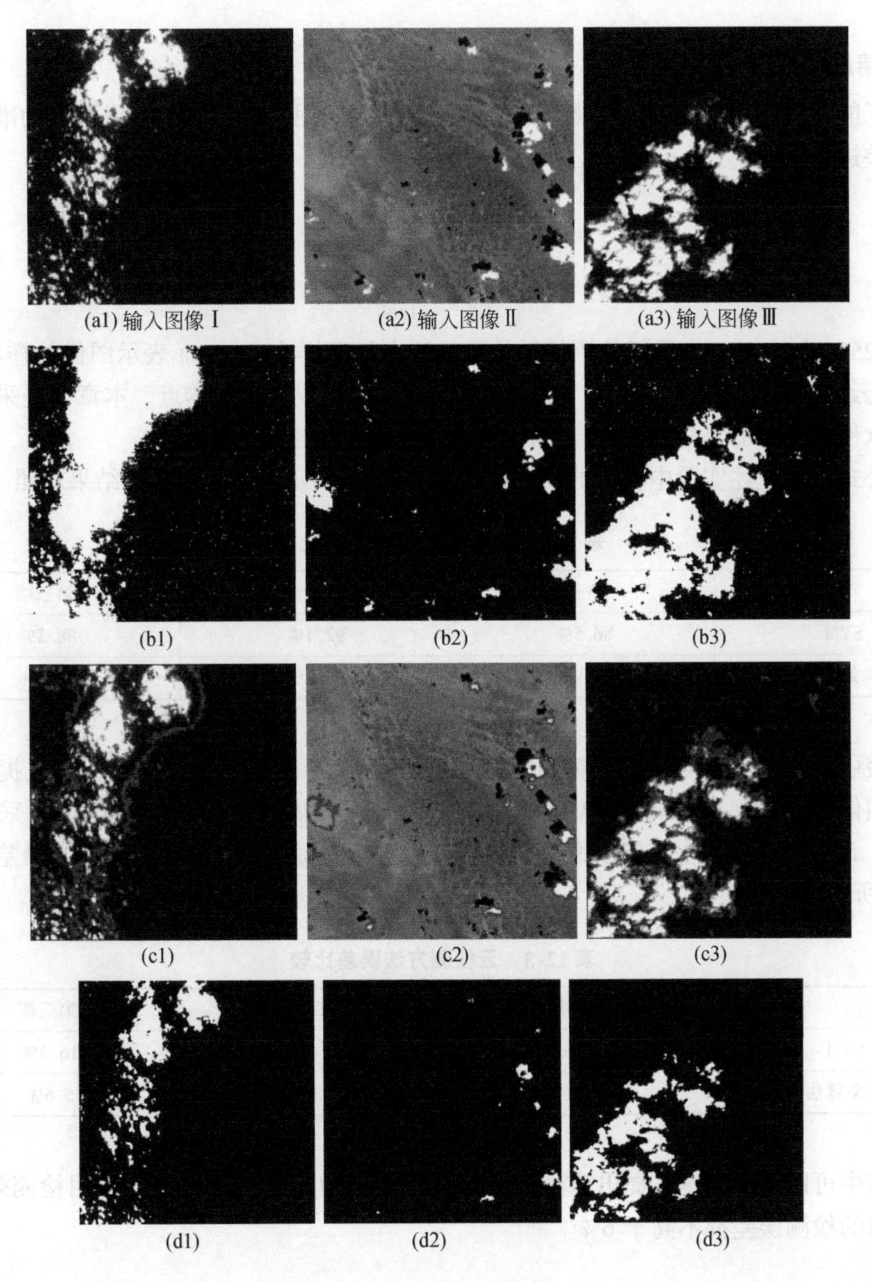
(a1) 输入图像Ⅰ (a2) 输入图像Ⅱ (a3) 输入图像Ⅲ

(b1) (b2) (b3)

(c1) (c2) (c3)

(d1) (d2) (d3)

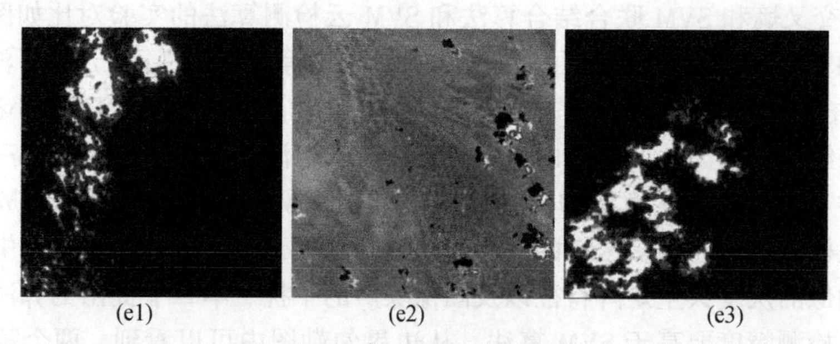

(e1) (e2) (e3)

图 12-21　检测结果比较

(a) 输入图像；(b) SVM 的云检测二值结果；(c) 根据 (b) 在原图中勾勒边界；
(d) 本节提出算法的云检测二值结果；(e) 根据 (d) 在原图中勾勒边界

6. 精度比较分析

为了能够更直接的说明云检测方法的性能，下面采用定量的方法对云检测的准确率和检测误差进行描述。

$$\begin{cases} DR = \dfrac{R-d}{\text{test}} \\ P_{\text{error}} = \dfrac{CN+NC}{\text{test}} \end{cases} \tag{12-25}$$

式（12-25）中的 $R-d$ 表示云检测结果的准确识别的云样本点，test 表示图像的样本总数。CN 表示云被误判成地物的样本点，NC 表示地物被误判成云的样本点。本章节是采用人为识别和软件相结合的办法对样本点进行判定，来计算检测精度的。

用公式计算上述实验中各图的准确率，下表 12-2 表示的两种算法的结果对照。

表 12-2　云检测方法识别率比较

	第一幅	第二幅	第三幅
SVM	86.5%	92.1%	88.3%
本文算法	89.9%	94.4%	90.5%

从表中可以看出，两种检测算法整体的准确率都在 84% 以上。但是在本文提出的算法每幅图像的准确率都要高于 SVM 算法。并且准确率最高的时候是 94.4%。采用公式（12-25）计算上述实验中三幅图像两种检测算法对应的每幅图像的检测误差，误差比较如表 12-3 所示。

表 12-3　云检测方法误差比较

	第一幅	第二幅	第三幅
SVM	15.4%	14.5%	16.3%
本文算法	5.8%	4.3%	5.6%

从表中可以看出，本文提出算法的检测误差是两种算法中最小的，说明检测效果好。每幅图像的检测误差都不高于 6%。

12.4 本章小结

本章对关于可见光遥感卫星图像的云检测算法及其在硬件平台实现开展了研究，主要研究内容如下：

（1）文中首先对支持向量机算法的理论做了详尽的阐述，然后介绍和分析了利用支持向量机分类器对图像进行云检测时遇见的不足和缺点。

（2）针对基于支持向量机做云检测的不足，本章提出最小交叉熵阈值法。最小交叉熵是动态阈值云检测法的一种。本章在介绍和阐述了最小交叉熵的原理后，针对其不足，结合经验阈值法对其做出改进。提出了改进的最小交叉熵算法，实验表明改进后的算法检测效果要好。最后，在上述基础上，提出了一种综合优化的云检测算法。先利用改进的最小交叉熵阈值法对待测图像进行第一次粗检测，阈值法的检测效果不是很理想所以粗检测的精度会比较低。第一次云检测会尽量的把云包含在结果里面，把地物检测出来，从而提高检测的准确率。然后我们再利用 SVM 对粗检测结果进行第二次检测，这样检测的准确率就大大的提高了。因为阈值法的计算量小所以耗时短，能提高整个检测算法的时间。

（3）针对以 TMS320DM642 芯片为核心的 DSP 硬件云检测平台，本章将上述所提出的算法成功移植。

参考文献

蔡梅艳，2007. 基于 TMS320C642DSP 的目标图像识别研究．南京航空航天大学．

郭洪涛，王毅，刘向培，等，2010. 卫星云图云检测的一种综合优化方法．解放军理工大学学报（自然科学版）：11（2）：221-227.

惠文华，2006. 基于支持向量机的遥感图像分类方法．地球科学与环境学报：28（2）：93-95.

刘华，2009. 基于 DM642 的嵌入式雾天实时处理算法研究与实现．上海交通大学．

刘晔，2010. 基于 TMS320DM642 的运动目标检测与跟踪系统研究．北京交通大学．

刘毅龙，2015. 基于 DSP 的可见光图像云检测研究，桂林：桂林理工大学．

彭启琮，管庆，2004. DSP 的集成开发环境———CCS 及 DSP/ BIOS 的原理与应用．西安：电子工业出版社．

田黎育，2006. TMS320C6000 系列 DSP 编程工具与指南．北京：清华大学出版社．

吴婉兰，2006. 基于 TDS642EVM 图像处理平台的目标图像识别研究．南京航空航天大学．

闫国华，朱永生，2009. 支持向量机回归的参数选择方法．计算机工程：35（14）：218-220.

尹勇，2003. DSP 集成开发环境 CCS 使用指南．北京：北京航空航天大学出版社．

朱世增，党选举，2008. 基于相关向量机的非线性动态系统辨识．计算机仿真：25（6）：103-107.

Kullback S，1959. Information Theory and Statistics. New York，USA：Wiley.

Renyi A，1984. A Diary on Information Theory. Budapest，Hungary：Ak-adememiaiKiado.

Zhou G，Yue T，Liu Y，et al.，2016. An optional threshold with SVM cloud detection algorithm and DSP implementation，ISPRS 2016，23rd Int. Society of Photogrammetry and Remote Sensing Congress，Czech Republic，Prague，12-19 July 2016.

第13章　星上舰船检测

13.1　引　　言

星上实时处理是指将星载传感器获取的遥感图像直接在卫星的硬件处理平台上进行实时处理，将得到的结果传输至地面站或者终端用户。星上实时处理技术可以有效减轻星上存储、星地传输和地面处理的压力，能有效提高遥感数据应用的实时性，对应急救灾、军事行动、公共安全等场景具有重要的意义（Zhou et al.，2004；Zhou，2003）。

作为卫星对地观测的典型应用场景之一，利用遥感图像对海面舰船目标进行检测的技术在民用和军用领域受到越来越多的重视。舰船是海上重要的交通载体和军事目标，利用卫星实时地检测舰船目标，对海上交通管制、海上搜救、监视敌方目标等方面的应用意义重大。我国海域辽阔，海岸线绵长，以美国为首的西方霸权主义国家频频在我国海域制造事端，妄图以此来遏制我国发展。因此，发展星上实时检测舰船的技术是提升海防、保护领海的重要手段（王凡，2019）。

舰船检测应用的卫星图像是合成孔径雷达（synthetic aperture radar，SAR）遥感图像和光学遥感图像。目前已有很多关于SAR图像的舰船检测识别的研究，相关算法已经比较成熟。相比于SAR图像，光学遥感图像虽然会受到天气条件、光照条件等方面的限制，但是具有其直观性强、解译容易、细节丰富等优点。随着光学卫星的数量和质量的提高，近年来光学遥感图像被越来越多地用于舰船检测。光学遥感图像舰船目标检测与识别综述（王彦情等，2011）围绕光学卫星遥感图像中的舰船目标检测与识别，分析难点，总结了已有的研究方法。基于可见光遥感图像的船只目标检测识别方法（陈亮等，2017）对光学遥感图像中舰船检测识别的技术思路和技术方法进行了总结。基于光学遥感图像的舰船目标检测技术研究（尹雅等，2019）针对光学遥感图像的舰船检测，综述了当前各环节采用的主要处理方法，对不同方法进行分析比较，指出了各个环节面临的问题，并展望后续的发展趋势。目前，已经出现了很多利用遥感图像对舰船目标进行检测的方法，不过大多是从软件角度进行研究。随着芯片的计算能力和可靠性的提升，以及芯片功耗的降低，以FPGA、DSP、FPGA+DSP等为硬件架构的实时处理平台使得遥感图像处理算法的星上实现成为可能（杜列波等，2008；Pingree，2010）。因此，本章基于FPGA实现简洁高效的、适合硬件实现的星上舰船目标的实时检测方法。

13.2　基于视觉显著性和多特征综合的舰船检测方法

根据“由粗到精”的舰船检测策略，将舰船检测的流程分为三个阶段：图像预处理，目标候选区域提取，特征提取与目标判别。本节基于舰船检测关键技术，设计适合海洋背景上计算复杂度低、检测效果好且易于硬件实现的舰船目标检测方法。

在光学遥感图像中，海洋背景上舰船检测的一个关键点在于快速全面地提取目标候选区域。对此，本节采取基于视觉显著性的方法，选择运算速度快的显著性模型计算初始显著图，然后针对初始显著图未突出区域整体的问题，利用自适应分段拉伸的方法更新显著图，最后通过阈值分割得到目标候选区域。另一个关键点是提取了目标候选区域之后，如何准确而简洁地描述舰船目标。对此，本章采取多特征综合的目标判别方法，充分发挥光学遥感图像成像清晰的优势，选择最能直接描述舰船目标的形状特征，依据投票思想建立综合的判决准则，对目标候选区域进行分类识别。

13.2.1 舰船检测的整体流程

本节按照简洁高效的原则，设计了基于视觉显著性和多特征综合的舰船检测方法，方法流程如图 13-1 所示。首先在预处理阶段对遥感图像进行中值滤波与高斯平滑处理，消除可能存在的噪声；其次提取图像目标候选区域，利用视觉显著性特征快速地从大幅面的遥感图像中定位到潜在的舰船目标区域，对显著图进行自适应动态拉伸以突出目标候选区域的整体，再利用全局阈值法对图像进行二值分割；接着得到分割的图像后，对图像进行连通域标记，确定各个目标候选区域的范围，并得到各个候选区域的描述特征；最后根据投票思想综合多个特征的判决条件构建分类器，对各个目标候选区域的特征向量进行判断，输出最终检测结果。

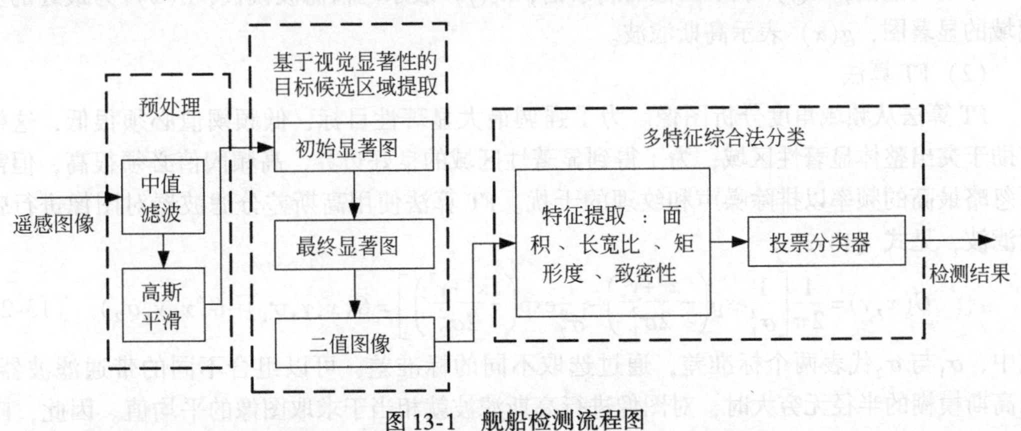

图 13-1　舰船检测流程图

13.2.2 基于视觉显著性的舰船目标候选区域提取方法

目标候选区域提取将图像中具有特殊意义的前景区域与背景区域用二值法划分开来，分割后的区域作为后续特征提取的对象。利用视觉显著性，可以快速地从大幅面遥感图像中提取出感兴趣区域，即目标候选区域，从而提高对遥感图像处理的效率，降低图像处理的计算量。根据对显著性算法的运行速度以及处理遥感图像效果的研究（Achanta and Süsstrunk，2010），本章选择三个计算速度快的显著性算法，进行分析和比较，最终采用改进的 RGB 颜色空间下的 FT 算法来计算遥感图像显著图，并采用自适应动态拉伸的方式更新显著图，最后通过阈值分割方法完成目标候选区域的提取。

1. 视觉显著性算法的分析比较

光学遥感图像尺寸通常较大，而海面背景占据图像的大部分，舰船目标只占据图像的小部分。因此，适合用基于视觉显著性的方法快速定位舰船目标的潜在的图像区域，以便进行进一步分类判别。目前，基于视觉显著性的算法已有很多。在众多视觉显著性算法中，从频域和空域的角度分别选择其中计算速度快的视觉显著性算法。基于视觉显著性计算模型的分析，发现频谱剩余（SR）算法、最大对称环绕（MSSS）算法和频率调谐（FT）算法比较高效。SR算法从频域角度分析并计算图像的显著性；MSSS算法与FT算法从频域角度分析图像，从空间域角度计算图像的显著性。下面分别介绍这三种算法并分析它们对舰船遥感图像的处理效果。

（1）SR算法

SR算法从信息论的角度将图像信息分为显著部分与冗余部分，通过图像的对数谱与平均对数谱做差得到图像的显著部分，实现见式（13-1）。

$$\begin{cases} A(f)=R(F[I(x)]) \\ P(f)=S(F[I(x)]) \\ L(f)=\log(A(f)) \\ R(f)=L(f)-h_n(f)L(f) \\ S(x)=g(x)F^{-1}[\exp(R(f)+P(f))]^2 \end{cases} \tag{13-1}$$

式中，$I(x)$ 表示输入图像，$A(f)$ 表示图像的幅度谱，$P(f)$ 表示图像的相位谱，$L(f)$ 表示图像的对数谱，$R(f)$ 表示图像的剩余谱，$h_n(f)$ 表示均值滤波模板，$S(x)$ 为最终的空间域的显著图，$g(x)$ 表示高斯滤波。

（2）FT算法

FT算法从频域角度分析图像。为了强调最大显著性目标，低频阈值必须很低，这样有助于突出整体显著性区域；为了得到显著性区域的良好边界，高频阈值必须很高，但需要忽略最高的频率以排除噪声和纹理的干扰。FT算法使用高斯差分滤波器对图像进行带通滤波，见式（13-2）。

$$G(x,y)=\frac{1}{2\pi}\left[\frac{1}{\sigma_1^2}\exp\left(-\frac{x^2+y^2}{2\sigma_1^2}\right)-\frac{1}{\sigma_2^2}\exp\left(-\frac{x^2+y^2}{2\sigma_2^2}\right)\right]=G(x,y,\sigma_1)-G(x,y,\sigma_2) \tag{13-2}$$

式中，σ_1与σ_2代表两个标准差，通过选取不同的标准差，可以组合不同的带通滤波器。当高斯模糊的半径无穷大时，对图像进行高斯滤波就相当于求取图像的平均值。因此，FT算法通过对图像在Lab彩色空间中的亮度、颜色通道下像素与全局平均值的欧氏距离的计算得到显著图。FT算法思路清晰，首先对图像进行高斯滤波预处理；因为图像通常以RGB格式进行存储，故需要将图像从RGB颜色空间转换到Lab颜色空间，转换过程如下：先将RGB颜色空间过渡到XYZ颜色空间，见式（13-3）。

$$\begin{bmatrix} X \\ Y \\ Z \end{bmatrix}=\begin{bmatrix} 0.43605, 0.38508, 0.14309 \\ 0.22249, 0.71689, 0.06062 \\ 0.01393, 0.09709, 0.71419 \end{bmatrix}\times\begin{bmatrix} R \\ G \\ B \end{bmatrix} \tag{13-3}$$

然后，对XYZ颜色空间进行非线性压缩转换到Lab颜色空间，见式（13-4）。

$$\begin{cases} L^*=116f(Y/Y_n)-16 \\ a^*=500[f(X/X_n)-f(Y/Y_n)] \\ b^*=200[f(Y/Y_n)-f(Z/Z_n)] \end{cases} \tag{13-4}$$

$$
f(t)=\begin{cases} t^{1/3}, t>\left(\dfrac{6}{29}\right)^3 \\ \dfrac{1}{3}\left(\dfrac{6}{29}\right)^2 t+\dfrac{4}{29}, t\leqslant\left(\dfrac{6}{29}\right)^3 \end{cases} \tag{13-5}
$$

式中，L^*、a^*、b^*分布表示 Lab 颜色空间中的三个通道，X_n、Y_n、Z_n 表示 XYZ 颜色空间中基准白色的分量值。在 Lab 颜色空间下，再按式（13-6）计算显著图：

$$
S(x,y)=\|I_\mu-I_{\omega_{hc}}(x,y)\| \tag{13-6}
$$

式中，$S(x, y)$ 代表显著图，I_μ表示图像的矢量平均值，$I_{\omega_{hc}}$表示图像的特征向量，$\|\cdot\|$表示范数，L_2是欧氏距离。在 Lab 颜色空间下，每个像素的位置是一个向量 $[L, a, b]^T$，其中 L 表示亮度通道，a 和 b 表示颜色通道。FT 显著性检测算法简单高效，可以快速提取输入图像的显著图。

（3）MSSS 算法

MSSS 算法是 Radhakrishna 等（2010）于 2010 年针对显著性区域很大或者背景很复杂的图像提出的一种改进的 FT 算法。MSSS 将每个像素作为中心，取其对称环绕的邻域计算显著性。也就是说，位于图像中心的像素，其显著性的计算是该点的特征向量与全局的矢量平均值的欧氏距离，不位于图像中心的像素，其显著性的计算是该点的特征向量与其最大邻域所在的局部图像矢量平均值的欧氏距离。该方法见式（13-7）。

$$
S(x,y)=\|I_\mu(x,y)-I_f(x,y)\| \tag{13-7}
$$

其中，$I_f(x, y)$ 是图像经过高斯滤波处理后队形像素点的特征向量，$I_\mu(x, y)$ 是中心像素位置为（x, y）的子图像的 Lab 彩色空间的矢量平均值，其计算方法见式（13-8）。

$$
I_\mu(x, y)=\frac{1}{A}\sum_{i=x-x_0}^{x+x_0}\sum_{j=y-y_0}^{y+y_0} I(i, j) \tag{13-8}
$$

领域的长、宽、面积的计算方法见式（13-9）。

$$
\begin{cases} x_0=\min(x,w-x) \\ y_0=\min(y,h-y) \\ A=(2x_0+1)(2y_0+1) \end{cases} \tag{13-9}
$$

式中，w 和 h 分别为图像的宽和高。

比较 MSSS 算法与 FT 算法的计算复杂度，对于每个像素的显著性值的计算都是求该像素的特征向量与矢量平均值的的欧氏距离，两种算法的计算方式一样。不同之处在于矢量平均值的计算，FT 算法使用的是全局矢量平均值，只需对图像计算一次得到；而 MSSS 算法使用的是局部矢量平均值，需要根据各个像素的位置确定对应的局部图像区域，以计算矢量平均值，对于包含 n 个像素的图像，需要计算 n 次矢量平均值。因此，MSSS 算法的计算复杂度比 FT 算法高。

（4）三种算法处理效果的分析比较

下面分别采用三种算法对遥感图像进行处理，效果如图 13-2、图 13-3 所示。由图 13-2 可知，遥感图像一中舰船目标与海面背景差异明显，且海面背景平缓，经三种算法分别计算得到的显著图大致相同。由图 13-3 可知，遥感图像二中存在部分舰船目标与海面背景差异较小的情况，且海面背景的不同区域有变化，SR 算法计算得到的显著图过于突出目标的局部细节而不能突出目标整体，MSSS 算法与 FT 算法计算得到的显著图突出了目标整体区域；不过三种算法的显著图中与背景差异不明显的目标区域都未得到足够的显示。由图 13-4 可知，遥感图像三中的角落位置存在大块的云层信息，SR 算法计算得到的显著图很大程度上消除了云层的影响，但同时图中的目标未得到有效突显；MSSS 算法在显示目标的同时，在一定程度上抑制了云层的显著性，尤其是云层中心区域；FT 算法则同时突出了云层与舰船目标。由图 13-5 可知，遥感图像四中也存在大块的云层，不过云层的位置不靠近图像角落，SR 算法计算得到的显著图仍然很大程度上消除了云层的影响，同时未能有效突显目标区域；MSSS 算法则未能抑制云层信息，将云层与舰船目标同时突显了出来；FT 算法也是同时突出了云层与舰船目标。

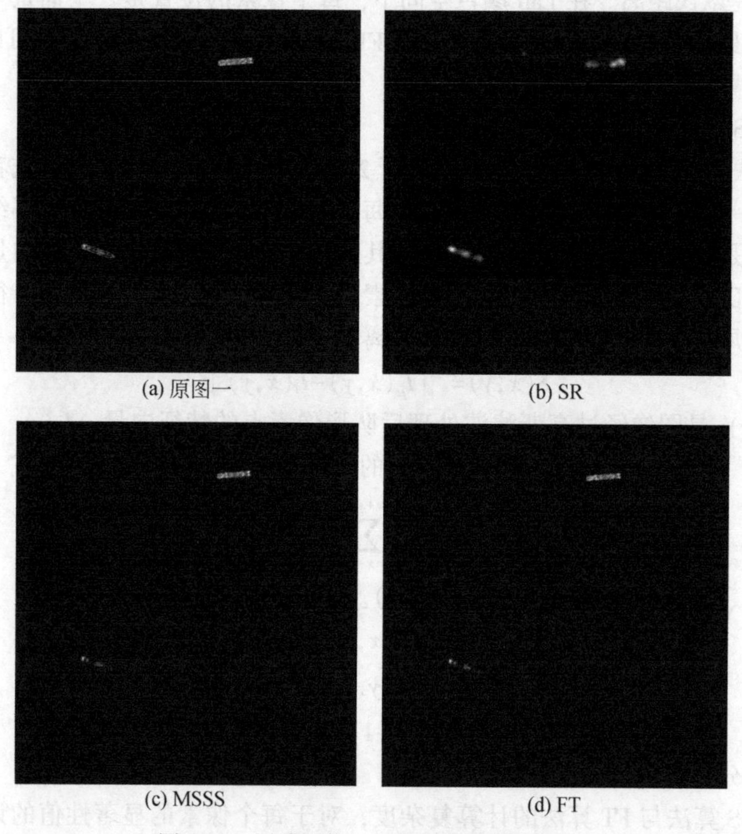
(a) 原图一 (b) SR
(c) MSSS (d) FT

图 13-2 遥感图像一与不同算法的显著图

(a) 原图二 (b) SR

(c) MSSS (d) FT

图 13-3　遥感图像二与不同算法的显著图

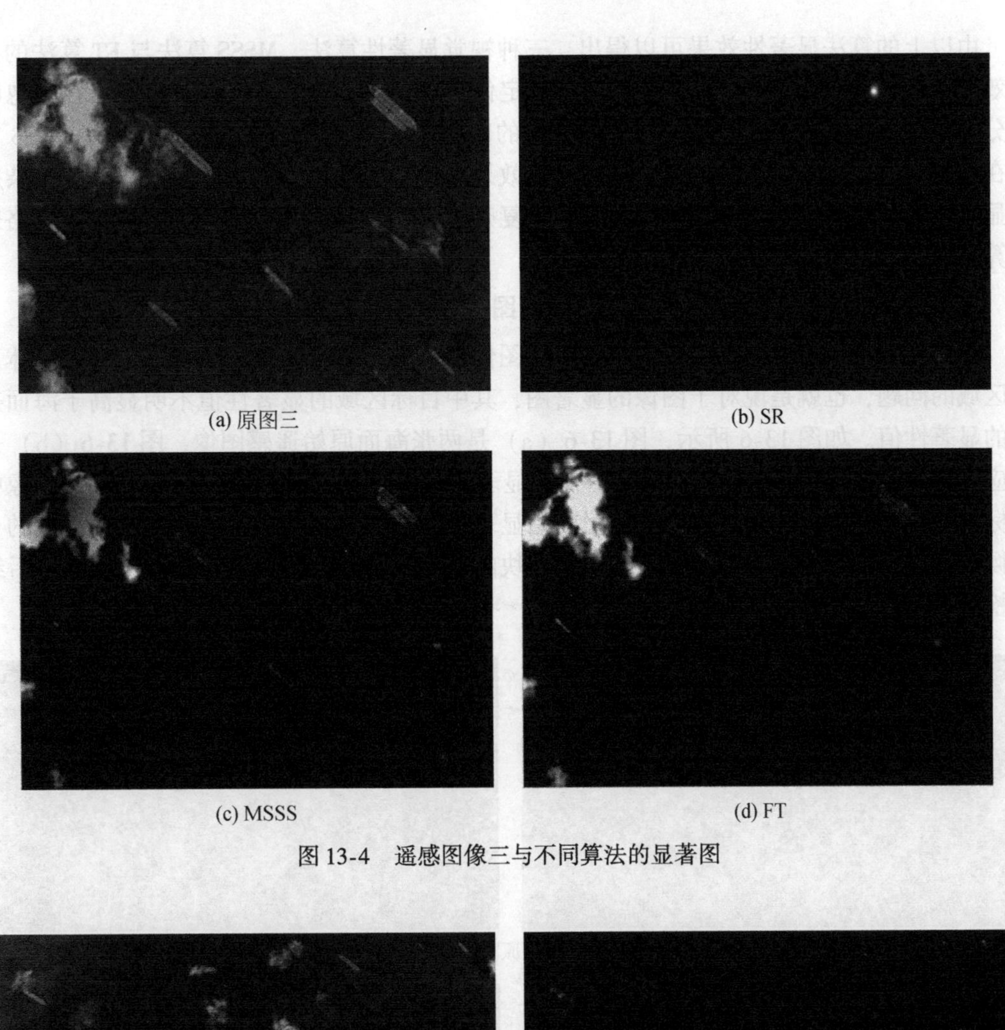

(a) 原图三 (b) SR

(c) MSSS (d) FT

图 13-4　遥感图像三与不同算法的显著图

(a) 原图四 (b) SR

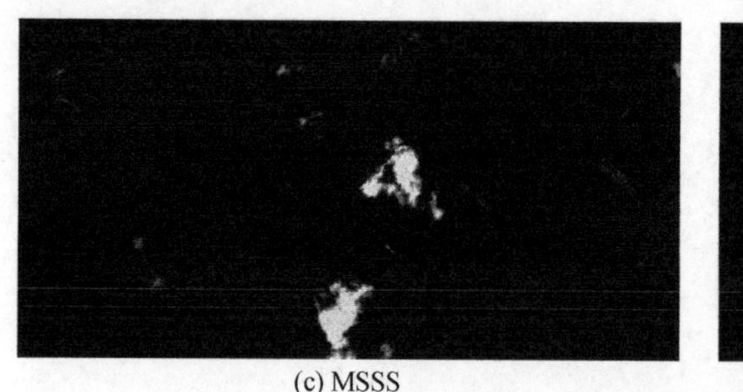

(c) MSSS

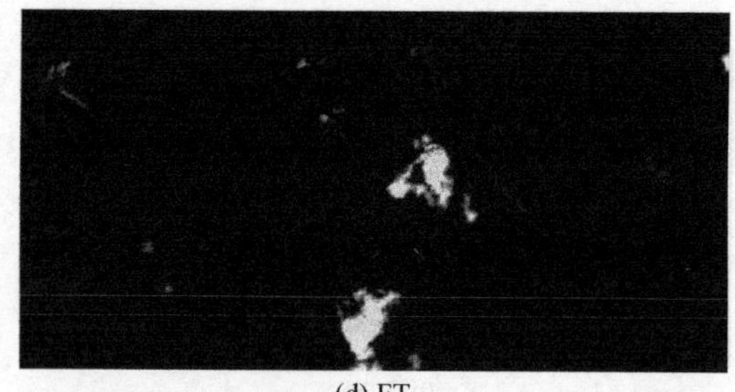

(d) FT

图 13-5　遥感图像四与不同算法的显著图

由以上的算法显著性效果可以得出，三种视觉显著性算法，MSSS 算法与 FT 算法的处理效果优于 SR 算法的效果，它们可以有效定位全部的显著性区域，而 SR 算法存在忽略部分显著性区域，且过于突出局部的显著性的问题；对于 MSSS 算法与 FT 算法，MSSS 算法在处理角落位置存在云层等虚警的图像时效果略优于 FT 算法，而 FT 算法的计算复杂度明显低于 MSSS 算法。综合处理效果与计算复杂度两大因素，本章采用 FT 算法的思路来计算舰船遥感图像的视觉显著性。

2. 基于自适应分段拉伸的方法更新显著图

经过视觉显著性算法可以快速得到遥感图像的初始显著图，但仍存在不能突出整体目标区域的问题，也就是说对于图像的显著图，其中目标区域的显著性值不明显高于海面杂波的显著性值。如图 13-6 所示，图 13-6（a）是两张海面原始遥感图像，图 13-6（b）是对应的显著图，图 13-6（c）是直接对初始显著图进行阈值分割的二值图像。因为图像中目标区域整体不完全突显，所以直接对初始显著图进行二值分割的结果中丢失了部分的目标候选区域，部分目标区域甚至只剩下很小块的区域。这样的效果显然不能直接用于后续的检测流程。

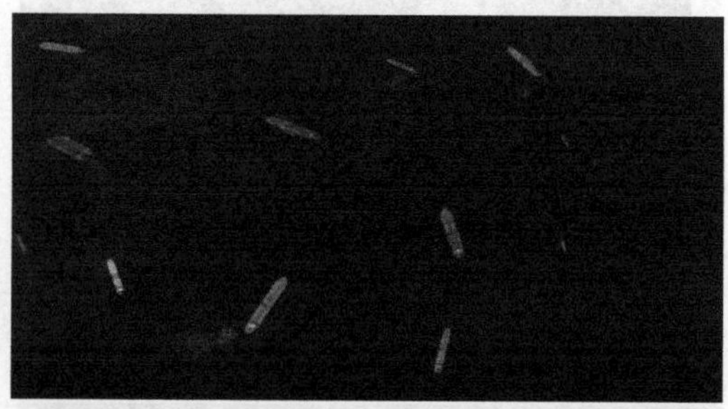

(a) 原图

(b) RGB空间下FT算法的显著图

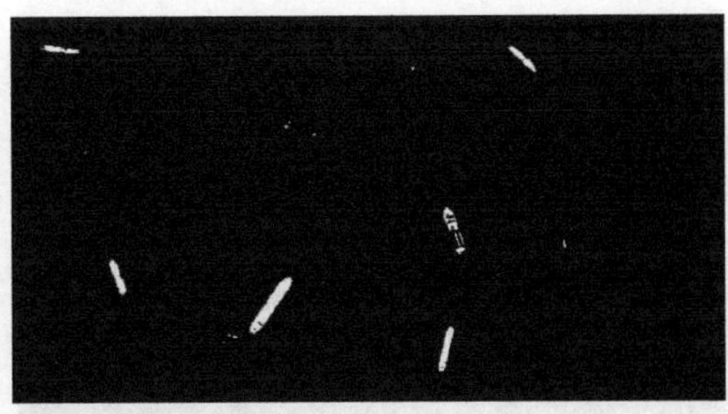

(c) Otsu算法分割

图 13-6　显著性分割示意图

对于初始显著图不突出目标整体区域这个问题，本章采取显著性值自适应动态拉伸的方法，对初始显著图进行更新。通过设置最小门限将显著性较低的背景像素与其他像素区分开，对剩余的像素进行动态拉伸，突出显著性区域的整体，以便对图像进行分割。先将图像的初始显著性值归一化，再按式（13-10）分段函数对初始显著性值进行映射。

$$y=\begin{cases}\dfrac{h}{v_{\max}-v_{\min}}(x-v_{\min}),x>v_{\min}\\ x,x\leqslant v_{\min}\end{cases}\tag{13-10}$$

其中，x 为拉伸前的像素显著性值，y 为拉伸后的像素显著性值，h 为拉伸后可能的显著性最大值，$v_{\max}$ 表示当前显著图中最大的显著性值，$v_{\min}$ 表示当前显著图需要进行拉伸的最小门限。

对于最小门限的确定，本章通过对图像显著性值的直方图进行分析从而自动选择显著图拉伸的最小门限。直方图波峰从急速下降进入平缓区的转折点适合作为动态拉伸的最小门限。不同图像直方图的转折点有所差异，本章提出一种基于显著性峰值比值的自动门限选择方法，主要步骤如下：

（1）直方图中将横坐标分为1024个小区间，首先找到直方图的峰值 T_0；

（2）从该峰值对应区间向其右侧的区间读取纵坐标 T_i，计算当前区间的纵坐标与峰值的比值 T_i/T_0；

（3）判断所得比值是否小于等于0.02，如果是，则以该区间的横坐标中值作为最小门限，如果不是，则向右侧读取下一个区间的纵坐标并判断，直到找到最小门限。对于参数0.02的设置，是在统计分析舰船遥感图像整体背景占主要成分的特点的基础上得来。

通过上述方法确定显著图拉伸的最小门限，对初始显著图进行动态拉伸，得到的效果如图13-7所示。可以看到，经过动态拉伸的显著图中显著性值高的区域都得到了明显增强，区域的整体更加突出，边缘更加明显，可以有效提高对目标候选区域划分的完整度。

(a1) 初始显著图

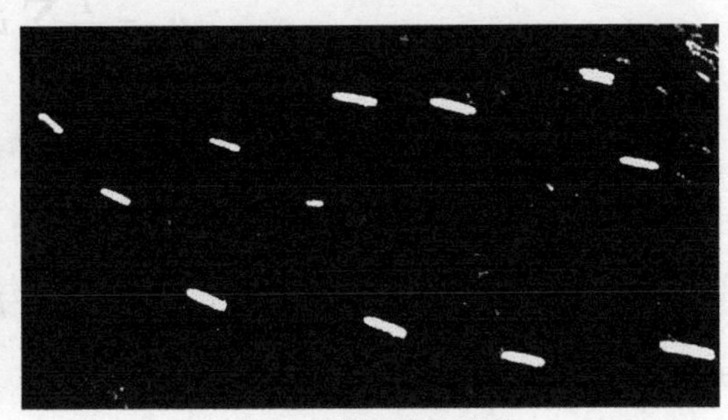

(b1) 更新后的显著图

(a2) 初始显著图

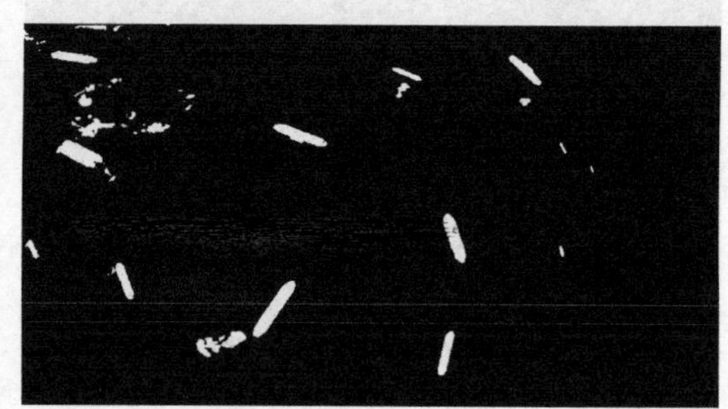
(b2) 更新后的显著图

图 13-7　显著图更新

本节所提出的基于显著性峰值比值的自动门限选择方法可以自适应地根据遥感图像的显著性分布来确定该图像的最小门限。对于背景简单的遥感图像，它的直方图曲线中波峰很窄，曲线的转折点靠近原点，该方法得到的最小门限的值比较小；对于背景复杂或者存在干扰的遥感图像，它的直方图曲线中波峰较宽，曲线的转折点距离原点较远，该方法得到的最小门限的值有所增大。本章所提出的基于显著性峰值比值的自动门限选择方法简单、高效、稳健，且易于实现，能够对显著图自适应地更新。

3. Otsu 方法图像分割

目标候选区域的获得需要对更新后的显著性图进一步分割。本节采用最大类间方差法（Otsu 方法）进行图像的二值分割。将分割后的二值图像进行连通域标记，便提取到了目标候选区域。Otsu 算法的运算过程如下。

设图像中灰度值为 i 的像素数为 n_i，灰度范围为 $[0,\ L-1]$，总的像素数为

$$N = \sum_{i=0}^{L-1} n_i \tag{13-11}$$

各灰度值出现概率为

$$p_i = n_i / N \tag{13-12}$$

用阈值 T 将图像中像素分为两类 C_0 和 C_1，区域 C_0 和 C_1 的概率分别为

$$P_0 = \sum_{i=0}^{T-1} p_i \tag{13-13}$$

$$P_1 = \sum_{i=T}^{L-1} p_i = 1 - P_0 \tag{13-14}$$

区域 C_0 和 C_1 的平均灰度分别为

$$\mu_0 = \frac{1}{P_0}\sum_{i=0}^{T-1} i p_i = \frac{\mu(T)}{P_0} \tag{13-15}$$

$$\mu_1 = \frac{1}{P_1}\sum_{i=T}^{L-1} i p_i = \frac{\mu - \mu(T)}{1 - P_0} \tag{13-16}$$

其中，μ 是整幅图像的平均灰度

$$\mu = \sum_{i=0}^{L-1} i p_i = P_0\mu_0 + P_1\mu_1 \tag{13-17}$$

两个区域的总方差为

$$\sigma^2 = P_0(\mu_0 - \mu)^2 + P_1(\mu_1 - \mu)^2 = P_0 P_1(\mu_0 - \mu_1)^2 \tag{13-18}$$

该方法是一种自动阈值选择法，使 T 在 $[0, L-1]$ 内依次取值，使 σ^2 最大的 T 值即为所求的分割阈值。如图 13-8 所示，为原始图像和对其显著图二值分割的结果，得到的二值图像中像素值为 1 的区域即为目标候选区域。可以看到，经过分割后的图像不仅提取了舰船目标区域，还提取了一些虚警区域，需要结合舰船目标的多个特征对目标候选区域进行判断识别，才能得到最终的检测结果。结果及原图对比如图 13-8 所示。

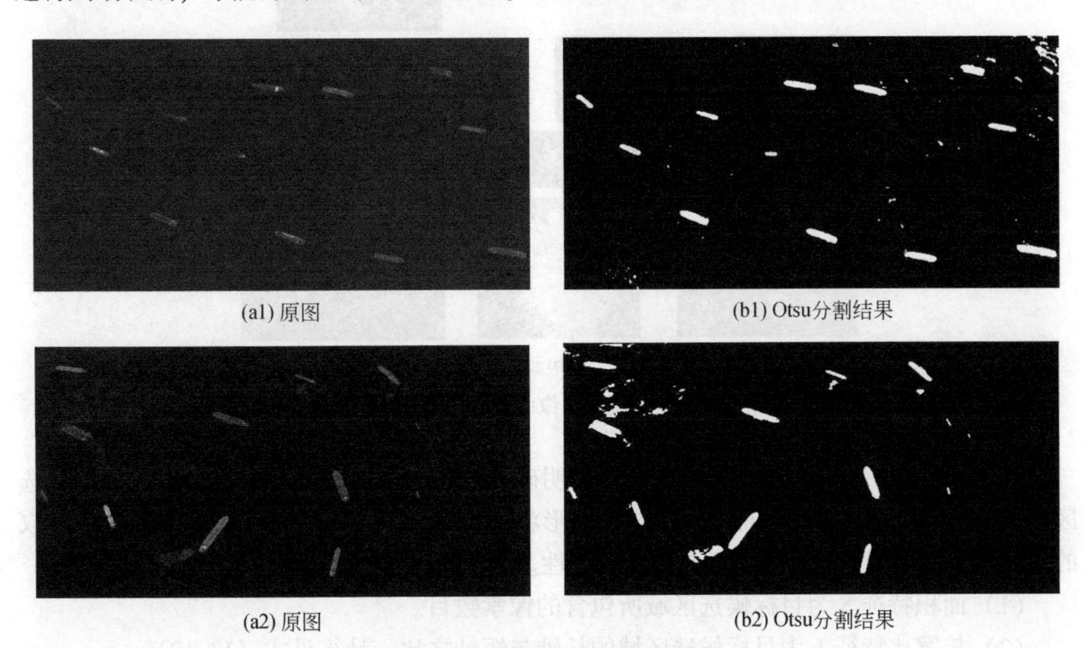

图 13-8　Otsu 分割结果与原图对比

13.2.3　多特征综合的目标判别

多特征综合是指采用多个特征对检测目标进行描述，以达到较高的完整性和准确性，通过将这些特征按照判决准则来分类识别。本章选择面积、长宽比、矩形度、致密性组成检描述目标的特征向量 $V=[S, L, R, Z]^{\mathrm{T}}$，将各个特征的权重系数设置为相同的数值。除了面积特征外，其余三个特征都与目标的尺寸无关，并且已经有工作论证，它们对目标轮廓描述准确。本节综合这四个特征对目标候选区域进行分类识别。

1. 舰船目标特征提取

本章在目标候选区域提取阶段充分利用了舰船目标的颜色和亮度信息。在特征提取与目标判别阶段，考虑提取舰船目标的其他特征来对目标候选区域进行分类判别。通常，遥感图像中舰船目标几何形状明显，易于用基本特征进行描述，而背景中诸如云朵、海浪、岛礁等虚警不具有规则的几何形状。如图 13-9 所示，为海面背景的光学遥感图像中的舰船目标、云层与岛礁信息。可以看到，舰船目标具有比较规则的形状，而云层和岛礁大小差异大、形状不规则。利用面积特征可以排除一些大的云和岛礁，以及一些小的海浪；利用长宽比特征可以排除大部分的云层和岛礁，对于整体形状与舰船比较接近的云层或岛礁，可以利用致密性特征与矩形度特征予以排除；比如图 13-9（b）中第二个云层切片，因为云的边缘是曲折的，所以周长比较大而面积比较小，导致它的致密性比较大而矩形度比较小；比如图 13-8（c）中第三个岛礁切片，因为该岛呈现狭长型，所以它的长宽比比较大且致密性比较大，又因为它的边缘曲折，所以矩形度比较小。因此，根据舰船目标的面积、长宽比、矩形度、致密性等形状特征可以有效区分其他虚警。

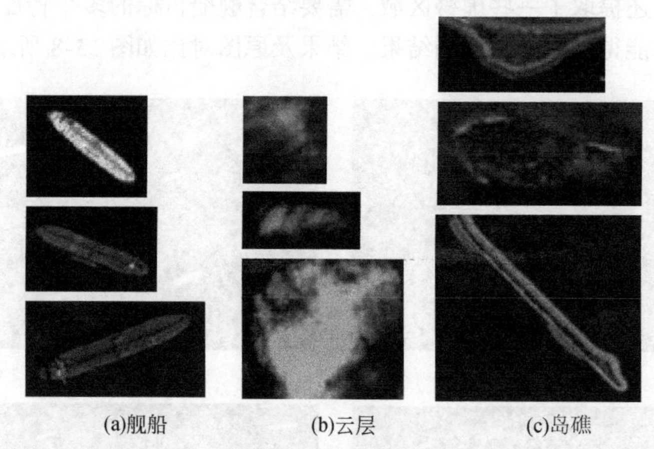

(a)舰船　(b)云层　(c)岛礁

图 13-9　光学遥感图像中的舰船目标与虚警

对分割后的二值图像进行连通域标记，明确各个目标候选区域。然后对每个目标候选区域提取特征。鉴于舰船目标的具有规则的形状，本章选取几个形状特征进行提取，选取的特征包括：面积，长宽比，矩形度和致密性。

（1）面积特征 S 为目标候选区域所包含的像素数目。

（2）长宽比特征 L 为目标候选区域的长轴与短轴之比，计算见式（13-19）。

$$L=L_1/L_2 \tag{13-19}$$

其中，L_1 为目标候选区域的长轴长度，L_2 为目标候选区域的短轴长度。

（3）矩形度特征 R 为目标候选区域的面积与其最小外接矩形的面积之比，是反映目标与矩形相似程度的参数，计算见式（13-20）。

$$R=S/S_R \tag{13-20}$$

其中，S 为目标候选区域的面积，S_R 为目标候选区域的最小外接矩形的面积。

（4）致密性特征 Z 是目标候选区域的周长的平方与面积之比，具有方向及尺寸不变性，可以衡量目标的似圆程度，计算见式（13-21）。

$$Z=C^2/S \tag{13-21}$$

其中，C 表示目标候选区域的周长。舰船目标呈现长矩形外观，其致密性特征的值通常比较大。

2. 投票法目标判别

本节采用基于特征匹配的目标分类方法，根据投票法（Ruta et al.，2005），结合舰船的尺寸参数对提取的各个特征建立判决准则，将判决准则有机组合成分类器，将目标候选区域进行分类，即判断是舰船目标或者非舰船目标。表 13-1 列举了一些大中型舰船的尺寸参数，可以看到舰船目标通常接近长矩形的轮廓，根据各种舰船的尺寸参数设定各个特征的判决准则。

表 13-1　部分舰船的尺寸

名称	长度（m）	宽度（m）	长宽比
“小鹰”号常规动力航母	323.6	39.6	8.17
“肯尼迪”号常规动力航母	320.6	39.2	8.18
“企业”号核动力航母	342.3	40.5	8.45
“林肯”号核动力航母	332.9	40.8	8.16
伯克级驱逐舰	153.8	20.4	7.54
初雪级驱逐舰	130	13.6	9.56
旗风级导弹驱逐舰	150	16.8	8.93
太刀风级导弹驱逐舰	143	14.3	10.00
白根级直升机驱逐舰	159	17.5	9.09
提康德罗加级导弹巡洋舰	172.8	16.8	10.29
佩里级护卫舰	138.1	13.7	10.08
黄蜂级两栖攻击舰	257.3	42.7	6.03
奥斯汀级两栖船坞运输舰	173.8	30.5	5.70
蓝岭级指挥舰	194	32.9	5.90
Cimarron 油轮	216	26.8	8.06
Maunawili 货船	217	32.2	6.70
MAERSK ALABAMA 货船	238	31	7.70

舰船目标呈现长矩形外观，其面积特征 S、长宽比特征 L 和致密性特征 Z 的值通常处于一定的范围内，矩形度特征 R 的值通常比较大；而虚警的长宽比特征 L 和致密性特征 Z 的值通常过大或者过小，矩形度特征 R 的值通常比较小。

（1）面积特征的判决准则为 $S_{min}<S<S_{max}$。为了检测范围比较大，本章将面积特征的判决准则设置的较为宽松，以体型最大的航母的像素面积作为上限，将 S_{max} 设置为3500；2m 分辨率的舰船遥感图像中的小型船只通常不够清楚，将 S_{min} 设置为50。

（2）外接矩的长宽比特征的判决准则为 $L_{min}<L<L_{max}$。其中 L_{min} 为3，L_{max} 为12。

（3）矩形度特征的判决准则为 $R \geqslant R_T$。其中 R_T 为0.65。

（4）致密性特征的判决准则为 $Z_{min}<Z<Z_{max}$。通过计算将其中 Z_{min} 设置为21，Z_{max} 设置为50。

因为不同型号的舰船的形状特征存在一定差异，所以本章将四个特征的判决准则设置的较为宽松，以便对不同种类的大中型舰船都具备检测能力。同时，本节采取保守投票法的思想，当目标候选区域的四个特征都满足各自的判决准则时，判定该候选区域为舰船目标，否则判定为虚警，予以剔除。

13.3　基于 FPGA 的光学遥感图像舰船检测的设计与实现

上一节提出了舰船检测方法，本节将基于 FPGA 对所提出的检测方法进行硬件设计与实现。将算法在 FPGA 平台上实现，需要根据 FPGA 并行运算能力和不擅长浮点运算等特点对算法进行重新设计和优化。此外，算法各个环节的资源占用及实现的实时性，都是在FPGA上实现过程中要考虑的因素。在算法的FPGA实现过程中，一方面要不断将软件算法的思路转换为硬件实现的思路，另一方面保证算法实现满足实时性要求并尽可能贴近原算法。

针对工程应用的实时性要求，本节对检测方法的各个环节进行优化，设计了一套完整的舰船检测系统的硬件架构，并利用Vivado的软件平台进行了设计的仿真和验证。

13.3.1 软硬件平台介绍

本节采用Xilinx公司的Virtex-7系列FPGA作为硬件平台，采用Vivado设计套件作为开发环境。Virtex-7系列FPGA芯片选择型号为：xc7vx485tffg1157-1。该款芯片包含：逻辑单元485760个，DSP切片2800个，存储器37080（Kb），GTX12.5Gb/s收发器56个，I/O引脚700个。FPGA提供了丰富的逻辑资源以及强大的运算能力，为本节的检测算法的硬件实现提供了良好的基础。

FPGA以并行运算为主，通过硬件描述语言（hardware description language，HDL）如Verilog HDL或VHDL进行开发。FPGA设计有三大基本原则（王建辉，2015）。

（1）硬件可实现原则。在用硬件描述语言描述电路时，描述的是硬件结构本身，要考虑所编写的代码是否存在对应的硬件结构，保证被描述的电路可以在硬件上实现。

（2）同步设计原则。FPGA设计有两种基本的电路结构：同步电路与异步电路。异步电路存在会产生毛刺的问题，可能导致电路中亚稳态的出现。而同步电路由触发器构成，可以有效避免或消除毛刺。

（3）面积与速度统筹原则。面积是指FPGA资源的占用情况，包括逻辑资源、存储资源和输入/输出接口资源等。速度是指FPGA运行的最高频率。开发者应追求使用最小的面积达到最大速度的设计。通常，需要从面积和速度两个角度来优化设计。本章采用多个模块并行执行的方式将运算时间较长的模块进行优化，使得计算速率加倍。

自推出以来，FPGA的容量增长了超过1万倍，性能增长了100倍（Trimberger，2018），工艺技术的进步大大推动了FPGA的应用。近年来，基于FPGA的各类算法的应用开发成为一个热点。不少学者利用FPGA对所搭建的网络进行设计与加速（Li et al.，2017）。基于Xilinx FPGA设计了一种高效可调谐的真实随机数生成器（Johnson et al.，2016），用于现代密码系统。基于Xilinx FPGA进行长短期记忆（LSTM）模型的构建（Han et al，2017），实现了比CPU和GPU更高的效能。基于FPGA的P-H法星上解算卫星相对姿态（周国清等，2018）在保证结果的前提下显著提高了模型的运行速度。一种基于FPGA的星上影像正射纠正实时处理平台（张荣庭等，2019）研究了，达到1个像素以内的精度，并相对于高性能计算机提高了几倍的速度。

13.3.2 光学遥感图像舰船检测的硬件总体设计

本节设计的基于FPGA的舰船检测算法的硬件架构如图13-10所示，采用“1+6”的设计方式，主要包括RAM存储调度模块，自适应中值滤波模块，高斯平滑模块，显著图计算模块，阈值分割模块，连通域快速标记模块，特征提取与目标判别模块。

根据图像处理和目标检测相关算法的特点，本节设计了RAM存储调度模块，用于存

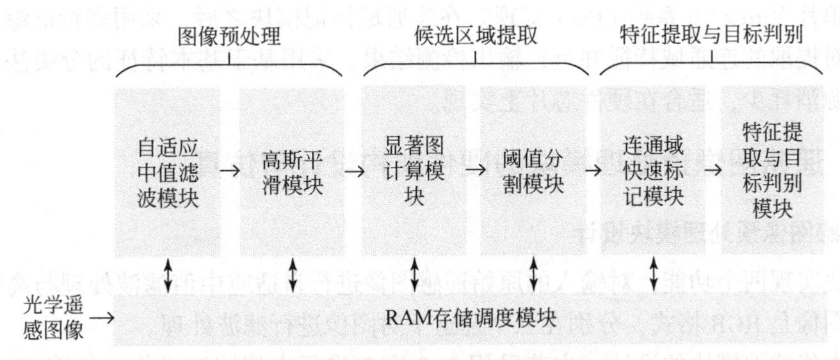

图 13-10　舰船检测的硬件架构示意图

储输入数据和中间过程数据，并对其他各个模块进行统一调度。检测算法的输入是光学遥感图像，各个子模块依次对图像进行相关操作。本节采用 DDR3 作为 RAM 存储调度模块的核心。根据 Xilinx 公司设计的 DDR3 读写的 IP 核来进行设计。RAM 存储调度模块存储的数据包括五段：RGB 图像、灰度图、显著图、二值图像和游程信息。

如表 13-2 所示，RGB 图像数据存储在第一段中，保存原始图像和经过预处理后的图像；灰度图数据存储在第二段中，保存图像像素的亮度信息；显著图数据存储在第三段，保存初始显著图和更新后的显著图；二值图像数据存储在第四段，保存分割后的图像；游程信息数据存储在第五段，保存连通域的信息。同一段数据先后被硬件系统中不同的模块访问。

表 13-2　RAM 存储调度模块的数据存储结构

信息	相对地址	总大小（bit）
RGB 图像	0 ~ 1000×500−1	1000×500×24
灰度图	0 ~ 1000×500−1	1000×500×8
显著图	0 ~ 1000×500−1	1000×500×18
二值图像	0 ~ 1000×500−1	1000×500×1
游程信息	0 ~ 1535	1536×40

预处理阶段采用自适应中值滤波和高斯平滑，可以利用 FPGA 的并行特性进行设计。一种适于硬件实现的快速连用域标记算法（张国和等，2018）提出一种快速排序的中值滤波方法，通过将窗口内像素进行两次分组排序来确定中值。

目标候选区域提取阶段采用视觉显著性的方法，需要计算图像的显著性并统计直方图分布以便更新显著图，采用的 FT 算法需要计算各个分量的全局平均值，可以在计算显著性值时并行计算；全局阈值分割需要根据全局的显著性值分布情况来确定最佳分割阈值，可以利用显著性统计直方图分区间进行计算。

特征提取与目标判别阶段首先需要对二值图像的连通域标记进行设计，在尽可能少的时间消耗和资源占用条件下实现这一功能；张国和等（2018）设计了一种基于硬件的连通域快速标记算法，以游程为单位对图像像素批量地进行处理，并利用临时标记表记录和整理游程信息，对整幅图像一次扫描完成连通域标记。谭许彬等（2011）针对舰船图像检测系统提出一种基于 FPGA 的连通域标记设计方案，对图像进行单次扫描，并行地处理标记，并在单片 Virtex-Ⅱ系列 FPGA 实现。在连通域标记模块之后，采用多特征综合的投票分类法，对提取的连通域特征并行，输出检测结果。采用基于基本特征的分类法计算复杂度低，资源消耗少，适合在硬件芯片上实现。

13.3.3 遥感图像预处理模块的硬件架构设计与仿真

1. 遥感图像预处理模块设计

该模块实现两个功能：对输入的原始遥感图像进行自适应中值滤波处理与高斯平滑处理。输入图像是 RGB 格式，分别在三个通道下对图像进行滤波处理。

对于中值滤波模块的设计，本节采用 3×3 窗口进行中值滤波操作，如图 13-11 所示。一个先进先出存储器（first in first out，FIFO）与三个寄存器缓存一行图像数据，以实现行对齐。九个寄存器所缓存的像素点即为当前窗口内的像素点。

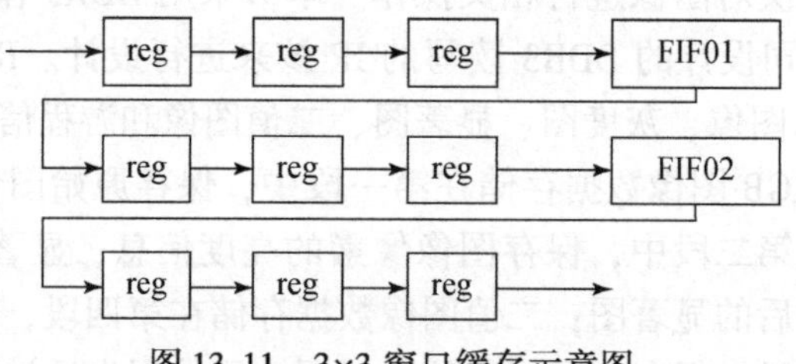

图 13-11 3×3 窗口缓存示意图

对于 3×3 的中值滤波窗口，直接采用冒泡排序法需要进行 36 次比较，本章采用快速排序比较方法（Trimberger，2018）来提高速度。如图 13-12 所示，采取改进的中值滤波策略，将窗口内同属一行的像素进行初步排序，将得到的三个最大值、三个中间值和三个最小值分别放在一起再次排序，然后，将最大值组中的最小值、中间值组中的中间值和最小值组的最大值进行排序，得出最终的中间值；进行第三次比较排序的同时，判断窗口中心像素 I5 的值是否是窗口内的极大值或极小值，若是，则输出中间值，若不是，则输出像素 I5 的值。采用该快速比较排序方法，完成一个窗口的中值滤波需要进行 20 次比较，经过 9 个时钟周期的潜伏期后每一拍计算出一个结果，提高了处理速度。

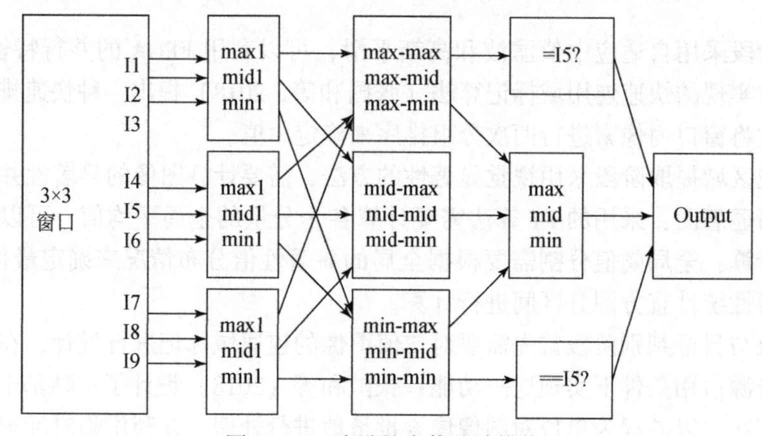

图 13-12 改进的中值滤波模块

高斯平滑模块的设计同样采用3×3 模板，同样采用3×3 缓存窗口的结构。在中值滤波窗口扫描完第三行图像像素时，高斯平滑窗口开始并行地进行扫描。对于图像的边界像素，预处理模块采取保留原始像素值的方式，不进行处理。

2. 遥感图像预处理模块仿真

该模块的实现思路是：分两个子模块进行，原光学遥感图像的 R、G、B 三个通道的数据存储在 DDR3 中，自适应中值滤波子模块同时读取三个通道下的每个像素的值，进行滤波处理，将中值滤波后的像素值写入原像素对应的地址中；高斯平滑子模块采用与中值滤波子模块同样的方式对图像进行处理。中值滤波子模块调用 FIFO IP 核与寄存器缓存像素数据，当第三行的第三个像素缓存进来后，开始中值滤波操作。当中值滤波子模块处理到第四行像素时，高斯平滑子模块开始对图像进行处理。图 13-13 与图 13-14 分别为中值滤波子模块的仿真时序图与高斯平滑模块的仿真时序图。

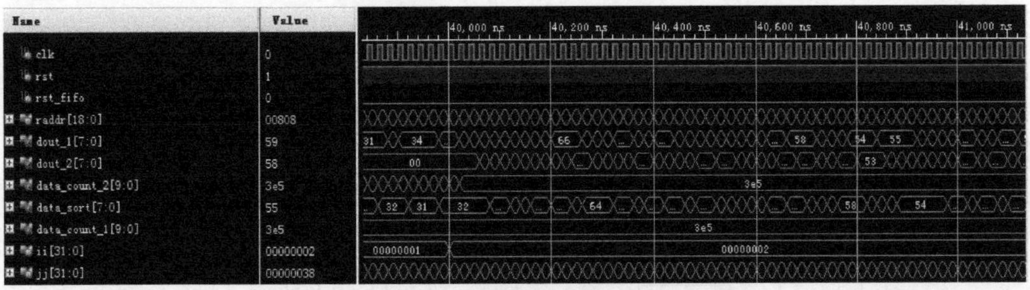

图 13-13　自适应中值滤波模块仿真时序图

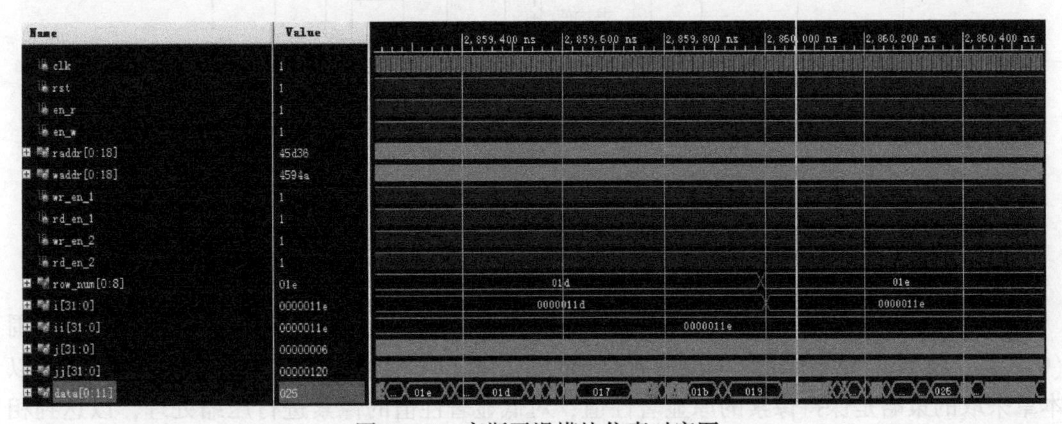

图 13-14　高斯平滑模块仿真时序图

13.3.4　目标候选区域提取模块的硬件架构设计和仿真

1. 视觉显著性模块

（1）视觉显著性模块设计

该模块实现的功能包括：计算 RGB 图像的灰度图，利用 R、G、B 和灰度计算图像的初始显著图；利用分段函数对初始显著图进行自适应更新，得到最终显著图。

将 RGB 图像转换为灰度图在 FPGA 实现的过程中，由于硬件描述语言无法表示小数点，所以需要将浮点数转换为定点数进行计算。采取的解决方案是，将浮点数扩大 2^7 倍，取其整数部分，再进行定点数的乘法和加法计算，最后将运算结果缩小 2^7 倍得到最终结果。优化后的式后如下：

$$\text{Gray}=(38\times R+75\times G+15\times B)>>7 \tag{13-22}$$

计算完图像的灰度图之后，分别求取整幅图像的各个颜色的平均值和灰度平均值，再由颜色和亮度组成的特征向量与特征矢量平均值计算图像的显著性，见式（13-23），得到初始显著图并进行存储。

$$S=(R-R_\mu).\hat{}2+(G-G_\mu).\hat{}2+(B-B_\mu).\hat{}2+(L-L_\mu).\hat{}2 \tag{13-23}$$

式中，R、G、B 表示三个颜色分量，L 表示灰度分量，.^2 表示矩阵中每个元素进行平方运算。计算初始显著图的设计框图如图 13-15 所示，包括四个求均值模块，灰度计算模块和显著性计算模块。其中显著性计算包括四次加法和四次乘法，本节采用并行方式同时进行四个运算。

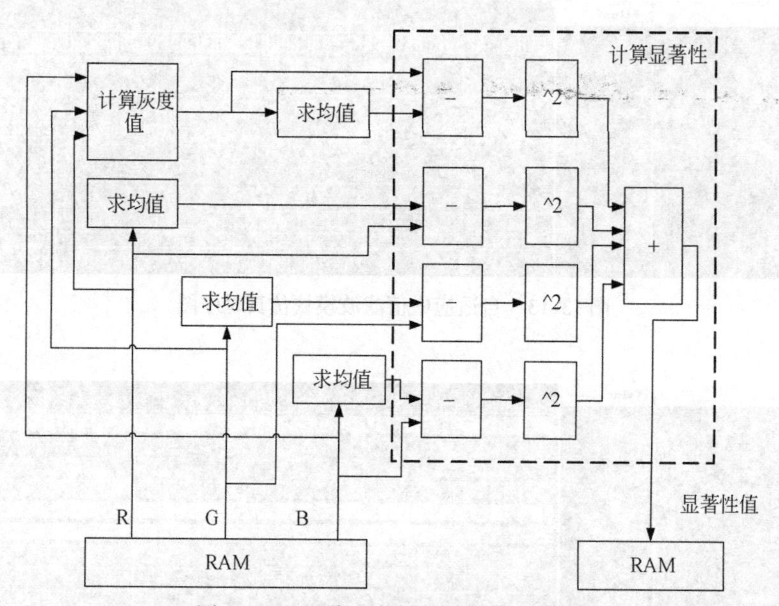

图 13-15　图像显著性计算模块示意图

得到初始显著图后，需要对图像像素的显著性值进行直方图统计，由于显著性值范围（$0\sim2^{18}$）很大，而归一化处理会将数值变为浮点数，不便于在 FPGA 上表示和处理，所以本章采取的策略是保持像素的原显著性值，对低显著性值的像素进行压缩处理，以达到相对地拉伸高显著性值像素的目的。对初始显著图进行直方图统计，以 256 为一个区间，将显著性值分为 1024 个区间，统计每个区间所包含的像素数量，以当前区间的中位数作为区间内像素的显著性平均值。通过对直方图各区间的像素数进行统计并与峰值比较，找到从波峰到平缓区的转折点，并以此作为显著性值拉伸的最小门限，按照式（13-24）将显著性值小于该门限的像素进行压缩。

$$y=\begin{cases}\dfrac{x}{256}, x\leqslant v_{\min}\\ x, x>v_{\min}\end{cases} \tag{13-24}$$

式中，y 为更新后的像素显著性值，x 为像素的初始显著性值，$v_{\min}$ 为最小门限。

图像显著性更新模块的设计包括显著性值分布统计模块、转折点寻找模块和像素显著性压缩模块，其中显著性值分布统计模块的信息在后续的阈值分割模块中还会调用，用于最佳分割阈值的确定。显著性值分布统计模块从存储器中读取图像的显著性值并进行统计，并输出信息到转折点寻找模块，确定转折点并作为显著图更新的最小门限输入到像素显著性压缩模块，像素显著性压缩模块读取图像显著性值，并按照式（13-24）进行压缩处理。

（2）视觉显著性模块仿真

视觉显著性模块分为两个子模块来实现：初始显著图计算模块与显著图更新模块。

初始显著图计算模块的设计思路为：从存储器中读取经过预处理的 RGB 图像的像素，计算灰度值，并计算几个分量的全局平均值，输入到显著性值计算模块进行计算，得到各个像素的显著性值。如图 13-16 所示，为初始显著图计算模块的仿真时序图，其中信号 saliency_tmp［0：17］表示像素的初始显著性值，它由式（13-22）计算得到，并按照图像像素的位置关系写入存储器中，模块运行结束即可在存储器中得到图像的初始显著图。

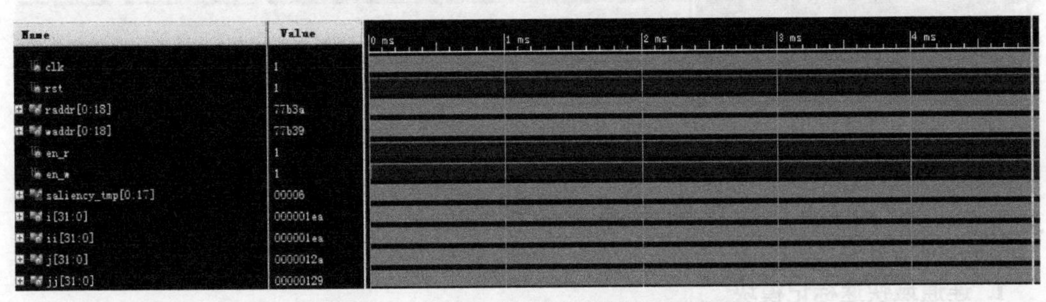

图 13-16　初始显著图计算模块仿真时序图

图像显著性值分段拉伸模块的设计思路为：从存储器中读取显著图的像素，统计显著性值的直方图分布，确定显著图更新的最小门限，对图像显著性值进行动态处理并将更新后的像素值写入存储器中的原地址。如图 13-17 所示，为显著图更新模块的仿真时序图；其中信号 T 为显著图更新的最小门限，在将整幅显著图进行统计分析后，得到 T 的值。

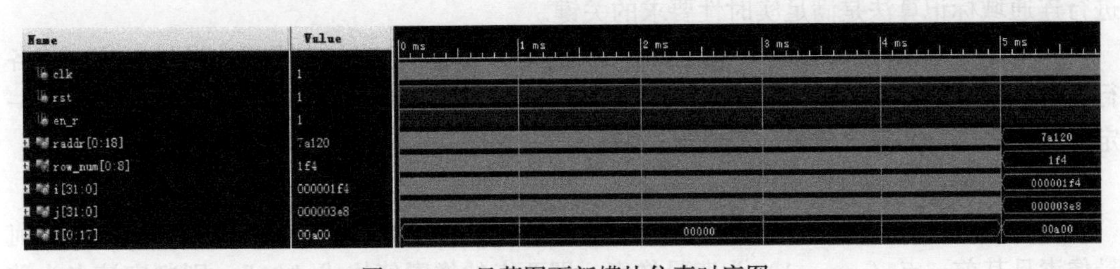

图 13-17　显著图更新模块仿真时序图

2. Otsu 阈值分割模块

Otsu 阈值分割模块接在图像显著性计算模块后面，对更新后的显著图进行阈值分割。首先需要确定最佳分割阈值，依据图像显著性直方图区间的划分，以区间为单位进行阈值迭代，即阈值 $T\in\{1, 2, 3, \cdots, 1024\}\times 256$，计算每个阈值下前景像素和背景像素的总方差，最大的总方差对应的阈值即为最佳分割阈值。确定分割阈值后，读取图像像素显著性值与阈值比较，小于阈值的像素输出为 0，大于等于阈值的像素输出为 1，将输出结果存储起来，得到二值图像数据。

3. Otsu 阈值分割模块仿真

该模块的实现思路为：读取显著图更新模块中的显著性值统计模块的信息，阈值更新单元控制 T 的值变化，对每个 T 值计算前景像素与背景像素的方差并存储起来，然后通过比较选择最大方差对应的阈值作为图像分割阈值，读取图像像素进行二值分割并将分割结果存储。如图 13-18 所示，为 Otsu 阈值分割模块的仿真时序图，其中信号 seg 表示分割后图像像素的值（0 或 1），由于模块运行的方式是逐行扫描图像，所以同一区域的不同行的像素之间在时序图中存在间隔。

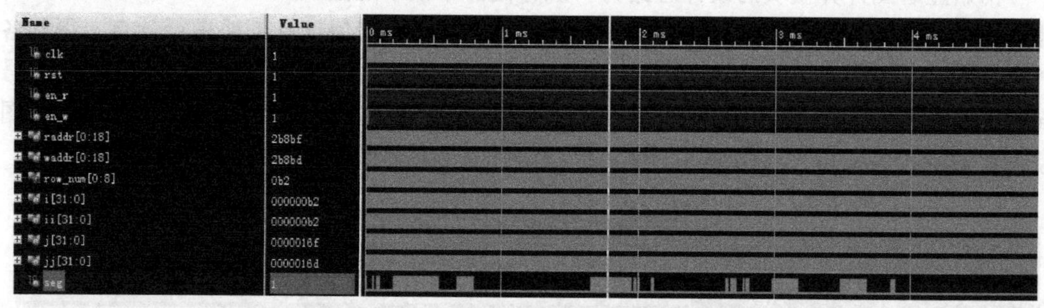

图 13-18　Otsu 阈值分割模块仿真时序图

13.3.5　特征提取与目标判别模块的硬件架构设计与仿真

1. 连通域快速标记模块

在图像处理、目标检测、模式识别等领域，连通区域标记算法常作为目标候选区域特征提取环节的必要步骤而有着广泛应用。连通域标记算法在软件平台上很好实现，在硬件平台上的实现则需要对扫描、记录、合并等细节进行考虑。在基于 FPGA 的光学遥感图像舰船检测的硬件设计中，与流水线容易实现的图像滤波、阈值分割等算法相比，连通域标记算法往往需要消耗更多的硬件资源与处理时间（Qiu et al., 2016）。因此，如何高效地进行连通域标记算法是满足实时性要求的关键。

本章采用基于游程的方式，通过相邻行之间游程的标记合并来完成连通域标记；将各行的游程信息记录到存储器 mem_a 中；比较当前行的与上一行的游程的列坐标，依据一定的判断规则合并等价游程，完成连通域标记。

（1）判断游程的开始与结束

对二值图像的像素逐行输入过程中，对每个像素进行判定，如果当前点（x，y）为前景像素且其前一点（x，y-1）为背景像素，即两点的像素值构成“01”，则判定该点为游程的起点，记录其列坐标；如果当前点（x，y）为前景像素且其后一点（x，y+1）为背景像素，即两点的像素值构成“10”，则判定该点为游程的终点，记录其列坐标。要注意在行开始和行结束处像素的情况。

（2）记录游程信息

对二值图像进行光栅扫描，即逐行地从左到右读入图像像素，判定行内的所有游程，并依次赋予游程不同的标记编号，将各个游程的标记编号、左右端点坐标和行坐标记录到数组 mem_a 中。

对于每行的开始处和结束处，若每行的第一个像素的值为1，则记录为一个游程的开始；若每行的最后一个像素的值为1，则记录为一个游程的结束。

(3) 判定等价游程

把当前行的每个游程，与上一行的游程进行列坐标的比较，依据下式(13-25)：

$$Y_0 \leqslant y_1+1 \text{ 或 } Y_1 \geqslant y_0-1 \tag{13-25}$$

其中Y_0，Y_1表示当前行游程的起点和终点列坐标，y_0，y_1表示上一行游程的起点和终点列坐标。若满足该关系式，则判定游程等价，将上一行的游程编号赋予当前游程。若当前游程与上一行的多个游程等价，则将这些游程中的最小的编号赋予其他游程。将所有的等价游程合并完成后，具有同一编号的游程便同属一个候选区域。

2. 连通域快速标记模块设计

本节设计的连通域标记模块的硬件架构如图13-19所示，经过预处理和分割处理后的二值图像通过RAM读写模块以光栅扫描的方式逐个像素地输入到硬件电路中，以连续的两个像素数据为一组输入到游程信息记录模块。游程信息记录模块判断游程的开始和结束，生成游程标记，并将游程的标记、左右端点坐标与行坐标记录到存储器mem_a中。从记录完第二行的游程开始，连通游程标记合并模块判断前两行的游程之间是否连通，将连通的游程进行标记合并，不连通的游程跳过。之后，连通域特征提取模块读取游程信息与游程连通判断结果，如果有连通域被记录完，则输出提取到的该连通域的特征。

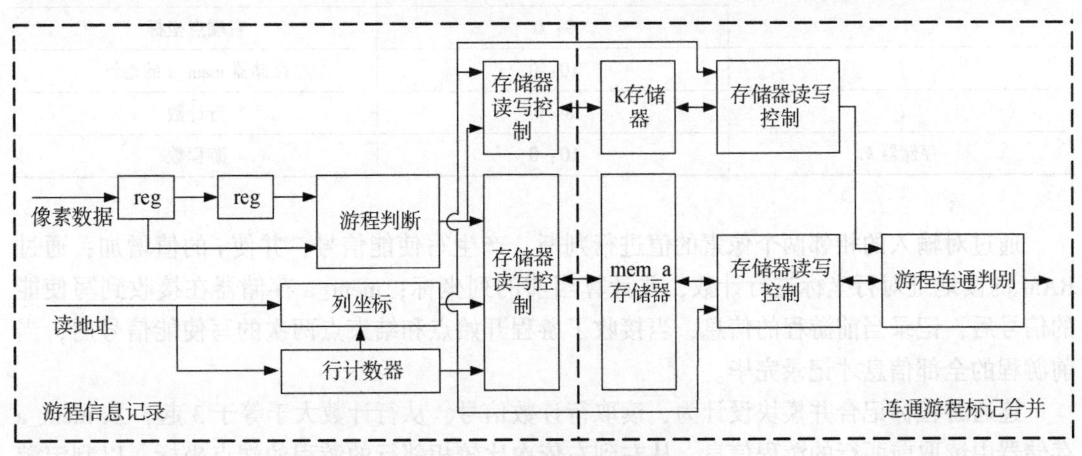

图13-19　连通域标记模块架构

在连通域快速标记的架构图13-19中，游程信息记录模块和连通游程标记合并模块是关键模块，下文将分别予以详细的设计说明。

游程信息记录模块的设计为，通过读写控制模块将图像像素依次读取，两个reg型变量将相邻的两个像素进行存储同时传递给游程判断模块，当输入的相邻两个像素的值满足“01”的组合时，产生写使能信号，将当前的值为1的像素点的行坐标和列坐标，以及生成的标记值写入存储器中；当输入的相邻两个像素的值满足“10”的组合时，产生写使能信号，将当前的值为1的像素点的列坐标写入存储器中，并使游程计数器的值增加1。通过RAM的读地址对行坐标进行计数，并计算当前的列坐标；像素的行坐标、列坐标与存储地址的关系为

$$\begin{cases} x = \text{raddr}/1000+1 \\ y = \text{raddr}\%1000 \end{cases} \tag{13-26}$$

其中，x 表示行坐标，y 表示列坐标，raddr 表示存储地址，实验用图像每行像素数量为1000。mem_a 存储器在接受到写使能的信号后，记录当前游程的信息，当接收了游程开始点和结束点两次的写使能信号后，当前游程的全部信息才记录完毕。

游程信息记录模块所定义的相关信号的信息如表 13-3 所示。定义一个存储位宽为 40 位，存储深度为 1536 的存储器 mem_a，其每个存储单元存储一个游程的全部信息，高 11 位存储游程的标记，之后 9 位存储游程的行坐标，之后 10 位存储左端点坐标，最后 10 位存储右端点坐标。定义一个存储器 j 地址信号，其值在每存入一个游程信息后加 1。定义一个行计数器信号 i，其值在每读入一行像素数据后加 1。定义一个存储位宽为 11 位，存储深度为 500 的存储器 k，记录各行及其之前行的游程数目之和，即 $k[i]$ 与 $k[i-1]$ 之差为第 i 行的游程数目。

表 13-3　游程信息记录模块的相关信号

名称	数据位	信息
存储器 mem_a	39：29	游程标记值
	28：20	行坐标
	19：10	左端点坐标
	9：0	右端点坐标
j	10：0	存储器 mem_a 的地址
i	8：0	行计数
存储器 k	10：0	游程数

通过对输入的相邻两个像素的值进行判断，产生写使能信号，并使 j 的值增加；通过 RAM 的读地址对行坐标进行计数，并计算当前的列坐标；mem_a 存储器在接收到写使能的信号后，记录当前游程的信息，当接收了游程开始点和结束点两次的写使能信号后，当前游程的全部信息才记录完毕。

连通游程标记合并模块设计为，读取行计数信号，从行计数大于等于 3 起，从 mem_a 存储器中读取前两行的游程信息，从左到右依次比较相邻行的游程的端点坐标，以判定游程是否连通，如果游程连通，则将小的标记赋值给另一个游程。该模块的相关信号如表 13-4 所示。

表 13-4　连通域标记合并模块的相关信号

名称	数据位	信息
m	31：0	i–2 行的起始计数值
n	31：0	i–1 行的起始计数值
count_1	3：0	每个时钟周期计一次数
count_2	1	每 16 个时钟周期计一次数
num	7：0	记录游程之间存在连通情况的数目

定义两个 integer 型变量 m 和 n 作为从存储器 mem_a 中读取数据的地址，用于遍历各相邻行的游程，m 和 n 的取值范围如下所示：

$$\begin{cases} m \in [k[i-3]-2, k[i-2]-2] \\ n \in [k[i-2]-2, k[i-1]-2] \end{cases} \tag{13-27}$$

定义两个计数器信号 count_1 和 count_2，用于判断游程连通情况时的时序控制；定义一个计数器信号 num，用于记录游程之间存在连通情况的数目。

连通游程标记合并模块根据行计数信号 i 的值将存储器 k 的值读取出来，经过计算得到 m 与 n 的值，连通判断模块读取 mem_a ［m］ 和 mem_a ［n］ 的信息并进行比较，若存在连通情况则将合并标记按对应的地址写入存储器 mem_a 中，并使 num 加 1；若不存在连通情况则信号 num 不变。

3. 连通域快速标记模块仿真分析

该模块的实现思路为：首先将分割后的二值图像逐行读入模块，存储器 mem_a 记录每行的游程信息，并记录根据游程的坐标信息将等价游程的标记进行合并后的信息，具有相同编号的游程即为同一连通域。如图 13-20 所示，为该模块的仿真时序图，其中存储器 mem_a 的元素是对图像中游程信息的记录。如图 13-21 所示，为存储器 mem_a 的部分值的变化情况，即从初步记录的游程信息经过标记合并后的变化情况；比如 mem_a ［259］ 的初值为 0，之后初步记录的游程信息为 208349fa9c，经过连通游程标记合并后其值变为 05e349fa9c，所记录的游程的标记由 260 变为 47。

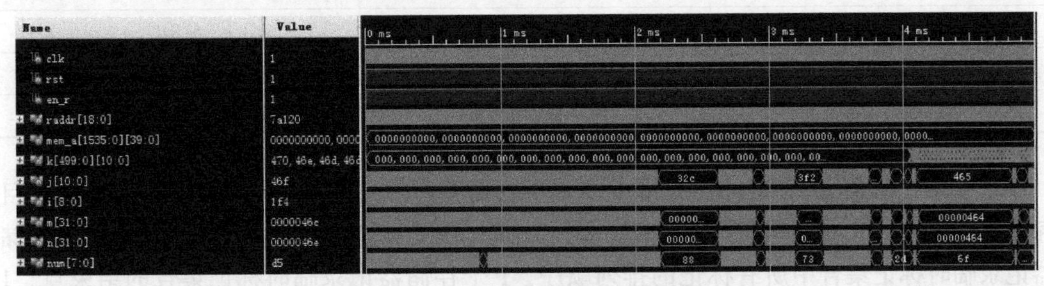

图 13-20　连通域标记仿真时序图

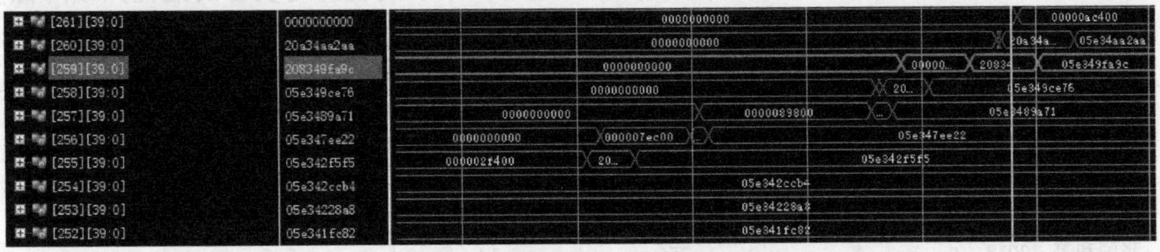

图 13-21　存储器 mem_a 中值的变化

下面从时间消耗和资源占用两个角度对连通域快速标记模块进行评价。

（1）时间消耗

本节的连通域标记电路模块从像素数据扫描到第三行起，比较前两行游程的连通情况。假设所处理的图像高为 H，宽为 W，每行所包含的游程数目不超过 n，电路工作的时钟周期为 clk。所以两行游程连通情况的处理时间最大为（$2n-1$）clk。每行像素数目为

W，读入一行像素的时间为 W 个时钟周期，在读完当前一行像素前，已经处理完前两行的游程连通情况。当一幅图像的全部像素被读入后，还需要最大（$2n-1$）clk 的时间来处理最后两行的游程连通情况。因此，该连通域标记电路的处理一幅图像的时间不超过（$W \cdot H+2n-1$）clk。

由于对二值图像的连通域标记必须要将图像至少扫描一遍，所以该处理环节的处理时间最少为扫描整幅图像的时间 $T_{\min}=W \cdot H \cdot \text{clk}$。本章的设计在处理时间上已无限接近 $T_{\min}$，若图像最后一行的像素值均为0，则连通域标记的处理时间等于 $T_{\min}$，能够满足工程应用中的实时性要求。文献（谭许彬等，2011）的设计所需处理时间为 $t=(2W \cdot H+4L)$ clk，其中 L 为连通域的最大上限。与上述设计相比，本章的设计的处理时间节省了约1倍。

（2）资源占用

本节设计的连通域标记模块对资源的耗费主要集中在对信息的存储方面，如表 13-5 所示，为对 1000×500 大小的二值图像进行连通域标记所需的存储资源。其中，对于游程记录存储器 mem_a 的定义，由于图像实际中的游程数远小于理论值 $W \cdot H/4$，根据对舰船遥感图像中的游程数量估计值定义一个合理存储深度的存储器，本章对 1000×500 大小的图像定义的存储器深度为 2048 位。

表 13-5　存储资源耗费

名称	类型	资源消耗
二值图像存储	SRAM	61KB
游程信息存储器 mem_a	SRAM	7.5KB
游程数目存储器 k	SRAM	0.67KB

对于游程信息的统计和整理，本章的设计只需要一个游程信息存储器和一个游程数目存储器即可完成，对存储资源的消耗更小。文献（张国和等，2018）的方法设置 5 个存储器记录临时标记集合中所有标记的排列顺序，1 个存储器记录临时标记集合的结束点，1 个存储器记录临时标记集合中所有标记的排列顺序。在图像大小为 2048×1536 的情况下，两种设计的存储资源消耗如表 13-6 所示，相比之下，本节的设计对资源的消耗大幅降低。

表 13-6　存储资源消耗对比

方法设计	存储器	宽度（bit）	深度（bit）	RAM 需求（kbit）	合计（kbit）
张国和等，2018	A_o，A_e	512	40	20	
	B_n，B_t，B_r	16000	14	218.75	
	A_f	256	14	3.5	
	A_n	64000	50	3125	
	mem_a	4096	47	188	
本章	k	1536	14	21	209

4. 特征提取与目标判别模块

该模块的功能包括提取形状特征和对特征进行综合判决。该模块的设计如图 13-22 所示，读取游程信息，得到连通域（即目标候选区域）的初始外接矩形的坐标，判断该矩形是否为连通域的最小外接矩形，如果不是对矩形进行变换得到最小外接矩；确定最小外接矩形后提取连通域的四个特征，通过投票器判决当前连通域是否是舰船目标，如果是就输出该连通域的初始外接矩形坐标并进行计数；如果不是则不输出信息、不计数，转而对下一个连通域进行判别。

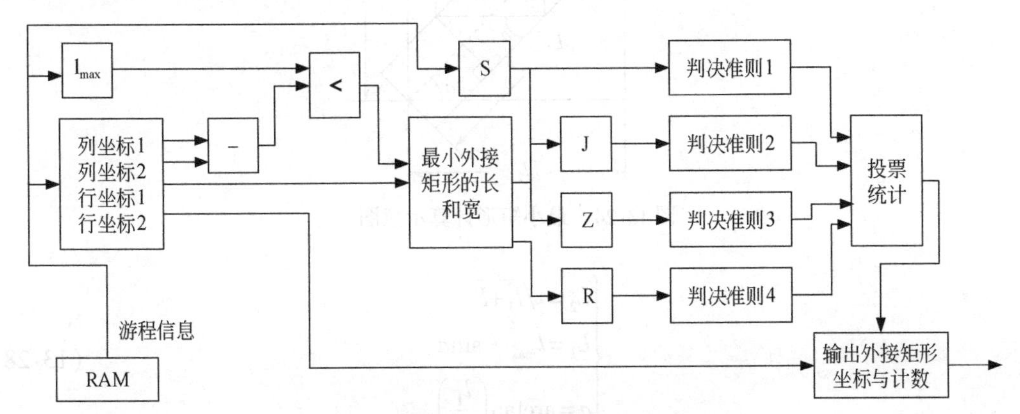

图 13-22　特征提取与目标判别模块的设计示意图

（1）提取特征

对已完成连通域标记的图像部分，提取其中包含的目标候选区域的形状特征：面积，矩形度，长宽比，致密性。提取特征的关键是找到连通域的最小外接矩形。本节通过将连通域的初始外接矩形与连通域中最大游程长度的比较来判断初始外接矩形是否为最小外接矩形，通过计算确定最小外接矩形。

首先找到连通域的初步外接矩形，步骤为：计算逐行遍历存储器中的每个游程，对属于同一区域的游程记录出现的最大最小行坐标和列坐标并不断刷新，直到该区域的游程被遍历完成，得到初步的外接矩形的顶点坐标，如图 13-23 所示。然后，比较该候选区域的最大游程的长度 l_{max} 与其初步外接矩形的宽 l_2，若有 $l_2<1.25l_{max}$，则以该初步的外接矩形作为目标候选区域的最小外接矩形；若有 $l_2\geq 1.25l_{max}$，则将初步的外接矩形由矩形 1 变换到矩形 2，如图 13-24 所示，以矩形 2 作为目标候选区域的最小外接矩形。

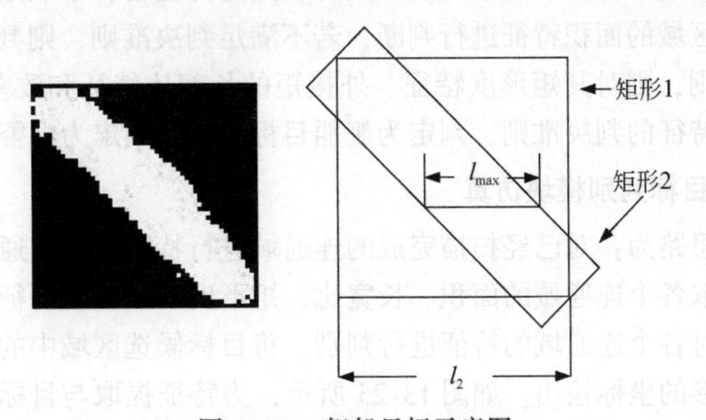

图 13-23　舰船目标示意图

如图 13-24 所示，矩形 2 的计算过程见式（13-28）。

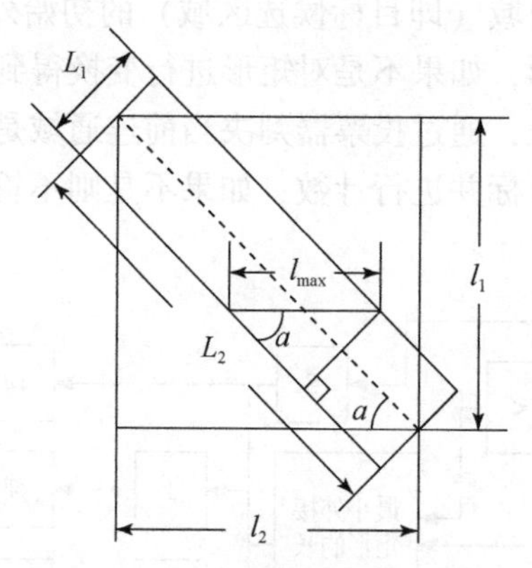

图 13-24　最小矩形计算示意图

$$
\begin{cases}
L_2=\sqrt{l_1^2+l_2^2} \\
L_1=l_{\max}\cdot\sin a \\
a=\arctan\left(\dfrac{l_1}{l_2}\right)
\end{cases}
\tag{13-28}
$$

其中，L_1和L_2表示矩形 2 的长和宽，三角函数的计算通过调用 CORDIC IP 核完成。计算得到最小外接矩形的尺寸参数后，即可对目标候选区域的四个形状特征进行提取。

提取目标候选区域的面积特征 S。统计同一标记编号下的游程所包含的像素数目，即为该候选区域的面积大小。通过面积特征，可以将过大和过小的候选区域排除。

提取目标候选区域的长宽比特征 L。为最小外接矩形的长与最小外接矩形的宽的比值。

提取目标候选区域的矩形度特征 R。为最小外接矩形的面积与目标候选区域的面积的比值。

提取目标候选区域的致密性特征 Z。为目标候选区域的周长的平方与面积的比值。

（2）投票法建立判别规则

本节采取投票法对各个特征的判决准则进行组合，建立目标判别规则。当目标候选区域满足所有特征的判决准则时，判定为目标，输出目标的初步外接矩形的坐标，并对目标计数；当目标候选区域有特征不满足判决准则时，判定为虚警，予以剔除。具体实现过程是，先对目标候选区域的面积特征进行判断，若不满足判决准则，则判定为虚警；若满足面积特征的判决准则，则对其矩形度特征、外接矩的长宽比特征和致密性特征进行判断，当同时满足这三个特征的判决准则，判定为舰船目标，否则判定为虚警。

5. 特征提取与目标判别模块仿真

该模块的实现思路为：对已经扫描完成的连通域进行特征提取，通过对游程信息的再次扫描和统计，提取各个连通域的面积、长宽比、矩形度和致密性特征；然后依据投票思想建立分类准则，对各个连通域的特征进行判别，将目标候选区域中的虚警排除，将舰船目标的初始外接矩形的坐标输出。如图 13-25 所示，为特征提取与目标判别模块的仿真时序图，图中显示了各个目标候选区域的特征（信号 Area，R，Z 和 J）以及输出的目标的外接矩形坐标，信号 min_1 与 max_1 表示外接矩形的列坐标，信号 min_2 与 max_2 表示外接矩形的行坐标。

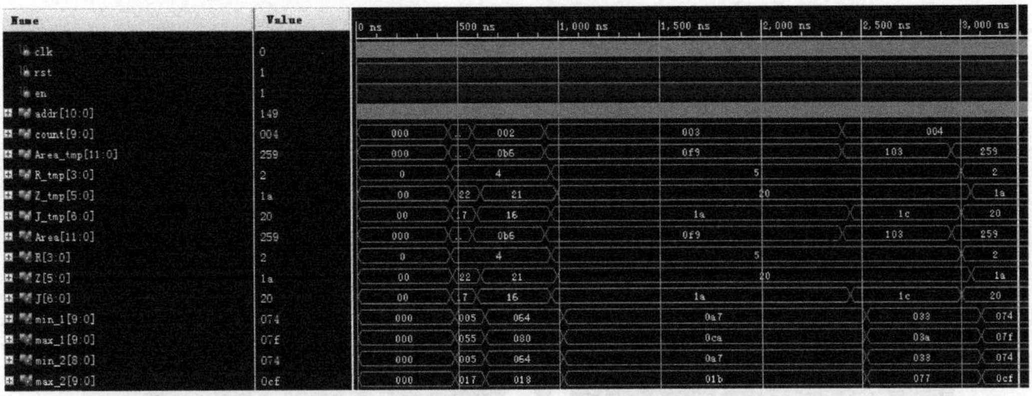

图 13-25 特征提取与目标判别仿真时序图

13.3.6 实验与分析

1. 不同算法识别率比较

本节实验使用由美国西北理工大学的龚成博士等人构建的 VHR 遥感影像数据集（Cheng et al.，2014）中的部分图像，以及从 Google Earth 上的截取的遥感图像，共 80 幅，图像大小从 520×280 到 1500×800 不等，空间分辨率为 2m。图 13-26 ~ 图 13-29 展示其中部分遥感图像的舰船检测结果，其中（a）为原始的光学遥感影像；（b）为 RGB 空间下 FT 算法得到的初始显著图；（c）为将初始显著图更新并进行二值分割得到的目标候选区域的图像；（d）中的红框框选部分为最终的舰船目标检测结果。可以看到，本章的方法对于海面杂波多，存在小块陆地信息，存在云层干扰以及海面背景复杂等情况的遥感图像都可以得到不错的检测结果。

(a)原图　(b)显著图

(c)目标候选区域　(d)检测结果

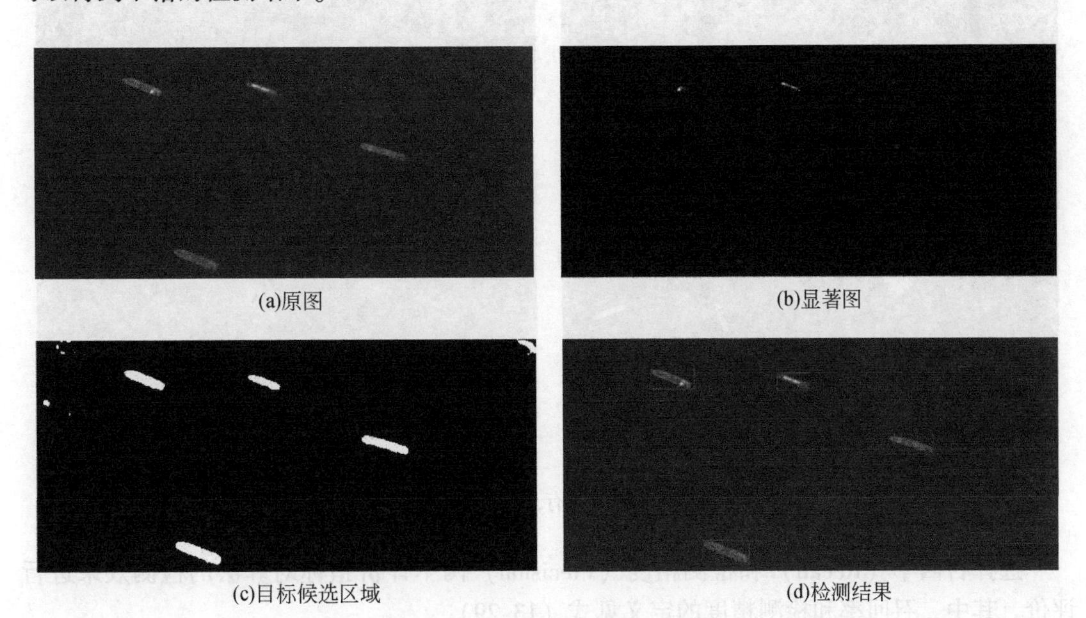

图 13-26 海面杂波较多的图像

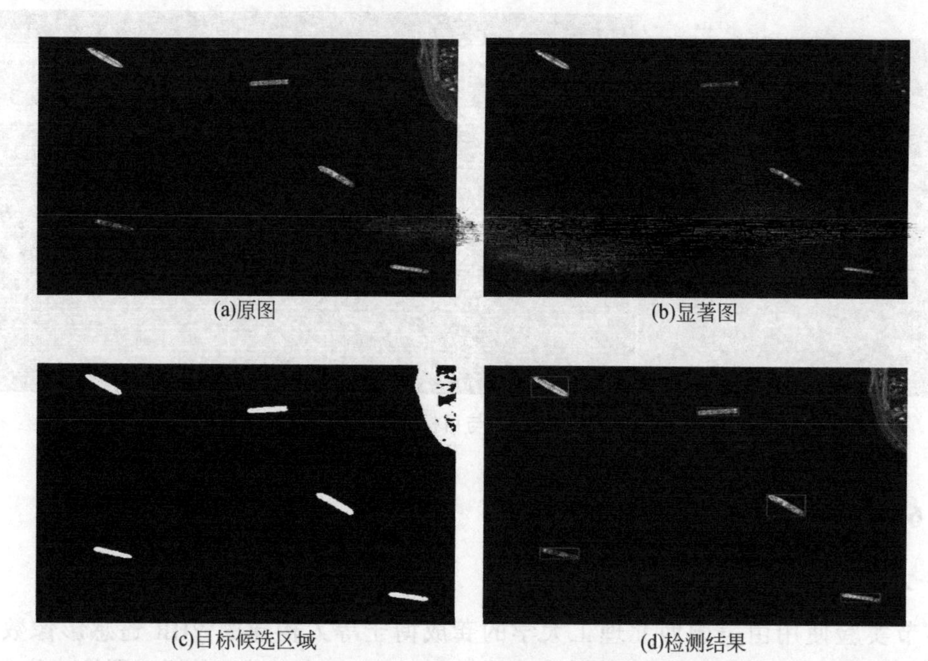

(a)原图　(b)显著图　(c)目标候选区域　(d)检测结果

图 13-27　存在小部分陆地的图像

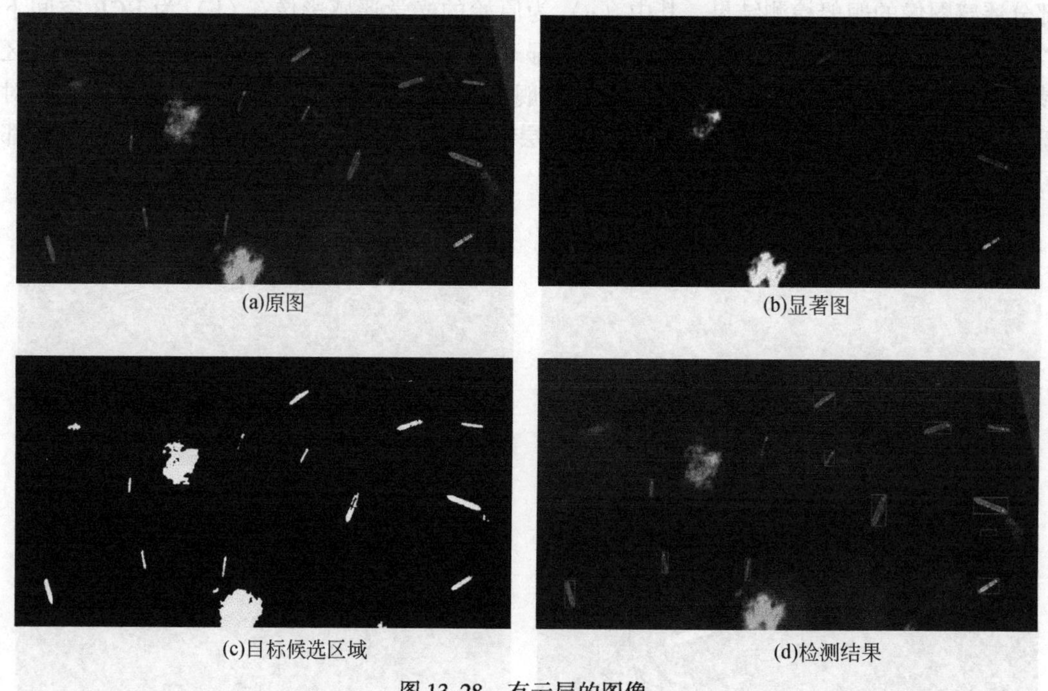

(a)原图　(b)显著图　(c)目标候选区域　(d)检测结果

图 13-28　有云层的图像

选择召回率（Recall）和检测精度（Precision）两个评价指标对算法的检测效果进行评价。其中，召回率和检测精度的定义见式（13-29）。

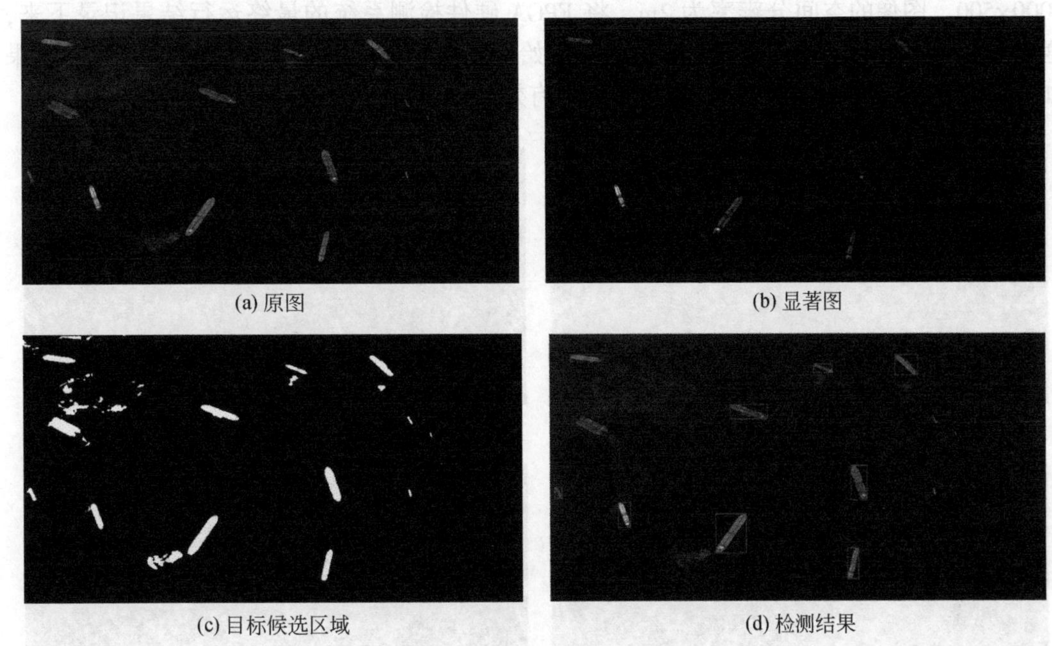

(a) 原图　(b) 显著图

(c) 目标候选区域　(d) 检测结果

图 13-29　海面背景不均匀的图像

$$
\begin{cases}
\text{Recall}=\dfrac{N_{\text{DS}}}{N_{\text{TS}}} \\
\text{Precision}=\dfrac{N_{\text{DS}}}{N_{\text{DS}}+N_{\text{DF}}}
\end{cases}
\tag{13-29}
$$

式中，N_{DS}表示正确检测到的舰船数目，N_{TS}表示数据集中实际存在的舰船数目，N_{DF}表示产生的虚警数目。召回率衡量算法正确检测目标的概率，精度则衡量算法检测出的目标中正确目标所占的比率。

为验证有效性，将本章方法与采用非学习判别方法的基于光学遥感视觉搜索机制的船只识别方法（Yang et al.，2014）和高分辨率光学遥感影像舰船检测算法（张雷等，2017）的检测效果进行比较。如表 13-7 所示，实验所用遥感图像数据中，舰船总数为 319，本章方法正确检测的数目为 292，产生的虚警为 17，方法的召回率为 91.54%，精度为 94.50%；本章方法的检测效果优于另外两种方法，该方法简单高效，且具备一定的鲁棒性，适合进行实际应用。

表 13-7　几种舰船检测方法的结果

方法	目标总数	正确检测数目	虚警数目	召回率/%	精度/%
本章方法	319	293	17	91.85	94.52
Yang et al.，2014	319	287	25	90.00	91.99
张雷等，2017	319	271	43	84.95	86.31

2. 不同算法识别速度比较

实验使用 13.4 部分算法测试实验中的部分遥感图像数据，将遥感图像的大小统一为

1000×500，图像的空间分辨率为2m。将FPGA硬件检测系统的最终运行结果记录下来，通过MATLAB将输出的外接矩形框显示到原始遥感图像中，其中部分图像的最终检测结果如图13-30所示，可以验证本章硬件设计的有效性。

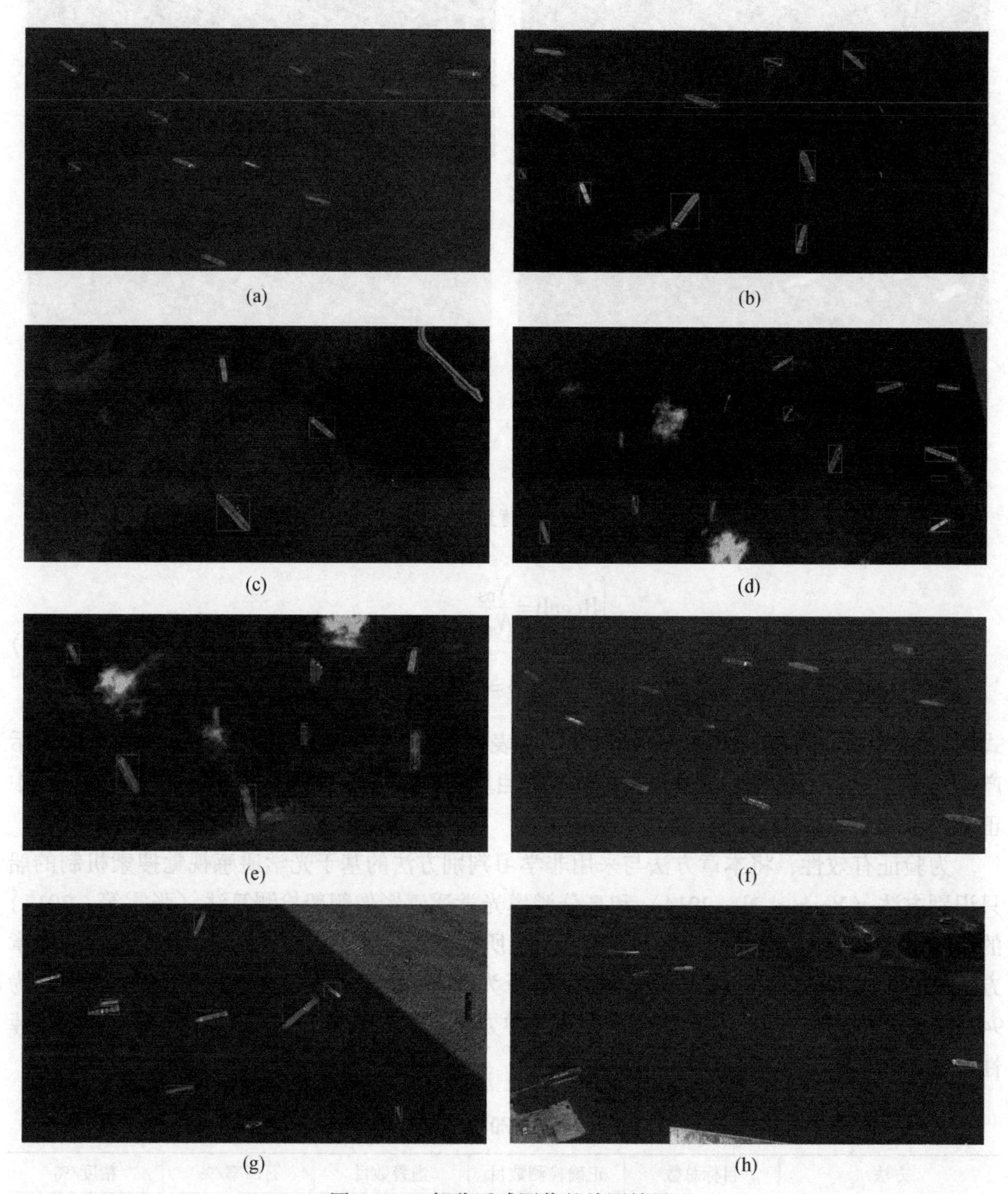

图13-30　部分遥感图像的检测结果

本节从运行速度的角度对舰船检测系统进行评价。本节设计的硬件系统工作频率为100MHz，从输入一幅光学遥感图像，到输出检测结果，共耗时不超过21.5ms，即对于一幅1000×500大小的遥感图像进行检测的时间为21.5ms。在系统为Win7，CPU为Intel（R）Core（TM）i7-4770 CPU@3.40GHz，内存为8GB的PC上，利用MATLAB 2014软件对一幅1000×500大小的遥感图像进行检测时间根据图像不同而存在较大差异，对于海面背景均匀且无干扰的图像检测时间较短，对于海面背景复杂且存在虚警干扰的图像检测时间较长，将图 13-30 中的图像的检测时间统计于表 13-8 中。由表 13-8 可知，本节设计的 FPGA 硬件系统的加速比从几十倍到上百倍不等，充分发挥了 FPGA 并行运算的速度优势。

表 13-8　图 13-30 中不同图像的检测时间

舰船遥感图像	软件检测时间（s）	硬件检测时间（ms）	加速比
图（a）	1.146	21.5	53.3
图（b）	2.503	21.5	116.4
图（c）	2.735	21.5	127.2
图（d）	3.007	21.5	139.9
图（e）	3.234	21.5	150.4
图（f）	1.056	21.5	49.1
图（g）	3.779	21.5	175.8
图（h）	3.171	21.5	147.5

13.4　本章小结

本章根据舰船检测的一般流程，描述了一种基于视觉显著性和多特征综合的舰船检测方法，主要内容总结如下：

（1）设计了一种基于视觉显著性的舰船目标候选区域快速提取算法，根据图像显著性值的直方图分布特点，设计了一个自适应分段拉伸的方法对初始显著图进行更新，得到目标区域整体突出的显著图，最后利用阈值分割得到目标候选区域的二值图像。

（2）基于 FPGA 设计了一个光学遥感图像舰船检测系统。按照舰船检测的流程，以自上而下的方式进行 FPGA 设计，分为 RAM 存储调度模块、自适应中值滤波模块、高斯平滑模块、显著图计算模块、Otsu 阈值分割模块、连通域快速标记模块、特征提取模块与特征判别和输出模块共 7 个部分，以流水线的结构组成舰船检测的整体的 FPGA 设计；通过实验证明所设计的系统检测效果好，运行速度快。

（3）描述了一种基于 FPGA 的连通域快速标记方法。在连通域标记部分的设计中，本章总结已有的相关研究，提出改进方法，不借助临时标记表，以相邻行的游程之间直接传递标记的方法，在对图像进行光栅扫描的同时，并行完成连通域的标记，使得该部分的设计降低模块间的依赖性，充分发挥 FPGA 的并行运行优势；通过与已发表文献的设计比较，本章对该模块的设计提高了处理速度，并降低了硬件资源的消耗。

参考文献

陈亮，王志茹，韩仲，等，2017. 基于可见光遥感图像的船只目标检测识别方法. 科技导报，35（20）：77-85.

杜列波，肖学敏，鲁琴，等，2008. 基于 FPGA+多 DSP 的 JPEG2000 星载遥感图像压缩实现方案. 测试技术学报，22（6）：478-482.

谭许彬，谢宜壮，陈禾，等，2011. 基于 FPGA 的连通域标记设计与实现 . 信号处理，27（11）：1729-1733.
王凡，2019. 基于 FPGA 的光学遥感图像中舰船检测的研究，天津：天津大学 .
王建辉，2015. 实时视觉特征检测与匹配硬件架构研究 . 武汉：华中科技大学 .
王彦情，马雷，田原，2011. 光学遥感图像舰船目标检测与识别综述 . 自动化学报，37（9）：1029-1039.
尹雅，黄海，张志祥，2019. 基于光学遥感图像的舰船目标检测技术研究 . 计算机科学，46（3）：82-87.
张国和，徐快，段国栋，等，2018. 一种适于硬件实现的快速连通域标记算法 . 西安交通大学学报，52（8）：95-101.
张雷，甘春生，胡宇，2017. 高分辨率光学遥感影像舰船检测算法研究 . 计算机工程与应用，53（9）：184-189.
张荣庭，周国清，周祥，等，2019. 基于 FPGA 的星上影像正射纠正 . 航天返回与遥感，40（1）：20-31.
周国清，黄景金，舒磊，2018. 基于 FPGA 的 P-H 法星上解算卫星相对姿态 . 武汉大学学报（信息科学版），43（12）：1838-1846.
Achanta R，Süsstrunk S，2010. Saliency detection using maximum symmetric surround//2010 IEEE International Conference on Image Processing，2653-2656.
Han S，Kang J，Mao H，et al.，2017. Ese：Efficient speech recognition engine with sparselstm on fpga//Proceedings of the 2017 ACM/ SIGDA International Symposium on Field- Programmable Gate Arrays. ACM：75-84.
Johnson A P，Chakraborty R S，Mukhopadyay D，2016. An improved DCM- based tunable true random number generator for Xilinx FPGA. IEEE Transactions on Circuits and Systems II：Express Briefs，64（4）：452-456.
Li Y，Liu Z，Xu K，et al.，2017. A 7.663- TOPS 8.2- W energy- efficient FPGA accelerator for binary convolutional neural networks. Field Programmable Gate Arrays：290-291.
Pingree P J，2010. Advancing NASA's on- board processing capabilities with reconfigurable FPGA technologies. Aerospace Technologies Advancements.
Qiu J，Wang J，Yao S，et al.，2016. Going deeper with embedded fpga platform for convolutional neural network//Proceedings of the 2016 ACM/ SIGDA International Symposium on Field- Programmable Gate Arrays. ACM：26-35.
Ruta D，Gabrys B，2005. Classifier selection for majority voting. Information fusion，6（1）：63-81.
Trimberger S M S，2018. Three Ages of FPGAs：A Retrospective on the First Thirty Years of FPGA Technology：This Paper Reflects on How Moore's Law Has Driven the Design of FPGAs Through Three Epochs：the Age of Invention，the Age of Expansion，and the Age of Accumulation. IEEE Solid-State Circuits Magazine，10（2）：16-29.
Yang G，Li B，Ji S，et al.，2014. Ship Detection From Optical Satellite Images Based on Sea Surface Analysis. IEEE Geoscience & Remote Sensing Letters，11（3）：641-645.
Zhou G，Baysal O，Kaye J，2004. Concept design of future intelligent earth observing satellites，Int. J. of Remote Sensing，14（25）：2667-2685.
Zhou G，2003. Real- time Information Technology for Future Intelligent Earth Observing Satellite System，Hierophantes Press，ISBN：0-9727940-0-X，February 2003.

第14章　星上洪水变化检测

14.1　引　言

洪水监测是遥感影像变化检测技术的重要应用方向（Lu et al., 2004），洪水灾害是河流、湖泊等水体上涨超过一定水位造成的灾害性水流，是最具破坏性且最频繁的自然灾害之一。我国的洪水灾害发生频繁，波及范围广，突发性强，威胁地区的安全，使得国家经济损失严重（李林涛等，2012）。因此，对洪水的有效监测，对组织救援与灾害评估具有重要意义。基于卫星的遥感技术在洪涝灾害预防、监测、评估中发挥及其重要的作用（李加林等，2014；冷英和李宁，2017），通过遥感卫星，人们可以实现准确的洪水监测，直观地显示出洪水的动态变化情况。由于在洪水期间，存在着恶劣天气，云层覆盖等因素对光学传感器造成影响，因此，光学遥感在洪水监测应用方面具有局限性。星载合成孔径雷达利用主动微波技术成像，能够穿透云层等障碍物，不受极端天气的影响，具有全天时全天候的地面信息获取能力（王昀，2010）。并且，SAR 影像覆盖面积广，具有良好的对比度与纹理信息，尤其适用于突发灾害的监测与研究。

自20世纪50年代SAR成像系统技术诞生以来，SAR在军事、民用领域得到广泛应用(王昀，2012)。1978年，美国宇航局发射了装载着合成孔径雷达的海洋卫星 Seaset-A，该卫星空间分辨率为25m，可对地球表面区域进行测绘，标志人类进入星载SAR对地观测时代。随着空间技术的发展，各国发射载有 SAR 系统的观测卫星越来越多，如美国发射的哥伦比亚航天飞机搭载的SIR-A、长曲棍球系列卫星，苏联COSMOS-1870卫星配备的S波段 ALMAZ-ISAR 系统，欧洲空间局发射的 L 波段 ERS-1、ERS-2 卫星，德国发射的 SAR-Lupe 与 TerraSAR-X 卫星等。星载 SAR 系统从低分辨率向高分辨率，从单极化到多极化，从单一工作模式到多中工作模式发展。我国 SAR 卫星技术的发展也取得了丰硕的成果，从最开始的遥感一号、遥感三号，到2010年发射的遥感十号卫星开启了我国 SAR 卫星新时代。2016年发射的高分三号多极化合成孔径雷达卫星分辨率达到1m。2019年发射的高分十号高分辨率微波遥感卫星，分辨率可达亚米级。我国的微波遥感成像技术也已经发展到了多波段、全极化阶段。合成孔径雷达作为遥感信息的重要组成部分，广泛应用于地理测绘（Le et al., 2004）、军事侦查（徐颖等，2014）、灾害评估（刘斌涛等，2008）等领域，其中以SAR图像的变化检测技术应用尤为广泛。

目前SAR卫星影像的数据越来越多，用户实时性要求也越来越高。尤其是在洪水监测领域，人们希望在灾害发生很短时间内能够获取到有效的卫星监测图像从而便于指导救灾减灾工作，这就对卫星影像系统的实时处理能力提出了挑战。基于 SAR 影像的变化检测方法是国内外学者研究的热点，但是现有的 SAR 影像变化检测算法大多基于地面软件或者结合人工分析的变化检测，实时性差，面对海量的数据处理，没有优势（周启鸣，

2011）。随着用户对卫星产品的时效性、多样性需求的提高，亟待发展一种星上实时处理与分发系统，完成实时且准确的星载 SAR 影像处理（Shu et al.，2019；舒磊，2019）。

传统的遥感影像处理模式是将原始图像传回地面，经过地面工作站处理再分发给用户（李德仁，2017；李德仁等，2012），这种方式不仅给星地传输带宽增添极大压力，而且没有时效性，往往用户提出某一卫星产品的特定需求，经过一个月才能得到处理结果。如在 2008 年汶川，地震后 36 小时才得到第一幅可用卫星影像。在 2015 年天津港，爆炸后 12 小时才得到可用卫星影像。这种时效性在灾害救援领域是急需改进的。

在基于 FPGA 的星载 SAR 影像处理方面，国内外学者做了大量研究，王林泉，熊君君等人利用 FPGA 完成了星载 SAR 实时成像处理（王林泉等，2005；熊君君等，2005），谢宜壮等人基于 FPGA 实现了 SAR 信号存储与预处理（谢宜壮，2010）。徐锋等人基于 FPGA 实现了 SAR 的 FIR 滤波（徐锋等，2004），Le 等人实现了基于 FPGA 的星上 SAR 处理（Le et al.，2004），在 SAR 变化检测算法加速研究方面，大多是基于 PC 与服务器的并行运算研究（叶琛，2013；杨国栋，2014），很少有基于 FPGA 硬件平台加速的 SAR 变化检测研究。

因此，基于 SAR 影像洪水监测是未来智能对地观测系统的重要组成（Zhou，2020；Zhou et al.，2004；Zhou，2003），星载 SAR 洪水影像变化检测 FPGA 硬件实时处理技术具有较高的实际应用价值。本章研究利用 SAR 影像数据进行洪水监测。

14.2 基于小波分析 SAR 影像洪水检测方法

对于洪水监测这一类时效性要求高的场景而言，当前已有的大多数 SAR 影像变化检测方法不能在算法精度和算法复杂度上取得较好的平衡。现有的基于小波多尺度分析与融合的变化检测方法（Bovolo and Bruzzone，2005），能够取得较好的检测效果，但存在着两个固有的缺点，第一是没有合适的自动阈值分割方法，第二是所用算法复杂度过高，实时性差，难以在有限的硬件资源下实现算法 FPGA 硬件加速。为改进以上问题，本节提出了一种适于 FPGA 实现的基于静态小波多尺度分解与合理尺度融合的 SAR 洪水影像变化检测算法，该算法首先通过静态小波将对数比值差异图进行多尺度分解，然后从边缘非边缘区域的角度出发，代替复杂的局部变异系数求解，对不同区域采用不同的尺度融合策略，使得融合后的差异图能够综合利用不同尺度的信息，达到了抑制噪声与保留细节的平衡。最后采用基于直方图统计的阈值分割方法完成自动的变化检测。

将两幅在同一地区不同时刻获取的 SAR 洪水影像作为输入图像，变化检测可归结为一个二分类的问题。

该算法首先通过对数比值方法将 SAR 图像的乘性斑点噪声转换为加性噪声，得到背景区域较为平坦的差异图，有利于洪水区域的提取。然后利用二维离散平稳小波将对数比值差异图进行多尺度分解，仅保留图像的低频多尺度分解结果。接着通过权重融合方法初步融合多尺度信息生成差异图，对新的差异图做边缘检测，确定变异系数大的边缘区域。根据边缘非边缘区域采用不同的可靠尺度融合策略，得到最终的差异图像。最后采用基于直方图分布的自动阈值分割方法，根据直方图的灰度分布特性，采用双峰直方图的谷点或者是单峰直方图的震荡节点作为阈值，取得了良好的分割效果。

14.2.1 小波多尺度分析

小波变换（Daubechies et al.，1998）可以将信号分解成不同尺度的子带信息，在分析信号的时域与频域特性上具有优势，被誉为数学显微镜，广泛应用于图像编码、去噪、融合等各个领域（Gunawan，1999；张跃进和谢昕，2008）。2005 年基于多时相 SAR 图像保留细节尺度驱动方法的变化检测（Bovolo et al.，2005）利用平稳小波合理尺度融合得到变化检测结果。基于多时间合成孔径雷达图像的无监督多尺度变化检测（Celik，2009）利用双数复小波结合贝叶斯理论得到变化检测图。利用免疫克隆进行小波域遥感图像变化检测（王凌霞等，2013）将免疫克隆优化用于小波域进行变化检测。利用小波域 HMC 模型进行遥感图像变化检测（辛芳芳等，2012）将小波多尺度信息与隐形马尔科夫链模型结合，得到变化检测结果。小波变换能够根据需要突出图像某些方面的特征，为变化检测提供了一种新的思路与方法，并且取得了较好的检测效果。

传统的傅里叶变换不能体现信号频域随时间变化的情况，作为全局性的变换不具备局部化的分析能力，且基函数的叠加平滑了突变信号，不能很好地处理非平稳信号（潘文杰，2000）。由于傅里叶变换采用的滑动窗函数在选定后就固定不变，决定了其时频分辨率固定不变，不具备时域上的自适应能力。自然界的大量信号都是非平稳信号，傅里叶分析受到限制。小波变换将傅里叶变换中无限长的三角函数基使用有限长衰减小波基代替，将函数在特定空间中展开和逼近，可以同时得到时域和频域信息，非常适合处理非平稳信号。

通过二维离散小波变换（2 dimentions-discrete wavelet transform，2D-DWT）可以对图像进行分解，2D-DWT 该理论由 Mallat（1989）提出，DWT 分解见式（14-1）。

$$\begin{cases} P_j^{\mathrm{LL}}f(m,\ n) = \sum\limits_k \sum\limits_d P_{j-1}^{\mathrm{LL}}f(k,\ d)l(k-2m)l(d-2n) \\ D_j^{\mathrm{LH}}f(m,\ n) = \sum\limits_k \sum\limits_d P_{j-1}^{\mathrm{LL}}f(k,\ d)h(k-2m)h(d-2n) \\ D_j^{\mathrm{HL}}f(m,\ n) = \sum\limits_k \sum\limits_d P_{j-1}^{\mathrm{LL}}f(k,\ d)l(k-2m)h(d-2n) \\ D_j^{\mathrm{HH}}f(m,\ n) = \sum\limits_k \sum\limits_d P_{j-1}^{\mathrm{LL}}f(k,\ d)h(k-2m)h(d-2n) \end{cases} \tag{14-1}$$

式中，$l(n)$ 是一维低通滤波器，$h(n)$ 是一维高通滤波器，一次二维卷积可以分成两次一维卷积。通过式（14-1），可以将 j-1 尺度上的低频图像分解为 j 尺度上的四个子图，得到不同方向上的信息。$P_j^{\mathrm{LL}}f(m,\ n)$ 是 $P_{j-1}^{\mathrm{LL}}f(m,\ n)$ 在第 j 层的近似分量 LL。$D_j^{\mathrm{LH}}f(m,\ n)$、$D_j^{\mathrm{HL}}f(m,\ n)$、$D_j^{\mathrm{HH}}f(m,\ n)$ 分别是 $P_{j-1}^{\mathrm{LL}}f(m,\ n)$ 的代表水平信息的分量 LH、代表垂直信息的分量 HL 和代表对角信息的分量 HH。

Mallat 塔式分解的过程为：原图像经过一次小波变换后，得到第一层的近似分量。第二层的近似分量可以通过第一层的近似分量小波变换得到，以此类推，可以得到多尺度小波分解结果，完成分解。该分解可以通过式（14-2）进行重构。

$$\begin{aligned} P_{j-1}^{LL}f(m,\ n) = [& \sum_k \sum_d P_j^{\mathrm{LL}}f(k,\ d)l(k-2m)l(d-2n) \\ & + \sum_k \sum_d D_{j-1}^{\mathrm{LH}}f(k,\ d)h(k-2m)l(d-2n) \end{aligned}$$

$$+\sum_{k}\sum_{d}D_{j-1}^{\mathrm{HL}}f(k,\ d)l(k-2m)h(d-2n)$$

$$+\sum_{k}\sum_{d}D_{j-1}^{\mathrm{HH}}f(k,\ d)h(k-2m)h(d-2n)\,]\times 4 \quad (14\text{-}2)$$

14.2.2 对数比值差异图构造

对数比值方法是变化检测差异图构造的经典方法（Dekker，1998），由于SAR影像的噪声特性，该方法尤其适合于SAR影像变化检测的初始差异图构造。将X_1和X_2两张图像配准和校正后，将两幅图像的对应像素做比值操作，比值的结果就直接代表了该像素点在洪水前后的变化程度。如果像素点比值接近1，说明该点没有变化，如果远离1，认为该点发生变化。计算比值结果的对数值，并取其绝对值作为差异图结果。对数操作使得SAR影像中的乘性噪声变为加性噪声，加性噪声在后续步骤中更容易被降噪消除，并且对数操作使得像素的灰度非线性拉伸，增强了变化像素和未变化像素的对比度。差异图的定义为

$$D_{\mathrm{LR}}=|\log^{\frac{X_1}{X_2}}|=|\log^{X_1}-\log^{X_2}| \quad (14\text{-}3)$$

式中，D_{LR}为对数比值差异图（log ratio difference map），X_1为在时刻1获取的SAR洪水影像，X_2为在时刻2获取的SAR洪水影像。图像灰度等级为1～256。

图14-1是洪水前后图像与对数比值差异图像的结果，可以看出，对数比值构造的差异图的变化区域与非变化区域的灰度值差异明显，从视觉上可以较为轻易的划分出变化与不变区域。但是对数比值差异图存在许多噪点。容易造成虚警与漏警。

(a) 洪水前

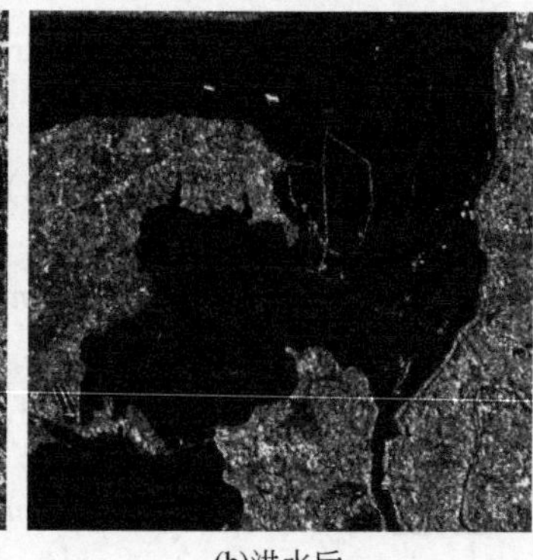
(b)洪水后

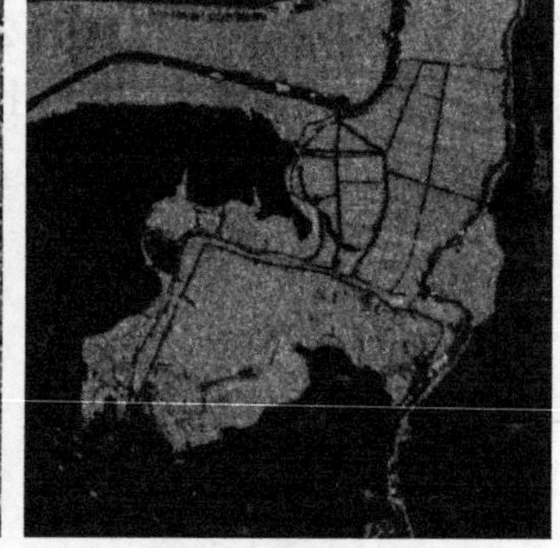
(c)对数比值差异图

图14-1 SAR图像与差异图结果

14.2.3 SWT差异图构造

小波变换抑制SAR斑点噪声（黄世奇等，2010；Celik，2009），基于小波的SAR图像去噪方法被广泛应用，在图像处理中，多尺度的小波分解与融合，能够很好地保留边缘和细节信息（Celik，2009）。因此，在对数比值差异图的基础上，本节采用小波多尺度分解的方法，从而达到噪声与细节的平衡。本节将对数比值得到的差异图X_{LR}进行多尺度分解，得到子图像序列X_{DS}。

在多尺度分解过程中，常见的分解方法为二维离散小波变化（discrete wavelet transform，DWT)，但基于DWT的分解与重构，算法复杂度较高。为了避免小波重构运算，降低多尺度融合算法的复杂度，采用二维离散平稳小波变换方法（2 dimentionsstationary transform，2D-SWT)，SWT 变换可以避免信号下采样，得到的分解子图与原图大小相同（Bovolo et al.，2005)。而且可以只利用小波多尺度分解的低频成分进行图像重构，在没有高频成分情况下，保证小波变换的逆变换不会产生混淆现象。图 14-2 是 X_{LR}的二维离散平稳小波一个尺度的分解过程，$l^n(\cdot)$ 与 $h^n(\cdot)$ 代表各个尺度上高通和低通滤波的冲击响应，上标 n 代表第 n 个尺度，$n=0$，1，…，$N-1$。由于二维小波变换可以分解为两次一维的小波变换，先进行行的变换后进行列的变换，X_{LR}通过两次的一维小波滤波器的卷积操作，得到第一分解层的低频和高频信号，生成一个低频的 $X_{LR}^{LL_1}$子图，以及三个高频的子图 $X_{LR}^{LH_1}$、$X_{LR}^{HL_1}$、$X_{LR}^{HH_1}$、$X_{LR}^{LH_1}$代表水平方向的细节信号，$X_{LR}^{HL_1}$代表垂直方向的细节信号，$X_{LR}^{HH_1}$代表对角方向的细节信号。然后，将低频部分 $X_{LR}^{LL_1}$继续分解，得到第二层的小波子图 $X_{LR}^{LL_2}$、$X_{LR}^{LH_2}$、$X_{LR}^{HL_2}$、$X_{LR}^{HL_2}$，如此重复直到分解到设定的最高尺度 n 为止，最终得到所有尺度的低频图像 $X_{LR}^{LH_1}$、$X_{LR}^{LL_2}$、…、$X_{LR}^{LL_n}$。

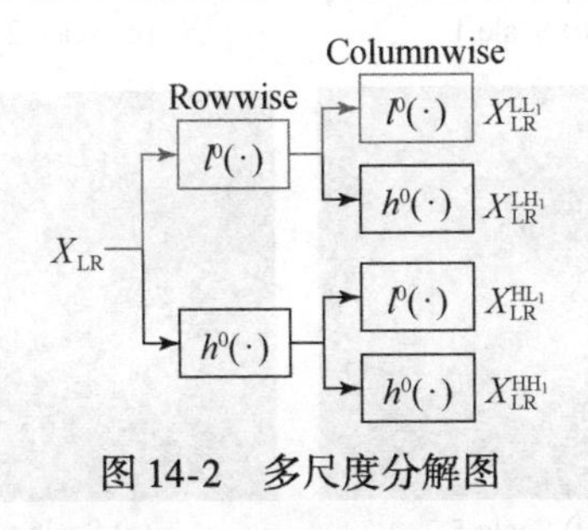

图 14-2　多尺度分解图

通过平稳小波多尺度低频分解可以得到图像集 X_{RL}^n，在不同的尺度 n 上，图像信息保留程度不同，尺度越高，图像的信息就越少。在小波多尺分析中，高频部分一般保留图像噪声较多，因此，为了降低噪声影像，本节只进行低频的小波多尺度分解。由于小波分解的传递特性，由差异图分解出的各个尺度上的高频信息包含在原始图像中，所以剔除这些高频分解的结果对整体的细节信息影响不大，将原图以一定权重作为补充细节信息一同融合。

将差异图 DI 做基于小波的多尺度分解与融合，在多尺度分解的过程中，采用二维离散小波变换（2D-SWT)，该过程通过对卷积算子的上采样使得到的子图像与原始图像大小相同，避免了图像下采样和逆变换过程。由于原尺度包含所有的低频和高频信息，小波分解下一尺度的高频细节（边缘信息）包含在当前尺度中，因此，在这里只做低频的平稳小波分解，避免了图像对高频滤波器的卷积计算。经过多尺度分解得到的图像集为

$$X_{HS}=\{X_{LR}^0,\cdots,X_{LR}^n,\cdots,X_{LR}^{N-1}\} \tag{14-4}$$

其中 $n=0$，1，…，$N-1$ 表示尺度，并且 $X_{LR}^0=D_{LR}$为原始差异图。

通过空间细节和散斑减少不断折中的方案来进行基于权重的图像融合，由于低尺度包含信息更多，高尺度图像所含信息少，噪点也少，所以高、低尺度在图像融合过程中，需要使用不同的权重进行融合。本节采用的权重方法为

$$X_F=\sum_{r=0}^{N-1}X_{LR}^r\cdot\frac{1}{2^r} \tag{14-5}$$

其中，X_F 融合后图像，X_{LR}^r是第 r 尺度的低频分解子图，N 是分解尺度数，r 是尺度，尺度越高，权重越低。

从算法复杂度与算法效果的综合考虑，本节采取的最高尺度为 8。为了避免常见小波

分解中的移位情况，在小波分解过程中，本节通过边缘补0的操作来保证图像信息位置固定，缺点是边缘信息部分有半数损失，尺度越高，信息损失边缘越宽，从尺度0到尺度7，边缘损失范围从1个像素到128个像素。但基于对数权值的融合规则，使得这种边缘的信息损失基本不造成影响。如在第八个尺度，融合权重为0.0039。基于多尺度小波分解后的差异图如图14-3所示。

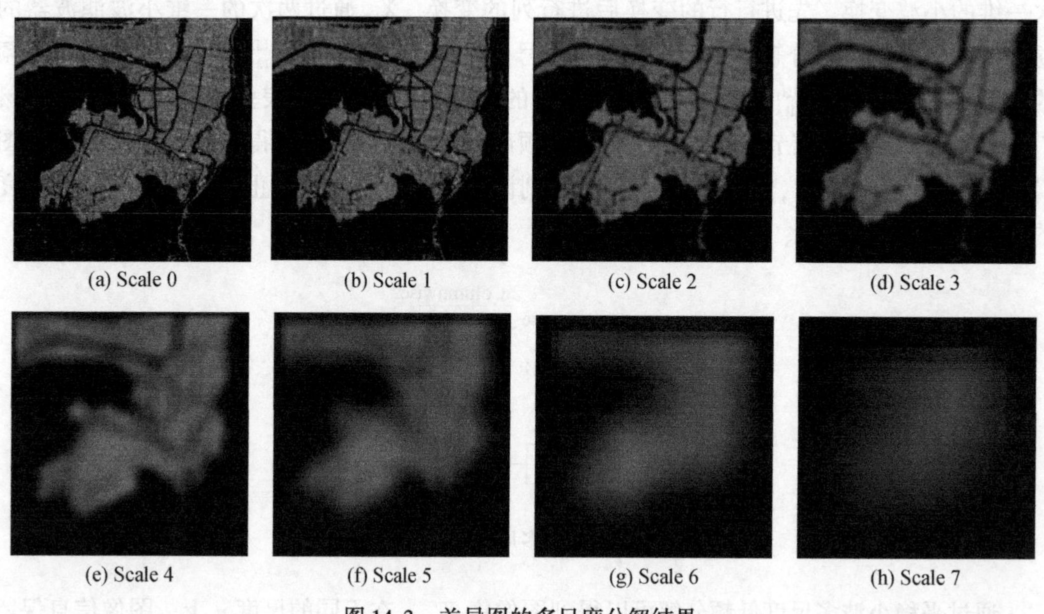

(a) Scale 0　(b) Scale 1　(c) Scale 2　(d) Scale 3

(e) Scale 4　(f) Scale 5　(g) Scale 6　(h) Scale 7

图 14-3　差异图的多尺度分解结果

14.2.4　边缘区域合理尺度融合

由于在多尺度分解过程中，分解尺度层上的细节和边缘信息在分解的过程中被移开了，因此，对于目标差异图像上每一个空间位置的像素而言，特别是对于变化与非变化区域的边缘像素而言，并非所有尺度的信息都是可靠的信息。在融合时，需要对每一个空间位置上的合理尺度范围做判断，常见的合理尺度融合方法有：局部变化系数法（Bovolo et al., 2005），马尔科夫场方法（辛芳芳等，2012）等。但是它们具有很高的算法复杂度，不能满足洪水监测的实时性要求，且难以在FPGA上实现硬件加速。

本节方法思想与局部变化系数法类似，同样是逐像素地衡量区域变化剧烈程度，通过求解初步差异图的边缘信息确定边缘区域位置，通过边缘与非边缘区域区分合理尺度的范围。位于边缘的部分认为是异质区域，所对应的合理尺度仅是低尺度$\{X_{LR}^0, X_{LR}^1, X_{LR}^2\}$。位于非边缘区域的像素位置，认为是同质区域，所对应的合理尺度为$\{X_{LR}^0, X_{LR}^1, \cdots, X_{LR}^7\}$。其次，通过基于逐像素的边缘非边缘区域合理尺度融合得到新的差异图。

如图14-4所示，利用Prewitt边缘检测算子检测差异图的边缘，P_v为垂直算子，P_h为水平算子，将图像与P_v卷积得到垂直方向上的均值差分结果V_p，将图像与P_h卷积得到垂直方向上的均值差分结果H_p，两次结果取绝对值求和得到边缘检测中间量P。具体过程如式（14-6）所示：

$$P(i,j) = |V_p(i,j)| + |H_p(i,j)| \tag{14-6}$$

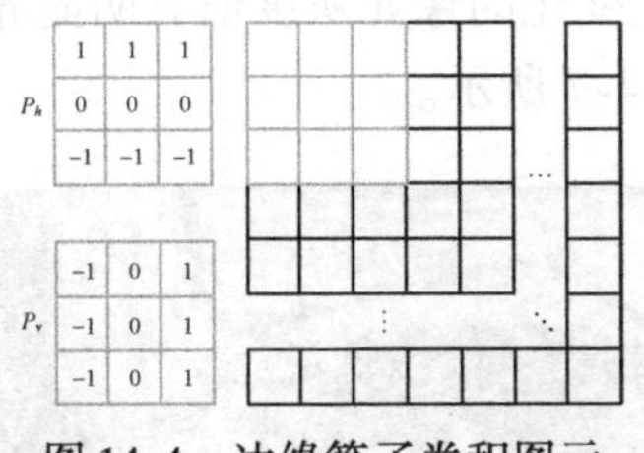

图 14-4　边缘算子卷积图示

边缘检测阈值限定为 Prewitt=0.75。边缘检测结果 Edge 定义为

$$\text{Edge}(i,j)=\begin{cases}1, P(i,j)>\text{Prewitt}\\0, P(i,j)<\text{Prewitt}\end{cases} \tag{14-7}$$

如图 14-5（b）所示，由于检测对数比值差异图的边缘，噪点过多，无法得到有效的边缘区域。因此，本节对去除高频系数的多尺度融合差异图结果进行边缘检测。从图 14-5（d）中可以看出，Prewitt 算子检测出了绝大部分的边缘区域。并且噪点较少，可以有效地进行合理尺度判别。

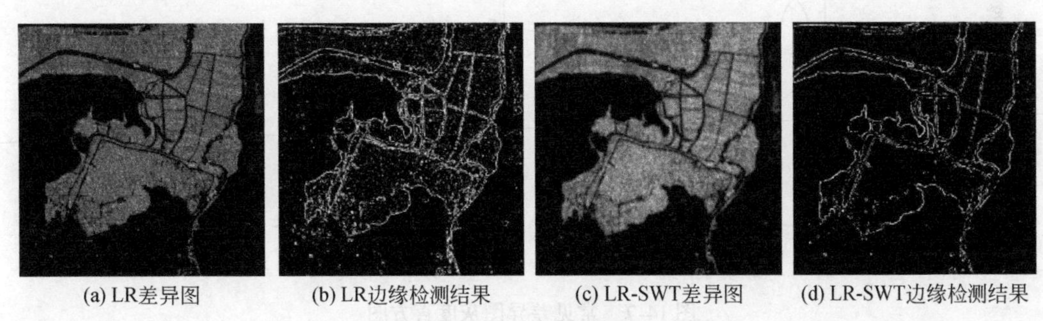

图 14-5　边缘检测图示

由于在边缘附近的像素灰度变化程度大，细节较多，在多尺度融合的过程中，应该在变化区域与非变化区域的边缘采用低尺度的融合策略，从而保留更多的图像细节，在非边缘处采用最高尺度的融合策略，降低非边缘区域的噪声。边缘区域与非边缘区域的融合策略如式（14-8）所示：

$$D_{\text{FH}}=\begin{cases}\sum_{r=0}^{3} D_{\text{LR}}^{r}\cdot\dfrac{1}{2^{r}},\ \text{if Edge}(i,\ j)=1\\ \sum_{r=0}^{7} D_{\text{LR}}^{r}\cdot\dfrac{1}{2^{r}},\ \text{if Edge}(i,\ j)=0\end{cases} \tag{14-8}$$

图 14-6 显示了根据边缘非边缘合理尺度融合策略得到的融合差异图结果。

14.2.5　自动阈值分割

从图 14-6 可以看出，由 Log-SWT 生成的差异图像中，发生变化与未发生变化部分灰度差异显著，通过选择单一灰度阈值进行分割，得到较好的变化检测结果。本节将讨论利用差异图灰度直方图统计特性，自动获取最佳分割阈值的方法。

利用全局单一阈值对图像进行二值分割的前提是图像灰度可分离。常见的阈值分割方法有 Otsu 法（Ostu，2007），KI 阈值法（Moser et al.，2006）等。这类阈值分割方法认为，发生变化的像元灰度值与未发生变化的像元灰度值有明显界限。使用单阈值分割的变化检测差异图像的理想直方图如图 14-7 所示。

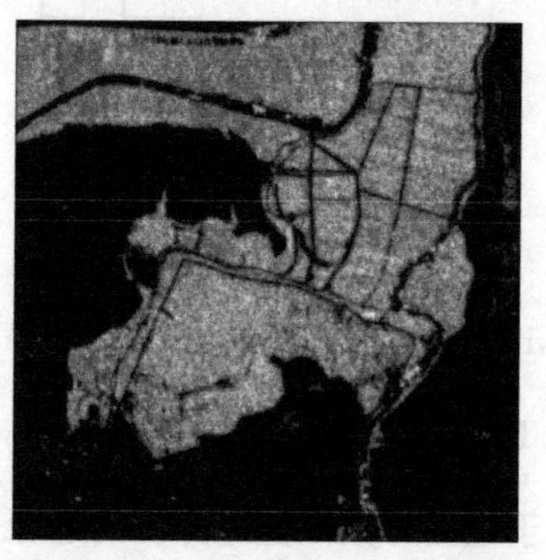

图 14-6　小波权值融合差异图

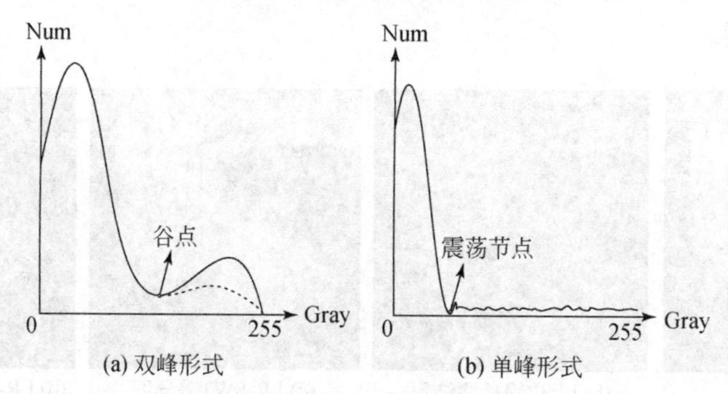

图 14-7　常见差异图灰度直方图

如图 14-7（a）所示，直方图具有两个明显的波峰和一个明显的波谷。左侧波峰代表差异图中灰度值低的部分，即未变化区域，右侧波峰代表变化区域。该直方图特性容易找到灰度波谷极小值点，即最佳的变化检测阈值点。但在实际场景中，被洪水淹没的变化部分只占少数，变化像素部分只会形成不明显的波峰如图 14-7（a）中的虚线所示，或者是变化像素部分无法形成波峰，且变化像素部分灰度值分布范围较广，在未变化灰度峰值右侧部分形成震荡区域。这种灰度分布特性是 Otsu 等经典阈值分割算法失效的主要原因。

为了解决这一问题，Xiong（2012）提出了基于相邻灰度直方图比的自动阈值选取方法，该方法首先找到直方图未变化像元峰值灰度 T_0，从 T_0 开始，直到 255 灰度值，依次比较当前灰度统计值与下一灰度统计值大小，当前灰度统计值第一次小于后一灰度统计值时，记录此时对应的灰度值为变化检测分割阈值。

在实际应用的过程中，由于多尺度融合得到的差异图灰度统计结果不够平滑。以 Ottawa 差异图为例，如图 14-8（a）所示，在本节方法得到的差异图中，Xiong 的策略往往在未变化像素峰值附近就遭遇停滞，得到错误的变化检测阈值结果。为适配本节得到的差异图结果，将统计得到的灰度直方图进行平滑操作，平滑窗口大小为 5，再进行全局分割阈值求取。灰度平滑如式（14-9）所示：

$$h(i) = \frac{1}{5}\sum_{j}^{2} h(i+j),\ i \in [2,\ 253] \tag{14-9}$$

如图 14-8 所示，初始灰度直方图突变点较多，按照 Xiong 的方法得到的阈值只能得到未变化像素峰值附近的值。经过平滑后，可以较为准确地找到变化检测的谷点，得到合理的变化检测分割阈值。差异图的阈值分割结果如图 14-10（c）所示。

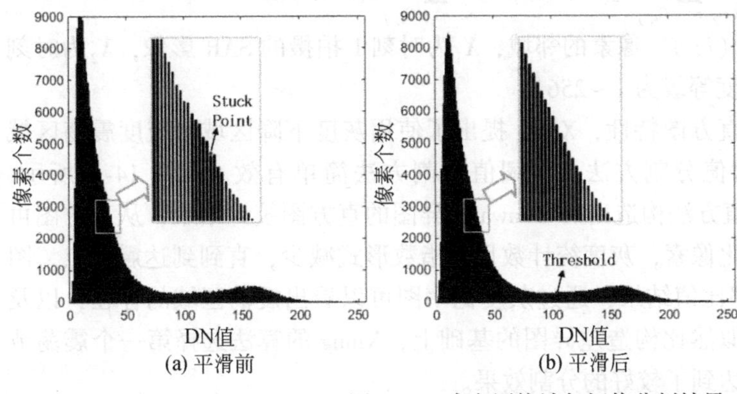

(a) 平滑前　(b) 平滑后　(c) 阈值分割结果

图 14-8　直方图统计与阈值分割结果

14.3　基于似然比与对数比值融合的 SAR 影像洪水检测

二维平稳小波多尺度方法通过合理组合不同尺度的图像细节与噪声，能够取得较高的检测精度，但是基于小波的变化检测方法，仅仅利用了单个像素的信息进行变化检测，检测结果仍然包含一些噪声的干扰，检测精度也有进一步的提升空间。通常而言，基于区域似然比构造的差异图，能够很好的抑制单点噪声，并且变化区域边缘更加平滑，但是会损失部分图像细节。如何扬长避短，将这两种变化检测量有机结合从而提升检测性能，是本节研究的重点。

本节提出了一种适于 FPGA 实现的基于似然比值差异图与对数比值差异图融合的 SAR 洪水影像变化检测算法，该算法通过似然比值方法与对数比值方法生成两张差异图，然后利用初步的似然比变化检测结果进行同质异质区域判别，在不同区域采用不同的融合策略，结合两张差异图的优点，生成背景干净，细节突出的融合差异图，最后采用灰度统计直方图分析完成自动阈值分割，得到变化检测结果。

基于似然比值与对数比值双差异图融合的 SAR 变化检测算法流算法首先通过 LLI-CDM 算法生成似然比差异图与初步变化检测结果。其次，在此基础上，对似然比检测结果做同质异质区域提取。接着，结合对数比值差异图及其小波多尺度分解结果，进行似然比差异图与对数比值差异图的融合。不同区域采取不同的融合策略，得到新的差异图。最后采用基于灰度直方统计图分析方法进行分割得到变化检测结果。

14.3.1　似然比方法变化检测

似然比值差异图（熊博莅，2012）是假定 SAR 影像服从于 Gamma 分布，并构建似然比检验得到的差异图。似然比值差异图能够有效反映邻域差异信息，因此具有良好的抗噪性能，作为一种指数算子，似然比构造的差异图的直方图分布在未变化类有一个尖锐的峰值，并迅速降低到变化灰度区域形成震荡的拖尾区域。对于双时相 SAR 影像，似然比值

算子差异图的定义为

$$D_{\mathrm{LLI}}=\frac{\sum_{(m,\ n)\in\Omega_{i,\ j}}X_1(m,\ n)}{\sum_{(m,\ n)\in\Omega_{i,\ j}}X_2(m,\ n)}+\frac{\sum_{(m,\ n)\in\Omega_{i,\ j}}X_2(m,\ n)}{\sum_{(m,\ n)\in\Omega_{i,\ j}}X_1(m,\ n)} \tag{14-10}$$

式中，D_{LLI}为差异图，$\Omega_{i,j}$为（i，j）像素的邻域，X_1为时刻 1 拍摄的 SAR 影像，X_2为时刻 2 拍摄的 SAR 影像。图像灰度等级为 1～256。

基于似然比值差异图的直方图特性，Xiong 提出了使用灰度下降区域与灰度震荡区域变化节点作为阈值的自动阈值分割方法，该阈值分割方法简单有效。如图 14-9 所示，图 14-9（a）是通过对数比值方法构造出的 Ottawa 差异图的直方图统计结果，从直方图可以看出，从变化像素到非变化像素，灰度统计数目呈指数形式减少，直到到达震荡点。图 14-9（b）是灰度直方图相邻比值结果，通过灰度比率图可以看出震荡区域的存在，以及第一个震荡节点的位置。在似然比构造差异图的基础上，Xiong 的算法选择第一个震荡节点作为变化检测分割阈值，达到了较好的分割效果。

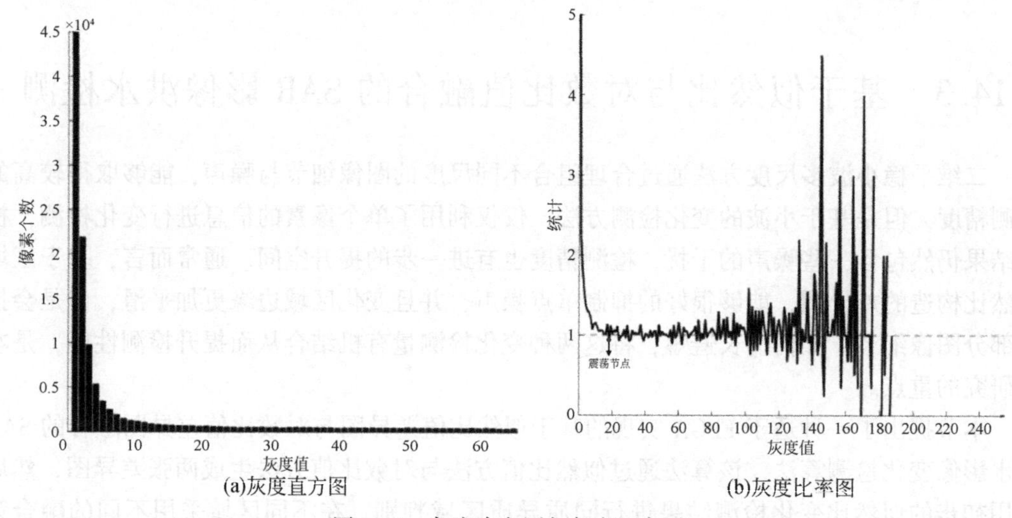

图 14-9　灰度直方图与灰度比率图

但是该变化检测方法有两点不足：首先，基于邻域的变化检测差异图的构建，平滑了变化区域的边缘信息，对图像细节保留不足；其次，利用震荡节点进行阈值分割时，阈值的扰动对于变化检测结果影像显著。似然比所构造差异图的灰度直方图未变化像素处高且窄，震荡节点附近存在大量的像素点，细微的灰度阈值变化会给变化检测结果带来明显差异，整体阈值分割性能不够鲁棒。因此，本节将结合对数比值差异图与似然比值差异图进行融合，构造细节性能更好的变化检测差异图，改善变化检测结果的边缘特性。采用平滑直方图取谷点或震荡点的方法，改善阈值选取的稳定性，从而进一步改善变化检测性能。

14.3.2　LLI-CDM 结果同质异质区域提取

LLI-CDM 变化检测结果分为变化区域与不变区域，现将其分为三类区域，同质变化区域，同质不变区域，异质区域。异质区域表示处于变化区域与不变区域的交界处，同质区域表示不在变化与不变的交界附近，具有稳定的变化与不变性质（同质变化与同质不变），为了提升变化检测细节保留效果，将异质区域提取窗口大小设置为3×3，具体的异质区域提取流程是：首先使用划窗算子对LLI-CDM变化检测算子进行卷积，然后对卷积算子得到的结果进行分类，划窗结果像素值小于3认为是同质不变区域，结果大于7认为是同质变化区域，求和结果处于3–7之间认为是异质区域。式（14-11）表示了卷积过程。

$$W_{\text{add}}(i,\ j)=\sum_{m=-1}^{1}\sum_{n=-1}^{1}M_{\text{LLI}}(i+m,\ j+n)\times C(i+m,\ j+n) \tag{14-11}$$

式中，$M_{\text{LLI}}(\cdot)$ 代表似然比值变化检测结果的对应像素值（0或1），$C(\cdot)$ 表示同异质区域提取的卷积核（3×3大小的窗口，窗口元素均为1）。W_{add} 表示窗口求和结果。

$$H_{\text{area}}(i,j)=\begin{cases}0, W_{\text{add}}(i,j)<3\\1, W_{\text{add}}(i,j)>7\\2, \text{其他}\end{cases} \tag{14-12}$$

式中，H_{area} 表示同异质区域提取结果，值0表示同质非变化区域，值1表示同质变化区域，值2表示异质区域。

通过划窗算子划分的变化检测同质、异质区域结果如图14-10（c）所示，灰色代表同质变化区域，黑色代表同质不变区域，白色代表异质区域。

(a)LLI差异图

(b)LLI变化检测结果

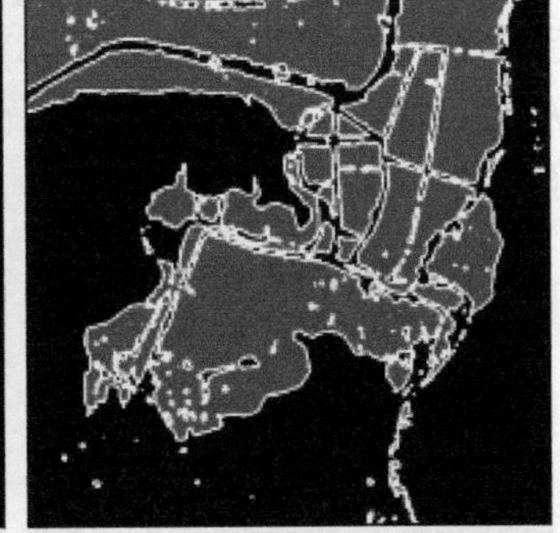
(c)同异质区域提取结果

图14-10　LLI同异质区域提取

通过同质异质区域的划分，提取出似然比值结果的变化信息，根据已有的似然比变化信息采取不同的融合策略，可以改善似然比差异图的边缘细节程度，弥补基于区域均值带来的平滑缺陷。

14.3.3　差异图融合策略

针对LLI-CDM初步变化检测结果提取出的同质异质区域，根据LLI-CDM生成的差异图特性与SWT分解的多尺度对数比值差异图特性，进行差异图的融合。14.2.4小节将差异图结果简单地分为边缘非边缘区域，并将边缘区域融合LR的低尺度，将非边缘区域融合LR的高尺度信息。本节为了结合LLI的邻域信息，获得其抗噪性能好的特性，将同质变化，同质非变化，异质区域采用不同的融合策略。具体的融合见式（14-13）：

$$D_F = \begin{cases} \log(D_{\mathrm{LLI}}) \cdot D_{\mathrm{LR}}, \text{ if } H_{\mathrm{area}}(i, j) = 0 \\ \sum_{r=0}^{7} D_{\mathrm{LR}}^r \cdot \frac{1}{2^r}, \text{ if } H_{\mathrm{area}}(i, j) = 1 \\ \sum_{r=0}^{3} D_{\mathrm{LR}}^r \cdot \frac{1}{2^r}, \text{ if } H_{\mathrm{area}} Ch(i, j) = 2 \end{cases} \tag{14-13}$$

式中，D_F表示融合的差异图，D_{LLI}与D_{LR}分别表示似然比值与对数比值差异图，D_{LR}^r表示对数比值差异图在第r尺度上的分解图像，$r \in [0, 7]$，H_{area}为同质异质区域划分图，0表示同质非变化区域，1表示同质变化，2表示异质区域。

在同质非变化区域，似然比差异图噪点少，灰度值低，而对数比值差异图的噪点较多，灰度值有一定分布范围。为了抑制对数比值差异图的噪点，将该区域的差异像素值定义为，对应空间位置似然比值差异图像素的对数值与对数比值像素值的乘积。该融合策略，利用了LLI的灰度分布特性，非变化像素灰度值大多近似为1，经过对数后近似为0，再将其与对数比值差异图对应空间位置灰度值进行乘积，可以有效提升差异图的抗噪性能，能够剔除非感兴趣的单个变化点，同时结合了两者的信息，并充分利用了LLI的优点。在同质变化区域，认为该区域无需较多的细节，利用高尺度的LR差异图的融合结果作为最终差异图对应像素结果，可以有效地剔除噪点。在异质区域，该区域处于变化与不变的边缘，由于LLI的结果过于平滑，不够可靠，需要参考LR差异图的多尺度信息，并且在异质区域细节较多，需要融合低尺度的LR差异图，保留更多的图像细节。通过融合后的差异图结果如图14-11（c），可以看出，相较于似然比差异图，通过融合后的差异图，灰度区分度更大，边缘细节区分度更好。与对数比值差异图相比，融合差异图背景更干净，对于单点抗噪性能更好。

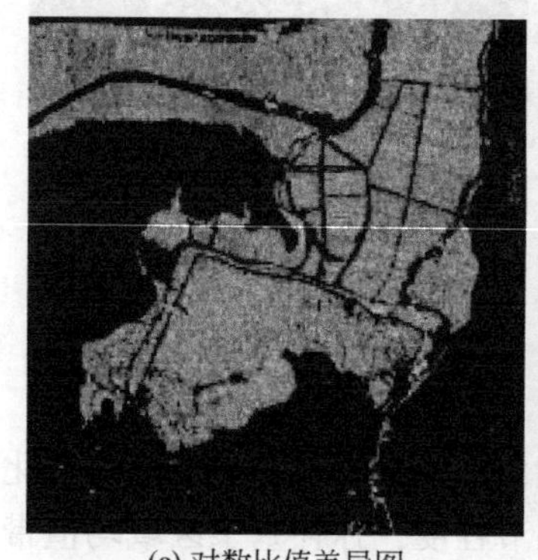
(a) 对数比值差异图

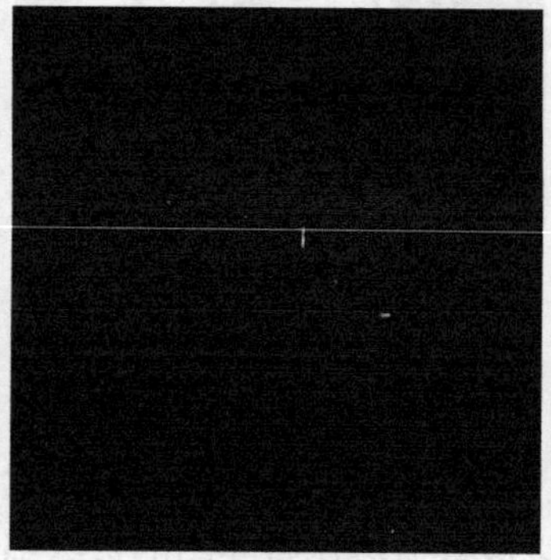
(b) 似然比差异图

(c) 对数似然比融合差异图

图14-11　差异图结果

14.3.4　自动阈值分割

本节方法得到的差异图结果，灰度可分离性更强，差异图的灰度统计特性基本呈现两极分化的状态，即变化区域与不变区域，如图14-12所示，以上数据的融合差异图结果及其灰度分布情况。

从图中可以看出，经过融合的差异图结果，非变化区域灰度值范围非常集中，与变化像素形成明显的差异，灰度直方图有更加明显的变化节点。所以基于直方图统计的阈值分

图 14-12　融合的差异图灰度分布情况

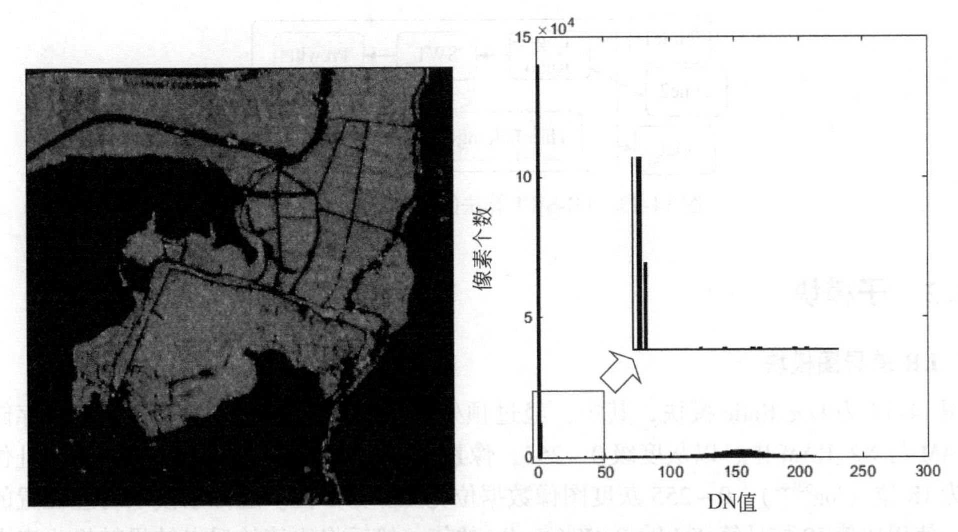

图 14-12　融合的差异图灰度分布情况

割对于新的差异图依然有效。因此，本节采用与 14.3 节部分相同的阈值分割方法，利用灰度直方统计图的谷点或者是震荡节点作为分割阈值，能够取得较好的分割效果。

14.4　基于小波多分析洪水变化星上检测 FPGA 实现

本节在 14.3 节提出了基于小波多尺度分析的 SAR 洪水影像变化检测算法，该算法在 PC 上的运行速度为 4s，在海量数据下无法做到真正的实时处理。为了实现星载 SAR 洪水影像实时监测，本节提出了 14.3 节算法的 FPGA 硬件实现。本节将重点介绍以下内容：首先设计 LR-SWT 算法的 FPGA 硬件架构，包括三个主要模块，第一个模块是对数比值差异图生成模块；第二个模块是平稳小波多尺度分解模块，该模块涉及了卷积运算与顺序或转置存取；第三个模块是边缘检测模块，该模块涉及了滤波器卷积，与行列缓存；第四个模块是自动阈值生成模块，包括直方图统计与生成，谷点与震荡节点提取等结构。然后进行了 Vivado 功能仿真，分析各个子模块的波形。最后分析 FPGA 与 PC 机之间算法结果的偏差与处理速度对比，并分析硬件资源消耗。FPGA 实现过程使用 Verilog HDL 硬件描述语言，在 Xinlinx Vivado2014.2 环境下进行设计、综合与仿真。

14.4.1　FPGA 硬件架构

根据 14.3 部分设计与优化的 LR-SWT 变化检测算法，设计了如图 14-13 所示的 FPGA 硬件架构。硬件实现步骤如下：首先，两幅 SAR 影像灰度数据流导入 Log-Ratio 模块获得对数比值差异图结果，将获取的差异图传递给 SWT 模块，获得差异图的二维平稳小波多尺度分解结果。然后将 SWT 模块结果分成两路，一路进入 Prewitt 模块，获取初步融合差异图的边缘检测结果，并导出到差异图融合模块中；另一路直接进入差异图融合模块。在 Fusion 模块根据 Prewitt 结果融合 SWT 多尺度分解结果获得最终的差异图。最后对新的差异图求解阈值并做自动化分割，得到最终的变化检测结果。下面将对各个子模块的 FPGA 硬件实现过程进行详细地描述。

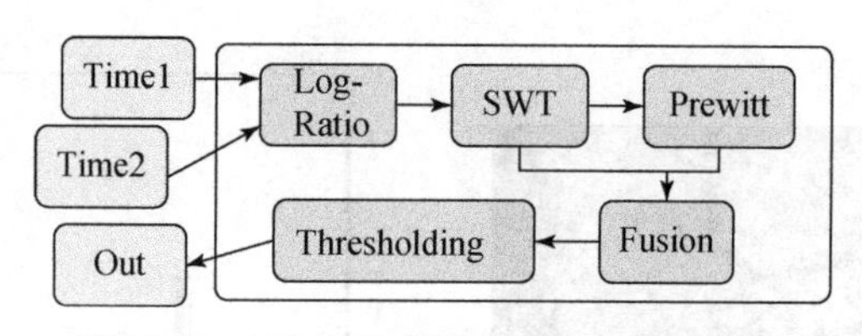

图 14-13　LR-SWT 算法的 FPGA 硬件架构

14.4.2　子模块

1. LR 差异图模块

图 14-14 为 Log-Ratio 模块，其中，经过预处理后的洪水前后两幅灰度影像被存储在 X1_RAM 与 X2_RAM 中，以灰度级 0 ~ 255，像素数 262144 作为标准图像，RAM 地址位宽最少为 18 位（$\log_2^{62144}$），0 ~ 255 灰度图像数据位宽至少为 8 位。逐像素读取对应位置的像素值，使用比值 IP 核计算 $X_1(i,\ j)/X_2(i,\ j)$ 的值，然后将比值的浮点结果转换为定点结果，并传输到对数 IP 核，通过对数求解得到 32 位浮点类型结果，将其通过绝对值模块后，生成灰度等级为 0 ~ 54（$\ln^{255}$）的对数比值结果，然后通过乘法器（通过移位加法代替乘法器）扩展到 0 到 255 的灰度等级，转换为标准的 8 位定点数，最后，将生成的差异图输出到下一模块。

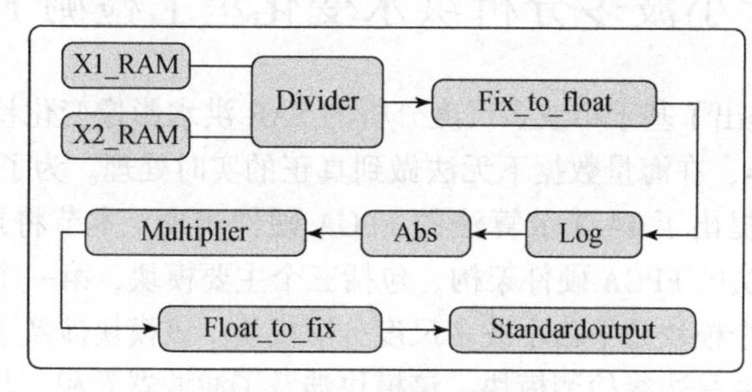

图 14-14　对数比值模块

2. SWT 模块

综合考虑多尺度分解效果与 FPGA 的硬件资源情况，本节使用 8 层小波多尺度分析来获取子图序 X_{DS}，考虑到 FPGA 的特性，相较于除法操作，移位和相加的操作更快并且更节省资源，因此选用 Haar 小波作为小波基。二维卷积操作可以分解为两次卷积，一次行卷积，一次列卷积，同一尺度上两次卷积所使用的卷积核相同。

通过 14.3 节的算法分析可知，只需要进行低频卷积操作，平稳 Haar 小波的低频卷积滤波器为 {1/2，1/2} 或者是它的上采样形式：{1/2，0，1/2}、{1/2，0，0，1/2} 等，对于 FPGA 而言，乘以二分之一等同于右移一位，因此，卷积运算操作被简化为移位加法操作，定点数的移位操作会让余数损失，有 0.5 的误差，若是两次移位后相加，最大误差为 1。为了减小误差，先进行加法操作再进行移位操作，这样整体精度损失在 0.5 以内。硬件过程如图 14-15 所示。

如图 14-15 所示，Lpf 是低通 Haar 算子，Conv 为图 14-16 所示卷积操作。多尺度平稳小波分解操作可以简化为：先做行卷积操作，将结果保存，转置读取后，再做行卷积操

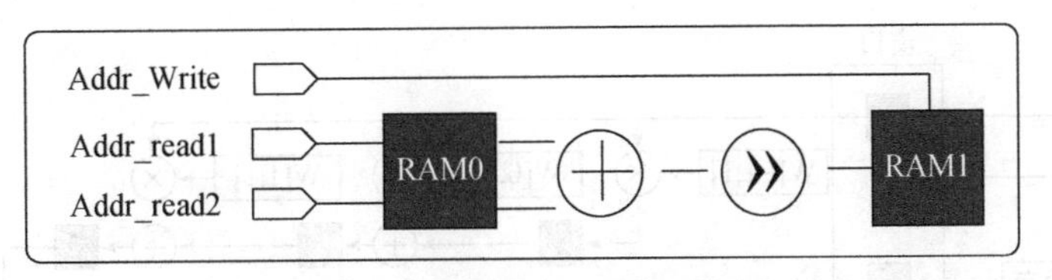

图 14-15　Haar 低通滤波器的卷积实现

作，转置的行卷积等同列卷积，如此即可完成一层小波分解操作，得到低频小波系数 $X_{LR}^{LL_1}$。将结果继续保存并输出到下一卷积层。以此循环，最终得到 8 个尺度的平稳小波分解子图序列 $\{X_{LR}^0, X_{LR}^1, \cdots, X_{LR}^7\}$。在此过程中，分解尺度为 N 时需要做 $2N$ 次 RAM 存储，RAM 空间由 memory LUT 构成，由于在每个尺度单次行卷积结果仅作为中间变量使用一次，而每个尺度的图像结果均需保留，所以需要使用 N+1 个标准图像大小的存储空间。最后将所有多尺度分解结果输出到 Prewitt 边缘提取模块与尺度融合模块。

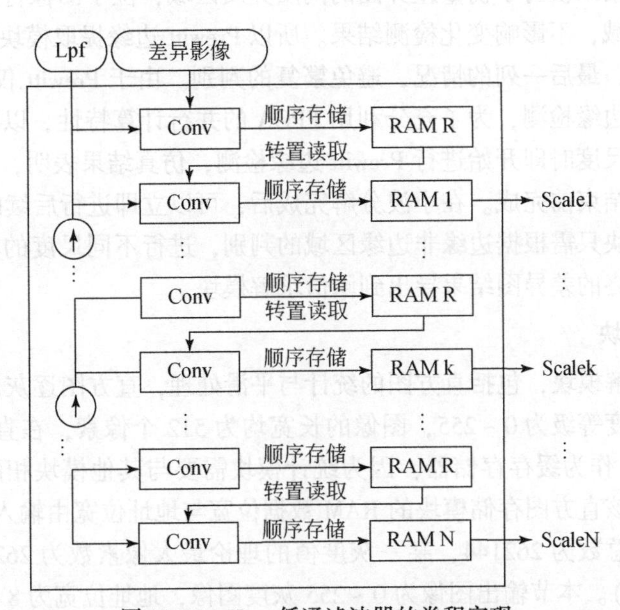

图 14-16　Haar 低通滤波器的卷积实现

3. Prewitt 边缘提取模块

Prewitt 边缘提取模块，采用两个方向模板与图像进行邻域卷积，可以分解为连续两次 3×3 的卷积操作。在 FPGA 实现中，Prewitt 邻域卷积操作可以通过行缓存技术来完成，单次卷积具体硬件设计如图 14-17。首先通过行缓存，将保存像素的邻域信息，然后再对每一行做逐像素权值乘积与求和，最后对每一行的结果进行求和，得到水平方向上的差异结果。与此同时，读取原始图像的领域信息输入到同样结构的模块中，采用不同的权值，得到垂直方向上的差异结果。由于 Prewitt 单行卷积或者列卷积权重值仅为 1 或-1，可以将乘法操作转换为数据符号位进行取反操作，以此来节省计算资源。所以 Prewitt 卷积模块输入的 SWT 权重融合的差异图像结果是 9 位的带符号位的整型，输出也是 9 位的带符号位的整型，方便取反运算。差值图像经过两次卷积模块后，进入绝对值 IP 核并求和，最终结果与阈值作比较，得到最终的边缘检测结果。

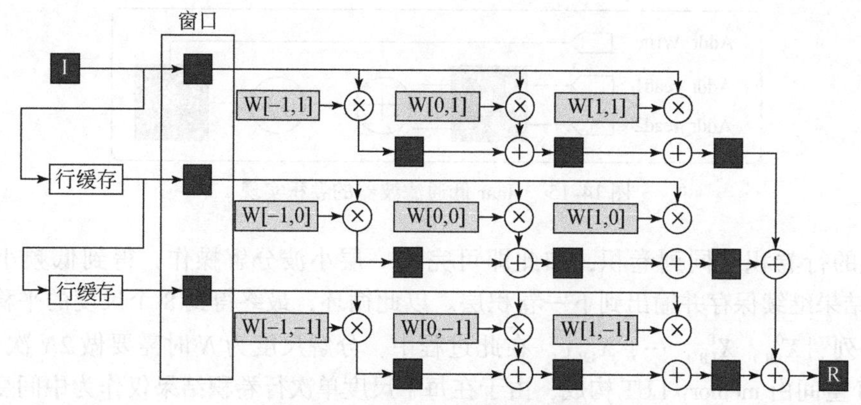

图 14-17　Prewitt 卷积模块设计

由于边缘运算结果仅为了衡量差异图的同质异质区域，位于图像行列边缘像素，可以一致认为是同质区域，不影响变化检测结果。所以 Prewitt 边缘提取模块不考虑第一行，最后一行，与第一列，最后一列的情况，避免繁复的判别。由于 Prewitt 仅对小波的 0 ~ 3 尺度的融合结果图做边缘检测，为了充分利用 FPGA 的并行计算特性，以减少运算时间，在小波分解到第三个尺度时即开始进行 Prewitt 边缘检测，仿真结果表明，Prewitt 边缘检测可以在小波尺度分解结束前完成。在小波分解完成后，可以立即进行后续的融合操作。

后续的融合模块只需根据边缘非边缘区域的判别，进行不同尺度的移位求和即可。移位求和结果作为最终的差异图结果导出到阈值求解模块。

4. 阈值求解模块

自动化阈值求解模块，包括直方图的统计与平滑处理，直方图逐灰度等级比较三个过程。首先，对于灰度等级为 0 ~ 255，图像的长宽均为 512 个像素，在直方图统计过程中，一般选择双口 RAM 作为缓存存储器，因为统计模块需要与其他模块相配合，所以需要提供双边读写接口。该直方图存储模块的 RAM 数据位宽与地址位宽由输入图像像素数决定。本节待统计的像素总数为 262144，某一灰度值的理论最大像素数为 262144，数据位宽最少为 18 位（$\log_2^{62144}$）。本节输出图像为 0 ~ 255 灰度图像，地址位宽为 8 位（$\log_2^{256}$）。

直方图统计模块设计如图 14-18 所示，采用双端口存储器，一个端口用来读结果，一个端口用来写结果。因为在任何时钟周期只读取图像一个像素点的灰度值，只有一个计数器增加，因此直方图统计中的计数累加器使用存储器实现，首先是读相关的存储单元，然后加 1，再把结果写入存储单元，遍历完成所有像素点即可得到完整的直方图统计结果。

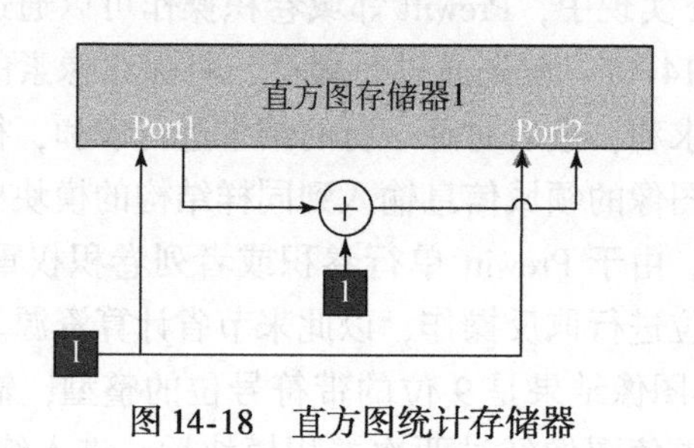

图 14-18　直方图统计存储器

在完成直方图统计模块后，需要进行直方图平滑操作，本设计使用的窗口大小为5×5，由于直方图统计需要相对量而非绝对量，求和窗口大小为5×5，为了方便计算，除以4（右移两位）作为更新的平滑直方图统计结果。因此，直方图窗口平滑模块的硬件设计如图14-19所示。以Addr3为待更新的平滑地址，经过延迟后，将其作为直方图存储器2的写入地址，写入经过平滑计算得到的结果。与此同时，将平滑所得结果与Max变量做比较，找到最大灰度数量及其灰度等级。Max变量是最大灰度的数量，初始值为0，若平滑后灰度统计结果数值大于Max，则更新Max的值为当前平滑统计值。

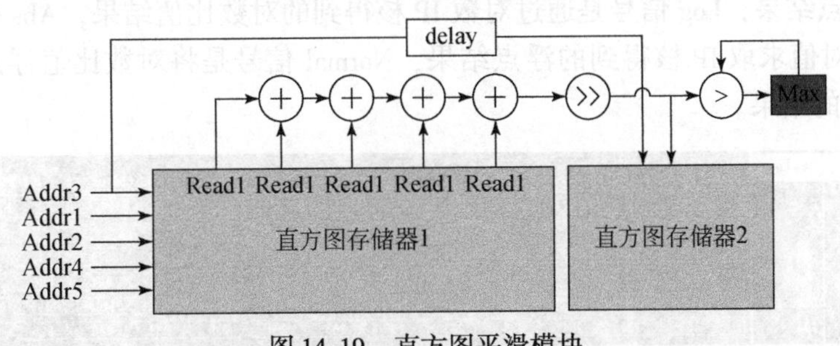

图14-19　直方图平滑模块

对经过平滑后的直方图做相邻统计值大小比较，找到第一个变化节点，作为图像分割的阈值。对平滑后的直方图存储器进行遍历读取，每个时间周期读取两个相邻地址Addr1与Addr2，Addr2＝Addr1+1，从峰值灰度值之后开始比较相邻地址的读取结果，若Addr1的结果小于Addr2的结果，输出此时的Addr2所读取的阈值作为变化检测阈值。图14-20为阈值生成模块示意图。

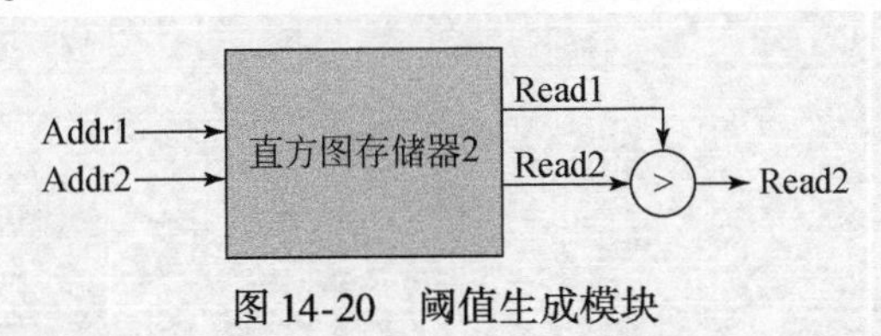

图14-20　阈值生成模块

14.4.3　仿真结果

为验证整个硬件模块的功能，在Vivado2014.2中进行功能仿真。下面将介绍仿真参数的设置和各个模块的仿真波形。

1. 参数设置

在Vivado功能仿真阶段，需要编写Testbench测试文件，主要包含以下内容：①时钟频率为100MHz；②系统复位信号、使能信号等；③例化顶层模块；④读取图像数据，数据格式为二进制；⑤结果以文本形式输出，并在PC机上可视化。

2. 子模块仿真波形

如图14-21所示，该仿真是RAM读取模块，将灰度图像以二进制形式存储于文本文件中，在LUT中开辟存储空间，存储深度为262144，每个像素占用8bit空间，通过Rdaddr1_original信号作为读取地址，输入图像存储RAM中，分别从图像1所在RAM中读取image1图像灰度信号，从图像2所在RAM中读取image2图像灰度信号，其中涉及的主要信号如下图所示，aclk为100MHz的时钟信号，RSTn为系统复位信号。

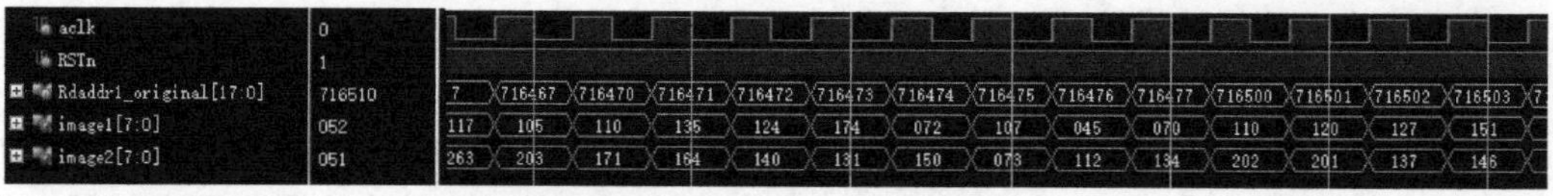

图 14-21　图像读取仿真波形

如下图 14-22 所示，该仿真模块是对数比值仿真模块，图像信号 img1 与图像信号 img2 是存储在 RAM 中的洪水前后灰度图像，devider 信号是两幅影像对应像素值经过比值 IP 核得到的浮点结果，Log 信号是通过对数 IP 核得到的对数比值结果，Abs 信号是对数比值结果经过绝对值求取 IP 核得到的浮点结果，Normal 信号是将对数比值浮点结果转化为 uint8 类型定点的结果。

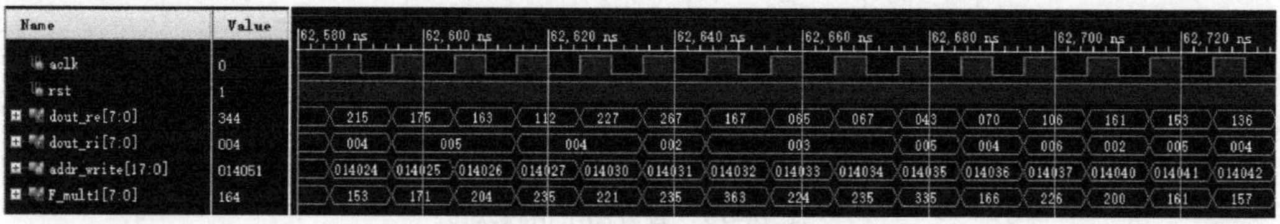

图 14-22　对数比值模块仿真波形

如下图 14-23 所示，该仿真是平稳小波经过低频卷积后得到的各个尺度的图像及其加权融合的值，从波形中可以看出，卷积尺度越高，相邻像素之间的差异越小，细节越少。信号 Dataout3_row1 到 Dataout3_row8 是对数比值差异图从尺度 1 到尺度 8 的 Haar 小波低频（LL）分解结果，average_conv08 信号，是八个尺度的加权求和结果。

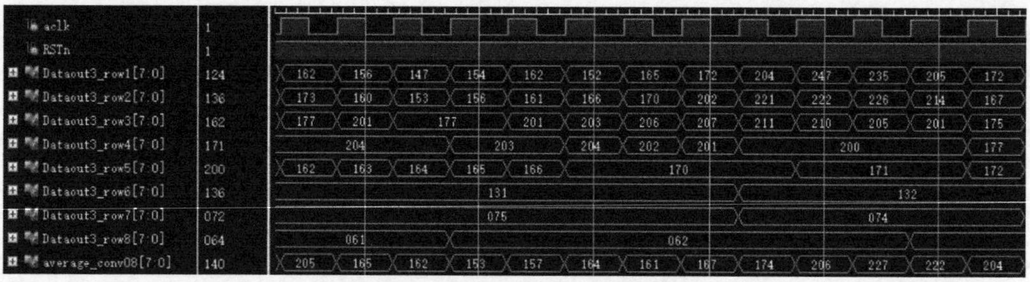

图 14-23　多尺度融合模块仿真波形

如下图 14-24 所示，该仿真是 Prewitt 边缘算子仿真结果，Prewitt 仿真是对 LR 图像的 SWT 变换的高尺度融合结果进行的边缘求取，Fusion_High 信号是八个尺度的 SWT 权值求和结果，Prewitt_Conv1 信号是经过一次行边缘算子卷积后的结果，Edge_Prewitt 信号是行列边缘卷积后并二值化得到的结果。

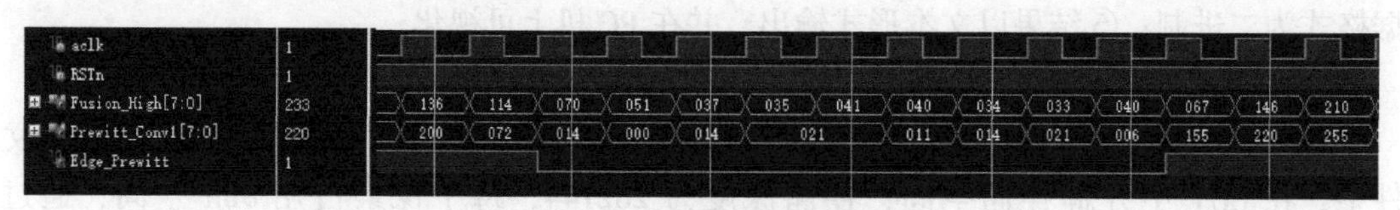

图 14-24　边缘检测模块仿真波形

如下图 14-25 所示，该仿真是自动阈值分割模块的结果，信号分别是直方图信号 histogram，读地址信号 1 ~ 5，Addr1 ~ 5。经过平滑的直方图信号，与最大灰度数统计值信号 Max_Num。

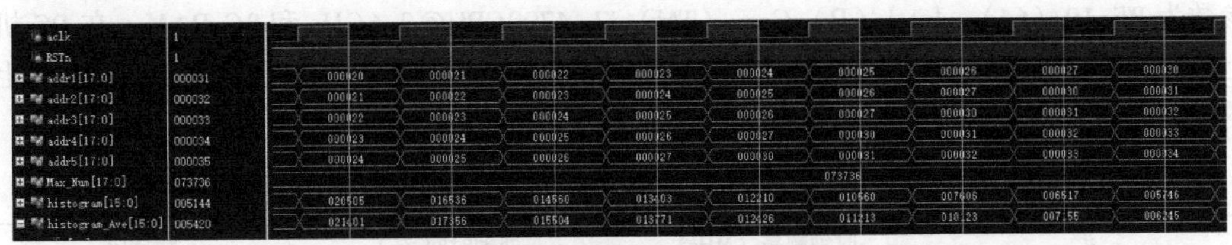

图 14-25　直方图平滑模块仿真波形

最后是经过融合后的最终的差异图，Differrence_Image，与最终的变化检测分割阈值 T，以及变化检测结果信号 changedetection。

14.4.4　性能分析

变化检测算法 FPGA 硬件实现的精度、处理速度、硬件资源消耗是衡量能否实现星上变化检测算法实时处理的三个重要指标。

通过 FPGA 仿真实现的变化检测结果，输出为文本文件，通过 MATLAB 可视化 FPGA 的结果，与 PC 算法得到的结果相比较，整体的算法结果相同，仅在个别像素点上有差异，两者相同程度在 99.87%以上。由于 FPGA 在运算过程中，使用定点的移位运算代替浮点的除法运算，FPGA 在生成灰度差异图与生成阈值的过程中，相对于 MATLAB 结果有可能有±1 的浮动，相对于 0~255 的灰度级来说，±1 浮动带来的精度损失较小，在可接受的范围内。表 14-1 体现了 PC 算法结果、FPGA 的可视化结果以及两者的差值图结果。

表 14-1　FPGA 与 PC 检测结果比较

Data	PC	FPGA	Diff	Num	相似度
Bern				44	99.9832%
Ottawa				290	99.8893%
YinS				339	99.8707%

为分析 FPGA 的处理速度，本节将其与 PC 机的 CPU 处理速度进行对比。PC 机的基本参数为 Win10（64），Intel（R）Core（TM）i7-4790CPU@3.6GHz 和 8G RAM。在 PC 机上运行的算法与 FPGA 上运行的算法流程基本相同，本节设计的 FPGA 实现在单组图片上的处理速度是 0.05s，是基于 PC 处理速度的 82 倍。处理速度对比如表 14-2 所示。

表 14-2　FPGA 与 PC 的 LR-SWT 算法处理速度比较

#	时钟频率（MHz）	处理时间（s）	加速比
FPGA	100	0.051	82
PC	—	4.168	

FPGA 硬件资源消耗如表 14-3 所示，从表中可以看出，各个资源的消耗率均低于百分之70，最大资源消耗因素为 Memory LUT，消耗量为69.42%，该资源消耗最大的原因是变化检测算法过程中需要使用大量 RAM 空间存储多尺度的分解图像作为中间值结果并在后续进行多尺度融合。由资源消耗表可知，所选用的 FPGA 芯片能满足硬件设计的需求。

表 14-3　资源占用率（XC7VH580T FPGA）

资源	估计值	可用值	使用率（%）
FlipFlop	3524	725600	0.48
Logic LUT	17553	362800	4.84
Memory LUT	98304	141600	69.42
BRAM	2	1880	0.11

平稳小波多尺度融合变化检测算法在 FPGA 的硬件实现过程，包括 FPGA 硬件架构，子模块（对数比值差异图模块，平稳小波模块，边缘检测模块，自动阈值分割模块），vivado 功能仿真，处理速度，算法结果，硬件资源消耗方面进行了介绍和分析。仿真结果发现：变化检测算法在 FPGA 实现的结果与 PC 实现的算法结果基本相同，在不同数据集上最低相似度为99.9856%。在处理速度上，FPGA 比 PC 机快了 80 倍。硬件资源消耗最多的是 Memory LUT，约为69.42%。

14.5　基于对数比与似然比值融合的星上洪水检测 FPGA 实现

第 14.4 节介绍了适于 FPGA 实现的基于对数比值差异图与似然比值差异图融合的变化检测算法设计，本节将重点介绍该算法的硬件实现过程。首先设计 LLI-LR-Fusion 算法的 FPGA 硬件架构，包括三个主要模块，第一个模块是似然比变化检测模块，该模块由似然比值差异图构造模块与统计直方图分割模块构成；第二个模块是 LR-SWT 差异图构造与多尺度分解模块；第三个模块是同质异质区域提取模块，该模块涉及了滤波器卷积与行列缓存；第四个模块是自动阈值生成模块，包括直方图统计与生成，谷点与震荡节点提取等结构。然后分析该架构的 vivado 功能仿真，以检验算法各个步骤功能。最后分析 FPGA 与 PC 机之间算法结果的偏差，对比两者的处理速度，并分析基于 FPGA 算法实现的硬件资源消耗。

14.5.1 FPGA 硬件架构

似然比与对数比差异图融合的变化检测算法 FPGA 硬件架构如图 14-26 所示，硬件实现步骤如下：首先，两幅 SAR 影像以二进制形式读取并存储到 RAM 模块中，该 RAM 模块由 memory LUT 单元构成，深度为 262144，字宽为 8 字节，然后两幅影像同时导入 LLI-CDM 构造模块以及 LR-SWT 差异图构造与多尺度分解模块。将似然比模块获取的初步变化检测结果导入同异质区域模块，同质异质区域判别结果导出到融合模块。平稳小波多尺度分解模块得到子图序列 X_{DS}，将子图序列传递给融合模块得到新的差异图 X_{FS}，最后将新的差异图结合自动化分割阈值 T，得到最终的变化检测结果。下面对各主要模块的 FPGA 实现过程进行详细介绍。

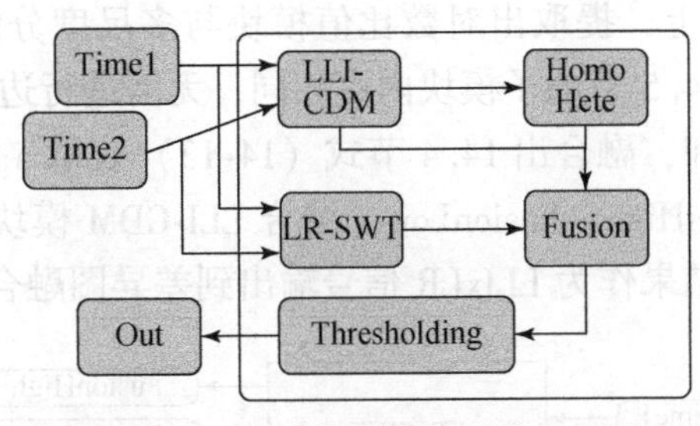

图 14-26　变化检测算法硬件结构图

14.5.2 子模块

1. LLI-CDM 模块

图 14-27 为似然比值模块，其中，经过预处理后的洪水前后影像以二进制形式存储在文本文件中，生成合适大小 RAM，并读取影像文本文件存储到 RAM 中。通过自定义 X1_RAM 与 X2_RAM，逐像素读取对应位置的像素值，利用均值滤波模块求解得到前后两幅影像的均值滤波结果并存储到 RAM 中，使用浮点比值 IP 核计算 $X_1(i, j)/X_2(i, j)$ 的值，然后将比值的浮点结果求和并做标准 0～255 灰度级的转换，生成 LLI 的差异图并存储到 RAM 中，将 LLI 差异图结果导出到阈值分割模块中，生成 LLI-CD 方法的初步变化检测结果。如下图所示，LLI-CDM 与 LLI-DI 是本模块需要输出的结果。

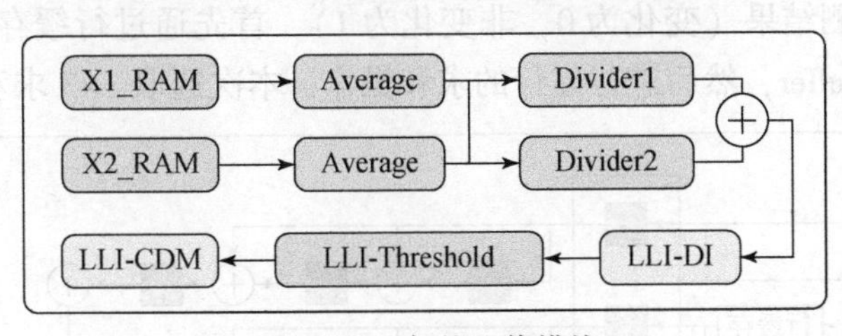

图 14-27　似然比值模块

如图 14-28 所示，似然比值阈值分割模块类似于 14.5 部分的阈值分割模块，在 Xiong (2012) 的方法中，不需要做灰度直方图的平滑处理。D_{LLI} 是似然比模块得到的差异图结果。

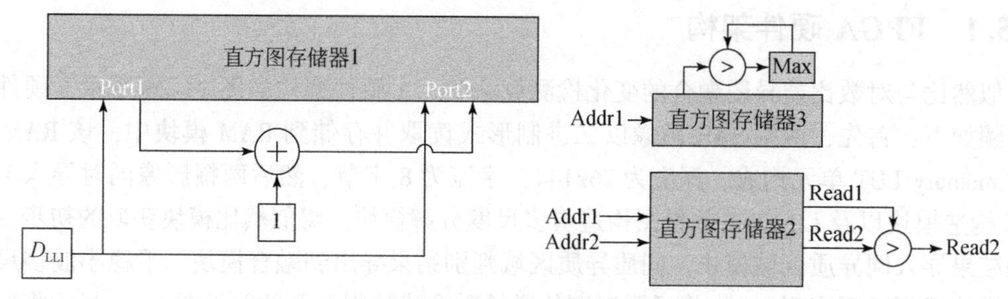

图 14-28　阈值分割模块

2. LR-SWT 模块

在 14.5 节内容的基础上，提取出对数比值模块与多尺度分解模块构成 LR-SWT 模块（图 14-29），详细架构与 14.5 节的子模块内容相同，无需进行边缘检测。该模块通过读取各个尺度的值并做移位求和，融合出 14.4 节式（14-13）表示 s 的低尺度融合结果与高尺度融合结果，输出为 FusionHigh，FusionLow，结合 LLI-CDM 模块，将 FusionLow 与 LLI 差异图的对数结果做乘积，结果作为 LLIxLR 信号输出到差异图融合模块。

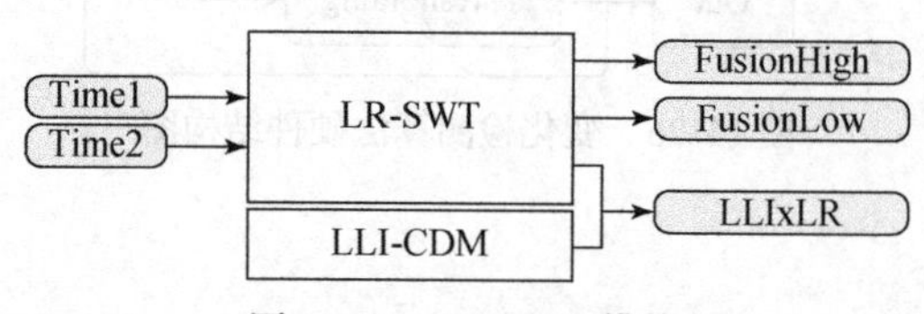

图 14-29　LR-SWT 模块

3. LLI-LR 差异图融合模块

与 PC 计算不同，为了方便时序控制，FPGA 实现过程中，分别采用 14.4 中的三种融合策略，生成三幅融合图像信号，FusionHigh，FusionLow，LLIxLR。再使用数据选择器在每个像素点上选择三种信号的一种作为对应像素点的灰度值，最终生成差异图融合结果。在 PC 计算过程中，只需要在每一像素处选择对应的计算策略进行计算即可。

在 FPGA 实现中，邻域卷积操作可以通过行缓存技术来完成，同质异质区域提取卷积窗口大小为 3×3，窗口元素均为 1，单次卷积具体硬件设计如图 14-30。输入图像为 LLI-CDM 的初步变化检测结果（变化为 0，非变化为 1），首先通过行缓存，将图像像素的领域信息保存进 line buffer，然后进行逐行的求和操作，本次选取 3×3 求和。

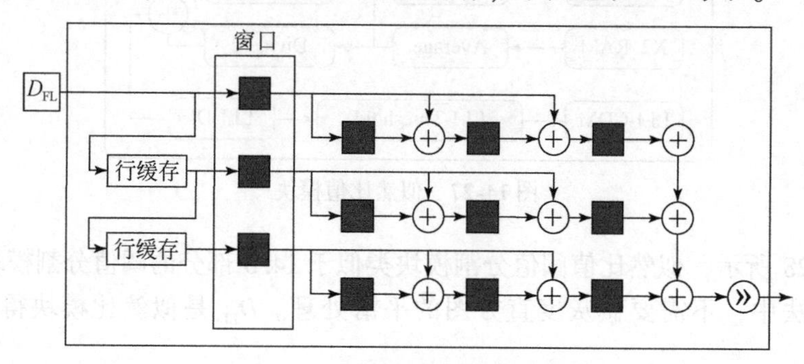

图 14-30　同质异质区域求和模块

得到求和结果后，对求和结果与阈值 $T_1=3$，$T_2=7$ 做比较，按照 14.4 节的策略将其分为同质非变化区域（存储值为0），同质变化区域（存储值为1），异质区域（存储值为2），并将这值为 0、1、2 的 HeteHomo 信号作为多路选择器的选择信号，对 LLIxLR、FusionHigh、FusionLow 三个信号做选择，多路选择器的结构如图 14-31 所示。

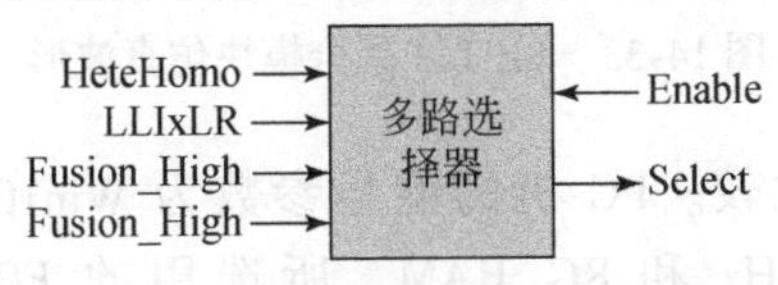

图 14-31　差异图融合信号选择模块

将多路选择器的选择结果 Select 信号作为最终的融合差异图结果，存储到 RAM 中，以备做直方图统计与阈值分割。

得到最终差异图结果后，最终的阈值求解模块类似于 14.5 节阈值模块，包括直方图的统计与平滑处理，直方图逐灰度等级比较三个过程。变化检测结果以文本形式输出，并在 PC 机上可视化。

14.5.3　仿真结果

1. 参数设置

在 Vivado 2014.2 中进行功能仿真。

2. 子模块仿真波形

如图 14-32 所示，该仿真是 LLI-CDM 变化检测方法实现模块的 vivado 仿真结果，其中，image1，image2 信号分别是洪水前后的原始灰度图像信号。LI1_Ave 与 LI2_Ave 信号是各自像素点的 3×3 邻域求和并均值得到的平滑图像。LR_DI 信号是差异图结果。Histogram 信号是灰度统计的结果。ChangeMap 是 LLI_CDM 方法初步的变化检测结果。

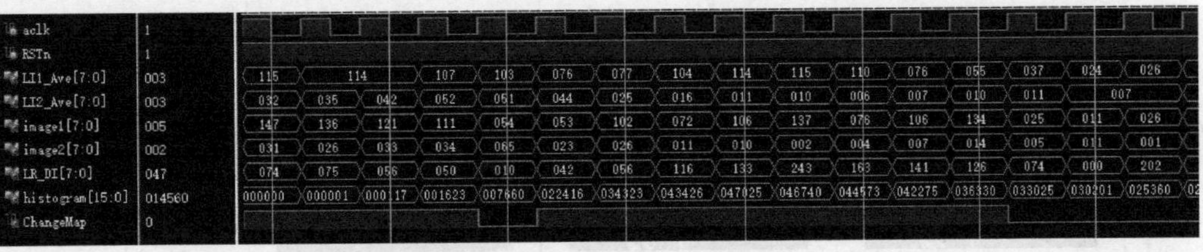

图 14-32　LLI-CDM 信号仿真波形

如图 14-33 所示，该仿真是对数比值差异图与似然比值差异图融合步骤的仿真图，其中，LLIxLR 是同质不变区域差异图信号，Fusion_Low 是异质区域差异图信号，Fusion_High 是同质变化区域差异图信号，Hete 是同质异质区域选择的信号，Hete 为 0 就选择 Log_LLI_x_LR，Hete 为 1 就选择 Fusion_Low，Hete 为 2 就选择 Fusion_High 作为输出结果并存储到 RAM 中，形成最终的差异图结果。

3. 性能分析

衡量变化检测算法的 FPGA 硬件架构是否能够实时地进行变化检测的指标主要包括：检测精度、处理速度以及 FPGA 硬件资源的消耗情况。因此，本节以 PC 结果作为参考值，

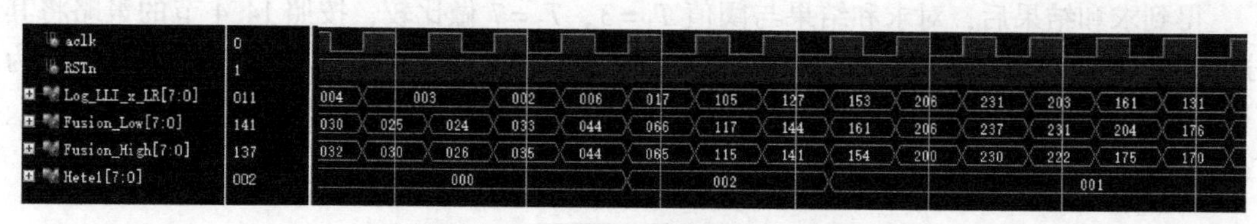

图 14-33　LR-LLI 融合模块仿真波形

与 FPGA 的处理结果进行比较。PC 机的型号参数为 Win10（64 位），Intel（R）Core（TM）i7－4790CPU @ 3.6GHz 和 8G RAM。所选用的 FPGA 芯片为 Xilinx 公司的 XC7VH580T FPGA。

通过 FPGA 仿真实现的变化检测结果，输出为文本文件，并通过 MATLAB 的进行结果可视化。与 PC 算法得到的结果相比较，FPGA 的处理结果基本相同，仅在个别像素点上具有差异，两者相似程度高达 99.99%。与 14.3 部分算法的 FPGA 实现精度相比，有了很大提高。因为基于融合后的差异图，变化区域与未变化区域灰度差异显著，更易于阈值分割，对于 0～255 灰度级上所取的合理的分割阈值，分割阈值的浮动对算法的整体性能影像很小，相较于单纯基于小波的方法，基于融合的方法更加稳健。表 14-4 体现了 FPGA 的算法结果准确度。

表 14-4　LR-LLI 融合模块仿真波形

Data	PC	FPGA	差异图	差异数	相似度
Bern				3	99.9988%
Ottawa				8	99.9969%
YinS				20	99.9923%

在处理速度方面，如表 14-5 所示，在 100MHz 的时钟频率下，FPGA 完成 LLI-LR 融合变化检测算法所需时间为 0.056s；而 PC 则需要 5.486 s。因此，变化检测时，相对于 PC，FPGA 的加速比达到了 98。

表 14-5　FPGA 与 PC 的 LR-SWT 算法处理速度比较

#	时钟频率（MHz）	处理时间（s）	加速比
FPGA	100	0.056	98
PC	—	5.486	

从 FPGA 资源消耗方面进行分析，如表 14-6 所示，最大资源消耗因素为 Memory LUT 存储模块，消耗量为 83.06%，该模块消耗最大的原因是变化检测算法过程中需要使用 RAM 存储多尺度分解图像作为中间值。由资源占用表可知，所选用的 FPGA 硬件能满足设计的需求。

表 14-6　资源占用率（XC7VH580T FPGA）

资源	Estimation	Available	Utilization %
FlipFlop	4932	725600	0.68
Logic LUT	20347	362800	5.61
Memory LUT	11762	141600	83.06
BRAM	6	1880	0.32

14.6　本章小结

为了实现星上监测洪水变化，本章在现有的基于小波的变化检测算法基础上，改进了合理尺度选择方法，减少了算法复杂度，并结合灰度直方统计阈值分割方法，实现了自动化的变化检测。本章还提出了新的基于似然比与对数比值差异图融合的变化检测方法，并将其应用于 SAR 洪水影像变化检测。基于以上两种变化检测算法，本章实现了变化检测算法在 FPGA 上的硬件加速，为提高 FPGA 的处理速度，从数据类型，算法结构等方面进行了优化，在 SWT 算法中，采用平稳小波的思路，无需小波系数反变换，采用 Haar 小波算子，通过移位求和代替二维卷积，简化计算。除了在对数与比值运算过程中使用浮点数外，整个算法过程中全部使用 8 位定点数运算。整个 FPGA 的硬件实现资源消耗在合理范围，精度结果与 PC 分类差异像素数在 20 以内，FPGA 的处理速度是 PC 处理速度的 98 倍。

参 考 文 献

黄世奇，刘代志，胡明星，等，2010. 基于小波变换的多时相 SAR 图像变化检测技术．测绘学报，39（2）：180-186.

冷英，李宁，2017. 一种改进的变化检测方法及其在洪水监测中的应用．雷达学报，6（2）：204-212.

李德仁，2017. 建设天基信息实时服务系统的设想．人民论坛，（18）：26-27.

李德仁，童庆禧，李荣兴，等，2012. 高分辨率对地观测的若干前沿科学问题．中国科学：地球科学，42（6）：805-813.

李加林，曹罗丹，浦瑞良，2014. 洪涝灾害遥感监测评估研究综述．水利学报，45（3）：253-260.

李林涛，徐宗学，庞博，等，2012. 中国洪灾风险区划研究．水利学报，43（1）：22-30.

刘斌涛，陶和平，范建容，等，2008. 高分辨率 SAR 数据在 5·12 汶川地震灾害监测与评估中的应用．

山地学报，26（3）：267-271.
潘文杰，2000. 傅里叶分析及其应用．北京：北京大学出版社．
舒磊，2019. 基于 FPGA 的 SAR 洪水影像变化检测算法设计与硬件实现，天津：天津大学．
王林泉，皮亦鸣，陈晓宁，等，2005. 基于 FPGA 的超高速 FFT 硬件实现．电子科技大学学报，34（2）：152-155.
王凌霞，焦李成，颜学颖，等，2013. 利用免疫克隆进行小波域遥感图像变化检测．西安电子科技大学学报，40（4）：108-113.
王昀，2010. 合成孔径雷达技术发展研究．探测与定位，（4）：58-63.
辛芳芳，焦李成，王桂婷，等，2012. 利用小波域 HMC 模型进行遥感图像变化检测．西安电子科技大学学报，39（3）：43-49.
熊博莅，2012. SAR 图像配准及变化检测技术研究．国防科学技术大学．
熊君君，王贞松，姚建平，等，2005. 星载 SAR 实时成像处理器的 FPGA 实现．电子学报，33（6）：1070-1072.
徐锋，禹卫东，唐红，等，2004. 基于 FPGA 的 SAR 预处理器中 FIR 滤波器的实现．遥感技术与应用，（4）：266-270.
徐颖，李华军，吴聪，等，2014. SAR 图像打击效果评估技术研究．计算机科学，41（Z6）：156-159.
杨国栋，2014. 基于分布式并行聚类的 SAR 图像变化检测算法研究．西安电子科技大学．
叶琛，2013. SAR 图像变化检测并行处理研究．杭州电子科技大学．
张跃进，谢昕，2008. 基于 IHS 和小波变换的遥感图像融合方法研究．华东交通大学学报，25（1）：49-52.
周启鸣，2011. 多时相遥感影像变化检测综述．地理信息世界，09（2）：28-33.
Bovolo F，Bruzzone L，2005. A detail-preserving scale-driven approach to change detection in multitemporal SAR images. IEEE Transactions on Geoscience & Remote Sensing，43（12）：2963-2972.
Celik T，2009. Unsupervised multiscale change detection in multitemporal synthetic aperature radar images//17th European Signal Processing Conference：1547-1551.
Daubechies I，Heil C，1998. Ten Lectures on Wavelets. Computers in Physics，6（3）：1671-1671.
Dekker R J，1998. Speckle filtering in satellite SAR change detectionimagery. International Journal of Remote Sensing，19（6）：1133-1146.
Gunawan D，1999. Denoising images using wavelet transform. Communications//Computers and Signal Processing，1999 IEEE Pacific Rim Conference on.
Le C，Chan S，Cheng F，et al. 2004. Onboard FPGA-based SAR processing for future spaceborne systems//IEEE Radar Conference.
Lu D，Mausel P，Moran E F，et al. 2004. Change detection techniques. International Journal of Remote Sensing，25（12）：2365-2407.
Mallat，Stephane G. 1989. A theory for multiresolution signal decomposition：the wavelet representation. IEEE Transactions on Pattern Analysis & Machine Intelligence，（7）：674-693.
Shu L，Zhou G，Liu D，et al.，2019. Onboard wavelet- based change detection implementation of SAR flood image//2019 IEEE Int. Geoscience and Remote Sensing（IGARSS 2019），Yokohama，Japan，July 28-August 2.
Xiong B，Chen J M，Kuang G，2012. A change detection measure based on a likelihood ratio and statistical properties of SAR intensity images. Remote Sensing Letters，3（3）：267-275.
Zhou G，Baysal O，Kaye J，2004. Concept design of future intelligent earth observing satellites，Int. J. of Remote Sensing，July 2004，14（25）：2667-2685.

后　记

自作者2000年提出“智能对地观测卫星网系统”已过去20年，欣喜于看到国际上都将“智能对地观测卫星网系统”作为航天遥感发展的主要研究领域，不断投入大量人力、物力进行探索、研究和开发，并已经取得了很多初步成果。例如，2020年1月16日，美国洛克希德·马丁公司（Lockheed Martin）宣布发射了装有载荷Tyvak-0129首颗太空网智能卫星。这是一颗微小的试验卫星，其目的是开展在轨验证有效载荷的硬件和软件，尤其是验证装在只有鞋盒大小（shoebox）里面的人工智能新技术。欧洲航天局（ESA）计划发射配备人工智能处理器的地球观测卫星 ϕ-Sat 系统（PhiSat system）。PhiSat代表欧洲第一个带有人工智能处理器并在太空正式运行的卫星。欧空局在网上公布了一个星上数据系统框架。这个框架系统涵盖了遥控和遥测模块、星上计算机、数据存储和大容量存储器、远程终端单元、通信协议和总线。中国工程院院士、中国科学院院士李德仁教授也提出了“对地观测脑”（earth observation brain，EOB）思想。SpaceX公司正在开发Starlink卫星网络，这个最终希望拥有多达12 000颗卫星的巨型星座一旦变成现实，将造福人类社会。欧洲的Arianespace将34颗卫星送入OneWeb宽带互联网星座的近极轨道。Blue Origin宣布打算创建自己的拥有3 000多个卫星的互联网星座。

以上这些成果再次证明了作者在2000年提出的“智能对地观测卫星网系统”确实是一个创新的、先进的、有远见的思想，因为这个思想不仅将卫星观测传感器、星载数据处理系统、地面数据处理系统、通信系统、终端用户系统、应用软件系统等六个功能模块有机集成，而且预见了人工智能（artificial intelligence，AI）在遥感影像星上处理的应用。然而，作者在完成这本专著后，确实有些感慨，那就是：

潜精研思，无奈项目之资助！

尽管没有相关项目支持，但开展该领域科研的信心却从未动摇！只是不足的科技经费导致本书中描述的遥感数据星上处理方法目前还停留在实验室阶段，要达到星上处理能力，还有一些后续工作需要继续努力。不过，本书是第一本将传统的摄影测量、遥感处理工作移到卫星星上来完成和实现的科技书籍，无疑对我国摄影测量和遥感数据处理起到抛砖引玉的作用，必将激发年青一代人投身该科研领域。

著书撰文，无悔回国之初衷！

二十年前，远渡重洋，负笈求学欧美诸国高等学府；光阴荏苒，回国不觉逾十载。回国后，作者一直致力于发展卫星遥感星上数据处理工作，以便为我国航天、遥感事业做点贡献。作者在2000年提出的这个思想涉及从2010～2050年的航天遥感任务（mission），这意味着需要攻克的关键技术还有很多、需要开展的科研探索还有很多。尤其是，星上遥感数据处理涉及每个国家的高科技技术，公开发表的信息不会太多，包括作者提出的“智能对地观测卫星网系统”也不例外。本书的出版，是希望大家一起共同努力，推动该技术的进步和发展，使我国航天遥感工作走在国际前沿。只有这样，自己也就无怨无悔！

千里明月寄相思，妻儿盼早归，
万里追梦畔漓江，自己报初心。

周国清
2020 年 12 月 9 日